防腐蚀衬里施工及应用

江先龙　主编

上海欧扬化工有限公司　组织编写

中国建筑工业出版社

图书在版编目（CIP）数据

防腐蚀衬里施工及应用 / 江先龙主编；上海欧扬化
工有限公司组织编写 . — 北京：中国建筑工业出版社，
2023.4（2023.12重印）

ISBN 978-7-112-28546-4

Ⅰ. ①防… Ⅱ. ①江… ②上… Ⅲ. ①防腐-衬覆-
防护工程 Ⅳ. ①TU761.1

中国国家版本馆 CIP 数据核字（2023）第 054024 号

"衬里重防腐"是指以热塑性树脂、热固性树脂为基体树脂，区别于一般"涂料防腐"的一种厚浆型涂层衬里、纤维增强塑料衬里、鳞片胶泥衬里或砖板衬里的重防腐方式。

"衬里防腐"特点在于，它可根据终端使用要求的不同，将热塑性树脂、热固性树脂、橡胶等非金属防腐材料设计成具有较好的耐腐蚀性能，如耐酸性、耐碱性、耐盐水性、耐油性，或者兼具前述两种或两种以上的性能，在一定温度及环境条件下，能够在一定的期限内保护建筑物、构筑物或设备不被腐蚀破坏。

本书是经验的总结和升华，特色在于接地气、实战，而非理论化枯燥的文字，即便是没有多少理论水平，但却连在防腐蚀工程现场摸爬滚打的工人师傅们，也可以很容易看懂，并引起共鸣。

责任编辑：高 悦
责任校对：孙 莹

防腐蚀衬里施工及应用

江先龙 主编

上海欧扬化工有限公司 组织编写

*

中国建筑工业出版社出版、发行（北京海淀三里河路9号）
各地新华书店、建筑书店经销
北京鸿文瀚海文化传媒有限公司制版
建工社（河北）印刷有限公司印刷

*

开本：787 毫米×1092 毫米 1/16 印张：24¾ 字数：615 千字
2023 年 4 月第一版 2023 年 12 月第二次印刷
定价：**138.00** 元
ISBN 978-7-112-28546-4
（40731）

前　言

腐蚀的严重性毋庸置疑，防腐蚀的重要性和经济价值更是不用多说。但是目前国内重防腐业界，存在一个症结：懂有机材料防腐的人对阴极保护、金属防腐知之甚少；懂金属防腐的人对有机材料防腐又介入不深；懂涂料涂装的人不懂内衬等"衬里重防腐"；懂"衬里重防腐"的人对涂料涂装防腐理解又不深。目前在国内中石化、中石油以及各大设计院所中从事设计的工程师又多是建筑、结构等专业出身，也的确没有精力对材料本身作更深入的了解，这就给实际设计过程中带来一系列的不便。

纵观近 30 年，涌现了一大批新的性能优异的重防腐材料和产品，施工技术方面也有了长足的进步，但关于防腐蚀方面的书籍，往往仅仅针对的是某一种或某一类防腐产品（如重防腐涂料与涂装相关方面的书籍）、某一个终端应用领域（如石油石化领域腐蚀与防护相关方面的书籍），而且更多的是侧重于阴极保护、电化学防腐、涂料涂装几个方向，即使是国内外的相关协会、学会等组织机构也多侧重这些方向以及下游诸如石油化工、核电、海工等应用领域，很难再看到与涂湘缃等前辈集合众多上一代的实战型专家们编著的《实用防腐蚀工程施工手册》（化工出版社，北京，2006 年）类似的对防腐蚀领域科研、设计、管理、技术、施工人员的实战宝典。在有机重防腐材料领域，也仅能看到一些针对防腐涂料的系统介绍，并不能很全面地从材料本身，尤其是有机材料本身出发，来系统分析和介绍各种重防腐材料。关注材料"研发技术"的工程师很多，但真正去关注"应用技术"的人太少！

从涂料、树脂、橡胶等纷繁复杂又各具特色的众多防腐蚀材料到石油化工、氯碱、硫酸、电厂脱硫等五花八门的终端应用领域，其实目前国内的现状是，"不缺"好的防腐蚀材料（绝大部分腐蚀工况都可以在国内找到适用的防腐蚀材料），终端应用又无法直接有效连线懂技术、懂设计、懂施工的专业防腐工程师，这里面涉及材料大数据库建设、防腐蚀设计、防腐监造、防腐施工等多个环节，其实这里面非常缺乏一个站在中间环节，起到桥梁作用的承上启下的独特视角的"媒婆""红娘"，她就是以中间桥梁的视角去承上启下把"材料"和"需求"串起来的"防腐应用表现形式"。我们的设计人员、施工人员等每个环节的从业人员只有熟悉和了解了这个实战型、应用型的"媒婆""红娘"，才能更加合理、高效、经济地解决工业生产中遇到的各种防腐疑难杂症。

越来越多的行业同仁发现一些有趣又奇怪的现象：①2005 年之前，尤其是 2000 年之前，甚至 1995 年前的旧书，防腐蚀领域专著写得较有系统性，逻辑性远超近十几年的一些防腐蚀方面的专业书籍；②近二十年，防腐蚀领域专业书籍越来越细分，但具备系统性、整体思路的著作越来越少了；③很多非常重要的基础数据、基础参数，甚至这些参数数据的计算原理，在近二十年的著作中极少看到，已经很少有人去真正用心了解，的确都不是很难很"高精尖"的知识，导致这些实战、实用、有价值的参数和信息只能在三四十年前化工部组织编写的防腐方面的老古董书籍中才能找到，然而这些"古书"几近失传又是不争的事实。

放眼腐蚀与防腐领域，大家在涂料涂装方面，可以找到许多专业的书籍，并且资料也很多，尽管防腐涂料材料本身也在更新换代，但由于介入其中的从业人员较多，市场量也是重防腐材料和施工市场中最大的部分，因此防腐涂料比较容易得到研发工程师们的重视、研究，更易得到工程人员和业主的认可。而以树脂，尤其是热固性树脂为基材的厚涂层、胶泥、砂浆、聚合物混凝土、纤维增强塑料内衬、整体纤维增强塑料、砖板衬里等为代表的"衬里重防腐"方法，并未得到大家的重视，国内深入研究的人甚少，更没有设计、选材、技术指标、应用效果等方面的系统全面的实战技术参考书籍。要是再放大范围到石墨材料、砖板材料、搪瓷等，那就更没有系统全面的相关参考书籍。金属材料的耐腐蚀数据可以在国内外找到很多数据，但非金属材料的耐腐蚀数据库，目前却很少，这里面当然有数据难以收集、影响因素太多等诸多原因，但谁又敢说与现在"流行挣快钱"和"基础性工作难做、不讨好、没有商业价值"无关呢！要是再去说"案例大全""解决方案大全"就更难了！所以，大家看到更多的是防腐材料商业信息、广告、营销直播等的"满天飞"。

不得不去承认社会普遍的一些既存事实：①网络、手机的普及，导致防腐蚀这样一个交叉性、应用性极强的学科领域的一些基础性的知识，尤其是"应用技术普及"再也没有年轻人愿意沉下心去学习，都去"挣快钱"去了；②知识的"碎片化"时代到来后，得来碎片化知识太容易，没几个人愿意去阅读超过500字或者超过一页纸的系统性知识或经验总结文字，遇到问题都去"度娘"搜索，囫囵吞枣之后也就马上忘了，并不去真正理解和学习解决问题的方法；③普遍社会大众都必须接受我们的时代确实进入了"看似生活工作更便捷，实则社会很多领域的认知和思维维度却在退步"。这到底是社会进步了，时代进步了，还是我们这代人沉溺在寻求挣"快钱"的刺激中了？带着疑问和不解，从我做起！从我们做起！包括但不限于笔者在内的全国防腐蚀上下游产业链民间联盟（NACA®）的六万人之众的全体会员同仁始终认为：创新不仅限于研究开发出来一个全新的高精尖的防腐蚀材料或研发一个万能的防腐涂料出来，对现有实战经验和知识的总结、归纳也是一种另类的创新，因为只有归纳总结，才能融会贯通，知识和经验才能得到升华！进入不惑之年之后，笔者越发感觉时间和精力的宝贵，因此一直致力于在有限的职业生涯里去做这件无限的有意思又有意义的伟大的事情。过去的第一个"十年"是一个人在战斗，现在往后的第二个、第三个"十年"是一群人在战斗！让我们这代人合作去为防腐蚀行业留下点我们这个领域的防腐材料知识大全、全面实战经验总结、防腐蚀材料超级大数据库等足以对这个行业的后来人、年轻人有足够价值和正能量影响的汇编资料，编撰成册，让防腐蚀行业的下一代年轻人可以站在我们这代人的肩膀上去践行"科技报国、实业报国"，无悔于青春的职业生涯。

本书内容有实战经验的总结，参考了借鉴了陆士平、侯锐钢、孙凡、沈春林等众多前辈专家的技术观点，得到他们的无私指导和帮助，在此表达崇高的敬意和深深的谢意。同时在撰写过程中参考和引用了一些建筑防腐蚀国家标准的正文和条文说明的技术内容，在此也对这些建筑防腐蚀国家标准的所有参编人、执笔人表达谢意。另外有一些民间一线工人师傅观点，如本书 6.3.10 节中讲到的呋喃树脂现场施工时工人师傅加水的方法，就属于典型的民间小窍门、小方法，在此也对一线工人师傅兄弟们表达敬意。

在此对家人给予我的支持表示感谢。撰写此书时，正是 2022 年的春天，上海疫情防控最严重时期，这段特殊时期的"爬格子"和翻译外文文献的两个半月，一定会在我的职业生涯和人生记忆中留下一段永不磨灭的"战疫纪念"印迹。我期待用《防腐蚀衬里施工及应用》的书稿，给这个特殊的春天，画上一个带有特殊纪念意义的句号！期待明天会更好！

本书写作过程中，结合了大量实战经验，部分观点难免错误，表达措辞也有不畅之处，敬请谅解和指正。

江先龙

2022 年 4 月 22 日于上海家中

目 录

第1章

概　述

1.1　"衬里防腐"定义

"衬里重防腐"，指以热塑性、热固性树脂为基体材料，区别于"涂料防腐"的一种厚涂层、衬里或整体材料的重防腐方式。"衬里重防腐"和"涂装防腐"的防腐性能很大程度依赖于基体树脂或成膜物，但两者最明显的区别是防腐层的厚度前者大于或远大于后者，前者的重防腐能力、抗渗性能、力学性能等都明显优于后者，当然一般情况下成本也更高。

复合材料是材料领域的后起之秀，在人们日常生活中随处可见，如塑料、纤维增强塑料（FRP）、钢筋混凝土、夹芯板等制品是人们接触最多的了。将复合材料应用到防腐蚀领域，就是防腐蚀复合材料。防腐蚀复合材料和金属防腐材料、无机非金属防腐材料、防腐涂料都是防腐蚀材料大家族的成员。

狭义的耐蚀复合材料，一般指的是耐蚀玻璃钢，也就是纤维增强热固性塑料，常见的纤维增强塑料管、罐、格栅、塔器、槽就是这一类。广义耐蚀复合材料指将有机材料和无机材料复合加工而成的防腐蚀材料，"衬里重防腐"就属于典型的"广义复合材料重防腐"。

"衬里重防腐"特点在于，它可根据终端使用要求的不同，将复合材料设计成具有较好的耐腐蚀性能，如耐酸性、耐碱性、耐盐水性、耐油性，或者兼具前述两种或两种以上的性能，在一定温度及环境条件下，能够在一定的期限内保护建筑物、构筑物或设备不被腐蚀破坏。

1.2　"衬里重防腐"与金属防腐、传统涂装防腐相比较的特点

1.2.1　"衬里重防腐"与金属防腐、传统涂装防腐相比较的优点

（1）"衬里重防腐"具有可设计性。力学、机械及隔热、绝缘、抗老化等性能，尤其是防腐性能可按照制件的使用要求和环境要求，通过组分材料的选择和匹配、结构设计、界面控制等手段，最大限度地达到预期目的。

（2）"衬里重防腐"既可提供优于涂装防腐的表面抗渗防腐性能，又能提供整体结构防腐性能。如纤维增强塑料材料本身就具有优良的力学性能，可以作为结构材料使用，而

一般的涂装防腐仅能作为表面防腐层使用，一旦这一层被破坏，必将导致主体结构出现安全隐患。

（3）防腐力学性能对复合工艺的依赖性更强。与一般涂装防腐不同的是，"衬里重防腐"最终的防腐层在形成过程中，不同的成型工艺所用原材料种类、增强材料形式、填料纤维含量、铺设方法也不尽相同，因此最终"衬里重防腐"的力学性能和防腐性能对工艺方法、工艺参数、工艺过程等的依赖性更强，也就是说影响因素更多，最终的性能分散性也是比较大的，尤其是针对纤维增强塑料。

（4）"衬里重防腐"最终防腐层呈现各向异性和非均质性。常规的金属防腐材料基本都是各向同性和均质材料。"衬里重防腐"中各点的性能并不相同，性能随位置变化而变化。"衬里重防腐"在设计时，尤其要注意其复杂性和特异性，除考虑结构物中的最大应力，还应注意材料各向异性特点反映出来的薄弱环节，尤其是剪切性能和横向性能远小于沿纤维方向的性能。

（5）综合性能优异。达到防腐功能的同时，"衬里重防腐"还可以兼具优良的电性能（导电或绝缘）、优异的热性能（耐热、导热、绝热）、比强度高比模量大（仅限纤维增强塑料）、耐疲劳、减振、透波隔声、表面疏水、疏油、耐磨、防结垢等功效。

1.2.2 "衬里重防腐"与金属防腐、传统涂装防腐相比较待提高处

（1）"衬里重防腐"的绝对强度不如金属材料，弹性显得比较低（高模量纤维能一定程度使之提高）。和金属防腐材料相比，显得刚性不足，变形较大。

（2）"衬里重防腐"的层间剪切强度和层间拉伸强度低，在层间应力作用下容易引起分层破裂。多轴向织物用作增强材料可在一定程度上改善层间强度。

（3）"衬里重防腐"属脆性材料。绝大多数"衬里重防腐"的表现形式都是脆性的（如采用 Kevlar 芳纶纤维、超高分子量聚乙烯纤维则另当别论），拉伸时断裂应变都很小，断裂延伸率偏低，韧性不足是"衬里重防腐"的一大缺陷（改善基体树脂和纤维可适当提高韧性）。

（4）"衬里重防腐"的绝对耐热温度和耐温度骤变性能较之金属防腐材料有很大的不足（砖板衬里、聚合物混凝土相对好些，但较之金属材料还是显得欠缺），"衬里重防腐"的长期使用温度都低于 250℃，浸泡在介质中的长期使用温度一般都在 150℃以下。

（5）"衬里重防腐"的性能离散性较大。原料成分多、成型工艺及控制影响因素多、生产环境等外部影响多都决定了"衬里重防腐"最后性能的离散性较大，并且实际工程中还没有十分理想完善的检测手段，因此最终的质量不易控制。如手糊成型的纤维增强塑料，其强度离散系数一般都在 6%～12%。

（6）"衬里重防腐"的性能和功效，随着树脂材料和无机填料以及助剂材料的发展，已经得到了很大的提高，但在"衬里重防腐"材料以及施工技术方面还有很大的提升空间。

（7）进一步提高"衬里重防腐"之基体树脂的耐腐蚀性能，进一步提高"衬里重防腐"的耐温性能和耐温骤变性能。

（8）"衬里重防腐"的施工技术向精细化、自动化方面发展，最大限度减少人为影响

因素。

（9）充分利用纳米改性技术、新型高性能纤维、新型高性能精细化工助剂等辅料来改进已有的防腐蚀树脂，提高最终的"衬里重防腐"的性能。

（10）适当和其他防腐蚀方法结合，取长补短，得到最终优化的复合防腐蚀方法。如和电化学防腐、水玻璃、搪瓷、衬胶等方法复合使用。

1.3 "衬里重防腐"表现形式简介

常见表现形式有以下几种。

1. 厚浆型涂层衬里

厚浆型涂层，也称厚膜型涂层，根据厚度不同，又分为厚膜型涂层和超厚膜型涂层。一般工程上默认 0.6mm 以上厚度的涂层为厚膜型涂层，它不采用连续增强类材料，仅采用粉料、鳞片、细骨料作为有机树脂涂料的增强材料。超厚膜型涂层指每道干膜厚度大于 1mm，实际施工时最终干膜厚度为 2~3mm，甚至达到 4~5mm 厚。玻璃鳞片胶泥内衬其实就是超厚膜型涂层的一种，将在下款介绍。

厚膜型涂层的成膜物，主要有两类，一类是交联类高分子物质，另一类是溶剂挥发型高分子物质，前者居多。交联类厚膜型涂料主要应用的高分子有机物有：环氧树脂、聚氨酯树脂、聚酯树脂、乙烯基酯树脂等；溶剂挥发成膜类厚膜型涂料的成膜物有：聚氯乙烯、橡胶等。目前，市场上采用最多的厚膜型涂层的成膜物还是环氧树脂。

厚膜型涂料具有以下特点：①固含量高，不存在溶剂挥发引起的环保问题，及溶剂挥发导致漆膜出现针孔（FVC 厚膜型涂料除外，它易出现这方面的弊病），甚至漏涂的弊病；②性价比极高；③大多一次性成膜，省时省力；④耐磨性佳并可形成防滑面；⑤附着力强；⑥电阻率屏蔽佳。

厚膜型涂层较之于一般涂装防腐的优势在于：①物理屏蔽更佳，抗渗性能更好；②防腐性能更佳；③钝化缓蚀作用。

更加详尽的"厚浆型涂层衬里"之"耐温耐蚀内防腐涂料"的介绍、分类、应用、选择建议请参考本书第 3 章详细介绍。

2. 商品级鳞片胶泥/涂料衬里

鳞片胶泥/涂料是指以耐腐蚀热固性合成树脂（如环氧树脂、聚酯树脂、乙烯基酯树脂等）为主要胶料，以具有规定粒径的薄片状固体填料（外观形状似鱼鳞，故称之为鳞片）为骨料，以多种功能性助剂为添加剂，经过特定工具混配成胶泥状或厚浆型涂料状防腐蚀材料。鳞片胶泥/涂料衬里是指鳞片胶泥/涂料经专用设备或工具按规定的施工作业程序将胶泥状或涂料状鳞片防腐蚀材料涂覆在经处理的待防护设备或设施基体表面而形成的衬里防腐蚀保护层。

更加详尽的"商品级鳞片胶泥衬里"的介绍、分类、应用、选择建议请参考本书第 4 章详细介绍。

3. 纤维增强塑料衬里

纤维增强塑料衬里防腐是以热固性树脂为基体树脂，以连续状材料（多为玻璃纤维）

为增强材料的混凝土或碳钢纤维增强塑料内衬的"衬里重防腐"形式。根据基材不同也可表现为：混凝土（水泥基材）纤维增强塑料衬里、碳钢纤维增强塑料衬里、塑料纤维增强塑料衬里等。还有其他基材，但实践中以这三种基材居多。

更加详尽的"纤维增强塑料衬里"的介绍、分类、应用、选择建议请参考本书第5章详细介绍。

4. 砖板衬里

砖板衬里是在金属或混凝土等设备的内壁，采用胶泥衬砌耐腐蚀砖板等块材，将腐蚀介质同基体设备隔离，从而起到防腐蚀作用。砖板衬里防腐是典型的"衬里重防腐"和无机材料防腐复合防腐方法，随着新技术和新材料的发展，现如今的砖板衬里胶泥、隔离层、砖板的选择已经非常丰富了，在"衬里重防腐"领域，砖板衬里是非常重要的措施之一。

更多关于耐酸砖、天然耐酸石材、耐酸工业陶瓷砖/板、铸石板、不透性石墨板、宾高德玻璃砖、碳化硅砖/板等耐蚀砖板及其设计选材的介绍，更多有关乙烯基酯树脂胶泥、不饱和聚酯树脂胶泥、水玻璃胶泥、呋喃树脂胶泥、环氧树脂胶泥等耐蚀胶泥及其设计选材的介绍，衬里结构的选择、对基体设备的要求、砖板衬里结构设计、隔离层材料的选择、砖板衬里的施工、砖板衬里工程的质量控制的介绍，请参见本书第6章，此处不赘述。

5. 复合衬里

典型的复合衬里有以下几种。

1）鳞片胶泥/纤维增强塑料复合衬里重防腐

这种复合方式主要出现在现场防腐工程领域。胶泥多为玻璃鳞片胶泥，实践中多以环氧树脂纤维增强塑料/环氧树脂玻璃鳞片胶泥和不饱和乙烯基酯树脂纤维增强塑料/乙烯基酯树脂玻璃鳞片胶泥两种居多。针对混凝土基材、碳钢基材的纤维增强塑料衬里，在介质接触面，辅以玻璃鳞片胶泥增加抗渗、耐磨、耐蚀功能的复合"衬里重防腐"形式。这种复合衬里结合了玻璃鳞片胶泥的抗渗效果佳和纤维增强塑料整体强度耐冲击性能优异两者的特点。更多详细介绍见本书第4.7.9.1节。

2）涂装/纤维增强塑料复合衬里重防腐

这种复合方式主要出现在以下场合：①户外耐候性要求较高的整体纤维增强塑料管、罐、塔、器等；②耐有机溶剂或其他易对纤维增强塑料产生溶胀的溶剂的池槽、管、罐衬里，以第①种居多。这种复合方式结合了纤维增强塑料高强、耐蚀等优势与涂装耐候、美观、耐溶剂等特种功能。

定义：以涂料对整体纤维增强塑料设备进行外部涂装，起到耐候、美观、区别划分等功能，或在纤维增强塑料衬里或纤维增强塑料耐蚀内表面层涂刷特种涂料，有助于纤维增强塑料耐蚀层抗有机溶剂等的渗透、溶胀等腐蚀的复合"衬里重防腐"形式。

优点：①相比全部采用纤维增强塑料防腐，该复合方法的耐候性、美观性或耐蚀层的耐溶剂溶胀等功能更佳；②相比全部采用涂装防腐而言，提供了更好的强度（乃至作为整体材料或构件使用）、长期耐腐蚀性能、耐温、耐冲击性能等。

不足：①施工时原材料的准备烦琐，现场工人容易弄错；②耐蚀层再去做涂料涂装，不但需要等纤维增强塑料固化较为完全，而且必要时还要进行二次基材（复合材料基材）

处理，才可以涂装，作业较为麻烦；③部分涂料和纤维增强塑料的附着力不佳；④增加成本；⑤添加了液蜡的耐蚀面层，如需再涂装，还需要刨掉表面液蜡，作业麻烦。

常见选择的涂料种类：①耐候性要求的涂料：氟碳涂料、聚氨酯涂料、聚酰亚胺涂料、丙烯酸聚酯涂料等；②美观装饰要求涂料：丙烯酸涂料、聚氨酯涂料等；③耐有机溶剂溶胀等特种功能涂料：聚氯乙烯萤丹涂料（不耐含苯环类的溶剂）、无机富锌涂料、聚硅氧烷涂料、杂化涂料、共聚物涂料等。

6. 其他"衬里重防腐"表现形式

典型的有：碳钢基材的热塑性塑料衬里、碳钢基材的橡胶衬里、聚合物乳液水泥砂浆衬里（如氯丁胶乳砂浆衬里）、聚合物混凝土（默认厚度大于13mm）整体抹面材料及衬里等。其中，衬塑和衬胶时用到很多，但由于不是本书主要阐述的内容，故在此书中不作详细介绍。

第 2 章

防腐蚀衬里施工之"广义基材处理"

2.1 "广义基材处理"概述

"狭义"的基材处理一般仅仅指的是以机械或手工动力工具进行混凝土、碳钢等表面的处理,使其表面清洁并具有一定的表面粗糙度,以满足后续涂装、防腐蚀衬里等施工操作。

但是现实中,经常出现混凝土基材本身的质量不到位,金属基材本身质量缺陷等问题,也会遇到不锈钢等非碳钢的金属基材,此时涉及基材表面处理的要求和内容更宽泛,有鉴于此,本书引入"广义"基材处理的概念,指的是包括但不限于"狭义"基材处理、基材修复、基材测试评估、环境检查等更宽泛内容的基材处理与控制。

对基材处理的质量以及施工水平直接影响后续防腐蚀衬里工程质量和使用年限。实际经验表明,相当部分的防腐衬里工程的失效都是来自基材表面处理的不到位或不合格。

广义基材处理的对象基材有:金属基材、混凝土基材、旧漆膜或衬里基材、木材和塑料等特殊基材,现场防腐蚀衬里遇到最多的是碳钢基材、混凝土和水泥砂浆基材,偶尔也会遇到木材、不锈钢基材。

综合而言,这些基材主要涉及以下一种或几种物质:①氧化皮、铁锈。氧化皮和铁锈是碳钢基材上主要需要清理的对象,一般都是暗红色或红黑色物质。②钝化膜层。③可溶性盐、锌盐等。金属基材被腐蚀后会因环境氛围不同可能生成并残留在金属基材表面一些硫酸亚铁、氯化亚铁、硫酸锌、碱式硫酸锌、氧化锌、氯化锌等盐类物质。④焊烟、焊渣等。金属基材一些前道工序遗留的基材表面缺陷,也是进行防腐蚀衬里施工前必须有效清理的。⑤粉笔记号、油脂、污渍、灰尘、磨料以及其他杂物等。⑥旧涂层、旧衬里。⑦疏松起砂的混凝土层。⑧树脂蜡、树油。⑨基材中超标的水分。

广义基材处理的目的有三:①基材处理和加固。金属基材结构在进一步表面处理前须进行必要的结构处理,如锐角的打磨、倒角的磨圆、飞溅的去除、焊孔的补焊及磨平。这些问题对防腐蚀衬里的完整性、附着力有很大影响,因此在除锈前必须进行处理。如果是混凝土基材,也需要在基材处理前进行结构处理,如孔洞裂缝的填充、空鼓的处理等。混凝土表面起砂(往往是水砂比不合格导致)、强度不足等,也需要渗透加固再进行基材处理。②基材表面清理。除去金属、混凝土表面对防腐蚀衬里有损害的物质及水分。③基材表面粗糙化。基材表面清理需要达到一定的表面粗糙度,可大大增加防腐蚀衬里的接触表面,并有机械吻合作用,提高衬里层,尤其是底漆对底材的附着力。

金属基材广义基材处理的通常程序如下:结构处理→除油脂→除盐分→清除氧化皮、

锈蚀物、旧漆膜、旧衬里及其他污物→表面清洁（需形成粗糙度）→底涂施工前的环境维护。根据处理方法的不同，还可能涉及一些诸如磷化等工序。

混凝土基材广义基材处理的通常程序如下：结构处理和加固→除水（干燥）→清除杂物、旧漆膜、旧衬里及其他污物→表面清洁（需形成粗糙度）→底涂施工前的环境维护。根据处理方法和混凝土基材状况的不同，还可能涉及一些诸如二次加固和水泥基渗透固化等工序。

2.2 "广义基材处理"方法与分类

金属基材处理方法主要有：机械清理、手工除锈、抛丸除锈、滚筒磨抛清理除锈、动力工具除锈、喷砂除锈、湿喷砂除锈、高压水枪喷射清理、化学与电化学处理（除油、浸泡酸洗、电化学酸洗、自动喷射酸洗、酸洗膏除锈、钢材表面氧化钝化磷化处理）、火焰除锈、有色金属的表面化学清理、有色金属的表面氧化处理。混凝土基材处理方法主要有：机械清理、手工清理。以下主要介绍现场防腐蚀衬里基材用得最多的三种方法。

2.2.1 手工工具清理

用手工铲刀、钢丝刷等进行基材表面预处理的方法叫手工清理。用于小面积的部位以及不需要进行喷砂处理的地方。手工清理可以去除金属基材的氧化皮、铁锈、松散的旧漆膜或衬里，可以去除混凝土基材的杂物，但对于附着牢固的氧化皮、铁皮、旧漆膜或衬里、混凝土上牢固的附着物则无能为力。

手工清理的工具有榔头、尖锤、铲刀、刮刀、钢丝刷、砂纸等，劳动强度大，环境恶劣，人工费用高，效率低，一般 $0.2\sim0.5m^2/h$，难以达到规定的清洁度和粗糙度，已逐步被机械方法和化学方法所替代。但对局部缺陷的修补、机械清理难以达到的部位，常采用此方法，因此说它多作为辅助清理手段。

2.2.2 动力工具清理

用机动钢丝刷、打磨机械等工具进行金属、混凝土表面预处理的方法叫动力工具清理。大面积处理效率更高。动力工具和手动工具相似，但需要使用诸如电或压缩空气等能源。动力工具有很多种形式，但基本上可以分为三种：来回摆动的撞击工具、旋转冲击和切割工具、打磨工具。

典型的动力工具有动力角向磨光机、动力钢丝刷、动力砂轮片（打磨）、动力针枪（锤击）、动力敲锤、动力齿型旋转打磨机等，属于半机械化设备，工具轻巧、机动性大，清理彻底，对基材拉毛形成粗糙度，效率比手工清理大大提高，可达 $2m^2/h$。

动力工具清理可以除去金属基材上所有松散的氧化皮、铁锈、旧漆膜或衬里，也可去除混凝土基材上的大部分有害杂物，但遇到特殊牢固的附着物时，效果还是一般，尽管可以在基材表面形成一定的粗糙度，但粗糙度较小且不均匀，相比机械喷射处理方法不能达到最理想的基材表面处理质量。

金属基材的手工和动力清理的表面除锈等级以 St 来表示。

常用的动力工具有：电动或风动砂轮、电动砂纸盘、电动旋转钢丝盘（刷）、电动针枪、气铲、电动笔形钢丝刷、电动锥形小砂轮等。

2.2.3 喷射清理

1. 喷砂

喷砂处理是利用压缩空气为动力使磨料经过特殊的喷嘴，以一定速度喷向基材表面的处理方法。磨料多为钢丸、钢砂、石英砂等，有时也称喷丸处理。喷砂处理和下文的抛丸处理都可获得均匀粗糙度的理想清洁的表面质量。金属基材的机械喷射表面除锈等级以 Sa 表示。

喷砂（丸）设备包括敞开式喷丸（砂）除锈机、密闭式喷丸（砂室）、真空喷丸（砂）机。敞开式喷丸（砂）除锈机在现场防腐蚀衬里施工时应用较为广泛，能彻底清除基材表面所有的杂质、旧漆膜或衬里，效率高达 $5m^2/h$。但磨料回收难以及现场作业环境污染严重，近年来使用环保压力越来越大，也给水喷砂、高压水射流等其他处理方法带来了更多机会。

喷砂过程中，压缩空气由空气压缩机提供，空压机的排气压力一般在 0.8MPa 左右，因为喷砂机的工作压力不宜超过 0.7MPa，但一般空压机和喷砂机会相隔一段距离，压缩空气在软管中会有压力损失。在喷砂过程中，喷砂机的工作压力要始终保持在 0.65～0.7MPa 之间，低的压力导致低的工作效率。空压机的实际排气量一般都会小于理论排气量，对于喷砂这种空气消耗量大的作业来说，一般需要配备较大的空压机。一般而言，空压机的额定排气量应该是喷嘴需要的压缩空气消耗量的 1.5 倍。大工作量喷砂时，需要较大的储气罐。压缩空气需要经过油水分离器、气水分离调节器或空气净化器，以此除掉压缩空气中的水分、油污和各种碎屑。

喷砂设备系统由喷砂罐（砂缸）、空气软管、接头、喷砂软管、喷嘴、阀件和控制器等组成。喷射（丸）系统一般包括三个部分：喷砂（丸）系统、回收系统、除尘系统。

喷砂处理的具体方法又分为扫砂、局部喷砂、真空喷砂、湿喷砂、水/磨料喷砂。扫砂是以磨料快速喷扫表面，目的是清除表面污渍，松动漆膜，或使硬漆面粗糙而加强新涂层的附着力。扫砂的磨料一般 0.2～0.5mm 最为合适，应持枪械对着表面扫射，距离拉长些，这样不至于过分破坏表面。然而，扫砂之后的表面通常已经受到伤害，往往要求进行底漆的封闭。局部喷砂是对小块面积的锈蚀进行喷砂处理。在实际操作中，往往周围漆膜会被磨料割破松脱，这时需要用砂纸把周围松动漆膜除去，并打磨成一定坡度。这一点非常重要，尤其是在修补涂装时。真空喷砂是利用压缩空气引射，将真空室内空气抽去，使用与真空室相连的吸砂管与喷枪罩内产生的负压差，从而将喷枪内喷出的磨料和除下的铁锈、旧漆膜等一起吸入真空器内。真空喷砂最大的优点是不污染环境，对已安装好的仪表、设备等不会带来损害。湿喷砂是在磨料中加入一部分水，以全湿的磨料喷射到被处理表面，优点是可减少尘埃飞扬、去除盐分，但易返锈，因此常在水中加入一定量的缓蚀剂。水/磨料喷砂是水中加磨料，而非磨料中加水。

　　喷砂用的磨料有很多种，可分为两大类，一类是非金属质（矿物质）或矿渣磨料，另一类是金属质磨料。金属磨料主要有铸铁砂、低碳钢砂、钢丝段、钢砂、钢丸等，使用较多。非金属磨料主要有石英砂、陶瓷砂、石榴石、橄榄石、十字石、铜矿渣、铁矿渣、镍矿渣、煤渣、熔化氧化铝渣等，多为一次性使用的磨料。混凝土基材喷砂多用非金属磨料，不锈钢表面喷砂则必须用石榴石等非金属磨料。使用不同的磨料，喷射后钢材表面的色调存在一定的差异。黑色调的磨料喷射后钢材表面比用石英砂喷射后的表面灰暗。在喷丸（砂）、抛丸清理中，表面清理速度和粗糙度主要取决于所用磨料的性质。选用的磨料范围很宽，应根据实际应用需要选择磨料。

　　2. 抛丸

　　抛丸处理是利用抛丸机抛头上的叶轮在高速旋转时所产生的离心力，把磨料以很高的线速度射向被处理的基材表面，产生打击和磨削作用，一般金属基材用到，混凝土一般不用。抛丸处理可除去基材表面的氧化皮和锈蚀，并产生一定的粗糙度。抛丸处理效率很高，广泛用于车间钢材预处理流水线，也可用于储罐以及混凝土地坪的现场施工基材处理，但使用不如喷砂处理多。

　　抛丸处理在密闭条件下进行，有吸尘装置、自动化涂漆，效率高，优点有：①按钢材用途可清理至一级规格，并可获得均匀的完工表面；②封闭式作业，无粉尘飞扬；③适用于5mm以上的钢板、宽扁钢和型钢；④速度快，工作效率高，质量稳定。

　　抛丸用的磨料有铁丸、钢丸、棱角砂、钢丝段等，也可混用磨料，直径以在0.8～1.5mm为宜。抛丸密度由抛射量和钢材输送速度来决定。

　　3. 高压水喷射

　　也叫高压水射流处理。利用高压水射流的冲击作用（也可添加磨料起到磨削作用）和水楔作用破坏锈蚀、涂层或衬里对钢板的附着力。

　　高压水喷射清理主要用于工业和海洋工程中的涂装维修工作，是一种环保、经济的新型表面处理手段，其特点：①无灰尘，环保；②不损伤钢板，除锈效率高，可达15m²/h以上；③方便、快速、经济地回收清理物；④除锈、除旧漆膜方便，成本低；⑤有效除去可溶性盐分。该方法的缺点是容易闪锈，因此常在水中加入一定量的防闪锈剂。如需产生一定的粗糙度，则需在高压水中增加磨料。

　　其他化学与电化学处理方法、钢材表面的磷化处理、火焰处理等在现场防腐蚀衬里施工时使用较少，这里不作更多介绍。

2.3　混凝土基材"广义基材处理"

　　混凝土是由水泥、砂石填充料经水化过程形成的建筑材料，与钢材不同，新浇筑的混凝土表面呈碱性，与金属材料相比其机械强度要差很多，具有多孔性，同时孔隙中又含有水分。如果不经过处理就进行涂装或防腐蚀衬里施工，则这些碱性物质、毛孔、表面的油污物以及水分等都会影响到防腐层和混凝土基材的粘结，同时还会造成起泡、脱壳、龟裂等一系列工程质量问题。因此，水泥、混凝土类基材在进行防腐蚀施工之前，也必须进行与钢材表面相类似的表面预处理。而表面预处理的方法也与钢材表面预处理的方法类似，原理相同。

混凝土的"广义基材处理"包括以下几个方面：①平整度、坡度；②混凝土基材的强度、密实性、表面缺陷；③含水率；④表面处理前后的要求；⑤施工条件和环境检查。

2.3.1 混凝土基材"广义基材处理"具体要求

第一部分：混凝土基材的平整度、坡度、粗糙度方面的要求。

（1）混凝土表面的平整度，采用2m直尺检查，应符合下列要求：①当防腐蚀衬里层厚度不小于5mm时，允许空隙不大于4mm；②当防腐蚀衬里层厚度小于5mm时（涂料衬里厚度在此之列），允许空隙不大于2mm。

（2）混凝土平面的坡度必须进行检测并符合相应要求，其允许偏差应为坡长的±0.2%，最大偏差值一般不得大于30mm。可采取仪器或者泼水试验检查。

（3）混凝土基材表面处理后的粗糙度要求均匀，进行涂料衬里作业时表面粗糙度不小于30μm，进行纤维增强塑料衬里、鳞片胶泥衬里、砖板衬里作业时表面粗糙度不小于70μm。

第二部分：混凝土基材的强度、密实性、表面缺陷方面的要求。

（1）防腐蚀衬里工程中，混凝土基材强度一般不小于C20，重要部位和特殊部位要求更高。强度不符合要求，防腐层固化后会拉开基面，造成剥离。强度达不到要求时应进行处理，直至达到要求再进行基材表面处理。

防腐蚀工程的基层属于隐蔽工程。基层质量的好坏直接影响防腐蚀工程的质量，基层的强度是衡量基层质量好坏的一个重要指标，如果强度不合格，即使防腐层施工的质量很好，"皮之不存，毛将焉附"，一旦基层疏松或形成裂纹等都会导致防腐层的破坏，所以防腐蚀衬里施工前应认真检查基层的强度，以防患于未然。可以通过检查水泥强度等级、混凝土强度试验报告及现场测定。混凝土基材强度的测定可采用回弹仪测定法、钻芯测定法、后装拔出测定法和超声测定法，现场一般采用回弹仪进行测定，也可以用小铁锤轻轻敲打地面进行简单判定。

水砂比不合格，水泥含量过低，砂过多，是目前混凝土基材质量不合格的最普遍的原因，非常常见，这种混凝土或水泥砂浆地面如处理不当和封闭底漆使用不足，在进行涂装和防腐蚀衬里施工之后，极易出现涂层或衬里与混凝土基材脱壳现象，这也是混凝土基材防腐蚀衬里工程质量事故占比最多的原因。

（2）混凝土基层应密实，不得有裂纹、脱皮、麻面、起砂、空鼓等现象，不得有地下水渗漏、不均匀沉陷。

（3）严禁地下水渗漏、不均匀沉陷；不得有起砂、脱壳、蜂窝麻面等现象；敲击时声音清脆，一般磨刮不轻易留深痕，表面上下一致，无明显松散，用小锤敲击，无空壳声，表面检查，无较大面积裂缝，无龟裂现象。

（4）经过养护的找平层表面不得有白色析出物，不得出现裂纹、脱皮、麻面、起砂、空鼓等缺陷。

第三部分：混凝土基材的淌水、含水率方面的要求。

（1）混凝土基层必须干燥，在深度为20mm的厚度层中，含水率不应大于6%；当采用湿固化型材料时，含水率尽管不受6%限制，但表面也不得有渗水、浮水、淌水及积水。

（2）混凝土需要保证养护时间。一般来说，夏季晴天通风良好时的楼面两周养护期就可以了，水泥砂浆地面则需要至少三周；冬、雨期养护时间应更长些，一般至少需要一个月左右。

重点谈一下含水率的问题。混凝土基层的含水率也直接影响防腐蚀工程的质量，一般情况下，如果含水率过大，既会影响防腐层的施工，又会影响施工的质量。工程一旦投入使用，遇热后水分蒸发，使防腐层起鼓甚至脱落，从而损坏防腐层，但在有些情况下，如使用湿固化环氧树脂固化剂固化的环氧树脂纤维增强塑料层或隔离层及整体面层，其基层的含水率对纤维增强塑料固化性影响不大，可不受限制。相关施工规范对此已有详细规定，当设计对湿度有特殊要求时，应按设计要求进行。因此，防腐蚀衬里作业单位首先应向甲方或业主了解混凝土基材已养护多久了，养护期间的天气状况如何，有没有施工防水层，并现场了解具体情况。混凝土含水率测量尽量选择底层、靠近门窗或外墙处，也可选择混凝土浇筑完工后沾过水的地点、落水管、排水沟等附近。

混凝土含水率的测定实际施工中使用较多的还是便携式含水率测定仪法和塑料薄膜覆盖测定法，前者为定量方法，但仅仅是测定某一点混凝土浅表层的含水率，后者为定性方法，测定区域内深达5cm深度的内部含水率。破坏性现场取样称重再计算绝对百分比含水率，尽管是最准确的方法，但实际工程施工中并不常用，只有在仲裁时才可能会用到。

便携式含水率测定仪利用了高周波原理，即电磁波感应原理，符合ASTM F2659-10（2015）。它的内部有一个被标定物的固有频率，被测物水分不同，电阻不同，通过传感器传入仪器内的频率不同，两个频率之差，经过频率电流转换器转换成数字显示，就是最终的百分数含量的含水率。市面上常用的便携式含水率测定仪有CM系列混凝土含水率测试仪（爱尔兰Tramex公司商品）、Sainamaster多功能水分测量仪（北京塞纳华瑞公司商品）等。由于电阻、电磁波等信号受到基材温度的影响，所以实际便携式含水率测定仪的测定结果受到多方面因素的影响。

塑料薄膜测试法（ASTM D4263-83，2005）具体操作是：在混凝土地面选择大约45cm×45cm区域，此区域应无阳光直射或加热情况，清理干净后铺设塑料薄膜，放置至少16h后，揭开塑料薄膜，如果塑料薄膜背面出现凝结水，或混凝土变暗，则说明基材太湿，不宜进行防腐蚀衬里施工，需要再干燥和养护或者使用防潮型底漆打底。这个方法只可获得定性的混凝土基面含水率，经验影响大。

各种混凝土干燥、降低含水率的方法要根据现场环境决定，以方便、快速、安全、实用为选择标准，需要特别注意的是强制性干燥混凝土降低含水率，不能降低或者影响混凝土的强度，不能因为强制性快速干燥导致混凝土开裂、粉化等次生质量问题。

以上所讨论的混凝土基材含水率是在混凝土做好防水层基础上测试及含水率太高时的解决办法。如果没有实施防水层，混凝土底下的局部水压力（静态力、渗透压等）大于混凝土自身强度时，也会造成最终防腐蚀衬里起鼓脱落。解决无防水层的混凝土局部水压造成的防腐蚀衬里脱层缺陷，要采取两种措施，一是必须进行混凝土止水；二是无渗水后除水，且每一次除水后必须进行含水率测量，直至含水率低于6%以下。

如果混凝土含水率高于6%，需要继续养护或干燥，等待含水率降低到符合要求时才能继续防腐蚀衬里施工。

如果混凝土含水率超出规定，甚至有浮水，但因为工期或者其他特殊情况又必须施工时，那么就要采取其他的措施去除水分，强制性地使得混凝土含水率降低到 6% 以下。去除水分的方法主要有以下几种：①通风措施。加强空气循环，加速空气流动，带走水分，促进混凝土中水分进一步挥发。②加热措施。提高混凝土及空气的温度，加快混凝土中水分迁移到表层的速率，使其迅速蒸发，宜采用强制空气加热或辐射加热。如热风、热蒸汽、火枪、太阳灯等方法提高水汽的蒸发量。直接用火源加热时生成的燃烧产物（包括水），会提高空气的露点温度，导致水在混凝土上凝结，不宜采用。③降低空气中的露点温度措施。用脱水剂、减湿剂、除湿器或引进室外空气（引进室外空气露点温度低于混凝土表面及上方的温度）等方法除去空气中的水汽。

第四部分：混凝土基材的质量要求和表面处理完毕后的要求。

（1）浇筑混凝土时宜采用清水模板，当采用钢模板时选用的脱模剂不应污染基层。

（2）防腐蚀衬里施工前，混凝土基层的阴阳角宜做成 45°斜面或圆角，当进行块材铺砌施工时，基层的阴阳角应做成直角。

（3）混凝土构件中，凡是穿过防腐蚀层的管道、套管、预留件、预埋件，都应预先埋置或留设。

（4）基层表面应清洁，在施工前，基层表面的处理应达到：手工或动力工具打磨时，表面应无水泥渣及疏松的附着物；喷砂或者抛丸处理时，基层表面应形成均匀的粗糙面；研磨机械打磨时，表面应清洁平整。

（5）在正式施工前，还必须用干净的软毛刷、压缩空气或工业吸尘器，将基层表面清理干净。

（6）对于基层裂缝，在刷底漆前应采用树脂砂浆或腻子填平修补，并充分干燥后才能进行基材处理和施工。表面疏松的混凝土基材地面，应采用无尘打磨机快速走一道，再采用大功率吸尘器尽量吸走灰尘，露出砂骨料，使用慢干型低黏度型底漆，让其充分渗透基材，形成一个界面层的锚固基材层。

（7）混凝土基层的 pH 值不宜大于 10，有些部位甚至尽量小于 8，以呈中性为宜。当采用耐碱的涂料时，基层的 pH 值可不受上述限制。混凝土表面不应有水泥皮、油污或其他化学药品的污染，否则应进行相应的处理。

（8）对已被油脂、化学品污染的基层表面和改扩建工程中已经被侵蚀的疏松的基层，先要进行预处理；严重的基层表面已被介质侵蚀，呈疏松状，甚至有高度差时宜采用高压射流、喷砂或机械洗刨、凿毛机械处理，乃至需要采用对混凝土无潜在危险的相应化学品予以中和，再用清水反复洗涤，或者使用洗涤剂、碱液或溶剂等洗涤，或者采用火烤、蒸汽吹洗等方式，但前提是不得损坏基层。

（9）在遇到不平整或凹凸处或破坏处时，需要在施工前进行修补，根据缺陷处的大小，使用细石混凝土、树脂腻子、树脂胶泥、树脂砂浆来修补，修补至少需要达到基材找平效果（找坡是另一回事），修复养护后再按照新的基层进行处理。

（10）整体防腐蚀构造基层表面一般无需找平，必须进行找平时，还需要注意：①尽可能采用树脂砂浆、树脂胶泥、树脂腻子或树脂聚合物水泥砂浆找平。②细石混凝土找平时，强度等级不小于 C20，厚度不小于 30mm。③一般不用水泥砂浆找平，一者强度难以保证，二者需要再次养护半个月以上。当实在没其他条件而采用此方法时，应先涂一层混凝土界面处理剂，再按照设计厚度找平，且水泥砂浆找平后之表面应压实、抹平，不得拍打，进行半个月以上的养护之后，再进行粗糙化处理。④经过养护的找平层表面严禁再次出现开裂、起砂、脱壳、蜂窝、麻面等缺陷。

第五部分：混凝土基材防腐蚀衬里施工的条件和环境方面的要求。

（1）防腐蚀衬里施工环境温度以在 10~35℃ 为最佳。

低温时固化速度变慢，不易施工。高温时，配好的胶料在容器里会蓄、积反应热，固化变快，可使用时间变短，来不及施工。

（2）防腐蚀衬里施工环境湿度应低于 85%，有些甚至要求 80% 以下。

施工环境潮气重，底材表面易结露，环氧类材料施工时易出现"胺析"结霜泛白，造成后道涂膜或衬里附着力不佳。另一方面，在打底后，湿度过大，底漆未干前表面易结露（有一层水膜），造成表面缺陷。当面漆或面涂施工时湿度过大，最终容易造成面涂光泽低、发雾、发白、发黏、油点、硬度低等缺陷，施工质量大为下降，甚至需要返工。所以，要特别避免在低温高湿环境下施工，尽可能避开梅雨季节施工。当湿度过大时，在密闭空间内用除湿机或空调除湿是十分必要的。

（3）除基材的检查外，其实其他很多细节的检查且合格也很重要。如门窗是否已完好，屋面和水管等是否有漏水隐患，照明、电力等设施是否齐备，多看天气预报（预判施工期的天气状况）等。

（4）不同强度等级的混凝土采取的表面处理方式有别，主要有：打磨、铣刨、研磨、抛丸、喷砂、水喷砂、高压水射流。混凝土基层强度等级越高越需要采用强度等级更大的清理方式。

（5）涉及基材表面处理有关的施工注意事项还有一些：

① 对于表面光滑，硬度、强度均很好的混凝土或水泥地面（包括硬化耐磨、水磨石、大理石等），本身强度很高，接下来的关键是如何保证涂层与底材的附着力。这种情况下，为增加粗糙度，基材一定要打磨，而且一定要采用硬质、带有金刚粒子的刀具，打磨后要达到表面具有均一的粗糙度，然后清除灰尘，薄涂一道封闭底漆作为连接层。注意：如封闭底漆层太厚太光，且间隔时间长后再涂后道漆，可能出现后道漆与底漆的层间附着力弱等问题，所以通常刷好底漆后，会在其上面撒一层细砂，人为制造一个粗糙面。

② 对于油污地面比较头疼，不彻底处理好，工程质量肯定有问题，要处理好，代价又太大。对油污地面，处理方法不外以下几种：铣刨机彻底铣除（很费力，尤其是大面积时）、采用专业除油剂（成本高）、局部油污采用火枪烧除、采用稀释剂（治标不治本，深层的油渍无法清除）、酸洗（大部分情况下效果很好，但是先酸洗再水洗再烘干或自然干燥，这样一来，成本和工期往往又大受影响）。

③ 采用低黏度流动性好的底漆能对一些基材不良处起到一定的修复封闭作用，对大的裂缝，一定需要预先进行勾缝处理。常用的底漆都是无溶剂型的（如为溶剂型的，则稀释剂也都为活性稀释剂），黏度低，附着力强。如果采用溶剂型的底漆，一定要等底漆中的溶剂挥发后才能进行中间层涂料或砂浆或防腐蚀衬里层施工。

④ 底涂施工不要追求速度，尽量使用镘刀均匀镘透基材，一定要渗透饱和，用量必须均匀达标，不要追求低成本或快速施工，看到底漆表面通体发亮基本可认为达标了，没有发亮处说明未达饱和状态，必须补涂底漆，但切忌形成光滑的镜面，不要过厚，以免影

响中间层涂料和底漆间的层间附着力，如万一形成镜面，需要进行打磨。

2.3.2　混凝土基材渗透加固剂

本书 2.3.1 节中反复强调混凝土基材的强度、密实性，也提及强度和密实性不合格时需要采取修复措施。本节主要阐述除常规树脂砂浆或腻子填平修补等方法之外的方法，也是目前市面上大量流行的加固处理措施。

水泥类基材一般由水泥、砂（细骨料）、石子（粗骨料）、矿物掺合料、外加剂等按一定比例混合后加一定比例的水拌制而成，固化后内部有一定的孔隙，具有很好的热胀冷缩的能力，吸水、透气，但同时腐蚀介质也能通过其孔隙进入水泥基材的内部，进而破坏基材。孔隙太大，甚至地面起砂都会导致最终水泥基材的强度不足，最终因防护层和基材的粘结强度不足而脱落掉。因此有必要对基材进行渗透加固。

水泥基材的加固剂，即水泥地面起砂、强度不足的加固处理剂，目前主要分成两类，一类是油性的，另一类是水性的，后者使用更多。

1. 油性渗透加固剂

油性渗透加固剂和 2.3.1 节所述采用混凝土基材封闭底漆是同一概念，该类加固剂主要是低黏度树脂类产品，通过高分子材料的自聚作用将低强度的水泥地面固化成为一个密实、坚固的整体。这种产品渗透性较强（一般可以渗透 1～3mm），施工简单，防水防油，防尘效果非常好，而且比较持久。常用的热固性树脂有：环氧树脂（需添加稀释剂）、不饱和聚酯树脂（一般也会添加苯乙烯等稀料）、乙烯基酯树脂、聚氨酯树脂这几类。低黏度环氧树脂再添加活性稀释剂，用来作为油性渗透加固剂的较多。

这类油性渗透加固剂的共同特点是：①黏度低，分子量较小，易于渗透；②极性高，与混凝土基材的粘结都较好；③多采用活性稀释剂。油性渗透剂相比水性渗透剂而言，连同水泥基材一起固化的深度要浅一些，一般只有 1～3mm，但这层固化物一般韧性较之水性渗透加固剂固化的水泥加固层要好很多。油性渗透加固剂使用的地面主要有：①起灰、起砂的混凝土地面、水泥砂浆地面；②起灰的水磨石地面；③起灰的金刚砂地面；④起灰的水泥自流平地面。

施工时的基面要求：①保证地面完全干燥，无油类污染；表面若有油漆、胶水等污物，必须完全铲除。②新施工混凝土表面的低强度泥浆必须去除，方法有打磨、硬毛刷加水洗刷等。③正式涂刷油性渗透固化剂前，地面砂尘必须清理干净，最好使用吸尘器吸尽砂尘。

施工时使用中长毛滚筒直接滚涂，滚涂时按顺序进行，以避免漏涂或同区域多次重涂。根据地面起砂严重程度，需要滚涂 2～4 遍，直至地面颜色完全变深（类似干燥的水泥地面用水浇湿后的颜色）为止，用量约 0.3～0.5kg/m²。完工后养护 12h 即可投入正常使用，完工 15d 左右达到最佳效果。起砂严重的区域（一般干得比较快）应适当加大材料用量。由于是油性树脂类渗透剂，因此最终的固化时间和效果受到温度的影响较大，环境温度高，养护时间就短。

2. 水性渗透加固剂

水性混凝土渗透加固剂就是目前行业内采用的混凝土密封固化剂。

它是一种活性的无色透明化学水性制剂，由无机物、化学活性物质和络合物组成，主要成分是一种水性无机硅酸盐复合液体材料，由甲、乙两种组分构成。它是以活性硅酸盐为核心技术的聚合溶液，通过充分渗透，其有效成分能迅速地与混凝土中的游离钙发生化学反应，生成结晶胶体填充结构空隙，增加结构的致密性，使得混凝土表层形成一个坚如磐石的密封实体，极大地提高混凝土结构表层的强度和耐磨性。根据地层孔隙率的不同，水性混凝土密封渗透加固剂能有效渗透水泥基地面内部3～10mm。

水性混凝土密封加固剂的原理是：水性渗透加固剂通过表面毛细孔渗入到表层内部，水性渗透加固剂的主要成分硅酸盐与混凝土中大量的半水化水泥、游离石灰、钙发生化学反应（持续反应时间约为60～90d），产生晶状硅钙凝胶，而这种硅钙凝胶正是水化水泥最终凝固和粘合成混凝土的主要成分，是一种永久性的多聚硅酸盐的凝胶。这种永久性的凝胶具有以下作用：①硅钙凝胶填满了表层的孔隙，有效增加结构密度，大大增强混凝土地面表层的硬度和耐磨性；②大量减少地面表层未完全水化反应的水泥和石灰，彻底解决混凝土地面的起尘问题；③大大减少地面表层结构水分流动的路径，有效阻止水和化学物质的渗入，提高了混凝土地面抗水和抗化学物质腐蚀的能力；④由于混凝土地面表层结构致密，使得混凝土地面经过自然摩擦或打磨处理后，容易产生较高的光泽，看起来更加光亮和美观。

它的优点：①任何情况下都不会染污、变色或者改变表面的质地；②阻止水分渗透、碱化、防尘、风化和腐蚀；③使用方便，对环境没有危害；④处理后，地面变得干燥、清洁，避免在各种地坪漆之前需要底漆或者中间层涂料；⑤混凝土密封加固剂在混凝土上不是涂层，因此它不存在脱落、磨损及老化等问题；它也不是用固体去填充混凝土的空隙，而是通过充分渗透到混凝土中去，产生化学反应改变混凝土的结构，在三维空间状态下形成一个全新的整体结构，使其永久密封、硬化、防尘，同时增强了混凝土基材的强度。

水性混凝土密封渗透加固剂的发展经历了三代产品：第一代为硅酸钠，第二代为硅酸钾，第三代为硅酸锂。第三代产品在性能上与前两代产品相比，具有无比的优越性，它可以很大程度上降低或避免混凝土和耐磨地面的发丝状裂纹，它可以更大程度上提高混凝土和耐磨地面的抗压强度和耐磨性，它可以避免前两代产品出现泛碱发白的通病，在施工方面减少了清水冲洗基面的烦琐工序等。

3. 渗透加固剂和表面密封剂的区别

混凝土渗透加固剂与混凝土表面密封剂的区别在于：①前者参与固化，和表层下混凝土形成整体，后者在混凝土表面形成一层薄膜；②前者是一种"广义基材处理"，渗透深度通常在3～6mm之间，随着渗透加固深度的加深，加固处理的效果会越来越好，最终会使混凝土表层的密实度提高，从而提高混凝土表层的强度、硬度、耐磨性、抗渗性等指标；③后者仅仅是在混凝土表面形成封闭膜层，和基材的连接牢固度远不足，易受到外界因素的影响而遭到破坏。

2.4 金属基材"广义基材处理"

进行防腐蚀衬里的钢材，多为碳钢和低合金钢，这些黑色金属表面的腐蚀产物为氧化皮和铁锈，施工前必须除净，否则将严重影响防腐蚀衬里的质量和使用寿命。氧化皮、铁锈是黑色金属表面发生氧化作用而形成的腐蚀产物，由氧化亚铁、四氧化三铁、三氧化二铁组成。根据工件的材料厚薄、表面状态、加工的尺寸不同可采用不同的表面处理除锈方法，如喷砂法、抛丸法、化学法、手工法等。防腐施工前，钢材的表面应平整，把焊渣、毛刺、铁锈、油污等清除干净。

2.4.1 碳钢基材"广义基材处理"具体要求

第一部分：钢结构基层的一般要求。

①钢结构的安装工程已完成并通过验收；②钢材表面应平整、洁净，不得有焊渣、焊疤或毛刺等缺陷；③钢材焊缝应饱满，不得有气孔、夹渣等缺陷；④阳角的圆弧半径不宜小于 3mm。

第二部分：钢结构基层表面处理方法的要求。

①钢结构表面处理可采用喷射或抛射、手工或动力工具、高压射流等处理方法；②喷射或抛射处理等级、手工或动力工具处理等级均应符合现行国家标准《涂覆涂料前钢材表面处理 表面清洁度的目视评定 第一部分：未涂覆过的钢材表面和全面清除原有涂层后的钢材表面的锈蚀等级和处理等级》GB/T 8923.1 的规定；③高压射流表面处理质量应符合下列规定：a. 钢材表面应无可见的油脂和污垢，且氧化皮、铁锈和涂料涂层等附着物已清除，底材显露部分的表面应具有金属光泽；b. 高压射流处理的钢材表面经过干燥处理后 4h 内应涂刷底层涂料；④已处理的钢结构表面不得再次污染，当受到二次污染时，应再次进行表面处理；⑤经过处理的钢结构基面应及时涂刷底层涂料，间隔时间不应超过 5h。

第三部分：钢结构基层表面处理方法质量要求。

①经处理的钢结构基层表面应无焊渣、毛刺、铁锈、油污及其他附着物等杂质；②经处理的钢结构基层表面粗糙度应符合：涂料衬里时表面粗糙度不小于 $30\mu m$，纤维增强塑料衬里、鳞片胶泥衬里、板砖衬里时表面粗糙度不小于 $70\mu m$；③待防腐蚀衬里的钢结构基层表面除锈要求达到 Sa2.5 或 St3 级。钢材表面无可见的油脂、污垢、氧化皮、铁锈和油漆涂层等附着物，底材显露部分的表面具有金属本体光泽，任何残留的痕迹仅是点状或条纹状的轻微色斑。

2.4.2 非碳钢金属基材表面处理

1. 不锈钢表面处理

不锈钢本身具有一定的耐腐蚀功能，耐腐蚀的能力和不锈钢中的含铬量有关（形成以铬氧化物为主的钝化膜），常见的有铬不锈钢、铬镍不锈钢、铬锰不锈钢、铬锰镍不锈钢等，用途也很广泛。不锈钢比较敏感的腐蚀环境是氯化物水溶液、连多硫酸、高温高压水、高温高压碱溶液等。由于不锈钢在特定的腐蚀环境下也会腐蚀，或者与其他金属一起构成电偶电池，造成腐蚀，因此不锈钢的表面也需要进行涂装或防腐蚀衬里。

不锈钢表面处理的方法主要有磨料喷射、磷酸处理等。磨料多采用非金属类型（如石榴石），表面酸洗处理多采用硝酸加少量氢氟酸或者直接采用磷酸酸洗，但最好的方法还是以石榴石磨料进行扫砂处理。

富锌类底漆不宜用于不锈钢表面，因为会引起电偶腐蚀。

2. 镀锌金属表面处理

钢结构表面热镀锌后本身就具有很好的腐蚀保护效果，但在重腐蚀环境下，为了延长钢结构的使用寿命，还需要在镀锌碳钢表面进行涂装。镀锌金属的表面处理不同于一般碳钢的表面处理。镀锌钢是比较难以清洁和涂装的表面，因为锌是活泼的金属，一旦从镀槽中取出构件，只要一天就会起变化（和氧气反应），且产物能在一年中稳定下来，因此镀锌件需要在第一年进行特别的清洁涂漆。镀锌件表面涂装的多为环氧类、水性类涂料。

有三种方法常用于镀锌钢材的表面处理：磷化处理、磷化底漆和轻度扫砂。①磷化处理就是在镀锌件表面用磷酸溶液形成不活泼的磷酸盐涂层，但如果是富锌底漆，就不可进行磷化处理。②磷化底漆是一种用于中和表面氧化物和氢氧化物的涂料，起到刻蚀镀锌件表面的作用，非常薄，只有 $5\sim10\mu m$。磷化底漆不可打得太厚，否则多余的磷酸不能与镀锌表面反应，反而会影响后道涂层的附着力；磷化底漆适用于镀锌层形成比较长或已经放置相当长时间的镀锌钢材表面。③对镀锌层进行轻度的扫砂处理是比较好的处理方法，适用于"镀锌＋环氧漆"的重防腐涂装体系。在镀锌层表面进行扫砂时，要严格控制好工作压力，否则就会破坏镀锌层。扫砂处理时表面清除掉的氧化锌是少量的，轻微产生粗糙度（不宜超过 $50\mu m$）即可。可使用的磨料有小颗粒的铜矿砂或金刚砂，不能用钢质磨料，如钢瓦和钢砂等。

3. 铝材表面处理

大气环境中，铝表面会形成惰性氧化铝薄膜，在一般情况下，这层氧化膜不被破坏，是耐蚀的，但长期在户外环境下，会发生局部腐蚀。铝材的表面处理主要有电化学氧化法（阳极化法）、化学氧化法和磷化底漆三种。铝表面的底漆系统有锌黄环氧聚酰胺底漆、锌黄聚氨酯底漆等，然后涂以脂肪族聚氨酯面漆。最上层还可罩一层脂肪族聚氨酯清漆。

2.5 木材"广义基材处理"

最常见的连续纤维素木质材料就是木材，木材具有良好的耐候性，优异的耐热性和电绝缘性，质轻，有良好的强度，不会生锈，能耐许多有机酸以及中等浓度无机酸和碱的作用。

木制储槽和管道可在化工厂、纸浆和造纸厂、采矿及矿产工业、饮料和废水处理厂中使用；在酿酒行业中的酒的陈化、醋的制作及酸洗浸渍，啤酒以及食品的加工处理等，木制储槽还是有一定地位的；木制管道用来输送某些腐蚀性和摩擦性淤浆和废水，以及天然水，更具有它的优越性；当然，为了保护绿色资源，随着塑料工业的发展，已有部分木制设备被塑料设备取代。

木头中含有一定量的水，它的平衡湿气含量一般在 19% 以下；木头中还含有一定的油脂、松脂、单宁等化合物，特别是松质木材的含脂量更大。新木材含水量有时高达 39%～200%，此类木材，用于制作储槽制品时，干燥后会大量收缩，而且大量的湿气也会影响表面防腐层和木材基层的粘结强度。另外，经过一段时间后，含水率高的木材容易变形，会引起表面防腐层的破坏，因此在涂装或防腐蚀衬里作业前，需对木材进行处理。木材含水率常使用水分计进行测试，如使用 MC-10 型建筑水分计。

　　总体来说，木质基层表面及处理要求为：①平整、光滑、无油脂、无尘、无树脂，加工后的木材表面露出的节疤与裂缝，可用木胶或腻子补平；②将木质基层表面的浮尘清除干净；③木质基层应干燥，含水率不得大于15％，干燥脱水，分自然干燥和强制干燥，后者时间更短，一般数天或数周即可；④木质基层表面被油脂污染时，可先用砂纸磨光，再用汽油等溶剂洗净。

2.6　旧衬里基材"广义基材处理"

　　在旧的防腐蚀衬里上进行施工时，如为同类材料，应铲除松动部分，可保留坚实的旧防腐蚀衬里部分，并拉毛处理即可，如施工与旧防腐蚀衬里层不同的材料时，应先证实两种衬里间的可配套性，若不兼容，则会大大影响新、旧防腐蚀衬里和基材间的层间结合力，所以应彻底清除旧衬里再进行基材处理。

　　旧防腐蚀衬里基材的表面处理主要有四种方法：手工或机械清除、高压水或高压水加砂清除、溶剂清除、碱液清除：①手工或机械清除，人工用铲刀去除旧衬里部分，适用于小面积局部清理，机械清除是用电动或气动工具进行局部表面处理；②高压水射流或高压水喷砂清理，效果好，大面积时特别推荐；③脱漆剂，对涂料衬里，只要选择合适的脱漆剂是可行的（一般根据旧漆膜配方采用的溶剂来选择对应的溶剂作为脱漆剂），对纤维增强塑料等衬里脱漆剂难以达到理想效果；④碱液清除，仅适用于不耐碱的旧衬里，操作起来也不环保，热碱也有安全隐患，实际使用不多。

2.7　"广义基材处理"常用工具

　　常见的基层处理设备有：①磨削机。装配金刚研磨刀，用于混凝土、水磨石、硬化耐磨地面、大理石等基材表面打磨处理。②便携式磨削机。用于小面积混凝土、水磨石、硬化耐磨地面、大理石等基材表面或边角部位打磨处理，亦可用于去除小面积的旧漆和油污层。③铣刨机。用于铣刨去除旧漆层、油污层等。④抛丸设备。用于大面积混凝土、水磨石、硬化耐磨地面、大理石、金属等基材表面抛丸处理。⑤吸尘器。去除地面灰尘。⑥喷丸（砂）设备。用于金属基材表面喷砂处理。⑦小型风动或电动除锈设备。如角向磨光机、钢丝刷、风动针束除锈器、风动敲锈锤、齿型旋转除锈器等。

第3章

厚浆型涂层衬里防腐及应用

目前市面上成熟的用于液相浸泡内防腐衬里的涂料品种主要有：无溶剂聚氨酯涂料、环氧类涂料（含溶剂型环氧涂料、无溶剂环氧涂料、常温固化型酚醛环氧涂料、加热后固化型酚醛环氧涂料）、酚醛树脂涂料（烘烤型）、粉末涂料（含环氧粉末涂料、四氟乙烯-全氟代烷基乙烯基醚共聚物 PFA 涂料、三氟氯乙烯-乙烯共聚物 ECTFE 涂料和四氟乙烯-乙烯共聚物 ETFE 涂料）、鳞片涂料、陶瓷涂料、杂化类涂料等。

耐蚀内防腐涂料衬里的种类很多，成型作业方法各异，应用场合也很多，甚至有些是带动态载荷的工况，所以目前没办法，实际上也不可能做到面面俱到详细介绍，本章以"厚浆型涂料衬里在耐化学品储罐中的应用"这个热点话题为代表，实际上这也是涂料衬里防腐应用覆盖面最广的领域，期待以点带面、抛砖引玉，引起广大防腐工程师对内防腐涂料衬里的重视与共鸣。

3.1 涂层衬里在化学品储罐内防腐中的应用

3.1.1 化学品储罐分类

化学品储罐，这里指的并非储油罐、埋地油罐、液化天然气储罐。

化学品储罐根据行业、盛放化学介质等不同，有很多种类，常见的有：①混凝土储槽储罐，根据内盛介质选择不同的混凝土储罐内防腐材料；②整体成型的塑料储罐，如聚乙烯储罐、聚丙烯储罐；③钢衬塑化学品储罐，即碳钢外壳内衬热塑性塑料储罐；④各种材质的化学品运输槽罐，根据运输的化学品特性选择不同材质的运输罐；⑤整体纤维增强塑料化学品储罐，根据介质不同选取不同纤维增强塑料原材料；⑥不锈钢、合金等特种钢材储罐，适用于一些特殊化学品介质或特殊温度的化学品储存。

3.1.2 化学品储罐内防腐分类

化学品储罐因储存化学品种类千变万化，因此对其耐溶剂性、抗渗透性、耐腐蚀性等各种性能的要求又会有针对性，有时还特别苛刻。制造此类储罐的选材包括碳钢、不锈钢（特种钢材）、搪瓷（无机材料）、工程塑料和纤维增强塑料等。其中搪瓷（无机材料）、工程塑料和纤维增强塑料多用于制造中小型管路、管件等，而化学品储罐大多为碳钢、不锈钢材质。

在现行欧洲标准《Organic coating systems and linings for protection of industrial apparatus and plants against corrosion caused by aggressive media-Part 4: Linings on metallic components》BS EN 14879—4 和现行国家标准《工业设备及管道防腐蚀工程施工规范》GB 50726 中都规定，工业设备及管道防腐蚀工程的内表面防腐主要有纤维增强塑料衬里、橡胶衬里、铅衬里、涂料衬里、热塑性塑料衬里、玻璃鳞片衬里、喷涂聚脲衬里、氯丁胶乳衬里、砖板衬里、金属热喷涂层十种形式。对储罐、设备、管道等工业设备内表面进行防护，使其免受酸、碱、盐及溶剂等化学介质腐蚀的涂层定义为"涂料衬里（Coating lining）"，其中以耐腐蚀树脂和颜料、填料及助剂等组成的液体涂料，采用喷涂、滚涂或刷涂等工艺，在工业设备及管道内表面形成的涂层称之为"液体涂料衬里（Liquid coating lining）"。

本节讨论的化学品储罐指的是在其碳钢、低合金钢材质内、外表面进行针对性的防护的一类储罐，其内表面防腐涂层就属于典型的标准中的"涂料衬里"。

3.1.3　碳钢化学品储罐的防腐

1. 碳钢化学品储罐的外壁腐蚀与防护

从发展历程而言，最初化学品储罐、液舱大多直接采用碳钢，由于碳钢不耐腐蚀，由此产生的内壁腐蚀、化学品受污染等问题相当严重。后来出现了各种采用不锈钢或其内壁采用复合材料作衬里的碳钢，提高了产品的质量，但其高昂的造价、复杂的工艺，以及一旦有问题修复困难、修复成本高等因素都阻碍了其后期的大规模推广。在此背景下，采用碳钢，外壁涂覆重防腐蚀涂料，内部涂覆合适的化学品储罐/液舱专用涂料，成为一种目前应用最广泛、最经济、最方便的措施。

化学品储罐一般都是位于石油化工、冶炼、氯碱、钢铁等工业地区，空气中的酸性气体溶于雨水或夏季用于降温的喷淋水而引起碳钢表面液膜下的氧去极化反应，溶有电解质的水分就会凝结于碳钢罐体外表面，形成连续的电解质溶液薄膜层，从而造成腐蚀。罐外壁（罐壁及罐顶外壁）受到的大气腐蚀，主要是由于大气中水分、氧气、温差变化，沿海盐雾、化工气体等腐蚀性气体的腐蚀，以及紫外线引起的涂层老化破坏等，一般防腐蚀设计要求：应有较长的防护寿命（一般 10 年以上）；面漆应具有良好的耐油性、耐沾污性，外观漂亮、醒目，有较好的装饰和标志效果，保光保色性佳；满足长期使用要求，面漆应易于覆涂和维修。

经历了几十年的实际使用经验积累，随着涂料技术的发展，加上业主对昂贵的维修费用的关注，在引入寿命周期费用分析（Life Cycle Cost Analyst）的概念后，为了减少维护涂装次数，目前最为常用的化学品储罐外壁防腐涂料体系是：环氧富锌底漆或无机硅酸锌底漆/环氧云铁中间漆/丙烯酸聚氨酯面漆（表 3.1.3-1）。

以环氧富锌或无机硅酸锌底漆为主的防腐蚀涂料体系，根据化学品储罐所处的不同腐蚀环境，其干膜厚度在 $200\sim320\mu m$。环氧富锌底漆的干膜厚度通常不低于 $50\mu m$。如果采用无机硅酸锌底漆作为防锈底漆，须加上一道封闭连接漆。

化学品储罐外壁防腐涂料体系　　　　　　　　　　　　表 3.1.3-1

序号	方案	配套体系	总干膜厚度(μm)
1	富锌、环氧及氟碳系列	环氧富锌/无机硅酸锌底漆/水性无机富锌底漆 1 道(厚度:50～80μm)＋环氧云铁中间漆 1～2 道(厚度:100～150μm)＋氟碳面漆 2 道(厚度:60～80μm)	>250
2	富锌、环氧及聚氨酯系列	环氧富锌/无机硅酸锌底漆/水性无机富锌底漆 1 道(厚度:50～80μm)＋环氧云铁中间漆 1～2 道(厚度:100～150μm)＋丙烯酸聚氨酯面漆 2 道(厚度:80～100μm)	>250
3	富锌、环氧及单组分面漆系列	环氧富锌/无机硅酸锌底漆/水性无机富锌底漆 1 道(厚度:50～80μm)＋环氧云铁中间漆 1～2 道(厚度:100～150μm)＋丙烯酸橡胶面漆或氯化橡胶面漆 2 道(厚度:80～100μm)	>250

传统的环氧（云铁）中间漆干膜厚度通常只可以达到 50～80μm，高固体分涂料的漆膜厚度可一次喷涂达到 150～300μm。

如 IP 国际油漆公司对储罐外壁防腐的典型推荐为：环氧磷酸锌底漆 Intergard® 251＋环氧中间漆 Intergard® 475HS＋聚氨酯面漆 Interthane® 990（中灰色）或聚氨酯面漆 GTA® 733。罐底外侧（注意不是边缘板）防腐则采用低表面处理环氧涂料 Interseal® 670HS。

近年来最新研发成功的聚硅氧烷涂料，有着杰出的耐候性能，而且可以高膜厚施工，这就意味着可以把上面传统型的 3～4 道涂层系统改为 2 道涂料系统：环氧富锌底漆 75μm＋聚硅氧烷涂料 150μm（干膜总厚度 225μm）。

部分化学品储罐盛放化学介质是有一定温度的，甚至高温，这时候其外壁防腐还需要考虑涂料的耐高温性能，通常选择有机硅耐高温涂料配套体系。

2. 碳钢化学品储罐的边缘板、罐底板腐蚀与防护

碳钢化学品储罐罐底是焊接的，这里的腐蚀会格外严重。如果化学品储罐基础以砂层和沥青砂为主要构造，罐底板坐落在沥青砂面上，由于罐中满载和空载交替，冬季和夏季温度及地下水的影响，使得沥青砂层上出现裂缝，致使地下水上升，接近罐的底板造成腐蚀。杂散电流也会引起化学品罐底的腐蚀。

碳钢化学品储罐边缘板在储罐使用一段时间后，由于载荷变化、环境温度变化、热胀冷缩等都会引起边缘板的腐蚀和开裂。此外，边缘板还是阴极保护的盲区，容易产生腐蚀。

罐外壁地下部分（罐底外部）由于埋于地下，处于潮湿环境中，受土壤中水分和微生物腐蚀，一般防腐蚀设计要求为：涂层防锈性、耐水性、耐油性要好；应具有良好的耐阴极保护性能；涂层应具有一定的抗焊接烧蚀性能（表 3.1.3-2）。

化学品储罐外壁地下部分（罐底外部）防腐涂料体系　　　　表 3.1.3-2

序号	方案	配套体系	总干膜厚度(μm)
1	富锌漆及环氧沥青漆系列	无机富锌底漆或水性无机富锌底漆 1 道(厚度:50～80μm)＋环氧沥青厚膜型中间漆 1 道(厚度:125μm)＋环氧沥青厚膜型面漆 1 道(厚度:125μm)	>300

序号	方案	配套体系	总干膜厚度(μm)
2	焦油环氧系列	高固体厚膜型焦油环氧底漆 1 道(厚度:150μm)+高固体厚膜型焦油环氧面漆 1 道(厚度:150μm)	>300

目前,化学品储罐罐底及边缘板多采用防腐防水一体化的解决方案,常用的有聚氨酯弹性体材料、聚脲弹性体材料、聚氨酯改性沥青弹性体材料、硅橡胶改性防水弹性胶材料、高性能防水涂料等。每种材料市面上都有成熟的方案和供应商,在此不详述。

3. 碳钢化学品储罐的内部腐蚀与防腐

1) 油罐内部腐蚀与防腐

在阐述化学品储罐内壁防腐蚀方案前,我们应该先看看目前市场上相对成熟的油罐内防腐涂装的方案。这里说的油罐内壁包括:①原油储罐、渣油储罐、污油储罐内壁;②成品油(柴油、汽油等)及中间产品储罐内壁;③热油储罐(80℃以上,如高含蜡原油储罐)及石脑油(较强溶解性)储罐内壁。

(1) 油罐内壁防腐蚀环境及设计要求,见表 3.1.3-3。

油罐内壁防腐蚀　　　　表 3.1.3-3

区域	腐蚀环境	防腐蚀要求
罐底区(1.8m以下部位)	底部滞留析出水,不同的油质析出水可能呈酸性或碱性,由于析出水的作用,钢材腐蚀严重,主要为溃疡状坑点腐蚀,有可能形成穿孔,是石油产品储罐腐蚀最严重的区域	(1)如采用牺牲阳极保护,静电可从阳极导出,涂层不要求采用导静电品种。(2)涂层屏蔽、抗渗透性要好,避免介质渗透造成膜下腐蚀。(3)避免采用电位大于铁的导电材料形成铁作为阳极而造成电化学腐蚀
罐壁区	直接与油品接触,油品中可能含有水及各种酸、碱、盐等电解质,容易引起电化学腐蚀,特别是油水及油气交界面,为均匀点蚀。罐壁区的腐蚀较轻	(1)涂膜表面电阻率应在$10^5 \sim 10^9 \Omega$之间,以防止静电积集,保证油品安全。(2)防止钢材的腐蚀。(3)涂料对油质无损害
罐顶区	不直接与油品接触,但受氧气、水汽、硫化氢等气体腐蚀。腐蚀程度较罐壁区严重	(1)涂膜表面电阻率应在$10^5 \sim 10^8 \Omega$之间,以防止静电积集,保证油品安全。(2)耐化工气体腐蚀性优异。(3)涂料对油质无损害

(2) 油罐内壁防腐蚀涂装配套,见表 3.1.3-4~表 3.1.3-6。

原油储罐、渣油储罐、污油储罐内壁防腐蚀涂装配套　　　　表 3.1.3-4

部位	涂装配套	总干膜厚度(μm)	备注
罐底板及罐壁底下部分(1.5~2m)	方案1:环氧防锈底漆 1 道+环氧云铁中间漆 2 道+环氧厚膜型面漆(或无溶剂环氧面漆)1 道	>350	在配合牺牲阳极保护时,采用绝缘涂层
	方案2:环氧防锈底漆 1 道+环氧玻璃鳞片面漆(或无溶剂环氧玻璃鳞片面漆)2 道	>350	

续表

部位	涂装配套	总干膜厚度(μm)	备注
1.5～2m 以上罐内壁和浮顶下表面等	方案1:无机富锌(硅酸锌)底漆1道+环氧耐油防静电防腐涂料中间漆(黑色,采用导电炭黑或石墨为导电介质)1～2道+环氧耐油防静电防腐涂料(浅色,采用稀土金属氧化物复合导电粉为导电介质)1～2道	＞250	与油品接触面要求涂层导静电
	方案2:无机富锌(硅酸锌)底漆1道+环氧耐油防静电防腐涂料中间漆(浅色,采用稀土金属氧化物复合导电粉为导电介质)1～2道+环氧耐油防静电防腐涂料面漆(浅色,采用稀土金属氧化物复合导电粉为导电介质)1～2道	＞250	
浮顶罐的浮舱内表面	方案1:无机富锌(硅酸锌)底漆或环氧富锌底漆1道+环氧云铁中间漆1～2道+环氧沥青厚膜型面漆1道	＞150	密封罐
	方案2:环氧沥青厚膜型底漆1道+环氧沥青厚膜型面漆1道	＞150	
	方案3:水性环氧防腐底漆3道+水性无机富锌底漆2～3道	＞150	
浮顶罐内壁顶部1.5～3m 以上部位和拱顶罐拱顶外壁	环氧/无机硅酸锌底漆1道+环氧云铁中间漆1～2道+丙烯酸聚氨酯面漆1～2道,总干膜厚度大于250μm		

成品油（柴油、汽油等）及中间产品储罐内壁防腐蚀涂装配套　　　表 3.1.3-5

方案	涂装配套	总干膜厚度(μm)
方案1	无机富锌(硅酸锌)底漆1道+环氧耐油防静电防腐涂料(黑色,采用导电炭黑或石墨为导电介质)中间漆1～2道+环氧耐油防静电防腐涂料面漆(浅色,采用稀土金属氧化物复合导电粉为导电介质)1～2道	200～350
方案2	无机富锌(硅酸锌)底漆1道+环氧耐油防静电防腐涂料中间漆(浅色,采用稀土金属氧化物复合导电粉为导电介质)1～2道+环氧耐油防静电防腐涂料面漆(浅色,采用稀土金属氧化物复合导电粉为导电介质)1～2道	200～350
方案3	环氧富锌底漆1道+厚膜型无溶剂环氧导静电油罐漆(采用稀土金属氧化物复合导电粉为导电介质)1道(无气喷涂)	＞250

注:成品油罐内壁底部涂层总厚度不低于300μm,其他不低于200μm;中间产品储罐内壁底部涂层厚度不低于350μm,其他不低于250μm。

热油储罐（80℃ 以上，如高含蜡原油储罐）及石脑油（较强溶解性）储罐内壁防腐蚀涂装配套
表 3.1.3-6

部位	涂装配套	总干膜厚度(μm)
罐内壁和浮顶下表面等与油品接触面	方案1:无机富锌(硅酸锌)底漆1道+酚醛环氧油罐涂料(黑色,采用导电炭黑或石墨为导电介质中间漆)中间漆2道+酚醛环氧油罐涂料(浅色,采用稀土金属氧化物复合导电粉为导电介质)面漆2道	＞350
	方案2:无机富锌(硅酸锌)底漆1道+酚醛环氧油罐涂料(浅色,采用稀土金属氧化物复合导电粉为导电介质)中间漆2道+酚醛环氧油罐涂料(浅色,采用稀土金属氧化物复合导电粉为导电介质)2道	＞350

2）化学品储罐内部腐蚀与防腐

化学品储罐内壁防腐涂料的选用，主要根据不同的化学品储存介质、储罐类型、温度和压力等进行。没有哪一种涂料可以适用于所有的储存介质。储罐内壁涂料首先要求有很好的防腐蚀性，有良好的耐化学品长期浸泡性能，漆膜无变化、不起泡、不溶胀、不剥离、不污染内盛化学品。在采用涂层防腐时，还需要满足部分化学品储罐的特殊温度、特殊压力等要求。

化学品储罐内壁防腐涂层衬里主要有四大类：无机硅酸锌涂层体系、薄涂型涂层体系、厚浆型重防腐涂层体系和复合材料衬里体系。如果现场有条件实现后加热处理，则还包括一部分需要加热后处理才能发挥出来极限耐化学介质腐蚀的重防腐涂层体系，但现场大面积施工，往往都不具备该条件，故前面三大类还是主流解决方案。

极个别特殊情况用到橡胶衬里、塑料衬里、砖板衬里的，都是在流体类型和频率等级、介质温度、温度变化等级、机械载荷等级等有特别高的要求时，且目前行业内还未有太多成熟的公布于众的案例，目前还处于各家企业自行消化掌握阶段，且这些方案也都不再列入涂层或衬里范畴，因此在本文中不作为方案列出（表 3.1.3-7）。

化学品储罐内壁防腐涂层体系　　　　　　　　　表 3.1.3-7

涂层体系	内防腐涂料（衬里）	总干膜厚度（µm）
无机硅酸锌涂层	溶剂型和水性无机硅酸锌涂料	100～125
薄涂型涂层	纯双酚 A 型环氧涂料、酚醛环氧涂料	250～300
厚浆型重防腐涂层	少溶剂或无溶剂重防腐涂料（包括无溶剂玻璃鳞片涂料）	300～2000
复合材料衬里	纤维增强热固性塑料衬里、玻璃鳞片胶泥衬里、鳞片胶泥和纤维增强塑料复合衬里	1000～5000
可现场后加温热处理重防腐涂层	部分需要后加温才能发挥极限耐蚀性的陶瓷涂料、杂化涂料、氟树脂涂料	300～1500

（1）无机硅酸锌涂料（无机富锌涂料）

罐内壁的无机硅酸锌涂料主要有溶剂型和水性无机硅酸锌涂料两种，干膜厚度设计分别为 $100\mu m$ 和 $125\mu m$。它仅仅适用于一些对有机涂层会发生溶胀的有机溶剂化学品储罐（如石油产品、有机溶剂），不适用于压载水舱和其他酸碱类化学品，适用面非常窄，并且常常和金属热喷复合使用。比如装载甲醇或苯乙烯的储罐，常常采用热喷金属锌或铝，再用无机硅酸锌涂料进行封孔这样的内壁防腐蚀方案。

（2）纯双酚 A 型环氧涂料

以双酚 A 型环氧树脂为主要成膜物质，采用化学性质稳定的颜填料，聚酰胺为固化剂。纯双酚 A 型环氧涂料用于化学品储罐内壁涂层体系，成本低，施工方便，在液舱内壁防护涂料中已逐渐占据主导地位，如精粗石油类产品、植物油脂、动物油脂、碱液和压载海水等储罐常用到它。但双酚 A 型环氧树脂耐化学品腐蚀的广谱性（如耐酸性有限）、耐温性都不是非常理想，也不耐强溶剂，所以不推荐用于装载甲醇、甲乙酮和无铅汽油，仅仅推荐用于一些相对偏中、碱性的化学污水储罐的常温内防腐。

（3）酚醛环氧涂料

酚醛环氧涂料比纯双酚 A 型环氧涂料具有更优异的耐化学品性能和更高的耐热温度，

可以耐多种化学品，对广泛的无机酸、有机酸、碱、盐、食用油、油脂（不论游离脂肪酸含量）、有机溶剂（包括原油、醇、芳香族和脂肪族溶剂）以及热水等较其他涂料品种有更好的抗性，防腐蚀性能优良，因而其应用领域更为广泛，是目前最新一代的化学品储罐/液舱涂料，且有逐渐推广应用的趋势。比如纯双酚A型环氧涂料不耐丁醇，而酚醛环氧涂料可以耐受。在热水箱，纯双酚A型环氧涂料只能耐到40℃左右，超过60℃则严禁使用，而酚醛环氧涂料可以耐至95℃。

选择不同的酚醛环氧固化剂，得到的成膜物交联密度越高，其耐腐蚀性能和耐温性能也越佳。以脂环胺固化的酚醛环氧涂料（如采用改性异佛尔酮二胺作为固化剂可提高其交联密度）比普通双酚A型环氧树脂涂料，以及以其他固化剂进行固化的环氧酚醛涂料具有更优异的耐温性能（其持续最高耐温极限为200℃），可耐更高浓度的硫酸和盐酸，具有优异的防腐性能，甚至可用于0~200℃范围内的保温层下的防腐（俗称CUI腐蚀）。也可以采用多官能团的环氧树脂为基料，以多环脂环胺为固化剂，辅以合适的颜填料和助剂，此类环氧树脂漆也具有耐高温、耐腐蚀的良好性能。酚醛环氧涂料大量用于石油化工设备、化学品储罐的内壁重防腐涂装。

目前，酚醛环氧化学品储罐/液舱涂料，国际知名的涂料公司都有生产，如丹麦Hempel的酚醛环氧漆15500、85671；英国国际油漆（International Paint）的Interline® 850/984/994/9001；挪威JOTUN的Tankguard® Special酚醛环氧液舱漆、Tankguard® Storage酚醛环氧储罐漆；美国PPG的AMERCOAT 91环氧酚醛储槽衬里涂料、AMER-COAT® 253环氧酚醛储罐衬里涂料，Sigma®的PHENGUARD 930/935/940酚醛环氧底/中/面层涂料等。

（4）少溶剂或无溶剂重防腐涂料

用于化学品储罐内壁防腐的厚浆型少溶剂或无溶剂重防腐涂料有：少溶剂或无溶剂双酚A型环氧涂料、少溶剂或无溶剂酚醛环氧涂料（常温固化）、无溶剂聚氨酯涂料、厚浆型环氧玻璃鳞片涂料、厚浆型双酚A型乙烯基酯玻璃鳞片涂料、厚浆型酚醛环氧型乙烯基酯玻璃鳞片涂料等。用于化学品储罐内壁防腐的厚浆型涂料一般都需要做到500~1000μm的干膜厚度，部分化学品场合，乙烯基酯玻璃鳞片涂料在储罐内壁的涂层设计干膜厚度达到1500μm。

双酚A型乙烯基酯玻璃鳞片涂料和酚醛乙烯基酯玻璃鳞片涂料对除含氟酸以外的无机酸的耐受性较好。酚醛乙烯基酯玻璃鳞片涂料比双酚A型乙烯基酯玻璃鳞片涂料对酸液有更优异的耐温性能。

如IP国际油漆公司对于化学品储罐内壁及底板内侧防腐的典型推荐为：乙烯基酯底漆Ceilcote® 380Primer＋第一道酚醛环氧乙烯基酯玻璃鳞片漆Ceilcote® 242Flakeline＋第二道酚醛环氧乙烯基酯玻璃鳞片漆Ceilcote® 242Flakeline＋第三道酚醛环氧乙烯基酯玻璃鳞片漆Ceilcote® 242Flakeline，总干膜厚度达到1500μm。

（5）厚浆型鳞片涂料、鳞片胶泥

用于化学品储罐内壁防腐的玻璃鳞片防腐材料有三大类：环氧及环氧呋喃玻璃鳞片厚浆型涂料及玻璃鳞片胶泥、双酚A型乙烯基酯玻璃鳞片厚浆型涂料及玻璃鳞片胶泥、酚醛环氧型乙烯基酯玻璃鳞片厚浆型涂料及玻璃鳞片胶泥。用于化学品储罐内壁防腐的涂料衬里主要是厚浆型玻璃鳞片涂料，设计干膜厚度在1000μm左右；部分容器、设备、管道内壁会涉及衬里型玻璃鳞片胶泥，一般都需要做到 $3000\mu m$ 左右的干膜厚度，每道胶泥一般就达到 $1000\mu m$；部分还需要是做耐磨改性。玻璃鳞片涂料及胶泥不可以耐氢氟酸，遇到含氟类化学介质盛放时，需要采用石墨粉、重晶石粉等不含硅质填料以及以碱性成分的填充料制造的涂料及胶泥。

（6）纤维增强热固性塑料衬里及复合衬里

用于化学品储罐内壁防腐的纤维增强热固性塑料衬里的常温现场施工的防腐树脂材料主要有：环氧树脂、间苯型耐腐蚀不饱和聚酯树脂、双酚 A 型耐腐蚀不饱和聚酯树脂、双酚 A 型乙烯基酯树脂、酚醛环氧型乙烯基酯树脂、高交联密度型耐溶剂乙烯基酯树脂等。用于化学品储罐内壁防腐的纤维增强热固性塑料（俗称玻璃钢）衬里一般都需要做到 $1000\sim3000\mu m$ 的厚度，采用多层连续纤维增强材料（短切毡、无捻方格布、连续表面毡等）达到设计厚度。玻璃纤维增强时不可以耐氢氟酸，遇到含氟类化学介质盛放时，需要采用有机纤维进行增强。

鳞片胶泥和纤维增强塑料是可以复合在一起使用的，一般先进行短切毡的积层，再做鳞片胶泥。根据设计方案可以在较宽范围内选择铺层方案和材料。

（7）部分需要后加温才能发挥极限耐蚀性的重防腐涂料

有机涂层的耐化学品性能受到固化交联密度的影响很大，部分重防腐涂料在不能加热后处理时，并不能发挥出来极限耐腐蚀性能。如现场有条件进行后加温固化处理（即使只可加热到 $40\sim60°C$ 的环境温度），则就有很多超级腐蚀重防腐涂料可以选择了，典型的有加热后固化型酚醛环氧涂料、多官能团或杂环类加热后固化型环氧重防腐涂料、烘烤型酚醛涂料、部分有机—无机杂化类涂料、部分陶瓷重防腐涂料。

其中，有机—无机杂化类涂料，在这里举一个例子。ChemLINE® 784 杂化重防腐涂料（美国 APC 公司商品）是由改性环氧基聚合物组成的一种极高交联密度的防腐蚀材料，其分子结构中具有 28 个可交联官能团，采用芳香胺固化交联，可结合转变成 784 个交联点，其性能优于 5 个官能团（25 个交联点）的 Siloxirane® 环氧树脂和 2 个官能团（4 个交联点）的乙烯基酯树脂。与一般的防腐蚀涂料比较：ChemLINE® 784 分子间以醚键（C-O-C）占主导地位，醚键是一种极强的化学键，具有极好的柔韧性和耐蚀性；与环氧树脂相比 ChemLINE® 784 不含有羟基；与乙烯基树脂相比 ChemLINE® 784 没有酯键，因此，能经得起各种水解和酸性的侵蚀。实验室对比测试，酚醛环氧涂层可以耐受 35 种化学品浸泡，酚醛乙烯基酯玻璃鳞片涂料耐受 58 种化学品浸泡，而 ChemLINE® 784 杂化重防腐涂料可耐受 131 种化学品浸泡。通过对多达 5000 种化学试剂的测试，实验结论证明 ChemLINE® 784 具有优异的耐腐蚀性能，几乎可耐各种介质，如 98% 的硫酸浸泡后无软化、溶胀、粉化现象，仅涂层表面轻微发粉红；37% 的盐酸浸泡后无软化、溶胀、粉化现象，涂层表面光滑；甲醇、二氯甲烷、纤维素溶剂浸泡后无软化、溶胀、粉化现象，涂层表面光滑。

（8）部分静电喷涂型粉末涂料

化学品储罐在有条件的情况下，可进行粉末涂料的静电喷涂，并进行加热后固化处理，最大限度地发挥粉末涂料的重防腐性能等各种优异性能。适用于化学品储罐"涂料衬里"的内表面防腐的静电喷涂型粉末涂料主要为环氧粉末涂料、四氟乙烯-全氟烷氧基乙烯基醚共聚物（PFA）涂料、乙烯-三氟氯乙烯共聚物（ECTFE）涂料、乙烯-四氟乙烯共聚物（ETFE）涂料。

（9）金属热喷再涂装封孔的复合涂层

金属热喷涂层工程主要用于汽车行业、造船行业、水利工程、海洋平台及设备、海洋离岸钢结构设备、海上和陆地风力发电塔筒及法兰等连接设备、海水平面以下以及浪花飞溅区钢结构设备、箱式桥梁钢结构设备、煤化工脱硫系统钢结构设备、焦化厂脱硫系统钢结构设备、碳钢溶剂罐内防腐、氯碱行业碳钢罐、啤酒等行业碳钢罐等。近年来，金属热喷锌、铝及其他合金涂层，在设备磨蚀部位修复，在制造表面工程、机械设备零部件精密加工、设备及零部件维修、化学应力腐蚀场合设备容器及管道防腐领域得到广泛应用，例如生产时由酸、碱或盐、醇或醚等有机溶剂、侵蚀性气体和粉尘颗粒导致的腐蚀，这类应力往往发生在诸如炼焦厂、酸洗车间、电镀厂、染料厂、造纸厂、化纤厂、木浆车间、制革厂、炼油厂、煤化工脱硫系统、氯碱厂、农药厂、化工中间体厂、制药厂、食品饮料厂（如啤酒厂）的设备及管道中。因此，金属热喷涂是不可或缺的防腐蚀措施之一。

化学品腐蚀环境下的金属热喷涂层推荐厚度可参考现行国家标准《热喷涂 金属和其他无机覆盖层 锌、铝及其合金》GB/T 9793 和《工业设备及管道防腐蚀工程施工规范》GB/T 50726，见表3.1.3-8 的规定。

化学品介质浸泡状态下的储罐、容器、设备及管道金属热喷复合涂层　表 3.1.3-8

化学应力[a] 腐蚀介质	材料		推荐厚度(μm)
醇类储罐	金属热喷材料	Al99.5	as 或 as＋s 的厚度:150～250
	涂装封孔[b]	导静电涂料	oc 厚度:80～120
冷媒(制冷剂)等压力罐	金属热喷材料	Zn99.9、ZnAl 15	as 或 as＋s 的厚度:60～80
	涂装封孔	—	oc 厚度:0(不封孔)
焦化厂、煤化工脱硫系统洗涤塔等	金属热喷材料	Al99.5	as 或 as＋s 的厚度:120～180
	涂装封孔[b]	涂料	oc 厚度:100～150
化工中间体(农药、制药有机物)储罐、管道	金属热喷材料	Al99.5、ZnAl 15、Zn 99.9、AlMg 5	as 或 as＋s 的厚度:180～250
	涂装封孔[b]	涂料	oc 厚度:100～150
食品饮料厂(如啤酒厂)储罐、管道	金属热喷材料	Al99.5、316L 不锈钢等	as 或 as＋s 的厚度:100～150
	涂装封孔[b]	食品级涂料	oc 厚度:80～120

注：1. 表中"as"代表金属热喷涂层，"s"代表封闭层，"oc"代表涂装封孔层。

2. "a"表示化学腐蚀环境，源于工厂生产时产生的污染物，会使局部腐蚀加重；"b"表示涂装封孔采用的有机涂料适用于该环境。

3.2　耐浸泡状态化学品介质腐蚀的涂料衬里的选择建议

3.2.1　化学品介质的腐蚀特性

1. 介质成分（酸、碱、盐、溶剂类型）

酸、碱类介质的腐蚀性，首先是取决于它们的强度。强酸（如硫酸、硝酸、盐酸）、强碱（如氢氧化钠）对材料有较大的腐蚀性，其中含氧酸对有机材料的破坏性最大。浓硫酸、硝酸对木材、沥青的腐蚀，在短时间内就使材料失去强度。强度相同的含氧酸和无氧酸对无机材料的腐蚀性大致相等。氢氟酸对许多有机和无机材料的腐蚀性不大，但是却对二氧化硅和含氧化硅成分的材料（如玻璃、陶瓷等）具有强烈的腐蚀性。中等强度的磷酸和弱酸对有机材料腐蚀性很小，甚至没有腐蚀，例如磷酸对沥青、醋酸对木材等。

在碱类介质中，苛性碱的腐蚀性最大，碱性碳酸盐（如碳酸钠）次之。氨的水溶液的腐蚀性相对比较小，因为它在水溶液中离解度低，而且挥发性大。

盐类介质的腐蚀性比较复杂。盐溶液的腐蚀有化学和物理两个方面。在干湿交替和温度变化条件下，多数盐溶液都会出现结晶膨胀，因此它对混凝土、砖砌体、木材等材料均有物理破坏作用。由钠、钾、铵、镁、铜、铁与硫酸根离子所构成的硫酸盐对混凝土、黏土砖的腐蚀性最大，但是硫酸盐对木材的腐蚀性较小。含氯盐对钢和钢筋混凝土内的钢筋均有较大腐蚀性，但相比之下对混凝土的腐蚀性较小。

2. 介质的含量、浓度、pH 值

介质的腐蚀性与其含量或浓度有密切的关系。酸碱浓度最直观地可以采用 pH 值表达。在多数情况下，介质的含量或浓度越高，腐蚀性越强。但也有少数例外，例如：浓硫酸作用于钢或浓硝酸作用于铝，都能在材料表面生成保护性的钝化膜；对某些自由基固化类热固性树脂，稀碱比浓碱的腐蚀性大，水玻璃类材料耐浓酸的性能比耐稀酸的性能好。含多种介质时，需要去探究每种介质的浓度和含量。部分情况下存在叠加效应，如酸的叠加效应。部分还存在协同效应，如铬酸中含硫或者硫酸，腐蚀性能就会因协同效应而加倍。实际生产过程中，介质的浓度往往是变化的，因此在对介质的浓度作出估计时，应综合考虑其各种因素。

浓度的影响不一，例如在盐酸中，一般浓度越大，腐蚀越严重。碳钢、不锈钢等在浓度为 50% 左右的硫酸中腐蚀最严重，而当浓度增加到 60% 以上时，腐蚀反而急剧下降。铅则相反，硫酸浓度愈小，腐蚀愈小，当硫酸浓度超过 96% 时，腐蚀急剧上升。不锈钢对稀硝酸的抗蚀能力很强，但在 95% 以上的浓硝酸中腐蚀加重。铝在 80% 以上的浓硝酸中耐蚀性很强，但在中或低浓度（>0.5%）的硝酸中腐蚀反而严重。这与膜的生成或破坏、络合离子的产生等有关。

一般地说，对腐蚀性不强的电解液，如盐溶液、水等，随电解质浓度的增加，溶液的导电性增加，因此腐蚀性也有所增长。对于非电解液如有机溶液，其腐蚀性一般也随浓度增大而增加。在选材时，若浓度变动范围包含腐蚀突变边缘，就须特别注意，如设备内硫酸的浓度通常在 80% 以上，但偶尔也会低到 60% 以下，那么设备就不应用碳钢制造。

还必须注意一些特殊情况，如贮存浓度 98% 硫酸的钢槽，偶尔会放空，这时槽壁粘附的浓硫酸吸收了空气中的水分，变为稀酸，对槽壁会产生严重的腐蚀。解决的办法就是使钢设备内总是充满浓硫酸，否则就需采取防护措施，如加耐酸砖衬里。另外，也要防止稀溶液变浓，如碳钢锅炉铆钉缝内贮存的稀碱液，和不锈钢设备缝隙内含氯离子的稀液，蒸发后达到一定的浓度，可引起应力腐蚀破裂。

设备由于各部分浓度不同，会引起浓差电池。如容器底部沉积了泥浆，溶液变浓，上部液体流动，浓度保持一定，两部分浓度产生了差别，使底部成为电池的阳极而加速腐蚀。

3. 含水量、杂质，氧、氧化剂和还原剂

气体、固体和非水溶液的含水量（广义含水量）有时对腐蚀起着重要作用。一般情况下，干燥大气的腐蚀性较小，越潮湿，对金属的腐蚀也越大。少量水分对腐蚀可能产生不同的影响，有些有机物含少量水分（0.1%）时对金属不腐蚀，完全无水时腐蚀反而增强，如醇类对铝、酚类对低碳钢的腐蚀就是如此。相反，无水的氯化溶剂不腐蚀，但如含有少量水时，则会生成腐蚀性强的盐酸，干态的氧化铝和氧化镁不产生腐蚀，当有少量水时腐蚀性增加。超过露点温度，水就变为气态了。所以，选材时要注意处于露点温度边缘的环境，因为危险的腐蚀液在低于露点温度时就会冷凝下来，由于空气中存在水分，许多物质具有吸水性，接触空气后会由干变湿，由浓变稀。前已述及，如贮存硫酸的空钢槽和贮存硝酸的空铝槽，由于有空气进入，空气中的水分使槽壁残留的酸变稀，引起腐蚀，所以这类贮槽应始终保持密闭，不让湿空气进入。

选材者往往只注意环境中的主要成分，而忽略杂质，特别是微量杂质。但在某些情况下却往往由于杂质引起了严重的腐蚀。杂质的影响不一。如酸溶液中含有微量氯离子，就会生成腐蚀性很强的盐酸，即使在中性溶液中，氯离子也会破坏钝化膜，使不锈钢这类易钝化的金属产生晶间腐蚀（往往以孔蚀表现出来）。醋酸中如含有氯离子、氯酸根离子，腐蚀会剧增，如在99%的醋酸中，氯离子浓度为0.001%时，腐蚀率为0.001mm/a，当氯离子浓度为0.002%时，腐蚀率激增到1.8mm/a。氯离子还可引起奥氏体不锈钢的应力腐蚀破裂。微量的氨或铵离子则会引起铜和铜合金的应力腐蚀破裂。硫也是一种有害杂质。原油、气和石油产品如含有少量硫，腐蚀就剧增。大气中含有微量 SO_2 或 H_2S（可能由烟囱气排出），也使腐蚀性大大增加，还能引起设备、建筑物的应力腐蚀破裂。CN^-、NH_4^+ 能与金、银、铜等形成络离子，因此会促进这些金属的腐蚀。Fe^{3+}、Cu^{2+} 等因能促进阴极去极化（在阴极吸收电子还原为 Fe^{2+}、Cu^+），所以也会促进金属的腐蚀。对于不锈钢来说，因为这些氧化性离子可以将腐蚀电位提高到钝化区，促进钝化，所以反而有利。不锈钢设备外部用石棉绝热层包住，由于石棉层有 Cl^-（$MgCl_2$）浸出，水分蒸发后，Cl^- 浓度增大，以致使不锈钢产生应力磨蚀破裂。微生物也可算一种杂质，例如硫酸盐还原细菌就是引起石油和土壤腐蚀的一个重要因素。还有些特殊的因素是选材时考虑不到的。在分析腐蚀原因时，不可忽略这些因素。

溶液内有没有溶解的氧或氧化剂，在许多情况下对腐蚀起决定作用。含有氧时，对镍、铜及其合金有害，对于能生成保护性氧化膜的金属则有利。后者要看氧化能力是否使金属正好达到钝化区内，如过大（过钝化）或过小都会使腐蚀增加。选材时应先确定环境内有没有氧化剂或还原剂。氧和氧化剂在不同环境对不同金属所起的作用不同。

4. 介质的相态、流速

腐蚀介质的形态分为气态、液态和固态三种。一般说来，液态介质的腐蚀性最大，气态介质次之，固态介质最小。气态介质是通过溶解于空气中的水分，形成溶液后才对材料产生腐蚀。固态介质只有吸湿潮解成为溶液才有腐蚀作用。完全干燥的气体或固体不具有腐蚀性。但是，自然环境中不存在完全干燥的条件，因此，凡是有腐蚀性介质的地方，就会不同程度地产生腐蚀，其中重要条件之一便是环境湿度、水分和介质的溶解度。气体腐蚀的强度一般不会达到类似溶液腐蚀的强度。溶解度小、吸湿性差的固态介质，其腐蚀性一般较小。

流速对腐蚀的影响是复杂的，多数情况下，流速越高，腐蚀越大。在腐蚀发生时，金属面上会生成一层腐蚀产物的保护膜，另外，和金属面接触的活性物质的浓度比溶液中活性物质的浓度低。当溶液流动快时，一方面把腐蚀产物冲走，一方面又带来更多的活性物质（如氧），促进阴极去极化，加速了腐蚀的进行。上述情况，限于浓差控制的腐蚀过程。对于活化控制的类型，流速的影响则不大。

在浓度较低的溶液中，腐蚀后金属表面活性物质的浓度大为降低，因此溶液流动对于腐蚀能否继续进行起着重要作用。如水中氧的浓度很低，腐蚀发生后氧很快被消耗，腐蚀会停止，这时水的流动就成为补充氧的因素，也是使腐蚀继续进行的最重要因素。对于易钝化的金属，当流速增大时，如果氧化能力使金属达到钝态，腐蚀反而会下降。

流速增大还有一些好处，可使金属表面各部分溶液成分均一，避免形成浓差电池而产生孔蚀。缝隙和死角处氧不易达到，缓蚀剂也不易补充，最易遭受局部腐蚀，而高流速可减轻这种危害，特别是对于易产生孔蚀的钝态金属（如不锈钢、铝等）更为有利。

5. 介质的温度、温变、温变频率、湿度

温度、温差、温度变化频率对介质的腐蚀程度是有直接影响的。一般说来，温度升高，腐蚀性加大。例如，耐酸砖可耐常温下碱液的作用；但是当碱液升温到 40℃ 以上时，耐酸砖会逐渐出现腐蚀；而当碱液达到熔融状态时，耐酸砖就完全不耐蚀了。不同介质对不同材料的腐蚀，其温度的影响是不一样的，有的影响小些，有的影响很大。介质的温度影响，需要结合具体生产条件进行判定。温差越大、温度变化频率越高，大部分情况下，腐蚀性越大。

腐蚀是一种化学反应，每升温 10℃，腐蚀速度约增加 1~3 倍，通常腐蚀率总是随温度而上升。温度升高，扩散速度增大，同时电解液电阻下降，所以使腐蚀电池的反应加快。但也有例外。因为影响腐蚀的因素很多，当升温可以降低其他因素的作用时，腐蚀也可能随之降低。例如，氧在水中是阴极去极剂，是促进腐蚀反应的主要因素，升温后氧在水中的溶解度减小，达到 70~80℃ 以上时，腐蚀显著下降。温度对膜层也有重要影响，在一种温度下生成的膜在另一温度下就可能溶解。例如，锌在自来水中，50℃ 时产生的膜是有保护性的，50~90℃ 间膜的保护性较差，附着力低，90℃ 以上时又形成紧密的保护膜。

有些介质在湿态（有水存在）时使材料严重腐蚀，在干态时（无水或水蒸气）腐蚀减小。如盐酸在露点温度以下时对钢铁腐蚀严重，超过露点温度，腐蚀反而下降，直到 260℃ 以上，盐酸的气体与铁的高温反应又激烈增加。

温度对腐蚀的影响是复杂的，不能由一个温度下的腐蚀率去推断其他温度下的腐蚀率。但是，除了一些特殊情况外，一般可以对某材料在一定的环境中规定一个温度极限，超过这个极限，腐蚀过大，就不能应用。

选材者一般不会忽略环境的温度，但是不仅要注意主流温度，还应注意各部分是否存在温差。温差会产生温差电池，使高温部分遭受意外腐蚀。另外，有些部位局部过热，可能超过温度极限，有些有可能局部过冷，使有危险的冷凝液析出。如烟道气在高温下对碳钢不形成腐蚀，但经过一系列设备后，温度下降到露点温度，液体开始冷凝，烟道气含有微量 SO_2，一部分又转化为 SO_3，因此冷凝液中含有亚硫酸和硫酸，使钢板腐蚀，若加入少量氨与硫酸反应生成硫酸铵，既可降低露点温度，又能增加热效，减少腐蚀。

总之，温度对腐蚀是一个重要因素，选材时不仅要考虑正常的温度波动范围，还应考虑各种意外情况。

湿度是决定气态和固态介质腐蚀速度的重要因素。对金属材料而言，当空气中的水分不足以在其表面形成液膜时，电化学腐蚀过程就无法进行。对钢筋混凝土也是如此，水分加速混凝土的碳化，也为混凝土内钢筋的腐蚀提供了条件。各种金属都有一个使腐蚀速度急剧加快的湿度范围，称临界湿度。钢铁的临界湿度为 $60\%\sim70\%$。对混凝土内的钢筋，在相对湿度接近 80%，且处于干湿交替条件下时，腐蚀最容易发生。当环境相对湿度小于 60% 时，对各种建筑材料的腐蚀大大减缓。干湿交替环境容易使材料产生腐蚀。它可以促使盐类溶液再结晶，使金属材料具备电化学腐蚀所需的水分和氧，使固态、液态介质相互转化而产生渗透和结晶膨胀。环境中的水对腐蚀影响也很大，不但提高环境湿度，而且可直接溶解介质，例如易溶固体在有水作用的环境下（常见的如室外雨水），可以形成浓度很高的盐溶液，大大加剧了腐蚀性。

6. 设备载荷、应力、应变、振动、变化频率、开停车状态等其他因素

介质的作用条件包括介质作用的频繁程度、作用量多少、持续作用时间的长短等。例如，容器中的介质对容器的内壁是长期持续作用；偶尔泄漏的介质对地面的作用是短期的；水沟内的污水则是经常、大量作用。经常、大量、长期作用的介质的腐蚀性较大。

外界作用条件主要包括载荷、应力、应变、振动等因素。这些因素是从侧面影响介质对材料的腐蚀性的，尤其是涂料、衬里防腐时，由于外界作用力使防腐层容易脱落，介质更容易渗透穿过防腐层，侵蚀基材。

3.2.2　影响涂料或衬里的耐蚀效果的因素

防腐蚀涂料或衬里对腐蚀介质的抵抗力与以下因素有关。

1. 耐蚀涂料或衬里材料的化学成分、性质

化学成分对材料的耐蚀性起决定作用。但是在多数情况下，单凭化学成分还不足以判定某种涂料或衬里材料的耐蚀性。对于无机类材料，还需要知道材料的矿物成分及其含量，对于有机类材料，还需要知道其分子结构。

在无机类涂料或衬里中，多数遵循的规律是：材料的矿物成分中含酸性氧化物多的耐酸性好，而含碱性氧化物为主的耐碱性好。花岗石、石英石等岩浆岩，都是二氧化硅含量较高的天然岩石，其耐酸性能很好；而石灰石、大理石、白云石等以碳酸盐成分为主的沉积岩，耐碱性好，但完全不耐酸。耐酸砖和玻璃是二氧化硅含量很高的材料，因此耐酸性好；耐酸砖结构致密，在常温时虽然也耐碱性介质，但是对浓度高的热碱液仍然不耐。水泥中的矿物组分基本上是弱酸的钙盐，为碱性氧化物，因此，水泥类材料耐碱性较好，而耐酸性差。黏土砖的主要成分是氧化硅和氧化铝，有一定的耐酸能力（可耐酸性气体），但不耐碱。

有机类材料对不同介质的耐蚀性也与其化学成分有关，一般而言，涂料或衬里的有机成分固化交联密度越高，分子量越大，耐蚀性也越好。

2. 耐蚀涂料或衬里材料的分子构造

在有机材料中，分子的聚合度愈高，则材料的耐蚀性愈强。防腐蚀工程中常用的聚氯乙烯、聚乙烯塑料和环氧、酚醛、不饱和聚酯等合成树脂，都是分子聚合度较高的高分子

材料，其耐蚀性能都比较高。

在无机材料中，具有晶体构造的材料比相同成分的非晶体构造的材料的耐蚀性好。这与晶体材料的元素质点排列规则、致密性高、介质难以渗入等有关。石英是结晶的二氧化硅，花岗石的二氧化硅含量也较高，但它具有粒状的晶体结构，因此密实性大，硬度高，耐蚀性好，不但耐酸，而且在常温下也耐碱。硅藻土、硅藻石主要是由非晶体的二氧化硅构成，虽然有较高的耐酸性，但是耐碱性差。

3. 耐蚀涂料或衬里材料的密实性

耐蚀涂层或衬里的密实性与其耐蚀性有密切关系。填充物也会大大影响密实性。较密实的耐蚀涂层或衬里具有较少的空隙率和吸水率。介质渗入量较少，介质与耐蚀涂层或衬里接触的表面积小，所以其耐蚀性较好。不论对气态、液态和固态介质，尤其是对盐溶液或与材料作用后能生成盐类的酸、碱溶液，同一材料的密实性愈高，其耐蚀性愈好。当盐溶液在空隙中结晶膨胀时，会对孔壁产生不同压力，促使材料开裂。空隙愈多、愈大，渗入溶液愈多，破坏力也愈大。

4. 耐蚀涂料或衬里材料与基材的粘结性能，耐蚀涂料或衬里材料层间的粘结性能

"皮之不存，毛将焉附"，说的就是不管涂料和衬里的耐腐蚀性能如何优异，与基材的粘结性能不好，脱壳、脱落、起皮等，最终一定是失败的耐腐蚀工程。不仅仅需要考虑防腐材料和基材的粘结性能，还需要考虑不同层防腐材料的层间粘结性能。这与材料本身的性能、整体线性膨胀系数和基材的差值、基材处理程度、施工成型方法、施工间隔等很多因素有关。

5. 耐蚀涂料或衬里材料的抗渗透性能

这与防腐层的厚度、防腐层的致密性、填料增强材料的相对含量及成分等有关。典型的例子就是定向排列的玻璃鳞片增强的涂层或衬里相比相同厚度的一般增强的颜填料的涂层或衬里的抗渗透性能更好，耐腐蚀性能更好。

6. 耐蚀涂料或衬里材料的整体线性膨胀系数的影响

耐蚀涂料或衬里材料的整体线性膨胀系数和基材的线性膨胀系数的差别，与填料、固化程度、基材等因素有关，并不是防腐层越厚越好。线性膨胀系数的差值越大，在实际运行工况下或者温度变化的情况下，防腐蚀涂层或衬里越容易发生脱落。

3.2.3 按化学品介质的物理、化学特性分类

从使用者，或者非专业人员角度出发，耐腐蚀数据库或耐化性数据表，成千上万种腐蚀介质按照 26 个英文字母的先后次序或者按照中文汉语拼音的先后次序排序，是比较便于查询的。但实际上这并不能更专业地反映出介质的物理、化学特性。从化学工程师更加熟悉和容易去判断的角度，排序应该按照各种介质的物理、化学特性的大类去分类。表 3.2.3 所示是各种化学品介质的物理、化学特性的大类。

笔者按照自己的理解将化学品主要分成 26 大类：水，无机酸（不含氟），含氟酸，氧化性强酸，有机酸，碱及氢氧化物，盐，醇，多元醇，酚，醛，醚，酮，酯，烃及石油产品，元素，气体及其他无机化合物，含卤素有机化合物，胺及酰胺，含氮化合物，含硫化合物，其他有机化合物，其他元素化合物，工业液体及产品，农药、医药及其中间体，造

纸工业液体，食品及植物油。

各种化学品介质大类　　　　　　　　　　　表 3.2.3

	大类物质	典型化学物质举例
1	水	淡水、盐水、蒸汽、海水、卤水等
2	无机酸(不含氟)	硫酸、盐酸、硝酸、磷酸、亚硝酸、铬酸、氯酸、次氯酸、溴酸、氢溴酸、氯磺酸、王水、混合无机酸等
3	含氟酸	氢氟酸、氟硅酸等
4	氧化性强酸	发烟硫酸、浓硫酸、浓硝酸、高氯酸等
5	有机酸	甲酸、醋酸(乙酸)、醋酐、丁酸、丁烯酸、己酸、辛酸、癸酸、月桂酸、硬脂酸、油酸、亚油酸、花生酸、松香酸、脂肪酸、乙醇酸、双乙醇酸、焦木酸、乙酰醋酸、一氯醋酸、二氯醋酸、三氯醋酸、氰基醋酸、乳酸、乙酰丙酸、草酸、丙二酸、丁二酸、马来酸、马来酸酐、苹果酸、酒石酸、天冬氨酸、谷氨酸、阿糖酸、葡萄糖酸、柠檬酸、苯甲酸、苯甲酸酐、水杨酸、乙酰水杨酸(阿司匹林)、氨基水杨酸、氯代氨基苯甲酸、苯酰苯酸、苯二甲酸酐、焦培酸、单宁酸、环烷酸、抗坏血酸、樟脑酸、乙基磺酸、苯磺酸、苄磺酸、氨基苯磺酸、苄基对氨基苯磺酸、苯醛二磺酸、氯甲苯磺酸、苯酚磺酸、联苯胺二磺酸、联苯胺-3-磺酸、萘胺酸、烷基萘磺酸、蒽醌磺酸、樟脑磺酸、甲基硫酸、苦味酸、尿酸、喹那酸等
6	碱及氢氧化物	氢氧化钠、氢氧化钾、氢氧化铵、氢氧化钙、氢氧化镁、氢氧化锂、氢氧化钡、氢氧化铝、氢氧化铁、氢氧化铬等
7	盐	铵盐、钠盐、钾盐、铝盐、镁盐、钙盐、锂盐、铁盐、亚铁盐、镍盐、铬盐、锌盐、锡盐、镉盐、铅盐、锑盐、钡盐、铜盐、汞盐、银盐、铍盐、铯盐、铋盐、锶盐、钴盐、锰盐、钛盐等
8	醇	甲醇、乙醇、异内醇、烯丙醇、丁醇、戊醇、异丙醇、辛醇等
9	多元醇	乙二醇、丁二醇、甘油、聚乙二醇、甘油+氯化钠、甲基甘油、二甘醇、季戊四醇、甘露糖醇等
10	酚	苯酚、甲酚、丁酚、戊酚、烷基酚、对苯二酚、三硝基酚、杂酚油等
11	醛	甲醛、多聚甲醛、乙醛、三聚乙醛、氯乙醛、三氯乙醛、丙烯醛、己醛、苯甲醛、糠醛等
12	醚	乙醚、乙二醇乙醚、异丙醚等
13	酮	丙酮、乙酰丙酮、丁酮、甲基异丁基甲酮、异佛尔酮、樟脑等
14	酯	甲酸甲酯、甲酸乙酯、丁氨基甲酸乙酯、醋酸甲酯、醋酸乙酯、醋酸乙烯酯、醋酸异丙酯、醋酸丁酯、醋酸戊酯、醋酸苄酯、丙酸戊酯、乳酸乙酯、硬脂酸乙酯、硬脂酸丁酯、草酸丁酯、苯二酸二甲酯、苯二酸二丁酯、1,2-二溴-2,2′-二氧乙基二甲基磷酸酯、苯二酸二辛酯、苯二酸-烯丙基酯、异冰片酯、磷酸三乙酯、磷酸异丁酯、磷酸三甲苯酯、亚磷酸三甲酯、硅酸乙酯、亚硝酸乙酯、硫酸(二)乙酯等
15	烃及石油产品	甲烷、乙烷、乙烯、乙炔、丙烯、戊间二烯、环戊烷、环戊二烯、环已烷、环己烯、茨烯、苯、甲苯、乙苯、苯乙烯、异丙基苯、二甲苯、三甲苯、联苯、萘、四氢萘、原油(含硫)、矿油、汽油、石脑油、煤油、石蜡等

	大类物质	典型化学物质举例
16	元素、气体及其他无机化合物	氯(干)、氯(湿)、氯水(液体)、氟(干)、氟(湿)、溴(干)、溴(湿)、溴水(液体)、碘、碘(蒸气)、氢、氧、硫、钠、铝、钙、锂、铅(熔)、铋、汞、铯、镓、氧化性气体、双氧水、氨气(干)、氨气(湿)、氨水、氰气、一氧化碳、二氧化碳(气体)、二氧化碳(饱和溶液)、二氧化硫、氯化氢、氟化氢(湿)、氟化氢(干)、溴化氢、碘化氢、硫化氢(干)、硫化氢(湿)、二硫化碳、氯化硫、溴化硫、二氯化磷、三氯化磷、五氯化磷、氯氧化磷(干)、氯氧化磷(湿)、二氧化氯、三硫化砷、三氯化砷、三氯化硼、三氟化硼、四氯化硅(干)、四氯化硅(湿)、过氧化钠、三氧化铬、三氯化二砷、叠氮化铅、氢氧化钙等
17	含卤素有机化合物	一氯甲烷、二氯甲烷、三氯甲烷(氯仿)、四氯化碳、一氯乙烷、二氯乙烷、四氯乙烷、六氯乙烷、一氯乙烯、二氯乙烯、三氟乙烯、全氟乙烯、二氯丙烷、三氯丙烷、3-氯-1,2-环氧丙烷、烯丙基氯、甲代烯丙基氯、丁基氯、二氯丁烷、一氯丁烯、戊基氯、冰片基氯、光气(碳酰氯)、乙酰氯、氯乙酰氯、三氯乙醛、氯乙醇、氯丙二醇、氯醛合水、一氯苯、二氯苯、六氯化苯、一氯甲苯、二氯甲苯、三氯甲苯、氯乙苯、烷基磺酰氯、苯酰氯、甲苯磺酰氯、氢醌、氯蒽醌、氯硝基苯、二氟乙烷、溴甲烷、二溴乙烷、碘仿、氟利昂等
18	胺及酰胺	甲胺、六甲撑四胺、甲酰胺、二甲替甲酰胺、二乙胺、三乙胺、乙二胺、氰基乙酰胺、乙醇胺、乙醇胺、三乙醇胺、甲代烯丙胺、丁胺、乙内酰胺、苯胺、苯酰胺、乙酰替苯胺、乙酰替甲苯胺、乙酰替乙氧基苯胺、氨基蒽醌、氨基偶氮苯、盐酸苯胺、硫酸苯胺、亚硫酸苯胺等
19	含氮化合物	氰气、丙烯腈、氨基氰、尿素(脲)、吡啶、喹啉、奎宁、盐酸奎宁、硫酸奎宁、酸式硫酸奎宁、酒石酸奎宁、胆碱、胆碱氯化物、硝基苯、硝基氯苯等
20	含硫化合物	烯丙基化硫、乙基硫醇、丁基硫醇、戊基硫醇、二羟基二苯基砜等
21	其他有机化合物	环氧乙烷、二氧杂环己烷、二氧六环、苯醌、氢醌、醌茜、二恶烷等
22	其他元素化合物	氰氮化钙、乙醇钙等
23	工业液体及产品	肥皂溶液、烷基芳香磺酸盐、靛红、溶纤剂、锌钡白、糖精溶液、漂白粉、一般染料等
24	农药、医药及其中间体	DDT、六六六等
25	造纸工业液体	黑液(硫酸盐溶液)、绿液(硫酸盐溶液)
26	食品及植物油	醋、糖菜、果汁、牛奶、动物油、植物油、亚麻油、松节油等

3.2.4　防腐设计与选材

1. 防腐措施出发点和常用的防腐蚀方法

金属材料和非金属材料的防腐蚀措施的出发点主要有四大方向。

第一大方向，改变、改善材料。变化材料的组成和组织结构，如目前的特种金属材料、合金、水泥缓蚀剂的加入等。

第二大方向，电化学方法。改变金属材料与介质体系的电极电势，减少金属阴极区面积等人为阻止阴极氧化、阳极钝化都是利用了电化学的原理。

第三大方向，将腐蚀源和被保护材料隔开。金属表面涂、镀、渗、衬耐蚀材料，金属或混凝土材料表面进行防护油、涂料、衬里等保护都属于这一类。该原理衍生出来的防腐方法是目前市场上使用最多的，也是本书介绍的重点。

第四大方向，不改变材料，也不人为增加界面层隔开腐蚀源和被保护材料，而是去改变腐蚀介质和环境。改变外在腐蚀介质，如改变其pH值、降低介质温度、降低介质流速、降低介质中氧含量、降低操作过程中应力、介质中缓蚀剂等。

综上所述，防腐措施最常见的有：金属材料防腐、电化学防腐、无机材料防腐、有机材料防腐和复合材料防腐。更多的防腐蚀材料也见于金属材料、无机材料、涂料、高分子塑料、复合材料等。

由以上四大方向衍生出来的一系列解决方案。

第一，正确选材。不同材料在不同环境中，腐蚀的自发性和腐蚀速度都可能不同。在特定环境中，选用腐蚀自发性小，更重要的是选用腐蚀速度较小的材料，就可以使设备部件的使用寿命延长。这是广泛使用的、简便而行之有效的方法。但是要正确选材，不仅需要正确、完整的数据，也需要一定的腐蚀及防腐知识。

第二，钝化。金属表面生成钝化膜后，腐蚀扩散阻力变得很大，腐蚀实际上停止了。对可能钝化的金属可采取下列几种方法促进钝化：①提高溶液的氧化能力，加入氧化剂；②导入阳极电流，提高溶液电位；③合金化，金属中加入容易钝化的合金成分，当加入量达到一定比例之后，便得到耐蚀性优良的材料；④表面钝化，用成膜剂（铬酸盐、磷酸盐、碱和硝酸盐、亚硝酸盐混合物等）处理金属就能生成坚牢密实的钝化膜。

第三，缓蚀剂。缓蚀剂控制腐蚀的机理是由于促进了电池的极化。缓蚀剂按其成分可分为无机缓蚀剂和有机缓蚀剂。无机缓蚀剂有些使阳极作用过程减慢，有些使阴极作用过程减慢。有机缓蚀剂的发展很快。常用品种有含氮化合物，如胺类、杂环化合物、长链脂肪酸化合物，含硫化合物（硫脲类）和含氧化合物（醛）等。缓蚀剂广泛用于水、盐水、油气井、酸洗、炼油等体系。涂料中也加入缓蚀剂（红丹、铅酸钙等），以防大气腐蚀。气相缓蚀剂（二环己胺亚硝酸盐和碳酸盐等）则用于密闭包装内，它的挥发性大，挥发后沉积在金属表面上，形成有效的保护薄膜。

第四，阴极保护。从外部导入电流，方向是以被保护设备作为大阴极，这时一部分外电流进入局部阴极，一部分进入局部阳极。导入电流有两种方式：一种是利用外电源，体系中加入一块导流电极（石墨、高硅铁、废钢等）作为阳极。另一种是将一块电位较低的金属（如比铁电位低的锌、镁、铝及其合金）与被保护的金属设备连接，使两者在电解液中构成原电池。这时电位较低的金属（锌、镁等）作为阳极会逐渐被腐蚀，所以也称牺牲阳极。阴极保护广泛用于地下管道及其他埋在土中的金属设备，海船，港湾码头设备，水槽，水库闸门，油、气井等。阴极保护是一种既经济简便又行之有效的方法。

第五，金属镀层。镀一层或多层（2～3层）较耐腐蚀的金属（如铬、镍、铅等），可以保护底层的钢铁。镀层一般很薄，只有几十微米，因此不可避免地存在微孔，当溶液渗入微孔时，构成了镀层—底层腐蚀电池，铬、镍、铅等成为阴极，反而会加速钢铁的腐蚀。因此，电位比铁高的镀层（包括易钝化的金属，如铬、钛及贵金属金、银等）只适于腐蚀性较缓和的环境。不锈钢、钛、镍、银等的薄板衬里，因消除了微孔，则可用于各种强腐蚀环境。贱金属保护层如电镀或浸镀锌（白铁皮），保护机理和前述锌粉涂料相同。镀层虽然有微孔，但锌作为牺牲阳极，可保护底层铁，它是阴极保护的另一种形式。铁镀锡层（马口铁皮）广泛用于食品工业中，如制作罐头盒等。锡的标准电位比铁高，但是在食品所含的有机酸中，锡的电位却低于铁，所以也属阴极保护镀层。

第六，涂料。涂料是应用最广泛的一种防腐手段。它通常由合成树脂、植物油、橡胶浆液、溶剂等配制而成，覆盖在金属面上，干后形成薄层多孔的膜，虽然不能使金属与腐蚀介质完全隔绝，但使介质通过微孔的扩散阻力和溶液电阻大大增加，腐蚀电流下降。

第七，非金属衬里。钢铁在非氧化性酸类和酸性盐溶液中腐蚀严重，但许多非金属却有优良耐蚀性。所以，化工设备广泛采用橡胶衬里、热塑性塑料衬里、厚浆型涂层衬里、鳞片胶泥衬里、玻璃钢/复合材料（纤维增强热固性塑料）衬里、砖板衬里等，将腐蚀环境和金属隔离开。有些设备也可全部用非金属代替，如整体塑料设备、整体纤维增强塑料设备等。

第八，控制腐蚀环境。消除环境中直接或间接引起腐蚀的因素，腐蚀就会停止，但大多数环境（如大气、海水、土壤等）是无法控制的，化工生产流程也不能任意更动。如果改变环境对于产品、工艺等不会造成有害的影响时，在个别情况下也可采用这种方法，有时还是唯一有效的方法。如锅炉水去氧，炼油和其他工艺中加碱调节 pH 值，温度太高时冷却降温，工艺中采用缓和的介质代替强腐蚀介质等。上述采用缓蚀剂、电化学保护等也属于控制腐蚀环境。

第九，改善设计。控制腐蚀的工作应从设计开始，设计人员应该了解腐蚀的基本知识，以避免那些加速腐蚀的错误设计和加工处理方法。应尽可能避免形成腐蚀电池的结构因素，例如避免两种不同金属接触和不同部位的浓度差别，消除不便排液的死角、缝隙，使溶液各部分浓度和含量均匀，避免各部位温度和应力的差别。如存在可以引起应力腐蚀破裂的环境，那么对有残余应力的部件应消除应力或采取其他有效措施等。

耐蚀涂层或衬里应用于化学品浸泡状态的储罐、设备及管道内表面防腐属于典型的第三大方向的"涂料"和"非金属衬里"。这也是化学品浸泡状态的储罐、设备及管道的内表面防腐设计时采取最普遍、最广泛的解决方案。

2. 耐腐蚀数据来源

最可贵的途径是直接经验，但是直接经验总是有限，因此应用最广的方法还是查腐蚀手册，常见的腐蚀手册有：《腐蚀数据与选材手册》（左景伊、左禹主编，1995 年）、《材料的耐蚀性和腐蚀数据》（黄建中、左禹主编，2003 年）《Uhlig's Corrosion Handbook》（第 3 版，作者：R. Winston Revie）《Corrosion Resistance Tables》（第 5 版，作者：Philip A. Schweitzer）等。北京科技大学新材料技术研究院李晓刚教授主导的"国家材料环境腐蚀试验与共享的规范化平台"也积累了大量的腐蚀数据。当然，还有更多的零散的腐蚀数据手册和案例数据库散落在各个防腐蚀材料及设备厂家，笔者已经整理统计了近 20 年的大量的材料应用数据、案例数据以及大量实验室耐腐蚀数据，期待有朝一日可以对外出版，分享给整个行业。

但是由于"材料—环境"的组合几乎是无限大，影响耐蚀性的因素是如此众多。任何一本手册也不可能将数据收集完备，其只包含主要的介质和条件。当选材者的特定环境与手册所载有微小的、但却有重要影响的差别时，这时就需要借助理论知识和经验的帮助。

数据中否定的结论是十分有用的，它可以使选材者在一瞥之下避免大量的浪费。例如，手册记载不锈钢在盐酸中不耐蚀，钛合金在甲醇中可能产生应力腐蚀破裂等，那么就应绝对避免这样的组合（除非采取了有效措施）。如果手册中数据缺乏或不充分，选材者还不能凭自己的经验作出决定时，就需要进行腐蚀试验。往往先进行实验室筛选或现场挂片试验，取得初步结果后，再进行实物或应用试验。

小试件试验结果，金属用均匀腐蚀率结合局部腐蚀的情况进行评价，非金属迄今还没有很好的评定方法，对于塑料和橡胶，下列标准可供参考：

抗弯强度下降<25%；

重量或尺寸变化<5%；

硬度（洛氏M）<30%。

满足了上述条件，就认为这种材料在试验期限或更长一些时间内是可用的。不论是金属或非金属，由于腐蚀情况可能随时间变化，所以显然短期试验结果不及长期应用经验可靠。另外，就环境而言，玻璃瓶和大设备的条件有差别，而且生产条件可能有波动。就材料而言，试件的小面积和设备大表面的复杂情况不可能一样，而腐蚀主要和表面情况有重要关系。

举个例子，说明由于实验室和生产条件的差别所引起的结果误差。实验室的试验结果表明，铜在不含氧的稀硫酸中有良好耐蚀性。但是作为盛稀疏酸的贮槽时，水线部位迅速产生腐蚀。这是因为酸内虽没有溶入氧，但水线处却与空气中的氧接触。实验室忽略了这个条件，所以就发现不了这一问题。不锈钢是靠氧来维持有效的钝化保护膜的，不锈钢贮酸槽因为底部深，氧不易达到，因而可能产生腐蚀。在实验室的浅容器中，试件各部分都能获得较多的氧，因此发现不了上述生产中的问题，而显示出较低的腐蚀率。上面的例子说明，选材试验必须紧密结合生产实际。

3. 如何正确进行防腐选材

正确选材是最重要也是最广泛使用的防腐蚀方法。选材的目的是保证设备或物件能正常运转，有合理的使用寿命和最低的经济支出。因此，在任何一个"材料—环境"体系中，对材料的要求是：①化学性能或耐蚀性能满足生产要求；②物理、机械和加工工艺性能等能满足设计要求；③总的经济效果优越。

就第①项要求说，因为所有的设备、物件都是在一定环境中操作的，而所有的环境（除了个别情况）都具有不同程度的腐蚀性，因此，它是首先应考虑的问题。过去和现在不断发生大量设备事故，其中大部分（化工厂中占50%以上）事故是由腐蚀引起的，而其主要原因则是选材不慎。单靠一些数据往往还不够，还需要充分考虑各种环境和设计因素。

就第②项要求说，看起来似乎简单，但是它和第①项有错综复杂的关系。所谓"防腐蚀工作必须从设计桌上开始"，就意味着正确选材是设计工作重要的一环。设计者应该运用腐蚀观点来考虑设计，而腐蚀选材工作者则应结合设计因素来考虑选材。如果忽视环境变化和设计因素对腐蚀的影响，就会引起设备意外或过早的腐蚀，造成经济上的巨大损失。如果熟悉这些因素的影响，并能灵活运用，那么腐蚀问题会得到更妥善的解决。腐蚀是很复杂的现象，材料的品种和性能也十分繁杂，显然正确选材也是一项复杂的任务。对一个良好的选材者的要求是，具有丰富的腐蚀基本理论知识，对材料的广泛知识，必要的工程知识。解决现实问题的能力和丰富的实践经验，理论知识固然重要，经验尤其可贵。对一个复杂的腐蚀问题，有时候需要从理论上深入考虑，有时候却只需要一些常识就可解决。但是要找到问题的症结，却必须对事物作细致的分析研究。

选材时首先应详细了解"材料—环境"体系的内容，然后研究各项环境和设计因素，并进行经济平衡。

4. 防腐设计

防腐设计中一般下列因素都要考虑：①缝隙和死角的设计；②电偶因素；③接触因素；④杂散电流；⑤应力与载荷；⑥焊接和其他加工工艺；⑦腐蚀裕度和防腐措施；⑧材料和环境的其他有害反应；⑨材料的物理、机械和加工工艺性能；⑩经济性。

5. 全生命周期的全面腐蚀控制考虑因素出发点的先后次序

首先，材料的耐腐蚀、耐温、粘结性能满足介质环境工况以及现场的要求。

这里面提到的耐腐蚀性能包括但不限于材料本身的耐腐蚀性能，还包括上文提到的腐蚀裕量、电偶考虑因素、动态载荷下的耐腐蚀性能等。耐温性能也指的不是单纯的耐温性能，还包括需要考虑到实际工况的最高环境温度、最低环境温度、事故状态温度、温差变化、温差变化频率、酸碱中和等化学反应以及特殊工艺导致的局部温度等。有些防腐蚀材料的耐腐蚀和绝对耐温都满足要求，但在一定温度下，与基材的粘结性能就下降，导致尽管可以耐腐蚀耐温，但却大面积脱落的失败案例。

其次，耐腐蚀材料的物理机械性能以及加工工艺性能满足设计要求，具备可成型性，防腐蚀方案具备可操作、可作业性。

这里面提到的是不同的耐腐蚀材料有不同的加工工艺要求，需要结合实际现场条件或者工况去判断。有些材料需要高温成型，而现场不具备这样的条件；而有些材料现场根本不方便制作，必须工厂化提前预制好整体设备或者部分构件，再到现场去安装或组装。

最后，总的经济效果最优化。

在满足要求的情况下，成本越省越优化。部分场合，要是一次性投入太高，几乎相当于整体更换好几次的成本，这时候还不如去做合金、工程塑料等特殊整体方案。经济上的最高效、最优化才是节省社会资源，创造最大效益的唯一正解。

3.2.5 化学品浸泡状态的储罐、容器、设备及管道的耐蚀涂料或衬里材料选择建议

首先，目前材料技术的发展现状下，水性涂料的重防腐性能还不能满足化学品储罐、化工设备及管道的内表面防护的要求。从环保安全及施工成本角度出发，化学品储罐、化工设备及管道的内表面防护的涂料衬里优先选用无溶剂、高固体分液体涂料。

其次，化学品储罐、化工设备及管道的内表面防腐涂料或衬里选材可参考表 3.2.5-1 和表 3.2.5-2。

最后，按照表 3.2.3 的分类，化学品浸泡状态的储罐、设备及管道的耐蚀涂料或衬里的选材遵循以下原则和经验。①工程实际应用案例经验。②制造商提供的耐腐蚀数据。③化学品浸泡状态的储罐、设备及管道内壁防腐涂料的选用，主要根据不同的化学品储存介质、储罐类型、温度和压力等进行。没有哪一种涂料可以适用于所有的储存介质。④化学品浸泡状态的储罐、设备及管道内壁防腐涂层主要有无机硅酸锌涂层体系、薄涂型涂层体系、厚浆型重防腐涂层体系和复合材料衬里体系。如果现场有条件实现后加热处理，则还包括一部分需要加热后处理才能发挥出来极限耐化学介质腐蚀的重防腐涂层体系，但现

场大面积施工，往往都不具备该条件，故前面三大类还是主流解决方案。⑤按照化学工程师更加熟悉和容易去判断的角度去分类才是更加合理的，因为物质化学性质相似的化学品介质，其腐蚀特性大多也是相似的，对材料的物理腐蚀机理及化学腐蚀机理也是相似的。对资深的腐蚀材料工程师而言，可以按照表 3.2.3 所示大类去进行类比分析，加以初步判断，再去进行更加细化的专业实验以及其他可获取的实验或案例加以判断、选材和设计。表 3.2.5-1、表 3.2.5-2 所示是常见的化学品浸泡状态的储罐、设备及管道内壁防腐涂层体系选择建议。建议仅仅从技术层面出发，而非考虑到性价比、基材处理、现场条件等其他因素的综合建议。没写进去的不代表就不行，这仅仅是典型建议而已。但实际工况下，不管选择哪一类，都应再综合考虑其他各相关方面的因素。⑥涂料或衬里，其耐腐蚀性能还必须满足以下两点：a. 在实际使用工况条件下耐腐蚀性能验证，应按现行国家标准《色漆和清漆 耐液体性的测定 第 1 部分：浸入除水之外的液体中》GB/T 30648.1 进行浸泡实验，应按标准要求制备样板或样块，在实际工况条件下的化学介质中浸泡 720h，涂层应无粉化、起泡、开裂或脱落等缺陷；b. 当使用工况有温度、压力和介质共同作用时，宜按现行行业标准《钢质储罐防腐层技术规范》SY/T 0319 的有关规定进行测试和评定。

常见腐蚀介质分类、环境温度下部分衬里材料的选用　　表 3.2.5-1

序号	腐蚀介质类型 Ⅰ 无机腐蚀介质	示例	树脂或胶泥类型					水玻璃胶泥	液体涂料涂层		纤维类别	
			环氧	不饱和聚酯	乙烯基酯	呋喃	酚醛		加热后固化型酚醛环氧涂料	烘烤型酚醛涂料	表面毡类型	短切原丝毡类型
1	无机、非氧化性酸	盐酸	△	√	√	√	√	√	√	√	C 或 E-CR	E-CR
		硫酸(≤70%)							√	√		
		磷酸							√	√		
2	无机、氧化性酸	硝酸	×	△	△	×	×	√	×	×	C 或 E 或 S	E 或 E-CR
		硫酸(>70%)							△	△		
		铬酸							×	×		
		氯酸									C 或 E-CR	E-CR
3	无机、二氧化硅溶解酸	氢氟酸	△	√	√	√	√	×	△	×	S	S
		六氟硅酸(含氢氟酸)							△	×		
		四氟硼酸(含氢氟酸)							△	△		
4	盐类	氯化钠	√	√	√	√	√	√	√	√	C 或 E-CR	E 或 E-CR
		硫酸(亚)铁							√	√		
		碳酸钠										
5	碱	氢氧化钠	√	△	△	√	×	×	√	×	S	E 或 E-CR
		氢氧化钾							√	×		
		氧化钙、氢氧化钙							√	×		
		氨溶液(氢氧化铵溶液)							√	×		

序号	腐蚀介质类型 I 无机腐蚀介质	示例	树脂或胶泥类型 环氧	不饱和聚酯	乙烯基酯	呋喃	酚醛	水玻璃胶泥	液体涂料涂层 加热后固化型酚醛环氧涂料	烘烤型酚醛涂料	纤维类别 表面毡类型	短切原丝毡类型
6	氧化性碱	次氯酸钠	×	△	√	×	×	×	×	×	S	E 或 E-CR
7	有机酸	甲酸	△	√	√	√	√	√	△	√	C 或 E-CR	E-CR
		乙酸							△	√		
		氯乙酸							×	√		
		草酸							√	√		
		乳酸							√	√		
8	脂肪烃	己烷	√	√	√	√	√	√	√	√	C 或 E	E 或 E-CR
		辛烷							√	√		
9	芳香烃	苯	△	×	△	√	√	√	△	√	C 或 E	E 或 E-CR
		甲苯							△	√		
		二甲苯							△	√		
10	醇类	甲醇	△	△	√	△		√	△	√	C 或 E	E 或 E-CR
		乙醇							△	√		
		丁醇							△	√		
		乙二醇							△	√		
11	酮	丙酮	△	×	×	×	×	√	△	√	C 或 E	E 或 E-CR
		甲基乙基酮(2-丁酮)							△	√		
12	醛、酯	甲醛	△	×	△	△	△	√	△	√	C 或 E	E 或 E-CR
		乙酸乙酯							△	√		
13	脂肪族卤代烃	二氯甲烷	×	×	△	√	√	√	△	√	C 或 E	E 或 E-CR
		三氯乙烯							△	√		
		三氯三氟乙烷							△	√		
14	芳香卤代烃	氯苯	×	×	△	√	√	√	△	√	C 或 E	E 或 E-CR
		三氟化氯苯							△	√		
15	脂肪族胺	甲胺	×	△	√	√	√	√	△	√	C 或 E	E 或 E-CR
		三乙胺							△	√		
		乙二胺							△	√		
16	芳香胺和吡啶	苯胺	×	×	△	√	√	√	△	√	C 或 E	E 或 E-CR
		吡啶							△	√		

续表

序号	腐蚀介质类型 I 无机腐蚀介质		示例	树脂或胶泥类型					水玻璃胶泥	液体涂料涂层		纤维类别	
				环氧	不饱和聚酯	乙烯基酯	呋喃	酚醛		加热后固化型酚醛环氧涂料	烘烤型酚醛涂料	表面毡类型	短切原丝毡类型
17	酚类化合物	苯酚		×	×	△	√	√	△	△	√	C 或 E	E 或 E-CR
		甲酚								△	√		
18	油脂	动植物油脂、油		△	√	√	√		√	△	√	C 或 E 或 S	E 或 E-CR

备注：1. "√"表示推荐；"×"表示不推荐；"△"表示在低浓度或偶尔接触腐蚀介质情况下推荐。

2. 呋喃、酚醛树脂和胶泥不得直接接触基体。

3. C 代表耐化学玻璃纤维，E-CR 代表耐酸玻璃纤维，E 代表无碱玻璃纤维，S 代表合成纤维或碳纤维。

4. 加热后固化型酚醛环氧涂料和烘烤型酚醛涂料在温度条件下的耐腐蚀性能，当无耐腐蚀数据时，应经试验确定。

化学品浸泡状态的储罐、设备及管道内表面防腐涂层或衬里选择推荐　表 3.2.5-2

方案大类	典型的内防腐涂料或衬里解决方案	总厚度（μm）	大致适用化学品大类（参考表 3.2.3 中序号）	其他备注
无机锌涂层	无机硅酸锌涂料（无机富锌涂料）	100～125	如 15、10、11、12、13、14、15、16、21、22、8、9 等	
薄涂型涂层	纯双酚 A 型环氧涂料（聚酰胺固化剂）	250～300	如 26、6、1、7、18 等	可一定程度参照现行国家标准《钢质石油储罐防腐蚀工程技术标准》GB/T 50393 的相关规定
	常温固化酚醛环氧涂料（脂环胺固化剂）		如 26、6、1、7、18、2、3、5、15、8、9、10、11、21、22、12 部分、13 部分、14 部分、16 部分、17 部分等	
重防腐涂层	少溶剂或无溶剂双酚 A 型环氧涂料、少溶剂或常温固化无溶剂酚醛环氧涂料、厚浆型环氧玻璃鳞片涂料	300～1000	如 26、6、1、7、18、2、3、5、15、8、9、10、11、21、22、12 部分、13 部分、14 部分、16 部分、17 部分等	
	无溶剂聚氨酯涂料	500～2000	如 26、7、1、15、16 部分等	用于温度不大于 50℃ 的油类、水或污水和天然气
	厚浆型双酚 A 型乙烯基酯玻璃鳞片涂料、厚浆型酚醛环氧型乙烯基酯玻璃鳞片涂料	500～1500	如 2、1、3（改用非硅质填料）、5、6 部分、7、8、9、10、11、12 部分、14 部分、15 部分、16 部分、17 部分、18 部分、19、20、21 部分、22、23、24 部分、25、26 等	可一定程度参照现行国家标准《乙烯基酯树脂防腐蚀工程技术规范》GB/T 50590 的相关规定

方案大类	典型的内防腐涂料或衬里解决方案	总厚度（μm）	大致适用化学品大类（参考表3.2.3中序号）	其他备注
复合材料衬里	胶泥衬里类：环氧及环氧呋喃玻璃鳞片胶泥、双酚A型乙烯基酯玻璃鳞片胶泥、酚醛环氧型乙烯基酯玻璃鳞片胶泥	1000～5000	如2、1、3（改用非SO₂材质鳞片或纤维）、5、6部分、7、8、9、10、11、12部分、14部分、15部分、16部分、17部分、18部分、19、20、21部分、22、23、24部分、25、26等	可一定程度参照现行国家标准《乙烯基酯树脂防腐蚀工程技术规范》GB/T 50590、现行国家标准《纤维增强塑料设备和管道工程技术规范》GB 51160的相关规定
	纤维增强塑料衬里类：环氧树脂纤维增强塑料、间苯型耐腐蚀不饱和聚酯树脂纤维增强塑料、双酚A型耐腐蚀不饱和聚酯树脂纤维增强塑料、双酚A型乙烯基酯树脂纤维增强塑料、酚醛环氧型乙烯基酯树脂纤维增强塑料、高交联密度型耐溶剂乙烯基酯树脂纤维增强塑料			
	胶泥和纤维增强塑料复合衬里类			
可现场后加温热处理的重防腐涂层	加热后固化型酚醛环氧涂料	500～1000	如2、1、3（改用非SO₂材质鳞片或纤维）、4部分、5、6部分、7、8、9、10、11、12部分、13部分、14部分、15部分、16部分、17部分、18部分、19、20、21部分、22、23、24部分、25、26等	宜在小于或等于100℃以下使用，可一定程度参考表3.2.5-1
	多官能团或杂环类加热后固化型环氧重防腐涂料			
	烘烤型酚醛涂料	125～250		宜在小于或等于120℃以下使用，可一定程度参考表3.2.5-1
	部分有机-无机杂化类涂料	500～2000		特殊重防腐涂料请参考供应商耐腐蚀数据表
	部分陶瓷重防腐涂料	300～1000		
部分静电喷涂型粉末涂料，并进行加热后固化处理	环氧粉末涂料	300～1000	如26、6、1、7、18、15、8、9、10、11、16部分、17部分、21、22等	适用于温度不大于80℃的各种油品、水或污水和天然气
	氟树脂涂料：四氟乙烯-全氟烷氧基乙烯基醚共聚物（PFA）涂料、乙烯-三氟氯乙烯共聚物（ECTFE）涂料、乙烯-四氟乙烯共聚物（ETFE）涂料	300～1500	1～26全部，几乎耐任何浓度的强酸（包括王水）、强碱、强氧化性介质和溶剂，只在极少数含氟化合物（如二氟化氧、三氟化氯）、极少数高温状态醚、极少数加温加压氯烃（如四氯化碳、甲基三氯甲烷）的作用下，才会溶解	ETFE和ECTFE粉末涂料适用于温度不大于150℃的酸、碱、盐和溶剂等介质；PFA粉末涂料适用于温度不大于200℃的酸、碱、盐和溶剂等介质
金属热喷再涂装封孔的复合涂层	施工较为复杂，需要专门设备；内防腐应用面较窄（主要用于化工脱硫系统钢结构设备、焦化厂脱硫系统钢结构设备、碳钢溶剂罐内防腐、氯碱行业碳钢罐、啤酒等行业碳钢罐等），在醇类储罐、冷媒（制冷剂）等压力罐、焦化厂煤化工脱硫系统洗涤塔、化工中间体（农药、制药有机物）储罐及管道、食品饮料厂（如啤酒厂）储罐及管道的金属热喷复合涂层内防腐的推荐材料及厚度见表3.1.3-8			

第4章

商品级鳞片胶泥/涂料衬里防腐及应用

4.1 定义、概述、历史

鳞片胶泥/涂料是指以耐腐蚀热固性合成树脂（如环氧树脂、聚酯树脂、乙烯基酯树脂等）为主要胶料，以具有规定粒径的薄片状固体填料（外观形状似鱼鳞片，故称之为鳞片）为骨料，以多种功能性助剂为添加剂，经过特定工具混配成胶泥状或厚浆型涂料状防腐蚀材料。

鳞片胶泥/涂料衬里是指鳞片胶泥/涂料经专用设备或工具按规定的施工作业程序将胶泥状或涂料状鳞片防腐蚀材料涂覆在经处理的待防护设备或设施基体表面而形成的衬里防腐蚀保护层。

有机非金属材料作为设备防腐蚀内涂装使用时，主要应用形式为有机涂料、塑料衬里、橡胶衬里和纤维增强塑料衬里等，该类高分子衬里材料的破坏，有化学腐蚀和物理破坏，两种形式互为影响，在实践中往往以物理破坏表现为主，比如常常发生扩散性底蚀（也称膜下腐蚀）、鼓泡、脱壳、分层、剥离、开裂和脱落等物理腐蚀破坏。究其原因，有以下四个方面。

第一，腐蚀介质在衬里层中的渗透扩散

主要有以下：抗介质分子经过树脂基体中分子空隙迁移渗入基体；抗介质分子经树脂中存在的微裂纹、微气泡的毛细作用渗入基体；抗介质分子经填料纤维和树脂间界面孔隙渗入基体。

第二，衬里材料成型时固化反应形成的残余应力、使用环境热应力引起的材料膨胀应力及设备运行时外加负荷和连接螺栓引起的负载应力

内应力来源：①基体固化时的收缩应力；②不同线性膨胀系数的材料界面间产生的收缩应力；③外界的环境温度变化引起的热应力。内应力会随时间和空间的延伸而集中，到一定程度就会释放出来，衬里层就会破坏。残余应力，是施工作业时，材料成型留下的。它与热应力一起作用使得材料的界面强度降低，增加微裂纹和界面孔隙，导致最终的介质渗透。介质渗透又会反过来促进应力产生，促进裂纹发展延伸，形成恶性循环。

第三，设备因设计强度、刚性不足产生震颤或形变引发的疲劳应力

外界的载荷、外力作用变化引起的宏观应变，位移变化更会导致衬里层的物理破坏。

第四，防腐蚀内衬施工中各种质量缺陷导致的综合劣化

包括衬里成型的每一个环节：设计、表面处理、作业成型、材料配制、质量控制等。在正确选择耐蚀树脂、填料的基础上，主要从加大防腐层厚度、抑制腐蚀介质渗透、减少

衬里层残余应力和热应力、强化施工质量监控等方面入手。

为了解决此类问题，专业人员在综合研究、试验分析有机非金属耐腐蚀材料腐蚀失效案例的基础上，研究设计出了抗腐蚀介质渗透能力强、固化残余应力松弛分散性好、对环境热应力及负载应力敏感性差的鳞片衬里技术。

其中用于制作鳞片的原料有玻璃、云母、石墨、不锈钢、涤纶等。因玻璃鳞片制造工艺简单，造价便宜，适用面宽，故得以迅速发展，成为鳞片衬里的主要使用材料。故本章只限于讨论玻璃鳞片衬里，且集中在讨论乙烯基酯树脂玻璃鳞片胶泥衬里。

乙烯基酯树脂玻璃鳞片胶泥是以乙烯基酯树脂材料为主材加入玻璃鳞片等材料配制而成的，作为防腐衬里材料具有耐腐蚀性能好、极佳的抗渗透性、较强的基材粘结强度、较好的耐温差（热冲击）性能、耐磨、操作工艺便捷、造价成本适中等诸多优势，近年来得到了爆发式的发展和广泛的应用。

玻璃鳞片衬里最早问世于美国的 Owens Corning 公司，第一个鳞片防腐蚀材料专利于1957 年发布。20 世纪 60 年代初，KCH 集团下属的 Ceilcote 公司（2007 年被阿克苏诺贝尔国际油漆公司收购，现隶属于 Ceilcote Flakeline 部门）又开发出一批鳞片涂料技术，随后鳞片衬里技术在美国诸多专业防腐蚀公司实现工程化应用。

20 世纪 60 年代末，日本多家专业防腐蚀公司从美国引进鳞片涂料技术，并加以迅速发展，随着鳞片衬里在火电厂烟气脱硫装置、大型原油储罐、氯碱工业盐水装置、硫酸工业净化装置、尿素造粒塔、海洋工程设施等重大工业领域的成功应用，充分证明了鳞片衬里这一防腐蚀技术的优越性。因此 1971 年，美国 SSPC、NACE 等几大材料腐蚀协会联合召开了鳞片衬里国际专题报告会，并赋予鳞片衬里技术"重防腐蚀技术"称号。自此鳞片衬里作为一种有效的重防腐蚀技术，引起国际腐蚀与防护界的广泛重视。

我国玻璃鳞片衬里技术研究起步于 1983 年，由原化工部批准立项，由原化工部化工机械研究院（现甘肃天华化工机械及自动化研究设计院有限公司）和原化工部第八设计院（现中国成达工程公司）联合承担。1986 年第一次开展成规模的工程实践应用，1987 年完成化工部成果鉴定。此后，上海、北京等研究单位也相继开展鳞片衬里技术研究，现已形成各类胶泥、涂料的系列配套产品。

现如今，玻璃鳞片胶泥/涂料领域，技术层面已经取得了极大的进步，无论是专业底漆，还是许多功能性的改性玻璃鳞片胶泥，市面上都已经非常成熟。应用层面，玻璃鳞片衬里技术也早就从 2000 年左右的仅应用于烟气脱硫防腐领域发展到现如今在建筑防腐蚀领域以及钢结构环保设备与管道防腐领域四面开花。鳞片胶泥制造商也早就从 2000 年左右靖江王子这些相对独立的外企单一材料制造商，发展到现如今大江南北全国各地都有鳞片胶泥制造商，无论是乙烯基酯树脂制造商再去兼做玻璃鳞片胶泥深加工（好似做"面粉"的再去做"面包"），还是原来做保温材料、防腐涂料的厂家、防腐施工企业，都有大量厂家介入玻璃鳞片胶泥的制造生产。在技术慢慢透明化的今天，越来越多的厂家参与进来，也成就了国内这个领域长达 20 多年的蓬勃发展，但随之而来也出现了一系列品质低劣的"伪玻璃鳞片胶泥"厂家，疯狂造假，换多个马甲进行百度竞价推广，疯狂到百度搜索已经几乎找不到真实信息，几近废了这一行业。这一现象在新修编的国家标准执行力度加大后有望得到改观。

4.2 鳞片胶泥/涂料衬里超级防腐特性

从鳞片衬里剖断面图看（图 4.2），鳞片衬里层与纤维增强塑料层的主要区别在于变纤维增强塑料连续的丝状纤维为鳞片衬里不连续的片状鳞片。由于鳞片是不透性实体，在内衬层中垂直于介质渗透方向，成多层次有序叠压排列，故一方面为介质渗透设置了一道道屏障；另一方面，改变了树脂固化时的收缩残余应力及使用时由于环境热引起的热应力的分布、传导、叠加及松弛条件，从而有效地抑制了以往防腐衬里技术中常见的物理破坏现象。

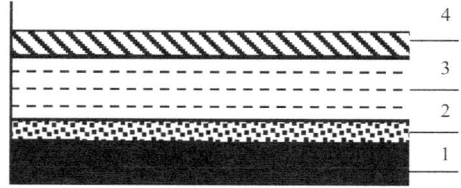

图 4.2 乙烯基酯树脂玻璃鳞片胶泥
衬里断面结构图
1—基体；2—底涂；3—鳞片胶泥内衬层；
4—胶泥面漆层

4.2.1 鳞片胶泥衬里耐腐蚀原理分析

近代许多防腐蚀学者在探讨有机高分子防腐蚀涂装层的腐蚀机理和使用寿命时，大多是从三个方面入手的：一是从有机高分子防腐蚀涂装层的结构、组成、孔隙率、粘结强度、交联度等非金属材料学角度研究腐蚀介质与防腐蚀涂装层失效的关系；二是从腐蚀介质在防腐蚀涂装层中的吸附、渗透、扩散等动力学角度研究腐蚀介质、防腐蚀涂装层质量缺陷与层下金属基体腐蚀的关系；三是从环境应力如热应力、温差热应力、涂装层成型残余应力、金属基体形变应力、负荷应力等力学及热力学角度研究环境应力、腐蚀介质与高分子材料腐蚀的关系。众所周知，金属的腐蚀反应在大多数情况下是一种由局部电池导致的电化学反应。而就有机高分子衬里抑制金属腐蚀而言，实质上就是利用非金属的电绝缘性达到增加电池电阻的作用。在腐蚀环境中，可以将腐蚀介质中的离子或电解质的渗透性、防腐蚀涂装层的结构、组成、孔隙率、质量缺陷及与金属基体的粘结强度和环境应力对涂装层的力学作用视为控制涂装层电阻的因素。换句话说，涂装层对可电离成离子或电解质的介质的渗入阻力越大，其电阻越大，防腐蚀效果越好。因此，防腐蚀衬里设备使用寿命的研究就转为研究高分子材料的特性、腐蚀介质的渗透性及环境应力和质量缺陷对腐蚀的促进作用。

美国的 G. Mengns 等人经长期研究分析，对衬里层的寿命与渗透性、衬里层厚度与基体的粘结力关系提出如下经验公式：

$$L = d^2/6D + \tau(\rho_\beta, \sigma) \tag{4.2.1}$$

式（4.2.1）中，L 是衬里层使用寿命；τ 是和鼓泡内部压力 ρ_β 和粘结层垂直剥离力 σ 有关的函数，表征介质渗透至粘结界面后，发生粘结剥离破坏的时间；D 是介质扩散系数；d 是涂层厚度。由式（4.2.1）可以看出，衬里层的寿命与其厚度的平方成正比，与扩散系数成反比，并与衬里层粘结强度有关。该公式虽然未能从上述研究层面给出诸因素的相互关系，但却通过介质扩散系数这一可测定参数将材料因素、介质渗透因素、环境应力因素及质量缺陷因素表现出来，从宏观上给出了判定衬里层使用寿命的直观方法，使工程技术人员在衬里设计选择时知道应关注哪几个问题。

有机高分子衬里的腐蚀失效主要表现为两种形式：一是化学腐蚀破坏；二是物理腐蚀破坏。这两种形式常常互为影响，但在实践中，特别是在防腐蚀材料选择正确的条件下，衬里层破坏的表现形式常以物理腐蚀破坏为主，如工程实践中常见的鼓泡、脱粘、开裂、分层、剥离、扩散性底蚀等衬里破坏现象均属此类。产生物理腐蚀破坏的原因较复杂，但主要可分为以下几个方面。

1. 介质的渗透

介质的渗透是引起物理破坏极为重要的因素，一般有以下三个途径，这三种渗透途径在衬里中并存，相互诱导，相互促进，导致介质在防腐层内逐步渗透：①在电位梯度的作用下，介质经树脂基体中分子级空穴在亲电子基团的作用下逐步迁移渗透；②在浓度梯度作用下，介质经衬层中存在的孔隙及微裂纹在毛细作用下渗入（衬层的孔隙及微裂纹应视为衬里的固有缺陷的一部分，其形成与被保护基体的表面状态、溶剂的挥发度、衬里固化状态、衬里固化残余应力及环境热应力作用、填料的添加量及与树脂的界面粘结状态等有关）；③介质经施工质量缺陷（如粘贴界面间缝隙、夹裹的气泡、衬层结构疏松等）渗入。

2. 应力的作用

应力的来源一般分五个方面：①衬里固化时的收缩残余应力；②环境温度引起的热应力；③环境温度不均衡引起的温差热应力；④承重、载荷引起的负载应力；⑤设备结构强度及刚性不足引起的形变应力或振动引起的疲劳应力。

应力是引起衬里破坏的重要因素。材料成型中的残余应力及使用中环境热应力的存在，可导致衬里的界面强度及材料的本体强度降低，增加衬层中微裂纹及界面孔隙量，为材料内缺陷的生成、发展及介质渗入提供潜在的条件。温差热应力及设备形变应力、振动疲劳应力对衬里的破坏是宏观直接的。

应力作用与介质渗透是相互促进的两个方面。应力导致微裂纹、界面孔隙的产生及成长，微裂纹、界面孔隙又为介质渗透提供途径，渗入的介质又进一步激发应力作用并产生毛细效应，致使新的微裂纹和界面孔隙生成、发展，形成腐蚀破坏的恶性循环。

3. 施工质量缺陷

施工质量控制包括衬里层成型的每一个环节，从防腐蚀设计、表面处理、作业技能、材料配制到施工过程的质量监控。由于鳞片胶泥材料的特性和施工方法完全不同于传统的其他防腐蚀衬里技术，故其施工质量缺陷也有其特殊性。就鳞片衬里而言，最主要需控制的施工质量缺陷为贯穿性针孔、衬层孔隙率、固化均衡度、衬里层致密度及厚度均匀度。

从防腐蚀涂装层的耐腐蚀原理看，为提高有机防腐蚀衬里的使用寿命，在正确选择了耐腐蚀介质材料的基础上，主要应从加厚防腐层、抑制腐蚀介质渗透、减小衬里层内残余应力并改变应力作用效果、提高界面粘结强度、强化施工质量控制等诸方面入手。而鳞片防腐蚀衬里在结构设计及材料组成上较好地满足了耐腐蚀理论，较之传统的防腐蚀技术的突出不同点在于鳞片防腐蚀衬里是以抗介质渗透、减少残余应力为出发点设计的。在鳞片衬里中，由于实体鳞片的阻挡性，使介质只能沿着迷宫形的曲折途径渗透，这相当于加厚了衬层的厚度，但又避免了因衬层太厚引起的副作用，如衬层残余应力过大、易产生脆性开裂等。而鳞片对应力的松弛作用，使应力的传导和叠加成为不可能，加之鳞片对应力作用下引起的裂纹发展也起到了限制作用，故鳞片衬里较好地满足了防腐蚀衬里的理论研究结果，在实际使用中也确实起到了抑制衬里层物理破坏的作用，使衬里层寿命大大提高。

4.2.2 鳞片胶泥衬里"迷宫效应"抗介质渗透性

抗介质渗透性能，"衬里重防腐"相较于涂料涂装防腐要强得多，随着"衬里重防腐"层的厚度增加，抗渗透性能也在增加，但鳞片胶泥内衬随着厚度增加抗渗透性能的增加远大于纤维增强塑料内衬随厚度增加而增加的抗渗透性能的增加幅度。

鳞片防腐材料之所以具有比纤维增强塑料高得多的抗介质渗透能力：

（1）因为在鳞片防腐层中，扁平状鳞片在树脂中平行叠压排列（图4.2.2-1），介质渗透为绕鳞片曲折狭缝扩散过程，这不仅对腐蚀介质渗透构成一道道屏障，使介质在基料中的渗透必须经过类似"迷宫"般的曲曲折折的途径，也相当于客观上增加了防腐层厚度（图4.2.2-2）。

（2）因为鳞片使渗透介质在不同鳞片层内渗透动力逐渐衰减，介质向纵深渗透趋缓。鳞片的"迷宫"效应（见图4.2.2-2）有效地分割了基料中存在的微小气泡，微裂纹、分子级空穴等固有缺陷，形成树脂基料固有缺陷的不连续分布，从而有效地抑制了介质的渗透。

图4.2.2-1 扫描电镜下的鳞片衬里结构

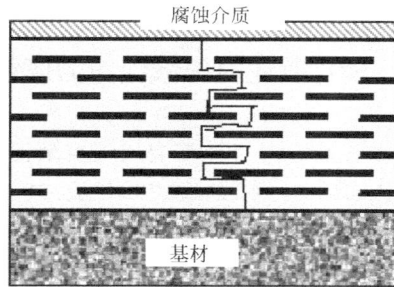

图4.2.2-2 鳞片胶泥衬里渗透效果示意图

（3）因为鳞片是不连续片状实体，且在固化树脂中近似平行排列，使得鳞片与树脂界面间缺陷又为树脂分割。因此，尽管在鳞片衬里内也存在许多缺陷，但相比纤维增强塑料，独特的衬层结构却使其对缺陷的抑制作用确实较纤维增强塑料等衬里好许多。

（4）鳞片防腐层中渗入介质的分布是平台状的，导致这一渗透介质分布状态的原因是介质渗透是在"迷宫"式的狭缝中进行，且主要渗透方向垂直于防腐层的厚度方向，故对整个防腐层而言，在厚度方向上，介质渗透因受鳞片阻碍，介质在鳞片间狭缝中的积累速度大于在衬层断面方向的扩散速度，导致各鳞片间的介质含量不断趋于饱和。又由于介质渗透是在曲折的狭缝中进行，故渗透介质在不同鳞片层内的渗透动力是逐渐衰减的，这也使得介质向纵深渗透趋缓，导致了腐蚀介质在鳞片衬里基体内渗透分布不同于其他有机材料衬里，即鳞片衬里是平台状，而不是通常的菲克S型或二阶型分布。

鳞片衬里的抗腐蚀介质渗透性可以通过纤维增强塑料与鳞片衬里试样的温度梯度渗透和加压渗透对比试验得到明确的结论。温度梯度渗透试验是动态条件下研究有机非金属材料渗透性的有效方法之一。有人做过0.5、1.0、1.5、2.0mm四种规格的纤维增强塑料和鳞片衬里试样，试验温度低温侧各粘一片 0.02mm 厚的铝箔。当高温侧水蒸气在差热动力作用下透过试样后，就会在铝箔与试片的界面间形成凝结，破坏粘贴面并导致铝箔鼓起，形成"鼓泡"。因此，可以从铝箔的"鼓泡"时间来判定介质透过试样的渗透时间。试验结果表明：纤维增强塑料厚度的增加虽然能增加介质的渗透时间，但其增量与厚度的关系近似成正比，表明厚度增加，衬里的抗渗性增加，但呈线性比例关系。而鳞片衬里的渗透时间曲线则为突变型，其厚度的增加使渗透时间大大提高，0.5mm 厚的鳞片试样其介质渗透时间已略高于 2.0mm 厚的纤维增强塑料试样。鳞片衬里厚度超过 1.5mm 时，即可达非常理想的抗渗效果。

温度梯度渗透试验实质上反映了衬里材料抗介质渗透和温差热应力破坏的综合能力。在温度梯度渗透试验中，试样受到两方面的热应力制约：一是不同组分材料间热性能差异形成的界面制约，当试样受到环境温度作用时，材料内的不同组分受热作用产生不同的热胀效应，由于各组分间的相互制约导致热膨胀受阻，在衬里材料层本体内产生热应力；二是试样（毫米级厚度）内两侧温度（低温侧为 20℃，高温侧为 80℃）因存在温度梯度致使试样截面各单元层间热效应表现不同，形成层间热膨胀能力不同，从而导致较大的层间温差热应力产生。热应力与渗入介质的相互激发作用导致试样高温介质侧产生较多的表面微裂纹。因鳞片衬里具有很好的抗介质渗透性及对应力的抑制作用较强，故试验结果远优于纤维增强塑料。

4.2.3　鳞片胶泥衬里减缓应力腐蚀的机理

鳞片衬里结构与纤维增强塑料结构相比，大大改变了树脂的固化收缩及热应力的作用状态，从而减小了残余应力和热应力的影响，提高了界面强度。

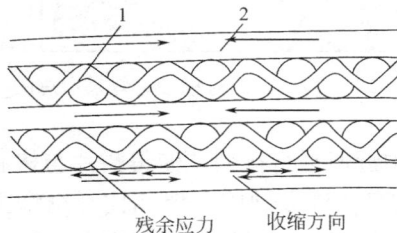

图 4.2.3-1　纤维增强塑料收缩应力示意图
1—纤维层；2—树脂层

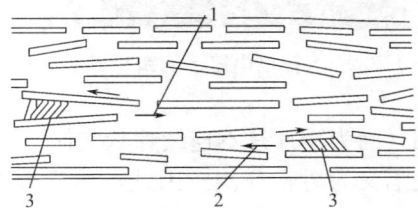

图 4.2.3-2　玻璃鳞片收缩应力示意图
1—收缩应力方向；2—鳞片漂移方向；3—不连续收缩区

从图 4.2.3-1 和图 4.2.3-2 中可以看出：

(1) 在纤维增强塑料衬里中，树脂呈连续膜状，树脂在膜层内固化时，因分子的集聚态和构象发生变化，导致体积收缩，而玻璃纤维的体积几乎不变化，两者之间必然产生界面收缩应力（即固化残余应力），这些应力经过纤维和树脂传递，有规则的方向，收缩方向为沿纤维往纤维增强塑料材料中央，残余应力沿相反方向。

又由于树脂与纤维的线胀系数不同，受环境热影响不同，故在树脂层内及界面间产生热胀应力，且热胀应力经连续的玻璃纤维及树脂相互传递，往往在衬层缺陷处形成应力集中及叠加，从而导致衬层缺陷处局部破坏。

（2）在鳞片衬里中，分散状的鳞片排列是无序的叠层，整体上平行排列，但在局部还是有一定的倾角，因此树脂的膨胀、收缩被鳞片分割成一个个分散的小区域，又由于方向的无序性，导致其固化残余应力或环境热应力在一个个分散的小区域内相互抵消了，并未叠加传递，这样一来整个防腐层的残余应力大大减小，界面强度大大提高，微裂纹也就相应减少了。

另外，树脂与鳞片之间产生的热胀应力因鳞片是分散体，可随着树脂的缩胀移位，故界面缩胀应力被用来对鳞片位移做功，将应力松弛掉。这样使得防腐层内的残余应力大大减小，相应地衬层内界面强度也大大提高，微裂纹生成和发展的可能性也大大降低。

4.2.4 鳞片胶泥衬里耐磨试验分析

为了进一步考察鳞片衬里在实际生产环境中的耐腐蚀行为，作现场工况挂片试验。挂片试验如下：铝溶液反应釜，介质工况为 31% 的盐酸，温度 93℃，内盛铝砂，带搅拌装置，挂片时间为 1 年。试片材质为环氧鳞片及酚醛改性环氧鳞片两种。1 年后取出试样测定厚度，做电镜形貌分析磨损情况，做氯元素线扫描分析，做电子能谱渗入介质分布分析，其结果如下：

环氧试片表层严重磨蚀破坏（图 4.2.4-1），表层疏松，鳞片裸露，鳞片间树脂有掏空现象，但内层完好，无明显变化（图 4.2.4-2），但衬里厚度减薄仅 $140\mu m$。酚醛改性环氧试片表层有磨损痕迹，但平滑致密无表层疏松层，无树脂掏空现象，鳞片裸露较少，内层完好（图 4.2.4-3、图 4.2.4-4），衬里厚度减薄仅 $60\mu m$。

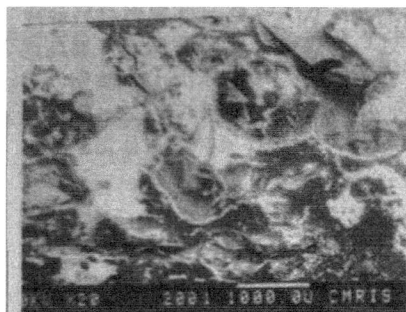

图 4.2.4-1 环氧试片表面磨损平面照片

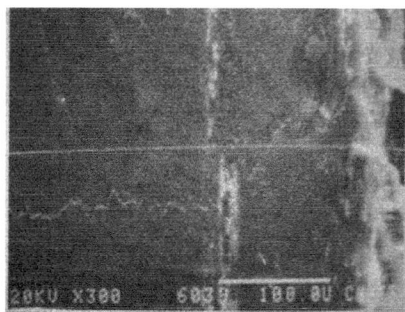

图 4.2.4-2 环氧鳞片表面磨损侧面照片

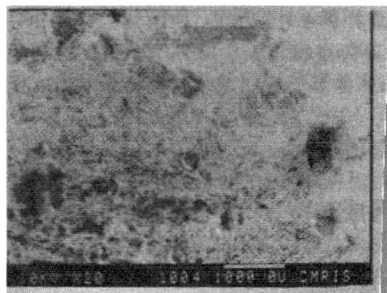

图 4.2.4-3 酚醛改性环氧试片表面磨损平面照片

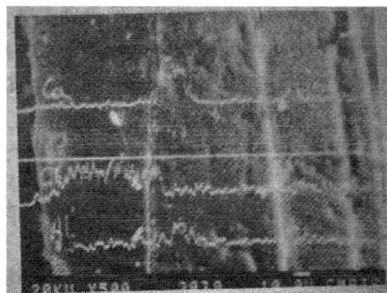

图 4.2.4-4 酚醛改性环氧试片表面磨损侧面照片

1. 试片磨损程度取决于材料交联密度和耐温能力

在试验环境条件下，两种试片的表面磨损程度的差别表明材料的耐温能力不同，在高温条件下的强度保持率不同，抗固体物磨蚀能力亦不同。环氧材料耐温性差，故在高温环境下材料本体强度保持率低，在固体物磨蚀作用下，试片表面鳞片裸露、表层疏松，鳞片间树脂有掏空现象。而酚醛改性环氧试片提高了材料的交联密度和耐温能力，在高温条件下的强度保持率高，故表层虽有磨损，但仍致密完整。说明在不同的温度环境条件下，应选用满足环境温度使用要求的树脂材料，以提高衬里使用寿命。

2. 鳞片衬里材料耐磨性能优异

尽管在高温环境下，材料各种性能有所下降，但在高固体含量的磨蚀作用下，其厚度磨损量却很小，仅分别为 $140\mu m$ 和 $60\mu m$，说明鳞片衬里在高温环境条件下仍具有较好的耐磨蚀能力。

4.3 鳞片胶泥/涂料分类

4.3.1 市售商品级鳞片胶泥/涂料按耐温分类

市售商品级鳞片胶泥/涂料泛指刮抹型的乙烯基酯树脂玻璃鳞片胶泥。按照采用乙烯基酯树脂原料的耐温级别不同，衬里制成品具有不同级别的耐温性能，主要分成以下几类。

1. 中温型乙烯基酯树脂玻璃鳞片胶泥

中温型乙烯基酯树脂玻璃鳞片胶泥指的是以双酚 A 型乙烯基酯树脂为主体粘结树脂，辅以偶联剂处理的 C-玻璃鳞片、耐蚀颜填料以及疏水型气相二氧化硅等助剂，真空高速混合而成的胶泥糊状的防腐材料。一般配套分为底漆（Bot）、中间层涂料（鳞片胶泥）和面漆（Top），配合固化剂（多为过氧化甲乙酮，也可使用其他固化剂）进行固化。中温型乙烯基酯树脂玻璃鳞片胶泥具有便捷的施工操作性、良好的基材粘结性、较低的固化收缩率、良好的耐蚀性和抗渗性、优异的强度和硬度等特点，广泛应用于酸、碱、盐、有机溶剂等众多气、液、固相的化学腐蚀介质环境的设备和工程防腐，是一种理想的重防腐材料。

2. 高温型乙烯基酯树脂玻璃鳞片胶泥

高温型乙烯基酯树脂玻璃鳞片胶泥指的是以酚醛环氧乙烯基酯树脂为主体粘结树脂，辅以偶联剂处理的 C-玻璃鳞片、耐蚀颜填料以及疏水型气相二氧化硅等助剂，真空高速混合而成的胶泥糊状的防腐材料。一般配套分为底漆（Bot）、中间层涂料（鳞片胶泥）和面漆（Top），配合固化剂（多为过氧化氢异丙苯，也可用过氧化甲乙酮等其他固化剂）进行固化。除兼具中温型乙烯基酯树脂玻璃鳞片胶泥的特点外，还具备更高的耐热温度，耐溶剂性、耐氧化性介质也更好。

3. 特高温型乙烯基酯树脂玻璃鳞片胶泥

特高温型乙烯基酯树脂玻璃鳞片胶泥则是以高交联密度型乙烯基酯树脂为主体粘结树脂，真空高速混合而成的胶泥糊状的防腐材料，耐温更高。

综合而言，乙烯基酯树脂玻璃鳞片胶泥具有以下特点：①独特的抗渗性能，气体腐蚀介质的渗透率极低。②良好的耐酸（含氟酸除外）、碱、盐、部分有机溶剂及一些特殊化学介质性能。乙烯基酯树脂玻璃鳞片胶泥的耐化学腐蚀性能可参照使用的双酚A型乙烯基酯树脂、酚醛环氧乙烯基酯树脂原料商提供的耐化学性数据表。特别申明的是玻璃鳞片胶泥中含有玻璃鳞片，不耐含氟化学药品的腐蚀，含氟介质请选择使用不含二氧化硅的粉料（如石墨粉）为填料的特种胶泥。特高温型乙烯基酯树脂玻璃鳞片胶泥尤其适用于有机溶剂、强氧化性介质的场合。③与基材的粘结性能强、固化收缩率低、韧性好、综合力学性能优、耐温骤变优。④树脂全部固化，表面硬度高，耐磨，易施工，易修补。特别提示的是采用玻璃鳞片的目数大小不一样，鳞片的片径不一样，耐蚀填充粉料含量不一样，都会影响到最后鳞片胶泥的施工刮抹手感和性能。适用于刮、抹、镘等多种手工作业，标准涂膜为2mm/（2~3）次涂布，标准整体2.5~3.2mm厚的胶泥总涂布量约为4.0kg/m²。底漆和胶泥常选择做成不同颜色，便于辨别底漆、中间层涂料施工区域。⑤乙烯基酯树脂玻璃鳞片胶泥可长期使用温度：液态：≤100℃（中温型）、≤150℃（高温型）；气态（水分重量比10%以下）：≤130℃（中温型）、≤180℃（高温型）；干的气态介质中可瞬间（约30min）使用温度：≤150℃（中温型）、≤200℃（高温型）。⑥特高温型乙烯基酯树脂玻璃鳞片胶泥比高温型乙烯基酯树脂玻璃鳞片胶泥的绝对耐温更高达250℃（但长期耐温并不比高温型乙烯基酯树脂玻璃鳞片胶泥有明显优势）：可长期使用温度：气态（水分重量比10%以下）：190℃；液态：150℃；干的气态介质中可瞬间（约30min）使用温度：250℃。

乙烯基酯树脂玻璃鳞片胶泥主要应用于以下几个领域：①火电厂或其他燃煤、天然气场合的烟气脱硫装置、烟道和设备防腐；冶炼厂、化肥厂等烟道防腐。②中、强腐蚀介质的气、液、固相介质设备、管道、储槽的内外表面防腐、混凝土建筑物防腐衬里；冶炼、金属表面处理、硫酸、磷化、氯碱、化肥、钛白粉、位于涨落潮水区干湿交替的海上建筑的防腐蚀等行业应用尤广。③混凝土建筑物中的地面、排水沟、污（废）水池的耐蚀覆盖层、化学储罐（槽）、工业设备装置等的表面防护（如盐酸罐、造粒塔）。④纤维增强塑料-胶泥复合防腐方法、无机耐酸块（板）材-胶泥勾缝挤缝复合防腐方法。

4.3.2 市售商品级鳞片胶泥/涂料按施工分类

1. 刮抹型玻璃鳞片胶泥

目前市面上商品级的三种最常见的乙烯基酯树脂玻璃鳞片胶泥（见4.3.1节所述）都是刮抹施工型的。

刮抹型的玻璃鳞片胶泥的树脂含量相比喷涂型玻璃鳞片胶泥/涂料要低，也就是说填充玻璃鳞片和粉料更多些，呈泥巴状的浆糊状。施工时采用抹刀、刮板、灰刀、镘刀进行刮抹。

有一个特别需要提到的点是：刮抹型玻璃鳞片胶泥，强制性采用喷涂施工，也是可以实现的，但需要采用的喷涂设备和现在涂料领域的喷涂设备是不一样的，需要采用喷涂砂浆、混凝土的专用设备。笔者接触过，也用过，可以实现目前刮抹型鳞片胶泥的喷涂成型，但也存在几点问题：①耐磨枪头容易被磨损；②枪头清洗必须非常频繁，一旦胶泥固化，非常难以清除堵塞固化物；③现有市售的设备传递物料的都是橡胶管，对于水泥砂浆、水性乳液砂浆、混凝土砂浆，不存在腐蚀橡胶管的问题，但用于喷涂无论是乙烯基酯树脂玻璃鳞片胶泥还是环氧树脂玻璃鳞片胶泥，都会溶解腐蚀橡胶管。期待设备制造商能研发出更适用的喷涂胶泥设备。

鳞片胶泥刮抹指的是中间层涂料，即胶泥的施工方法，并不代表底漆和面涂也采用刮抹方法，底漆可采用滚涂、刷涂或者喷涂，面漆采用滚涂。刷涂采用毛刷、棕刷、长柄刷等，滚涂采用圆辊刷、羊毛辊等，喷涂有手工喷涂和机械喷涂。尽管可能施工厚度不均一，但底漆还是更建议采用刷涂、滚涂，不建议喷涂，不仅是因为刷涂、滚涂更适合形状各异、大小不一的实际工况条件，施工成本也低，还因为刷涂、滚涂底漆更容易渗透混凝土和金属表面的细孔，增强对基材表面的附着力。

值得特别提出的是，由于鳞片胶泥的优势在于其抗渗透性能，腐蚀介质进不去，同样已经进去的气泡等也出不来，要使最佳防腐抗渗效果发挥出来的话，就必须最大限度地抑制气泡的生成，避免和消除施工中产生的气泡，有关这方面详见本章"4.7.5.2 鳞片胶泥（中间层涂料）施工""4.7.6.2 气泡的消除"和"4.7.6.3'馒抹'作业"的详细阐述。

简单来说，鳞片胶泥刮抹施工时，和其他胶泥状防腐材料以及防水卷材不一样的地方如下：①馒刀托刀上料时，禁止随意搅动，托料、上刮刀、刮抹应该循序进行，尽可能减少随意翻动、堆积的习惯。②刮抹时，刮刀与被抹面应保持适当的角度（推荐 $50°\sim60°$），刮抹力道均匀、刮抹速度适当，单向刮抹，严禁物料堆积再向四周摊开式抹涂。③刮抹两道或多道中间层涂料乙烯基酯树脂鳞片胶泥时，相邻两道之间刮抹方向垂直（可减少衬里层固化内应力）；每道间的复涂时间规定为：12h 或者指触表干即可；环氧树脂鳞片胶泥刮抹层间复涂时间和采用的固化剂类型有关，应参照供应商给出来的产品施工指南。④刮抹厚度与鳞片胶泥本身稀稠（主要与填充料含量以及鳞片的目数、大小、含量有关）、刮抹力道、刮抹角度有关，施工应试刮，确定刮抹厚度满足施工设计要求。其他的方法还有：选择不同锯齿深度的馒刀进行厚度控制；预先在刮板上固定钢丝（或木条）来控制每道刮抹的厚度等。⑤遇有圆、菱形基材面时，尽可能选用橡皮刮刀进行刮抹。⑥遇阴阳角、裙墙以及端面搭接的刮抹施工，尤其要注意有意识地尽可能避免施工带入的气泡，这取决于现场工人师傅的责任心以及现场施工监理监督工作的细致程度。

刮抹型乙烯基酯树脂玻璃鳞片胶泥的应用和 4.3.1 节介绍的一致。

2. 可喷涂厚浆型玻璃鳞片涂料

目前市面上商品级的厚浆型乙烯基酯树脂玻璃鳞片胶泥，实际上应该称为厚浆型乙烯基酯树脂玻璃鳞片涂料。市售的还有厚浆型环氧树脂玻璃鳞片涂料。两者基本都是喷涂施工型的。所有能喷涂的鳞片胶泥/涂料在小面积施工时都可以采用刷涂和滚涂。

喷涂型玻璃鳞片胶泥的树脂含量相比刮抹型玻璃鳞片胶泥要高，也就是说填充玻璃鳞片和粉料更少些（实际配方中采用的鳞片目数也更大、更细腻），最终产品呈稀浆料，施工时采用喷涂、刷涂都可以。底漆和面涂本来就是采用滚涂、刷涂或者喷涂施工的。

施工现场，通过工人师傅对待涂布面直接进行喷涂，最终喷涂层的厚度和工程质量与枪手的操作经验等有很大关系。一般采用无气喷涂，漆膜一次可达 $200\mu m$ 甚至更厚，有的甚至一次性就可达 $500\mu m$ 以上，一至两道就可以满足施工设计厚度要求［一般设计的标准喷涂涂布厚度为 $800\mu m/$（$2\sim3$）次］。

全自动喷涂更多地用于工厂化流水线制造，在防腐蚀衬里现场施工时，基本不用。

喷涂型玻璃鳞片胶泥衬里工程质量相比刮抹型玻璃鳞片胶泥衬里工程质量：厚度均匀、外观平整、施工效率高、处理缝隙搭接和拐角时比较灵活，但前期设备内部基材处理和保护的工程量大（面积小喷涂没有意义）、喷涂枪手技术娴熟要求较高、材料凝胶化时间调控窗口窄（凝胶慢了，立面流挂严重；凝胶快了，经常堵塞枪头），这也是目前在市场上，喷涂型玻璃鳞片胶泥衬里施工，并没有大面积得到推广的原因。当然，在基材面比较规则的原油储罐罐壁，采用喷涂型玻璃鳞片涂料是首选，在日本以及我国都得到了大量的应用。

喷涂型玻璃鳞片胶泥按照采用的树脂类型不同又可分为：喷涂厚浆型双酚 A 型（中温）乙烯基酯树脂玻璃鳞片涂料、喷涂厚浆型酚醛环氧型（高温）乙烯基酯树脂玻璃鳞片涂料、喷涂厚浆型双酚 A 型环氧树脂玻璃鳞片涂料、喷涂厚浆型酚醛清漆型环氧树脂玻璃鳞片涂料、喷涂厚浆型聚氨酯玻璃鳞片涂料等。

可喷涂厚浆型玻璃鳞片涂料的耐腐蚀性能取决于成膜树脂和填充粉料的类型，具体耐腐蚀性能和施工指导指南都可向材料供应商索取。

简单来说，和其他普通喷涂油漆相比，采用喷涂施工方法进行厚浆型鳞片玻璃涂料施工时应注意以下几点：①树脂成膜物类型不同，应根据施工指导指南进行固化剂的配比喷涂。②喷枪与待喷基材距离适中，通过试喷确定最佳的喷涂距离等参数。③两道或多道喷涂时，相邻两道之间走枪方向垂直；每道间的复涂时间规定为：12h 或者指触表干即可（针对可喷涂厚浆型乙烯基酯树脂玻璃鳞片涂料）；可喷涂厚浆型环氧树脂鳞片涂料喷涂间隔时间和采用的固化剂类型有关，应参照供应商给出来的产品施工指南。

典型的无气喷涂设备参数如下：①无气压力泵：增压比/排量大于 45/1，12.0L/min 以上，慢速活塞。②喷枪：喷嘴压力 15～25MPa（150～280kg·f/cm^2）；口径：4mm。③喷嘴：0.8～1.1mm，可换置，易除去橡胶块及其他喷涂障碍，距离 30cm 的喷涂宽度要求 200～250mm，吸附力（黏度 250mPa·s，压力 110kg·f/cm^2）：4.0～6.0L/min。④喷幅：40°～80°。⑤过滤器：可卸除过滤器，自由选择是否使用。⑥进料管：尼龙内衬软管或特氟龙抗压软管，最大压力 210kg·f/cm^2。⑦保护管采用乙烯塑料软管（以防软管爆裂时涂料溅洒）。⑧压缩机：功率高于 50 马力，且带油水分离器。

如可喷涂厚浆型玻璃鳞片涂料采用刷涂或者滚涂施工，则应注意以下细节：①尽可能边倒涂料边用刷涂或滚涂，垂直面必须用滚涂。②涂刷、滚涂应力道均匀一致，尽可能保证厚度一致。③倒料时要注意控制涂料均匀倒洒，不可在一处倒得过多，否则涂料难以刷开，造成涂膜厚薄不均匀现象。④涂刷、滚涂时，应单向涂刷或滚涂，不可往复。⑤如不慎将气泡裹进涂层中，应立即清除气泡。⑥涂刷遍数必须按事先试验确定的遍数进行，切不可为了省事、省力而一遍涂刷过厚。⑦相邻两层涂层的涂刷或滚涂的方向应垂直，前一遍涂料干燥后，方可进行下一层涂膜的涂刷，复涂的时间间隔和材料类型有关（如厚浆型乙烯基酯树脂玻璃鳞片涂料的间隔时间为 12h 以上或指触表干），请向材料供应商索取施工指南。在前一遍涂层干燥后应将涂层上的灰尘、杂质清理干净后再进行后一遍涂层的涂刷，后遍涂料涂布前应严格检查前遍涂层是否有缺陷，如有气泡、露底、漏刷、增强材料皱边翘边、杂物混入等现象，应先进行修补再涂布后遍涂层。⑧涂布时应先涂立面，后涂平面。立面涂布次数应根据材料的流平性确定，流平性好的应薄而多次进行，原则是以不产生流坠现象为宜（一旦流挂严重则立面上部涂层变薄，下部涂层变厚，影响最终工程质量）。在立面或平面涂布时，可采用分条或按顺序进行。分条进行时，宽度应合适，以免操作人员接触或踩踏刚涂好的涂层。⑨搭接宽度大于50mm，避免漏涂。⑩材料供应商往往会将底漆和中间层涂料做成不同颜色，便于辨别底漆、中间层涂料施工区域。

可喷涂厚浆型玻璃鳞片涂料的应用场合要远远宽泛于刮抹型玻璃鳞片胶泥，但因为膜较厚，材料成本较高，所以一般不是特殊的重防腐内衬防腐或者内涂层防腐时，是不会用到的。根据成膜物树脂的不同，可选择性应用于以下场合：①中、强腐蚀介质的气、液、固相介质设备、管道、储槽的内、外表面涂装防腐、混凝土建筑物防腐涂装；②火电、核电、生物环保、农药、造纸、化纤、冶金、金属表面处理、硫酸、磷化、氯碱、化肥、钛白粉等工业设备装置的内、外表面防腐，位于涨落潮水区干湿交替的海上建筑等行业的重防腐涂装；③纤维增强塑料—涂装、水玻璃—涂装、胶泥—涂装等复合防腐方法。

3. 可喷射杂化型聚合物涂料

目前，脱硫防腐领域，市面上商品级的喷射杂化型聚合物涂料，含少量鳞片、粉料等填充料，也有称杂化聚合物的，是以耐高温、耐腐蚀树脂与其他功能性填料、助剂等调制而成的厚膜复合物。应用时实际上应该是将整体纤维增强塑料制品成型制造领域的纤维增强塑料喷射成型方法（如卫浴背衬喷射成型、纤维增强塑料储罐罐顶和底座喷射成型）引入到现场防腐内衬施工领域，变原有现场施工玻璃鳞片成分和树脂胶料混合一体化胶泥防腐材料为现场施工短切玻璃纤维原丝和树脂胶料为分步分批在基材表面附着成型的两组分材料，也不同于连续纤维状增强材料（如连续玻璃纤维短切毡、连续玻璃纤维无粘方格布）成型的纤维增强塑料衬里。

喷射杂化型鳞片涂料综合了高性能复合材料及特种涂料的优点：①具有高耐腐蚀和耐久性的特点；②突出的力学性能和耐热特性；③复合层树脂含量高，抗腐蚀、耐渗漏性好；④施工快捷可靠，效率比手糊成型高2～4倍，产品整体性好，无接缝，层间剪切强度高，兼有涂层和整体纤维增强塑料的应用特性。

具体喷射时，可喷射涂料喷涂是将混有促进剂的可喷射鳞片涂料胶料（A组分）和固化剂（B组分）分别从两根料管进入喷枪喷出（在枪嘴处充分混合），喷到待涂衬里基材表面；同时将玻纤粗纱（如巨石集团中碱喷射纱2400TEX或其他品牌同级品）由喷枪中心喷出，在喷口处切断成1～5cm的原丝，由压缩空气吹扫到待喷基材表面（图4.3.2）。喷射出来的鳞片涂料胶料和切断的纤维喷射丝同时到达待喷基材表面，也可喷一层纤维，

图4.3.2 杂化型聚合物涂料喷射图

停下来喷一层树脂，再喷一层纤维，当喷射到一定厚度时，用辊轮压实，使纤维浸透，压赶气泡，固化后检查，合格后再进入下一道工序。

喷射成型制作衬里防腐时，特别应注意以下几点：

（1）环境排风，注意安全。

（2）喷射成型设备分泵供式和压力罐式两种：①泵式供料喷射成型机，是将涂料及引发剂和促进剂分别由泵输送到静态混合器中，充分混合后再由喷枪喷出，称为枪内混合型。其组成部分为气动控

制系统、涂料泵、助剂泵、混合器、喷枪、纤维切割喷射器等。可喷射鳞片涂料胶料泵和固化剂泵由摇臂刚性连接，调节助剂泵在摇臂上的位置，可保证配料比例。在空压机作用下，两者在混合器内均匀混合，经喷枪形成雾滴，与切断的纤维连续地喷射到烟囱表面。这种喷射机只有一个胶液喷枪，结构简单，重量轻，固化剂浪费少，但因系内混合，使完后要立即清洗，以防止喷枪堵塞。②压力罐式供料喷射机，是将可喷射鳞片涂料胶料和固化剂分别装在压力罐中，靠进入罐中的气体压力，使可喷射鳞片涂料胶料进入喷枪连续喷出。它是由可喷射鳞片涂料胶料罐、固化剂罐、管道、阀门、喷枪、纤维切割喷射器、小车及支架组成。工作时，接通压缩空气气源，使压缩空气经过气水分离器进入可喷射鳞片涂料胶料罐和固化剂罐、玻纤切割器和喷枪，使可喷射鳞片涂料胶料和固化剂在枪嘴混合，并和玻璃纤维连续不断地由喷枪喷出，树脂雾化，玻纤分散，混合均匀后沉落到待喷基材表面。这种喷射机的可喷射鳞片涂料胶料和固化剂不是提前在料桶或物料罐中混合，而是在枪嘴处混合，混合后迅速喷出，故不易堵塞喷枪嘴。因此，一般推荐后者。

（3）喷射工艺参数选择：①最终喷射成型的复合层中，可喷射鳞片涂料胶料含量控制在 60% 左右；②压力罐压力一般设置为 0.05～0.15MPa，雾化压力 0.3～0.55MPa；③不同夹角喷出来的物料混合交距不同，一般选用 20° 夹角，喷枪与待喷基材表面距离为 350～400mm。改变距离，要加大喷枪夹角，保证各组分在靠近待喷基材表面处交集混合，防止涂料飞失。

（4）喷射工艺其他应注意事项：①环境温度宜控制在 （25±5）℃，固化剂的配比容易掌控，温度过高易引起喷枪堵塞，过低固化慢；②喷射机系统内部允许有水分存在，否则会影响产品质量；③喷射成型前，先在待喷基材表面（底漆已经涂布并固化）喷一层纯的可喷射鳞片涂料胶料，然后再喷可喷射鳞片涂料胶料和纤维的混合层；④喷射成型前，先调整气压，控制涂料和玻纤含量；⑤喷枪要均匀移动，防止漏喷，不能走弧线，两行之间的重叠搭接小于 1/3 的每枪行走宽度，要保证覆盖均匀和厚度均匀；⑥喷完 1 层或 2～3 层后（由压滚气泡是否达到要求决定，一般不建议超过 2 层），立即用辊轮压实，要注意棱角和凹凸表面，保证每层压平，排出气泡，防止带起纤维造成毛刺；⑦每层喷完后，要进行检查，合格后再喷下一层；⑧最后一层要喷薄些，使表面光滑；⑨喷射机用完后要立即清洗，防止胶料固化，损坏设备。

（5）特殊情况下的铆钉加固防脱落。纤维增强塑料衬里或者喷射复合材料衬里的韧性不足（尽管后者比前者的综合整体韧性更好，但终究是刚性有余，韧性不足），在有高低温频繁骤变的工况下（如烟囱），又由于衬里层的线性膨胀系数和基材线性膨胀系数相差较大，衬里越厚其差值越大，也越容易导致衬里层很容易就脱落掉。铆钉加固处理方法具体操作见本书 "5.8.5.8 现场施工纤维增强塑料衬里成型方法" 的 "4. UPR 和 VER 纤维增强塑料衬里成型方法" 中的 "8）混凝土基材乙烯基酯树脂纤维增强塑料衬里时使用的锚固件"。如腐蚀环境下没有其他更好的解决办法，或不寻求其他成本更高的防腐蚀方案，则在现有纤维增强塑料衬里或杂化喷射复合材料衬里方案上作铆钉加固处理。

常见喷射杂化聚合物涂料衬里的设计方案：基面处理（整体喷砂＋局部手动打磨）→封闭底涂 1～2 道→基层修补（树脂腻子）→中间检测→刮抹型鳞片胶泥或喷涂型鳞片胶泥 1 道→中间检测→可喷射型杂化鳞片涂料 1～3 道（根据需要可能需要再做耐磨胶泥 1 道）→检测验收。根据工况和应用场合不同，可在上述工艺设计方案流程的基础上作调整。

喷射杂化型鳞片涂料目前的应用有：①非钢基础内筒湿烟囱防腐；②脱硫烟道防腐；③烟气脱硫装置防腐等。

4.3.3 市售商品级防腐胶泥/涂料按功能分类

胶泥是"泥巴状"的防腐材料，从某种角度讲，也是一种特殊的胶粘剂，只不过这一类特殊的胶粘剂，"胶泥"的叫法只是在建筑防腐蚀领域而已，要是用在其他行业，如用在复合材料领域就称为"结构胶"，用在五金、装饰、建材、电子行业就称为"胶粘剂"或"粘合剂"。

防腐蚀领域现场现配现用的胶泥不在此章节讨论范畴，本书的第6章会有详细阐述。4.3.1节和4.3.2节已经介绍了防腐蚀鳞片胶泥按照耐温、施工方法的分类。其中，玻璃鳞片胶泥是防腐蚀胶泥里面商品化最重要的一类，其中乙烯基酯树脂玻璃鳞片胶泥/涂料、环氧树脂玻璃鳞片涂料则是目前市面上商品化的其中主要的两类，还有一类得到较大推广应用的热固性树脂胶泥是商品级的呋喃树脂胶泥，一般呋喃树脂胶泥不单独使用，而作为砖板衬里的粘结勾缝材料使用，这将在本书第6章详细介绍。

除现场施工临时现配现用的胶泥外，其他类型的胶泥材料，和防腐工程有关的，按照功能化的效果可分为：防腐型鳞片胶泥、SiC耐磨胶泥、SiC耐磨防腐玻璃鳞片胶泥、不锈钢鳞片耐磨胶泥、柔性鳞片胶泥、柔性特种胶泥、防爆胶泥、阻燃胶泥、阻燃玻璃鳞片胶泥、耐碱防腐胶泥、耐氢氟酸型石墨鳞片胶泥、防腐导热胶泥、防腐隔热胶泥、防腐导电胶泥、防腐绝缘胶泥、防腐特种工业修补胶泥、沥青防水胶泥等。以下挑几种终端市场上较为常用的商品级防腐蚀领域的胶泥进行简要介绍。

以下每种介绍的防腐胶泥类型可以很好地弥补4.3.1、4.3.2两节介绍商品级市售防腐胶泥在特殊场合下特定功能的不足。要产生不同功能需要不同的树脂和不同的胶泥填充料。有关复合材料、涂料、胶粘剂、胶泥中的无机填充料的原理是一样的，详见后文的表5.4.3和表5.4.4。

1. 防腐型鳞片胶泥

采用环氧树脂、不饱和聚酯树脂、乙烯基酯树脂、酚醛树脂、呋喃树脂、环氧呋喃树脂等为胶泥粘结树脂，辅以耐腐蚀鳞片状的填充料（以玻璃鳞片为主）制成的胶泥，基本都属于防腐型鳞片胶泥，其中使用最多的是乙烯基酯树脂防腐鳞片胶泥。

2. 阻燃型和不燃型鳞片胶泥

阻燃型鳞片胶泥指的是以阻燃乙烯基酯树脂与玻璃鳞片及其他功能性助剂等调配而成的胶泥，兼具阻燃（调整配方可达UL-94标准的V0级阻燃性能，氧指数不低于32）和防腐双重效果。阻燃乙烯基酯树脂采用耐化学介质腐蚀的溴化阻燃树脂，也叫反应型阻燃乙烯基酯树脂。填料在玻璃鳞片之外还可以选择三氧化二锑等阻燃填充料辅助。填料的性能、作用关系及选择见表5.4.3、表5.4.4。

需要特别指出的是阻燃型鳞片胶泥指的是固化后有阻燃效果，并不是指胶泥在固化前也具有阻燃效果。固化前的胶泥，含有大量的有机物成分，属于第3.3类易燃危险品。

不燃型防腐胶泥指的是以不能燃烧的液态无机树脂或者成分与玻璃鳞片、石墨粉等填充料调配而成的胶泥。因为全部成分为无机物，所以不仅是固化后具有不燃的效果，在施工固化前，胶泥 A 组分也不能燃烧。这大大降低了施工现场交叉违规作业时电焊火星导致火灾危险和事故的概率。但这类不燃型防腐胶泥在目前现场防腐蚀使用中也存在很大缺陷，那就是粘结性能和致密性都不足，防腐蚀性能也不足。

3. 耐磨防腐型鳞片胶泥

当普通鳞片胶泥的耐磨性能不能够满足使用工况或具体工艺段的耐磨要求时，就会需要既具有防腐性能，又具有耐磨效果的耐磨防腐型鳞片胶泥，比如在脱硫塔的喷淋冲刷部位。

提高耐磨效果，往往是在防腐胶泥配方中添加无机耐磨骨料或粉料，如碳化硅、刚玉、陶瓷粉、陶瓷颗粒、氮化硅、金属鳞片等硬度较高的耐磨无机或金属填充料。引入玻璃鳞片的同时，引入这些耐磨无机或金属填充料，降低固化后衬里层线性膨胀系数，做到更加接近基材。在实际制作过程中利用复合纤维增强塑料的方案，选择性使用耐腐蚀、耐温树脂，可以达到非常好的耐磨耐腐、耐温、耐冲击的效果。该领域的特种耐磨胶泥，多用于金属泵叶轮、金属风机叶轮、金属搅拌器叶轮、金属搅拌杆、反应釜/器、机械设备等的修复，也可直接用于耐磨设备的内衬，如德国的 Duchting® 泵、德复康泵及设备等。

目前，国内外涂料、镀层、衬里的耐磨性试验，方法多样，各具特色。尽管对于上述各种试验方法及其应用性能的评价人们在认识上不尽相同，但就多项检测手段的开发和推广应用来说，仍以采用旋转摩擦橡胶轮法、落砂法和喷砂法较为普遍。

4. 不锈钢鳞片耐磨胶泥

金属鳞片里面使用最多的是不锈钢鳞片，硬度、线膨胀系数都是所有耐磨材料里面最佳的，但缺点是密度太大，容易沉降，因此高触变的膏状胶泥材料才适合选择这类不锈钢鳞片作为耐磨填充物质。

添加不锈钢鳞片的鳞片胶泥或胶泥，最终的衬里层的硬度提高很大，衬里层的线性膨胀系数更加接近无机或金属基材，也能从另一个侧面来改善涂层的耐温度骤变、耐应力变化不足容易脱落的问题。目前，市面上大连顾德防腐工程有限公司的杂化防腐材料，尽管采用的是环硅类聚合物为有机材料，但里面添加的鳞片就属于金属鳞片类材料，可以划分到这一大类的改性方法中来。

5. 柔性鳞片胶泥

现有很多胶泥，典型的乙烯基酯树脂玻璃鳞片胶泥的最大劣势就是"刚性有余、韧性不足"，出现事故相当部分原因是胶泥的柔性不足。改善现有商品级鳞片胶泥的柔性一直是科研工作者和广大制造商的技术人员努力研究的课题。

在不改变主体胶粘剂树脂的前提下，增加胶泥柔性的出发点有以下几方面：

（1）添加热塑性高分子塑料粉末或液态饱和聚酯等其他低收缩助剂降低整体鳞片胶泥衬里的收缩性。一些原来做涂料的现在也做 VER 玻璃鳞片胶泥的厂家正在朝这个方向努力，并且已经市场化，笔者已经见过这方面厂家的工程师。百慕新材料技术工程股份有限公司的乙烯基酯树脂鳞片胶泥就属于这一类，有兴趣的读者也可以向百慕新材咨询。为制造方便，也有人将复合材料领域的低收缩剂引入到柔性胶泥领域，如聚苯乙烯低收缩剂、饱和聚酯低收缩剂、聚醋酸乙烯酯低收缩剂等，也可起到降低胶泥的收缩性，侧面提高衬里层的柔性效果。

（2）添加柔性有机纤维，如聚酯纤维、尼龙纤维、Kevlar 芳纶纤维等。目前这类鳞片涂料内衬在国内还极少出现，在国外已经有了，比较有代表性的是美国的萨维真公司的产品。其原理是利用有机纤维，如 PET、PP、PA 等热塑性材料纤维，制成鳞片状，再和玻璃鳞片混合使用，再采用树脂作为胶粘剂，制成柔性鳞片内衬材料。有机纤维要求切成短丝（1～5mm），便于最终的喷涂和镘涂。喷涂的柔性纤维改性玻璃鳞片胶泥涂料，在国内还没有厂家做，目前只有美国的萨维真、宾高德、日本的富士化工所生产的柔性玻璃鳞片胶泥涂料可适用于喷涂，其他厂家的柔性玻璃鳞片胶泥涂料目前还只能适用于镘涂。

（3）添加空心玻璃微珠球（粉）。高性能空心玻璃微珠，密度 $0.20～0.60g/cm^3$，粒径在 $2～130\mu m$ 之间，具有重量轻、体积大、导热系数低、抗压强度高、流动性好的特点。加入空心玻璃微珠之后，能降低树脂混合物的黏度和内应力，固化后在衬里层里面起到支撑蓬松效果，降低衬里层的收缩和曲翘，同时还可以提高衬里层的耐磨性能和强度。

6. 耐碱防腐胶泥

市面上目前专用的耐碱胶泥还比较少，大多是宣称既耐酸又耐碱。耐碱胶泥不仅粘结树脂要采用耐碱性能优异的树脂，如环氧树脂、环氧呋喃树脂、聚氨酯树脂、氟硅胶树脂、MS 树脂（硅烷封端聚醚的交联聚合物），尤其是多官能度的杂环类环氧树脂为主体树脂其耐碱性更优异，而且采用的填充料也需要采用耐碱性能较好的填充料，如重晶石粉（硫酸钡粉）、石墨粉、铸石粉等。更多的耐碱填料与性能作用关系及选择见表 5.4.3、表 5.4.4。

7. 耐氢氟酸型防腐胶泥

市面上目前专用的耐氢氟酸以及含氟介质的防腐胶泥，已经商品化了，但需要找制造商定制化生产。耐酸树脂可选择余地很大，如乙烯基酯树脂、不饱和聚酯树脂、环氧树脂、环氧呋喃树脂、酚醛树脂、呋喃树脂等。不要选择碳酸钙、石英粉，采用的填充料需要在耐酸基础上避开含二氧化硅成分的填充料，如重晶石粉（硫酸钡粉）、石墨粉、石墨鳞片等。更多的耐酸且不含二氧化硅的填料与性能作用关系及选择见表 5.4.3、表 5.4.4。

8. 导热防腐胶泥

导热防腐胶泥，是以导热材料和粘结树脂作为主体材料，通过合适的加工工艺制成的胶状物。市面上目前专用的导热防腐胶泥，已经商品化了，但需要找制造商定制化生产。防腐胶粘剂可选择余地很大，如乙烯基酯树脂、不饱和聚酯树脂、环氧树脂、环氧呋喃树脂、酚醛树脂、呋喃树脂、水玻璃硅酸盐等。也可选用聚氯乙烯（PVC）改性的硫黄无机材料作为胶粘剂。采用的导热填充料有金属粉末、炭黑、石墨、石棉、石英等。导热填料与性能及选择见表 5.4.3、表 5.4.4。

导热胶泥广泛应用于腐蚀环境下工业伴热和换热领域的强化传热材料。在石油化工等生产过程中许多设备和管线外部要采用蛇管或伴管加热或制冷，这都是导热防腐胶泥的用武之地。

9. 沥青防水防腐胶泥

市面上目前专用的防水且防腐的胶泥，沥青胶泥是首选。沥青胶泥外观呈黑色糊状，氧指数大于 30%，在底漆的配合下具有良好的粘结性能，最大优势是耐酸耐碱的同时具有极佳的防水效果，抗冻性极佳，拉伸强度高，耐撕裂程度极佳，通过调整配方可在一40～

95℃范围长期使用。

　　沥青胶泥适用于：地下工程项目混凝土基础的底部、侧面、背面、基坑、地下室的防腐防水工程；水泥基建筑物、基坑、地基、地面、桥墩、铁路、港口、码头、煤矿、油田钻探的防腐防水工程；地槽、水塔、水池、冷却塔、污水池、食用清水池的防腐防水工程；新旧民用建筑物、屋顶、卫生间、天沟、阳台、外墙、地下室、仓库、隧道的防腐防水及各种桥梁灌缝和各种伸缩缝的浇灌；各种金属管道、钢筋、混凝土防腐工程，能防止钢筋锈蚀，延长混凝土的使用寿命。

　　沥青胶泥种类：①加温型和不加温型（溶剂型），两种相比沥青胶泥溶剂型开桶即用，施工方便，更加环保；②溶剂型沥青胶泥，又分为厚浆型和薄浆型，厚浆型适用于2mm以上，薄浆型适用于0.3～2mm。

　　影响沥青胶泥性能的主要因素：①塑化剂PVC掺入量影响：沥青胶泥的塑性、抗拉强度、耐热性能随PVC掺入量的增加而逐渐增大，胶泥粘结强度、胶泥的柔性和延伸率随PVC掺入量的增加而下降。②温度影响：脱水温度过高会降低塑性，造成胶泥老化；太低会使脱水不完全，制成的胶泥易结胶，不易从反应器中流出；初始混合塑化温度不得高于90℃以免结块，不得高于140℃以免PVC降解。③操作的影响：温度控制要严格，以免因脱水不完全或塑化不安全而影响胶泥质量；混料时要缓慢加入，并不停搅拌，使之塑化均匀；加热时要慢慢升温；沥青脱水必须安全。④沥青型号选择的影响：选择石油沥青和煤焦油沥青时应根据其型号调整配比，某些成分不足时，需在混合沥青中适当补加。

　　10. 隔热防腐、绝缘防腐、导电防腐胶泥

　　市面上目前专用的隔热、绝缘、导电的防腐胶泥，已经商品化了，但需要找制造商定制化生产。耐腐蚀胶粘剂可选择余地很大，如乙烯基酯树脂、不饱和聚酯树脂、环氧树脂、环氧呋喃树脂、酚醛树脂、呋喃树脂、水玻璃硅酸盐等。采用的隔热填充料、导电填充料、绝缘填充料需要在耐腐蚀基础上具备这些功能。填料与性能作用关系及选择见表5.4.3、表5.4.4。

　　11. "易邦特""锐思拓""福世蓝"等防腐特种工业修补胶泥

　　有机类树脂种类繁多，如乙烯基酯树脂、双马来酰亚胺树脂、聚砜树脂等；填充料也是异彩纷呈，如瓷粉、石墨粉、玻璃鳞片等；当针对特殊应用场合采用针对性粘结树脂和针对性填充料时，以适当的方式混合在一起，就可得到一些具有特殊功能的特种工业修补胶泥材料。这方面的先驱是西方的一些公司，如英国的Belzona®、美国的1st line®、德国的Devcon®。国内在这方面近年来快速发展，也涌现了"易邦特""锐思拓""高必德"这些民族品牌。

4.3.4　市售商品级防腐胶泥/涂料按树脂类型分类

　　胶泥依其是否可以硬化可分为硬化型胶泥和非硬化型胶泥两大类：①硬化型胶泥，在一定条件下或一定时间后会硬化变为与原有胶泥不同状态的固体，或变为刚性硬质的固体，或变为橡胶状弹性软质的固体。②非硬化型胶泥，可以在很长的时间甚至几十年的时间内保持使用前的状态。

　　胶泥按化学构成可分为有机胶泥和无机胶泥两大类：①有机胶泥，以有机物为主要胶

粘剂辅以填充材料而成，固化后可以被裂解或燃烧碳化，耐温一般不能超过400～500℃。有机胶泥可以有刚性硬质的，也可以有软质弹性的。常见有机胶泥有聚酯树脂胶泥、氨基树脂胶泥、酚醛树脂胶泥、环氧树脂胶泥、呋喃树脂胶泥、有机硅树脂胶泥等。②无机胶泥，以硫磺、水玻璃为主要胶粘剂辅以填充材料而成，固化后不能被碳化，不能被燃烧。耐温可以达到摄氏500～2000℃，无机胶泥硬化后几乎都是刚性硬质的。常见的无机胶泥包括硅酸盐胶泥（即水玻璃胶泥）、硫磺胶泥、黏土胶泥等。

　　胶泥中采用的粉料主要有：①常用的耐酸粉料，有石英粉、辉绿岩粉、瓷粉和安山岩粉、重晶石粉，要求耐酸率在94%以上；②常用的碱性填充料，有滑石粉、石灰石粉、石棉粉、重晶石粉等。填料与性能作用关系及选择见表5.4.3、表5.4.4。

　　本节主要介绍不同树脂胶粘剂类型的市售商品级防腐胶泥，按照市场消费热度和使用量先后介绍。无机防腐胶泥不在这节介绍范围之内，详见本书第6章介绍。市面上以商品级材料出现的胶泥按照树脂来分主要有：乙烯基酯树脂玻璃鳞片胶泥、不饱和聚酯树脂玻璃鳞片胶泥、水性乙烯基酯树脂玻璃鳞片胶泥、环氧树脂玻璃鳞片胶泥、改性环氧树脂玻璃鳞片胶泥、呋喃树脂玻璃鳞片胶泥等。注意：酚醛树脂一般不用于制造商品级玻璃鳞片胶泥，而会在现场工程中现配现用于板砖衬里防腐，此在第6章会有介绍。

　　1. 乙烯基酯树脂玻璃鳞片胶泥

　　市面上目前使用最多的就是乙烯基酯树脂玻璃鳞片胶泥，既耐酸又耐碱，原料采用乙烯基酯树脂，有关乙烯基酯树脂的介绍请参见笔者编著的《乙烯基酯树脂及其应用》（化工出版社，北京，2014年）。有关乙烯基酯树脂玻璃鳞片胶泥的性能介绍请参见本章其他小节详细介绍，此节不赘述。

　　2. 不饱和聚酯树脂玻璃鳞片胶泥

　　由于乙烯基酯树脂成本比不饱和聚酯树脂高，尽管防腐蚀性能等各方面性能比后者强，但在一些不是非常苛刻的腐蚀环境下（如沟、槽、围堰等），可选用不饱和聚酯树脂玻璃鳞片胶泥，尤其是选用间苯型不饱和聚酯树脂、对苯型不饱和聚酯树脂、双酚A型不饱和聚酯树脂为其原料。这类不饱和聚酯树脂玻璃鳞片胶泥在配方、生产、应用方面都和乙烯基酯树脂玻璃鳞片胶泥非常相似，但耐酸碱腐蚀性能、粘结性能、耐热性能等有很大的差距。由于成本更低，所以市面上出现的一系列假冒的乙烯基酯树脂玻璃鳞片胶泥都是以不饱和聚酯树脂为原料的伪劣产品。新近修编的国家标准里面已经对相关指标作了严格的限定，作假造假严重有望得到改观。有关其不饱和聚酯树脂原料的介绍请参考沈开猷前辈编著的《不饱和聚酯树脂及其应用》（化工出版社，北京，2005年）。

　　3. 水性乙烯基酯树脂玻璃鳞片胶泥

　　尽管乙烯基酯树脂玻璃鳞片胶泥技术和应用非常成熟，但随着环保要求越来越高，胶泥里面的苯乙烯（来自乙烯基酯树脂和制造过程可能添加的稀料）不仅挥发性极强，并且遇到火星或明火极易燃烧，这也是VOCs受人诟病、危害人体健康的直接原因，密闭空间内通风不畅甚至可能导致中毒，同时它也是导致发生火灾事故的最直接原因。尽管业内开发了一系列阻燃甚至不燃型的乙烯基酯树脂玻璃鳞片胶泥（见4.3.3节），但仍有许多问题没有解决，尤其是施工现场赶工期避免不了，交叉作业时有发生，一旦电焊和鳞片胶泥同时施工，或者鳞片胶泥还未完全固化就电焊作业，就极易造成燃烧和火灾事故。不燃型鳞片胶泥的耐腐蚀和粘结性能满足不了设计和质量要求。因此，在现有乙烯基酯树脂基础上，保留自由基固化双键和环氧骨架，将少部分环氧开环的酯键进行水解乳化，辅以相关高分子助剂制成水性乙烯基酯树脂，以水性乙烯基酯树脂为胶粘剂，配合玻璃鳞片和助剂制成水性乙烯基酯树脂玻璃鳞片胶泥。

实验室数据和试验显示水性乙烯基酯树脂玻璃鳞片胶泥在未固化前就具有"不燃"（烧不着）的独特性能，且可以像油性乙烯基酯树脂玻璃鳞片胶泥一样采用过氧化甲乙酮进行固化。固化后氧指数达到35%以上，仍具有非常好的阻燃效果。耐腐蚀性能方面暂时笔者仅测试了部分酸碱，结果显示：耐碱性比油性乙烯基酯树脂玻璃鳞片胶泥更佳，耐中低无机酸和油性乙烯基酯树脂玻璃鳞片胶泥相当，但耐强氧化性浓酸以及有机溶剂要比油性乙烯基酯树脂玻璃鳞片胶泥差。工程上的应用案例还在不断积累中，笔者期待得到更多的数据和案例。

4. 环氧树脂玻璃鳞片胶泥

在遇到耐碱要求时，通常会选择环氧树脂玻璃鳞片胶泥。它是以环氧树脂（液体双酚A型环氧树脂E-44、E-51使用较多）、玻璃鳞片、增塑剂（邻苯二甲酸二丁酯）、活性稀释剂、其他粉料填充料、助剂为原料真空捏合而成。环氧树脂玻璃鳞片胶泥采用的固化剂有乙二胺、二乙烯三胺、三乙烯四胺、多乙烯多胺、T31酚醛胺固化剂、590号固化剂等。环氧树脂玻璃鳞片胶泥的机械性能与选用的填料、鳞片含量、固化剂有很大关系。具体产品的性能指标一般由制造商提供技术单页信息。但通用性的大致性能如下：①由于环氧树脂中的羟基、醚键、环氧键等极性键居多，使环氧胶泥具有优异的粘结性能；②环氧树脂交联键之间距离较远，有利于分子链的旋转，固化后的韧性较酚醛树脂和呋喃树脂胶泥好，具有较高的抗拉、抗弯强度；③环氧树脂的固化是逐步聚合加成反应，没有副产物产生，因此它的收缩率较小；④环氧树脂胶泥的耐热性不足，一般瞬间只能在100℃以下使用，长期只能在60℃以下使用；⑤环氧树脂胶泥具有一定的耐酸耐碱性能，在水、油中也比较稳定，但耐酸性不如酚醛树脂和呋喃树脂胶泥，耐碱性不如呋喃树脂胶泥；⑥在酮类、芳香烃、酯类介质中不稳定，在苯、甲酚、三氯乙烯、卤素及氧化性介质中也已被腐蚀；⑦环氧树脂玻璃鳞片胶泥衬里施工完一般都需要进行加热后处理才能发挥出最佳的性能，如若没有加热后处理工序，则需要比乙烯基酯树脂更长的保养期，一般至少需要15d，冬季则更长。

5. 改性环氧树脂玻璃鳞片胶泥

详见本书第6.3.8节。

（1）环氧树脂和酚醛树脂互配使用再制成胶泥或鳞片胶泥，兼顾粘结、机械、耐热、耐酸性能。常见的环氧树脂和酚醛树脂互配玻璃鳞片胶泥：①环氧树脂/酚醛树脂=70/30；②固化剂采用环氧树脂的固化剂，如乙二胺加入6～8份，其他固化剂的话则需要相应变化比例，如T31则需加入10～15份；③鳞片胶泥一般刮抹厚度大于2mm，一般都需要在胶泥里面加入增塑剂（邻苯二甲酸二丁酯），加入量0～10份；④玻璃鳞片，根据使用要求选择加入不同目数粗细的C-玻璃鳞片，鳞片含量根据配方定；⑤其他填充料根据功能要求选择，含量根据配方定；⑥稀料，一般选择加入环氧活性稀释剂，当制造鳞片涂料时可选择加入非活性稀释剂；⑦常温保养的话，环氧酚醛玻璃鳞片胶泥固化保养需7～15d，加温更短。

（2）环氧树脂和呋喃树脂互配使用再制成胶泥或鳞片胶泥，兼具耐酸、耐碱、耐溶剂、机械、耐热、粘结性能。常见的环氧树脂和呋喃树脂互配玻璃鳞片胶泥：①环氧树脂/呋喃树脂＝70/30。②固化剂采用环氧树脂的固化剂，如乙二胺加入 6～8 份，其他固化剂的话则需要相应变化比例，如 T31 则需加入 10～15 份；如呋喃树脂量大于环氧树脂量，则是环氧树脂去改性呋喃树脂的粘结性能，则固化剂采用呋喃树脂固化剂（一般采用低毒型的萘磺酸）。③鳞片胶泥一般刮抹厚度大于 2mm，一般都需要在胶泥里面加入增塑剂（邻苯二甲酸二丁酯），加入量 0～10 份。④玻璃鳞片，根据使用要求选择加入不同目数粗细的 C-玻璃鳞片，鳞片含量根据配方定。⑤其他填充料根据功能要求选择，含量根据配方定。⑥稀料，一般选择加入环氧活性稀释剂，当制造鳞片涂料时可选择加入非活性稀释剂。⑦常温保养的话，环氧呋喃玻璃鳞片胶泥固化保养需 20～25d，加温可缩短保养时间。

6. 改性呋喃树脂玻璃鳞片胶泥

商品级的改性呋喃树脂玻璃鳞片胶泥，尽管市面上用得并不多，但也是一种商品级的耐高温防腐蚀鳞片胶泥。纯呋喃树脂为主要胶粘剂材料固化时，和前述树脂属于离子型热固性树脂不一样，纯呋喃树脂固化属于缩合反应型，会生成小分子气体，在鳞片胶泥里面难以逸出，导致衬里层内缺陷增多，层质疏松，且衬里层表面不平，形成许多小鼓泡。通过环氧树脂改性和选择性使用固化剂（这类新型固化剂并不是每个公司都能提供的），衬里层厚度做薄（2mm 以内），可一定程度改善这些缺陷，但总的来说，也正是因为这个原因终端市场上使用并不多。

4.4 鳞片胶泥/涂料原料

4.4.1 树脂

由于树脂在本书第 5 章中有详细叙述，故本章只就鳞片胶泥衬里对树脂的几点特殊要求作出说明。

（1）鳞片衬里中使用的树脂主要是其固化反应属于离子型的热固性树脂。如环氧树脂（EPR）、不饱和聚酯树脂（UPR）、乙烯基酯树脂（VER）和聚氨酯树脂（PUR）。由于鳞片衬里多用于重防腐领域，故又多选用耐腐蚀性能好的种类。如环氧树脂、不饱和聚酯树脂、乙烯基酯树脂等。如采用缩合型热固性树脂（如酚醛树脂、呋喃树脂等）则只能用作离子型树脂的改性料，而不单独用作配制鳞片胶泥，原因还是缩合型热固性树脂固化时放出低分子气体，在鳞片衬里中难以从"迷宫"效果的衬里层有效逃逸出去，导致内衬层缺陷增多，层质疏松，且衬里层表面不平，形成许多小鼓泡。而离子型固化的热固性树脂则无此缺陷。

（2）鳞片衬里材料为现场施工使用，所以一般只选用常温固化树脂体系和固化剂。高温固化树脂体系不方便现场使用，原因是树脂升温后，黏度变小，流淌性增加，一旦在升温条件下黏度降低导致的流淌速度大于树脂的固化速度，就会使得衬里层树脂流淌变坏，从而破坏衬里层厚度的均匀性以及衬里层内鳞片排列的有序性，且流出之后，衬里层就会变得疏松、不致密，最终失去耐腐蚀功能。

（3）许多涂料用树脂（聚氨酯树脂、丙烯酸树脂、氯醋树脂、氯化橡胶、氯磺化聚乙烯、聚氯乙烯、氨基树脂等）也可用于配制鳞片涂料，但并不代表适用于配制鳞片胶泥。胶泥和涂料最大的区别是涂层和衬里的厚度不一样，当采用非活性稀释剂，或者缩合反应过程中生成了其他小分子或者水，在鳞片涂层薄的时候，可以一定程度地挥发或者逃逸出来，不影响鳞片涂层成膜，但鳞片衬里则由于厚度大了，溶剂和小分子难以逃逸出来，闷在衬里层内部，导致疏松增加，致密性下降，严重时甚至彻底破坏鳞片衬里防腐层。但即便如此，鳞片涂料往往因为鳞片的片径和加入量原因（即使选择片径小于 0.2mm，加入量小于 15%），采用氯磺化聚乙烯、氯化橡胶、聚氨酯、氨基树脂，甚至环氧树脂时，也都需要每层涂刷厚度尽可能小于 200μm，不宜一次成膜太厚，以利溶剂挥发，表干之后再刷下一道，否则其抗介质渗透性将大大降低。因此，作为鳞片涂料，厚浆型无溶剂鳞片涂料是发展选择的方向，市面上这个方向是主流。如市面上无溶剂型环氧树脂玻璃鳞片胶泥/涂料，则由双酚 A 型液体环氧树脂、活性稀释剂、活性增韧剂、助剂及合适的固化剂等组成。因为双酚 A 型环氧树脂分子中含有极性高而不易水解的羟基和醚键，对基材有良好的附着力，涂料固化时的体积收缩率低，耐化学药品性能良好，因此在市场上得到了广泛的应用。

（4）采用何种树脂配制鳞片胶泥衬里材料取决于腐蚀环境。作为市售商品级鳞片胶泥产品（见 4.3.4 节），其树脂的选用必须在全面了解使用工况的腐蚀环境条件的基础上确定，如腐蚀介质组成、使用环境温度、介质流动状态、被防护设备结构等，应正确选用树脂，避免错误的选择导致重大质量事故。当然，玻璃鳞片胶泥使用最多的树脂原料还是乙烯基酯树脂和不饱和聚酯树脂。

乙烯基酯树脂既有环氧树脂优良的粘结性，又有不饱和聚酯树脂优良的加工工艺性，酯基含量更少，耐水、耐蚀性优良。由于分子中存在羟基，可提高对鳞片的浸润，故具有更优良的施工工艺性。目前，主要有双酚 A 型和酚醛型两大类。后者结构中含有 2 个以上乙烯基端基，具有高度的交联密度，又因分子链以酚醛环氧结构为主，故有良好的耐酸、耐溶剂、耐热性，是许多耐蚀环境防腐的佳选。而双酚 A 型在末端含酯基和双键，酯基密度小，酯基旁又有甲基提供空间障碍保护，因而具有极优良的耐酸、耐碱性和极好的韧性（其延伸率可达 6%）。乙烯基酯树脂是目前鳞片胶泥使用的主要的热固性树脂品种，可以制造出厚浆型涂料（玻璃鳞片涂料）、胶泥（玻璃鳞片胶泥）以及耐磨阻燃胶泥等多种产品。

不饱和聚酯树脂根据生产原料、生产工艺的不同，主要有邻苯型、间苯型、对苯型和双酚 A 型四大类，在鳞片胶泥领域使用较多的为间苯型和双酚 A 型不饱和聚酯树脂。间苯型不饱和聚酯树脂由于主链苯环上的两个酯基相距较远，受空间影响小，结构相对稳定，所以耐酸、耐沸水性和耐温性好（可耐 120℃）；双酚 A 型不饱和聚酯树脂由于具有较大的双酚 A 结构和较低的酯基含量，具有突出的耐蚀性（即耐酸碱等）和较好的综合力学性能。相比乙烯基酯树脂，不饱和聚酯树脂的成本更低些，当然市场上的主流还是耐腐蚀性能、综合力学性能和粘结性能更好的乙烯基酯树脂玻璃鳞片胶泥。

实际工程上用到的玻璃鳞片衬里的树脂原料主要还是三类：乙烯基酯树脂类、双酚 A 型不饱和聚酯树脂类和环氧树脂类。当有阻燃性能要求时，应选用同类型阻燃树脂。环氧树脂质量应符合现行国家标准《双酚 A 型环氧树脂》GB/T 13657 的有关规定，环氧树脂稀释剂宜采用正丁基缩水甘油醚、苯基缩水甘油醚等活性稀释剂，其性能应满足环氧树脂的使用工况。乙烯基酯树脂质量应符合现行国家标准《乙烯基酯树脂防腐蚀工程技术规范》GB/T 50590 的有关规定，双酚 A 型和间苯型不饱和聚酯树脂质量应符合现行国家标准《纤维增强塑料用液体不饱和聚酯树脂》GB/T 8237 的有关规定，乙烯基酯树脂、双酚 A 型和间苯型不饱和聚酯树脂稀释剂应采用苯乙烯，其性能应满足乙烯基酯树脂、不饱和聚酯树脂的使用工况。

4.4.2　玻璃鳞片

1. 制造

国内现在生产玻璃鳞片选用的原料一般为耐化学腐蚀性能较好的 C 型中碱玻璃（市场上也有以 E 型玻璃为原料的玻璃鳞片，但极少，一般都要定制化生产），它不但具有良好的工艺性能，还有良好的耐腐蚀性能，其耐腐蚀性能可参照中碱玻璃纤维。国内现在的玻璃鳞片生产制造技术有两个。一是吹制，即在熔融的玻璃料滴内通入吹制风，在风压下使其薄化膨胀，直至破裂。在制造时，由于熔融玻璃的急冷始终处于拉伸应力作用下，所以吹制的玻璃鳞片的结晶结构和玻纤相同，属亚稳定结构，因此玻璃鳞片密度比平板玻璃小，但强度却大。二是轧制，即将熔融的玻璃料在轧程的反复滚压作用下延展急冷，使其薄化成型。其结晶结构也属亚稳定结构。国际上多主张采用吹制鳞片，理由是吹制鳞片一定的弧度在树脂中易于分散，避免因鳞片平直导致静电吸附形成鳞片聚集。

C 型玻璃中含碱量高，能降低熔融温度、黏度、析晶性，对鳞片吹制有利。但含碱量过高（超过 12%）就会显著降低其耐腐蚀性。要制得薄而高强度的玻璃鳞片最关键的是要控制工艺，即控制熔体温度、吹制压力、冷却速度等要素。

玻璃鳞片化学处理剂及处理方式的选择，对材料的性能及其制备工艺影响很大。经过偶联剂处理和不经过偶联剂处理的玻璃鳞片，其耐腐蚀性能相差很大，特别是耐一些强腐蚀介质时区别很大。偶联剂不仅能有效地在树脂和鳞片界面起到化学键合作用，提高其物理性能，而且形成的连接键还必须具有耐化学腐蚀介质破坏的性能。玻璃鳞片表面处理采用的偶联剂的选择以及适宜的添加量，目前都还只是经验数据，通常使用的偶联剂有硅烷偶联剂和酞酸酯偶联剂，目前市场上出售的绝大部分是经偶联剂处理后的玻璃鳞片产品。必要时，建议向欧文斯-康宁公司（Owens Corning）、日本板硝子株式会社（Nippon Sheet Glass）等公司咨询。

玻璃鳞片采用防水牛皮纸袋包装，产品存放应高于地面 10cm 并作防潮处理，打开包装，发现有结块和相互粘附等现象时，说明吸潮变质，不可使用。

2. 偶联剂处理与否的影响

鳞片衬里材料是由树脂和鳞片作为主料配制而成的，其物化性能及耐腐蚀性不仅同鳞片与树脂的性能及组成结构有关，而且在很大程度上同树脂及鳞片的界面状态有关。因此，需要采用表面偶联剂改变树脂与鳞片的界面粘结力，使之更有效地提高材料的湿态强度、抗渗性能并减少亲离子性。玻璃鳞片化学处理剂及处理方法的选择对材料的性能及其配制工艺影响很大。经偶联剂处理和不经偶联剂处理，其耐腐蚀性相差很大，特别是硫酸类强腐蚀介质对界面会表现出更大的敏感性。此外，不同介质对同一种偶联剂的作用不同，破坏力也不同，硫酸的影响效果较明显，而氯化钠对界面破坏力较弱，故影响效果不明显。由此说明，就腐蚀而言，偶联剂不仅能有效地在树脂与鳞片界面间起到化学键合作用，提高物理性能，而且形成的连接键还必须耐化学腐蚀破坏。

3. 规格与性能

玻璃鳞片的作用是在衬层内对渗入介质构成阻碍，即变介质直线渗入途径为迷宫型曲折渗入途径，从而达到抗介质渗透的目的。所以要求鳞片应具有一定的片径。此外，为了达到多层次阻碍，希望在现有的衬层厚度上，尽可能多地排列鳞片层，所以对鳞片厚度也有一定的要求。有关鳞片厚度，所见资料叙述不一，日本资料多说为 $4\mu m$ 以下，美国1982年出版的《塑料用填料及增强剂手册》中亦提到 $4\mu m$ 厚度的鳞片。经过国内十几年的鳞片制造技术的进步，结合鳞片工程施工经验和现场使用结果，考虑到目前国内能达到的生产水平，建议按表4.4.2-1分类。在鳞片胶泥配制中，要求鳞片无杂物、干燥、无污染，鳞片产品应符合《中碱玻璃鳞片》HG/T 2641的技术指标。鳞片对衬里材料的影响主要是它的添加量及片径大小，试验结果表明，鳞片增加量越多，其孔隙率越高（表4.4.2-2）。

玻璃鳞片分类　　　　　　　　　　　　　　表 4.4.2-1

类型	A	B	C
厚度(μm)	<6	<20	<40
片径(mm)	0.2～0.4	0.4～0.63	0.63～2.0
主要用途	机械喷涂	手工刷涂	手工抹涂

鳞片添加量与孔隙率的关系　　　　　　　　表 4.4.2-2

组成		孔隙率
树脂	鳞片	
75%	25%	0.07%
66%	34%	1.502%
56%	44%	3.422%

但鳞片在衬里层中排列层数越多，其抗渗性、衬里强度均有提高。鳞片片径的增大使衬里材料的抗渗性提高（图4.4.2）。这是因为片径增大后，介质渗入受鳞片阻碍增大，由前一层鳞片扩散到后一层鳞片难度加大所致。在图4.4.2中是用试件的浸泡增重来表明介质渗入量的，因渗入试样的介质量的宏观表现是试样重量增加。

概括来说，玻璃鳞片之于涂料和树脂胶泥的好处有以下几点：①介质的渗入远小于普通涂料或纤维增强塑料，不容易产生介质扩散，可有效地避免底蚀、分离、鼓泡、剥离等物理破坏；②提高了涂层和胶泥的机械强度；③降低了涂层或胶泥衬里层热膨胀系数，防止应力剥离；④耐磨性和擦伤抵抗性较强，遇机械损伤只限于局部，扩散趋势小；⑤由于玻璃鳞片分散了应力，各接触面的残余应力小，热膨胀系数也小，故粘结强度

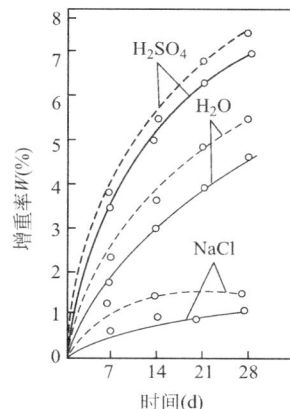

图 4.4.2　鳞片片径与渗透量的关系
注："—" 为 0.7～2.5mm 片径；
"---" 为 0.4～0.7mm 片径

不会因热膨胀而衰减，热稳定性好；⑥修复性佳，使用几年后，破坏处只需简单处理即可修补；⑦对防护面适应性强，尤其适用于复杂表面的防腐；⑧施工性好，可用喷涂、滚涂、刮涂等多种方法施工，整体性好，且现场配料方便，可室温固化及热固化。

玻璃鳞片胶泥/涂料的应用可按树脂种类、鳞片片径大小、涂料黏度、衬里厚度分类。按涂层和衬里厚度可分为玻璃鳞片涂料（薄膜型 0.2～0.4mm、厚浆型 0.4～1.0mm）和玻璃鳞片胶泥（胶泥型 1.0～4.0mm）两种。根据衬里方法、衬里性能要求选择大小合适的鳞片和树脂混合达到防腐的要求。与单层厚度相比，玻璃鳞片的长度有 10 倍以上之多，形状为鳞片状极薄的薄片。根据不同的涂覆方法、物性要求来选择大小不同的薄片。鳞片涂料相较于鳞片胶泥而言，玻璃鳞片的目数更大，偶联剂处理要求更高。

玻璃鳞片由于其自身的特殊结构和优良的耐腐蚀性能，通常被用作重防腐蚀涂料和衬里的填料，玻璃鳞片在胶泥或涂料中呈层状分布（1000～1500μm 涂层中有 100～150 层玻璃鳞片），使防腐层构成"迷宫"结构，有效降低空气和环境液的透过率，从而达到抗介质渗透之目的，同时玻璃鳞片可降低整个涂层的膨胀系数及硬化收缩率从而提高涂层和基体材料的粘结性，防止裂缝和剥离脱落现象的出现。

玻璃鳞片是个好东西，但是并不是说任何情况下都适合去使用或单独使用玻璃鳞片。因此，需要特别指出的是：①固体含量低，成膜类涂料涂层的挥发性溶剂太多，则不宜加入玻璃鳞片；②在使用玻璃鳞片的同时，一定要辅以其他颜、填料；③玻璃鳞片的片径不是越大抗渗透性能越好，往往需要大小配合使用。

4.4.3 颜、填料

玻璃鳞片胶泥、玻璃鳞片涂料配方中都会适当加入一些颜、填料。

颜料：主要起标志性作用。添加颜料的目的：①通过颜料的色泽均匀分布与否判定固化剂在衬里材料中分布的均匀性；②通过各层次的不同颜色来直接判断是否有漏涂、重涂；③通过已施工层颜色的透过程度接控制施工厚度；④美化衬层。在颜料选定中，主要考虑耐蚀性、着色力、分散性、迁移性、毒性等几个因素。实际生产中，以不影响最终鳞片胶泥的耐蚀性能为前提，还需要在对应的基体树脂中具有较好的分散性，鳞片胶泥固化后，不迁移。一般实际生产中选择中灰（加炭黑或专用中灰色浆）、白色（加钛白粉颜料）、艳绿（加有机颜料酞青绿或加专用艳绿色浆）。

填料：可适当添加滑石粉、钙粉、硫酸钡粉、氢氧化铝、云母粉、碳化硅粉、炭黑等填料。耐腐蚀绢云母粉是使用最多的品种，一般选择 800 目较细的。粉料的添加因耐腐蚀介质的不同而不同，还与粉料的密度有关，添加量一般都非常少（3%左右，不超过 5%），仅仅起到辅助填料的作用（主填料还是玻璃鳞片）。填料的添加在降低成本的同时，也会改变鳞片胶泥的耐腐蚀性能和功能化的效果。并且添加的量不合适的话，会对施工性能产生影响。填料的相关性能和选择请参见表 5.4.3、表 5.4.4 的介绍。

4.4.4 触变剂、偶联剂、消泡剂

鳞片胶泥涂料常用的助剂有触变剂、偶联剂、消泡剂等。

1. 触变剂

增稠用触变剂，也就是悬浮控制剂。

鳞片衬里材料的流动性是影响施工表面质量的重要因素。为了防止施工表面的流淌，必须增大材料的黏度，由于简单地增大黏度会使施工变得十分困难，因此寻找一种既能提高材料静止时的凝聚性，同时在施工剪切力作用下又具有良好滑移性的触变剂变得十分重要。理想的触变剂应具有三种功能：一是仅少量添加即可明显提高树脂材料体系的黏度，使之在静态条件下不产生显见形变；二是在一定的剪切力作用下，材料体系黏度可迅速降低，形成材料形变，而当剪切力消除后，材料体系黏度又可迅速恢复至静态水平；三是保持材料在垂直基体表面，以一定厚度刮抹成型后，不产生衬层自重流变。

鳞片衬里材料的一个重要问题是鳞片在混合料中的悬浮稳定性。由于鳞片与树脂间的密度相差悬殊，而配制好的预混料需搁置较长时间，容易导致预混料沉淀分层，这就给材料的储存、运输及使用带来许多困难。解决悬浮问题应从提高树脂稠度或其互溶混合液的悬浮能力入手，为达此目的，研究人员选择了在树脂中既可有效分散又可稳定悬浮的粉料进行鳞片定性放置期考察，从中选择了既可在树脂中有效分散悬浮、又能达到使树脂增稠双重效果的悬浮稳定剂，从而达到更有效地提高悬浮稳定鳞片的目的。增稠树脂之所以可减缓鳞片的沉淀，是因为树脂增稠表征着稳态体系密度增大，鳞片要排开这一体系的混合料下沉就必须克服同体积混合料的漂浮阻力。

此外，提高悬浮能力还可从薄化鳞片入手，鳞片越薄，表面积越大，由于界面吸附黏滞作用排出黏稠基料，克服界面影响下沉的能力差，故其悬浮性越好。再则，还可采用梯级悬浮的办法，即先使一种悬浮剂与树脂互溶成一级稳态混合液（但其还不足以悬浮鳞片），再选择另一种悬浮剂与一级稳态混合液共混，形成二级悬浮液（这种悬浮剂可被一级混合液有效混溶，而其组成的二级混合液又能充分悬浮鳞片）。此方法有利于降低造价。

常用增稠触变剂有高分散性的气相二氧化硅（俗称白炭黑）、膨润土、氢化蓖麻油等。

（1）二氧化硅分气相法和沉淀法两大类，气相法又分亲水型和疏水型两类，是较早时常用的触变剂。其外观是固体粉末，是球形微粒的集合体，分子上含有羟基基团，球形颗粒表面有硅醇基，能吸附水分子和极性液体。当二氧化硅分散于基料中，相邻球形颗粒之间的硅醇基团，因氢键结合而产生疏松晶格，形成三维网络结构，产生凝胶作用和很高的结构黏度。在受剪切力作用时，因氢键结合很弱，网络结构破坏，凝胶作用消失，黏度下降。剪切力除去后，恢复原静止时形状。

（2）膨润土外观为粉状物，微观为附聚的黏土薄片堆，黏土薄片两面都附聚有大量的有机长键化合物，经活化后，相邻薄片边缘上的羟基靠水分连接，从而形成触变性网络结构，宏观上则呈凝胶状态，使用时需要活化。

用作乙烯基酯树脂玻璃鳞片胶泥的二氧化硅和其他鳞片胶泥使用的亲水性二氧化硅不一样，它较多采用疏水型气相二氧化硅，但这并不代表亲水型的气相二氧化硅不可以使用在乙烯基酯树脂鳞片胶泥里面，适当添加增加体系极性的分子量适中的助剂，是可以使用亲水型二氧化硅作为乙烯基酯树脂鳞片胶泥的触变剂的。鳞片胶泥领域使用较多的是赢创公司的 AEROSIL® R202 和卡博特公司的 CAB-O-SIL® TS-720。

2. 偶联剂

玻璃鳞片具有高极性，易吸水而与树脂粘结不良。玻璃鳞片的表面状态与树脂的润湿能力，将直接影响它们之间的界面状态及其在涂层中的平行排列率。因此，玻璃鳞片需用偶联剂进行处理，使树脂和鳞片界面产生亲和性共价键，既能明显增加玻璃鳞片与树脂之间的粘结力，又能有效地增加涂层的抗渗性，降低涂层的吸水性。常用的处理剂为有机硅烷偶联剂，但不同的树脂应选择不同分子结构的偶联剂。

玻璃鳞片胶泥加工过程中加入的偶联剂和4.4.2节玻璃鳞片制造过程中偶联剂的处理是两回事，前者是在胶泥或者涂料制造混合时加入，后者是玻璃鳞片生产制造商在生产工序中的处理。

3. 消泡剂

乙烯基酯树脂和不饱和聚酯树脂玻璃鳞片胶泥里面不添加消泡剂，即使添加了也没太大效果，但底漆、面漆里面一般需要消泡剂。添加的消泡剂一般选用BYK® 555或相当品。BYK® 555是一种高效聚合物型脱泡剂，它不含有机硅，可以用于无溶剂和溶剂型不饱和聚酯树脂所有类型的树脂、胶泥、涂料、胶粘剂。建议添加量为树脂量的0.1%～0.5%。

4.4.5　促进剂、固化剂

1. 促进剂

根据玻璃鳞片胶泥涂料使用的树脂不同，选择不同的促进剂。市售商品级的乙烯基酯树脂玻璃鳞片胶泥和不饱和聚酯树脂玻璃鳞片胶泥涂料中采用的促进剂和纤维增强塑料里面的选择相似，采用的固化体系也和纤维增强塑料体系一致。也可以根据鳞片胶泥冬夏期施工的不同，在促进剂上做些文章，一般为互配促进剂，这些更多是每个鳞片胶泥厂家不对外的技术小窍门。当采用"蓝白水"固化体系时，鳞片胶泥采用的促进剂为环烷酸钴或异辛酸钴。当采用"BPO-DMA"固化体系时，鳞片胶泥采用的促进剂为N，N'-二甲基苯胺（DMA）。

2. 固化剂

固化剂指的是鳞片胶泥涂料现场使用时的B组分，根据玻璃鳞片胶泥涂料使用的树脂不同，选择不同的固化剂。市售商品级的乙烯基酯树脂玻璃鳞片胶泥和不饱和聚酯树脂玻璃鳞片胶泥涂料中采用的固化剂和纤维增强塑料里面的选择相似，采用的固化体系也和纤维增强塑料体系一致。也可以根据鳞片胶泥冬夏期施工的不同，在固化剂上做些文章，一般有以下几个主要方向：无泡固化剂、低放热固化剂、高放热固化剂、非液体固化剂（糊状固化剂）等。当采用"蓝白水"固化体系时，鳞片胶泥采用的固化剂为过氧化甲乙酮或过氧化氢异丙苯。当采用"BPO-DMA"固化体系时，鳞片胶泥采用的固化剂为过氧化二苯甲酰糊（BPO）。关于促进剂、固化剂的知识，请参见本书"5.8.3.3 促进剂（常温固化用促进剂）""5.8.3.5 固化剂"的介绍。

4.4.6　原料选择原则

商品级玻璃鳞片胶泥原料，往往都是一些制造厂家不对外的核心技术，原料选择的大致原则如下：①耐腐蚀树脂的选型是鳞片胶泥选材的第一位优先原则，这里涉及耐酸、耐碱、耐溶剂等。②耐腐蚀树脂的耐温性是第二位考虑的，不仅要考虑热变形温度，还需要考虑常温固化度以及固化后衬里的耐温交变性能。③粘结性能是第三位考虑的因素，针对混凝土、碳钢以及其他基材，有机树脂的粘结性能以及胶泥配方对粘结性能的影响。④根据树脂类型、鳞片胶泥的底中面涂、冬期施工温度等，选择最合适的固化体系以及对应的促进剂和固化剂，可能需要互配类型的促进剂、固化剂。⑤根据树脂类型选择合适的触变剂、偶联剂、消泡剂等；根据制造设备分散剪切条件和胶泥类型调整最优化的助剂添加比例以及剪切混合的方式和时间。⑥根据胶泥需要的施工操作性能选择合适的玻璃鳞片和耐腐蚀颜填料，并在满足国家标准的鳞片含量前提下，确定最优化的鳞片目数和比例、颜填料目数和添加量比例。⑦根据现场施工需要，选择合适的包装方式。

4.5 鳞片胶泥制造技术

玻璃鳞片胶泥制造技术的核心精髓在于三点：触变、捏合、消泡。

4.5.1 触变

树脂、增稠触变剂、助触变剂（可能添加的情况下）充分剪切分散，达到既定要求的触变效果。分步慢慢加入触变剂，先中低速搅拌，待基本搅匀，再采用高速剪切分散，达到触变要求后静置备用。触变剂的加入量和触变剂类型、助触变剂、拉缸或者分散釜的高径比、剪切分散设备的搅拌桨叶形式、高速分散剪切设备的功率转速、剪切分散的时间等因素都有关。是否达到剪切分散触变的要求，可通过测试触变物料的触变指数来判定。实际生产中建议隔夜使用触变树脂胶料。在进真空捏合机之前，在已经触变合格的树脂中加入促进剂、偶联剂、增塑剂（可能添加的情况下）、消泡剂（底面漆时需添加）、颜料或色浆，搅拌混合均匀，作为待转移真空捏合机的备用料。简明的触变工序如下：物料称量［含树脂、二氧化硅、助触变剂（可能添加的情况下）］→高速剪切分散拉缸投料→高速剪切分散→静置备用。

4.5.2 真空捏合

先将树脂胶料、填料和玻璃鳞片先后倒入真空捏合机，先常压捏合均匀，在出料前真空捏合 3~5min，静置几分钟，再打开放气阀缓慢放空，完全放空后1min，即可出料。简明的捏合工序如下：物料称量（制作好的备用料）→加入捏合机→分批加入计量鳞片和粉料→常压捏合→真空捏合→放气关真空泵→出料。

鳞片衬里要发挥出良好的抗渗性能，有三个先决条件：①鳞片在树脂中均匀分散；②鳞片和树脂之间浸润良好；③固化后的鳞片衬里均匀致密，气泡少且小，即使有气泡也被鳞片封闭住。真空捏合就是在制造过程中最大限度地让树脂和玻璃鳞片之间的混合状态达到理想的预设效果。

4.5.3 分散和消泡技术

虽然鳞片衬里材料以其优异的抗介质渗透性早已引起国内外防腐界的重视，但正如前文所述，其优异的抗介质渗透性确实需要鳞片在树脂中理想的分散和浸润来保证。由于鳞片材料松散，添加量又大（国家标准规定重量比 30% 以上），鳞片内包裹大量空气，在树脂中的均匀分散及在胶泥配制中气泡的消除十分困难。而这一问题的解决与否是鳞片衬里技术开发的重点问题之一。

1. 鳞片胶泥制造过程中气泡产生的原因

（1）松散的二氧化硅增稠触变剂以及玻璃鳞片内存在大量空气。它们在自然堆放时，相互交错叠压，容积内存有大量空间为空气填充。在配制搅拌过程中，虽然在搅拌切向力作用下有相当的空间为树脂渗透挤出了空气，但由于树脂的渗透不是循序渐进而是随机的，加上树脂渗透后的封闭作用，将使大量空气被封在混合配料中，形成大小不等的气泡。这部分气泡量很大，一旦被封闭，由于鳞片的阻碍作用，将很难逸出。

（2）混合料及空气相交界面因搅拌作用卷入空气。前已叙及，在剪切分散触变时树脂母料十分黏稠，在搅拌过程中，由于搅拌力的作用，混合料不断自周边搅起，又不断自搅拌桨附近卷入。这一过程也使界面空气随着混合料卷入物料内，当逸出气泡少于包裹气泡，就会越来越稠，并裹入越来越多的气泡。再则，由于混合料十分黏稠，具有一定的自支撑作用，因此在搅拌桨高速搅动的中心区域内形成一定的空间，搅拌停止时，该空间为空气占据，这部分空气也有相当数量被留在混合料内形成气泡。

2. 鳞片胶泥制造过程中气泡的消除技术

鳞片衬里是以其优异的抗介质渗透著称的，但也正是这一特点反过来阻碍了混合料内气泡的逸出，成为除泡的一大难题。由于鳞片为分散体填料，无连续界面，致使简单地沿成型界面除泡成为不可能的事实。在涂料领域通常采用的添加消泡剂的方法，在鳞片胶泥里面效果并不佳。原因有两个：一是混合料很稠，空气含量较大，少量消泡剂不足以抑制气泡的产生，也不足以使形成的气泡界面张力减小，达到消泡目的；二是混合料中鳞片填量较大，重重叠叠的鳞片阻碍气泡的逸出，即使消泡剂发挥了作用也因鳞片的限制变为无用。因此，在材料配制及工程使用中最好采用真空搅拌或捏合技术。真空搅拌捏合的结果使得各种填料在几乎无空气存在的环境中混配，其消泡效果可从胶泥浇铸体的孔隙率测定中证实（表 4.5.3）。

捏合方式与孔隙率的关系   表 4.5.3

搅拌捏合方式	真空捏合	非真空捏合
树脂含量	61%	61%
相对密度	1.49	1.35
孔隙率	1.502%	7.012%

真空搅拌捏合除有利于消泡外，还有利于树脂与鳞片间的浸润。由于空气被抽出，树脂与鳞片就不会因表面空气的存在被分离，相互接触的机会会增多。再则，在真空及搅拌切向挤压力作用下，树脂分子间相互作用力减弱，分子对鳞片的浸润能力增强，从而提高了界面强度。此外，在真空条件下的搅拌料比无真空时的搅拌料的性能更加柔和，便于施工涂抹。经多组多次取样，在烧掉树脂后测定其填料均匀分布量，结果分布十分均匀，说明分散十分有效。

4.5.4　玻璃鳞片胶泥制造工艺

玻璃鳞片胶泥衬里材料制造主要分两步，见"4.5.1 触变"和"4.5.2 真空捏合"。

玻璃鳞片胶泥衬里在现场施工中配制好后必须立即在规定时间内用完。由于混合料添加次序对功能性填料作用的发挥十分重要，直接影响衬层质量，因此必须严格遵守规定的玻璃鳞片胶泥的现场配料和施工的工艺流程。这部分将会在 4.7 节中详细介绍。在施工使用前还涉及玻璃鳞片胶泥的储存和运输，这个不容易引起人们重视的小环节其实也非常重要。储存要求在阴凉处，避免阳光直射。运输过程要求尽可能避开高温或夏天中午时段。

（1）在玻璃鳞片胶泥材料制造中，必须强调要先将液态物料搅拌均匀后，再加入固态物料。因为混合料中的功能性添加剂、表面处理剂及增塑剂等用量较小，如不先将其与树脂混合，则一旦加入固态物料，其中一部分表面就会先行吸附功能性液态填料。这样一方面会导致添加剂的功能不能对整体混合料体系发挥作用，另一方面由于固体物料被液态物料包裹，在表面形成一液体膜，导致表面粘结强度降低，这两种结果都是衬里质量所不允许的。

（2）在玻璃鳞片胶泥材料制造中，要求增稠触变剂加入后先实施先慢后快均匀搅拌，这是因为该类填料密度很小，飘散性很好，速度快了会逸出而致使添加量不足，影响衬层质量。

（3）在玻璃鳞片胶泥材料制造中，真空捏合机的重要作用之一是消除混合料中包裹的气泡，正确地操作使用设备是有效消泡的前提。为了防止油泵回油，造成物料污染，要求先开放气阀，后关真空泵。有条件时，可在泵吸气口处增加一回油止回阀，最好在真空泵及真空桶间气管中增加一个空气过滤装置，这对于延长真空泵的使用寿命大有好处。在出料前，关闭搅拌电机 1min，后再打开放气阀，因为搅拌终了时，物料因搅拌力作用内部含大量空间，如过早放气，则空气迅速冲入空间，产生气泡。当打开气阀缓慢放空前先保持 1min，使物料因自重下坠，从而减少混合料夹裹空气。捏合机内外压力平衡后，关闭真空泵，即可出料。

（4）在玻璃鳞片胶泥材料制造中，要求颜料必须加入到底漆、胶泥或面漆中，搅拌均匀。颜料应先配制成颜料浆料，也就是色浆或者颜料糊，严禁将粉态颜料直接加入到混合料中，以防止固态粉末颜料聚集，形成衬层质量缺陷。

4.5.5　玻璃鳞片胶泥典型配方

表 4.5.5 所示是参考配方一例。

乙烯基酯树脂玻璃鳞片胶泥参考配方　　　　表 4.5.5

组成	质量分数
乙烯基酯树脂	60%～75%
玻璃鳞片	20%～35%
触变剂	1%～5%

组成	质量分数
偶联剂	0.1%~2%
颜料	2%~7%
促进剂	1%~3%

4.5.6 底漆、面漆的制造

底漆和面漆都要求高触变、低填充、固化放热快的特点，同时底漆的颜色往往区别于胶泥颜色，便于施工时识别。特别提到两点：①乙烯基酯树脂玻璃鳞片胶泥红颜色底漆由于采用氧化铁会消耗促进剂中的有机钴盐，因此针对铁红颜色乙烯基酯树脂底漆一定要特别注意配方的调整；②面漆采用与胶泥一样的颜色，还需要额外添加液蜡空干剂。

尽管玻璃鳞片胶泥衬里有诸多优点，但前提必须是粘结在基材上不脱落，正所谓"皮之不存毛将焉附"，因此玻璃鳞片胶泥底漆就显得尤为重要。真正的行家知道玻璃鳞片胶泥，尤其是乙烯基酯树脂玻璃鳞片胶泥真正的难点在底漆。

底漆，要求既耐温又具备一定的柔韧性。目前，在国内能提供完美解决耐温、粘结性能、柔性三个问题底漆的厂家，几乎没有。目前，市场上绝大多数的做法是：把高交联密度型乙烯基酯树脂或者类似的树脂，添加丙烯酸、甲基丙烯酸、甲基丙烯酸甲酯等其他极性较高，又能参与交联固化的稀料，制成打底的底漆，打底完一道后，再在底漆中添加少许粉料（多为石英粉之类），再上非常稀的胶泥一道，然后再上鳞片胶泥层和面涂层。该方法并非采用专门的乙烯基酯树脂玻璃鳞片胶泥底漆，而是拿常规的乙烯基酯树脂，用极性单体稀释后直接作为底漆使用。近年来，国内也涌现了聚氨酯、丁腈橡胶、有机硅等改性的乙烯基酯树脂玻璃鳞片胶泥底漆，并在实际中得到了一些成功的应用。

4.6 鳞片胶泥性能

玻璃鳞片衬里的原材料包括底层涂料、玻璃鳞片胶泥料、封面料和玻璃鳞片涂料，且各层之间应配套。玻璃鳞片衬里采用的固化体系应与树脂类型相配套，环氧树脂固化剂宜选用低毒固化剂，也可采用乙二胺等胺类固化剂，其性能应满足环氧树脂使用工况；乙烯基酯树脂、双酚 A 型和间苯型不饱和聚酯树脂固化剂应包括引发剂和促进剂，其配套使用方法应符合现行国家标准《建筑防腐蚀工程施工规范》GB 50212 的有关规定。

当采用乙烯基酯树脂类或双酚 A 型不饱和聚酯树脂类玻璃鳞片衬里时，经工厂加工的底层涂料、玻璃鳞片胶泥料、封面料和玻璃鳞片涂料应含有促进剂（即双组分材料），严禁直接使用三组分材料（胶泥做成非预促型的），详细解释请参见本书 4.14 节"有关玻璃鳞片胶泥是双组分还是三组分的争议"的阐述。

乙烯基酯树脂、双酚 A 型不饱和聚酯树脂类玻璃鳞片胶泥施工滚压用溶剂应为苯乙烯；环氧树脂类玻璃鳞片胶泥施工滚压用溶剂应为无水乙醇或丙酮。

当玻璃鳞片胶泥衬里与同类树脂的纤维增强塑料衬里复合使用时，纤维增强材料多为玻璃纤维及其织物、涤纶纤维及其织物、碳纤维及其织物等，增强材料的选型应符合现行国家标准《纤维增强塑料设备和管道工程技术规范》GB 51160 的有关规定。各种纤维增强材料的更多规定详见本书"5.9.2 材料规定"一节的介绍。

4.6.1 施工性能

施工性能要求：无固态物料聚集、没有凝胶块、无其他杂质、无分层；按照供应商建议添加固化剂比例，可使用时间（凝胶时间）在 30～60min，满足施工操作要求；现场施工触变要求施工完凝胶前无流淌；玻璃鳞片质量含量大于 30%（表 4.6.1）。

玻璃鳞片衬里混合料的质量   表 4.6.1

项目		玻璃鳞片胶泥	玻璃鳞片涂料
在容器中的状态		在搅拌混合物时，应无结块、无杂质	
施工工艺性		刮抹无障碍、不流挂	喷、滚、刷涂无障碍、不流挂
密度(g/cm³)		1.30～1.55	1.10～1.40
表干时间 (25℃·min)	乙烯基酯树脂、双酚 A 型不饱和聚酯树脂类	≤60,不粘手、不变形	≤90,不粘手、不变形
	环氧树脂类	≤180,不粘手、不变形	≤240,不粘手、不变形

4.6.2 机械性能

《工业设备及管道防腐蚀工程技术标准》GB/T 50726—2022 中玻璃鳞片胶泥制成品的力学及成品质量最低要求指标见表 4.6.2-1。

玻璃鳞片衬里制成品的质量   表 4.6.2-1

项目	乙烯基酯树脂类	双酚 A 型不饱和聚酯树脂类	环氧树脂类
拉伸强度(MPa),≥	25.0	23.0	25.0
弯曲强度(MPa),≥	40.0	40.0	40.0
底层涂层粘结强度(拉开法,MPa),≥	8.0	8.0	8.0
巴氏硬度,≥	40	40	42
耐磨性(g,CS-17w,1000g,500r),≤	50	50	50
线膨胀系数($\times 10^{-6}$/K),≤	30	30	30
阻燃性能(OI),≥	32	32	32
冷热交替试验	设计使用温度(0.5h)～室温(10min)水循环 10 次,无裂缝、剥离		

注：当有阻燃性能要求时，采用氧指数（OI）指标。

商品级玻璃鳞片胶泥制成品的力学及成品质量典型数据见表 4.6.2-2。

乙烯基酯树脂玻璃鳞片胶泥衬里典型物理特性　　　　　　　表 4.6.2-2

项目	中温型胶泥	高温型胶泥	备注
固化物相对密度(g/cm³)	1.3～1.4	1.3～1.4	—
拉伸强度(MPa)	34	34	GB/T 2567
拉伸伸长率(%)	0.5	0.5	GB/T 2567
弯曲强度(MPa)	69	69	GB/T 2567
耐磨耗系数(mg)	49	38	CS-17 1000g,500r
线膨胀系数(×10⁻⁶/K)	15～20	15～20	GB/T 2572
水汽渗透率[g/(24h·m²·mmHg)]	3.6×10^{-4}	3.2×10^{-4}	ASTM E-96-66
线性硬化收缩率(%)	0.5 以下	0.5 以下	—
底层涂层粘结强度(MPa,拉开法)	13	10	GB/T 4944
热变形温度(℃)	130	170	GB/T 1634.1～3
巴氏硬度	49	49	常温保养一周
可长期使用温度(℃,液体中)	100	130	
可长期使用温度(℃,气体中)	130	150	水分 10% 以下
可瞬间(30min)使用温度(℃,气体中)	150	200	(质量分数)

　　大量玻璃鳞片填充在乙烯基酯树脂衬里层中，在体系中不规则分布的玻璃鳞片是一个具有较大面积的分散体，固化后的树脂由于固化收缩而产生的界面收缩应力可以被玻璃鳞片所稀释或松弛。另外，玻璃鳞片使体系应力不能相互影响和传递，大大提高了胶泥固化后的力学强度、表面硬度、耐磨性和附着力。

　　乙烯基酯树脂玻璃鳞片胶泥的抗渗性能、耐磨性和线膨胀性以及施工工艺性等都优于乙烯基酯树脂纤维增强塑料。因为玻璃鳞片是分散、不连续地分布在树脂中，能将树脂分割成许多微小区域，使树脂内的微裂纹、微气孔互相分离，有效地抑制毛细管作用所引起的渗透；另外，这些小的区域，将树脂分成薄薄的树脂层，使树脂的残余应力在每一小范围内就大大减小，避免了纤维增强塑料被破坏时的大片脱落。纤维增强塑料在力学性能和抗变形性能上优于玻璃鳞片涂料，在受力或形变要求较高的场所，将两者复合使用是最佳的选择。

　　乙烯基酯树脂玻璃鳞片胶泥是硬质耐磨材料，可提高衬里的硬度。乙烯基酯树脂玻璃鳞片胶泥衬里的力学强度虽不如乙烯基酯树脂纤维增强塑料衬里，但玻璃鳞片胶泥固化后的硬度高，耐磨、耐刮擦。乙烯基酯树脂玻璃鳞片胶泥衬里遇机械损伤只限于局部，扩散趋势小，易修复。

　　耐磨性方面，环境温度 80℃无腐蚀介质条件下，鳞片衬里层的耐磨性优于天然橡胶和丁基橡胶，但较氯丁橡胶低些。在 80℃无腐蚀介质条件下，鳞片衬里的耐磨性主要是交错叠压排列的玻璃鳞片不受环境热的影响所致，而橡胶材料在 80℃的稀硫酸腐蚀介质中浸泡后耐磨性急剧下降是因为环境热及介质渗透引发本体溶胀导致材料强度下降所致，而鳞片衬里则因其优异的抗渗性阻碍了介质渗透，故因本体溶胀导致的材料强度下降极为有限，因此表现出更好的耐磨性能。

　　然而，在 80℃的稀硫酸腐蚀介质中浸泡后丁基橡胶、氯丁橡胶的耐磨性能急剧下降，而玻璃鳞片胶泥的耐磨性却几乎保持不变。

乙烯基酯树脂玻璃鳞片胶泥在底漆的配套下和基材具有较强的粘结强度，保证乙烯基酯树脂玻璃鳞片胶泥较好的耐蚀性、附着力和冲击强度。由于玻璃鳞片的增强效果分散了应力，各接触面的残余应力和热膨胀系数变小，粘结热应力相应变小，故粘结强度不会因热胀而衰减，从而增加了对热冲击的抵抗能力和耐热性，使鳞片胶泥适合于温度交变的重腐蚀环境。据测定，可降低树脂固化物的膨胀系数近50%，接近碳钢的膨胀系数，固化收缩率降低到1/20～1/10，它在温差变化较大的场合使用，比其他材料有更好的附着力和抗脱粘、抗剥离能力，一定程度上可代替纤维增强塑料衬里。

乙烯基酯树脂玻璃鳞片胶泥的线性膨胀系数（$20 \times 10^{-6}/℃$）比橡胶（$80 \times 10^{-6}/℃$）小，和钢（$11.6 \times 10^{-6}/℃$）接近，能够承受设备使用过程中的温度剧变。乙烯基酯树脂玻璃鳞片胶泥可承受的温度差达80℃，而橡胶衬里只能承受40℃的温度差（橡胶衬里的最大优势是耐震颤）。

表4.6.2-3所示是乙烯基酯树脂玻璃鳞片胶泥碳钢衬里和丁基橡胶碳钢衬里在不同温度下的粘结强度对比。

碳钢基材不同衬里材料的粘结性能对比　　　　　　　　　　　表4.6.2-3

测试温度	拉拔粘结强度（MPa）	
	乙烯基酯树脂玻璃鳞片胶泥衬里	丁基橡胶衬里
23℃	12	8
80℃	9	3
100℃	7.5	失效

乙烯基酯树脂玻璃鳞片胶泥与碳钢的粘结强度在100℃时为常温时的70%，而橡胶衬里在80℃时其粘结强度就急剧下降。另外，橡胶衬里施工及修补均不方便，易出现鼓包、渗漏等缺陷。

乙烯基酯树脂玻璃鳞片胶泥衬里的热膨胀系数比橡胶（表4.6.2-4）和乙烯基酯树脂纤维增强塑料更接近钢材和混凝土材料，因此在热环境工况使用时，衬层与金属或混凝土基体界面间因环境热导致的热膨胀量较小，故其界面间形成的热应力较之其他防腐蚀衬里材料低得多，有利于防止剥离、鼓泡、扩散性底蚀等衬里常见的物理腐蚀破坏发生。工程实践中确实鲜见上述物理腐蚀破坏案例。在受力或形变要求较高的场所，将乙烯基酯树脂玻璃鳞片胶泥衬里和乙烯基酯树脂纤维增强塑料衬里复合使用是最佳的选择。

各种材料热膨胀系数　　　　　　　　　　　表4.6.2-4

材料	热膨胀系数（$\times 10^{-6}/℃$）	材料	热膨胀系数（$\times 10^{-6}/℃$）
碳钢	10.6～12.2	氯化橡胶	80～120
混凝土	8～12	手糊纤维增强塑料	25～30
环氧浇铸板材	40	玻璃鳞片胶泥衬里	15～25

耐候性方面，玻璃鳞片的折射率与树脂相差较大，其表面微曲，近平行排列于乙烯基酯树脂玻璃鳞片胶泥衬里中可反射大量紫外线，从而减缓树脂的老化。经400h加速老化

试验，用玻璃鳞片填充的乙烯基酯树脂玻璃鳞片胶泥衬里比用铝粉、云母氧化铁、钛白粉填充的乙烯基酯树脂胶泥衬里，无论在粉化失重、涂膜减薄，还是光泽衰减等指标上均要好得多。

介电性能方面，乙烯基酯树脂玻璃是绝缘体，但在潮湿环境下介电性会变差，以致不能用在高绝缘场合。玻璃鳞片是绝缘体，它同样有优良的抗水汽渗透性，测定表明，用玻璃鳞片填充的乙烯基酯树脂玻璃鳞片胶泥衬里试样比未填充样的乙烯基酯树脂浇筑体试样水汽渗透率小 10 倍，因此它在潮湿环境下工作具有优良的绝缘性。经测定含 30% 玻璃鳞片的乙烯基酯树脂玻璃鳞片胶泥衬里体积电阻表明，它比用二氧化硅粉填充的试样经沸水浸泡后高一个数量级。

4.6.3　耐温性能

玻璃鳞片胶泥的耐温性能取决于所采用的树脂的类型。表 4.6.3-1 所示是常见商品级玻璃鳞片胶泥产品在液态浸泡状态下的极限长期温度。

常见商品级玻璃鳞片胶泥产品的使用温度　　　　　表 4.6.3-1

产品大类	产品小类	液态浸泡使用温度(℃)
环氧树脂玻璃鳞片胶泥	双酚 A 型环氧树脂玻璃鳞片胶泥	≤60
	酚醛环氧树脂玻璃鳞片胶泥	≤130
	酚醛树脂改性环氧树脂玻璃鳞片胶泥	≤120
	呋喃树脂改性环氧树脂玻璃鳞片胶泥	≤120
不饱和聚酯树脂玻璃鳞片胶泥	双酚 A 型不饱和聚酯树脂玻璃鳞片胶泥	≤90
	间苯型不饱和聚酯树脂玻璃鳞片胶泥	≤90
乙烯基酯树脂玻璃鳞片胶泥	丙烯酸富马酸型乙烯基酯树脂玻璃鳞片胶泥	≤90
	标准双酚 A 型乙烯基酯树脂玻璃鳞片胶泥	≤120
	标准酚醛环氧型乙烯基酯树脂玻璃鳞片胶泥	≤150

简单列举几个腐蚀介质条件下乙烯基酯树脂玻璃鳞片胶泥的耐受可使用温度（表 4.6.3-2）。

OYCHEM® 乙烯基酯树脂玻璃鳞片胶泥衬里的耐化学药品性举例　　表 4.6.3-2

介质条件	浓度(%)	乙烯基酯树脂玻璃鳞片胶泥(VER-FC)可使用温度(℃)	
		OYCHEM® FC-2 中温型 VER-FC	OYCHEM® FC-1 高温型 VER-FC
硫酸	25	100	—
	50	—	90
盐酸	10	80	—
	20		100
氢氧化钠	5~30	70	
蒸馏水	—	80	
海水	—		90

续表

介质条件	浓度(%)	乙烯基酯树脂玻璃鳞片胶泥(VER-FC)可使用温度(℃)	
		OYCHEM® FC-2 中温型 VER-FC	OYCHEM® FC-1 高温型 VER-FC
苯	—	—	40
汽油,原油	—	—	70

资料来源：上海欧扬化工有限公司。

4.6.4　抗渗透性能

表4.6.4所示是各种材料的水蒸气透过系数。相对于浇铸体、纤维增强塑料，相同厚度的鳞片胶泥衬里的水蒸气透过系数最小。

相同厚度的不同固化物水蒸气透过系数　表4.6.4

固化物	树脂	水蒸气透过系数(mm/mm)
浇铸体	不饱和聚酯树脂	0.0154
	环氧树脂	0.0153
	聚氨酯树脂	0.0147
	乙烯基酯树脂	0.0049
	焦油酸环氧树脂	0.0032
手糊成型纤维增强塑料	不饱和聚酯树脂	0.0078
	乙烯基酯树脂	0.0044
玻璃鳞片胶泥衬里	刮抹型	0.0013
	喷涂型	0.0004

玻璃鳞片具有良好的耐磨、耐温和机械性能，再配合一系列具有优良性能的耐腐蚀树脂，增强了涂料的综合性能，给涂料增添了许多新功能。添加玻璃鳞片的涂料可以施工到很厚而不必担心发生裂纹。这是因为鳞片把涂层分割成许多小的空间，大大降低了涂层的收缩应力和膨胀系数；同时玻璃鳞片涂料具有超强的耐腐蚀性能，由于鳞片多层平行地与基体排列，使介质扩散渗透的路程变得更加曲折，延长了介质扩散渗透的时间，相当于增加了涂层的有效厚度。

4.6.5　耐腐蚀性能

材料耐腐蚀性能非常重要的一个评价参数就是浸泡前后增重失重。

有人做过几种不同耐腐蚀材料在110℃的30%硫酸环境下浸泡之后的重量变化试验，试验结果表明：乙烯基酯树脂玻璃鳞片胶泥衬里的重量变化最小，说明其具有更优异的耐腐蚀性能。众所周知，有机非金属在介质浸渍腐蚀试验中表现为增重，而金属材料在介质浸渍腐蚀试验中表现为失重，橡胶材料因其抗介质渗透性远低于鳞片材料，故其在浸渍腐蚀试验中表现出明显的增重效果，而鳞片衬里则表现为重量缓慢增长趋势。

乙烯基酯树脂玻璃鳞片胶泥衬里被腐蚀的话，主要是树脂受到腐蚀，基体树脂首先产生失重、变色等，之后由于渗透等因素，加速了具有腐蚀性的化学介质渗入到涂层内部，引起材料的鼓泡、分层、开裂甚至剥离等情况，最后导致衬里层失效。所以，选择具有耐腐蚀性树脂的同时，也应采取措施减弱、减缓腐蚀性介质或水汽的渗透。

鉴于配制鳞片衬里材料的主料是树脂（或涂料）及玻璃鳞片，故其耐化学腐蚀性与纤维增强塑料相似。在选择确定腐蚀环境所需鳞片衬里材料种类时，可参考纤维增强塑料用树脂（或涂料）的耐蚀性，这里不再赘述。

4.7 鳞片胶泥施工

4.7.1 概述

鳞片胶泥衬里及鳞片涂料衬里作为一种新型防腐蚀衬里技术，具有耐腐蚀性能好、渗透率低、粘结强度高、耐温差（热冲击）性能较好、耐磨性好、室温固化易施工、易修复、价格适中等诸多优点，目前在国内已经有近二十年的成功应用历史，国外引进规模量鳞片防腐蚀工程应用也有接近三十年的历史，故其施工作业的技术及质量控制等问题已日趋完善。

鳞片衬里的施工方法有三种：①高压无空气喷涂（spay coating），针对鳞片涂料，只有底面涂，无中间涂层；②刷、滚涂（roller coating），针对厚浆型鳞片涂料；③"镘抹滚压"法（trowel coating），针对鳞片胶泥。由于镘抹滚压施工简便，衬里施工质量高，用途较广泛，故本节主要以"镘抹滚压"法为主线，兼谈刷、刮、喷涂法。

鳞片衬里混合料主要是由分散不连续的玻璃鳞片及黏稠树脂经专用设备配制而形成的胶泥状复合材料，故其施工作业是通过施工者用抹子、灰刀等工具按一定厚度要求镘抹到被防护体的表面，再经压滚除泡、压实、压平，且使鳞片按规定方向叠压排列后固化成型的。其施工作业类似于建筑业的抹灰作业，但由于树脂与水泥砂浆材料特性不同，应用目的亦不同，故其涂抹作业较之抹灰又具有不同的要求。

其施工作业的主要特点如下：①鳞片衬里作业为手工作业，施工质量在很大程度上取决于施工者操作技能高低、熟练程度以及责任心。②衬里的表面质量、鳞片排列状态、厚度控制主要取决于施工经验及技术水平，不像纤维增强塑料衬里、橡胶衬里，其表面状态、厚度控制很大程度上取决于材料本身。另外，施工中界面气泡的消除在一定程度上依赖于施工者的作业技巧，压光仅起辅助作用，因为鳞片为不连续分散状填料，不像纤维增强塑料、橡胶那样，可用消泡辊将界面气泡沿连续的层面间推挤出去。③鳞片衬里层必须完全封闭。为防止应力破坏，在设备的法兰端面、接管区、阴阳角区及内支撑梁架区，鳞片衬层应采取纤维增强塑料增强等补偿措施。④鳞片衬里材料配制及施工搅拌理想状态下需要配备专用真空搅拌混料设备，以最大限度地减少配料中气泡的生成；在现场没有真空脱泡搅拌混料设备时，要特别注意搅拌方式、托料等细节。⑤鳞片衬里施工环境差，属易燃有害作业，且容易发生火灾，故安全防护十分重要。

为了方便施工单位和用户在玻璃鳞片胶泥/涂料应用中，确保施工质量，本节归纳近二十年来行业的应用经验，对该类产品的施工顺序及管理进行了系统性介绍，以求玻璃鳞片胶泥/涂料稳定的工程施工、工程质量。

4.7.2 玻璃鳞片胶泥衬里（涂料）基材表面清理、施工环境条件确认

4.7.2.1 混凝土基材及表面清理方法和要求

当玻璃鳞片胶泥/涂料应用于混凝土基础表面时，要对混凝土基材的强度、基材的表面进行清理。

（1）水泥砂浆或混凝土基层，必须坚固、密实、平整；基面不应有起砂、起壳、裂缝、蜂窝麻面等现象。不符合要求时，需要使用树脂砂浆、树脂腻子、水泥砂浆、混凝土基材渗透加固剂进行补强，使基材强度达到要求。

（2）基层的坡度和强度应符合国家有关设计要求；找平层材料应采用强度等级不低于 C30 的细石混凝土，不得采用水泥砂浆找平；用 2m 直尺检查平整度，允许空隙不应大于 2mm。

（3）已被油脂、化学药品污染的表面或改建、扩建工程中已被侵蚀的疏松基层，应进行表面预处理，处理方法应符合下列规定：①被油脂、化学药品污染的表面，可使用溶剂、洗涤剂、碱液洗涤或用火烤、蒸汽吹洗等方法处理，但不得损坏基层；②被腐蚀介质侵蚀的疏松基层，必须凿除干净，应采用强度等级不低于 C30 的细石混凝土填补，养护之后按新的基层进行处理。

（4）对裂缝处，可切出 V 形槽后，以树脂胶泥（以环氧树脂胶泥为多）填平，并在表面贴一到两层玻璃纤维布，再以树脂胶泥补平。对于空鼓处，可采取螺纹钢并配合树脂胶泥进行锚固的方法控制起鼓。伸缩缝处的连接建议采用树脂胶泥，配合泡沫材料和弹性密封胶材料一起进行连接处理。切割缝处建议采用树脂胶泥，配合弹性密封胶材料一起进行连接处理。墙边拐角处建议采用树脂胶泥或树脂砂浆进行圆弧处理。对于基层裂缝、蜂窝麻面，在刷底漆前就应用树脂砂浆或腻子填平修补，并充分干燥后才能进行基材处理和施工。

（5）基层必须干燥。在深 20mm 的厚度层内，混凝土表面应干燥（呈灰白色），含水率不应大于 6%。含水量达不到要求时应延长保养时间，以风吹或者火烤等加快混凝土干燥的方法进行处理，直至含水率达到要求。工程上采用塑料薄膜法居多，直接，简易：把 45cm×45cm 的塑料薄膜平放在混凝土表面，用胶带纸密封四边 16h 后，薄膜下出现水珠或混凝土表面变黑，说明混凝土过湿，不宜施工，需要再养护或者使用防潮型底漆打底。

（6）水泥砂浆或混凝土基层如果在地面以下，应在其垫层下设置防潮层；当地下水位较高时，应在其垫层下设置防水隔离层，以防止地下水汽渗出。

（7）基层表面必须洁净。防腐蚀施工前，应将基层表面的浮灰、水泥渣及疏松处等清理干净。基层表面的处理方法宜采用砂轮或钢丝刷等打磨，然后用干净的软毛刷、压缩空气或吸尘器清理干净。当有条件时，可采用轻度喷砂法，使基层形成均匀粗糙面。

（8）凡穿过防腐蚀的管道、套管、预留孔、预埋件，均应预先理置或留设。

（9）混凝土表面处理的方法和基材强度有很大关系，常见选择如表 4.7.2.1-1 所示。

混凝土基层表面处理方法　　　　　　　　　　　　　表 4.7.2.1-1

混凝土强度	处理方式
≥C40	抛丸、喷砂、高压射流
C30～C40	抛丸、喷砂、高压射流、打磨
C20～C30	抛丸、喷砂、高压射流、铣刨、打磨、研磨
≤C20	打磨、高压射流、铣刨、研磨

（10）玻璃鳞片胶泥防腐蚀衬里与混凝土表面粗糙度应符合表 4.7.2.1-2 的要求。

防腐蚀构造层与混凝土表面粗糙度　　　　　　　　　表 4.7.2.1-2

防腐蚀构造层	粗糙度要求
树脂、涂料、聚脲、纤维增强塑料	≥30μm
树脂砂浆、聚合物混凝土、水玻璃、块材	≥70μm

4.7.2.2　碳钢设备与管道壳体及基材表面清理方法和要求

当玻璃鳞片胶泥/涂料应用于钢结构设备内表面时，要对钢结构表面进行检查和表面清理。

（1）待表面清理的金属基体要求：①内衬鳞片衬里的金属基体应具有足够的强度及刚性，以防止在施工、安装及运输过程中因设备变形导致的衬里层破坏；②金属基体结构必须满足衬里施工作业的条件，必须具备能进行手工涂抹的空间条件；③衬里施工前，基体的加工、焊接、试压等工作应全部完成，设备应按设计要求完成检验，原则上贴衬以后不准在钢壳上动火焊接，如需施工后补焊，应制订相应措施；④装有内件并在运行使用中需经常检修的设备，应具有安装、检修的条件，保证在安装及检修中不损坏内衬层；⑤金属基体原则上应采用焊接结构，如因特殊原因需采用铆接时，应采用沉铆钉；⑥金属基体表面及端面应光洁、平整，无焊渣及毛刺等，表面焊缝应光滑平整，凸起高度不应超过1mm，如超过时，应用砂轮打磨至满足要求止；⑦设备内支撑梁应采用方钢、圆钢结构，尽量避免采用角钢、H 型钢、狭长状板材、多孔状齿形结构，如必须采用，应改为其他防腐材料，如纤维增强塑料、鳞片衬里和纤维增强塑料复合结构等；⑧钢壳设计应尽量采用法兰结构的开孔结构，连接管法兰焊接不宜超出内壁，如为不可拆卸的封闭结构，则必须设置两个以上的人孔；⑨设备如需插管，插管应经法兰连接插入，尽量避免直接焊接在壳体上。

（2）表面处理前基体应完成的预处理工序：①表面处理前，设备应是已按设计图纸要求制造、检验合格的，且应把与吊装、保冷或保温等有关的零部件预先焊上。在防腐蚀施工完毕后不能再对设备施焊。②需作防腐蚀处理的表面焊缝上的焊瘤、焊渣、飞溅物均应打磨掉。③结构转角、表面凹凸不平及焊缝表面应打磨平整或圆滑过渡。④表面的油脂、油污应用酒精（工业纯）或丙酮（工业纯）彻底除净。

（3）当基体需要防腐蚀衬里时，应采用喷射或抛射除锈；当基体需要外表面涂层保护时，宜采用喷射或抛射除锈；当喷射或抛射除锈无法处理或基体表面处理要求不高时，可采用动力工具或手工除锈。

（4）待玻璃鳞片胶泥衬里的碳钢基材宜采用干法喷砂或喷丸方式除锈，符合现行国家标准《涂覆涂料前钢材表面处理 表面清洁度的目视评定 第1部分：未涂覆过的钢材表面和全面清除原有涂层后的钢材表面的锈蚀等级和处理等级》GB/T 8923.1的有关规定。应在4h内完成质量检查及涂刷第一道底涂。对于大型设备，无法在4h内完成时，采用分段喷砂的办法。即先对一定面积进行喷砂除锈，在清除表面尘粒，并经检验表面处理合格后，涂刷第一道底涂。待底涂固化后，再对剩余部分喷砂除锈，此时应对已涂底涂加以保护，并在其继续喷砂端至少应留出50mm的距离（不做底涂），使能交叉喷砂，从而保证喷砂的质量。喷砂检验合格表面在涂第一道底漆前应用酒精或丙酮清洗。在衬里侧基体表面处理前，应先对衬里侧基体表面进行初喷；当初喷基体表面有缺陷时，应补焊打磨，再对基体表面进行喷砂处理。

（5）喷砂所要达到的质量等级达Sa2.5，即要求完全除去金属表面上的油脂、氧化皮、锈蚀产物等一切杂物，并用吸尘器、干燥洁净的压缩空气或刷子清除粉尘。残存的锈斑、氧化皮等引起轻微变色的面积在任何100mm×100mm的面积上不得超过5%，粗糙度应达到$50\sim70\mu m$，同时保证喷射或抛射除锈后的基体表面粗糙度不得大于防腐蚀涂层设计厚度的1/3。

（6）采用喷射或抛射处理时，应采取防止粉尘扩散措施；喷射或抛射处理使用的压缩空气应干燥、洁净，不得含有水分和油污，压力为0.5~0.6MPa。使用前应将压缩空气喷在洁净的白布上，停留1min后，用肉眼检查白布，若没有发现油污、黑点和水分方能使用。

（7）磨料应具有一定的硬度和冲击韧性，并应清洁、干燥，不得含有油污，含水量不应大于1%；使用前磨料应经筛选，其粒度应满足基体表面处理要求。常用磨料粒度应符合现行行业标准《化工设备、管道防腐蚀工程施工及验收规范》HG/T 20229的有关规定；要求达到Sa2.5或以上的质量等级，不得使用河砂作为磨料，采用铜矿砂、石英砂等时，磨料应干燥、洁净，无油污、杂物；含水量应小于1%，必要时应烘烤干燥，待凉后才能使用。砂粒的粒径为1~3.2mm，其中1~1.5mm的粒径不少于40%。表面处理喷砂时，相对湿度应小于80%，基体表面温度宜比露点温度高3℃，露点温度可在很多其他文献上查询到。基体表面处理后的可溶性氯化物残留量应符合设计要求，当设计无要求时不宜大于$50mg/m^2$。

（8）以动力工具处理时，可采用电动钢刷、电动砂轮等工具。手工处理时可采用钢丝刷、砂纸、铲刀等工具。采用动力工具或手工处理时，不得使基体受损或变形。

（9）处理合格的基体表面在涂刷底层涂料前应保持干燥和洁净，当发生再度污染或锈蚀时，应重新进行表面处理。

（10）基体表面处理后的检查验收，应遵循现行国家标准《涂覆涂料前钢材表面处理 表面清洁度的目视评定 第1部分：未涂覆过的钢材表面和全面清除原有涂层后的钢材表面的锈蚀等级和处理等级》GB/T 8923.1的有关规定，当基体表面处理面积小于或等于$10m^2$时，应抽查3处；当基体表面处理面积大于$10m^2$时，每增加$10m^2$，应多抽查1处，不足$10m^2$时，按$10m^2$计。每处测点不得少于3个。

4.7.2.3 玻璃鳞片胶泥衬里（涂料）施工环境条件确认

鳞片胶泥衬里及鳞片涂料衬里施工环境条件应符合以下要求：①温度、相对湿度应满足防腐蚀工程施工要求。②原材料使用时的温度宜符合施工要求。③待涂衬里或被涂装的基体表面温度应大于露点温度3℃。④当环境条件无法满足规定时，应采取措施达到环境温度和相对湿度的要求，如加热保温措施，但不得采用明火直接加热。⑤当采用乙烯基酯树脂类或双酚A型不饱和聚酯树脂类玻璃鳞片衬里时，施工环境温度宜为5～30℃；当采用环氧树脂类玻璃鳞片衬里时，施工环境温度宜为10～30℃。⑥施工环境相对湿度不宜大于80%。⑦在施工和养护期间，应采取防水、防火、防暴晒等措施。⑧衬里材料应密闭贮存在阴凉、干燥的通风处，并应防火。增强纤维材料应防潮贮存。⑨衬里施工前应根据施工环境温度、湿度、原材料特性，通过试验选定施工配合比。⑩衬里施工开始后，不得进行焊接作业，施工现场不得使用明火。

4.7.3 鳞片胶泥施工现场配料

鳞片胶泥底漆和面漆的现场小试和配料，和其他涂料现场配料没太大区别，不详述。

鳞片胶泥的配料和其他涂料有较大区别的是中间层，也就是衬里用玻璃鳞片胶泥的现场配料，和其他普通涂料的配料完全不一样。按照常规涂料胶泥的现场配料，是不能发挥出来玻璃鳞片胶泥衬里性能的最大理想优势的，要想达到理想的施工操作性能以及发挥出最理想的衬里防腐层的防腐抗渗效果，应按照以下方法进行现场配料。

（1）理想的现场配料需要在真空搅拌装置中进行（宜在真空度不低于0.08MPa的搅拌机中搅拌均匀），只要加入计量的固化剂，真空搅拌均匀即可。但实际情况是，施工现场极少有真空搅拌装置，此时的原则就是最大限度地减少配料过程中产生的气泡。如果是玻璃鳞片涂料，由于使用前鳞片、颜填料可能会有沉淀现象，在进行小桶分装前必须进行振荡搅拌操作，使用前最好将20L小桶倒置，使用前搅拌均匀。

（2）在没有真空搅拌混合装置的前提下，配料和小试准备的工具如下：塑料瓢、20L料桶、秒表或其他计时器、温度计、湿度计、天平或电子秤、塑料吸管、量杯、抹刀或镘刀或灰刀、搅拌棒、电动搅拌工具、托板、毛刷、羊毛辊等。

（3）确认施工环境温度、湿度，满足4.7.2节的要求。

（4）小试实验：用塑料瓢取200g鳞片胶泥，按照供应商作业指南书中建议的固化剂添加比例，用塑料滴管或者量杯计量取固化剂，加入胶泥中，搅拌1min达均匀混合效果，同时开始计时；同时用镘刀等工具刮抹到待施工基材表面，达1mm左右；同时观察瓢中余下的已经加好固化剂的胶泥和待涂衬里基材小试刮抹的涂层的凝胶表干时间。瓢中以30～45min为宜，基材上涂层以45～60min为宜。如果时间不符合，则根据现场的环境温度和基材的温度酌情增减固化剂的加入量，再继续做小试，直至找到现场最佳添加比例为止。实际大面积施工时，配料时间会比小试要稍长，施工刮抹时间也稍长，所以小试45min左右的凝胶时间，应该实际施工时即可满足时间要求。

（5）以现场小试确定的固化剂添加量，对批量胶泥进行配料。配制好的玻璃鳞片胶泥料应在初凝前用完。

（6）大量施工配料应遵循以下原则：称取计量的固化剂，加入计料量的鳞片胶泥中，机械或手动搅拌均匀（尽量选择机械搅拌），注意搅拌的方式：桨叶不可过浅、沿同一方向（统一顺时针或统一逆时针）、速度均匀、沿圆桶内侧四周但不可接触内壁。清洗溶剂

（丙酮或其他清洗剂）混入到胶泥中会导致固化不良现象的出现，因此配料桶应避免和清洗溶剂接触。

（7）遇到现场需要先补加稀释剂、促进剂等其他物料，再加固化剂的情况，一定要先将其他的物料搅匀（搅拌注意事项和第（6）步要求一样），最后加固化剂，并按照第（6）步的要求混合均匀。

（8）混合均匀的鳞片胶泥，应尽快在可使用时间之内用掉；没用完已经凝胶的部分一定不能和新的胶泥混合在一起再使用；配料时应遵循少量多次原则；每次配料的详细加入量等都需要记录清楚，用于中间过程后面工程检查验收时备查。

4.7.4 鳞片胶泥施工用设备

见表 4.7.4。

鳞片胶泥施工用设备

表 4.7.4

序号	设备	规格及备注
1	真空搅拌机	20kg(能有最好)
2	电火花针孔探测仪	3 万 V 量程
3	巴氏硬度计	—
4	测厚仪	0～5mm
5	砂轮机(角向)	100mm
6	砂轮机(立式)	
7	天平	0～2kg
8	电子秤	0～50kg
9	量杯	100mL
10	抹刀	30mm×150mm
11	馒刀或灰刀	30mm
12	料桶	20L
13	粗砂纸	60 目
14	托板	150mm 宽
15	毛刷	1、2 寸
16	软羊毛辊	
17	温度计	50℃
18	湿度计	
19	秒表计时器	
20	塑料瓢	
21	塑料吸管	
22	搅拌棒/杆	

序号	设备	规格及备注
23	电动搅拌工具	
24	胶带	
25	乳胶手套	
26	防护服	
27	口罩	
28	高空作业安全绳	
29	对讲机	

4.7.5 鳞片胶泥施工方法（"镘抹滚压"）

4.7.5.1 鳞片胶泥底涂施工

（1）经处理后的待衬表面涂刷第一道底涂。取计量好的底层涂料，加入适当比例的配套固化剂搅拌 3min 左右，搅匀后使用。用毛刷或辊刷涂 1～2 道，用量约 0.20kg/（m² · 道）。底层涂料中按比例加入固化剂后，应搅拌均匀，并应在初凝前用完。

（2）底层涂料的施工宜采用刷涂或滚涂，不得漏涂；需进行第二道底涂时，第二道底涂涂刷方向应与前道施涂方向相互垂直，并在第一道底漆涂刷指触表干或 12h（这是一个平均大概值，间隔时间可参考表 4.7.5.1）后涂刷第二道底漆。

（3）底涂施工质量控制为膜厚均匀且表干，正常表象会呈现光泽，不出现漏涂和干涂现象。注意：底涂并非需要完全实干，同时如果是自由基固化的乙烯基酯树脂玻璃鳞片胶泥底漆的话，完全实干也是不可能的。

（4）底涂施工中发现混凝土或碳钢基材结构表面缺陷，应及时采用树脂腻子补救。

（5）当在混凝土或耐火砖等多孔性基础上施工时，在上底涂前，应采用配套的封闭料对混凝土或耐火砖基面进行封闭，用量一般在 0.4～0.8kg/m²（根据不同的基面来确定）。

（6）碳钢基材可直接采用电火花检测是否漏电，但混凝土基材不便直接采用电火花检测，需要在混凝土基材做完底涂之后上一道导电型涂层或腻子才可以在施工后段采用电火花检测。导电型涂层或腻子有专业供应商，也可以采用树脂和导电云母粉、炭黑等填充料现场配制导电腻子。

（7）若底涂的黏度略高或在低温的施工环境下，为了能更好地润湿基面、确保涂层与基层的粘结性，第一道底涂可适当添加 3%～5% 的活性稀释剂，乙烯基玻璃鳞片胶泥底涂的溶剂为苯乙烯。

（8）各道乙烯基酯树脂玻璃鳞片胶泥材料施工完毕后，在进行下道施工之前，一定要确认是否已达到规定的间隔时间，否则就不能进行施工。对于鳞片胶泥/涂料类防腐材料，除了要保证最短施工间隔时间以后施工，还要注意必须在最长施工间隔时间以内进行。从乙烯基酯树脂的材料性质来讲，间隔时间长了实际上反而会降低层间附着力，因此在"4.7.5.1 鳞片胶泥底涂施工""4.7.5.2 鳞片胶泥（中间层涂料）施工""4.7.5.4 鳞片胶泥面涂施工"里面都写了"间隔时间为指触表干或 12h",实际上指触表干即可进行下一道施工,要是考量数据的话,最好在最短涂装间隔时间到了以后,马上就进行下道施工,以保证优良的层间附着力,因此这里写的 12h 是一个平均大概值,详细的间隔时间可参考表 4.7.5.1。

玻璃鳞片胶泥/涂料底层涂料、胶泥、面层涂料的施工间隔时间　　表 4.7.5.1

类型	环境温度(℃)	最短施工间隔(h)	最长施工间隔(h)
乙烯基酯树脂类、双酚A型不饱和聚酯树脂类	10	10	48
	20	5	36
	30	3	24
环氧树脂类	10	24	72
	20	12	48
	30	6	24

4.7.5.2　鳞片胶泥（中间层涂料）施工

玻璃鳞片胶泥宜采用人工涂抹（刮抹）的方法进行施工。以下仅介绍玻璃鳞片胶泥的刮抹施工。

在前面的环节最大限度地避免和减少胶泥中的气泡：①真空捏合设备制造出来的双组分的玻璃鳞片胶泥最大限度减少胶泥中包裹的气泡（"4.5.2 真空捏合"和"4.5.3 分散和消泡技术"两个环节把控到位）；②配料过程中最大限度地减少搅拌卷入的气泡（"4.7.3 鳞片胶泥施工现场配料"这个环节把控到位），但这仅是消泡技术的一个方面。由于鳞片衬里材料填料量大、十分黏稠，在大气中任何情况下的翻动及搅拌、堆摊都会导致料体与空气界面间裹入大量空气，形成气泡。此外，在鳞片衬里涂抹过程中，被防护表面与涂层间也不可避免地要包裹进许多空气，形成气泡。鉴于上述两类气泡均是由界面包裹进空气生成的，故称之为界面生成气泡。对于界面生成气泡的消除，主要可从"抑制气泡生成"及"滚压消除气泡"两方面入手。

"抑制气泡生成"是从控制施工操作入手，对施工人员提出两方面要求：①施工用料在施工作业中严禁随意搅动。托料、上抹刀、镘抹依次循序进行。应尽可能减少随意翻动、堆积等习惯性行为。②镘抹时，抹刀应与被抹面保持一适当角度，施工操作应沿夹角方向以适当速度推抹，使胶料沿被防护表面逐渐涂敷，达到使界面间空气在涂抹中不断自界面间推挤出。严禁将料堆积于防护表面，然后四周摊开式地摊涂。"滚压消除气泡"指的是刮抹后羊毛辊的单向压实过程。

1）按照"4.7.3 鳞片胶泥施工现场配料"环节小试确定需要达到 45min 左右的初凝时间的固化剂加入量，进行配料，宜在真空度不低于 0.08MPa 的搅拌机中搅拌均匀；一次搅拌的料应控制在 30min 内用完，应在初凝前用完；遵循少量多次原则；固化剂加好，搅拌均匀之后，严禁在后续施工中再继续随意搅动。

2）待施工面为平面的话，料桶里面加好固化剂并搅拌均匀的物料倒出来时注意沿着待施工位置呈"带条状"倒料，不应像普通涂料或地坪材料一样倒料时随意堆积、翻动；

待施工面为立面的话，采用托刀、灰刀取料，然后上抹刀或镘刀进行单向、有序、均匀镘抹，依次循序进行。玻璃鳞片涂料宜采用无气喷涂或滚涂进行施工。

3）玻璃鳞片胶泥宜采用人工涂抹（刮抹）的方法进行施工。无论是平面，还是立面，严格遵循以下原则：①应将玻璃鳞片胶泥摊铺在底层涂层表面，用抹刀（或刮板）单向有序、均匀地涂抹；②严禁来回往复式刮抹；③镘抹时，抹刀应与被抹面保持一适当角度，施工操作应沿夹角方向以适当速度推抹，使胶料沿被防护表面逐渐涂敷，达到使界面间空气在涂抹中不断自界面间推挤出；④严禁将料堆积于防护表面，然后四周摊开式地摊涂。

4）"滚压消除气泡"指的是每道玻璃鳞片胶泥涂抹后，在初凝前必须及时用沾有适量苯乙烯溶剂的软毛羊毛辊单向滚压压实（务必单向压实，不可往复推滚），直至肉眼观察表层光滑均匀为止。表面不允许有流淌痕迹，一经产生应重新滚压平整。在每层鳞片胶泥固化后，应采用电火花检测仪进行检验。实际施工时，一部分工人刮抹，一部分工人单向压滚，滚压作业与刮抹施工是同步交替进行的。

5）第一层玻璃鳞片胶泥的施工应在底层涂层施工完成 12h 后进行；单道玻璃鳞片胶泥衬里施工厚度（初凝后）为（1.0±0.2）mm，用量为 1.5kg/（m² · 道）左右，每道涂抹的间隔时间为指触表干或 12h（这是一个平均大概值，间隔时间可参考表 4.7.5.1），相邻两道胶泥料刮抹方向应相互垂直。通常情况下，刮抹 2 道胶泥即可，特殊情况下（如介质中含有固体磨料或其他特殊情况），施工厚度可特殊考虑或增加其他复合补强的措施（4.7.5.3 鳞片胶泥局部加强纤维增强塑料层施工），玻璃鳞片胶泥涂抹达到设计要求的厚度后，再进行封面层或其他后续层施工（4.7.5.4 鳞片胶泥面涂施工）。

6）在施工过程中，施工面应保持洁净，如有附着物或施工滴料应及时打磨平整。

7）二次涂抹的端部界面应避免对接（图 4.7.5.2-1 右图），必须采取斜槎搭接方式，且搭接坡度建议不大于 15°（图 4.7.5.2-1 左图）。

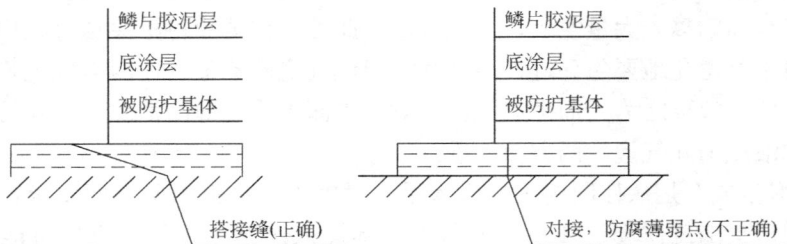

图 4.7.5.2-1　玻璃鳞片胶泥端部界面搭接示意图

8）经检验发现针孔、杂物时，需要修补，鳞片胶泥层的修补规定如下：

（1）发现针孔、杂物处，往周边扩开至少 50mm，用砂轮机将其打磨清除，对针孔或贯通衬层的缺陷应采用坡形过渡打磨至底表面，坡面与基体的夹角小于 15°（图 4.7.5.2-2）。用溶剂清洗并干燥后，按工艺要求涂抹底漆和鳞片胶泥施工料。

（2）经检验发现有漏涂或局部衬层厚度不足等缺陷时，应将该区域表面用溶剂清洗干净，干燥后再次涂抹施工料达到规定厚度。

（3）脚手架拆除后，其交点处应按相关要求进行修补。

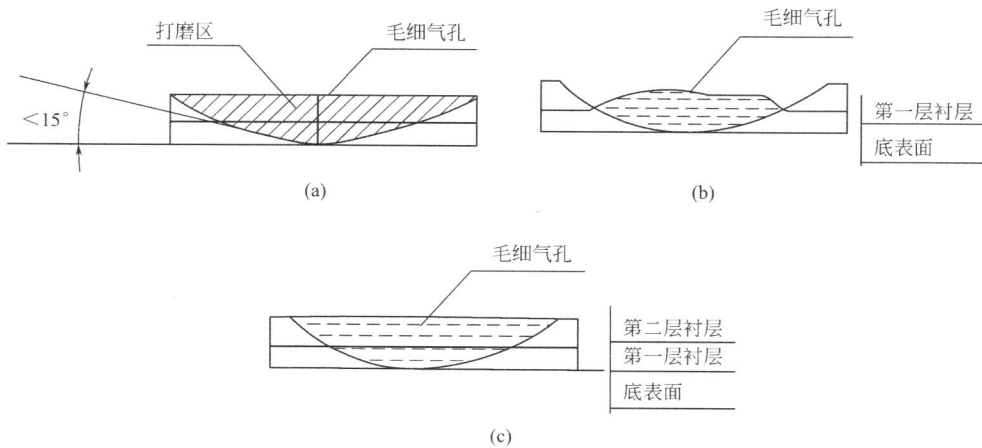

图 4.7.5.2-2　玻璃鳞片胶泥局部修补截面示意图

4.7.5.3　鳞片胶泥局部加强纤维增强塑料层的施工

在设备内部、支撑梁、拐角等局部，需要采用玻璃纤维布（毡）增强树脂（采用和玻璃鳞片胶泥同等性质的树脂）进行局部增强，规定如下：①被衬设备的所有方向变化区域，例如内外拐角区、接管的内表面、法兰密封端面处均应在鳞片衬里胶泥固化后采用玻璃纤维布（毡）增强。铺衬玻璃纤维布（毡）的胶结材料须采用与鳞片衬里胶泥相同的树脂配制。②局部纤维增强区的玻璃鳞片衬里表面应打磨平整，并应采用稀释剂清洗干净，再按涂胶→贴布（毡）→涂胶→贴布（毡）→涂胶的顺序进行纤维铺层。③玻璃纤维布（毡）的搭接长度不小于 50mm。④纤维增强塑料材料施工 12h 后，应将纤维增强塑料材料的毛边、气泡或脱层等清除干净，并应采用玻璃鳞片胶泥填平补齐，尤其是衬里法兰密封面应保证平整，玻璃纤维布（毡）增强施工后应将增强区的毛边清除干净。⑤纤维增强塑料层达到设计要求的厚度后，再进行封面层或其他后续层施工。

更多的纤维增强塑料局部增强设计和施工方案见本章"4.8.2 碳钢设备与管道鳞片胶泥衬里防腐方案设计"，这里不详述。

4.7.5.4　鳞片胶泥面涂施工

应在完成底涂涂刷、鳞片胶泥涂抹、鳞片胶泥层修补、局部玻璃纤维布（毡）增强的工序，并经检验合格后，按如下方式涂刷面涂：①封面料应采用与玻璃鳞片胶泥相同的树脂胶料。②在面层涂料中按比例加入固化剂搅拌均匀。配制好的面层涂料应在初凝前用完。③封面料施工可采用刷涂和滚涂，应均匀涂覆到玻璃鳞片胶泥层和局部加强的纤维增强塑料层表面。④当采用乙烯基酯树脂或双酚 A 型不饱和聚酯树脂类玻璃鳞片胶泥衬里和涂料涂层时，最后一层面层涂料中，应含有苯乙烯石蜡液。当采用酚醛乙烯基酯树脂或其鳞片胶泥时，可不加苯乙烯石蜡液。

4.7.5.5　鳞片胶泥衬里施工养护

玻璃鳞片胶泥衬里在衬里层表干和实干之后，还不是衬里层的最后形成层，只有在完全固化以后，才能正式使用。在没有完全固化，养护期间，不得在衬里层表面进行施工作业或踩踏，更要避免机械碰撞或机械擦伤等对衬里层的损伤。

一般情况下，施工完毕后养护2周即可，但若环境较差，如温度低于5℃或湿度大于85％，则应酌情延长，请参考表4.7.5.5。

玻璃鳞片胶泥衬里的养护时间　　　　　　　　表4.7.5.5

类型	环境温度（℃）	固化养护时间（d）
乙烯基酯树脂类、双酚A型不饱和聚酯树脂类	10	≥20
	20	≥10
	30	≥5
环氧树脂类	10	≥28
	20	≥14
	30	≥7

4.7.5.6　鳞片胶泥衬里热处理时间

当玻璃鳞片衬里需进行热处理时，应先常温养护1～3d，再按程序升温，热处理温度不宜高于介质的使用温度。热处理温度及保温时间可按表4.7.5.6确定，并应严格控制升降温度速度，当热处理最高温度超过表4.7.5.6规定时，应经试验确定。

玻璃鳞片衬里热处理温度及保温时间　　　　　　　　表4.7.5.6

树脂类型		乙烯基酯树脂类			不饱和聚酯树脂类	环氧树脂类
		甲基丙烯酸乙烯基酯型鳞片胶泥、涂料	酚醛环氧型鳞片胶泥、涂料	甲基丙烯酸含溴乙烯基酯型鳞片胶泥、涂料	双酚A型不饱和聚酯树脂型鳞片胶泥、涂料	双酚A环氧型鳞片胶泥、涂料
常温固化时间（h）		≥24	≥24	≥24	≥24	≥24
热处理温度及时间（h）	常温～40℃	1	1	1	1	1
	40℃	1	1	1	1	2
	40～60℃	2	2	2	2	2
	60℃	1	1	1	1	2
	60～80℃	2	2	2	2	2
	80℃	1	1	1	2～4	6～12
	80～100℃	2	2	2	—	—
	100℃	2	2	2	—	—
	100～130℃	—	3	—	—	—
	130℃	—	2	—	—	—
降温速度（15℃/h）		100℃～常温	130℃～常温	100℃～常温	80℃～常温	80℃～常温

4.7.6 鳞片胶泥衬里施工控制技巧

鳞片胶泥衬里施工的滚、刷涂均为手工作业，许多技术要求如：表面质量，鳞片倒伏排列方向，界面气泡消除，防腐层厚度等在很大程度上取决于施工人员的技术水平、熟练程度及现场管理。但经实践总结施工技巧，从中可获取抑制或解决衬层质量问题的办法。

4.7.6.1 胶凝时间的控制

所谓胶凝时间，从施工角度讲就是施工料配制后的有效使用时间，这一时间的有效控制是方便施工和保证施工质量的前提。通过胶凝时间的控制可避免材料浪费、人员窝工，有利于降低成本、提高工效、保证质量。

控制胶凝时间应兼顾：①固化剂用量范畴（或最佳用量），参考材料供应商提供的施工指导指南中固化剂的建议添加比例，结合"4.7.3 鳞片胶泥施工现场配料"中现场小试实验得到的数据；②对应基材温度下 45～60min 的胶化时间是比较合适的，值得注意的是基材温度往往较环境温度低一些，因此配料时还需要考虑：环境温度和基材温度的区别；③还需要考虑一次性施工面积、一次性配料量、单位时间施工能力、施工现场条件（包括温度、湿度、配料场所与施工现场的距离）、被防护设备及零部件施工难度等。

4.7.6.2 气泡的消除

如"4.7.5.2 鳞片胶泥（中间层涂料）施工"谈到的，在前面环节最大限度地避免和减少胶泥中的气泡：①真空捏合机械设备制造出来的双组分的玻璃鳞片胶泥最大限度地减少胶泥中包裹的气泡；②配料过程中最大限度地减少搅拌卷入的气泡，但这仅是消泡技术的一个方面。鉴于上述两类气泡均是由界面包裹进空气生成的，故称之为界面生成气泡。对于界面生成气泡的消除，主要可从"抑制气泡生成"及"滚压消除气泡"两方面入手。

"抑制气泡生成"是从控制施工操作入手，对施工人员提出两个方面的要求：①待施工面为平面的话，将料桶里面加好固化剂并搅拌均匀的物料倒出来（注意沿着待施工位置呈"带条状"倒料，不应像普通涂料或地坪材料一样倒料时随意堆积、翻动）；待施工面为立面的话，采用托刀、灰刀取料，然后上抹刀或镘刀进行单向、有序、均匀镘抹，依次循序进行。②无论是平面，还是立面，均应严格遵循以下原则：a. 严禁来回往复式刮抹；b. 镘抹时，抹刀应与被抹面保持一适当角度，施工操作应沿夹角方向以适当速度推抹，使胶料沿被防护表面逐渐涂敷，达到使界面间空气在涂抹中不断自界面间推挤出；c. 严禁将料堆积于防护表面，然后四周摊开式地摊涂。

"滚压消除气泡"指的是刮抹完成后的羊毛辊的单向压实过程：①每道玻璃鳞片胶泥涂抹后，在初凝前必须及时用沾有苯乙烯溶剂的软毛羊毛辊单向滚压压实（务必单向压实，不可往复推滚），直至肉眼观察表层光滑、均匀为止；②表面不允许有流淌痕迹，一经产生应重新滚压平整；③实际施工时，一部分工人刮抹，一部分工人单向滚压，滚压作业与刮抹施工是同步交替进行的。

4.7.6.3 "镘抹"作业

"镘抹"作业包括一些内容：①单向镘抹，严禁来回往复式刮抹；②托刀、灰刀取料，然后上抹刀或镘刀单向、有序、均匀镘抹，依次循序进行，可以随意堆积、翻动；③镘抹时，抹刀应与被抹面保持一适当角度，施工操作应沿夹角方向以适当速度推抹，使胶料沿被防护表面逐渐涂敷，达到使界面间空气在涂抹中不断自界面间推挤出；④严禁将料堆积于基材表面，然后四周摊开式地摊涂。

4.7.6.4 表面流淌抑制

鳞片胶泥衬里涂抹后的流淌性是由高分子材料的特性及鳞片胶泥衬里本身因重力悬垂产生的坠流引起的。尽管在材料配方中已考虑此问题，但由于树脂黏度是随温度变化的，故还需视现场气温条件加以调整。

众所周知，大分子在由单一分子的线性结构向多分子的网状结构转变的过程中需要有一定的时间。在此期间，分子的活性及其自身的重力使其具有较强的流淌性，而任何轻微的流淌都足以破坏表面质量，这不仅给下一道施工带来麻烦，更为严重的是流淌性破坏了鳞片的定向有序排列及在胶料中的分散状态，也使防腐层厚度不均，从而降低衬层的防腐蚀效果。

因此，在施工中往往须依靠以下条件来控制流淌：①根据施工环境温度和基材温度调整胶料的黏度，有条件的可预热或冷却；②胶泥具有足够的触变性能，添加白炭黑触变剂是胶泥配方中改善这一问题的关键；③压光辊的往复滚压亦具有减小流淌性的作用，特别是玻璃鳞片胶泥接近凝胶时，利用胶料活性降低的时机，可采用压光辊定向滚压，即可达到重新定型复位之目的，又可达到有效控制流淌的结果。

4.7.6.5 衬里层间界面及端面搭接处理

防腐蚀衬里施工界面粘结强度，历来为防腐界所重视。施工界面处理得好坏，直接影响施工质量及衬层寿命。因此，在施工过程中，要求界面必须保持清洁，无杂物、无污染。滴料及明确的流淌痕应打磨除去。又由于鳞片衬里每次施工只能是区域性的，因此，

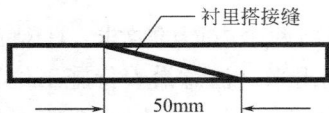

图 4.7.6.5-1 端界面搭接结构

就有一个端界面处理问题。在施工中，端界面必须采用斜槎搭接，不允许对接。因为端界面形状自由性较大，对接难以保证两端面相互间有效密合，鳞片排列亦处于不良状态，使其成为防腐蚀薄弱点。此外，每层施工的端界面应尽可能相互错开，使其处于逐层封闭状态。

（1）搭接宽度不小于50mm，见图4.7.6.5-1。

（2）端界面必须采用斜槎搭接，不允许对接，且搭接坡度建议不大于15°，见图4.7.6.5-2。

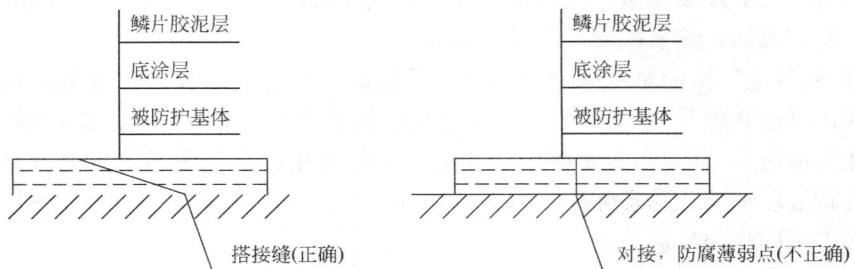

图 4.7.6.5-2 玻璃鳞片胶泥端部界面搭接示意图

4.7.6.6　厚度的控制

控制厚度的目的在于使整个被防护表面具有近似等同的抗腐蚀能力，避免局部首先破坏。厚度太厚，除成本高外，防腐层的整体线性膨胀系数和基材相差较大，容易脱落。此外，控制厚度还可以有效地降低材料投资成本。

为了便于有效控制，施工中可：①每层施工用料采用不同的颜色以示区分，这样操作者既可以避免局部漏涂或局部重涂，又可以通过对颜色的遮盖程度来间接控制及反映施工厚度；②控制一定施工面积上的材料用量也是控制厚度的方法之一；③最终厚度的控制应采用：磁性测厚仪（碳钢基面）、超声波测厚仪（混凝土基面）；④一般鳞片胶泥整体厚度的平均值控制在设计要求值的 $\pm 25\%$ 范围。

4.7.6.7　鳞片定向排列

鳞片在衬层中的定向有序排列，是鳞片衬里抗介质渗透结构形成的前提。所谓定向有序，就是使鳞片呈垂直于介质渗透方向有序地叠压排列。在施工中，这主要靠有序的涂抹及滚压来实现，使具有失稳性的竖直鳞片受到一个侧推力，迫其成为稳定性极好的倒伏状态，使之成为定向有序排列：①"定向涂抹"指的是"4.7.6.3'镘抹'作业"中单向、有序、均匀镘抹的过程。②"滚压作业"是鳞片衬里施工特有的一道工序，其方法是用专门制作的沾有少量滚压液（苯乙烯）的羊毛辊在已施工镘抹定位的鳞片衬里表面往复滚动施压，最后一遍务必是单向滚压。"滚压作业"主要作用：a. 除去衬层表面气泡；b. 将已镘抹定位的鳞片衬里层压实、压光、压平整；c. 最后一遍务必是单向滚压，使衬层内的鳞片体位呈水平状倒伏排列；d. 调整已镘抹定位的鳞片衬里的端界面呈坡状，以利端界面搭接。③"滚压作业"时，应特别注意以下几点：a. 滚压液苯乙烯不可浸沾过多；b. 不可漏滚；c. 当衬层出现流淌现象时，应多次重复滚压。

4.7.6.8　局部修补

在鳞片衬里施工中，不可避免地会出现这样那样的施工缺陷，因此必须通过修补，将经检测确认的衬里施工质量缺陷完全消除。一般下列质量缺陷必须进行修补处理：①衬层针孔；②表面损伤；③层内有显见杂物；④衬层厚度不足区；⑤衬层固化不足区；⑥有脱落块处；⑦表面流淌；⑧脚手架支撑点拆除后补涂。

其修补过程是：首先用砂轮机将检查出来的缺陷处打磨成平滑的波形凹坑（针孔和局部脱落处需要打磨至基材表面），修复处面积比缺陷处面积要大，且务必将缺陷完全消除，而后用溶剂擦洗干净打磨区，按鳞片衬里施工方法逐次补涂。如果是局部厚度不足，那么仅需砂纸打毛待补涂处，擦净后修复到规定厚度。

（1）对漏涂、施工厚度不合格质量缺陷实施填补修补。填平补齐，滚压合格即可（图4.7.6.8-1）。

图4.7.6.8-1　填补型修补

（2）对漏滚、表面流淌质量缺陷实施调整修补。即将漏滚麻面、流淌痕打磨平滑用溶剂擦洗干净后，填平补齐，滚压合格即可（图4.7.6.8-2）。

图 4.7.6.8-2　调整型修补

（3）对第一道鳞片衬里未硬化、漏电点、夹杂物、碰伤等质量缺陷实施挖除型修补。衬里缺陷区打磨坑边沿坡度为 15°～25°，用溶剂擦洗干净后按鳞片衬里施工方法逐次补涂（图 4.7.6.8-3）。

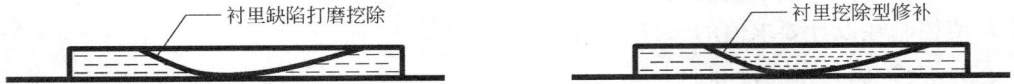

图 4.7.6.8-3　挖除型修补

（4）对第二道鳞片衬里漏电点、碰伤质量缺陷实施两道一起挖除型修补，需用砂轮机将缺陷处打磨至底涂后用溶剂擦洗干净，按鳞片衬里施工方法逐次补涂（图 4.7.6.8-4）。

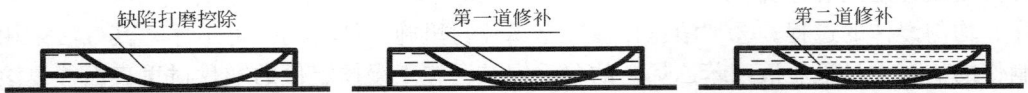

图 4.7.6.8-4　两道衬里缺陷挖除型修补

4.7.6.9　纤维增强塑料局部增强

就整体强度而言，鳞片胶泥远不如纤维增强塑料材料，因此针对易受应力破坏的缺点，设备结构的应力集中区、形变敏感区及衬层承力区需采取纤维增强塑料补强措施，常见如下：①容器及设备的阴阳角、拐角及端头等易受外界环境及应力影响位置；②内件、外管连接的承力区，如螺栓、紧固件连接处；③设备中需要承受动态作用或载荷的地方，如进出料口、物流跌打区等；④设备接管、内支撑架、内支撑梁等。

以上分布于腐蚀环境区域的此类结构，除承受各区域腐蚀环境作用外，还将承受外加应力的联合作用，因此其衬里结构亦应增加补强措施，具体设计方案见"4.8.2 碳钢设备与管道鳞片胶泥衬里防腐方案设计"。

纤维增强塑料局部增强施工方法：应先用预先配制好的略呈稠状的腻子将待增强鳞片衬里表面区找平，然后按纤维增强塑料施工规程，逐层铺贴。需要强调的是，玻璃布增强后端部的玻纤毛刺由于胶液浸渍固化而成坚硬的毛刺或翘边，妨碍后续玻璃鳞片胶泥中鳞片排列方向，也会妨碍胶泥刮抹时衬里层端部的封闭，因此，必须打磨平整。

4.7.7　鳞片胶泥衬里施工工序

4.7.7.1　施工前准备

1. 环境条件确认

①为了确保涂装质量，须严格按照说明书规定的环境条件进行确认。②在大风、下雨、下雪、大雾天气，禁止鳞片胶泥衬里施工。③适宜的施工环境温度为 10～30℃；鳞片

胶泥衬里施工时相对湿度要求小于85%；喷砂时湿度要求应该更严格，控制在80%，基体表面温度宜比露点温度高3℃。在潮湿表面上不得进行喷砂和胶泥施工。④当施工环境温度低于5℃时，不可进行胶泥施工（需要特殊处理，见4.7.7.1节第2款的介绍）。因为在这种温度下，玻璃鳞片胶泥的固化速度明显减慢，容易导致固化不良。⑤当施工环境温度高于30℃时，由于其中的苯乙烯挥发加快，为了避免出现干喷，底漆建议采用无气喷涂时，喷枪与待施工表面，应保持最佳距离且尽量垂直喷涂。⑥低于5℃的冬季极限低温和高于30℃的夏季极限高温条件下，原则上是不建议进行玻璃鳞片胶泥施工的，若因工期或其他特殊原因必须施工的，其最终得到的鳞片胶泥衬里的工程质量肯定是和10～30℃环境温度时施工的工程质量有一定差距的，这点务必和监理、业主等各方面提前沟通好。在极限低温、极限高温时的措施可参见4.7.7.1节的第2款以及4.15.1～4.15.2节。

2. 冬期施工措施

①为了保证冬期鳞片胶泥施工的固化性能，被衬设备、烟道外部，混凝土基材应预先采用保温材料整体包覆或覆盖保温。②为使工作区域环境温度升高，尽可能采用空气加热设备，通过空气热对流，使被衬基材表面升温至10℃以上。火电厂也可以在设备内部采用蒸汽管道加热。③湿度控制：设备内部的相对湿度值大于85%时，必须进行监控。应使用除湿机抽湿，或采用冷热空气置换、升降工作区域温度等措施来改变密闭容器内的过高湿度值。④冬期在整体封闭类设备、烟道内施工时，为了保温的需要，往往导致通风不畅，施工过程中有少量化学品挥发会影响到施工人员身体健康，施工人员应采取有效防护措施，如戴活性炭口罩或防毒面具等。在保证被衬基材表面温度满足施工要求的前提下，还应通风强制换气，以降低设备、烟道内部空气中的有机物含量，减少对人体的伤害。

3. 施工现场注意事项

①施工现场应有防雨、防露水和防灰尘的设施和措施；②作业时严防水分和杂物等掉进涂料内，以避免影响涂层的整体质量；③施工时应禁止一切明火，照明应采用低压电源；④应对施工人员进行安全教育，配备必要的劳动保护用品，应有良好的通风条件，注意施工人员的人身安全；⑤施工用具应保持清洁待用，用料完毕后应及时清理在用器具，以备下次再用；⑥涂层作业在未完全干燥和固化之前，应采取保护措施，避免遭受雨水和其他液体的冲蚀及人员的踩踏；⑦每道工序施工前，应对防腐蚀的表面进行清洁处理，必要时用丙酮或酒精擦一遍，以免影响层间附着的施工质量；⑧防腐蚀涂层施工一经完成，即应对涂层加以保护，告示牌应明显标注：在吊装、安装和运输中应避免碰撞、敲打且不得施行焊割。

4. 安全防护

①施工场所的电线、电动机、配电设备应符合安全规范和防爆要求。②胶泥应存放在温度较低的通风、干燥处，远离热源，避免日光直接照射并隔离火种。在存放已开盖的涂料、固化剂和稀释剂的配料房间内，严禁吸烟和明火。③涂装前必须检查所需照明、通风和脚手架等是否完备可靠，安装、焊接工作是否已经结束。④施工时应穿工作服和护目镜，防止涂料溅上皮肤或眼睛内，不慎碰到时，通常采用洁净凉水慢冲，严重时可就近到医院就医。粘附在皮肤上的固化物通常可用酒精或洗衣粉清洗干净。⑤在整体封闭类设备、烟道内施工时，应通风强制换气，以降低设备、烟道内部空气中的有机物含量，减少对人体的伤害。⑥操作人员如有头晕、头痛、恶心、呕吐等不适感时，应立即到有新鲜空

气的场所休息或送医院就医。

5. 施工采用或可参考标准

玻璃鳞片胶泥衬里施工请参考现行最新版的以下标准：《工业建筑防腐蚀设计标准》GB 50046、《建筑防腐蚀工程施工规范》GB 50212、《乙烯基酯树脂防腐蚀工程技术规范》GB/T 50590、《玻璃鳞片衬里施工技术条件》HG/T 2640、《建筑防腐蚀工程施工质量验收标准》GB 50224、《工业设备及管道防腐蚀工程施工规范》GB 50726、《建筑防腐蚀构造》20J333、《涂覆涂料前钢材表面处理 表面清洁度的目视评定 第1部分：未涂覆过的钢材表面和全面清除原有涂层后的钢材表面的锈蚀等级和处理等级》GB/T 8923.1、《涂覆涂料前钢材表面处理 喷射清理后的钢材表面粗糙度特性 第2部分：磨料喷射清理后钢材表面粗糙度等级的测定方法 比较样块法》GB/T 13288.2、《涂覆涂料前钢材表面处理 喷射清理后的钢材表面粗糙度特性 第5部分：表面粗糙度的测定方法 复制带法》GB/T 13288.5、《涂覆涂料前钢材表面处理 表面清洁度的评定试验 第5部分：涂覆涂料前钢材表面的氯化物测定（离子探测管法）》GB/T 18570.5、《建筑地面工程施工质量验收规范》GB 50209、《建筑地面设计规范》GB 50037、《砖板衬里化工设备》HG/T 20676、《衬里钢壳设计技术规定》HG/T 20678、《化工设备、管道外防腐设计规范》HG/T 20679、《工业金属管道工程施工质量验收规范》GB 50184、《工业金属管道工程施工规范》GB 50235、《工业安装工程施工质量验收统一标准》GB/T 50252、《建设工程施工现场消防安全技术规范》GB 50720、《涂装作业安全规程 涂漆前处理工艺安全及其通风净化》GB 7692、《个体防护装备配备规范 第1部分：总则》GB 39800.1、《用电安全导则》GB/T 13869、《常用化学危险品贮存通则》GB 15603、《国家电气设备安全技术规范》GB 19517、《工作场所有害因素职业接触限值 第1部分：化学有害因素》GBZ 2.1、《化工设备、管道防腐蚀工程施工及验收规范》HG/T 20229、《施工现场临时用电安全技术规范》JGJ 46、《表面粗糙度计量器具检定系统》JJG 2018、《塑料衬里设备 电火花试验方法》HG/T 4090、《施工企业安全生产管理规范》GB 50656、《涂装作业安全规程安全管理通则》GB 7691、《工作场所空气有毒物质测定 第62部分：溶剂汽油、液化石油气、抽余油和松节油》GBZ/T 300.62、《建筑施工高处作业安全技术规范》JGJ 80等。

4.7.7.2 施工中间检查

每一步施工完成，都需要进行检查，具体的检查项目和需要达到的要求详见"4.7.5鳞片胶泥施工方法（"镘抹滚压"）"的每小节详细内容介绍。做好每步中间检查的记录。综合起来见表4.7.7.2。

玻璃鳞片胶泥施工中间检查　　　　　　　　　　　　　表 4.7.7.2

施工内容	管理项目	管理要求和内容	方法	备注
表面清理	处理要求	符合4.7.2节要求		
	施工环境温度	5℃以上	温度计	
	施工环境湿度	85%以下	湿度计	
	被涂面温度	5~30℃	表面温度计	
	硅砂种类选择	—	目视法	

续表

施工内容	管理项目	管理要求和内容	方法	备注
表面清理	硅砂量计算	—	目视法	kg/m²
	喷砂压力	0.5~0.6MPa	查看记录	
	除锈度	Sa2.5	样板比较法	
	表面粗糙度	50~70μm	KTA样板比较法	
	表面清扫	符合GB/T 18570.5要求	目视法	
	残留物检查	无任何残留物	目视法	
	基材强度	达设计要求	查看记录	混凝土基材
	基材含水率	不大于6%	塑料薄膜法	
底涂施工	配料、施工	符合4.7.3、4.7.5节要求		
	环境	苯乙烯浓度	计量器	mg/kg
	底涂质量确认	包装、制造日期	目视法、制造编号	
	固化剂添加量	约2%(按4.7.3节确定值)	计量器	质量分数
	稀释剂添加量	5%以下	计量器	质量分数
	搅拌	1min以上	目视法	
	施工时间控制	凝胶时间内使用	计时器、目视法	
	施工前检查	施工表面质量	目视法	
	施工时间	喷砂后当日内	目视法	
	施工方法	按规定方法	目视法	
	厚度检查	0.02mm以上	膜厚计	
	涂布量/道	0.15~0.20kg/m²	查看记录	kg/m²
	涂刷质量	无漏涂、杂物、流淌痕	目视法	
	涂刷次数	1道或2道,2道底漆相互垂直涂刷	目视法	
鳞片胶泥施工	配料、施工	符合4.7.3、4.7.5节要求		
	环境	符合4.7.7.1节的第1款	温度计、湿度计	
	树脂质量确认	包装、制造日期	目视法、制造编号	
	固化剂添加量	1%~2%	计量器	质量分数
	稀释剂添加量	5%以下(不添加为好)	计量器	质量分数
	搅拌	1min以上	目视法	
	施工时间控制	凝胶时间内使用	计时器、目视法	
	施工前检查	底涂表面完全干燥	指触法、目视法	
	施工方法	按规定方法	目视法	
	每层厚度检查	(1.0±0.2)mm/道	膜厚计	
	总厚度检查	设计总膜厚	膜厚计	
	针孔检查	3kV/mm厚	电火花仪	
	表面质量	无漏涂、无漏滚、致密均匀	目视法	
	表面杂物、流淌	无杂物、无流淌	目视法	

续表

施工内容	管理项目	管理要求和内容	方法	备注
鳞片胶泥施工	局部固化不良	衬层表面无局部固化不良	指触检查	
	每道胶泥涂布量	1.5~1.8kg/m²	根据要求确定	kg/m²
	端面斜槎搭接	宽度>50mm，坡度<15°	角尺	
	修补后检查	厚度、电火花、固化、表面质量按4.7.6.8节要求		
	局部纤维增强塑料补强	外观、搭接宽度、电火花、固化、表面质量按4.7.6.9节要求		
	脚手架修补	外观、搭接宽度、电火花、固化、表面质量按4.7.6.9节要求		
面涂施工	配料、施工	符合本章4.7.3、4.7.5节要求		
	环境	温度、湿度	温度计、湿度计	
	表面质量	无漏涂、无漏滚，致密均匀	目视法	
	涂刷次数	1道或2道	目视法	
	液蜡空干剂	最后一道面漆需要加液蜡	查看记录	
养护	配料、施工	符合本章4.7.3、4.7.5节要求		
	通风	良好		
	损伤情况	养护期间无损伤、刮伤		
	养护温度和时间	符合设计工艺要求		
最终检验	各项检测	前述所有检查和检测符合工艺和设计要求		
	硬度	满足设计要求		
	过程文件	全部过程文件和中间检查文件需要清晰、有签字		
	外观	外观平整无杂物，零部件及设备连接处无残料		

4.7.7.3 施工后保养与维护

玻璃鳞片胶泥衬里在衬里层施工完之后的养护应符合"4.7.5.5 鳞片胶泥衬里施工养护"的规定：①一般情况下，施工完毕后20℃环境下养护1周即可，但若环境较差，如温度低于5℃或湿度大于85%，则应酌情延长。②养护期间，不得在衬里层表面进行施工作业或踩踏，更要避免机械碰撞或机械擦伤等对衬里层的损伤。

玻璃鳞片胶泥衬里工程在必要的养护完成之后，投入使用之前以及使用过程之中都应妥善维护：①试运行期间，温度阶梯式上升，不可过快；②最大限度避免频繁的温差变化；③定期检查，发现有问题处及时修复。

4.7.7.4 施工其他注意事项

（1）喷砂处理后的部分容易生锈，必须在打磨当日进行底涂施工。

（2）调节添加固化剂及促进剂的使用量，使环境温度下固化时间达到45min；为使底涂在次日施工前固化，不要让其凝胶时间过长。

（3）根据涂料的温度调节固化剂及促进剂的用量。

（4）根据基材状态调节涂布量，一般为120~150g/m²，一次调节20min的使用量。

（5）使用前颜料会有沉淀现象，在进行小桶分装前必须进行振荡搅拌操作，使用前涂料罐最好倒置。

（6）低温条件下使用促进剂时，先加入促进剂，搅拌均匀后再加入固化剂搅拌。

（7）涂料搅拌后取少量涂料在烧杯中确认固化时间，测定两个样品，通过视觉来判断添加量。

（8）清洗溶剂（丙酮）混入到涂料中会导致固化不良的现象，涂装用容器避免和溶剂接触。

（9）如果担心涂料固化时间过快，则不要在旧的原料中添加新的原料。

（10）容器每使用三回后清洗一次，清除容器底部和容器壁粘的硬化物，以免混入到涂料中。

（11）涂料堆积部分可以用刷子和辊子进行平整处理。

（12）为防止由于振动导致顶部铁锈落下，在施工过程中顶部禁止站人。

（13）一般基材处理和底涂全部结束后进行排砂和清扫工作。

（14）突起部分、边缘以及底涂中去除异物导致涂层破坏部分采用局部修补。

（15）连接处首先用中间层涂料涂布，涂层大小一般以连接线为中心两边各 50mm，共 100mm。

（16）底涂结束 20d 以上需要使用苯乙烯重新擦拭底涂表面。

（17）涂布量为 $500g/m^2$。

（18）一罐（20kg）可以涂布 $400m^2$，从作业时间考虑施工时分成小包装作业。

（19）分装小容器之前为防止玻璃鳞片沉淀需要搅拌均匀。

（20）施工时间控制在 60min 左右。

（21）使用刷子施工时涂料堆积现象比较多，用刷子进行平整处理，若不处理涂料堆积部分，则会严重影响外观。

（22）可施工时间：滚涂 40～60min；喷涂 60～90min。

（23）促进剂添加场合注意事项类同于底涂。

（24）取少量调配好的涂料在小烧杯中测定固化时间，通过目视法确定调配量。

（25）涂布量（膜厚）的检查，可以通过膜厚计和一定面积使用量的计算两种方法一起进行。

（26）涂布量和膜厚，$400g/m^2$ 时厚 250～300μm，$500g/m^2$ 时厚 300～350μm。

（27）底涂铁红色、中间层涂白色的场合为隐去底涂的红色，一般采用 $400g/m^2$。

（28）由于只使用膜厚计管理施工比较困难，可以采用计算每罐涂料的理论涂装面积，施工两三桶后再次确认的方法来指导施工。

（29）喷涂涂装场合由于是连续作业，因此可以通过上述第二种方法来检查膜厚。

（30）保证施工现场的照明，可以很好地判断和掌握涂抹过程。

（31）施工现场的涂料、施工用容器应该放置在阴凉场所，避免阳光直射，同时避免受到强风和雨水的影响。

（32）夏季施工时苯乙烯的气味会招引蚊虫，这些蚊虫会粘到未固化的涂膜表面，影响涂层的性能和外观，因此必须做好防蚊虫保护措施。

（33）中间层涂料施工完成后剩余的涂料不要用在顶涂中。

（34）挥发出来的苯乙烯停留在涂层的表面会影响涂层的固化，因此即使施工结束后现场的换气还是必须进行的工作。

（35）中间层涂料膜厚和外观的检查如果由于整个工程的配合需要，也可以推后检查。

（36）膜厚的检查必须在光线充足的条件下进行，当检查出膜厚达不到要求的地方时，做上标记，在顶涂时进行修正。

（37）外观检查（去除涂层中的异物）结束，为了满足涂层外观平整和减少针孔的需要，可以对涂层进行简单的修补作业。

（38）涂料的固化配合、涂布量基本与中间层涂料相同。

（39）顶涂的施工是一个调整涂层膜厚的过程。

（40）涂料硬化后体积收缩率达到 3%。

（41）外观（目视）检查要求没有漏涂、明显流挂、斑点、大气泡、异物等不良现象。

（42）膜厚测定（电磁式或磁铁式）达最低规定值以上。

（43）针孔（针孔测试仪）检查要求无针孔，测试电压随着涂层厚度每增加 $100\mu m$ 而增加 300V。

（44）涂装不良部分的修补可以用刷子、瓦刀进行。

（45）胶泥层结束 1～2d 内可以在表面进行涂布施工，3d 以后才可以对表面进行打磨。

（46）除一般报告事项以外，可以写入施工者的意见以及一些施工过程中的改进措施。

（47）完成客户在施工前要求填写的报告书。

4.7.7.5　施工工序及主要施工要领

为将"准备工作→基材处理→配料→底涂施工→检查→胶泥施工→检查→胶泥刮抹→检查→修复→补强→检查→面涂施工→检查→验收→养护→维护"整个过程的点滴细节连贯在一起，本节按照施工工序进行细节控制，并给出工序示意图（表 4.7.7.5）。

乙烯基酯树脂玻璃鳞片胶泥主要施工要领　　　　表 4.7.7.5

施工步骤	管理项目	检查项目
1. 施工预算	确认使用材料、机器等；基材保养的确认	基材状态；除去油脂类、砂、泥等，圆弧部位的弧度要确保在 3R 以上
2. 基材调整（基材处理）喷砂处理	操作条件：湿度 85% 以下，无结露水现象	处理状态（目视、标准板比较）；SIS Sa2.5 以上
3. 砂粒的清除 喷砂处理部分的砂粒用橡胶板刷、笤帚等清除，并用压缩空气、真空吸尘器等进行清扫	—	清扫状态；不残留水分、油分、研磨材等异物
4. 底涂 喷砂处理部分，在喷砂当天用刷子或辊子涂布底漆	涂布条件：温度 5℃ 以上，湿度 85% 以下，无结露水现象；苯乙烯气体浓度	—
5. 排砂、清扫 将研磨材料运出罐外，用高压空气真空吸尘器进行清扫	—	底涂状态；无漏涂等情况；固化状态（指触）；清扫状态；不残留水分、油分、研磨材等异物
6. 底涂修补	—	不良场所用底漆进行修补

续表

施工步骤	管理项目	检查项目
7. 增强涂布、基材调整 接缝处以外的边缘、腐蚀场所等无法采用大弧度的地方要先进行中间层涂料	涂布条件:温度5℃以上,湿度85%以下,无结露水现象	涂布状态; 确认增强涂布全部进行
8. 中间层涂料 中间层涂料用刷子、辊子或压缩空气喷枪进行喷涂	涂布条件:温度5℃以上,湿度85%以下,无结露水现象; 涂布量:湿膜厚的测定、单位面积的涂布量的计算; 苯乙烯气体浓度	—
9. 中间自行检查、修正 异物的混入、明显的流痕、突起等用皮铲、手动砂轮机去除	—	涂布状态; 干膜厚(磁石式、电磁式膜厚计)
10. 面涂 面涂用刷子、辊子或高压空气喷枪进行涂布	涂布条件:温度5℃以上,湿度85%以下,没有霜露; 涂布量、膜厚:对湿膜厚进行测定,单位面积的涂布量进行管理,使膜厚达到规定值以上	—
11. 自主检查、修补 不良场所用顶涂或增强涂层进行补强	—	外观:没有残涂、明显流挂、不均、漏涂、异物附着; 膜厚(磁石式、电磁式膜厚计):规定值以上; 针眼(电火花):检查不到火花
12. 共同检查	—	同上
13. 完成、交接	—	—

鳞片胶泥内衬工程工期短则14d,再长一般也就30～40d,其中半数时间无需施工指导,如基材处理。工程管理者和施工者一定要注意确保安全,如佩戴保护用具、安全操作等。

1. 施工前的工作

① 施工预算。确认使用材料、机器等。②材料配比状态的确认。施工现场温度调查,硬化剂、促进剂、延迟剂、稀释剂配比量设定,检查是否适量;确认材料是否被保存在阴凉的场所。③确认施工用具和防护用具是否准备好。量具:1000mL的塑料杯(取少量固化剂用)、100～500mL带计量功能的量杯、20kg量程的秤(计量用);打磨工具:喷砂设备及磨料、手动砂轮机及砂轮、压力比为45/1以上的喷枪;防护用具:施工服、安全帽、工作鞋、手套、护眼镜、防尘面具、防毒面具;施工器具:温度计、厚度计、塑料瓢、手电筒、卷尺、透明胶带、放大镜、抹布、薄膜;资料及程序文件表格:供应商提供的玻璃鳞片胶泥施工指南(说明书)、供应商提供的玻璃鳞片胶泥材料安全数据表(MSDS)、固化数据、材料检验方法等。④现场情况确认。基材壳体检查,符合设计要求;磨掉锐角的边缘、突起物等对施工效果有影响的地方;温度、湿度等每天定时进行2～3次测定,以温度5℃以上、湿度85%以下为标准;确认基材水分的有无或判断透明胶带的附着力;注意湿度高、气温明显变化的情况。

2. 基材处理、清扫

①基材用喷砂或打磨处理,通过喷砂处理将金属表面的氧化层、水分、杂质等去除干

净。②要求焊缝不可有咬边（深 0.5mm 以上）、砂眼（直径 5mm×深度 0.5mm 以上）、裂缝等缺陷；角落部焊接处必须打磨至适当的坡口（凹部 10R 以上，凸部 3R 以上）。③湿度要求 85% 以下，无结露水现象，基体表面温度比露点温度高 3℃。④碳钢基材处理状态采用目视、标准板比较检查。除锈等级 Sa2.5 以上，除去杂质、锈、不纯物等以后在金属表面形成点线状伤痕的状态（除锈度 95% 以上）。表面粗糙度 50～70μm。⑤砂粒的清除：喷砂处理部分的砂粒用橡胶板刷、扫帚等清除，并用压缩空气、真空吸尘器等进行清扫；不残留水分、油分、研磨材等异物。用高压空气或真空吸尘器将细粉全部除去，如果残留砂粒，最终会形成针孔。⑥侧板及顶板生锈时，锈会掉到下面形成杂质，施工前必须清理。⑦喷砂处理结束后在进入底涂施工前必须清理在基材表面留下的痕迹及处理过程中产生的飞溅物。⑧使用的高压空气必须经过脱水和脱油处理。⑨基材的处理情况及清扫状态，建议使用荧光手电筒检查；也可根据透明胶带的附着力判定清扫状态，胶带没有附着或粘有砂粒判定不合格。⑩喷砂处理结束到底涂施工之间为防止灰尘落下，一般清扫时间控制在 1.5～2.0h，当发现有下雨的可能时应尽早结束喷砂处理。

3. 底漆的施工及基材修复

①表面处理完毕后，在当日内将金属底漆用乙烯基酯树脂以 0.15～0.20kg/（m² · 道）的涂布量均匀地涂布在金属表面。喷砂处理部分，在喷砂当天用刷子或辊子涂布底漆；涂布条件为温度 5℃ 以上，湿度 85% 以下，无结露水现象，基体表面温度比露点温度高 3℃。②底漆固化状态指触检查。指触表干或 12h 后的处理参见"4.7.5.1 鳞片胶泥底涂施工"。③基材胶泥修补处理。将乙烯基酯树脂与填料（碳酸钙或石英粉末）和固化剂按一定配比，调配成适当黏度的树脂胶泥，均匀地刮涂在缺陷和不平整表面。如基材平整，可省掉这一步。④底漆表干至胶泥施工期间，需要防止灰尘、雨水等污染。

4. 第一道鳞片胶泥的施工与检查

①往预先准备好的鳞片胶泥中加入适当比例的固化剂，混合均匀后刮涂在基材表面。涂布量为 1.8～2.0kg/（m² · 道），平均涂膜厚度 1mm 左右。②第一道胶泥的中间检查：a. 外观检查：无鼓泡、伤痕、流挂痕迹、固化不良等缺陷；b. 膜厚检查：使用磁石式或电磁式厚度仪按每 2m² 测 1 处，确认衬里厚度；c. 电火花检查（电压 3kV/mm）：用电火花检查仪扫描衬里面，确认有无砂眼、针孔缺陷。③不合格处的处理：厚度不足处必须补足；凸部、表面伤痕、流挂痕迹、气泡等处在确保厚度条件下用砂轮磨平；对漏电、鼓泡、剥离等处要除去缺陷部位后按修补要领修补。④第一道胶泥表干至第二道胶泥施工期间，需要防止灰尘、雨水等污染。

5. 第二道鳞片胶泥的施工与检查

①第一道胶泥的施工、中间检查、修复，同第 4 步；注意电火花检测电压和厚度有关，两道玻璃鳞片胶泥检测电压就要 5～6kV。②重复涂布鳞片胶泥，直至厚度达到设计要求。③胶泥表干至下一道工序施工期间，需要防止灰尘、雨水等污染。

6. 衬里施工与检查

在鳞片胶泥衬里施工完成后，在平面处的纤维增强塑料衬里层视必要而施工，如在接管和人孔等凹凸部按以下步骤进行纤维增强塑料局部补强施工：①用刷子或滚筒在施工表面刷上树脂层，贴上一层玻纤毡（布），用脱泡压滚进行脱泡，注意不要形成褶皱；②按同样要领进行第二层玻纤毡（布）衬里，玻纤毡（布）上再衬一层玻纤表面毡；③凹凸部位的纤维增强塑料衬里厚度至少达到 2~3mm；④通过目视法或工具，检查有无树脂未固化、浸渍不良或脱泡不良等情况，如有则进行修补。

7. 面涂施工与检查

①尽可能采用专用的玻璃鳞片胶泥面涂进行施工，如若没有，则在乙烯基酯树脂里加入 4%~10% 调色材料（树脂色浆）充分混合搅拌后，用滚筒均匀地涂在基层表面；②面涂可做 1~2 道，如果做 2 道，则第二道中需要额外再加入 3%~5% 浓度、52~54℃ 规格的液蜡；③面涂施工完至固化前，需要防止灰尘、雨水等污染。

8. 最终检查

①外观检查：无鼓泡、伤痕、流挂痕迹、固化不良等缺陷；②膜厚检查：使用磁石式或电磁式厚度仪按每 $2m^2$ 测 1 处，确认衬里厚度达规格值 $\pm 25\%$；③固化后，进行电火化检测：使用电火花检查仪扫描衬里面（速度为 300~500mm/s），确认有无砂眼缺陷，检查电压 3kV/mm，应无击穿小孔；④打诊检查：用木制小锤轻敲衬里，根据有无异常声响确认衬里面有无鼓泡或衬里不实。

4.7.8 鳞片胶泥衬里施工管理流程图

见图 4.7.8。

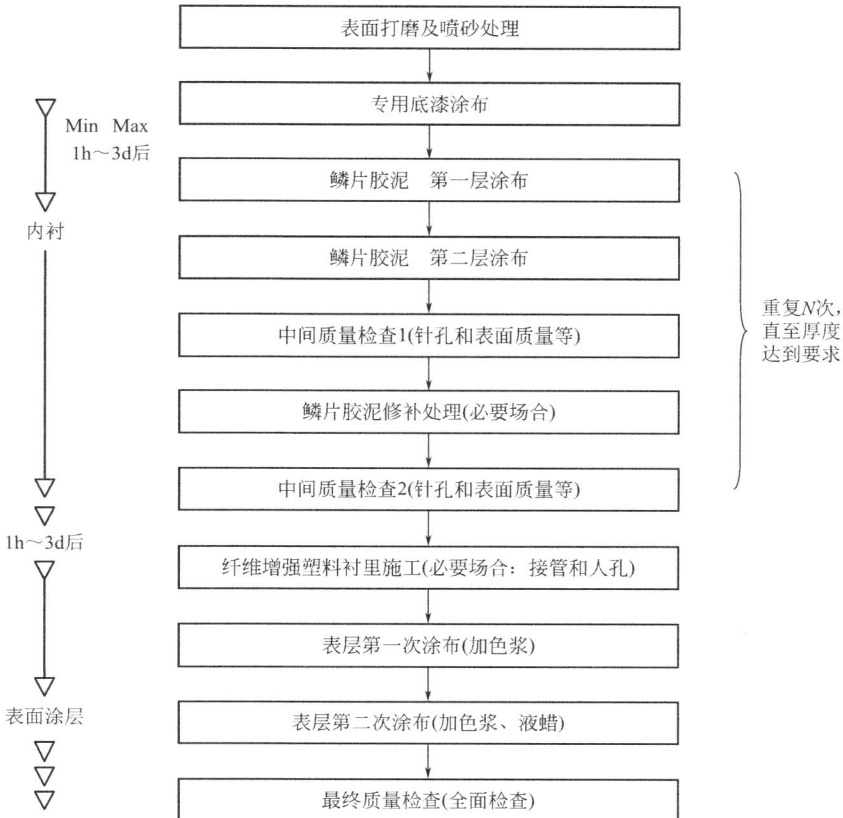

图 4.7.8 乙烯基酯树脂玻璃鳞片胶泥施工简要示意图

4.7.9 鳞片胶泥复合"衬里重防腐"施工

玻璃鳞片胶泥和其他"衬里重防腐"复合主要有四大类：①胶泥和纤维增强塑料复合；②胶泥和砂浆复合；③胶泥和衬胶复合；④胶泥作为砖板衬里的粘结勾缝材料。第四类将在本书第6章介绍。下面主要介绍前两类。

4.7.9.1 鳞片胶泥与纤维增强塑料复合衬里（设备、池槽内衬防腐）

除碳钢基材烟气脱硫防腐，玻璃鳞片胶泥衬里局部需要纤维增强塑料补强之外，在其他防腐蚀设备、管道、塔器、槽体以及混凝土基材上，也经常会用到鳞片胶泥和纤维增强塑料复合的方式。胶泥和纤维增强塑料复合的"衬里重防腐"主要出现在现场防腐工程领域。胶泥多为玻璃鳞片胶泥，实践中多以环氧树脂纤维增强塑料/环氧树脂玻璃鳞片胶泥和不饱和乙烯基酯树脂纤维增强塑料/乙烯基酯树脂玻璃鳞片胶泥两种居多。

（1）定义：针对混凝土基材、碳钢基材的纤维增强塑料衬里，在介质接触面，辅以玻璃鳞片胶泥增加抗渗、耐磨、耐蚀功能的复合"衬里重防腐"形式。

（2）原理：结合了玻璃鳞片胶泥的抗渗效果佳和纤维增强塑料整体耐冲击强度优异的特点。

（3）优点：相比全部采用纤维增强塑料衬里，该复合方法的相同厚度衬里层可以起到更好的抗渗透性能，同时较之纤维增强塑料衬里提高了其耐磨性能，降低了衬里层整体的线性膨胀系数，最终的耐蚀性更佳；相比全部采用玻璃鳞片胶泥衬里而言，该复合方法的整体强度，尤其是耐冲击强度更好，耐蚀衬里层的整体性也更佳。此外，如果纤维增强塑料层的平整度不佳，采用这种方案，可以无须腻子找平上面涂，直接采用玻璃鳞片胶泥，既可以做面涂，又可以兼做腻子找平，更省时省力。

（4）缺点：①施工时原材料的准备烦琐，现场工人容易弄错；②如果是现场添加玻璃鳞片，再进行搅拌混合作业，其实际起到的抗渗透作用并不理想，使用成品玻璃鳞片胶泥成本又会增加；③乙烯基酯树脂衬里防腐间歇式施工，纤维增强塑料衬里层固化后，玻璃鳞片胶泥层制作得太薄的话，会影响表面固化程度，添加液蜡只能部分解决，由于玻璃鳞片的错综排列，阻碍了液蜡的析出，会在一定程度上影响到最终胶泥层和纤维增强塑料层的层间结合力。

（5）施工：纤维增强塑料层的施工参见本书第5章的介绍，玻璃鳞片胶泥的施工参见"4.7.5 鳞片胶泥施工方法（'镘抹滚压'）"。

（6）应用：与纤维增强塑料衬里防腐和玻璃鳞片胶泥衬里防腐应用相似。

4.7.9.2 鳞片胶泥与树脂砂浆复合（重防腐地坪领域）

树脂砂浆防腐蚀地坪最常见的腐蚀失效：一是树脂砂浆地坪因成型残余应力或负荷应力引发的脆性开裂；二是因吊运设备运行及设备检修不慎导致的冲击力学开裂；三是因树脂砂浆地坪本体结构不致密引发的介质渗漏导致的层下基础腐蚀。防腐蚀行业中为了解决腐蚀失效问题，大多数情况下是采用树脂砂浆地坪与纤维增强塑料复合地坪且将纤维增强塑料层置于树脂砂浆地坪之上，但这样的方案在使用中多次发生因重物撞击致使底层地坪层开裂，而纤维增强塑料层虽已开裂，但表层损坏不明显而忽视了地坪结构修补，导致腐蚀介质渗漏引发基础严重腐蚀案例。

某金属冶炼厂主生产楼基础腐蚀失效就是一个典型地坪案例，因生产楼各层基础严重腐蚀，不得不迁址重建，新建主生产楼采用鳞片胶泥抗渗透基层、纤维增强塑料补强层、复合树脂砂浆面层结构防腐蚀地坪结构设计。

该防腐蚀设计的基本理念是：①以树脂砂浆面层结构抗各类应力作用，并宏观表现应力破坏现象，以利及时修补。②以纤维增强塑料补强层阻挡应力传导破坏，使地坪结构破坏限定在地坪面层结构而不伤及鳞片胶泥抗渗透基层。③鳞片胶泥抗渗透基层作用有两个：一是在防腐蚀地坪未发生应力破坏条件下，以鳞片胶泥优异的抗渗透性提高地坪因长期使用导致的介质渗漏而引发的基础腐蚀；二是当地坪发生应力破坏时，利用纤维增强塑料补强层的抗应力传导破坏能力对鳞片胶泥抗渗透基层的完整性保护作用，使其在地坪面层结构已发生损坏，而生产又必须连续进行时，延迟腐蚀性介质对基础的破坏，为地坪以后有效修补提供缓冲时间。该金属冶炼厂这个防腐蚀结构地坪自1996年施工并投入生产使用至今，虽曾多次发生冲击应力破坏且因生产原因无法及时修补，但均未发生基础腐蚀现象。

4.7.9.3 鳞片胶泥与衬胶等其他防腐复合

设备橡胶衬里，局部会采用到橡胶衬里和玻璃鳞片胶泥衬里复合的方法。优点：克服玻璃鳞片胶泥衬里整体侧重刚性，内壁耐冲击、耐冲刷、耐磨蚀但柔性不足的缺点；克服衬胶防腐力学强度不足的缺点。

此外，鳞片衬里与耐磨砂浆复合防腐蚀衬里结构也得到了广泛应用。鳞片衬里虽具有一定程度的耐磨蚀能力，但在高固体含量介质中，磨损减薄失效仍比较严重，特别是在环境温度较高的条件下，如在火电厂烟气脱硫装置的石灰石脱硫浆液喷淋区，高固体含量浆液在喷淋压力作用下，喷射到鳞片衬里表面形成冲击磨损一直是脱硫浆液喷淋区域衬里磨损减薄失效的主因，导致鳞片衬里每隔几年就需补衬一次。在脱硫浆液喷淋区域实施鳞片衬里与耐磨砂浆复合防腐蚀衬里结构，以耐磨损能力更强的石英砂浆、碳化硅耐磨胶泥作为表面耐磨层效果很好，在国内烟气脱硫装置中，得到了广泛的应用。

4.7.10 鳞片涂料涂装防腐施工

乙烯基酯树脂玻璃鳞片涂料的施工和乙烯基酯树脂玻璃鳞片胶泥的施工类似，但不能采用抹涂，一般采用刷涂和高压无气喷涂，有时甚至没有中间涂层，底漆完毕后就是厚浆型面涂。因为加入了鳞片的关系，较之其他的一些涂料施工难度加大。鳞片涂料的施工额外注意事项如下：①刷涂时，防止起毛是关键，和鳞片胶泥一样，也是定向刷涂，刷涂鳞片涂料施工大致与抹涂鳞片胶泥类似，遵循"镘抹滚压"原则；②刷涂时，初始刷涂处的厚度较终了处的厚度要厚，并且刷子两侧较中间部分要刷得厚些，因此要求每道鳞片涂料垂直相交刷涂，以使涂刷层厚度相互补偿，也有利于因起毛而产生的孔隙的充填与封闭；③喷涂施工和其他涂料的高压无气喷涂类似，只是最后多出来一道定向压实的工序。

4.7.10.1 鳞片涂料底漆施工

①经处理后的待衬表面涂刷第一道底涂。取计量好的底层涂料，加入适当比例的配套

固化剂搅拌 3min 以上，搅匀后使用。用毛刷或辊刷涂 1～2 道，用量约 0.20kg/m² 道。需进行第二道底涂时，第二道底涂涂刷方向应与前道施涂方向相互垂直，并在第一道底漆涂刷 12h 后涂刷第二道底漆。②施工质量控制为膜厚均匀，正常表象会呈现光泽，无漏涂、干涂现象。③钢结构涂装中发现结构表面缺陷，应及时采用树脂腻子补救，防止形成隐患。④在混凝土或耐火砖等多孔性基础上，在上底涂前，应采用配套的封闭料对混凝土或耐火砖基面进行封闭，其用量一般在 0.4～0.8kg/m²。当需要采用电火花检测时，应按"4.7.5.1 鳞片胶泥底涂施工."制作导电层。⑤若底涂的黏度略高或在低温的施工环境下，为了能更好地润湿基面，确保涂层与基层的粘结性，可在第一道底涂中适当添加 5% 以内的活性稀释溶剂进行稀释，乙烯基酯树脂玻璃鳞片涂料的溶剂为苯乙烯。

4.7.10.2　鳞片涂料中间层涂料施工

①中间层涂料树脂要与底涂树脂相匹配。玻璃鳞片涂料的黏度一般为 1500～5000mPa·s，触变指数为 2.0～5.0，每层厚度随施工方法不同而有所变化，采用滚涂、刷涂的每层厚度为 0.1～0.3mm；采用喷涂的每层厚度为 0.5～0.8mm，喷涂应采用高压无气喷涂。②在配制玻璃鳞片涂料时，应使用较高转数的搅拌器，加入适当比例的配套固化剂后搅拌 3min 以上，一次搅拌的鳞片涂料应控制在 30min 内用完，且初凝时间应控制在 45min 左右。③在前一道表干后再进行后一道施工。一般的滚涂、刷涂每道 0.2mm 厚的用量为 0.25kg/m² 左右；喷涂每遍 0.5～0.6mm 厚度的用量为 0.7kg/m² 左右。采用滚、刷涂时的涂刷方向应一致，两层之间的涂刷方向应垂直，涂层应均匀，不允许漏涂、无流挂、气泡、针眼、杂物（刷毛、砂粒等），也不允许存在其他缺陷。④对表面凹凸不平处及结构转角处应用一层短切毡局部增强，用辊刷涂一层涂料后加贴一层玻璃毡，浸透后用含浸涂料的辊刷除其中的气泡。之后按上述施工要求进行施工。

4.7.10.3　鳞片涂料面漆施工

4.7.10.2 节所述的有些中间层涂料直接作为最终面层涂料使用，有些需再单独刷面涂：①如单独再施工面涂的话，则取预配好的适量面涂，并加入规定量的固化剂，搅拌均匀后涂刷，配制好的玻璃鳞片涂料应在初凝前用完。②面涂涂刷 1～2 道，涂刷方向应相互垂直，两道面涂的涂刷时间间隔见"表 4.7.5.1 玻璃鳞片胶泥/涂料底层涂料、胶泥、面层涂料的施工间隔时间"。③施工应采用高压无气喷涂，也可采用刷涂和滚涂，应均匀涂覆到底层涂层表面；高压无气喷涂一次厚度不宜超过 0.6mm。④当采用乙烯基酯树脂或双酚 A 型不饱和聚酯树脂类玻璃鳞片涂料时，最后一层玻璃鳞片涂料中，应含有苯乙烯石蜡液。

4.7.10.4　鳞片涂料涂装间隔

各道玻璃鳞片涂料涂装完毕后，在进行下道涂装之前，一定要确认是否已达到规定的涂装间隔时间，否则就不能进行涂装。对于鳞片类，除了要保证最短涂装间隔时间以后涂装，还要注意必须在最长涂装间隔时间以内进行。最好是在最短涂装间隔时间到了以后，马上就进行下道涂料的涂装，以保证优良的层间附着力。涂装间隔时间可参考鳞片胶泥衬里材料的涂装时间（见表 4.7.5.1）。

4.7.10.5　鳞片涂料涂装养护

一般情况下，玻璃鳞片涂料施工完毕后养护 2 周即可，但若环境较差，如温度低于

5℃或湿度大于 85％，则应酌情延长，可参考鳞片胶泥衬里的养护时间（见表 4.7.5.5）。

4.7.10.6　鳞片涂料热处理时间

当玻璃鳞片涂料需进行热处理时，应先常温养护 1～3d，再按程序升温，热处理温度不宜高于介质的使用温度。热处理温度及保温时间可参考鳞片胶泥衬里的热处理时间（见表 4.7.5.6）。

4.8　鳞片胶泥衬里防腐方案设计

4.8.1　混凝土基材鳞片胶泥衬里防腐方案设计

乙烯基酯树脂玻璃鳞片胶泥可用于混凝土结构的墙面、池槽、设备基础的防腐蚀，在混凝土基材上做玻璃鳞片胶泥衬里的设计和施工符合本书第 4 章的要求，实际工程中，采用比较多的是"4.7.9 鳞片胶泥复合'衬里重防腐'施工"，尤其在接口、拐角、墙裙等部位，须采用玻璃鳞片胶泥衬里和纤维增强塑料衬里复合的方案。

（1）混凝土基材及其表面清理的要求可参见"4.7.2.1 混凝土基材及表面清理方法和要求"，对于强度和适用的处理方法可参考"表 4.7.2.1-1 混凝土基层表面处理方法"。当采用手工或动力工具打磨混凝土基层后，基层表面应无水泥渣和疏松的附着物；当采用抛丸、喷砂或高压射流混凝土基层后，基层表面应形成均匀粗糙面；当采用机械研磨混凝土基层后，基层表面应平整；经处理后的基层表面应清理干净。

（2）已被油脂、化学品污染的混凝土基层表面或改建、扩建工程中已被侵蚀的疏松基层，应进行表面处理：①当基层表面被介质侵蚀，呈疏松状时，宜采用高压射流、喷砂或机械铣刨、凿毛处理；②当表面不平整时，宜采用细石混凝土、树脂砂浆或聚合物水泥砂浆进行修补，养护后应按新的基层进行处理。

（3）整体防腐蚀构造基层表面不宜作找平处理。当必须进行找平处理时，处理方法应符合下列规定：①当找平层厚度不小于 30mm 时，宜采用细石混凝土找平，强度等级不应小于 C30；②当找平层厚度小于 30mm 时，宜采用聚合物水泥砂浆或树脂砂浆找平。

（4）玻璃鳞片胶泥防腐蚀衬里与混凝土表面粗糙度应大于 $30\mu m$，优化应大于 $50\mu m$。

（5）凡穿过防腐蚀层的管道、套管、预留孔、预埋件，均应预先埋设或留设。

（6）基层混凝土应养护到期，在深度 20mm 的厚度层内含水率不应大于 6％；当设计对湿度有特殊要求时，应按设计要求进行。

（7）如采取间歇法进行纤维增强塑料或玻璃鳞片胶泥纤维增强塑料复合衬里施工，应注意：①先均匀涂刷一层铺衬胶料，每层铺贴纤维增强材料后都必须贴实，赶净气泡；每次刮抹玻璃鳞片胶泥之后，都应压光和单向压实。②每铺衬或刮抹一层，均应检查前一层的质量，当有毛刺、脱层和气泡等缺陷时，应进行修补。③搭接宽度不应小于 50mm，上下两层接缝应错开，错开距离不得小于 50mm。④阴阳角处应增加 1～2 层纤维增强材料。

（8）如采取连续法进行纤维增强塑料或玻璃鳞片胶泥纤维增强塑料复合衬里施工，应注意：①一次连续铺衬的层数或刮抹的玻璃鳞片胶泥厚度，不应产生滑移，固化后不应起壳或脱层。②搭接宽度不应小于 50mm，上下两层接缝应错开，错开距离不得小于 50mm；阴阳角处应增加 1～2 层纤维增强材料。③连续施工到设计要求的层数或厚度后，应固化后进行封面层施工；当采用两层面涂时，应待前一道面涂固化后再做后一道面涂；当采用乙烯基酯树脂面涂时，最后一道面涂需要加液蜡。

（9）乙烯基酯树脂玻璃鳞片胶泥单独用于液态介质作用的工况防腐蚀衬里时，不宜小于 2mm；乙烯基酯树脂玻璃鳞片胶泥单独用于气态介质作用的工况防腐蚀衬里时，不宜小于 1mm。

（10）采用乙烯基酯树脂玻璃鳞片胶泥与纤维增强塑料复合的施工方案时应：①在已涂刷好底层涂料的钢结构、水泥砂浆或混凝土基层上，先衬贴纤维增强塑料，待其固化后，再镘涂玻璃鳞片胶泥至规定厚度，再进行面涂的施工；②在已涂刷好底层涂料的钢结构、水泥砂浆或混凝土基层上，先镘涂玻璃鳞片胶泥至规定厚度，待其固化后，再进行纤维增强塑料积层，固化后再进行面涂施工；③选择①还是选择②，需要根据设计方案定，具体到每步施工时，都应遵循各自的施工注意事项。

4.8.2 碳钢设备与管道鳞片胶泥衬里防腐方案设计

4.8.2.1 设计方案概述

玻璃鳞片衬里已在下列设备及管道的内表面防腐蚀工程中得到应用：①烟气脱硫系统：烟道、吸收塔、烟囱、湿电除尘器；②化工储槽、储罐、塔器及管道；③废气、废水处理设备、风机叶片；④钢铁厂的高炉煤气管道、石油管道、海水输水管道；⑤与同类树脂的玻璃纤维增强塑料复合使用；⑥与同类树脂的砖板衬里作为隔离层、衬砌料复合使用。

（1）当玻璃鳞片胶泥用于腐蚀环境下钢制设备和管道的表面防护时，衬里层构造应为底层涂层、玻璃鳞片胶泥层、封面层；当玻璃鳞片涂料用于腐蚀环境下钢制设备和管道的表面防护时，衬里层构造应为底层涂层、玻璃鳞片中间层涂料层（实际上大部分没有中间涂层）、玻璃鳞片面层涂料层。

工程上应用的玻璃鳞片衬里包含了玻璃鳞片胶泥衬里和玻璃鳞片涂料衬里，采用配套底层涂料既要同碳钢基体表面附着力良好，又要与覆盖在上面的玻璃鳞片胶泥或涂料的层间附着力良好，底层涂料可采用同类树脂加入玻璃鳞片，也可不加玻璃鳞片。玻璃鳞片胶泥的封面层应采用同类树脂胶料，经加工得到的封面料，其树脂含量高，可修饰玻璃鳞片胶泥层表面，并起到重防腐效果。玻璃鳞片涂料中采用了小粒径玻璃鳞片，适合喷涂、刷涂和滚涂施工，与底层涂层配套使用。

（2）玻璃鳞片胶泥、玻璃鳞片涂料在碳钢设备与管道表面施工前，应进行表面处理，参见"4.7.2 玻璃鳞片胶泥衬里（涂料）基材表面清理、施工环境条件确认"，基体表面与内外支撑件之间的焊接、铆接、螺接应该已经完成，衬里侧焊缝应满焊，焊缝高度不得超过 1mm，衬里侧焊缝、焊瘤、弧坑、焊渣应打磨平整。

（3）玻璃鳞片衬里的设计使用温度见表 4.8.2.1-1。

玻璃鳞片衬里的设计使用温度   表 4.8.2.1-1

衬里类型	产品名称	液相(℃)	气相(℃)
乙烯基酯树脂类(VER)	甲基丙烯酸型 VER 鳞片胶泥、鳞片涂料	≤80	≤100
	酚醛环氧型 VER 鳞片胶泥、鳞片涂料	≤100	≤130
	甲基丙烯酸溴化 VER 鳞片胶泥、鳞片涂料	≤80	≤100
不饱和聚酯树脂类(UPR)	间苯型 UPR 鳞片胶泥、鳞片涂料 双酚 A 型 UPR 鳞片胶泥、鳞片涂料	≤70	≤90
环氧树脂类(EPR)	双酚 A 环氧型鳞片胶泥、鳞片涂料	≤60	≤80

注：气相指水分含量 10% 以下。

（4）玻璃鳞片胶泥、玻璃鳞片涂料在碳钢设备与管道的衬里防腐的设计压力范围宜为 0~0.10MPa。工程应用表明，玻璃鳞片衬里在设备排空等带有微负压工况下可偶尔使用，但不适合在长期负压的设备及管道中使用，因此不推荐在负压工况下使用。正压适用范围已经过工程应用考验，如需超过，则建议进行包括采取增加衬里厚度或者与纤维织物进行复合增强等措施的试验验证。

（5）玻璃鳞片衬里适用于设备及管道、烟囱及烟道内表面防护，也可用于砖板衬里的隔离层。

（6）玻璃鳞片胶泥、玻璃鳞片涂料衬里耐腐蚀性能应按照以下条件判断：①工程应用经验；②制造商提供的耐腐蚀数据；③现场挂片或实验室试验和验证，注意树脂和胶泥类材料的实验室试验采用的不是弯曲强度保留率，而是采用压缩强度降低率，方法详见表 4.8.2.1-2；④当采用不同方法获得衬里耐腐蚀性能时，应选用最低值。

玻璃鳞片衬里耐腐蚀性能需要采用现场挂片或实验室试验验证时，耐腐蚀性能检测和评定按国家标准《建筑防腐蚀工程施工质量验收标准》GB/T 50224—2018 附录 F.1 提供的方法进行。

树脂类、鳞片胶泥类衬里防腐材料的实验室验证方法   表 4.8.2.1-2

序号	制样及试验方法	判断及备注
1	制作树脂或胶泥的固化试件，尺寸应为 30mm×30mm×30mm 立方体，先将胶泥装入试模内捣实，在跳桌上振动 25 次并刮平表面。经 24h 成型后脱模，试件外形应完整。在 20~30℃ 温度下养护 28d 后编组，并用 1% 天平称重	
2	将编组试件浸泡在测试的腐蚀性介质中。试件底面应架空，侧面应隔开，介质应高出试件表面。浸泡期间，应保持介质的浓度不变	
3	浸泡龄期宜为 1、3、6、12 个月，其中 1、3 个月的龄期可不作强度测定	
4	到各龄期后，先用清水冲洗试件，并用滤纸吸干试件表面，然后用 1% 天平称重，再进行抗压强度测定	
5	试件外观变化：应观察试件表面是否完好、有无失光、侵蚀、麻点、酥松、变软及裂纹等缺陷	

序号	制样及试验方法	判断及备注
6	试件重量变化:每到龄期,取出一组试件,在 1‰天平上称重,取三块重量的平均值,精确至 0.1g,计算出浸泡前后的重量变化率$(M_{浸泡后}-M_{浸泡前})/M_{浸泡前}$,精确到 0.1%	计算结果为正值,表示试件增重;计算结果为负值,表示试件失重
7	试件压缩强度降低率:每到龄期,进行破坏性压缩试验,取每组试件的平均值,精确至 0.1MPa,计算出浸泡前后的压缩强度变化率$(S_{浸泡后}-S_{浸泡前})/S_{浸泡前}$,精确到 0.1%	计算结果为正值,表示抗压强度增加;反之抗压强度降低
8	按照下表判断耐蚀等级,且外观变化、质量变化和抗压强度变化的检测指标中,当有一个不符合该等级标准时,该树脂类材料耐腐蚀性能相应降级:	

等级	失重率	增重率	强度降低率	外观
耐腐蚀	<0.5%	<3.0%	<20%	无明显变化
尚耐蚀	0.5%～3.0%	3.0%～8.0%	20%～40%	表面略有起粉、粗糙现象
不耐蚀	>3.0%	>8.0%	>40%	发酥、气泡、裂纹、掉角、发软、脱皮等

（7）玻璃鳞片胶泥、玻璃鳞片涂料衬里不适用于含氟类腐蚀介质的防护。由于氟离子会与玻璃鳞片发生化学反应而腐蚀玻璃鳞片，因此玻璃鳞片衬里不适用于含氟类腐蚀介质的防护。

（8）玻璃鳞片胶泥、玻璃鳞片涂料衬里厚度可参照表 4.8.2.1-3。根据玻璃鳞片衬里性能和长期工程使用经验，考虑到材料的热胀冷缩性能，与基体的线膨胀系数差异、热传导等，在气相温度条件下，玻璃鳞片胶泥衬里厚度比液相工况要薄一些，通常为 1.5mm；液相中 2.0mm 居多。

玻璃鳞片胶泥、玻璃鳞片涂料衬里厚度　　　　　表 4.8.2.1-3

类型	使用温度	衬里厚度(mm)	适用场合
玻璃鳞片胶泥	不大于液相设计使用温度	1.5～2.5	脱硫、脱酸塔、排气处理用塔槽,其他设备和管道
	不大于气相设计使用温度	1.0～2.0	烟道及烟囱、烟气换热器(GGH)、水处理用塔槽、酸槽
玻璃鳞片涂料	常温	0.30～0.50	钢铁厂高炉煤气管道、石油储罐、海水储罐、水储罐等
	≤60℃	0.50～0.80	

（9）玻璃鳞片衬里可与纤维增强塑料衬里、树脂耐磨胶泥复合使用。树脂耐磨胶泥的质量应符合表 4.8.2.1-4 的规定。

树脂耐磨胶泥的质量　　　　　表 4.8.2.1-4

项目	环氧树脂	乙烯基酯树脂	双酚 A 型不饱和聚酯树脂
密度(g/cm³)	2.0～2.2	1.9～2.1	1.9～2.1
耐磨性(g,CS-17w,1000g,500r)≤	20.0	25.0	30.0
硬度(Barcol)≥	30	40	40

注：树脂耐磨胶泥采用碳化硅填料。

玻璃鳞片衬里与纤维增强塑料衬里复合使用，可使得衬里层整体性得到加强；玻璃鳞片衬里与树脂耐磨胶泥复合使用，可以提高衬里的耐介质磨耗性能。树脂耐磨胶泥中的碳化硅、棕刚玉具有较好的耐磨性能。设备内拐角区、接管的内表面、内支撑件、法兰密封端面处的构造通常是采用鳞片衬里胶泥固化后，用玻璃纤维布（毡）进行增强。铺衬玻璃纤维增强材料的树脂采用与鳞片衬里胶泥相同的树脂。

（10）在常规部位，碳钢表面进行玻璃鳞片胶泥、玻璃鳞片涂料的施工，应参见"4.7 鳞片胶泥施工"的介绍，但在腐蚀环境下钢制设备和管道的接管、阴阳角、开孔等特殊连接部位和结构部位应采用纤维增强塑料局部加强等特殊设计和施工。管径太小或长度过长，会给玻璃鳞片衬里施工带来困难，质量不易保证，所以推荐采用玻璃纤维增强塑料预制插管与玻璃鳞片衬里的复合结构。

以下 4.8.2.2～4.8.2.10 节进行详细设计方案介绍。

4.8.2.2 设备阴阳角区衬里结构方案设计

在设备的阴阳角区（即尖角部位），衬里因固化成型中产生的收缩应力或设备运行中的环境热应力作用影响，极易在尖角部位形成应力集中导致衬层开裂。因此，在完成该区域规定衬里结构施工后，在设备阴阳角区应增加 1～2 层玻璃纤维短切毡补强层（尽可能用毡，不要用方格布），以防止尖角应力开裂。补强范围为沿尖角各向 300mm 宽。具体补强结构见图 4.8.2.2。

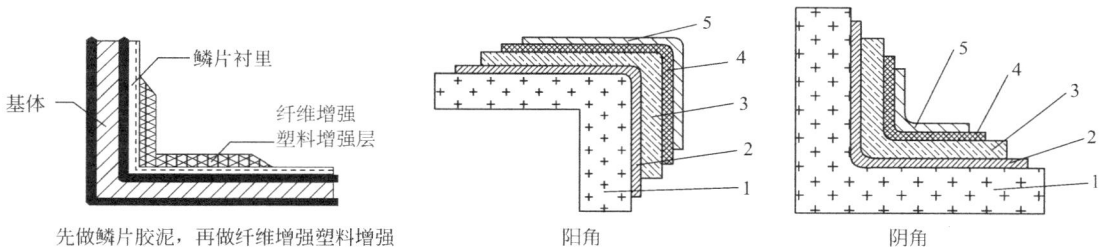

图 4.8.2.2 设备阴阳角区衬里补强结构示意图
1—基体；2—底层涂层；3—玻璃鳞片衬里层；4—纤维增强塑料层；5—面层涂层

4.8.2.3 设备内支承架区衬里结构方案设计

在设备的内支承架区，衬里将承受高固体含量浆液或湿烟气的冲刷磨损、被支撑部件的震颤和挤压引起的疲劳应力、装置停车检修时引起的机械力等作用，极易在内支承架部位形成应力疲劳导致衬层开裂。因此，在完成该区域规定衬里结构施工后，在设备内支承架区应增加 2 层玻璃纤维短切毡补强层（尽可能用毡，不要用方格布），以防止应力疲劳开裂。补强范围为全结构并自内支承架焊缝外延 300mm。若该内支承架位于重度磨损区，则应将其耐磨层移到补强层外。具体补强结构见图 4.8.2.3。内支承梁安装时建议在安装面加设减振板以减小应力破坏。

4.8.2.4 设备内支承梁区衬里结构方案设计

在设备的内支承梁区，衬里将承受高固体含量浆液或湿烟气的冲刷磨损、被支撑部件自身的震颤和安装处挤压引起的疲劳应力，装置停车检修时引起的人为机械力及安装踏

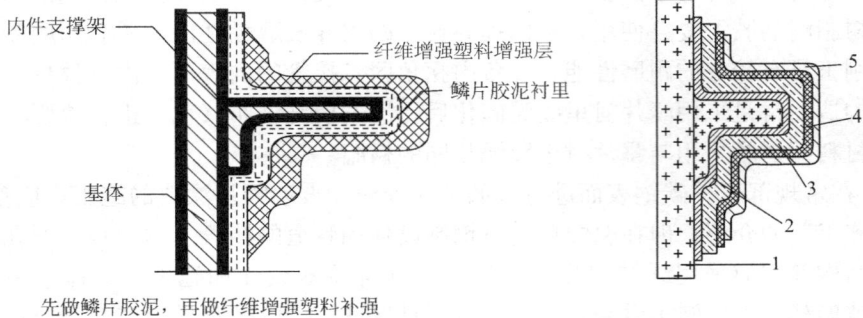

先做鳞片胶泥，再做纤维增强塑料补强

图 4.8.2.3　设备内支承架区衬里补强结构示意图
1—基体；2—底层涂层；3—玻璃鳞片衬里层；4—纤维增强塑料层；5—面层涂层

板、吊篮检修装置引起的人为破坏等作用，极易在内支承架部位形成应力或疲劳导致衬层重度磨损或开裂。因此，在完成该区域规定衬里结构施工后，在设备内支承架区应增加 2 层玻璃纤维短切毡补强层（尽可能用毡，不要用方格布），以防止磨损或应力疲劳开裂。补强范围为全结构，具体补强结构见图 4.8.2.4。若该内支承梁位于重度磨损区，则应将其耐磨层移到补强层外，即在纤维增强塑料层外增加耐磨胶泥层。

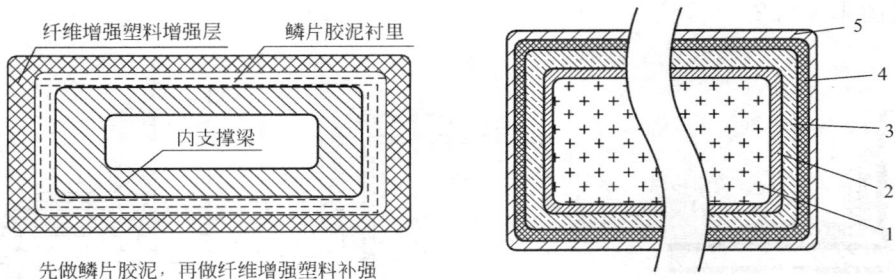

先做鳞片胶泥，再做纤维增强塑料补强

图 4.8.2.4　设备内支承梁区衬里补强结构示意图
1—基体；2—底层涂层；3—玻璃鳞片衬里层；4—纤维增强塑料层；5—面层涂层

4.8.2.5　设备接管区衬里结构方案设计

设备的接管区由于施工作业区域狭窄易导致施工质量缺陷，故应对其进行补强设计和施工。

（1）DN200 以下接管，应采用纤维增强塑料预制插管与玻璃鳞片衬里的复合结构（图 4.8.2.5-1），纤维增强塑料预制插管的壁厚应大于 1.2mm，管长应比设备接管长 10mm，法兰外径应与设备接管法兰外径相同，其法兰螺栓孔应在其安装后按设备接管法兰孔位置现场配合。纤维增强塑料预制接管与设备接管间隙不应小于 1.5mm，间隙应采用玻璃鳞片胶泥填充，作业时应使用稍过量的鳞片胶泥均匀涂抹在纤维增强塑料预制接管外壁，缓慢旋转插入，并借助填塞工具将缝隙用鳞片胶泥充分填充后，清除挤出的过量鳞片胶泥。纤维增强塑料预制接管端部封闭可采用与鳞片衬里找齐后 2 层玻璃纤维短切毡加 1 层玻璃纤维表面毡的封闭结构；也可采用将纤维增强塑料预制接管外延 5~8mm，再用鳞片胶泥封闭的结构，其具体内衬结构见图 4.8.2.5-1。

纤维增强塑料封闭结构

鳞片胶泥封闭结构

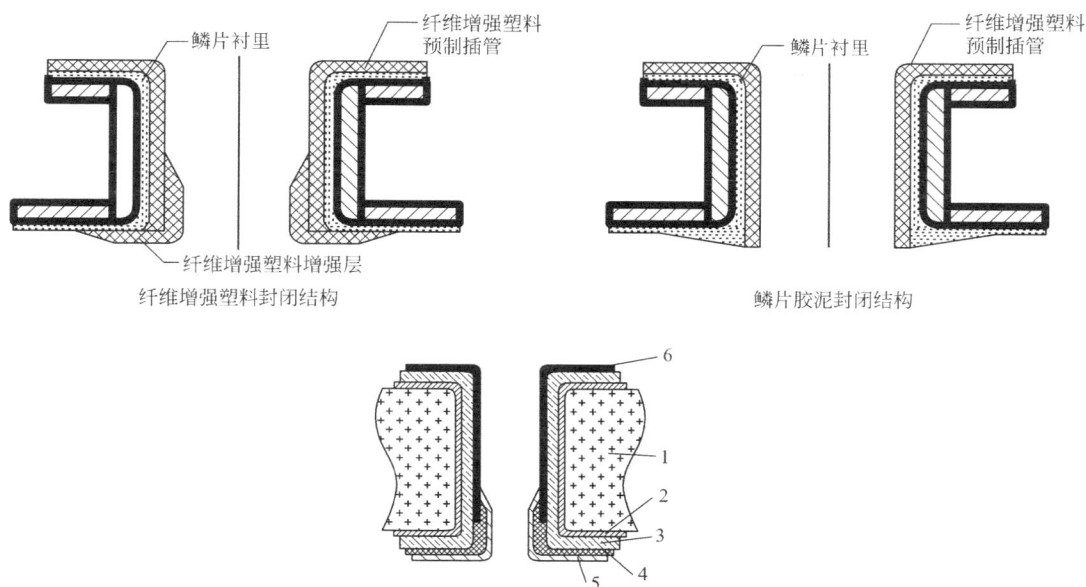

图 4.8.2.5-1 DN200 以下接管纤维增强塑料预制插管与玻璃鳞片的复合结构衬里示意图

1—基体；2—底层涂层；3—玻璃鳞片衬里层；4—纤维增强塑料层；5—面层涂层；6—纤维增强塑料预制插管

（2）DN200 以上接管，采用玻璃鳞片衬里与纤维增强塑料的复合结构（图 4.8.2.5-2），当管长小于 250mm 时，接管应采用纤维增强塑料全部加强；当管长大于 250mm 时，接管两端宜采用纤维增强塑料局部加强。

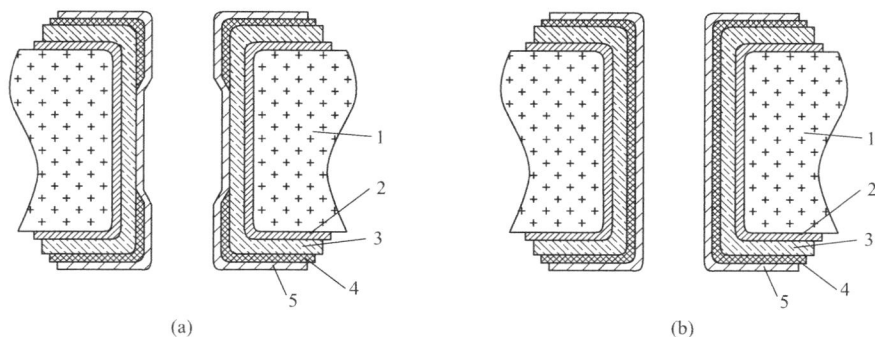

(a)

(b)

图 4.8.2.5-2 DN200 以上接管的玻璃鳞片与纤维增强塑料的复合结构衬里示意图

（a）纤维增强塑料局部加强；（b）纤维增强塑料全部加强

1—基体；2—底层涂层；3—玻璃鳞片衬里层；4—纤维增强塑料层；5—面层涂层

（3）对于排放接管，建议采用图 4.8.2.5-3 所示两种防腐蚀衬里结构。尽量避免将不锈钢管直接焊接到设备上。

（4）当管道内径小于 300mm 或长度大于 1200mm 时，宜采用玻璃纤维增强塑料预制插管与玻璃鳞片衬里的复合结构。

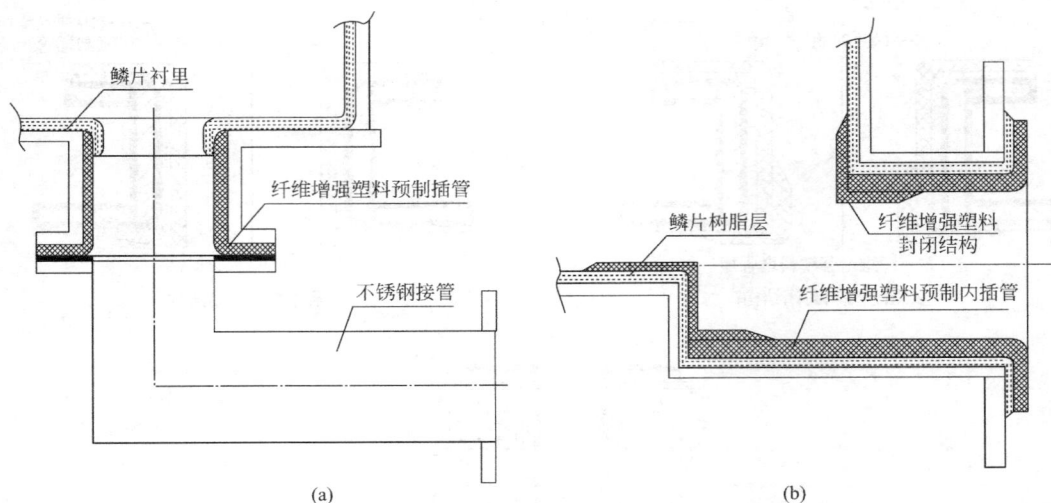

图 4.8.2.5-3　排放接管玻璃鳞片与纤维增强塑料的复合结构衬里示意图
(a) 直排式；(b) 错位式

4.8.2.6　方形烟道处角焊结构方案设计

方形烟道角焊结构应尽可能避免采用在拐角点区直焊的结构，特别是厚板结构或容易因振动而变形的结构都应采用如图 4.8.2.6 所示的形式。

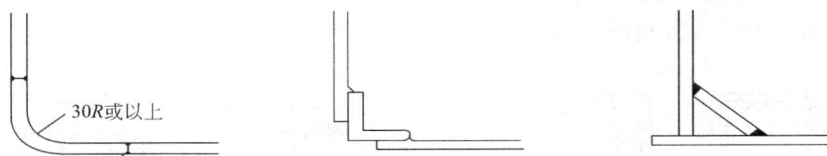

图 4.8.2.6　烟道角焊结构图示

4.8.2.7　支腿、起吊钩环、支撑或横梁焊接结构方案设计

该类结构区均为设备局部负荷区，易因负荷应力作用产生塑性变形导致衬层破坏，因此应在该区域增加补强垫板以防止局部变形（图 4.8.2.7）。

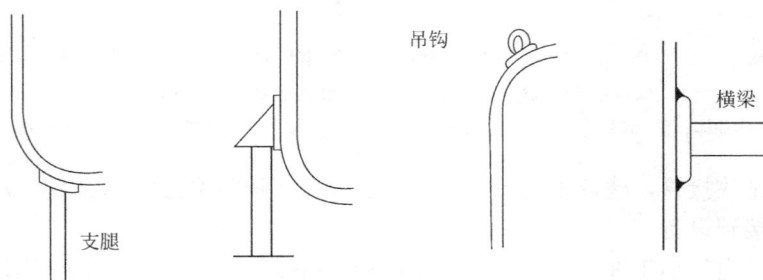

图 4.8.2.7　支腿、起吊钩环、支撑或横梁焊接结构图示

4.8.2.8　罐底焊接形变方案设计

罐底焊接形变是大型罐体设备内衬防腐蚀衬里破坏的主因，必须加以有效消除。采用的方法主要是二次捣灌砂浆（图4.8.2.8），以防止罐底板反向变形。

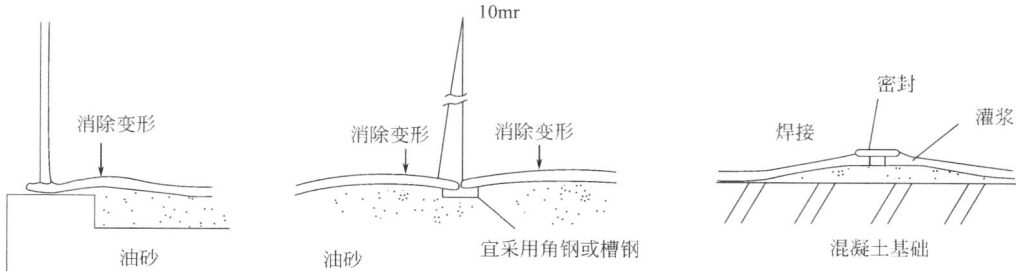

图4.8.2.8　罐底焊接形变的消除

4.8.2.9　小内径接管结构方案设计

小内径接管因不适合衬里作业应采用插管结构（纤维增强塑料、不锈钢材质）或耐蚀不锈钢直焊结构（图4.8.2.9）。当管道内径小于300mm或长度大于1200mm时，宜采用玻璃纤维增强塑料预制插管与玻璃鳞片衬里复合结构。

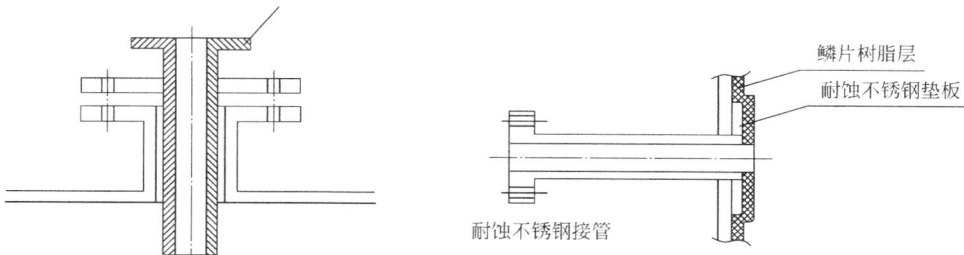

图4.8.2.9　小内径接管结构设计

4.8.2.10　待涂衬里设备容器制造中的其他注意事项

钢结构基础衬里局部结构设计的提出主要是由于两个原因，一是避免因设备局部结构在正压或负压作用下产生塑性变形导致衬里层破坏；二是对不适合衬里作业的局部结构进行结构调整，以满足防腐蚀技术要求。所以，对将要进行玻璃鳞片胶泥/涂料衬里施工的金属设备、容器，在制造中应注意以下事项：①应避免重叠焊接，不可点焊，应连续焊接，焊接部应全部用砂轮打平（图4.8.2.10-a、图4.8.2.10-b）；②所有拐角部的弧度（图4.8.2.10-c），凸部大于3mm，凹部大于10mm；③补强时应尽量固定于外部，而且应避免衬里施工后的焊接（图4.8.2.10-d）；④内部的零件、槽铁等施工困难处，应全部使用耐蚀金属制品，而且原则上安装零件时应安装耐蚀金属的垫板（图4.8.2.10-e）；⑤小直径的管嘴应插入纤维增强塑料管（图4.8.2.10-f），因此安装好的内径小于钢管内径，使用时应注意；⑥对于热气流管、喷淋管和温度计保护管等要用双法兰插入系统（图4.8.2.10-g）。

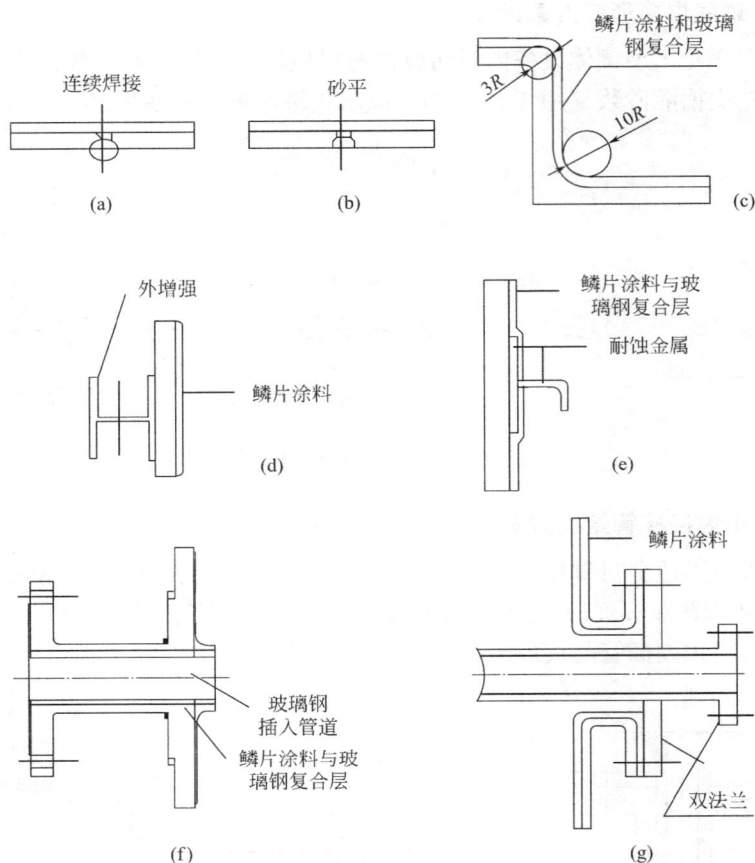

图 4.8.2.10　待涂衬里设备容器制造中的注意事项

4.9　鳞片胶泥衬里防腐工程的质量检查与验收

4.9.1　原料的检查与验收（含现场型式试验）

（1）树脂等原材料以及配套促进剂、固化剂粉料，查看原料批次、包装、报告等，根据设计文件要求，需要进行质量判断的，需要对原料以及制成品进行抽检。

①从每批号桶装树脂中随机抽样 3 桶，每桶取样不少于 200g，应混合后检测；当该批号小于或等于 3 桶时，可随机抽样 1 桶，取样不少于 500g。②粉料应从不同粒径规格的每批号中随机抽样 3 袋，每袋取样不少于 1000g，应混合后检测；当该批号小于或等于 3 袋时，可随机抽样 1 袋，取样不少于 3000g。③纤维增强材料应从每批号中随机抽样 3 卷，每卷取样不少于 1.0m²；当该批号小于或等于 3 卷时，可随机抽样 1 卷，取样不少于 3.0m²。④当抽样检验结果有一项不合格时，应加倍抽样复检。当仍有一项指标不合格时，应判定该产品质量不合格。⑤当需要对已配制制成品进行检测时，应随机抽样 3 个配

114

料批次，每个批次的同种样块至少应为 3 个，并应在材料凝胶前制样完毕，经养护后检测，当抽样检验结果有一项不合格时，应加倍抽样复检。当仍有一项指标不合格时，应判定该产品质量不合格。检查树脂材料检测报告或现场树脂抽样的复验报告是否符合现行国家标准的要求（《双酚 A 型环氧树脂》GB/T 13657、《乙烯基酯树脂防腐蚀工程技术规范》GB/T 50590、《纤维增强塑料用液体不饱和聚酯树脂》GB/T 8237、《建筑防腐蚀工程施工规范》GB 50212）。⑥检查固化剂材料检测报告或现场抽样的复检报告是否符合相应国家标准的要求（《建筑防腐蚀工程施工规范》GB 50212）。⑦环氧树脂稀释剂宜采用正丁基缩水甘油醚、苯基缩水甘油醚等活性稀释剂；乙烯基酯树脂、双酚 A 型和间苯型不饱和聚酯树脂稀释剂应采用苯乙烯；呋喃树脂和酚醛树脂的稀释剂应采用无水乙醇。⑧检查纤维增强材料检测报告或现场抽样的复验报告是否符合现行国家标准《纤维增强塑料设备和管道工程技术规范》GB 51160 的要求，玻璃纤维短切毡为 $300\sim450 g/m^2$，无捻粗纱玻璃纤维方格平纹布为 $200\sim400 g/m^2$，玻璃纤维表面毡为 $30\sim50 g/m^2$（《纤维增强塑料设备和管道工程技术规范》GB 51160）。

（2）玻璃鳞片胶泥/涂料材料的质量检查，应符合 4.10.1.1 节指标要求。

（3）玻璃鳞片胶泥/涂料制成品的质量检查，应符合 4.10.1.3 节指标要求；现场检测底层涂层与基层的附着力，应采用拉开法。

4.9.2 壳体、基材处理、施工环境的检查与验收

1. 壳体
①表面与内外支撑件之间的焊接、铆接、螺接应完成。②衬里侧的焊缝应满焊。③衬里侧焊缝、焊瘤、弧坑、焊渣应打磨平整，表面应光滑。焊缝高度不得超过 1mm；边角和边缘应打磨至大于或等于 2mm 的圆角。④基体表面氯离子含量不得高于 5ppm。⑤壳体还应符合现行国家标准《工业设备及管道防腐蚀工程施工规范》GB 50726 等相关标准规定。

2. 环境
①施工环境相对湿度不宜大于 85％，基体表面温度与露点温度的差值应小于等于 3℃。②当采用乙烯基酯树脂类或双酚 A 型不饱和聚酯树脂类的玻璃鳞片衬里时，施工环境温度宜为 5～30℃；当采用环氧树脂的玻璃鳞片衬里类时，施工环境温度宜为 10～30℃。③当温度过低时，应采取加热保温措施，且不得采用明火直接加热，注意安全。④施工环境的检验方法：采用温度计、湿度计检查和检查施工记录。

3. 基材
①玻璃鳞片衬里基材表面处理的检查数量应符合：当基体表面处理面积小于或等于 $10 m^2$ 时，应抽查 3 处；当基体表面处理面积大于 $10 m^2$ 时，每增加 $10 m^2$，应多抽查 1 处，不足 $10 m^2$ 时，按 $10 m^2$ 计。每处测点不得少于 3 个。②喷射或抛射除锈、动力工具或手工除锈处理后的碳钢基体表面应干燥、洁净，处理等级达 Sa2.5，粗糙度 $50\sim70\mu m$。③采用喷射或抛射处理碳钢基材时，表面不需要作处理的螺纹、密封面及光洁面应采取保护措施，不得受损。④碳钢基体表面处理后的可溶性氯化物残留量不大于 $50 mg/m^2$。⑤混凝土基材表面处理后应符合 4.7.2.1 节的要求，表面洁净，在深 20mm 的厚度层内，

混凝土表面干燥（呈灰白色），含水率不应大于 6％。

4.9.3　衬里施工中间检验

①每步中间检查都应符合"4.7.5 鳞片胶泥施工方法（'镘抹滚压'）"中每个步骤的要求。②底漆施工后，目测不得漏涂，涂层应均匀，无刷纹、流挂、气泡、针眼、微裂纹、杂物等缺陷，也不允许存在泛白或固化不完全情况。③抹腻子后，目测抹腻子后的防腐表面应平整或成圆滑过渡。④配料、混合料小试，应查看报告和小试数据，应满足每步可操作时间要求。⑤查看施工过程记录，每一步的施工间隔时间应符合 4.7.5.1 节的规定。⑥每一道胶泥层的层间检查都很重要，参照 4.7.5.2 节的介绍，需要检查确认颜色均匀，无明显凹凸、漏涂、流淌、气泡或裂纹，胶泥与基层粘结牢固，无起壳或脱层，厚度（1.0±0.25）mm，电火花检测衬里层应无击穿现象（电压 3000V/mm，探头移动速度 0.3m/s）。⑦在鳞片胶泥/涂料施工的每一道工序完成后，均应经过检验（中间检验），合格后方能进行下一道工序的施工。检验不合格的部分必须返修，并再次检验。同一部位的返修次数不得多于 2 次。⑧查看过程记录，不同温度下衬里层或涂层的养护时间应符合 4.7.5.5 节的要求。⑨玻璃鳞片衬里任何施工过程的记录、控制、质量记录、间隔时间、处理温度时间等都应查看施工记录，尤其是中间交接文件。

4.9.4　衬里施工最终检查

玻璃鳞片胶泥衬里最终检测项目主要有外观缺陷、硬度、针孔测试、回粘测试、厚度检测、锤击检查等，在条件允许的情况下，采用现场拉开法测试底层涂层的附着力。

（1）玻璃鳞片衬里层最终外观检验：目测外观（必要时可采用放大镜）：表面应平整，颜色应均匀，并应无明显凹凸、涂层应均匀，无漏涂、流淌、刷纹、流挂、明显的气泡、针眼、微裂纹、杂物等缺陷，也不允许存在泛白或固化不完全。可以参照现行标准《纤维增强塑料设备和管道工程技术规范》GB 51160 和《玻璃纤维增强塑料层压零件中可见缺陷分类的标准方法》ASTM D2563，其中对各种缺陷有明确的规定。

（2）玻璃鳞片衬里层最终粘结检验：①木锤轻击检查：用木锤轻击涂层表面，任意取点测试，不应有不正常声音；面层与基层粘结应牢固，并应无起壳或脱层等现象。②现场拉开测试法：按《用便携式附着力测试仪测定涂层拉脱强度的标准试验方法》ASTM D4541 或《色漆和清漆 拉开法附着力试验》GB/T 5210 方法，采用"液压式粘合度测试仪 HATE"，将专用胶粘剂涂抹在金属圆柱体粘结头上，再将金属圆柱体粘结头粘合在有底层涂层（经充分养护）的基面上，放置 12h 后进行检测，拉拔检查结果，碳钢基材不低于 5MPa，混凝土基材不低于 1.5MPa。

（3）玻璃鳞片衬里层表面应固化完全，应无发黏现象。以巴氏硬度计按现行国家标准《增强塑料巴柯尔硬度试验方法》GB/T 3854 检测衬里层表面硬度值应符合设计规定或大于供货厂家提供指标的 90％，现场测试表面硬度应大于 35。

（4）玻璃鳞片衬里层厚度检测：采用磁性测厚仪检查，结果总厚度应满足设计厚度要求，衬里厚度允许偏差应为设计要求值的 −10％～50％。混凝土基材的鳞片胶泥衬里的测厚通常采用破坏性取样直接测量方法。

（5）玻璃鳞片衬里层应进行针孔检测，检验方法是采用电火花针孔检测仪检查。玻璃鳞片胶泥衬里的检测电压不宜小于 3000V/mm；玻璃鳞片涂料衬里的检测电压不宜小于 4000V/mm；探头移动速度宜为 0.3～0.5m/s，衬里层应无击穿现象，以不产生火花为合格。

（6）回粘测试：用丙酮浸湿干净的布，反复擦拭衬里层的表面，看表面是否因溶剂的侵蚀而发黏，此方法可以有效地了解涂层的固化程度。

（7）特殊有需要检查阻燃性能的，按照《塑料 用氧指数法测定燃烧行为 第 2 部分：室温试验》GB/T 2406.2 对施工平行制作的制成品进行氧指数检测，达到设计要求，阻燃一般要求氧指数大于 32。

（8）特殊有需要检查耐磨性能的，按照《色漆和清漆 耐磨性的测定 旋转橡胶砂轮法》GB/T 1768 对施工平行制作的制成品进行耐磨性能检测，达到设计要求。

（9）特殊有需要检查冷热交替性能的，试验方法：取 3 块碳钢板 150mm×75mm×5mm，经表面处理后，按涂覆工艺做好试板（单面），在室温 25℃下养护 3d。将试板放在模拟实际工况温度或者按照"表 4.8.2.1-1 玻璃鳞片衬里的设计使用温度"的上限温度在恒温箱内放置 0.5h 后取出，立即再放入室温自来水中冷却 10min，取出后用干布擦干，再放入恒温箱内循环试验，需进行 10 次试验不脱落。

（10）全部防腐蚀施工完成后，应经过最终检验，合格后才能验收。不合格时也应返修及重新检验。同一部位的返修次数不得多于 2 次。

4.9.5　衬里施工最终验收

①施工单位在玻璃鳞片胶泥/涂料防腐蚀施工完成并经最终检验合格后，即应通知业主按合同要求办理验收交接事宜。②施工单位在进行验收工作前应准备如下文件，以便办理验收交接事宜：原材料的产品合格证明书、隐蔽工程记录（如气象条件、原材料的配比、测定的黏度或密度、施工过程等）、中间检验报告、最终检验报告、返修部位、次数、方法及再检验报告等。③所有的文件均应能如实地反映施工情况，并应有监理人、当事人和负责人的签字。此类文件可以是原件或影印件。④承包商及业主根据施工单位提供的文件对实际施工的质量进行检验，确认涂层的质量全部符合施工技术规定的要求后，双方签字验收。

4.9.6　返修

①在各次检验中，检查出来的不合格部位均应进行返修，经再次检验合格即可。②对于中间检验检查出来的缺陷，返修时只要清除该道工序中的缺陷，然后按原施工方法进行返修。③最终检验检查出来的缺陷，按下面情况进行处理：a. 增加涂层的层数来保证达到规定的设计厚度；b. 对于电火花检漏仪检查出来的针眼或裂纹等，应彻底清除缺陷后按原施工方法重新施工，并重新检验。

4.9.7　工程回访

玻璃鳞片胶泥衬里工程施工验收完毕，设备和工程在使用、运行过程中需要妥善维护，定期检查，这属于甲方应该去组织的，同时可能需要防腐蚀工程和作业人员配合甲方进行维护和检查，这就涉及工程回访：①一般半年或者按照业主要求时间进行玻璃鳞片胶泥衬里工程质量回访；②回访需要先查看设备的运行温度、压力、温度变化、时间、气候条件等；③回访中可以停车检查的，需要进入设备内部检查运行一段时间之后的衬里层外观、表面硬度、表面粉化、腐蚀、厚度磨损、起壳脱落等情况；④回访检查过程中有需要修复的，应立即修复并检验合格交付甲方；⑤回访及修复记录防腐工程公司与甲方都应保存备案。

4.10　鳞片胶泥工程的技术指标与质量控制

4.10.1　鳞片胶泥的质量控制指标

乙烯基酯树脂玻璃鳞片胶泥在国内的使用已经超过 20 年，早年主要应用于烟气脱硫装置的内衬防腐，使得国内广大下游防腐工程领域的朋友深刻体会到玻璃鳞片胶泥的优点和好处。随着市场的深度发展，玻璃鳞片胶泥早已不再仅限于应用于烟气脱硫领域，其他众多防腐蚀工程领域也得到极好的推广。但随之问题也来了，由于广大应用者并不深刻理解玻璃鳞片的原理，尤其是对其中有机树脂不能深刻理解，导致"瞎用"和"乱用"。应该说，玻璃鳞片胶泥，用对地方，且制造和施工得当的话，它绝对是个好东西；但同时要是制造技术和配方不当，施工瞎胡来，不看适不适合，见地方就用鳞片胶泥，则一定会出现诸如脱落、耐磨不足、固化不良、耐温骤变不足等一系列质量问题。

本节不去过多介绍什么是乙烯基酯树脂玻璃鳞片胶泥，其是如何制造出来的，有什么特点与优势。可详细阅读本章前面小节的介绍，本节重点聚焦乙烯基酯树脂玻璃鳞片胶泥工程质量的技术指标评判和质量控制。

乙烯基酯树脂玻璃鳞片胶泥工程的质量取决于四个主要环节的控制：玻璃鳞片胶泥上游原料、正规的配方、真空捏合的制造工艺；玻璃鳞片胶泥的质量；"镘抹滚压"正规的施工方法；严格清晰的中间过程检查记录。

4.10.1.1　上游原材料及配方的质量控制

众所周知，乙烯基酯树脂玻璃鳞片胶泥主要是由乙烯基酯树脂、玻璃鳞片、助剂等真空捏合物理混合而成的，真空捏合制造工艺非常重要，将在下一节介绍。本节站在甲方的立场去表达一些玻璃鳞片胶泥基本原材料质量控制的观点。更多有关原料的介绍参见"4.4 鳞片胶泥/涂料原料"。

（1）树脂。它是最关键的耐腐蚀树脂原材料。应根据应用场合的酸碱性、温度、应力载荷等去选择合适的树脂胶粘剂材料大类，再去根据更多的具体工艺条件选择具体的环氧树脂、改性环氧树脂、乙烯基酯树脂的牌号。树脂大类选择合适与否,树脂具体型号合适与否,直接决定最终鳞片胶泥的耐腐蚀性能、粘结性能、耐热性能、强度、固化特性等。也就是说玻璃鳞片胶泥制造商采用的树脂原料非常关键,尤其是市面上出现大量假冒乙烯基酯树脂(不饱和聚酯树脂)后,采用不饱和聚酯树脂去制造玻璃鳞片胶泥,但对外销售时却说是乙烯基酯树脂玻璃鳞片胶泥。关于树脂原料的更多细节,不属于本节阐述范围,不作展开。

(2)玻璃鳞片。是否经过偶联剂的处理、玻璃原料的类型、片径大小、目数、贮存包装方式等都会对最终鳞片胶泥的材料质量产生直接影响。玻璃鳞片的价格和品质直接相关,市面上3000~15000元/t的都有,需要严格区分。关于鳞片原料的更多细节,不属于本文阐述范围,不作展开。

(3)助剂。采用什么类型的白炭黑、偶联剂等其他助剂,在相当程度上会影响到最终鳞片胶泥的贮存、施工和性能。关于助剂原料的更多细节,不属于本文阐述范围,不作展开。

(4)鳞片胶泥配方。配方是否合理,直接影响成品鳞片胶泥的耐腐蚀性能、粘结性能、施工操作工艺性、成本等。关于配方,本章不作展开。

(5)专业底漆。目前市面上胶泥的制造技术越来越透明,做得好的厂家很多,但鳞片胶泥的精髓在于底漆。底漆的好与坏,在一般无温度骤变、无应力、无震颤的静态场合下,不容易区别出来,因为都可以满足国家标准碳钢5MPa的拉拔粘结强度,但如果遇到上述苛刻的应用场合或条件时,就很容易区别出来了,底漆做得不好的厂家,胶泥就会成块成块地脱落。可以做到5MPa,并不代表可以做到10MPa以上。目前市场上的众多鳞片胶泥厂家,静态场合下测试,绝大部分厂家都只能做到7.5MPa以下,甚至部分厂家连最基本的5MPa国家标准规定值都做不到。不排除目前市场上的确有做到10~13MPa的鳞片胶泥厂家,但的确是凤毛麟角。要是做到15MPa,那几乎在行业里面就是大咖级厂家了。更多关于专业底漆方面的技术细节,在此不再展开。

表4.10.1.1所示是典型OYCHEM®FC系列玻璃鳞片胶泥的原料OYCHEM®8001双酚A型乙烯基酯树脂和OYCHEM®8007酚醛型乙烯基酯树脂的典型液态参数和纯树脂浇铸体的典型性能,仅供参考。

典型乙烯基酯树脂玻璃鳞片胶泥的原料树脂的性能　　　　　　表4.10.1.1

项目	双酚A型乙烯基酯树脂 OYCHEM®8001	酚醛型乙烯基酯树脂 OYCHEM®8007	测试方法
液体树脂的技术指标			
外观	黄色透明液体	浅黄色透明液体	GB/T 24148.8
黏度(mPa·s,25℃)	300~500	300~400	GB/T 24148.8
凝胶时间[1](min,25℃)	10.0~20.0	15.0~30.0	GB/T 24148.8
酸值(mgKOH/g)	5.0~15.0	8.0~20.0	GB/T 2895
存放期(25℃,阴凉,黑暗处,月)	9	6	—

项目	双酚 A 型乙烯基酯树脂 OYCHEM® 8001	酚醛型乙烯基酯树脂 OYCHEM® 8007	测试方法
浇铸体[2]物理性能[3]			
拉伸强度（MPa）	69～82	60～80	GB/T 2567
拉伸模量（MPa）	3100～3500	3000～3600	GB/T 2567
拉伸延伸率（％）	4.0～6.0	3.0～4.0	GB/T 2567
弯曲强度（MPa）	130～150	120～140	GB/T 2567
弯曲模量（MPa）	3100～3600	3100～3300	GB/T 2567
冲击韧性（kJ/m²）	10.0～12.0	6.0～8.0	GB/T 2567
热变形温度（℃，B法平放，0.45MPa）	105～115	145～155	GB/T 1634.2
巴柯尔硬度	38～42	42～44	GB/T 3854

注：[1] 凝胶时间测试为树脂/Nap-Co（6％）/Butanox® LPT=100/0.5/1.5；

[2] 浇铸体制作方法按 GB/T 8237 执行，固化配方：树脂/Nap-Co（6％）/Butanox® LPT=100/0.5/1.5；固化程序：常温下 24h+60℃时 3h+120℃时 2h；

[3] 表中数据为典型数据，不可视为产品规格。

4.10.1.2 鳞片胶泥制造工艺的技术控制

经过 20 年的行业推广与大量应用，相信国内很多人都知道，乙烯基酯树脂玻璃鳞片胶泥制造过程"是否采用真空捏合机"对最终产量有严重影响，估计这个观点现在已经是公认的了。但又有多少人知道鳞片胶泥制造技术的精髓在于："是否采用分段式工艺"。本节不再详述"4.5 鳞片胶泥制造技术"，不去详细介绍怎么制造鳞片胶泥，仅从制造工艺的关键技术控制点谈一谈：①触变工艺，成功的触变是做好乙烯基酯树脂玻璃鳞片胶泥的第一步；②小料的混合工艺，原则是减少误差，并且最终使用者的调节范围要宽，机动性要强，尤其是固化剂的添加范围窗口要尽可能宽；③制造过程中最大限度地减少气泡；④捏合过程中的混合效率；⑤真空捏合；⑥出料方式。

4.10.1.3 鳞片胶泥成品质量控制指标

玻璃鳞片胶泥材料在未固化前的胶泥成品关键的控制指标有：储存期、施工性（黏度、触变效果）、固化剂添加范围窗口。表 4.10.1.3 所示是典型 OYCHEM® 系列玻璃鳞片胶泥/涂料的液态指标。

4.10.2 鳞片胶泥衬里工程施工质量控制

4.10.2.1 鳞片胶泥衬里（制成品）控制指标

玻璃鳞片胶泥材料制成品固化物的性能型式试验需要控制的关键指标有：耐温性能、耐温差变化、粘结强度、巴氏硬度等。表 4.10.2.1 所示是典型 OYCHEM® 系列玻璃鳞片胶泥/涂料固化物制成品的性能指标。

典型 OYCHEM® 乙烯基酯树脂玻璃鳞片胶泥/涂料的液态指标

表 4.10.1.3

项目		OYCHEM® 2FC 中温双酚A型环氧乙烯基酯树脂玻璃鳞片胶泥			OYCHEM® 1FC 高温型酚醛环氧乙烯基酯树脂玻璃鳞片胶泥			OYCHEM® FVC-200 双酚A型乙烯基酯树脂厚浆型重防腐涂料		OYCHEM® FVC-100 酚醛型乙烯基酯树脂厚浆型重防腐涂料		OYCHEM® FVC-1 酚醛型乙烯基酯树脂薄涂型重防腐涂料	
		2FC-Bot (底涂)	2FC (胶泥)	2FC-Top (面涂)	1FC-Bot (底涂)	1FC (胶泥)	1FC-Top (面涂)	FVC-200D (底涂)	FVC-200T (面涂)	FVC-100D (底涂)	FVC-100T (面涂)	FVC-1D (底涂)	FVC-1T (面涂)
外观		本色/铁红,稀浆状	各色[2],糊状,稠	各色[2],稀浆状	本色/铁红,稀浆状	各色[2],糊状,稠	各色[2],稀浆状	稀浆状	稠浆状(灰,绿)	稀浆状	稠浆状(灰,绿)	稀浆状	稠浆状(灰,绿)
密度 (g/cm³,5℃)		1.05~1.2	1.3~1.5	1.05~1.2	1.05~1.2	1.3~1.5	1.05~1.2	1.1~1.3	1.2~1.4	1.1~1.3	1.2~1.4	1.1~1.3	1.2~1.4
用量 (kg/m²)		0.2~0.3	1.4	0.2~0.3	0.2~0.3	1.4	0.2~0.3	0.2~0.3	0.4~0.6	0.2~0.3	0.4~0.6	0.1~0.2	0.2~0.3
黏度 (mPa·s,25℃)		150~250	—	500~800	150~250	—	500~800	150~250	800~2000	150~250	800~2000	150~250	500~800
每道厚度 (μm)		80~100	1000	80~100	80~100	1000	80~100	80~100	300~500	80~100	300~500	60~80	100~200
凝胶时间[1] (25℃)	表干(h)	≤1	≤2	≤1	≤1	≤2	≤1	≤1	≤2	≤1	≤2	≤2	≤2
	实干(h)	≤12	≤24	≤24	≤12	≤24	≤24	≤12	≤24	≤12	≤24	≤12	≤24
复涂间隔时间(h)		>12或指触表干	>12或指触表干	>12或指触表干	>12或指触表干	>12或指触表干	>12或指触表干	>12或指触表干	>12或指触表干	>12或指触表干	>12或指触表干	>12或指触表干	>12或指触表干
热稳定性(h,80℃)		≥24	≥24	≥24	≥24	≥24	≥24	≥24	≥24	≥24	≥24	≥24	≥24
存放期(月,阴凉,25℃)		3	3	3	3	3	3	3	3	3	3	3	3

注:[1] 添加的固化剂:V-239或MEKPO (O₂:10%左右;添加量为胶泥量的2%~4% (随温度变化)。
[2] 以蓝色、灰色为主。

典型 OYCHEM® 乙烯基酯树脂玻璃鳞片胶泥/涂料固化物制成品性能指标

表 4.10.2.1

项目	测试方法	OYCHEM® 2FC 中温双酚A型环氧乙烯基酯树脂玻璃鳞片胶泥			OYCHEM® 1FC 高温型酚醛环氧乙烯基酯树脂玻璃鳞片胶泥			OYCHEM® FVC-200 双酚A型乙烯基酯树脂厚浆型重防腐涂料		OYCHEM® FVC-100 酚醛型乙烯基树脂厚浆型重防腐涂料		OYCHEM® FVC-1 酚醛型乙烯基酯树脂薄涂型重防腐涂料	
		2FC-Bot (底涂)	2FC (胶泥)	2FC-Top (面涂)	1FC-Bot (底涂)	1FC (胶泥)	1FC-Top (面涂)	FVC-200D (底涂)	FVC-200T (面涂)	FVC-100D (底涂)	FVC-100T (面涂)	FVC-1D (底涂)	FVC-1T (面涂)
拉伸强度 (MPa)	GB/T 2567	60	45	60	60	45	60	45	48	40	43	43	45
拉伸伸长率 (%)	GB/T 2567	0.8	0.6	0.8	0.6	0.5	0.6	0.8	0.8	0.6	0.6	0.8	0.8
弯曲强度 (MPa)	GB/T 2567	85~115			85~115			60~90		65~95		60~90	
耐磨耗系数 (mg/1000g)	ASTM D658	<80			<50			<80		<60		<80	
线膨胀系数 ($\times 10^{-6}$/°C)	GB/T 2572	20~25			20~25			20~25		20~25		20~30	
吸湿性 (g/24h·m²·mmHg)	ASTM E 96	3×10^{-4}~4×10^{-4}			3×10^{-4}~4×10^{-4}			10×10^{-4}~20×10^{-4}		10×10^{-4}~20×10^{-4}		15×10^{-4}~30×10^{-4}	
线性固化收缩率 (%)	GB/T 10066.2	<0.5			<0.5			<0.8		<0.8		<0.8	
粘结强度 (碳钢) (MPa)	GB/T 7124 拉伸剪切法	12			10			12		11		12	
粘结强度 (混凝土) (MPa)	GB 50212 十字交叉法	3.5			2.5			3.5		3.0		3.5	
表面电阻率 ($\times 10^{16}$ Ω)	GB/T 31838.2	1~2			1~2			1~2		1~2		1~2	
热变形温度 (°C)	GB/T 1634.2	120~140			180			110~130		140~155		110~130	
表面硬度 (巴柯尔)	GB/T 3854	45~55			48~55			38~48		40~50		35~45	
耐温骤变次数 (次)	—	40~60			40~60			30~50		30~50		20~50	

注：胶泥制应试样的固化程序：25℃下24h+120℃下2h；表中数据为典型数据，不可视为产品规格。

4.10.2.2 鳞片胶泥衬里施工质量控制之关键——"过程为王"

玻璃鳞片胶泥之所以抗渗透性能优于绝大部分其他涂料和衬里，关键在于外部的腐蚀介质无法渗进来，所以同样的道理，在固化之后，已经进入鳞片胶泥的东西（尤其是气泡）也一定出不来。这可能是目前这个行业九成以上使用者的误区。

施工物料现场配制过程：理想的现场施工条件需要真空搅拌装置。只要加入计量的固化剂，真空搅拌均匀即可。但实际情况是，施工现场极少有真空搅拌装置的，此时配料过程为：称取计料量的固化剂，加入计料量的鳞片胶泥中，机械或手动搅拌均匀（尽量选择机械搅拌），待用。注意手动搅拌的方式：桨叶不可过浅，沿同一方向（统一顺时针或统一逆时针），速度均匀，沿圆桶内侧四周但不可接触内壁。鳞片胶泥以涂抹施工方法为主，这种方法更为准确的表述为"镘抹滚压法"。"镘抹滚压法"的精髓是抑制生成气泡，滚压消除气泡。鳞片衬里抹涂施工方法为手工作业，表面质量、鳞片倒伏排列方向、界面气泡消除、防腐层厚度把握等这些关键的技术，都取决于施工人员的技术熟练水平、责任心及现场的监管。鳞片胶泥施工质量控制的关键控制技术见"4.7.6 鳞片胶泥衬里施工控制技巧"。

前文花了大量的篇幅介绍鳞片胶泥的施工技术细节和质量控制的方法，这其实就是最重要的部分。只要每一步过程控制到位，任何一个步骤过程，都有相应的过程控制文件，比如喷砂、刷底漆等步骤，施工前情况、日期、天气、湿度、温度、施工人员、监督人员、签字确认、层间或过程检查情况、层间或过程修复记录等，每一个步骤都做到细节过程控制，并且严格记录，那么最终的工程质量是可以得到保障的，这就是"过程质量控制为首"，简称"过程为王"。

而行业的现状呢，基本都是施工完成后草草检查一下，验收了事。这里面当然本身也有甲方把工期压得特别短的原因。但现实情况是烟气脱硫等鳞片胶泥工程质量难以真正实现全面有100%保障的质量验收和确认，这是整个行业的问题！

"过程质量控制为首（过程为王）"的前提下，应该说，乙烯基酯树脂玻璃鳞片胶泥，用对地方，且其制造和施工得当的话，它绝对是个好东西。但乙烯基酯树脂鳞片胶泥本身的原理决定了其骨子里面避免不了的短板：绝对耐磨不足、绝对粘结性能不足、整体强度不足、大面积施工耗时耗力、施工时安全环保难以彻底保障。尽管国内已经出现了诸多改性玻璃鳞片胶泥的创新，但真正耐得下心去好好研究材料原理，认真耐心去做实验，认真去实践研究工艺性的厂家还实在太少。

材料会发展，应用技术（尤其是复合应用技术，交叉应用技术）也会发展，笔者也期望去做更深入的工作，最大限度地发挥其优点，同时又最大限度地避免和减少其缺点，使得它的应用领域更广，促进整个防腐蚀行业的进步。

4.11 鳞片胶泥/涂料的应用

4.11.1 电厂、锅炉厂、钢铁厂等烟气脱硫领域应用

我国是一个能源结构以燃煤为主的国家，大气污染属煤烟型污染，粉尘、二氧化硫、

氮氧化物（NOx）是我国大气的主要污染物。由于我国能源结构的特点（目前煤发电还占将近八成），导致了酸雨的环境污染和较多的腐蚀情况，因此对于燃煤发电厂中产生的大量二氧化硫或氮氧化物的防治势在必行。目前，国内外较为有效的手段是烟气脱硫。而湿法石灰石洗涤法是当今世界各国烟气脱硫技术中应用最多也是最成熟的工艺。2003年我国的湿法脱硫设备国产化率已在96%以上，预计2010年国产化率可达100%。我们国内烟气脱硫的施工起源于日本（靖江王子橡胶）和德国（武汉西格里防腐），目前FC领域施工单位的技术多来源于日本系。特别是2005年以来，VER玻璃鳞片胶泥在烟气脱硫装置领域得到了大量的应用。目前的国内电厂旧烟囱的改造以及新上电厂的烟囱已经在酝酿使用VER的鳞片胶泥，且在部分电厂得到了应用。

对于烟气脱硫来说，VER玻璃鳞片胶泥衬里按照其使用部位与特点，可分为低温型VER玻璃鳞片胶泥衬里和高温型VER玻璃鳞片胶泥衬里。低温型VER玻璃鳞片胶泥衬里一般具有优良的耐水汽的渗透性、耐化学性、耐腐蚀性等特点，长期使用温度一般低于100℃（常见的使用温度是80℃左右，瞬间温度达120℃以上），是脱硫装置的主要衬里材料，主要应用于吸收塔的低温部分、事故浆罐、净烟气烟道等部分。高温型VER玻璃鳞片胶泥衬里一般具有优良的耐高温性能，其长期使用温度可以达到150℃左右（瞬间温度达180℃以上，甚至200℃）。主要应用于烟气换热器与吸收塔之间的原烟气烟道、吸收塔入口处、烟气换热器原烟气区域以及烟气出口挡板门后的烟道部分。另外还有耐磨型VER玻璃鳞片胶泥衬里，一般添加陶瓷基耐磨材料增加耐磨特性。耐磨型VER玻璃鳞片胶泥衬里主要应用于吸收塔喷淋部位或浆液磨损严重的区域（安装搅拌器的部位）。表4.11.1-1和表4.11.1-2所示是烟气脱硫装置对VER鳞片胶泥衬里防腐材料的典型要求。

<table>
<tr><td colspan="2" style="text-align:center">燃煤烟气低温状况组分（仅为案例）</td><td style="text-align:right">表4.11.1-1</td></tr>
</table>

介质	成分比	烟气温度（℃）
水分（H_2O）	11%～14%（WB）	
氧气（O_2）	5%～8%（DB）	
硫化气体（SO_2）	$(900\sim1000)\times10^{-6}$（DB）	60～80
氮化气体（NO_X）	$(200\sim250)\times10^{-6}$（DB）	
尘（dust）	170～180mg/m³（NTP）（DB）	

<table>
<tr><td colspan="2" style="text-align:center">燃煤烟气高温状况组分（仅为案例）</td><td style="text-align:right">表4.11.1-2</td></tr>
</table>

介质	成分比	烟气温度（℃）
水分（H_2O）	5.0%～6.5%（WB）	
氧气（O_2）	5%～8%（DB）	
硫化气体（SO_2）	$(900\sim1000)\times10^{-6}$（DB）	100～150
氮化气体（NO_X）	$(200\sim250)\times10^{-6}$（DB）	（pH值为3～14）
尘（dust）	270～280mg/m³（NTP）（DB）	

烟气脱硫领域的案例数不胜数，不再说明。

4.11.2　烟道与烟囱领域应用

不同的燃煤机组、相同机组燃烧不同的煤炭或者相同机组采用不同的脱硫技术，所产生的烟气条件均会出现一定的差异。未脱硫之前，烟气含水量约为 6%，烟囱内部基本上呈现出全程负压状态，依靠烟囱内外温差所产生的压力差，将干燥的烟气排入高空；一旦开启湿法脱硫机组，由于烟气含水率增至 11%～15%（脱硫塔除雾器损坏或者效率降低时，脱硫烟气含水率更高），此时烟气温度基本上处于水蒸气、SO_2、SO_3、HCl、HF 的露点温度以下，导致烟囱内筒内表面出现严重的露点腐蚀。脱硫烟气成分的巨大变化，再加上脱硫烟气温度与环境大气温度之间的温差大大缩小，必须依靠设置的增压风机，将湿法脱硫烟气强制性地排入周围大气，因此，烟囱变为全程正压运行。

不管湿法烟气脱硫系统后有无烟气换热器（GGH），烟道、烟囱内壁均存在酸结露状况，对烟道及脱硫后的烟囱进行防腐都是必须的。

脱硫烟气的特点对烟囱设计有如下影响：①烟气湿度大，含有的腐蚀性介质在烟气压力和湿度的双重作用下，结露形成的冷凝物具有很强的腐蚀性，对烟囱内侧结构致密度差的材料产生腐蚀，影响结构耐久性；②低浓度稀硫酸液比高浓度的酸液渗透性、腐蚀性更强；③酸液的温度在 40～80℃时，对结构材料的腐蚀性特别强。

湿法脱硫后烟囱防腐，不仅要求防腐材料要能适应温度的变化，还要适应酸性条件的变化，以及高温—低温、干—湿交替变化的环境，还应考虑残留的灰粉平均粒度、灰粉的硬度、灰粉的冲击能量、灰粉的浓度、烟囱的最大曲率变化等因素。

目前，烟囱有如下形式：钢筋混凝土单筒式烟囱、套筒或双（多）管烟囱。根据国家标准和规程规范，湿法脱硫后的强腐蚀烟气排放，应该采用多管式或套筒式烟囱，即把承重的钢筋混凝土外筒和排烟内筒分开，使外筒受力结构不与强腐蚀性烟气相接触。

烟囱防腐蚀设计要考虑的主要因素是被排放烟气的化学组成、温度、湿度、气体的流速以及筒壁表面是否会形成冷凝酸等，筒壁的露点根据计算求得。烟气脱硫装置前后烟气露点温度的计算非常复杂，国内外有很多计算公式，计算得出的酸露点温度也有较大差别。一般脱硫前烟气温度和烟囱内壁温度均大于酸露点温度，因此烟气不会结露，且在负压区不会出现严重的酸腐蚀问题；烟气脱硫后有 GGH 和无 GGH 时，脱硫后的烟气温度分别在 80℃和 40～50℃，均低于酸露点温度，SO_3 将全溶于水中，烟气会在尾部烟道和烟囱内壁结露，尽管烟气中酸性的 SO_2 气体减少，但烟气的腐蚀性并未比脱硫前减少，加上烟囱正压区的增大，烟囱会出现腐蚀，烟囱和尾部烟道需进行防腐处理。脱硫系统故障时，原烟气经旁路直接进入烟囱，烟气温度可高达 110～150℃以上；当锅炉省煤器等设备运行故障时，从旁路进入烟囱的烟气温度可能高达 180～200℃。因此，烟囱防腐内衬必须能适应烟气温度 40～200℃的急剧变化。

强腐蚀环境，并且伴随着干湿交变、温度交变，这就是脱硫后烟囱内筒所处的环境，因此务必对烟囱内筒或整个烟囱进行防腐处理。脱硫烟囱内衬防腐方案考虑的核心点为：防腐、抗渗、防脱落。防腐由材料本身材质的耐酸性，尤其是高温下的耐酸性决定；抗渗主要由防腐层厚度、有机/无机成分固化物的致密性决定；防脱落主要由施工质量优劣、基材处理好坏、防腐层本身的耐温骤变性能优劣、防腐层的耐应力变化优劣决定。

防腐材料要求与清洁处理后的烟囱砖内筒有良好的粘结和覆盖作用；防腐层应完全适用于脱硫工况（湿烟气，45~50℃）和非脱硫工况（干烟气，110~150℃）交替运行的条件；防腐涂料层要具有高抗酸性、耐温性并长期保持密实不开裂；防腐层固化后应具有一定的韧性和强度并保持优异的伸展性，在较宽的范围内长期保持稳定；防腐层应保证在烟囱长期运行的40~150℃工作温度环境下膨胀可逆并能够保持良好的弹性，且应能够承受瞬间180℃高温冲击（锅炉事故状态）。一般应确保防腐系统达到10~30年的正常使用寿命（依据机组运行年限而定）。防腐方案应特别注意对牛腿、烟囱出口、烟囱正压区域、烟囱进口导流板和烟囱底部等进行特殊加强处理。

目前国内进入烟囱防腐改造工程的防腐材料有20多种，但基本可以分为粘贴块材、纤维增强塑料衬砌、耐酸胶泥和涂料、合金衬里、整体纤维增强塑料等六大类。除合金和水玻璃外，它们的主要成分是有机材料和无机材料的组合，有机材料耐温较差，无机材料耐腐蚀和耐温性能好，但粘结能力差，而且易出现裂纹。

尽管也有很多不足，比如绝对耐高温不足（事故状态的烟气温度达180℃以上，瞬间的原烟气温度则达220℃以上）、本身材料偏脆，在温度骤变下易脱落等，但乙烯基酯树脂玻璃鳞片胶泥内衬或与纤维增强塑料复合的方案仍是脱硫烟道和烟囱这个领域典型防腐蚀解决方案材料的选项之一。

4.11.3 池槽衬里领域应用

除以上电厂烟气脱硫装置、烟道、烟囱使用乙烯基酯树脂鳞片胶泥之外，目前的化工厂内乙烯基酯树脂纤维增强塑料内衬，很多已经改用乙烯基酯树脂鳞片胶泥。就单个项目而言，其使用的树脂量远小于电厂脱硫装置，但应用场合更多，更分散，总量更大。该领域是乙烯基酯树脂玻璃鳞片胶泥衬里的市场面更广的一个重防腐领域。另外还有大量场合也可使用VER玻璃鳞片胶泥衬里防腐：化学工程类（如储罐管道的防腐）、石油储罐（如储罐底部防腐内衬以及内壁防腐）、海洋建筑物（如海港设备、浮栈桥等的防腐）、化学槽（如电解槽等）、废水处理（如污水处理池）、建筑工程（如桥梁、工厂四周）等。

4.11.4 船舶脱硫塔应用

原理和燃煤烟气脱硫一样，只是在船舶狭小的空间内，一般采用液化天然气系统，这同样涉及尾气脱硫系统。防腐原理和4.11.1节所述是一样的。这个领域目前单体面积小，主要采用厚浆型乙烯基酯树脂鳞片涂料。更多详细介绍参见其他章节。

4.11.5 其他防腐领域应用

这里仅列举钛白粉领域应用的几个案例，其他领域不再详述（表4.11.5）。

玻璃鳞片树脂衬里钛白行业应用实例 表 4.11.5

	设备名称	规格及尺寸	防腐方案
1	一洗供水槽	$\phi 4000 \times 4000$	①喷砂除锈 Sa2.5 级＋二底六布(0.2mm 中碱布)二面乙烯基酯树脂纤维增强塑料; ②乙烯基酯树脂玻璃鳞片 2mm
2	二洗中心洗供水槽	$\phi 4000 \times 4000$	①喷砂除锈 Sa2.5 级＋二底六布(0.2mm 中碱布)二面乙烯基酯树脂纤维增强塑料; ②乙烯基酯树脂玻璃鳞片 2mm
3	二洗侧水洗供水槽	$\phi 4000 \times 4000$	①喷砂除锈 Sa2.5 级＋二底六布(0.2mm 中碱布)二面乙烯基酯树脂纤维增强塑料; ②乙烯基酯树脂玻璃鳞片 2mm
4	液封槽	$\phi 1000 \times 1220$	喷砂除锈 Sa2.5 级＋二底五布(0.2mm 中碱布)二面乙烯基酯树脂纤维增强塑料＋2mm 乙烯基酯树脂玻璃鳞片胶泥
5	精钛液高位槽	$\phi 1000 \times 1220$	喷砂除锈 Sa2.5 级＋二底五布(0.2mm 中碱布)二面乙烯基酯树脂纤维增强塑料＋2mm 乙烯基酯树脂玻璃鳞片胶泥
6	洗涤器	$\phi 1000 \times 2250$	喷砂除锈 Sa2.5 级＋二底三布(0.2mm 中碱布)二面乙烯基酯树脂纤维增强塑料＋2mm 乙烯基酯树脂玻璃鳞片胶泥
7	烟囱	$\phi 4800/2000 \times 2800$	钢＋2mm 耐酸耐温玻璃鳞片胶泥,局部用纤维增强塑料增强
8	浓钛液预热槽盖板	$\phi 5500 \times 4000$	①喷砂除锈后内整体衬 10 层耐酸耐温改性树脂纤维增强塑料(二底一腻二毡八布两面结构,共十层,局部纤维增强塑料增强); ②然后在纤维增强塑料上刮补高温鳞片胶泥一层
9	水解槽盖板	$\phi 5600 \times 5000$	①喷砂除锈后内整体衬 10 层耐酸耐温改性树脂纤维增强塑料(二底一腻二毡八布两面结构,共十层,局部纤维增强塑料增强); ②然后在纤维增强塑料上刮补高温鳞片胶泥一层

注:案例源自湖南颐丰防腐工程有限公司。

4.12 鳞片胶泥/涂料工程失效事故分析

随着国内大量脱硫环保公司的涌现,脱硫技术逐步成熟,脱硫效率在不断提高,大量的电厂脱硫成功案例也见诸媒体。与此同时,市场竞争(包括防腐蚀施工分包市场)越来越激烈,单位造价也越来越低,工程的技术保障程度尤其是防腐蚀衬里技术要求在不断降低,从而出现了一些非正常的情况,如在运行了 1 年左右,就发生了高温烟道鳞片衬里的脱层等,甚至一些烟气脱硫装置在投入运行 6 个月不到的时间内,就相继出现内衬防腐蚀失效(脱层、穿孔等)的情况。本文对遇到的工程应用中出现的防腐蚀失效情况进行了分析,并提出了解决对策,以期望在后续烟气脱硫的工程设计、选材、施工和使用中避免再出现类似的质量隐患,对业主、脱硫设计、防腐蚀衬里施工、材料供货等诸方面起到借鉴作用。

这几年的鳞片衬里技术在烟气脱硫实际运行中发现的防腐蚀失效案例,具体有以下几种表现:不耐腐蚀、与钢结构基础脱层、穿孔等。这些失效情况的出现,其原因是多方面的，涉及工程设计、材料选择及施工、装置运行及维护等因素，下面就失效的可能性加以分析，归结起来，主要表现在四类腐蚀环境中的失效。

4.12.1 工况温变、温变频率导致的热应力开裂事故

环境温差热应力开裂主要表现在两类腐蚀环境中。一是在同一腐蚀环境中具有高低温两种物料交汇，在物料交汇处形成环境梯度温差，导致衬里设备内环境温度处于不均衡状态，某一局部区域温度偏高，某一局部区域温度偏低，在高低温交汇区，因不同区域鳞片衬里处于不同的热缩胀条件下，形成鳞片衬里冷热交汇的断面间热应力集中。由于鳞片衬里本体强度较低，加之高分子树脂在高温环境下具有强度降低的特性，致使衬里层在环境温差热应力作用下形成脆性断面开裂。

最典型的实例是烟气脱硫装置吸收塔进口烟道区鳞片衬里腐蚀失效。国内某些专业脱硫公司在装置设计时为避免进入吸收塔的烟气温度过高，导致塔内脱硫工艺条件劣化，往往在吸收塔进口烟道区加设喷淋预冷系统（正确设计应加设热交换器）。由于喷淋冷却水雾化效果不好（设计不合理或因腐蚀导致喷嘴扩大），在进口烟道区形成环境温差，导致该区鳞片衬里严重开裂。

二是在间歇式高低温交替腐蚀环境中，衬里设备内环境温度处于间歇式周期性交替状态，致使鳞片衬里在高低温交替作用下，处于间歇式周期性热胀冷缩交变状态，在衬层中产生交变热应力，导致衬里层在交变热应力的疲劳作用下形成脆性断面开裂。

4.12.2 壳体或设备震颤导致的疲劳应力破坏事故

当鳞片衬里设备的结构强度及刚性设计不足时，往往在设备运行时产生钢结构震颤。最典型的实例是烟气脱硫装置原烟道区鳞片衬里腐蚀失效。烟道结构是按电力行业火电厂原烟道通用标准设计的，完全可满足电厂锅炉烟气过滤排放的各种技术要求。问题在于当该烟道作为烟气脱硫装置进口原烟气烟道使用时，由于脱硫装置的腐蚀环境，导致相关进口烟道形成腐蚀环境，因此提出了进口烟道的腐蚀控制问题。国外积数十年经验总结，提出了采用烟道外支撑补强结构（或复合粗大内支撑增强结构）、鳞片内衬防腐的腐蚀控制技术，成为我国引进的各种烟气脱硫样板示范工程中唯一采用的原烟气烟道腐蚀控制技术，然而国内有关设计单位在烟道结构设计中却忽略了对此成熟技术的借鉴。

如国内某电厂烟气脱硫装置烟道结构设计的主要特点为：

（1）采用正十字交叉的长达数米的细钢管（直径 70～80mm）构成内支撑架，经与长方形烟道壁四点焊接定位后，多层分体密集排列（间隔 800～1000mm）于烟道中形成内支撑结构体系；

（2）由于进口烟道的布置区域狭窄，为在小区域内实现生产设备的有效连接，整个烟道结构拐弯多（从换热器至吸收塔连续拐了四道弯）、变截面（每段烟道断面面积均不一样）、刚性差（工作人员行走踩踏即可明显感觉到烟道结构震颤）。

该烟道内支撑结构设计存在的问题不在于烟道的结构强度及刚性设计不足，而在于烟道的结构强度及刚性设计不能满足防腐蚀衬里对基体刚性的要求。在烟道的结构设计中采

用多弯道、变截面结构，将导致烟气流动极大的不稳定，而烟道弯道顶部及导流板均为烟气直接受力面，在流动不稳定的烟气冲击作用下，使壁厚较薄、刚性较差的直接受力面极易产生结构震颤，非弯道区烟道亦因烟气的不稳定流动及支撑架失稳性震颤引发结构震颤。

结构震颤产生的震颤应力作用于衬里层将形成疲劳剥离应力，对衬里层的破坏必然是开裂脱落，且脱粘界面最大可能是底漆与鳞片胶泥间的界面。该项目的衬里失效脱粘经现场检查发现，脱粘基本上发生在底漆与胶泥界面间，这是因为在衬里的逐层施工中，各层间界面中相对最薄弱的界面正是胶泥与底漆间界面（其他界面均为粗糙粘结，只有该界面为光面粘结或相对粗面粘结），故震颤破坏疲劳剥离首先从此粘结强度最薄弱区开始。

顶部脱落首先是由于震颤破坏了粘结界面，当脱粘形成后，由于衬层的自重悬垂、烟道的震颤破坏及衬层高温失强等多重作用导致开裂脱落。当烟气高速过流时，稳定性较差的正十字交叉结构支撑架受过流烟气的冲击作用影响，极易形成失稳性形变；当高速过流烟气流动不稳定时，支撑架失稳性形变将进而发展为失稳性震颤。失稳性形变和震颤所产生的应力沿钢管传导并在支撑架焊接定位点处集中，引发定位点处烟道壁板的形变与震颤，进而导致衬层以焊接点为中心，形成环状开裂破坏，且支撑架迎风侧较背风侧开裂严重。

4.12.3 基础结构设计的不合理或缺陷导致的鳞片衬里失效事故

目前国内烟气脱硫装置的基础结构绝大部分是钢结构，只有部分电厂的少部分烟道结构是混凝土结构。而在钢结构基础的设计中，由于没有充分考虑内衬材料的特性，因强度和结构设计等方面的欠缺而导致最后的防腐蚀失效，已在国内的几个脱硫工程中出现。

在钢结构装置中，若采用鳞片衬里结构，衬层在下述条件下易产生震颤疲劳破坏：①烟道等结构设计强度、刚性不足，特别是烟道布置受环境所限，其弯道、过流截面变化较大时，高速流动的烟气在烟道中过流时会因弯道及过流截面变化的影响，产生较大的压力变化，形成不稳定流动，导致烟道结构震颤，使本来就高温失强的衬里形成疲劳腐蚀开裂，严重时形成大面积剥落；②在烟道结构强度设计时，出于结构补强需要，采用细杆内支承补强，当高速流动的烟气在烟道中过流时，因烟气冲击压力作用引发支承细杆抖动变形，导致支承杆与烟道壁焊接区衬层开裂。

国内外有关烟气脱硫装置的设计要求及经验表明，钢结构设计应有足够的强度，而在国内的一些烟气脱硫装置中，出于设计经验或者成本的因素考虑，钢结构的厚度均较薄，在笔者经历的几个工程中，有时发现钢结构的厚度不到 5mm，局部区域甚至只有 3mm，而实际运行时的震颤幅度甚至达到 5°（一般要求不能大于 3°），这样的结构强度是肯定不够的，在有人员行走踏踩时即可明显感觉到烟道结构震颤。

由于场地等因素限制，在烟道的设计上又采用了多弯道、变截面结构，从而导致最后鳞片衬里的脱层等质量隐患。为了避免以上的质量隐患，可以考虑以下对策：①要求提高钢结构的设计强度，包括可以采用支撑杆措施等。②在设计中考虑一些其他因素，使气流速度尽量平缓，比如弯道等不能太多或者更加平缓的弯道设计。③为了更好地防止局部质量事故（脱层等情况）的蔓延与扩散，在一些部位采用膨胀节连接方式，如在进口烟道与吸收塔之间增加一膨胀节（至少亦应增加一连接法兰），作用有：a. 利用膨胀节的柔性连接松弛烟道震颤应力，使其对衬里层的破坏性减少；b. 利用膨胀节的法兰连接，使烟道衬层与吸收塔衬层分断，避免衬层延伸剥离破坏的形成。④在需要支撑杆时，应该将内支撑结构改为外支撑结构，且结构强度及刚性应符合相关设计标准规定，在拐弯区及导流板处应适当增加厚度或增加支承补强筋排列密度，导流板连接支承最好放置在外框架上，而不是直接焊接在烟道壁上，以避免因导流板震颤引发烟道壁震颤，导致内衬层疲劳剥离。⑤正如上面所述，结构的震颤是不可避免的，同时在已施工安装完毕的基础上进行后续的鳞片施工时，由于不能对基础进行返工，提高鳞片材料（底涂）与钢结构基础的粘结性尤其重要，这也可能是一些工程中唯一现实、可行的措施。⑥而在采用混凝土基础结构时，尤其在原烟气烟道，由于长期的高温烟气作用，混凝土结构发生开裂等现象，从而导致在混凝土基础上鳞片衬里结构也受到破坏，若采用混凝土结构，这种情况是不可避免的。

4.12.4 高固体颗粒含量导致的磨损腐蚀破坏事故

前面述及的国内某石化催化剂厂铅溶液反应釜为典型的高温环境，高固体含量腐蚀环境。其腐蚀介质为 31% 的盐酸，工作环境温度为 93℃，内装铅砂，带搅拌装置，在 1 年挂片的时间内有明显的衬层磨蚀特征，但由于挂片仍为各种衬里技术最优者，故仍以其技术作为防腐蚀衬里技术首选，用于生产装置。在使用 1 年后检查，衬层尽管完好，但厚度减薄近 1mm。因此，在修复时，在鳞片衬里层表面增加 1mm 厚树脂耐磨砂浆复合衬层，实践证明效果良好。究其原因分析如下，并提出解决方案。

作为一个重防腐蚀性质的工程而言，材料的本身特性是一个基础保障，但是如何运用高性能的衬里材料包括设计方案更是一个高要求的技术性工作，在玻璃鳞片衬里工程中，也发现即使采用进口的材料，但最后工程防腐蚀失效或者是役期缩短的情况也时有发生，在排除施工因素外，工程设计方案的不足也是一个主要原因。在烟气脱硫装置中，最容易出现技术问题的吸收塔，不同公司的设计方案，发现各有差异，但更多的公司技术方案从降低成本考虑，差异主要集中于鳞片耐磨结构层，一些公司在耐磨处理上，会采用简单的纤维增强塑料复合鳞片结构（方案 A：底漆＋第一道 1mm 厚鳞片胶泥＋第二道 1mm 厚鳞片胶泥＋纤维增强塑料复合 1 层或 2 层＋面涂），就是在 1～2mm 的鳞片结构上再加衬 1～2mm 的纤维增强塑料结构（材料造价相差 100 元/m² 左右），而效果更好的方案（如日本富士公司、靖江王子橡胶公司）则是耐磨性更好的方案 B：底漆＋第一道 1mm 厚鳞片胶泥＋第二道 1mm 厚鳞片胶泥＋1mm 厚耐磨胶泥层＋纤维增强塑料复合 1 层＋1mm 厚耐磨胶泥等＋面涂。

而从技术角度分析，乙烯基鳞片材料的一个技术特点是与碳钢的热膨胀系数相近，而纤维增强塑料的最大特点是整体性比较好，但是耐磨性等是其相对弱项，所以在鳞片表面加衬纤维增强塑料，根本不能起到很好的耐磨效果，就耐磨性而言，这样的结构还不如采用纯粹的鳞片加厚衬里结构（如采用 3mm），而方案 B 中的耐磨结构则是很好地结合了各种材料的特性，具体技术说明如下：①利用鳞片材料的耐热冲击特性，在接触钢结构基础的底层采用一定厚度的鳞片层，从而很好地避免由于可能出现的温度冲击而导致的脱层；②内衬结构中增加耐磨胶浆层以提高衬层抗介质冲刷重度磨损能力和提高衬层抗热应力，耐磨胶浆层是采用乙烯基树脂与耐磨粉按一定比例混合调制而成；③耐磨胶浆层中间复合1～2层纤维增强塑料层以提高耐磨胶浆层抗热应力开裂能力，这是利用了纤维增强塑料的整体性的特点；④根据不同的耐温要求采用高温材料或者是低温材料，在吸收塔内，主要应用于塔底、支撑梁、烟气入口等部位。另外，在一些支撑梁处或者是设计阴阳角处（如方案A结构），一些厂家没有采取纤维增强塑料加强的形式，最后均可能导致防腐蚀的失效和使用年限的缩短。

4.12.5 稀料溶剂使用不当导致的龟裂破坏事故

鳞片衬里作为高抗渗透防腐蚀衬里技术，所用胶泥材料或厚浆型涂料黏度很大，在材料配制及使用时严格要求不得加入挥发性溶剂，理由很简单，就是因为胶泥材料或原浆型涂料抗溶剂渗出能力也很强，加入挥发性溶剂会导致溶剂被封存在固化衬里层内，这也是鳞片衬里只使用离子型交联固化树脂而不使用缩合型交联树脂（由小分子生成）的主要原因。当成型鳞片衬里层内存在有大量挥发性溶剂时，使用中溶剂受环境温度作用体积迅速膨胀，其膨胀热应力将导致衬里层力学破坏。实际施工中，很多不懂原理的人在乙烯基酯玻璃鳞片胶泥中加入的稀释剂不是苯乙烯，而是丙酮、二甲苯之类的溶剂，或者滚筒等施工工具采用的清洗剂（香蕉水、二甲苯等）直接加入鳞片胶泥中去都会导致最终的衬里层失效事故。

4.12.6 劣质的玻璃鳞片胶泥防腐材料导致的鳞片衬里失效事故

在防腐蚀工程项目中，防腐蚀材料本身的特性是关乎最后质量的一个关键因素。而在这几年中，随着国内烟气脱硫装置的大量兴建和市场容量的不断扩大，大量公司进入烟气脱硫防腐蚀用材料（乙烯基树脂玻璃鳞片）的生产，使得市场竞争越来越激烈，与此同时一些厂家在没有任何技术研发支持、没有检测条件、没有应用背景和没有技术服务的情况下，贸然生产鳞片材料，并采用低价手段，在一些烟气脱硫项目中得到应用，导致在不到半年的应用中就出现了质量问题，在市场中可以查到大量的失效案例，包括开裂、脱层等。目前，适合于烟气脱硫装置的鳞片类内衬材料、施工及验收的国家标准尚在制定中，而已有的行业标准与国外同类标准相比较，存在着技术要求过低、质量指标不全等明显不足。因此，在目前的条件下，对鳞片材料基本特性的确立显得尤为重要。而对于业主或脱硫环保公司而言，选择质量稳定、产品可靠、有技术支撑能力的材料厂家就显得相当重要。在鳞片材料的基本特性中，我们可以从以下几个方面进行考虑和选择。

1. 玻璃鳞片胶泥的原材料

乙烯基树脂鳞片材料的原材料主要是乙烯基树脂、玻璃鳞片和一些功能性助剂，随着目前国内外树脂合成技术的发展，树脂的各项理化特性上没有差异，而就原材料方面的因素，结合目前一些防腐蚀失效工程项目的情况，影响材料特性的主要是鳞片与功能性助剂，而目前随着一些工程项目承接过程中的竞争加剧，一些脱硫公司和施工厂家竞相压价，所以造成最后的合同单价相当低，而一些材料厂家为了争取到材料供应合同，尽量地降低成本：①通过采用劣质的鳞片来降低成本，不同工艺（吹制法、压制法）生产出来的鳞片，鳞片表面是否进行预处理等情况的差异，会使鳞片的成本判别差异较大，甚至一些厂家采用云母粉代替玻璃鳞片，利用这样的低成本制成的鳞片衬里材料的性能是可想而知的；②鳞片表面是否进行预处理等工艺的差异，会使鳞片的成本差异较大；③助剂在合成过程中的所用比例虽然相对较少，但是成本较高，但是是否采用助剂，或者是否采用高性能的助剂，可能会导致最后鳞片衬里的特性差异较大。

2. 玻璃鳞片胶泥的真空捏合制造工艺

在鳞片材料的工艺合成过程中，影响最后制成品特性的因素较为复杂，包括在合成过程中是否采取真空搅拌工艺、鳞片表面是否进行耦连（coupling）处理等，这些工艺过程均会对最后的鳞片衬里性能造成很大的影响。真正的行家里手就知道鳞片生产过程中一定要采用真空搅拌工艺，同种配方下进行的对比性试验发现，真空搅拌工艺下生产的材料的粘结性更好，同时施工过程中不易产生气泡，众所周知，鳞片衬里中的气泡会对防腐蚀性能产生很大的影响。目前，国内一些材料生产商会在现场进行简单的混合即制得鳞片材料，这样的鳞片材料没有经过真空搅拌工艺过程，性能上肯定会受到较大的影响。另外，鳞片的表面处理也是影响防腐蚀效果的一个关键因素，表面处理得是否良好会影响界面的结合性能，若没有对鳞片表面进行偶联处理，腐蚀性的小分子就相对容易通过界面渗透到衬里，直至最后到达基础表面。所以，为了确保鳞片衬里的防腐蚀特性，在合成过程中，应该要求对鳞片进行良好的表面处理，同时应采用真空搅拌或者捏合工艺。

3. 玻璃鳞片胶泥的基本特性

鳞片材料作为一种高性能衬里材料，许多厂家和研究院对其进行了大量的技术革新和研究，同时大量的应用案例也表明该材料是一种可靠的适合烟气脱硫衬里防腐蚀的材料。作为一种防腐蚀材料，鳞片材料的耐腐蚀特性是足够的，因为在烟气脱硫装置中的腐蚀要求本身不是很高，但是正如前面所言，材料的其他几个关键特性也是相当重要的，不同厂家的材料的特性可能差别较大。

1）底层涂料的粘结特性

这在前面提过，建议底涂材料与钢结构基础的粘结力能够至少达到10MPa以上。鳞片底涂应该采用一些高粘结特性的特种底涂材料，虽然也是以乙烯基树脂为主要原料，但是这些底涂材料是经过特殊处理的。但一些材料厂家为了市场竞争需要，在技术不完全成熟的前提下只是简单地采用纯乙烯基树脂，而没有对材料进行任何的技术处理，这样的底涂材料的粘结性是可想而知的，虽然成本是更加低了，但是极易发生鳞片衬里的脱层，尤其在一些GGH装置中，这是大多数鳞片衬里脱层的主要原因之一。

2）鳞片材料的耐温特性（包括耐高温特性和耐温度冲击特性）

在烟气脱硫装置中，由于一些工艺设计上或者是其他方面的原因，一些烟气的温度会一段时间较高，甚至达到180℃。因此，要求高温段材料的耐温特性相当高，这一点可能与国外成熟的烟气脱硫工艺或装置有一点不同。目前，一些厂家生产的鳞片材料在耐高温特性方面有所欠缺，故极易造成鳞片衬里在高温条件或者是温度冲击下，发生开裂、脱层的现象。

为了避免衬里的脱层，提高底涂材料的粘结特性就显得相当重要，在施工现场，我们建议采用现场拉开测试法以评估底涂材料的粘结特性，这种方法是方便可行的，比一些实验室表征方案更加切实可行和符合工程实际需要。可采用符合《用便携式附着力测试仪测定涂层拉脱强度的标准试验方法》ASTM D4541 的液压式粘合度测试仪 HATE，该仪器是一种手动式、粘结头可复用的现场涂层附着力检测仪。它适用于钢材、混凝土等不同基材，拉力范围是 1～18MPa。我们一般要求底涂的测试强度达到 10MPa 以上。而目前国内一些材料的现场测试过程中的粘结强度一般不会超过 5MPa。

4.12.7 不合规的施工以及不重视"过程为王"导致的鳞片衬里失效事故

在任何防腐蚀施工中，材料的性能只是其中的一环，在正确设计、合理选材的基础上，施工质量的好坏很大程度上会最后决定防腐蚀工程的质量。目前的施工队伍多以刷漆、做地坪等土建防腐蚀为主业，对于如烟气脱硫装置这样重要设备的防腐蚀施工中，往往在技术、施工机械、检测手段上准备不足。我们发现在烟气脱硫装置防腐蚀衬里失效的案例中，施工方面主要存在下列几种情况：

（1）表面喷砂质量不达标。烟气脱硫防腐蚀衬里的主要工艺均是在钢结构基础上进行衬里施工，所以表面喷砂除锈质量的好坏很大程度上决定了最后衬里结构的附着力。我们对国内众多的失效工程和局部出现脱落等情况的工程进行了详细的分析与总结，发现喷砂质量的隐患是最大的，大多数工程的质量均达不到 Sa2.5 级要求，在部分工程中出现局部脱层等情况；一些施工单位未采用高质量的砂（如铜矿砂等），或者采用河砂等代替，或者喷砂时未按有关国家标准要求进行，如在高湿度环境中（如下雨天喷砂等）或者低温条件下，从而导致喷砂质量达不到要求，包括粗糙度等。

（2）涂装施工间隔过长。由于各方面的原因造成施工间隔过长或长时间停工，在复工后，没有对已涂覆的表面进行良好的处理就进行后续的工艺，造成涂层的剥离或分层，因为涂装间隔过长会影响附着力。

（3）不按材料的施工工艺要求作业。在环境温度低、湿度大而又没有采取保障措施的情况下赶工，鳞片材料的固化质量受到严重影响，给日后的使用带来了隐患。

（4）材料用量不足。恶性竞争必然带来两个后果，一是降低材质标准；二是用量下降或厚度减薄。导致的后果是防腐蚀失效或服务年限缩短。

（5）检测手段落后。许多施工单位连厚度检测仪、电火花检孔仪等基本的自检仪器都没有，势必自己放弃质量的过程控制，而这是同防腐蚀施工"过程为王"的要求相违背的。

（6）不重视过程质量控制。只管干，不管层间质量控制，不作过程质量记录和监督，最后自然就是无头冤案。不严格执行"过程为王"就一定会导致最终工程质量出现一系列的问题。

从近几年一些运行的烟气脱硫装置发生防腐蚀鳞片衬里失效的情况看，其原因是相当复杂的，但无论如何，对这个行业的健康发展会带来不利影响，有涉及基础构件设计、防腐蚀构造设计、鳞片衬里的选材和制造、现场施工等诸方面的不足。总之，为了更好地规范这个行业的有序健康发展，从烟气脱硫装置的设计开始，包括对材料供应商的选择、施工单位的选择和施工过程的质量控制均是相当重要的，只有做好对每一环节的有效、全面的质量控制，才能确保鳞片衬里在烟气脱硫装置中的长效防腐，从而确保烟气脱硫工程和装置的经济性、长效性和系统性。

4.12.8 交叉作业电焊导致的鳞片胶泥火灾事故

4.12.8.1 脱硫塔火灾事故

此处列举 2017 年 5 月 3 日至 11 月 2 日半年之内的 7 次脱硫塔着火事故：

2017 年 11 月 2 日 8 点左右，西安南外热力公司脱硫塔突发大火，火情严重，初期明火由脱硫塔烟囱冒出，黑烟弥漫。随着火情蔓延，明火由烟囱顶部蔓延到整个塔体，100m 高的脱硫塔整体过火（图 4.12.8.1-1）。11 时左右，明火被消防救援人员扑灭，火灾没有蔓延到周围设施，100m 的脱硫塔被烧成框架，所幸没有人员伤亡！

图 4.12.8.1-1 西安南外热力公司脱硫塔火灾

2017 年 10 月 20 日下午，禹城市新源热电厂脱硫塔意外失火，现场浓烟滚滚（图 4.12.8.1-2）。由于工人及时撤离，未造成人员伤亡。据网友爆料为现场切割不锈钢时，对切割火花未作围挡，导致火花掉落，引燃防腐材料！

图 4.12.8.1-2 禹城市新源热电厂脱硫塔火灾

2017 年 8 月 4 日，浙江嘉兴在建热电厂脱硫塔着火。

2017 年 6 月 16 日，山东滨州新星热电脱硫塔拆除中着火。

2017 年 6 月 3 日，吉林江南热电有限公司脱硫吸收塔着火。

2017 年 5 月 14 日，山东济南南郊热电厂脱硫塔拆除中着火。

2017 年 5 月 3 日，山东日照岚山区钢铁厂脱硫塔着火。

近几年，随着人们环保意识的加强及环保法规的完善，各企业纷纷增加脱硫工艺，脱硫塔的建设项目逐年增多，在对脱硫塔防腐过程中由于施工不当引起的火灾事故时有报道，网上搜索"脱硫塔着火"关键词时一条条新闻、一张张图片让人触目惊心，如果有心人仔细研读这些事故，追查原因，不难发现绝大多数事故均是由于防腐材料着火。这么多的脱硫施工火灾事故，对于许多防腐施工人员已经是亲身经历或者耳濡目染了，但是一次又一次的事故发生不但没有引起警觉，反而有增加的趋势。

在早期，新建脱硫塔均是在地面完成大面积防腐后再进行脱硫塔的吊装焊接，但因常规防腐材料（如乙烯基玻璃鳞片胶泥等）闪点较低、易燃等原因，当后期焊接时由于局部高温或焊渣掉落引起多起火灾，大家不得不修改工艺，在塔体主体建造成功、所有焊接工作完成后再进行塔体的内防腐。在塔体焊接完成后进行防腐属于受限空间作业，通风、排尘、照明、涂层干燥等都将受到限制，防腐材料挥发出的溶剂、稀释剂更易产生爆炸的危险。对于顶板及塔内更为狭小的受限空间更是难以做到彻底的防腐。整体项目的工期也因工艺的改变而延长，项目成本增加。防腐材料闪点低、易燃烧，在诸如钢铁碰撞、角磨机打磨、未穿防静电服装、电器不是防爆型、通风不良好等情况下，电焊切割交叉作业产生的火星飞渣很容易引起火灾事故。另外，施工现场未配备消防器材（如灭火器、防火毯等），没有设置突发事故安全逃生通道，是最厉害的安全隐患，每一个防腐施工人员特别是脱硫塔内衬防腐施工人员千万应引起高度重视。消除诸多安全隐患因素必须在施工前召开安全教育会议，施工中监督和施工后总结，从自我做起，做到三不伤害：不自我伤害、不伤害别人、不被别人伤害，发现蛛丝马迹的安全隐患一定不能马虎了事，应坚决地指出来进行整改。只有安全了才能谈效益，才能保证家庭幸福。

4.12.8.2 火灾事故原因分析

无论对于玻璃鳞片胶泥脱硫塔防腐施工火灾事故，还是对于衬胶脱硫塔防腐施工火灾事故，其产生的原因都基本一样，因此本节原因分析以及下一节解决措施都是既适用于玻璃鳞片胶泥脱硫塔防腐施工，也适用于衬胶脱硫塔防腐施工。

火灾事故原因分析如下：

（1）工程管理人员思想上不重视，管理上不到位，交叉作业抢进度。

在吸收塔进行防腐施工之前，项目公司、监理部以及施工单位的管理人员对防火工作的重要性认识不足，思想上不重视，麻痹大意，没有召开专题安全会议，没有明确各自的安全责任，没有制订防止火灾的安全措施。脱硫塔交叉作业抢进度，安全意识淡薄，管理不到位。

（2）人员安全意识淡薄。

项目公司、施工单位安全监察人员和技术人员没有对施工人员进行安全技术交底和防火安全教育，施工人员防火安全意识淡薄，没有掌握防火安全技术，不知道衬胶施工、玻璃鳞片胶泥施工为什么要防火，怎样才能防火。

（3）防腐施工区域没有实行全封闭式隔离。

吸收塔周边 5m 范围，没有实行严密的全封闭式隔离。周围有动火作业，没有采取有效隔离措施，致使明火与丁基胶水、玻璃鳞片胶泥材料的挥发气体接触造成火灾。

（4）作业人员或其他施工人员吸烟。

在防腐施工禁火区域吸烟并且乱丢烟头。点烟时的明火和乱丢烟头引燃附近的易燃物品产生火苗，与丁基胶水、玻璃鳞片胶泥材料的挥发气体接触造成火灾。

（5）吸收塔没有采用防爆型照明灯和电器开关。

（6）吸收塔内通风不良。

丁基胶水、玻璃鳞片胶泥材料的挥发性易燃成分大量积聚，一旦遇到一点火星，就会产生爆燃。

（7）吸收塔及烟道内的脚手架铺设竹跳板。竹跳板本身含有油脂并且成条状，是易燃材料，容易在失火初期起到助燃作用。

（8）在吸收塔烟道内、外堆积待用物料。如果有易燃颗粒（如焊渣）落入堆积的物料中，且有一定的隐藏性不易发现，则会留下火灾隐患。

（9）设备消缺时违章动火。

脱硫系统整套启动试运（或投产）后，设备安装人员（或电厂检修人员）进行设备消撤时，不办理动火证，没有采取任何防火措施，违章进行焊接或气割作业，焊渣或明火引燃胶板或鳞片胶泥，造成火灾。

特别需要注意的是，大多数吸收塔失火事故是发生在消缺检修人员撤离现场一段时间以后，并不是当时发生的。这是因为焊渣落到胶板夹缝里（开胶的地方）或者吸收塔的底板未完全固化的鳞片胶泥上，慢慢燃烧，引发大火。

（10）设备消缺收工后，没有断开电焊机的电源。

消缺检修的焊工，安全思想不牢，责任心不强，消缺工作完工后，没有将电焊机的电源断开，电焊机发热或者一次电源接头外露意外短路，造成吸收塔周围易燃物品起火，从而引发吸收塔内胶板、鳞片胶泥燃烧。

4.12.8.3 火灾事故预防措施

脱硫塔着火事故频繁发生，到底该如何防范？对策如下。

1. 加强安全管理，杜绝交叉作业，强化动火作业管理，提高防火意识

①吸收塔防腐衬胶施工队伍进入施工现场之前，应与项目公司安监部签订安全协议，明确各自的安全责任。②项目公司应召开吸收塔防腐衬胶的防火安全专题会议，审定防腐衬胶防火方案及安全措施，将防火责任落实到单位、部门和人员。③项目公司安监部安监员、监理部监理工程师和工程部专责工程师，应对施工人员进行防火安全技术交底和安全教育、培训，增强施工人员的安全意识，提高施工人员的防火技能。④施工单位项目部要坚持每周召开一次安全会议，每日召开班前会、班后会，总结安全方面的成绩，表扬遵章守纪的好人好事，批评违章违纪行为。真正做到安全常讲，警钟长鸣。⑤脱硫塔在新建和改造过程中，施工监理职责到位，要合理安排工期和工序，杜绝焊装、机械打磨等易引起火灾的工序与防腐工程进行交叉作业，严格控制质量、安全和进度，强化施工管理。⑥动火作业结束后，要对施工区域进行火灾隐患检查，及时清理杂物，并在现场留守两小时以上。⑦施工前进行施工条件检查，在具备施工条件后方可进行施工。⑧加强施工现场安全管理，严禁携带火种进入现场，杜绝能产生电火花、打磨火花的设备的使用。

2. 施工区实行全封闭隔离

①防腐衬胶施工区域必须采取严密的全封闭式隔离措施，设置一个出入口，在隔离防护墙上四周悬挂醒目的"防腐施工，严禁烟火"警告标志。②严格执行衬胶施工区域出入制度。③建立施工区域保安制度，专人值班，凭证出入，无证人员严禁入内。凡进入衬胶施工区域的人员严禁携带火种，严禁吸烟。

3. 配备消防车和灭火器材

吸收塔附近配备一台消防车，吸收塔、烟道内必须设置足够的灭火器材，以防万一。施工现场预备足够的消防工具，如：消防砂、灭火器、防火毯等。

4. 施工人员正确着装

进入吸收塔、烟道内进行衬胶、贴鳞片的工作人员必须穿戴合格的防护用品，严禁穿带钉的鞋和穿化纤衣服进入塔内，塔外必须有专职人员监护。

5. 使用防爆电器

吸收塔、烟道内照明必须采用24V防爆灯，电源电线必须使用新的软橡胶电缆，电源控制开关必须是防爆型的，应设置在吸收塔或烟道外面。

6. 加强吸收塔和烟道内的通风

吸收塔、烟道内应设置容量足够的换气风机，确保烟道、吸收塔内通风良好，尽量减少丁基胶水挥发分子的积聚。

7. 吸收塔周围严禁动火

①吸收塔、净口烟道与衬胶施工作业时，在其15m范围内严禁动火；严禁在靠近净口烟道GGH处进行动火作业，非动火不可时，一定要采取严密可靠的安全隔离措施。②安装单位在吸收塔筒壁外安装施工时，必须把吸收塔上的人孔、管口、烟气进出口封堵，严防电焊火花及其他火种从烟气进出口、人孔、管道接口等落入已衬胶的吸收塔内。③安装单位在吸收塔周围5m内要求动火时，必须严格执行动火工作票制度，预先备好灭火器、消防水带，必要时设置防火隔离墙。

8. 电焊收工时必须清理施工现场

电焊工以及其他施工人员，撤离现场前，必须认真清理现场，仔细检查每一个角落，看是否有带火的焊渣，必要时可对焊渣的堆积点实施淋水处理，消除热源，而且要检查电焊机电源确已断开。

9. 吸收塔及烟道内减少可燃物

吸收塔及烟道内的脚手架铺设钢跳板，不铺设竹跳板；并禁止堆积物料、作业用胶板和胶水，即来即用，人离物尽。应消除一切可燃物质，防止火灾发生。

不难看出以上措施大部分是在进行人员管理、工序管理，但在安全生产环节中"人、机、料"三要素，"人"是较不可控的因素，疏忽、淡漠、心情等都会影响制度执行的精准性、可靠性。应从源头上控制这三个因素。

（1）控制火源：焊接焊渣飞溅、焊接搭火地线接触不牢产生火花、打磨火花、非安全防爆电源及照明灯具、工具坠地产生的撞击火花、人为携带火源；

（2）控制燃烧物：涂料、稀释剂、涂层、施工工具（如毛刷滚筒等）、电线及其他杂物。在没有燃烧物的情况下，即使有火源也不会引起火灾，因此从治理根源的角度来预防脱硫塔防腐施工火灾，消除燃烧物或做好燃烧物的保护将是较为根本的预防手段，也就是从

"人、机、料"三要素的"料"这一环节来进行控制，从防腐涂料的选择上来较大程度地减少燃烧物，尽可能使较多数的人为失误均难以引起火灾，从而增加整个防腐施工的安全性。

目前，人们常用的乙烯基酯树脂玻璃鳞片胶泥，主要由58%～62%的乙烯基酯树脂（树脂中含40%～45%的苯乙烯）、28%～32%的玻璃鳞片、2%左右的白炭黑、5%左右的云母粉等填料、少许促进剂和固化剂组成，在施工时为了便利部分施工单位还会加苯乙烯稀释，而苯乙烯本身就是极易挥发、易燃易爆的有机溶剂，有机成分树脂和苯乙烯溶剂都是易燃物，一旦发生火灾，势必烧个干净。在整个施工期间，近似密闭的空间内弥漫着大量苯乙烯，苯乙烯蒸汽密度大于空气，当苯乙烯挥发后会沉降到施工区域底部，随着时间的延长，底部苯乙烯的浓度越来越高，不只是具有易燃风险，甚至会达到其爆炸极限。

市面上的确出现了无机树脂胶粘剂制造的鳞片胶泥，详见4.3.3节的"2. 阻燃型和不燃型鳞片胶泥"，但不燃型鳞片胶泥也有自身非常大的缺陷，如粘结性能、致密性、强度、韧性等都不足，目前市面上还不是主流，也没得到大量成功应用案例的验证。所以说目前市面上只是有这种需求方向，但大家还是在尝试解决，期待更多成功的案例。

4.13　乙烯基酯树脂涂料（薄涂）的"泰囧"

这里指的是300μm膜厚型的薄涂乙烯基酯树脂涂料。

乙烯基酯树脂不论怎么去使用，它终究还是逃脱不了自由基固化树脂的原理和范畴，因此要想像溶剂挥发型成膜类涂料一样去轻松实现200～300μm的涂膜厚度，常温成型并且最终的耐腐蚀性能非常好，理论上是不可能的。所以，如果行业很多原来做涂料出身的朋友，要想简简单单就开发出来这个产品，我劝还是不要有这个念头。

但现实问题是：部分应用场合的确无需做到2000μm以上的鳞片胶泥衬里，甚至无需500～1000μm的厚浆型鳞片涂层，只需要300μm薄涂就够了，但以其他树脂基体为成膜物的涂料又很难去解决，乙烯基酯树脂如果固化完全是可以解决的。想象一下：市场上有大量的这个需求，大量的涂料厂家（注意不是做乙烯基酯树脂合成配方出身的）都希望去开发这个产品（笔者已经接到许多这方面的电话），于是仅仅靠涂料厂家去调整所谓的促进剂、固化剂、液蜡空干剂、其他配方中的填充物等，不管怎么做都做不成功！估计很多涂料工程师都会有切身体会。

为什么乙烯基酯树脂厂家，那么多专业的研发工程师不去专门研发一款针对薄涂固化度极高的乙烯基酯树脂牌号呢？首先，乙烯基酯树脂要做到气干性，研发技术层面并不难，提高薄涂层的固化度，也只需要调整乙烯基酯树脂的配方就一定程度上可以做到（尽管笔者是研发出身，但这里不再深入展开讨论如何在技术层面本身，尤其是树脂分子式结构配方设计上去解决"薄涂固化度不足"的问题），但为什么这么多乙烯基酯树脂大厂不去做呢？笔者认为基于两个方面的原因：①首先，商业经济利益层面。能多卖树脂原料为什么要少卖？厚度不一样，用到的树脂材料量不一样。这些非技术层面，或者说并非完全技术层面的因素，应该是第一位的因素。②做薄。定制化地去做一些特殊固化放热曲线的乙烯基酯树脂，会存在另一方面的问题，实验室很容易做到理想化，但深加工成薄涂型的鳞片涂料之后，现场使用时，B组分固化剂的添加比例窗口、可使用时间等这些都会大大受限，以目前国内涂装作业人员的现状，是比较难去严格执行供应商的一些要求的，有些甚至要求干的热蒸气配合，现场也不能够轻易满足，这些现实上的难点也是制约薄涂型乙烯基酯树脂鳞片涂料得到大面积应用和推广的相当大的一个原因。

尽管如此，笔者团队还是推出了定制化适用于薄涂型涂料使用的树脂半成品和成品涂料，树脂品种主要有 OYCHEM®8003PHEX 和 OYCHEM®8071PHEX，成品涂料品种主要有 OYCHEM®8003PHEX-Top（绿/灰）和 OYCHEM®8071PHEX-Top（绿/灰）。

4.14　有关玻璃鳞片胶泥是双组分还是三组分的"争议"

职业生涯至今，笔者被多次问过有关乙烯基酯树脂玻璃鳞片胶泥是双组分还是三组分的问题。

尽管本书的前面章节对乙烯基酯树脂玻璃鳞片胶泥/涂料的原料、制造、性能、施工等都进行了详细介绍，但白纸黑字以外的有些文字和行业台面下的一些疯狂做法，不便写进书里面，这有悖笔者为推动行业进步的初衷。笔者参与防腐相关标准的修编和讨论近20年，太清楚应该为了行业正能量该做什么，笔者无意去教不良厂家使坏，仅仅解释目前行业存在的现状。笔者也会和联合建筑防腐蚀国家标准编写组的前辈同仁们一起去讨论如何在国家标准之外的民间联盟层面（全国防腐蚀上下游产业链民间联盟，NACA®）去推动行业正能量的进步和发展，这点笔者这代人责无旁贷。但现在问的人是越来越多了，为了给大家答疑解惑，这里再次分享给读者。

1）乙烯基酯树脂玻璃鳞片胶泥，国内技术大多源自于靖江王子橡胶，也就是日本技术，日本在这方面实践应用比较早，笔者职业生涯曾就职于日本昭和高分子株式会社，对日系企业王子橡胶技术体系也很了解，乙烯基酯树脂玻璃鳞片胶泥本来就应该是预先促进剂加好的，这样才能体现出玻璃鳞片胶泥这个产品的抗渗透性能的优势。外部介质不容易渗进去，同样已经进去的东西也不容易出得来。市面上靖江王子等这些供应商都是按双组分做的。

2）我们就要在行业里面引导正宗的、正确的、正能量的东西，太多"三脚猫功夫"的厂家，做不好双组分的，就去不加促进剂做成三组分的，导致运输的风险加大不说（固化剂是5.2类易燃易爆氧化性危险品，促进剂和固化剂是不允许混装运输的，一旦相互接触立即爆炸），最终使用时，一定还会出现现场过度来回搅拌，现场空气中的气泡就会大量进入鳞片胶泥里，这个气泡实际上最终在施工中是很难再压赶出来的，这是人为额外多增加了体系中的气泡，导致最终胶泥固化后的致密性下降。这也是为什么现场即使是双组分的鳞片胶泥，对于加入固化剂之后的搅拌方式也有要求的原因（鳞片胶泥加入固化剂后，建议贴近桶壁搅，并且是同一方向，要么一直顺时针，要么一直逆时针，不建议一会顺转一会反转，像普通涂料加固化剂后那样去搅拌，在"4.7.3 鳞片胶泥施工现场配料"中有详尽介绍）。

3）现在行业里面部分地区大量疯狂作假的材料商几乎全部是清一色三组分的方式，原因有两点：

（1）第一是他们的确没有那么多技术储备，凝胶固化确实调节经验不足，不敢去做双组分的，把握不好。

（2）第二是他们根本不用乙烯基酯，全部用191这样的纤维增强塑料不饱和聚酯树脂，而191普通纤维增强塑料不饱和聚酯树脂的凝胶时间相较于乙烯基酯树脂的凝胶时间明显偏短，他们这些作假的人要是再去做预促进的，那么最终的胶泥的保存期就会压缩到夏天一个月都不足，甚至做出来放一周就凝胶坏了，他们不懂树脂技术，十之八九也不会去加阻聚剂，即使加也把控不好，或者加了又会导致固化不良，所以他们打死也不愿意去做双组分的胶泥，不是他们不想去做双组分的，而是的确不会做，不敢做。

4）当然不排除一些有一定技术能力的厂家存在，要是有做树脂研发技术的人去深度教导他们，的确是可以做到即使用191不饱和聚酯树脂，也能做到较长的保质期。但这里面就存在如下几个问题：

（1）这个做鳞片胶泥的厂家里面有高手的确懂树脂研发、助剂等技术（其实并不难），那就自己能做好；先不论质量如何，总之可以做好！当然用不饱和聚酯树脂191去做的话，最终产品的收缩、粘结性能等解决不了的问题还是解决不了，只能在表面文章上做到满足客户和施工的要求（如施工凝胶时间、存放期上），但成本却节省了一大截。

（2）有树脂厂家深度介入，定制化去为客户提供这样的服务，市面上的确有，由于涉及商业信息，此处不便明示具体树脂厂家和鳞片胶泥厂家的名称。要是能找到这样的厂家去为鳞片胶泥领域提供不饱和聚酯树脂，的确很容易解决前面说的外在"形"上的问题（双组分、存放期等），但本质上粘结性能、耐腐蚀性能、耐温等"神"上的问题还是无法解决。

5）那接下来又来了：为什么市面上没有大量出现这类定制化的不饱和树脂呢？

（1）尽管对树脂厂家而言，研发和配方层面本身没有太大难度（当然也不是一般销售市场或者技术服务工程可以解决的，但有五年以上研发经验的工程师的确可以解决），但这个领域不是纤维增强塑料复合材料领域，很奇怪，因为先入为主的市场格局，导致现在市面上，乙烯基酯树脂主流供应商还是那么几家，同时部分乙烯基酯树脂主流供应商同时还在既做面粉又做面包，所以想象一下，换位思考，如果您是鳞片胶泥这个领域的这些主流乙烯基酯供应商，您会去做降低品质，做烂市场的事情吗？想必即使您有技术，也不会去做。

（2）对于下游鳞片胶泥厂家而言，谁都在说自己用的都是乙烯基酯树脂（当然市面上很多做事靠谱的厂家，的确是如此实打实的厂家），的确也不可排除确实有部分地区集中了一大批用纤维增强塑料不饱和聚酯树脂191去做的，他们不可能在公开或者对外场合下承认这个，所以也不可能去大张旗鼓地要求树脂厂定制化大面积扩散这个事情，只能像前文中讲的某厂家一样找个树脂厂定制化的不饱和树脂，实则被狠狠宰了还不知道，因为与这样的材料商类似的一大批公司也不想风声太大，以免下游他们的客户知道他们其实不是用乙烯基酯树脂做的，而是用不饱和聚酯树脂做的。

（3）还有一个原因就是非技术层，而是商务层面的问题。没有大面积的批量化的客户，要求一个不饱和树脂工厂去定制化某一款树脂，往往需要投入大量精力，在鳞片胶泥这么散、乱的小众化市场，并且不饱和树脂就近购买运费和包装费都省了，还有谁去专门为了这个不起眼的行业大批量定制化提供树脂呢？

（4）即使是这么定制化做的树脂厂和使用的下游厂家，如前文所述，也不可能敢于去大面积扩散、去宣传，毕竟他们想卖的是乙烯基酯树脂，只是因为乙烯基酯树脂品牌或者质量下游客户认可度的问题，卖不动乙烯基酯树脂，只能退而求其次，去卖不饱和聚酯树脂，所以他们也不希望同行以及下游市场知道他在推191类似品的不饱和聚酯树脂。

（5）毕竟这个市场的格局还是被主流的有品牌的厂家占据了大部分，下游客户早就不是五年、八年以前了，也慢慢懂了"一分价钱一分货"，所以像金字塔一样，永远都有最底层，也有最顶层，各做各的。

（6）最新修编的 HG/T 3797、GB/T 50590、GB 50212、GB 50726 里面，有关乙烯基酯树脂玻璃鳞片胶泥的表述，都已经严令禁止三组分了，这也是为了整个行业的健康发展和进展，设置了技术和制造门槛的正能量的好事。

6）未加促进型的乙烯基酯树脂玻璃鳞片胶泥，在现场必定需要三组分配合才能施工固化。因此，为了在技术层面杜绝假货和垃圾厂家，直接设置门槛，仅仅写双组分的，这样最终业主、设计院所、监理只要在现场看到是三组分的乙烯基酯树脂玻璃鳞片胶泥，就能直接判定假货或者材料不合格。三组分未予促进这个事，口子不能随便放开。即使要说明也只是在相关标准的条文说明里面说明在极限高温的夏季，"可采用"或者"宜采用"。这个行业不能再乱下去了，再搞下去，假货会废掉整个行业。

7）不是每个厂家现场都会做红外光谱分析判定，所以在使用之前如何判定是以乙烯基酯树脂还是不饱和聚酯树脂为原料制造的鳞片胶泥很重要，这点涉及研发太深，笔者尽管是做研发出身的，但在白纸黑字撰写书籍时，也只是点到为止，介绍几个相对现场可操作的方法。

（1）现场去做胶泥材料的 120℃ 热稳定时间试验，不要去做 80℃ 的热稳定时间试验，因为 80℃ 的热稳定时间都满足大于 24h，即使是不饱和聚酯树脂做的胶泥也可以达到要求，要做就直接做 120℃ 的热稳定时间试验，绝大部分以不饱和聚酯树脂为原料的鳞片胶泥这一道坎就过不了，一对比马上就判定出来了。

（2）现实中，很多厂家会拿双环戊二烯型邻苯不饱和聚酯树脂（DC191）去作假，这时候只要拿以乙烯基酯树脂为原料的鳞片胶泥去对比，在太阳光底下稍微晒晒就知道。DC191 的话，很快就会表层凝胶固化。

（3）还有其他一些比较有效的方法，不再详述。总之，即使不作微观红外分析，如果树脂工程师既对不饱和聚酯树脂很了解，又对乙烯基酯树脂也很了解，那么就会有足够多的经验进行初步的非实验室判断。

如果真要作红外微观分析等实验室判断，那就更容易区别了，可参见本书第 5 章的相关介绍。

8）要是已经做成了玻璃鳞片，如何在使用之前去大致判断质量优劣和真假呢？资深工程师的话，外观、稀稠、刮抹的手感、像豆腐渣还是流挂严重、开桶后是否沉降了，这些都可以非常直接且直观地判断出来；要是有二甲苯等溶剂的话就更好，溶解后再去称重，判断鳞片和粉料的重量比，也可以判断优劣；有拉拔仪的话现场做一个拉拔试验也很方便，以不饱和聚酯树脂为原料的材料拉拔粘结强度会明显偏低；当然，最简单的方法就是价格（一分价钱一分货）、合规的商标、合规的标签、原厂质检报告等。

9）要是已经固化了，撕下来一块"皮"，如何逆向判断呢？这个和施工现场管理有关，完善的管理是严格要求有中间交接过程记录的，每一步都有记录的，是可以查出来的。要是没有这些记录，拿着这块"皮"到高校或者第三方去检测，是否可以倒过来说是不饱和聚酯树脂还是乙烯基酯树脂呢？难度真的不小，主要是目前没有这样权威的第三方机构。这个必须做"气相色谱—质谱联用法检测"（GC-MAS），做分子链的裂解，判断是否有苯酐、醇的存在。简单的红外判定是否含有酯键是不够的，况且固化后红外的样品测试还有点小难度，也只能判定是否含有哪些官能团或键的出峰位，并不能定量判定。比较权威的还是GC-MAS，但是能作这个分析的机构，没几个愿意出具权威盖章报告的，充其量只会说里面含什么分子结构。这就是为什么现在的工程更多地要将质量控制放在前端以及必须重视"过程控制为王"的原因。

4.15 鳞片胶泥/涂料在夏季极限高温和冬季极限低温下施工固化的棘手问题及解决对策

每当夏天（极限高温）或冬天（极限低温）来临时，总会接到很多电话或者微信问询关于乙烯基酯树脂玻璃鳞片胶泥（下文简称玻璃鳞片胶泥）的施工问题，这是下游工程施工企业普遍遇到的问题。笔者既是相关国家标准的参编者，同时也是接触一线的"草根防腐人"，我们这一代防腐工程师应该深刻反省，如何站在整个行业的立场上去引导更多符合国家标准和规范性文件的解决办法，而不能只是给工程界的朋友仅仅"临时抱佛脚"的解决建议。从国家标准角度去考虑，引导行业规范化发展，更建议大家通过外部设备去提高/降低环境温度、降低湿度来满足施工规范的要求，降低损耗，提高最终防腐蚀工程质量和延长使用寿命，这样才更利于行业的健康发展。

本节文字观点并非针对鳞片胶泥技术制造和施工的门外汉，而是针对有一定工程现场经验基础或制造技术基础的工程师。如果您是一个相对的外行，诚挚建议您先阅读本章的4.1～4.14节，再阅读本节内容。

4.15.1 冬期极限低温施工典型棘手问题及解决对策

1. 现状及现象

（1）冬期玻璃鳞片胶泥凝胶时间太慢，由于现场多为双组分，现场施工师傅并不是做鳞片胶泥的人（做的人多少会懂得多点），于是就一味追加固化剂（俗称"白水"，即过氧化甲乙酮），但现场把握起来还是非常难，固化太慢（俗称"干得太慢"）。

（2）问题更为严重的是面漆，不管怎么多加固化剂，其结果就是"发黏"，但瓢里面的、桶里面的面漆又固化了，甚至开裂了，面漆就是固化度上不去，发黏严重。

（3）冬期"料厚"（黏度大），尤其是鳞片胶泥，非常稠，刮起来太费劲，有什么更好的办法？

2. 原因分析

（1）乙烯基酯树脂固化机理是自由基固化，这是一种需要靠热量去维持，并且对热量非常敏感的固化方式，所以说，温度低、固化慢这个本质是无法去改变的，我们首先能做的是：如何在低温下，优化树脂胶料或鳞片胶泥、促进剂、固化剂三者的比例，达到理想的固化程度和效果。

（2）其次，我们能做的是：如何针对冬期极限低温，尤其是现场碳钢基材温度更低的情况下，配制更优化、合理的促进剂，这里一般指的是冬期的互配促进剂，里面是含有加速剂（如 N,N'-二甲基苯胺）的。

（3）第三，我们能做的是：如何针对冬期极限低温，尤其是现场碳钢基材温度更低的情况下，使用固化效果更好，尤其是"后程固化效果"更快，绝对放热峰温度更高的过氧化甲乙酮或其他固化剂，甚至去使用互配固化剂。

（4）第四，我们能做的是：根据制造玻璃鳞片胶泥所使用的原材料树脂，针对性地使用促进剂、固化剂以及去调配配方。每一个厂家的乙烯基酯树脂都不尽相同，配套的促进剂也不一。

（5）第五，我们能做的是：针对面漆，如何去和胶泥区别性对待，优化促进剂、固化剂、液蜡的配比。

（6）第六，我们能做的是：尽量避开潮湿、夜间等条件和环境施工，尽可能地改善现场施工条件。这个在冬期，事实上难度非常大。

3. 建议

不管采用的是哪个厂家的乙烯基酯树脂去做鳞片胶泥和面漆，冬期时，默认大家没有现场加热设备等更好的外部条件，建议做以下几个方面的工作：

1）不要仅仅靠现场多加固化剂来解决极限低温下材料凝胶慢的问题，一定要在工厂制造鳞片胶泥和面漆时，就要多加促进剂，具体加多少，需要鳞片胶泥厂家去试验确认，每家用的促进剂树脂都不一样，不好一刀切去说一个具体的比例。正常情况比如日系技术树脂（如 RIPOXY® R-806EX、RIPOXY® H-630E）或相当品（如 OYCHEM® 8003EX、OYCHEM® 8071）以及日系鳞片胶泥技术路线的厂家，冬期的促进剂 RIPOXY® Pro-EX 加入量要达到树脂量的1%（稀释一倍后的 OYCHEM® 1308 则需要2%）甚至以上，才能保证现场胶泥用固化剂去调凝胶时间的范围比较宽，但绝对不至于现场要加5%以上这么夸张比例的固化剂。如果是走国内其他厂乙烯基酯树脂（如我国台湾地区的上纬公司 Swancor® 901）技术路线的下游客户，冬季的促进剂 Swancor® 1305 加入量要达到树脂量的3.0%，甚至更多，才能保证现场胶泥用固化剂去调凝胶时间的范围比较宽，也不至于现场要加5%以上这么夸张比例的固化剂。

2）为避免现场凝胶太慢，可以在施工现场配套、补加一些促进剂，这个是目前绝大部分干工程的方法，也是比较实用的方法。

3）一定谨记：现场不能仅仅靠多加固化剂解决，一定是靠促进剂、固化剂联动解决。这个原理务必记住，才能在现场配料时游刃有余。

4）一定谨记：在大面积施工上料前，务必做到小试实验确认凝胶时间，并且这个试验不是在桶里面或者瓢里面单独做的，现场一定要按如下操作去实际确认：

（1）首先，用瓢取大致 1kg 或 0.5kg 的胶泥或者面漆（默认是加好了促进剂的胶泥或面漆），按照胶泥材料供应商给的建议以及配套提供的固化剂，加入一定量的固化剂，冬期一般都要加到胶泥量的2%以上，甚至4%。搅匀，取部分胶泥或面漆抹到碳钢表面或基材表面上去，胶泥大致 1mm 即可（面漆可以直接倒在地面或基材上观察），瓢里面的也不要倒掉。观察瓢里面的材料初凝时间，这个就是大家施工的可操作时间。这个时间肯定短于基材表面的初凝时间，因为瓢里面的物料集中，热量不易散发流失，初凝更快。瓢里面材料的凝胶时间最好控制在 30～45min，冬期也不建议超过 45min，一旦超过 45min，最终基材表面的胶泥和之后上的面漆的实际凝胶时间就更长了，很容易出现最终的固化不良。这种现象在使用前面所讲过的 Swancor® 901 时，更容易出现，使用日系技术树脂（RIPOXY® R-806EX、OYCHEM® 8003EX、RIPOXY® H-630EX、OYCHEM® 8071）和日系鳞片胶泥技术路线的厂家，相对而言会好很多，这个会在后文中讲到，这是因为树脂固化特性不一样导致的。但是笔者还是建议冬期瓢里面的初凝时间不要超过 45min，避免不必要的麻烦。

（2）其次，如果前面试验做下来，瓢里面的初凝时间确实太长，比如超过 60min，最好的建议是：材料商配套的材料里面也有促进剂，再按照胶泥量或面漆量的 1% 以内（具体问材料供应商即可）补加促进剂到胶泥里面去（面漆可能补加促进剂的量更大些），搅匀之后再用固化剂去做实验。最后的原则还是操作时间 30～45min。

5）劣质的过氧化甲乙酮的双氧水含量太高，而真正起到固化作用的过氧化甲乙酮，以及过氧化甲乙酮二聚体含量又很低（这个高了成本就高），这就会导致树脂或胶泥凝胶，但实际上"后程固化"放热又上不去，最终出现固化像"橡皮泥"一样。如果选择采用过氧化甲乙酮固化剂，建议大家不要选择太差的，最低要求也要 Trigonox® V388 这样品质的。

6）在冬期时，胶泥供应商也可以在过氧化甲乙酮里互配其他的中高温固化剂（如 TBP、TBPO、TBPB 等），这样可以在一定程度上起到二次固化作用。但是这样需要去胶泥厂家非常理解原理，并且要在工厂内部互配好。这个难度很大，市面上能做到这个级别的鳞片胶泥厂家，笔者至今还没看到。

7）如果不选择过氧化甲乙酮，而是选择过氧化氢异丙苯（CHP）等其他固化剂，则问题就变了。过氧化氢异丙苯这个固化剂，很多胶泥厂家喜欢使用，并且 SWANCOR®、INEOS® 等厂家再三建议使用这款固化剂，甚至 IP 国际油漆、佐敦涂料里面的乙烯基酯鳞片涂料也是配套使用过氧化氢异丙苯，也确实有不少靖江厂家在用。但其实很多人并不理解里面的原理。①鳞片胶泥的优点在于致密性更好，因此无气泡固化剂过氧化氢异丙苯在夏季高温下的玻璃鳞片体系中更适用。除此之外，过氧化氢异丙苯不建议使用，尤其是冬期更不建议使用。原因在于中温玻璃鳞片胶泥，由于基材温度低，导致热量散发快，采用过氧化氢异丙苯人为降低了树脂或胶泥的放热峰温度，使得中温玻璃鳞片胶泥的固化度上来更慢（当然如果保养时间足够，采用过氧化氢异丙苯还是好的，但国内的工程现状，基本不可能给半个月以上的养护时间）。②冬期基材温度更低，过氧化氢异丙苯会使得胶泥和面漆的隔夜固化度更加被人为降低，没有时间和耐心去等、没有工期去等的工程项目，笔者还是不建议冬期施工时采用过氧化氢异丙苯固化剂，包括建议跨国巨头外企也不使用。

8）应该根据制造玻璃鳞片胶泥所使用的原材料树脂，去针对性地使用促进剂、固化剂以及去调配配方。每一家的乙烯基酯树脂都不尽相同。这个只能建议大家用谁家的树脂，就去问谁家的技术工程师。笔者和目前市面上一般提供技术服务的工程师不一样之处在于笔者自己是做配方出身的，对无论是欧美体系树脂、日系体系树脂，还是富马酸体系国内的乙烯基酯树脂，更不用说笔者自己任技术总工的 OYCHEM® 体系的树脂，都知其原理，所以笔者了解不同厂家树脂是如何配套促进剂、固化剂的，尤其是在极端高温的夏季，以及极端低温的冬季。

9) 针对面漆、面涂，如何去和胶泥区别性对待，优化促进剂、固化剂、液蜡的配比？面漆里面的促进剂的量，要加上去，切记不要采用过氧化氢异丙苯去固化，最好是使用品质更好的过氧化甲乙酮固化剂，比如阿克苏诺贝尔公司的 Butanox® LPT 或者硕津公司的 NOROX® MEKP-925H。面漆里面不管是否加粉料，都建议大家做到以下几点：①加液蜡，具体加多少，问树脂供应商。②尽可能去做触变，触变指数达到 4.0～5.0，不要低于3.0。因为竖立面流淌之后，越薄热量越不容易积聚，固化起来越困难。并且流动状态下，液蜡的浮动会跟着变化，容易导致表面固化程度不均一。③冬季务必在厂里面试验好，优化配比，现场也要多配套些促进剂（胶泥、面漆、固化剂发货的同时，也配套少许促进剂），满足现场临时补加促进剂时所需。

10) 务必避开下雨天、潮湿、夜间等条件环境施工，尽可能地改善现场施工条件。在冬季，尽管很难，但也应该尽可能在白天中午施工。国内工程现状笔者也很清楚，赶工期时不可能有热风机给现场鼓吹热风，只能自力更生，多上人手，按照少量多次原则多加促进剂、固化剂。

4.15.2　夏季极限高温施工典型棘手问题及解决对策

1. 现状及现象

(1) 夏季玻璃鳞片胶泥凝胶时间太快，于是只能靠降低过氧化甲乙酮固化剂用量来满足足够的施工操作时间。

(2) 问题更为严重的是："加多了来不及干活""加少了不固化，或者第二天早上来看还是像橡皮泥一样，软的"，后面又没办法再去补固化剂了，束手无策！

(3) 鳞片胶泥制造商为了避免极限高温时存放期太短，只能选择三组分鳞片（这当然是技术能力不过关的部分厂家的无奈选择），因为做成预促进型的话，存放期直接缩短到1～2 个月，甚至不到 1 个月，拉到现场很容易料还没用就凝胶了。

2. 原因分析及解决对策

乙烯基酯树脂固化机理是自由基固化，固化受到环境温度的影响非常大，极限高温环境时凝胶很快是避免不了的。我们只能从树脂、胶泥配方等方面去满足 1～3 个月的鳞片胶泥存放期（哪怕是极限高温下），并且现场施工固化剂适应范围更宽。

(1) 目前树脂更多是针对纤维增强塑料领域的，同时平移用到胶泥领域了，但市面上的确有日系技术体系的部分厂家将纤维增强塑料用的乙烯基酯树脂和玻璃鳞片胶泥用的乙烯基酯树脂区分开，比如 RIPOXY® 体系纤维增强塑料领域为 RIPOXY® R-806/2，而到了胶泥领域则是 RIPOXY® R-806EX；又如 OYCHEM® 体系纤维增强塑料领域是 OYCHEM® 8001，胶泥领域则是 OYCHEM® 8003EX。它们都是完全不同的凝胶固化放热曲线。采用胶泥专用树脂制造的鳞片胶泥，在夏季时，现场施工的固化剂适用范围非常宽，添加比例窗口非常宽，多加一点也来得及施工，不至于固化在桶里面，少加一点第二天早上来敲敲也还是硬邦邦的，固化很好，不会像橡皮泥一样固化不良。

(2) 另外就是采用胶泥专用的树脂去制造的鳞片胶泥，可以放心地做双组分胶泥，即使在极限高温的夏季，存放期至少也在 2 个月，甚至 3 个月，通过海运出口也没有问题（过赤道时密闭集装箱内高温下 45d 以上）。

（3）施工现场的话，真正最实用的方法还是"少量多次"。这是治标的方法。治本的方法是需要在胶泥的配方树脂体系上做工作，这不是胶泥施工单位和使用者可以解决的，而是胶泥制造商和树脂原料商去做的事情。

（4）玻璃鳞片胶泥，笔者本人是极力反对三组分的。三组分导致运输物流的风险加大不说，使用现场弄不好还容易爆炸！最终使用时，一定就会出现现场过度地来回搅拌，现场空气中的气泡就会大量进入鳞片胶泥里，这个气泡最终在施工中是很难再被压赶出来的，这是人为额外多增加了体系中的气泡，导致最终胶泥固化后的致密性下降。总之，预先促进剂加好才能体现出玻璃鳞片胶泥这个产品抗渗透性能的优势。外部介质不容易渗进去，同样已经进去的东西也不容易出得来。这也是为什么现场即使是双组分的鳞片胶泥，对于加入固化剂之后的搅拌方式也有要求的原因（鳞片胶泥加入固化剂后，建议沿着桶壁搅，并且是同一方向，要么一直顺时针，要么一直逆时针，不建议一会顺转一会反转，像普通涂料加固化剂后一样去搅拌）。但是因为他们根本不用乙烯基酯树脂，全部用 191 这样的纤维增强塑料不饱和聚酯树脂，而 191 普通纤维增强塑料树脂的凝胶时间又短，所以也就只能去做三组分的胶泥了。这部分内容详见 4.14 节的说明。

（5）现在行业里面大量疯狂作假的材料商几乎采用的全部是清一色三组分的方式，也是导致夏季极限高温容易出问题的原因所在。原因有两点：①他们的确不会那么多技术真功夫，凝胶固化确实调节经验不足，不敢去做双组分的，把握不好；②作假用的不饱和聚酯树脂的凝胶时间相较于乙烯基酯树脂的凝胶时间明显偏短，他们这些作假的人要是再去做预促进的，那么最终的胶泥的保存期就会压缩到夏天一个月都不足，他们不懂树脂技术，十之八九也不会去加阻聚剂，即使加也把控不好，或者加了又会导致固化不良，所以他们坚决不做双组分的胶泥，这部分内容详见 4.14 节的说明。实际上，从技术层面去做工作，的确很容易解决前面说的极限高温施工棘手的问题。

4.16 鳞片胶泥/涂料的改性、技术与应用进展、未来展望

尽管玻璃鳞片胶泥有诸多优点，拿目前市面上使用最多的乙烯基酯树脂玻璃鳞片胶泥而言，它的优点有：耐酸性非常好，抗渗性能极好，施工方便，综合成本低，性价比高。它的不足有：底漆的耐温性能要求同样达到耐 180℃ 级别，并且做到有一定柔韧性，这是目前乙烯基酯树脂行业较难解决的问题；胶泥本身韧性不佳，容易发脆；尤其是在温度骤变下，胶泥底漆层与基材的粘结性能不佳，容易脱落，尤其是基材处理不足时更容易出问题；温度骤变时，局部应力引起的应力后续集中，也是较难解决的。以上几个缺点的根本原因在于：乙烯基酯树脂玻璃鳞片胶泥的最终防腐层固化后的线性膨胀系数与基材有差异，尤其是在高温时，体现得尤为明显，高温下与基材的粘结性能不能很好地得到保证，乙烯基酯树脂中的极性键是羟基，还不足以完全像环氧键那样起到较好的粘结效果，并且基材处理要求较高，而实际施工中，工程方的基材处理往往都是应付了事。因此，需要有针对性地对乙烯基酯树脂玻璃鳞片胶泥的韧性、乙烯基酯树脂玻璃鳞片胶泥面漆的粘结性

能和柔性、耐温性能进行改性。

第一大方向：底漆改性。底漆要求既耐温又具备一定柔韧性。目前，在国内能提供完美解决这个问题底漆的厂家，几乎没有。目前，市场上绝大多数的做法是：把高交联密度型乙烯基酯树脂或者耐高温的乙烯基酯树脂，添加活性耐热单体或溶剂，制成底漆，打底完一道后，再在底漆中添加少许粉料（多为石英粉之类），再上非常稀的胶泥一道，然后再上特高温胶泥中间层涂料和面涂。也就是说，现行大多数厂家并没有去找专门的底漆，而是拿耐高温的乙烯基酯树脂，极性单体稀释后直接作为底漆来用。当然，现在在国内已经出现了一种有机硅复合耐高温的乙烯基酯树脂的底漆，但基本上还是停留在各公司研发实验室中，在实际中并未得到大量应用。有机硅树脂的引入，会大大提高底漆的耐温级别。聚氨酯改性耐高温乙烯基酯树脂底漆，也已经有了新的尝试，但至今还没有看到成熟应用的案例。

第二大方向：超低线性膨胀率改性。为了降低耐高温的乙烯基酯树脂玻璃鳞片胶泥的线性膨胀系数，做到更加接近基材，同时又能很好地提高胶泥本身的韧性和耐冲击性能，有效地防止温度骤变过程中的脱落和耐应力变化的不足，目前市场上一些人已经开始尝试并使用一些改性剂对现行的乙烯基酯树脂玻璃鳞片胶泥进行改性。

具体来说有如下几种。

1. 添加热塑性高分子塑料粉末

添加热塑性高分子塑料的粉末，比如 PET、PP、PE、ABS 这些高分子材料，在胶泥中起到低收缩剂的作用，降低收缩的同时，提高整个胶泥涂层的韧性，从另一个侧面来改善涂层的耐温骤变、耐应力变化不足容易脱落的问题。一些原来做涂料现在也做乙烯基酯树脂玻璃鳞片胶泥的厂家正在朝这个方向努力，并且已经市场化。

2. 添加有机硅类特耐高温的物质或助剂

添加一些有机硅类特耐高温的物质或助剂，提高整体胶泥涂层的耐温级别，笔者也见过这方面的厂家工程师。此类做法主要集中在一些做耐高温涂料的公司。

3. 添加线性膨胀系数更小的鳞片或其他物质

添加线性膨胀系数更小的鳞片或其他物质（如不锈钢鳞片、锌铝合金鳞片、陶瓷粉、碳化硅鳞片、氮化硅）到胶泥中去，使得最终的涂层的硬度、强度提高更多，涂层的线性膨胀系数更加接近无机或金属基材，也能从另一个侧面来改善涂层的耐温骤变、耐应力变化不足容易脱落的问题。这方面改性市场上也有成熟的案例。

4. 添加柔性有机纤维

目前，这类鳞片涂料内衬在国内还极少出现，在国外已经有了，比较有代表性的是美国的萨维真公司的产品。其原理是利用有机纤维，如 PET、PP、PA 等热塑性材料纤维，制成鳞片状，再和玻璃鳞片混合使用，再采用树脂作为胶粘剂，制成柔性鳞片内衬材料。该改性方法的难点在于以下几点：①有机纤维的选择。不同的有机纤维的耐热和树脂的含浸性能不一样，这些都给有机纤维的选择增加了难度。②有机纤维鳞片在树脂中的团聚，也是较难克服的一点。③将柔性内衬制成利于喷涂的材料，更是不易。④施工难度较大。⑤成本高。该改性方法的优点在于：将整个鳞片内衬由刚性材料往柔性材料方向引导，改变了原来整个内衬层的韧性不足、受应力应变不足、容易脱落的最大缺陷。柔性鳞片内衬的推广，美国的萨维真公司做了很多工作。目前，只有美国的萨维真公司生产的柔性玻璃鳞片胶泥涂料可适用于喷涂,其他厂家的柔性玻璃鳞片胶泥涂料还只能适用于镘涂。

5. 云母鳞片防腐胶泥/涂料

同玻璃鳞片一样,云母鳞片可与环氧树脂、乙烯基酯树脂、丙烯酸树脂、聚氨酯树脂等配制成云母鳞片防腐胶泥或涂料,具有突出的耐候性和耐腐蚀性。

6. 云母氧化铁鳞片防腐胶泥/涂料

云母氧化铁鳞片可与多种防腐树脂,如酚醛醇酸、氯化橡胶、环氧、聚氨酯等配合制备性价比不同的鳞片防腐胶泥或涂料,适应不同的防腐市场需求。

7. 玄武岩鳞片防腐胶泥/涂料

玄武岩鳞片为透明、灰绿色片状,尺寸分布在 $25 \sim 3mm$ 范围内,厚约为 $3\mu m$。相对普通玻璃鳞片而言,玄武岩鳞片中铁氧化物、二氧化钛、氧化铝、氧化钙含量较高,碱性氧化物则较少(如 SiO_2 含量,玻璃鳞片为 75%,而玄武岩鳞片则为 25%),从而导致玄武岩鳞片有比玻璃鳞片更好的耐酸碱性、耐候性、介电性及热变形度,增强了耐腐蚀性能。

8. 石墨鳞片涂料

石墨鳞片可直接作为碳类导电填料,亦可制成复合导电填料用于导电涂料。国内的天华化工机械研究院开发出了以高温耐腐蚀树脂为基料,以导静电能力较强的大片状实体石墨鳞片为主要骨料,以本体强度高、耐磨性好、抗形变开裂性好的短切纤维材料为功能性填料的无溶剂厚膜型导电涂料,可用于原油储罐内壁导静电涂装。

9. 氯磺化聚乙烯玻璃鳞片涂料

氯磺化聚乙烯玻璃鳞片涂料是以氯磺化聚乙烯橡胶为主要成膜物,掺加以玻璃鳞片为主要的抗渗材料的一种高效抗渗耐蚀涂料。氯磺化聚乙烯玻璃鳞片涂料耐磨、耐冲击、抗渗、抗紫外线、抗老化,具有良好的韧性,是优良的建筑防腐涂料。

10. 氯化橡胶玻璃鳞片涂料

氯化橡胶玻璃鳞片涂料由氯化橡胶、合成树脂、增塑剂、玻璃鳞片、颜料、助剂等组成,具有优良的耐水及耐化学介质腐蚀性,耐候性和耐干湿交替性,干燥迅速,施工方便,漆膜坚韧,附着力好,机械强度高,可低温施工,可适用于船舶、集装箱、港口机械等各种钢结构及混凝土表面作防腐涂料。

11. 水性乙烯基酯树脂玻璃鳞片胶泥

详细介绍见 4.3.4 节的第 3 款。

12. 耐磨、阻燃、不燃、耐碱、耐氢氟酸、防爆、导热、隔热、绝缘、导电等功能化改性鳞片胶泥及特种胶泥工业修补剂

详见 4.3.3 节介绍。

第5章

纤维增强塑料衬里防腐及应用

5.1　纤维增强塑料衬里定义、特点、表现形式

纤维增强塑料衬里防腐是以热固性树脂为基体树脂，以连续状材料（多为玻璃纤维）为增强材料的混凝土或碳钢纤维增强塑料衬里的"衬里重防腐"形式。这种"衬里重防腐"的形式整体强度高、韧性好、抗渗耐蚀效果好、施工便捷，但在间歇式施工时，有些需要作二次粘结处理，并且一次性铺层厚度有限制，在形状不规则的地方施工容易出现空洞。

纤维增强塑料衬里利用了纤维增强塑料的化学稳定性和一定的物理机械性能来达到防止设备受到腐蚀的目的。施工成型原理是利用树脂作为纤维增强材料的胶粘剂，固化后将整个内衬层连成一个牢固的整体，覆盖被保护设备的表面，与涂料涂装相比，更厚，并且有了纤维增强层，抗渗性更好，物理机械性能也更好。但是纤维增强塑料衬里还是存在渗透的可能，在纤维和树脂的界面层，一旦腐蚀开始，则沿着纤维的界面层直接渗透到基材。此外，纤维增强塑料衬里尽管有一定的韧性和耐冲击性能，但毕竟还是一个刚性材料，它受热应力变化、使用环境温度骤变、固化收缩应力作用，也容易导致衬里层开裂、整体脱壳等。

纤维增强塑料"衬里重防腐"施工简单、成本较低、修复方便，衬里层材质及厚度可随介质条件合理调整，衬里设备的刚度则由碳钢或混凝土壳体等材料来承载，并可承受一定的外力冲击和振动。因此，纤维增强塑料"衬里重防腐"在防腐工程中有着广泛的应用，也是笔者接触非常多的下游领域：①石油、化工、环保、硫酸、冶炼等领域的容器、槽、池、反应器、塔器等设备的内部防护或外部防护；②大型地下储槽或地坪类衬里防护；③砖板衬里防腐的隔离层；④其他衬里层破坏后的二次纤维增强塑料衬里修复；⑤塑料或其他设备的外防腐增强一体化解决；⑥土建构筑物的外防护。

常见以树脂种类进行分类，纤维增强塑料"衬里重防腐"的表现形式主要有：环氧树脂纤维增强塑料衬里、不饱和聚酯树脂纤维增强塑料衬里、乙烯基酯树脂纤维增强塑料衬里、呋喃树脂纤维增强塑料衬里、酚醛树脂纤维增强塑料衬里、环氧煤沥青纤维增强塑料衬里。其中，环氧、不饱和、乙烯基酯树脂纤维增强塑料衬里在实际中采用最多。

根据基材不同也可表现为：混凝土纤维增强塑料衬里、碳钢纤维增强塑料衬里、塑料纤维增强塑料衬里等。还有其他基材，但实践中以这三种基材居多，尤其是前两者。

5.2 纤维增强塑料衬里之"树脂"

树脂在纤维增强塑料衬里中起到主要的抗渗耐蚀作用，同时还起到粘结基材、粘结增强材料、传递载荷等作用，是最终纤维增强塑料衬里防腐是否有效的关键原料。纤维增强塑料衬里常用的树脂有：环氧树脂、不饱和聚酯树脂、乙烯基酯树脂、酚醛树脂、呋喃树脂。应按照各自树脂的防腐蚀性能、耐温的不同，对应介质环境选择不同的树脂。

表 5.2 所示是一份常见种类介质的不同树脂的耐蚀性比较。各种树脂的耐腐蚀性能数据请参见《防腐施工及应用实战丛书》之《耐腐蚀数据》的介绍，读者也可参照相关耐腐蚀材料手册进行选材，必要时作现场挂片试验，本章将会在 5.8.1 节进行介绍。

常见纤维增强塑料衬里树脂的耐蚀性能比较 表 5.2

介质		间苯型 UPR	双酚 A 型 UPR	氯桥酸型 UPR	双酚 A 型 VER	酚醛型 VER	双酚 A 型 EPR	酚醛树脂 (PHR)	呋喃树脂 (FRP)
无机酸	盐酸 37%	B	B	B	A	A	C	B	B
	磷酸 85%	B	A	A	A	A	B	A	A
	硫酸 70%	D	B	A	A	A	B	A	A
有机酸	冰醋酸	D	D	B	B	B	D	A	B
	油酸	B	A	A	A	A	B	A	A
无机碱	NaOH10%	D	D	D	A	A-B	A	D	B
	KOH45%	D	D	D	B	C	A	D	C
有机碱	氨水 30%	C	B	B	A	A	A	B	B
	苯胺	D	D	D	B	C	D	D	D
有机溶剂	丙酮	D	D	D	C	B	C	B	B
	乙醇	C	C	B	B	A-B	B	A-B	B
	苯	D	D	C	B-C	B	C	A-B	B-C
	甲苯	D	D	C	B-C	B	C	A-B	B-C
	二甲苯	D	D	C	B-C	B	C	A-B	B-C
	四氯乙烯	D	D	D	D	B-C	C	A	B
	三氯乙烯	D	D	D	D	B-C	C	A	B
	三氯甲烷	D	D	D	D	B-C	C	A	B
	二氯甲烷	D	D	D	D	B-C	C	A	B
氧化性介质	HClO10%	C	B	B	A	A	C	D	D
	ClO$_2$(湿)	D	D	A	A	A	D	D	D
	铬酸	D	D	B	A-B	A	D	D	D
	硝酸	D	D	B	A	A	D	D	D
	氯气(湿)	D	B	B	A-B	A	D	B	D
	王水	D	C	B	A-B	A	D	D	D

注：A-耐蚀优；B-耐蚀良；C-耐蚀可；D-耐蚀劣。

1. 不饱和聚酯树脂（UPR）

防腐领域采用较多的是间苯型 UPR、双酚 A 型 UPR 和二甲苯型 UPR，现在氯桥酸型 UPR 和耐蚀对苯型 UPR 的应用也多了起来。这里仅简要地介绍，更加详细的这些树脂信息，请参考沈开猷前辈编著的《不饱和聚酯树脂及其应用》（第三版，化学工业出版社，北京，2005 年）。

间苯型 UPR，由间苯二甲酸（酸酐）和二元醇及不饱和二元酸缩聚而成，具有较好的耐酸性、耐温性和良好的机械性能，属于中等耐蚀 UPR 树脂。市场上较多的是 199 号。但间苯型 UPR 树脂在耐蚀纤维增强塑料衬里领域的位置很尴尬，性价比很多时候并不高，因此实际用作耐蚀纤维增强塑料衬里场合的并不多。

双酚 A 型 UPR，它是由 4,4′-（β,β′-二羟基二丙氧苯基）-2,2′-丙烷（简称 D33 醇）取代二元醇而制得的一种 UPR，耐蚀性较之间苯、邻苯 UPR 更好，且具有一定的韧性，机械性能也更好。耐酸、耐氧化性介质的能力更强，耐碱尽管不如乙烯基酯树脂，但较之二甲苯型 UPR、间苯型 UPR 而言，要好得多。市场上较多的是 197、3301、3201 号这些牌号。双酚 A 型 UPR 最终的耐蚀性能与 D33 醇的取代比例有很大关系，D33 醇的成本较一般的二元醇要高很多，取代的比例大了，耐蚀性就更好，反之亦然，这也就是目前市场上双酚 A 型 197 号树脂的价位相差很大的原因。高价的 197 号不敢说 D33 醇一定高，但廉价的 197 号一定是 D33 醇含量极低，其最终的耐蚀性能其实就和一般的间苯型树脂差不多，所以要想得到较好的耐蚀性能，就必须慎重选择 197 号树脂的供应商。耐蚀性能好的 197 号树脂，在很多地方完全可以取代乙烯基酯树脂使用，性价比相对于乙烯基酯树脂而言，那是要高很多，这也是目前市场上使用这类树脂量较大的一个原因。

双酚 A 富马酸型不饱和聚酯树脂，典型牌号如 Atlac®382，这类树脂介于乙烯基酯树脂和双酚 A 型 UPR 之间，其耐蚀性能和机械耐热性能和目前市场上通常采用的富马酸、己二酸改性的乙烯基酯树脂（市面上有不少这类牌号）差不多。性价比也很高，因此市场上使用者也很多。

二甲苯型 UPR，典型牌号如 X_{41}，具有一定的耐蚀性能，但树脂的韧性和力学强度都较之 197 号有较大的不足，更不用说和乙烯基酯树脂相比了。这种树脂生产过程中，废水特别多，且最终树脂的颜色也非常差，按照现行国家的环保政策，这类树脂是不能生产的，二甲苯不饱和树脂在长三角地区是不可能通过环保验收的，只能到环保监管比较宽松的地区找工厂代工。整个市场上仅有一两个厂家在供应这种树脂，并不是其他厂家做不出来，而是该树脂的性能以及综合性价比都不高，完全可以使用价格相当、耐蚀性能更好、力学性能更好的其他树脂取代它。

卤代型不饱和聚酯树脂，典型的是氯桥酸型 UPR，它是采用氯桥酸部分取代二元酸和二元醇缩聚而成的 UPR，耐高温、阻燃，突出的耐蚀性就是耐湿氯气及次氯酸介质。这种树脂，之前采用较多，但随着乙烯基酯树脂介入市场，尤其是酚醛型乙烯基酯树脂的应用，其耐蚀优势就不明显了，并且该树脂的力学性能和韧性较差，除湿氯气介质外的耐蚀广谱性，和乙烯基酯树脂相比，显得不足，性价比也不足，因此这类树脂现在在纤维增强塑料"衬里重防腐"领域，采用得已经越来越少了。

2. 乙烯基酯树脂（VER）

乙烯基酯树脂，分富马酸己二酸型、丙烯酸型、TDI 改性前的两种类型、标准双酚 A

环氧型、酚醛环氧型、溴化阻燃型、高交联密度型等多种类型，相较于前面几种 UPR，乙烯基酯树脂的耐酸、耐碱、耐氧化性介质及有机溶剂性能都好一大截，分子式结构设计不一样，其耐温耐蚀性也不一样，具体详细介绍可参考笔者主编的《乙烯基酯树脂及其应用》（化学工业出版社，北京，2014 年）。

3. 环氧树脂（EPR）

纤维增强塑料衬里现场采用最多的是双酚 A 型液态环氧树脂，尤其是 E-44 和 E-51。环氧树脂纤维增强塑料衬里最大的优势是与基材的粘结性能好，收缩小，不易脱壳。固化后的环氧树脂纤维增强塑料衬里耐弱酸、弱碱和部分溶剂，但常温固化、耐热不足，和乙烯基酯树脂和呋喃树脂纤维增强塑料衬里相比要差。

环氧树脂催化型的固化剂（如咪唑、叔胺、酸酐等）不便于现场常温纤维增强塑料衬里施工，多采用交联型的乙二胺、酚醛胺 T31（毒性更低）。芳香族胺 590 号固化剂固化速度太慢，采用不多，聚酰胺固化剂是一个不错的选择。

E-44 和 E-51 中，无机氯和有机氯杂质含量过高，会影响到最终环氧树脂纤维增强塑料衬里的电性能。关于环氧树脂纤维增强塑料衬里施工时加入的稀释剂，本章篇幅所限，不作详细介绍，请参考陈平编著的《环氧树脂及其应用》（化学工业出版社，北京，2004 年）。

酚醛型环氧树脂 E-44 和 E-51 在实际现场纤维增强塑料衬里工程中，采用极少，主要还是因为它的施工操作性实在太差。这类环氧树脂在涂料涂装防腐中应用比"衬里重防腐"中多。本章由于篇幅所限，不作详细介绍。

4. 酚醛树脂（PHR）

热固性酚醛树脂采用酸性固化剂进行固化，固化后的纤维增强塑料耐温，耐酸性优良（尤其是冰醋酸），不耐碱，也不耐氧化性介质，耐乙醇、甲苯、氯苯、二氯乙烷等有机溶剂。热固性酚醛树脂在常温纤维增强塑料成型时，采用酸性固化剂，固化过程中，会有小分子逸出，导致最终衬里层的致密性不足，抗渗性变差。本章由于篇幅所限，不作更多酚醛树脂的介绍，请参考黄发荣和焦杨声编著的《酚醛树脂及其应用》（化学工业出版社，北京，2004 年）。

5. 呋喃树脂（FRP）

呋喃树脂，固化后，耐低浓度中低温下的酸、碱、酸碱交替、部分有机溶剂，但它非常脆，与基材粘结性能也很差，酸性固化剂导致在施工时基本都要做隔离层。本节不详述，请参见本章 5.7 节介绍。

由于纤维增强塑料衬里主要为现场成型，主要适用的树脂集中在两类：环氧树脂和乙烯基酯树脂。其他树脂即使可以用作衬里，但相对不多，故 5.3～5.11 节就不展开详细阐述。其中，不饱和聚酯树脂的固化及施工与乙烯基酯树脂相似，直接类比即可。呋喃树脂更多的是作为商品级防腐蚀胶泥出现的，由于固化和施工的特殊性，直接用于纤维增强塑料衬里常温固化施工的极少，因此不展开阐述。酚醛树脂常温固化会有水分子生成，因此基本不作为纤维增强塑料衬里使用，故不展开。

5.3 纤维增强塑料衬里之"纤维"

可用于纤维增强塑料衬里的纤维，有玻璃纤维、碳纤维、合成有机纤维、麻纤维等天然纤维。

玻璃纤维，应用得最多，按成分分无碱（E 型）、中碱（C 型）、高碱（A 型）、耐酸型（ECR 型）等，按应用形式分表面毡、短切毡、方格布、连续纱、短切原丝、玻璃鳞片、多轴向织物、缝编织物、3D 织物等。碳纤维在现场施工纤维增强塑料衬里时应用极少。有机纤维，常见的有聚酯纤维和芳纶纤维（Kevlar 纤维），耐碱性和耐盐溶液性能优于玻璃纤维，耐硫酸、盐酸性能较玻璃纤维差，不含二氧化硅成分，适用于含氟介质的玻璃衬里。目前，聚酯纤维已经可以做成表面毡（工程中用得较多）、短切毡。丙纶纤维也有使用，但不多。芳纶更多的是在建筑补强环氧树脂纤维增强塑料衬里时用到。麻纤维等天然纤维，强度不如玻璃纤维、碳纤维，但柔性更好。

按照国家现行标准《建筑防腐蚀工程施工规范》GB 50212 和《乙烯基酯树脂防腐蚀工程技术标准规范》GB/T 50590，典型的耐腐蚀纤维增强塑料内衬层截面如图 5.3-1 所示，这部分更加详尽的介绍见本书"5.9.3 设计规定"一节。一般有四种类型常用于不饱和聚酯树脂和乙烯基酯树脂的玻璃纤维，分别是表面毡、短切毡、方格布、连续纱。玻璃纤维的表面用浸润剂进行了处理，务必保证所用浸润剂和铺层用树脂的相容性。图 5.3-2 所示是常用的几种连续纤维状增强材料的照片。

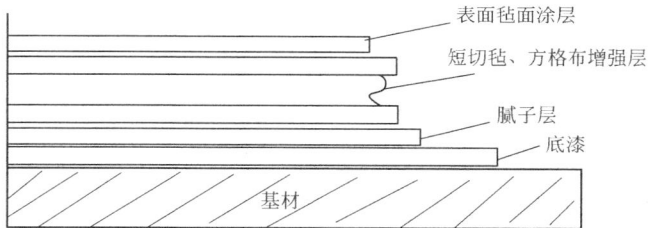

图 5.3-1　典型耐腐蚀纤维增强塑料衬里结构示意图

| 聚酯表面毡 | C型玻璃纤维表面毡 | 玻璃纤维短切原丝 |
| 玻璃纤维短切毡 | 玻璃纤维方格布 | 玻璃纤维连续纱 |

图 5.3-2　常用的几种连续纤维状增强材料

1. 表面毡

表面毡（图 5.3-3）相比短切毡更为致密，表面毡增强的富树脂层的耐渗透性更好，可以防止短切毡突出的毛刺扩展到富树脂层表面以上形成毛细管效果的腐蚀通道，可以起到更好的屏障效果，而且可以避免开裂和龟裂。用得最多的玻璃纤维表面毡是 C 型玻璃纤维表面毡。在一些特殊场合（主要是含氟介质、次氯酸盐介质、氢氧化钠等碱性介质），会用到有机纤维，主要为聚酯涤纶纤维表面毡。聚酯表面毡的耐热温度较玻璃纤维表面毡的耐热温度要低，在氯桥酸不饱和聚酯树脂、酚醛型乙烯基酯树脂等固化放热峰温度较高的场合，聚酯有机表面毡收缩会更大，因此需要在拉铺表面毡时特别减少应力的影响。在一些腐蚀特别严重的场合，建议用多层表面毡以增加耐腐蚀性能，但表面致密度高，用多了，会阻碍表面毡下面气泡的逸出和压赶，因此需要特别注意。

碳纤维表面毡有导电功能，其耐磨性能也较 C 型玻璃纤维表面毡和聚酯表面毡好很多，在一些特殊场合也会用到。其他诸如 A 型（高碱）玻璃纤维和 ECR 型（无硼无碱玻璃）玻璃纤维制造的表面毡除特定场合外用得很少，使用前也需要作耐腐蚀试验确认。

| C型玻璃纤维表面毡 | 聚酯表面毡 | 碳纤维表面毡 |

图 5.3-3　常用的几种表面毡增强材料

聚酯表面毡用得越来越多，因此拿出来单独介绍。

应用于复合材料加工的聚酯纤维大多是聚酯表面毡，在拉挤、缠绕、手糊、树脂传递模塑成型（RTM）、模压和真空注射等加工工艺中都有应用。聚酯表面毡因强度、成本的局限性，多用作为辅助材料，主要具有如下特点：耐磨损性能、耐腐蚀性能（尤其对含氟介质和碱性介质）、抗紫外线性能、耐机械损伤性能、表面光洁性、高品质的表面富树脂层、保护生产过程中的模具等。

通常情况下，表面富树脂层可以通过表层涂敷来获得，但也可以通过使用聚酯表面毡来直接完成。使用表面毡还可以在以下几个方面带来便捷和优势：节省涂敷涂层时间、没有分层的危险、可形成一个精细的表层、简单而快捷的作业方式。拉挤工艺中，为了获得更加完美的表面性能，提高表面富树脂层光洁的表面效果，增强产品的耐磨损性、耐机械损伤性、抗紫外线性能，保护加工过程中的模具以延长模具的使用寿命，使用聚酯表面毡是个不错的选择；缠绕工艺中，使用聚酯表面毡，可以大大提升产品的耐化学腐蚀性能，尤其是管道生产领域，在耐氢氟酸产品中获得广泛应用；手糊工艺中，使用聚酯表面毡，可以帮助提高产品的物理机械性能，提高耐腐蚀性能，尤其是耐含氟介质，改善表面粗糙度，并保护作业人员不受玻璃纤维的伤害；树脂传递模塑成型工艺中，使用聚酯表面毡、聚酯增强毡，将提升产品的力学强度和耐腐蚀性能。

聚酯表面毡具备以下耐化学品性能：①对氧化剂具有良好的抵抗能力，对含氟介质和碱性介质的耐蚀性尤为突出；②通常情况下，能很好地抵抗高温弱酸水溶液和常温下的强酸水溶液，但能被浓度为95%的浓硫酸腐蚀；③对常温下的强碱水溶液具有较好的耐腐蚀性，但能被沸腾的强碱溶液腐蚀。

聚酯表面毡与玻璃纤维（玻璃纤维表面毡、短切毡、连续毡、多轴向布）具有很好的预复合性能。聚酯表面毡的耐热性能不足、抗皱褶不足是其最大的缺陷，为此可将玻璃纤维和聚酯纤维缝编预复合成型，制成复合纤维表面毡，满足一些特殊需求。目前，市场上典型的聚酯表面毡规格有20、30、38、45、60g/m² 等几种。

2. 短切毡

耐腐蚀纤维增强塑料中用到最多的两类短切毡就是E型玻璃纤维短切毡和ECR型玻璃纤维短切毡。通常是12.5~50mm长的短切纤维丝经化学处理（偶联剂、浸润剂处理）后，粘合编织在一起形成玻璃纤维束，再形成短切毡。耐腐蚀纤维增强塑料领域常用的玻璃纤维短切毡有以下规格：225，300，450，600g/m²。

3. 方格布

方格布属于连续状纤维材料，多为连续纱编织而成，单位面积的重量比短切毡大，单位面积方格布"吃"树脂量要比短切毡少。在实际作业中，多用短切毡和方格布交替积层。

4. 连续纱

大部分无捻连续纱都是卷成一个圆筒形包装的，方便连续使用。连续纱多用于缠绕成型、拉挤成型和喷射成型。

5. 短切原丝

团状模塑料（BMC）领域主要用干法短切原丝，要求集束性好，易为树脂很快浸透，具有很好的力学强度及电气性能。图5.3-4所示是玻璃纤维增强材料最常用的几种形式。

| 玻璃纤维短切毡 | 方格布 | 连续无捻纱 | 短切原丝 |

图5.3-4　玻璃纤维增强材料最常用的几种形式

6. 多轴向织物

玻璃纤维多轴向织物是一种不卷曲，具有多轴向和多层结构的增强材料。层数、轴向、克重以及每层具体的纤维重量，取决于本身用途的不同而有所差异。每一层之间通过聚酯纱线加以缝合而成。该类织物的制造，可通过使用多个方向（0°，90°，45°，−45°）不同的组合，或者与短切纤维或薄毡等无纺材料缝合而成。多轴向织物大大提高了复合材料的层间剪切强度和抗损伤容限。

各种助剂的相关技术参数以及安全注意事项和储存运输等处理方式（材料安全数据表MSDS）可从材料商处获得。表5.3列出了纤维增强塑料成型辅助材料的一些供应商，供读者参考。

供应商名称及材料商标名称　　　　　　表 5.3

材料名称	类型	制造商	材料名称	类型	制造商
表面毡 Tianlue Nexus® Avelle® APC M524-ECR25A Freudenberg T-1777	聚酯型 聚酯型 聚酯型 C 玻纤 C 玻纤	天略 PFG XAMAX OCS OCS	毡材 M113 Advantex® M723A MPM-5	E 玻纤 ECR 玻纤 E 玻纤	圣戈班 OCS PPG
方格布 318，322，324，326 HYBON® Woven Roving Knytex® Woven woving		圣戈班 PPG OCS	连续纱 HYBON® 2000 Advantex® Type 30 RO99® 625 & 673		PPG OCS 圣戈班
喷射纱 HYBON® 6700 OC® Multi-End Rovings 255，292，298，299		PPG OCS 圣戈班	固化剂 Butanox® LPT Perkadox CH-50 Trigonox® K-90	MEKP BPO CHP	Akzo Nobel Akzo Nobel Akzo Nobel
无泡固化剂 Trigonox® 239A OYCHEM® C238		Akzo Nobel OYCHEM®	促进剂 Nap-Co 及 Oct -Co OYCHEM® Pro-Ex、 OYCHEM® 1305		OM Group OYCHEM®
助促进剂 N，N′-二甲基苯胺 N，N′-二乙基苯胺 N，N′-二甲基乙酰基乙酰胺	DMA DEA DMAA	Eastman Eastman	固化延迟剂 各阻聚剂的醇溶液		OYCHEM®

5.4　纤维增强塑料衬里之"填料"

5.4.1　无机填料的种类

无机填料的种类分为：①无机填料和有机填料；②惰性填料和活性填料；③微球形（实心或空心）填料；④片状、纤维状、针状填料；⑤玻璃粉与磨碎玻璃纤维填料；⑥复合型填料。这里主要介绍无机填料。无机填料主要是以天然矿物为原料经过开采、加工制成的颗粒状填料，少数填料是经过处理制成的。

无机矿物填料的分类方法很多，一般来说，填料的化学组成决定填料的本质，尤其是赋予材料以功能时，其化学组成起决定作用（表 5.4.1）。

无机矿物填料按化学组成的分类　　　　　　表 5.4.1

类型	主要化学成分	实例
氧化物/氢氧化物	氧化镁、氧化铝、氧化钙等	氢氧化镁、氢氧化铝、氢氧化钙等
碳酸盐	氧化钙、氧化镁、二氧化碳等	碳酸钙（沉淀碳酸钙和细磨碳酸钙）、碳酸镁（白云石粉）等

续表

类型	主要化学成分	实例
硅酸盐	氧化硅、氧化铝、氧化镁、氧化铁、氧化钙、氧化钾、氧化钠、水玻璃等	滑石粉、皂石粉、云母粉、高岭土和煅烧高岭土(硅酸铝)、硅灰石、硅藻土、石英粉、长石粉、膨润土、海泡石、凹凸棒石、石棉、叶蜡石粉、绿泥石、透闪石、电气石、蛭石等
硫酸盐	硫酸钙、硫酸钡、硫酸锶等	石膏粉、重晶石粉沉淀硫酸钡、明矾石等
碳质	碳	晶质(鳞片状)石墨和非晶质(土状)石墨
复合矿物填料	氧化硅、氧化铝、氧化镁、氧化钙、氧化钛、氧化锌等	碳酸钙/硅灰石复合填料、氢氧化镁/氢氧化铝复合填料、滑石/透辉石复合填料等

1. 碳酸钙类

碳酸钙分为天然的和人工合成的两种：天然产品称为重质碳酸钙，人工合成的称为轻质碳酸钙。重质碳酸钙是将天然矿石（如方解石）经筛选、破碎、干磨或湿磨，再经分级而制成。合成碳酸钙多采用沉淀法，首先将石灰石煅烧成氧化钙后制成氢氧化钙，与煅烧出的二氧化碳反应生成碳酸钙，再经过滤、烘干、粉碎、筛分，最后制成成品。轻质碳酸钙，粒径在 $0.5\sim6\mu m$ 之间，化学沉淀法制得，有微弱的补强效果。轻质碳酸钙按其粒径大小分为普通轻钙、超细碳酸钙、纳米钙，超细碳酸钙、纳米钙粒径在 $0.01\sim0.1\mu m$ 之间，有较好的补强效果。天然碳酸钙又称大白粉、白垩、石灰石粉、方解石粉等，其主要成分是碳酸钙，此外，还含有碳酸镁、二氧化硅及三氧化二铝等杂质。天然碳酸钙为白色粉末，颗粒粗大。合成碳酸钙的质量分数都在98%以上，颗粒细，吸油量大大增加，超细型碳酸钙的颜色比一般碳酸钙更白、更纯净。碳酸钙是碱性颜料，在酸中可以溶解，所以不耐酸雨。由于它的 pH 值在 9 左右，不宜与不耐碱的颜料共用。碳酸钙性能稳定。重质碳酸钙的吸油量较低，主要起骨架增强作用，提高机械强度和耐磨性等。重质碳酸钙是很好的接缝材料，大量用在底漆、腻子、胶泥中。

2. 云母粉

云母粉是一种含 Al、Mg 的硅酸盐。云母矿经过干式或湿式研磨后形成细粉，去杂质，经过滤、干燥，成为片状细粉产品，其外观呈银白色至灰色。云母粉的化学稳定性好，能提高涂膜的耐温性、耐候性，能起阻尼、绝缘、减振、防护紫外线、防放射性辐射的作用，还能提高机械强度、抗粉化性、耐久性，可用于阻尼漆、防火漆和外墙乳胶漆等。

3. 滑石粉

滑石粉是一种天然产品，其分子式为 $3MgO\cdot4SiO_2\cdot H_2O$，外观呈白色粉末状。滑石粉由天然滑石经干法、湿法粉碎或高温煅烧而得，是六方或菱形结晶颗粒，粒径为 $1.3\sim149\mu m$。其化学组成为水合硅酸镁，用作橡胶填充剂、增容剂、隔离剂及表面处理剂。滑石粉的颗粒形态分为片状和纤维状两种，涂料中片状滑石粉用得更多，纤维增强塑料中两者都用。滑石粉易于粉化是它的缺点。

4. 石英粉/砂（二氧化硅）

二氧化硅可分为天然产品和人造产品两大类，在化学属性上都具有 SiO_2 的特性，为白色粉状中性物质，化学稳定性较高，耐酸不耐碱，不溶于水，耐高温，但在两者物理状态上却有极大的差别：天然产品颗粒粗大，吸油量很低，颜色不够纯净，较致密，质地硬、耐磨性强；合成产品颗粒由一般到极细，吸油量由一般到非常高，白色中略带蓝相，折射率较低，在 1.45 左右，可以做得相当蓬松。

天然无定形二氧化硅为非结晶形，粒径大部分在 $40\mu m$ 以下，呈细白粉末状，因其价廉和化学稳定性好，广泛用于底漆、平光漆和地板漆等。天然结晶型二氧化硅即天然石英砂，经粉碎风选而得，呈白色粉末状，耐热性、化学稳定性好，在乳胶漆中使用不仅起到填充作用，而且涂刷性、平光作用及耐候性均良好。其大量用于真石漆和饰纹涂料中。

如果分子内含水，就成了硅藻土，即含水二氧化硅，其分子式为 $SiO_2 \cdot nH_2O$。它是海生生物的遗骸，资源非常丰富。由于来源和制造方法不同，质量波动较大，外观呈灰色粉末至细白粉末状。质地轻软，颗粒蓬松且较粗，粒径为 $4 \sim 12\mu m$，具有多孔性，吸油量高达 120g/100g ~ 180g/100g。它有引进气孔而提高遮盖力的作用，主要应用于平光涂料和厚质涂料中。

5. 碳化硅

一种无机物，化学式为 SiC，是用石英砂、石油焦（或煤焦）、木屑（生产绿色碳化硅时需要加食盐）等原料通过电阻炉 2000℃ 高温冶炼而成。碳化硅的原料矿物为莫桑石。在C、N、B 等非氧化物耐火原料中，碳化硅为应用最广泛、最经济的一种，可以称为金刚砂或耐火砂。工业碳化硅分为黑色碳化硅和绿色碳化硅两种，均为六方晶体，相对密度为 $3.20 \sim 3.25$，显微硬度为 $2840 \sim 3320kg/mm^2$。碳化硅由于化学性能稳定、导热系数高、热膨胀系数小、耐磨性能好，除作耐磨填料用外，还有很多其他用途。碳化硅硬度很大，莫氏硬度 9.5 级，仅次于世界上最硬的金刚石（10 级），且具良好的导热性能，是一种半导体，高温时能抗氧化。

6. 辉绿岩粉

辉绿岩石主要由辉石和基性长石（与辉长岩成分相当的浅成岩类）组成，含少量橄榄石、黑云母、石英、磷灰石、磁铁矿、钛铁矿等。辉绿岩是造铸石的原料。以辉绿岩为主要原料制成的铸石，称为辉绿岩铸石，是一种具有高度耐磨性和耐腐蚀性的材料。辉绿岩按次要矿物的不同，可分为橄榄辉绿岩、石英辉绿岩。含沸石、正长石等，称碱性辉绿岩等。

7. 硫酸钡

硫酸钡分为天然和合成两种：天然的硫酸钡叫重晶石；合成的硫酸钡也叫沉淀硫酸钡。天然硫酸钡是由重晶石矿经破碎、湿磨、水洗、干燥、筛分后而制成成品。沉淀硫酸钡是将可溶性钡盐溶液（如氯化钡等溶液）与硫酸钠溶液制得硫酸钡沉淀，经过水洗、过滤、干燥、粉碎、筛分后而制成。

硫酸钡是一种惰性物质，化学性质稳定，外观呈致密的白色粉末状，是体质颜料中密度最大的品种，为 $4.3 \sim 4.5g/m^2$，遮盖力稍强。硫酸钡耐酸碱、耐光、耐热，熔点可达1580℃，不溶于水，吸油量低。天然的硫酸钡质量分数为 $85\% \sim 95\%$，合成的硫酸钡质量分数不小于 97%。硫酸钡是一种中性颜料，合成产品质量优于天然产品。天然硫酸钡可增加耐磨性。沉淀硫酸钡性能较好，白度高，质地细腻，表面光泽高，密度大。

8. 氢氧化铝

氢氧化铝是用量最大和应用最广的复合材料填料，在化学上惰性、无毒，在纤维增强塑料制品中添加氢氧化铝可提高阻燃性能、力学性能。氢氧化铝也经常用来提高树脂的阻燃效果，降低烟密度。氢氧化铝是一种精细化工产品，白色粉末状的填充料，以适当的比例添加到树脂中去，可以大大改善卤化树脂或非卤化树脂的阻燃效果。添加了氢氧化铝的树脂积层板在燃烧时，氢氧化铝会分解成水蒸气和氧化铝，水蒸气使积层板冷却，降慢了树脂分解或燃烧的速度。

氢氧化铝的阻燃不同于氧化锑。如前文所述，氧化锑添加到卤化树脂中起到的阻燃作用非常好，只需要3%～5%的添加量就可对卤化型树脂起到非常好的阻燃增效作用。而氢氧化铝则不同，无论是对卤化树脂还是不含卤素的常规不饱和聚酯树脂和乙烯基酯树脂，它都能起到很好的阻燃效果，但它的添加量相对就较大，否则就得不到理想的阻燃效果。所以，氢氧化铝不可能完全取代氧化锑阻燃膏。氢氧化铝加多了，也会导致树脂体系的黏度太高，积层时纤维含量上不去，最终也会影响到积层板的机械性能和耐腐蚀性能。添加氢氧化铝到乙烯基酯树脂中去之前，尽量确认其对耐腐蚀性能的影响，尤其是酸性介质时。必要时请咨询相关技术人员。

氢氧化铝能够大大降低树脂燃烧时的烟密度，尤其是对含卤素的树脂。卤素是烟密度较大的主要原因，在添加氧化锑的基础上再添加氢氧化铝，则可以既达到满意的阻燃效果，烟密度又很小。

9. 空心玻璃微珠

空心玻璃微珠是一种微米级新型轻质材料，其主要成分是硼硅酸盐，一般粒径为10～250μm，壁厚为1～2μm，该产品具有质轻、强度高、导热系数和热收缩系数小等特点，经过特殊处理具有亲油、憎水性能，非常容易分散于树脂等有机材料中。可直接填充于绝大部分热固性、热塑性树脂产品中，起到减轻产品质量、降低成本的效果，同时可消除产品内应力，确保尺寸稳定性，赋予材料隔声、隔热、绝缘等性能。

10. 氧化锑

如果温度够高，氧气够充足，不饱和聚酯树脂和乙烯基酯树脂无论是否是阻燃树脂，其固化物都会发生燃烧。然而有些树脂分子骨架中可以引入具有阻燃作用的元素，如溴、磷等，可取得一定程度的阻燃效果，常被用来制作要求阻燃的纤维增强塑料材料。但为了最大限度提高其阻燃效果，还需要添加三氧化二锑、五氧化二锑等阻燃助剂，氧化锑的添加，是作为一种增效剂，和氯、溴等卤素元素发生反应，大大增加树脂的阻燃效果。非卤素树脂（不含氯、溴）添加氧化锑，起到的阻燃效果并不佳，仅仅只是起到填料的作用。

在国内，阻燃评价多用氧指数。在国外，多用 ASTM E 84 评价燃烧时火焰传播速度和烟密度。该测试中，红橡木的火焰传播速度规定为100，石棉板的火焰传播速度为0，测试下来树脂或纤维增强塑料的火焰传播速度小于25，认定为Ⅰ级阻燃，25～75之间认定为Ⅱ级。有些阻燃树脂在不添加氧化锑的情况下也能达到Ⅰ级阻燃效果，而有些树脂需要添加3%～5%的氧化锑才能达到Ⅰ级阻燃效果。

氧化锑的添加会起到延缓乙烯基酯树脂凝胶的作用，正因为此，当添加了氧化锑到树脂中去之后，经常要熟化更长时间再去积层，同时需要多添加促进剂、固化剂。不同规格的氧化锑的阻聚效果不一样，具体的延缓效果需要现场小试实验才能确认。氧化锑的添加，只能起到阻燃的作用，并不能降低烟密度。降低烟密度需要添加氢氧化铝。

此外，硅灰石粉、高岭土、氢氧化镁、蒙脱土、炭黑、二氧化硅等也用作为填料，起到相应的功能和效果。

5.4.2　无机填料的特性

与无机矿物填料填充效果有关的主要性能是化学组成、粒度大小和粒度分布、比表面积、颗粒形状、密度与堆砌密度、吸油值、白度、硬度以及表面性质、热性能、光性能、电性能、磁性能等。

1. 化学成分

化学组成是无机矿物填料的基本性质之一。无机矿物填料的化学活性、表面性质（效应）以及热性能、光性能、电性能、磁性能等在很大程度上取决于化学组成。

无机矿物填料的颜色或白度在很大程度上取决于填料的化学成分，特别是显色成分氧化铁、氧化锰、氧化钛等。因此，多数非金属矿物填料对 Fe_2O_3 的含量有严格要求。

无机矿物填料的化学成分在很大程度上决定其电性能，如电导率或体积电阻率：石墨是导电性较好的无机矿物填料；绝大多数硅酸盐矿物则是电绝缘性较好的无机矿物填料，但是，如果其中含有较多的铁杂质或其他金属杂质，将显著降低其体积电阻率。

无机矿物填料的热性能也与其他化学成分有很大关系，大多数无机填料属于难燃物或滞燃物，部分含结构水较多的无机矿物填料，如氢氧化镁和氢氧化铝分解温度较低，而且分解后生成水蒸气和金属氧化物，具有优良的阻燃性能，不产生毒烟，因此是高聚物基复合材料环境友好型阻燃填料。

2. 粒度大小与粒度分布

粒度大小与粒度分布是无机矿物填料最重要的性质之一。不同应用领域对无机矿物填料要求有所不同。对于高聚物基复合材料（塑料、橡胶、胶粘剂等）来说，在树脂中分散良好的前提下，填料的粒径越小越好。因为填料粒径越小，则其增强作用越大，如用 325目和 2500 目 $CaCO_3$ 填充半硬质聚氯乙烯（PVC）时，后者比前者强度提高 30%；用玻璃纤维增强热塑性塑料时，纤维直径一般在 $12\mu m$ 左右。但粒径过小，填料的加工和分散较困难，生产成本也就增大。对于造纸填料来说，粒度不宜太小，因为过小使填料在纸张中的留着率下降，不仅浪费填料，而且导致造纸成本增加，同时还可能降低纸张的不透明性。因此，在目前的技术经济条件下，无机矿物填料的细度并非越细越好。

填料的粒度与粒度分布常用中位粒径或平均粒径（d_{50}）、25% 小于等于的粒径（d_{25}）、75% 小于等于的粒径（d_{75}）、90% 小于等于的粒径（d_{90}）、97% 小于等于的粒径（d_{97}）以及最大粒径（d_{max}）等来表示。对于涂料和油墨中应用的无机矿物填料，除了测定相应的粒度大小外，还要测定 325 目筛余量。

由于各种粒度测定仪器、方法的物理基础不同，相同样品用不同测定方法和测定仪器测得的粒度物理意义及粒度大小和粒度分布也不尽相同。用沉降粒度分析仪测定的是等效径（即等于具有相同沉降末速的球体直径），激光粒度测量仪、库尔特计数器、显微镜等仪器测得的是统计径，透过法和吸附法得到的是比表面积直径。因此，在表征和评价填料的粒度大小和粒度分布时，一定要注意这点。

3. 颗粒形状

无机矿物填料颗粒的形状大体可分为球状、片状、立方状、纤维状（或针状）等。不同填料往往具有不同的颗粒形状。填料颗粒形状从两个方面影响填料的填充效果：一是形状不同，填料的比表面积不同；二是填料的形状直接影响填料的堆砌密度。例如，球状填料的堆状、薄片状填料有助于提高制品的机械强度，但不利于成型加工。反之，球状填料可以改善制品的成型加工性能，但却可能使其机械强度下降。

4. 表面性质

无机矿物填料的比表面积是其重要的表面性质之一。一般来说，比表面积越大，表面的吸附量越大，填料的吸油率也就越高。比表面积的大小主要与填料的粒度大小与粒度分布及颗粒形状有关。对于无孔隙和表面光滑平整的颗粒，其单位质量的外表面积就是其比表面积，如碳酸钙、石英粉、长石粉等；但对于具有孔隙或非实心的非金属矿物填料，如硅藻土、多孔粉石英属于一种火山灰沉积岩，其自然粒径细（$0.5\mu m$ 左右），颗粒分布均匀，比表面积大（$8.3m^2/g$），外形结构近似球形无棱角状。以电子显微镜图像看，其表面全是纳米级的介孔，平均孔径约为 $8.8nm$。粒度越细，比表面积越大。

填料表面的物理结构也对其填充性能有一定影响。填料表面的物理结构十分复杂。结晶粒子在熔点时发生急剧变化使表面产生许多凹凸，而非结晶粒子（如玻璃）在高温时黏度较低。由于表面张力使表面变得光滑，填料经过粉碎加工后表面又会发生变化，这些都影响其与基料和聚合物的结合状态。

填料表面由于各种官能团的存在及与空气中的氧或水分作用，使之与填料内部的化学结构存在差别。大多数无机填料具有一定的酸碱性，其表面有亲水基团并呈极性，容易吸附水分。而有机聚合物则具有憎水性，因此两者之间的相容性差，界面难以形成良好的粘结，正因为如此，为了改善填料和树脂的相容性，增强二者的界面结合度，要采用适当的方法对无机矿物填料表面进行改性处理。

填料在聚合物中的分散状态对填充材料的性能，尤其是力学性能影响极大。填料在聚合物中的分散状态与其表面活性及高聚物基料的混合工艺等有关。

填料粒子的表面与基料之间的结合状态对填充材料的综合性能有直接影响。填料表面所存在的，无论是物理因素还是化学活性因素，对这种结合状态都有不容忽视的影响。因此，在加工和选用无机填料时必须考虑填料表面的物理、化学特性。

如能实现无机填料与基料之间的化学结合，就会大大提高填充效果，还会使某些填料起到增强作用，如加大填充量而又不影响填充熔体的流动性，能使成型顺利进行，材料又有良好的表观质量等。实现良好化学结合的最有效的方法是对填料进行适当的表面处理。

5. 密度

填料的真实密度与其矿物原料的密度是一致的，而且当填料颗粒均匀分散到基体树脂中时，给填充材料的密度带来影响的也正是其真实密度。由于填料颗粒在堆砌时相互间有空隙，不同形状的颗粒粒径大小和分布不同，在质量相同时，堆砌的体积不同，因此，其堆砌密度或表观密度是不同的，有时差别还很大。填料的堆砌密度对复合材料的性能影响很大，不同用途和要求的复合材料对填料堆砌密度的要求是完全不一样的。例如，在增量复合材料中填料加入的目的是节约树脂的用量，大幅度降低材料成本，所以加入的往往是价格低廉的填料，希望加入量越大越好。这就希望填料达到最大密度堆砌。但是，对于另外一些复合材料体系来说，最大密度堆砌是不适宜的。例如，在复合型导电塑料中，导电填料价格高，生产中希望以最小的填充量获得最好的填充效果，这就希望填料达到最小密度堆砌。

　　填料堆砌过程中，最大颗粒的堆砌决定了体系的总体积。体系的颗粒之间存在大量空隙，加入的较细颗粒填充到这些空隙中，因而体系的总体积不变。较细颗粒之间仍然存在空隙，这些空隙再被更细的颗粒填充。颗粒越来越细，直至颗粒无穷小，体系的总体积等于填料的真实体积。这种堆砌体系相当于数学上的几何级数，其最终堆砌体积决定于粒径分布及最终剩下的空隙体积。

　　应用特定的粒径分布可以获得填料的最大密度堆砌体系，此时，复合材料中使用的基体树脂最少。相反，应用单一的粒径就可以得到最小密度堆砌体系，此时，复合材料中使用的基体树脂最多。为了尽可能降低填料堆砌密度，往往选用纵横长径比大的颗粒，纤维或高长径比针状颗粒最为有效。这类颗粒在静态下难以相互取向，因而形成松懈的体系，占有大量体积。

　　6. 吸油值

　　吸油值是无机矿物填料的主要性能指标之一。填料吸油值的大小影响填充体系增塑助剂的用量和材料的可加工性。吸油值低的填料，填充体系的可加工性好，容易与树脂混合，可以减少增塑助剂的用量。

　　无机矿物填料的吸油值与其粒度大小和粒度分布、颗粒形状、比表面积等有关；粒度越细，比表面积越高，其吸油值越大。对于相同细度的同类无机矿物填料，表面有机改性可以降低无机矿物填料的吸油值。

　　7. 硬度

　　无机矿物填料的硬度与填充材料加工设备的磨损关系较大。人们不希望使用填料带来的效益被加工设备的磨损抵消。一方面，硬度大的无机矿物填料因可以提高填充材料的耐磨性而被人们所重视。当然，硬度大小不同的无机矿物填料对加工设备的磨损是不同的。另一方面，对于某种硬度的填料，加工设备的金属表面的磨损强度随填料粒径的增加而上升，到一定粒径后其磨损强度趋于稳定。

　　此外，设备磨损也与设备的材质有关，设备材料的硬度越高，对于同一硬度的无机矿物填料磨损强度越小。

　　8. 热性能

　　填充材料加工大多涉及加热、熔融、冷却定型等过程，无机矿物填料的热性能及其与高聚物基体之间的差别同样也会对加工过程产生影响。

　　大多数无机矿物填料的线膨胀系数在 $(1\sim10)\times10^{-6}K^{-1}$ 范围内，而多数聚合物的线膨胀系数则在 $(60\sim150)\times10^{-6}K^{-1}$ 范围内，后者通常是前者的几倍甚至十几倍。

　　高分子聚合物容易燃烧，无机矿物填料由于本身的不燃性或难燃性，填充到聚合物中后可以起到减小可燃物浓度、延缓或阻止基体燃烧的作用，如氢氧化镁和氢氧化铝分别在200℃和340℃左右开始分解成氧化物和水。由于此分解反应为吸热反应，释放出的水和生成的不燃氧化物可以起到降低燃烧区温度、隔绝材料与周围空气接触的作用，从而达到灭火目的。

　　9. 颜色和光学特性

　　除专门用于材料着色的填料外，填料本身的颜色也是应用时的主要考虑因素之一。为了对所填充的材料基体的色泽不造成明显变化或者对基体的着色不带来不利影响，通常都希望填料本身是白色的，而且白色越明显越好。

　　填料的折射率和树脂基体的折射率有所不同，填料折射率与基体树脂折射率（通常在1.50左右）之间的差别使填充材料的透明性受到显著影响，对填充材料着色的色泽深浅及鲜艳程度也有影响。

　　紫外线可使聚合物的大分子发生分解，炭黑和石墨填料由于可以吸收紫外线（波长0.01～0.4μm），可以保护所填充的聚合物避免因紫外线照射引发降解。

　　红外线是0.7μm以上波长范围的光波，有些填料，如云母、高岭土、滑石等，可以吸收或反射该波长范围的光波，可以降低红外线的透过率。

　　10. 电性能

　　除石墨外，大多数无机矿物填料都是电绝缘体。

　　部分无机矿物填料的主要物理、化学性能见表5.4.2。

5.4.3　无机填料的作用

　　无机矿物填料是一种主要原料为无机矿物或非金属矿物，经过加工后具有一定化学成分、几何形状和表面特性的粉体材料。无机填料是用以改善复合材料性能，并能降低成本的固体添加剂，它与增强材料不同，它呈颗粒状，因而呈现纤维状的增强材料不作为填料使用。填料的加入能够起到改善强度、降低线膨胀系数、提高导电系数、改善耐候性、提高表面光泽、改善声学性能、增加黏度、降低成本等作用。

　　1. 增量添加廉价的无机矿物填料以降低制品的成本

　　如：在纤维增强塑料、塑料、橡胶、胶粘剂等中填充碳酸钙（包括重质碳酸钙和轻质碳酸钙）以降低有机树脂或高聚物的用量；在纸张中填充碳酸钙、滑石粉以减少纸浆或纸纤维的用量。这种无机矿物填料也被称为增量填充剂。

　　2. 增强提高高聚物基复合材料

　　如：塑料、橡胶、胶粘剂等的力学性能（包括弹性模量、拉伸强度、刚性、撕裂强度、冲击强度、摩擦系数、耐磨性等）。无机矿物填料的增强效果主要取决于其颗粒形状、粒度、比表面积。粒径小于5μm的超细无机矿物填料和硅灰石、透辉石、透闪石、石棉等针状无机矿物填料及云母、滑石、高岭土、石墨等片状无机矿物填料具有一定不同程度的增强或补强功能。一般来说，各种填料的增强效果顺序为：纤维填料＞片状填料＞球状填料。反之，各种填料在基料中的流动性顺序大致为：球状填料＞片状填料＞纤维填料。无机填料是提高材料或制品技术含量、增加其附加值的最适宜填料。无机矿物填料来源广、品种多，可以加工成适应不同应用要求的功能填料，可以提升填充材料的产品技术含量从而增加其附加值。例如，在塑料制品中填充经过表面处理的超细碳酸钙以提高其韧性；添加片状结构的滑石和针状结构的硅灰石可以提高其强度；添加经过表面改性的超细氢氧化铝和氢氧化镁可以替代有机阻燃剂赋予其优良的阻燃性能；在建筑涂料中添加煅烧高岭土可以提高涂膜的强度和耐湿擦洗性；在纸品中填充滑石和碳酸钙可以提高其白度、平整度和印刷性；在橡胶中添加超细片状高岭土可以提高其强度和气体阻隔性等。由于可以根据材料性能的要求从成分、结构、表面性质等方面选择无机矿物填料，能满足不同应用的要求，可以在某一方面和几个方面显著提高填充材料或制品的技术含量，因此可以显著增加填充材料的附加值。

部分无机矿物填料的主要物理、化学性能

表 5.4.2

填料种类	化学组成	相对密度	颗粒形状	颜色	莫氏硬度	耐酸	耐碱	pH值	介电常数	粒度范围(μm)
轻质碳酸钙	$CaCO_3$	2.4~2.7	柱状	白	2.5	差	好	9~9.5	6.14	0.01~50
重质碳酸钙	$CaCO_3$	2.7~2.9	粒状	白	2.5~3	差	好	9~9.5	6.14	0.1~75
高岭土	$Al_2O_3 \cdot 2SiO_2 \cdot H_2O$	2.58~2.63	粒状、片状	白	2~2.5	良	良	5~8	2.6	0.1~45
滑石	$3MgO \cdot 4SiO_2 \cdot 2H_2O$	2.6~2.8	片状	白	2~2.5	良	良	9~9.5	6.14	0.1~100
云母	$K_2O \cdot 3Al_2O_3 \cdot 6SiO_2 \cdot 2H_2O$	2.8~3.1	薄片状	灰白	2.5~3	良	良	6~8	—	5.0~150
珠光等着色云母	云母粉、TiO_2、氧化铁、氧化铬等	3.0~3.6	薄片状	白、黄红、蓝绿	2.5~3	良	良	6~8	—	5.0~150
石墨粉	C	2.1~2.3	片状	黑	1~2	优	优	—	—	2~100
胶体石墨	C	2.1~2.3	片状	黑	1~2	优	优	—	—	0.1~10
长石和霞石	$K_2O \cdot 3Al_2O_3 \cdot 6SiO_2$	2.5~2.6	粒状	白	5.5~6.5	良	良	7~10	6	0.5~150
硅灰石	$CaSiO_2$	2.8	针状、粒状	白	4~4.5	差	好	9~10	6	0.5~74
多孔粉石英	SiO_2	2.6	粒状	白	7	优	差	7	—	0.1~74
白炭黑	$SiO_2 \cdot nH_2O$	2.05	球状	白	5~6	优	差	6~8	9	0.01~50
氧化钛	TiO_2	3.95~4.2	球状	白	5~6.5	良	差	6.5~7.2	—	0.2~50
氢氧化铝	$Al_2O_3 \cdot 3H_2O$	2.4	粒状	白	3	良	良	8	7	0.5~74
氢氧化镁	$Mg(OH)_2$	2.4	粒状	白	3	良	良	8	7	0.5~74
重晶石	$BaSO_4$	4.4	片状、柱状	白	3~3.5	优	优	9~10	7.3	0.1~45

续表

填料种类	化学组成	相对密度	颗粒形状	颜色	莫氏硬度	耐酸	耐碱	pH值	介电常数	粒度范围(μm)
硅藻土	$SiO_2 \cdot nH_2O$	1.98~2.2	无定形	浅黄	6~7	优	差	6.5~7.5	—	0.5~50
叶蜡石	SiO_2 68%~70%;Al_2O_3 14%~21%	2.75	片状	白	1.5~2	良	良	8~9	—	1.0~50
石棉	钙、镁硅酸盐	2.4~2.6	纤维状	灰	3~5	良	良	9~10	—	1.0~50
氧化铁	$Fe_2O_3 \cdot FeO \cdot Fe_3O_4$	5.2	片状、针状	褐红	5~6	差	良	—	—	0.5~50
玻璃微珠	$SiO_2 \cdot Al_2O_3 \cdot CaO \cdot MgO \cdot Na_2O$	0.4~2.5	球状	灰	6~6.5	良		9.5	1.5~5	5.0~150
膨润土	SiO_2,Al_2O_3,H_2O	2.0~2.7	粒状、片状	灰	2~2.5	—	良	—	—	0.1~74
海泡石	$Mg_8(H_2O)_4[Si_6O_{16}]_2(OH)_4 \cdot 8H_2O$	1~2.2	粒状、纤维状	灰白	2~2.5	—	良	—	—	0.1~74
凹凸棒石	$Mg_5(H_2O)_4[Si_4O_{10}]_2(OH)_2$	2.05~2.3	粒状	白、浅灰	2~3	—	良	—	—	0.1~74
石膏	$CaSO_4 \cdot 2H_2O$	2.3	粒状	白、灰白	1.5~2	差	良	—	—	0.1~74
沸石	$(Na,K,Ca)_{2-3}[Al_3(Al,Si)_2Si_{13}O_{36}] \cdot 12H_2O$	1.92~2.8	—	灰、肉红	5~5.5	优	良	—	—	0.1~74
白云石	$CaCO_3,MgCO_3$	2.8~2.9	粒状	白、灰白	3.5~4	差	好	9~9.5	—	0.1~75

3. 无机矿物填料可赋予填充材料某些功能

如：塑料和橡胶制品的尺寸稳定性、阻燃或难燃性、耐磨性、绝缘性或导电性、隔热或导热性、隔声性、抗菌性等；涂料的耐湿擦洗性、耐磨性、耐腐蚀性、耐候性、遮盖力、净化空气、调湿性等；纸品的优良吸墨性和印刷性等。此时，无机矿物填料的化学组成、晶体结构、光热、电、磁等性质以及比表面积和颗粒形状起重要的作用。无机矿物填料主要赋予复合材料的功能见表5.4.3。

常用填料的性能及作用 表5.4.3

填料名称	作用	填料名称	作用
石棉纤维、玻璃纤维	增加韧性、耐冲击性	银粉	导电
瓷粉、铁粉、水泥、金刚砂	提高硬度	硅粉	导热绝缘
氧化铝、瓷粉	增加粘结力和力学强度	滑石粉	提高胶的延展性
石棉粉、硅胶粉、高温水泥	提高耐热性	氧化铝	介电性，耐热
石棉粉、石英粉、石粉	降低收缩率	硅酸铝	增加吸湿热稳定性
铝粉、铜粉等金属粉末	增加热导率和导电率	硅酸锆	增加吸湿热稳定性
石墨粉、滑石粉、石英粉	提高抗磨性能及润滑性	三氧化二锑	阻燃性（耐200~250℃）
碳化硅、金刚砂等磨料	提高耐磨性能	二硫化钼	耐磨，润滑
氮化硅、陶瓷粉等	提高耐温、耐磨性能	氢氧化铝、硼酸锌	阻燃
云母粉、瓷粉、石英粉	增加绝缘性能	石英粉	耐烧蚀，绝缘，高硬度
各种颜料、石墨	提供色彩	钛白粉	增白，提高延展性
铝粉	耐高温，导电，导热	气相二氧化硅	触变

4. 降本作用

无机填料是在保证使用性能要求的前提下降低材料生产成本最有效的原料或辅料。由于无机矿物填料，特别是作为普通增量填料的碳酸钙、陶土、滑石粉等价格较低，而作为塑料制品、橡胶制品、胶粘剂、化纤、纸浆等基料的树脂价格显著高于无机矿物填料，因此，在这些制品中填充一定量的无机矿物填料可以在满足相关产品标准，保证使用性能要求的前提下，显著降低材料的生产成本。

表5.4.3列出了常与纤维增强塑料内衬配套使用的填料的性能、作用与选择，这些原理和复合材料、涂料、胶粘剂、胶泥中的无机填充料的作用原理是一样的。

纤维增强塑料衬里防腐中常用到的填充料有：碳酸钙、滑石粉、石英粉（砂）、氢氧化铝、碳化硅、氧化锑、高岭土、灰绿岩粉等。碳酸钙、滑石粉、高岭土可用作为不饱和聚酯树脂和乙烯基酯树脂的填料，这些材料会大大增加树脂固化物的刚度，降低成本。大部分的这些填料都会对最终树脂的耐腐蚀性能产生副作用，因此在添加这些填料到乙烯基酯树脂中去之前，尽量确认其对耐腐蚀性能的影响，必要时向工程师确认。

5.4.4 无机填料的选择

无机填料的选择应该综合考虑制品的性能、成型工艺和成本等几方面的因素。主要可以从无机填料的吸油值、颗粒度大小和分布、填充量、相对密度、触变性、填料价格等方面着手选择。表5.4.4所示是常用无机填料的选用指南。

常用无机填料的作用及选择   表5.4.4

作用	可选用的填料
提高硬度	石英粉、白刚玉粉、玻璃粉、金刚砂等
降低膨胀系数	高岭土、瓷粉、石英粉
提高黏度	轻质碳酸钙、工业白炭黑、水泥
降低吸水性·提高耐湿热性	锆石英粉、$Zr(SiO_3)_2$、云母粉
提高电绝缘性能	云母粉、瓷粉、煅烧高岭土、滑石、碳酸钙、石英粉等
提高强度和耐烧蚀性	碳纤维、石棉粉
改善耐磨性能	石墨粉、碳纤维、炭黑、皂石、多孔粉石、二硫钼粉、滑石粉、碳化硅、金刚砂及其他磨料等
抑制腐蚀	铬酸锶
提高耐腐蚀性能	玻璃粉、石英粉、工业白炭黑、三氧化二铬
提高耐腐蚀性、耐候性、耐擦洗性	多孔粉石英、硅藻土、煅烧高岭土、滑石、云母、皂石、石棉等
增加白度	钛白粉、工业白炭黑
光学特性	钛白粉、碳酸钙、高岭土、滑石粉、云母等
提高导热率	铝粉、铜粉、铁粉、炭黑
降低成本	陶土、石英粉、云母粉、硅藻土
提高电导率	金粉、银粉、镍粉、导电炭黑
提高阻燃性	三氧化二锑、氢氧化铝、硼酸锌粉、氢氧化镁、皂石、红磷等
提高导磁性能	羧基铁粉
调节密度	空心玻璃微珠粉、空心陶瓷微球
提高耐电弧性能	瓷粉
提高吸水性	生石灰、膨润土
改善触变性	气相白炭黑、膨润土、高岭土
耐核辐射	石墨粉
降低收缩率	石英粉、立德粉、瓷粉
改善耐盐雾性能	铬酸锌
遮盖力	钛白粉、高岭土、煅烧高岭土、滑石、碳酸钙、云母等
改善耐热性能·提高热稳定性	云母粉、三氧化二硼粉、石棉粉、铝粉、滑石粉、高岭土、云母、硅灰石、多孔粉石英、碳酸钙、硫酸钙等
提高润滑性能	石墨粉、滑石粉、石英粉、二硫化钼
吸墨性和印刷性	滑石、碳酸钙、钛白粉、高岭土、二氧化硅
隔声、隔热	石棉、硅藻土、膨胀蛭石、石膏、岩棉、膨胀珍珠岩、膨润土、沸石、海泡石等
负离子、光催化	电气石、金红石、纳米二氧化钛、纳米氧化锌等
导电与电磁波屏蔽	石墨、炭黑、碳纤维、玻璃微珠等
抗菌、抗紫外线	纳米二氧化钛、纳米氧化锌、煅烧高岭土等
生物、环保	磷灰石、硅藻土、皂石、珍珠岩、蛭石、膨润土、海泡石、凹凸棒石等

1. 吸油值

也称树脂吸附量，是表示填充剂对树脂吸收量的一种指数。在实际应用中，大多数填料用吸油值这个指标来大致预测填料对树脂的需求量。颗粒相同的填料，带空隙的比不带空隙的填料颗粒吸油值要高，所以油吸附量小的填料在树脂中的用量就可增加。吸油值对选择填料具有一定的指导意义，它直接影响到模塑料的成本和加工性能。填料吸油值大，有可能会"吃掉"几倍甚至几十倍于自身价格的树脂，这无形中提高了物料的成本。吸油值上升，树脂的黏度随即上升，这会严重影响其对纤维的浸渍，甚至会改变模塑料的流变性能，使其成型工艺性能变差。所以，为提高填料在模塑料中的含量，所选择的填料以较低的吸油值为好。

2. 颗粒度大小和分布

颗粒是填料的基本单元。填料的颗粒度一般用其通过某号筛网所给定的百分数来分级。如99.8%的颗粒通过127.95网孔数（325目）的网筛，此填料的细度称为325目。与网筛目相对应的，也有用微米表示填料细度的，如果构成网筛金属细丝间的距离为$44\mu m$，那么通过网筛的填料也可称为直径为$44\mu m$的填料。直径比$44\mu m$大的粒子不能在网筛中通过，但比$44\mu m$小的粒子却能通过网筛并混在一起，因此，实际上所使用的填料的粒径大小是不等的。对于填料颗粒度的要求：一是平均颗粒度；二是颗粒度分布。一般平均粒径以$5\mu m$左右为好，最大粒径不宜超$20\mu m$，颗粒表面应光滑。粒径超过$20\mu m$的颗粒会给制品性能造成不良影响。填料的粒径大小与吸油值有一定的关系。平均粒径为$8\mu m$的填料的总表面积较小，吸油值亦较低，易被树脂所浸润，加入量可以更大，如碳酸钙、二氧化硅和粗的滑石粉等。

3. 填充量

填料是很便宜的原料，它可以大幅度降低模塑料及其制品的成本，因此人们常希望尽可能向制品中多加填料，使填料的填充率高些。但填料的不同类型、颗粒度及其分散性等都将影响树脂混合料的流动性，因而影响到各种填料的加入。实际上，填充率与吸油值有着直接的关系，在黏度一定的条件下，值越小，填充率就越高。当然，实际的填充率是有限度的，要达到最大的填充率是不可能的。

4. 触变性

触变是一种物理现象，即当物料受到振荡时，其黏度显著下降，而当振荡停止时，物料又恢复到原来的黏度。触变性敏感的物料，在模塑压力的作用下会造成物料黏度过低，物料流失大，甚至使树脂与增强材料分离。在填料含量高时，应产生中等程度的触变性。

5. 特殊性能

有些填料的加入可以改善模塑料的物理性能。如水合氧化铝（氢氧化铝）可以赋予制品自熄性和抗漏电性；硫酸钡可以改善模塑料的耐腐蚀性；滑石粉能提高模塑料的耐电弧性等。

6. 填料的搭配

在使用过程中还可以将两种或多种填料相混合，取长补短，以获得比较理想的效果。这种搭配可以是不同品种填料的搭配，也可以是不同品种、细度上的搭配或者不同吸油化值的搭配等。

5.5 常用纤维增强塑料衬里之"环氧树脂"的现场固化

5.5.1 环氧树脂概述

环氧树脂（Epoxy Resin）是泛指含有两个或两个以上环氧基，以脂肪族、脂环族或芳香族等有机化合物为骨架并能通过环氧基团反应形成有用的热固性产物的高分子低聚体（Oligomer）。当聚合度 n 为零时，称之为环氧化合物，简称环氧化物（Epoxide）。这些低相对分子质量树脂虽不完全满足严格的定义，但因具有环氧树脂的基本属性，在称呼时也不加区别地统称为环氧树脂。环氧树脂与固化剂反应可形成三维网状的热固性塑料。环氧树脂通常是在呈液体的状态下，经常温或加热进行固化，达到最终的使用目的。

典型的双酚 A 型环氧树脂结构如下式所示。

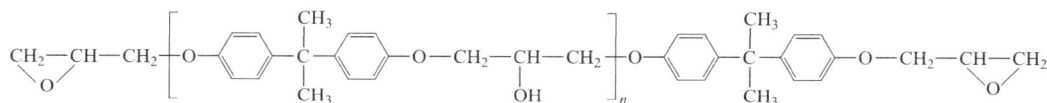

$$CH_2-CH-CH_2 \left[O-\langle\rangle-\underset{CH_3}{\overset{CH_3}{C}}-\langle\rangle-O-CH_2-CH-CH_2 \right]_n O-\langle\rangle-\underset{CH_3}{\overset{CH_3}{C}}-\langle\rangle-O-CH_2-CH-CH_2$$

环氧树脂、酚醛树脂及不饱和聚酯树脂被称为三大通用型热固性树脂。它们是热固性树脂中用量最大、应用最广的品种。环氧树脂中含有独特的环氧基，以及羟基、醚键等活性基团和极性基团，因而具有许多优异的性能。与其他热固性树脂相比较，环氧树脂的种类和牌号最多，性能各异。环氧树脂固化剂的种类更多，再加上众多的促进剂、改性剂、添加剂等，可以进行多种多样的组合和组配，从而能获得各种各样性能优异的、各具特色的环氧固化体系和固化物，几乎能适应和满足各种不同使用性能和工艺性能的要求，这是其他热固性树脂所无法相比的。

环氧树脂及其固化物的性能特点：

（1）力学性能高。环氧树脂具有很强的内聚力，分子结构致密，所以它的力学性能高于酚醛树脂和不饱和聚酯树脂等通用型热固性树脂。

（2）粘结性能优异。环氧树脂固化体系中活性极大的环氧基、羟基以及醚键、胺键、酯键等极性官能团赋予环氧固化物以极高的粘结强度。再加上它有很高的内聚强度等力学性能，因此它的粘结性能特别强，可用作结构胶。

（3）固化收缩率小。一般为 $1\%\sim2\%$，是热固性树脂中固化收缩率最小的品种之一（酚醛树脂为 $8\%\sim10\%$，不饱和聚酯树脂为 $4\%\sim6\%$，有机硅树脂为 $4\%\sim8\%$）。固化物线膨胀系数也很小，一般为 $60\times10^{-6}K^{-1}$。所以，其产品尺寸稳定，内应力小，不易开裂。

（4）工艺性好。环氧树脂固化时基本上不产生低分子挥发物，所以可低压成型或接触压成型。配方设计的灵活性很大，可设计出适合各种工艺性要求的配方。

（5）电性能好。是热固性树脂中介电性能最好的品种之一。

（6）稳定性好。不含碱、盐等杂质的环氧树脂不易变质。只要贮存得当（密封、不受潮、不遇高温），其贮存期可达 1 年。超期后若检验合格仍可使用。环氧固化物具有优良的化学稳定性，其耐碱、酸、盐等多种介质腐蚀的性能优于不饱和聚酯树脂、酚醛树脂等热固性树脂。

（7）环氧固化物的耐热性一般为 80～100℃，环氧树脂的耐热品种可达 200℃或更高。现场施工 E-51 液体双酚 A 型环氧树脂，考虑到固化度差异一般不建议高于 60℃长期浸泡使用。

（8）在热固性树脂中，环氧树脂及其固化物的综合性能最好。

5.5.2　环氧树脂种类

环氧树脂的种类很多，并且不断有新品种出现。因此，明确地进行分类是困难的。按化学结构分类在类推固化树脂的化学及机械性能研究等方面是便利的。环氧树脂的分类方法也很多。通常按其化学结构和环氧基的结合方式大体上分为五大类。这种分类方法有利于了解和掌握环氧树脂在固化过程中的行为和固化物的性能：缩水甘油醚类、缩水甘油酯类、缩水甘油胺类、脂肪族环氧化合物、脂环族环氧化合物。此外，还有混合型环氧树脂，即分子结构中同时具有两种不同类型环氧基的化合物，如 TDE-85 杂环环氧树脂、AFG-90 杂环环氧树脂。

环氧树脂按化学结构可大致分为：①缩水甘油醚类环氧树脂：双酚 A 型环氧树脂、双酚 F 型环氧树脂、双酚 S 型环氧树脂、氢化双酚 A 型环氧树脂、线性酚醛型环氧树脂、脂肪族缩水甘油醚树脂、溴化双酚 A 缩水甘油醚树脂；②缩水甘油酯类环氧树脂：邻苯二甲酸二缩水甘油酯；③缩水甘油胺类环氧树脂；④脂肪族环氧树脂；⑤环氧化烯烃类树脂；⑥新型特征环氧树脂；⑦含无机元素等的其他环氧树脂，如有机硅环氧树脂、有机钛环氧树脂。

在实际应用中，按在室温条件下所呈现的状态来分类是很重要的。这样环氧树脂可分为液态环氧树脂和固态环氧树脂。属于液态环氧树脂的仅仅是一小部分低分子量树脂，如通用型 DGE-BA（双酚 A 二缩水甘油醚，即双酚 A 型环氧树脂），n 值为 0.7 以下，在室温下呈现为黏稠液体，作为无溶剂成膜材料使用的就是此类环氧树脂。液态树脂可用作浇注料、无溶剂胶粘剂和涂料等。固态树脂可用于粉末涂料和固态成型材料等。这里所说的固态环氧树脂不是已达到 B 阶段的环氧树脂固化体系，也不是达到 C 阶段的环氧树脂固化物（已固化的树脂），而是相对分子质量较大的单纯的环氧树脂，是一种热塑性的固态低聚物。

按官能团（环氧基）的数量分为双官能团环氧树脂和多官能团环氧树脂。对反应性树脂而言，官能团数的影响是非常重要的。

国内外生产的双酚 A 型环氧树脂与酚醛环氧树脂的技术指标见表 5.5.2-1～表 5.5.2-3。

双酚 A 型环氧树脂型号对照表（GB/T 13657—2011）　　表 5.5.2-1

新型号	老型号	生产厂家型号
EP01431 310	E-54	0161 系列、840S、DYD-127、NPEL-127、CYD-127、GELR127
EP01441 310	E-51	0164 系列、850S、WSR618、DYD-128、NPEL-128、CYD-128、GELR128、SM-828

续表

新型号	老型号	生产厂家型号
EP01451 310	E-44	0174 系列、WSR6101、DYD-134L、GELR144M
EP01551 310	E-39	0177 系列、860、E-39D、DYD-134H、GELR134
EP01661 310	E-20	0191 系列、1050、DYD-901、NPES901、CYD-011、GESR901
EP01671 310	E-12	0194 系列、4050、DYD-904、NPES-904、CYD-014、GESR904
EP01691 410	E-03	0199 系列、HM-091、DYD-909、NPES-9 系列、CYD-129、GESR019M

双酚 A 型环氧树脂技术参数表（GB/T 13657—2011）　　　　表 5.5.2-2

序号	指标名称	EP01431 310 优等品	EP01441 310 优等品	EP01451 310 优等品	EP01551 310 优等品	EP01661 310 优等品	EP01671 310 优等品	EP01691 410 优等品
1	环氧当量(g/mol)	170～184	183～194	210～227	238～256	450～500	730～950	2300～3300
2	黏度(25℃,mPa·s)	≤11000	11000～16000	—	—	—	—	—
3	软化点(℃)	—	—	14～20	28～32	65～73	88～105	135～150
4	色度（铂-钴色号）,Hazen 单位,≤	20	20	30	30			
	色度（加氏色号）,号,≤	—	—				0.3	0.3
5	无机氯(w/%),≤	0.0005	0.0005	0.003	0.003	0.005	0.005	
6	易皂化氯(w/%),≤	0.05	0.05	0.25	0.03	0.05	0.05	0.05
7	挥发物（150℃,60min）(w/%),≤	0.1	0.1	0.1	0.2	0.2	0.2	0.3

酚醛环氧树脂技术参数表　　　　表 5.5.2-3

种类	型号	外观	软化点(℃)	环氧当量(g/当量)	有机氯(100g/g)	无机氯(100g/g)	挥发分(110℃,3h)(%)
苯酚甲醛环氧树脂	F-44	棕色透明高黏度液体	10	0.40	0.05	0.005	≤2 或≤1
	F-51		28	0.50	0.02	0.005	≤2 或≤1
	F-48	棕色透明固体	70	0.44	0.08	0.005	≤2 或≤1
甲酚甲醛环氧树脂	F_J-47	黄至琥珀色高黏度液体	35	0.45～0.50	0.02	0.005	≤2
	F_J-43	黄至琥珀色透明固体	65～75	0.40～0.45	0.02	0.005	≤2

以下简要介绍几种现场施工常用的环氧树脂。

1. 双酚 A 型环氧树脂

现场施工用得最多的就是这一类。最常用的环氧树脂是由双酚 A（BPA）与环氧氯丙烷（ECH）反应制成的双酚 A 二缩水甘油醚（DGEBA）。目前实际使用的环氧树脂中

85％以上属于这种环氧树脂。这种环氧树脂组成中各单元的功能：两末端的环氧基赋予反应活性；双酚 A 骨架提供强韧性和耐热性；亚甲基链赋予柔软性；醚键赋予耐化学药品性；羟基赋予反应性和粘结性。双酚 A 型环氧树脂有六个特性参数：树脂黏度（液态树脂）、环氧当量、羟基值、平均分子量和分子量分布、熔点（固态树脂）、固化树脂的热变形温度。环氧树脂固化物的特性除了取决于上述六个基本特性参数外，还取决于固化剂的化学结构和种类。环氧树脂固化物的诸多性能因固化反应过程中进一步形成交联而提高。即使环氧树脂和固化剂体系完全相同，若采用的固化条件不同，交联密度也会不同，所得固化物的性能也不相同。

现场施工用液态双酚 A 型环氧树脂相对分子质量较低，室温下为液体，如 E-51、E-44 等。双酚 A 型环氧树脂具有以下特征：①大分子的两端是反应能力很强的环氧基；②分子主链上有许多醚键，是一种线型聚醚结构；③n 值较大的树脂分子链上是有规律的，相距较远地出现许多仲羟基，可以看成是一种长链多元醇；④主链上还有大量苯环、次甲基和异丙基。双酚 A 型环氧树脂的各结构单元赋予树脂以下功能：①环氧基和羟基赋予树脂反应性，使树脂固化物具有很强的内聚力和粘结力；②醚键和羟基是极性基团，有助于提高浸润性和粘附力；③醚键和 C—C 键使大分子具有柔顺性；④苯环赋予聚合物以耐热性和刚性；⑤异丙基也赋予大分子一定的刚性；⑥—C—O—键的键能高，从而提高了耐碱性。

2. 双酚 F 型环氧树脂

双酚 F 型环氧树脂由双酚 F（二酚基甲烷）与环氧氯丙烷（ECH）反应制得。双酚 F 型环氧树脂的特点是黏度非常低，不到双酚 A 型环氧树脂黏度的 1/3，对纤维的浸渍性好，其固化物的性能与双酚 A 型环氧树脂几乎相同，但耐热性稍低而耐腐蚀性稍优。

3. 线性酚醛型环氧树脂

简称酚醛环氧树脂（EPN），它是由低相对分子质量的热塑性线型酚醛树脂和环氧氯丙烷在碱作用下缩聚而成，兼有酚醛树脂和双酚 A 型环氧树脂的优点。具有实用价值的线性多官能团酚醛环氧树脂现在有苯酚线性酚醛型环氧树脂（EPN）和邻甲酚线性酚醛型环氧树脂（ECN）。酚醛环氧树脂在室温下通常是高黏度半固体，可用胺、酸酐、咪唑等固化剂固化。酚醛环氧树脂的特点是环氧基含量高，树脂黏度大，固化物交联密度大，具有优良的热稳定性、力学性能、电绝缘性、耐水性和耐腐蚀性。

4. 水性环氧树脂

大多数环氧树脂都不溶于水，只溶于芳香烃及酮类等有机溶剂。有机溶剂易燃、易爆、有毒、污染环境等缺点给储运和施工带来诸多不便。随着环保意识的增强，以水为溶剂或分散介质的水性环氧树脂愈来愈受到重视。水性环氧树脂不仅是一种环保型材料，而且施工性好，可在潮湿面上施工，对施工环境要求不高，清洗方便，储运和使用安全，价格也低廉，因而成为环氧树脂应用的发展方向之一。

5.5.3　环氧树脂现场施工用固化剂

图 5.5.3 给出了整个环氧树脂固化剂体系的一般分类。一般来说，固化剂化合物可以

以原来的状态单独使用，也可以改性或以共融混合物状态来使用。在各种固化剂中固化温度和耐热性有很大差异。一般固化温度高的固化剂可以得到耐热性优良的环氧树脂固化物。对于加成聚合型的固化剂，环氧树脂固化物的耐热性按下列顺序提高：脂肪族多元胺＜脂环族多元胺＜芳香族多元胺≈酚醛树脂＜酐。按固化温度区分，固化剂可分为四种：①室温下即能固化的低温固化剂；②室温至 50℃ 固化的室温固化剂；③50～100℃ 固化的中温固化剂；④100℃ 以上固化的高温固化剂。

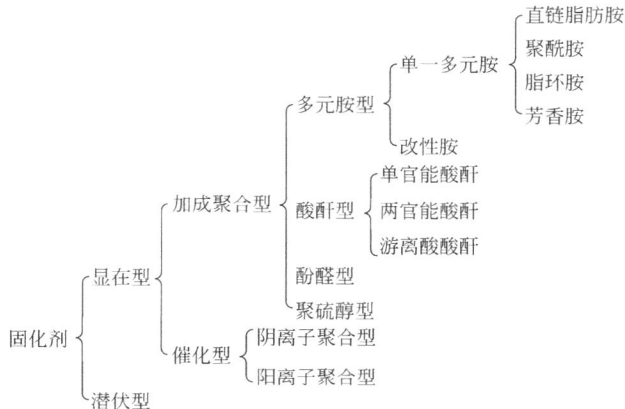

图 5.5.3　环氧树脂固化剂分类

现场施工，环氧树脂基本都是采用室温固化剂。室温固化剂的种类很多，采用较多的是：①直链脂肪族多元胺；②低分子量聚酰胺；③脂环族多元胺；④芳香族多元胺；⑤改性多元胺，主要是环氧化合物加成多元胺、迈克尔加成多元胺、曼尼斯加成多元胺、硫脲加成多元胺。

现场使用的环氧树脂的固化剂，按照其性状、顺序排列如下：

【色相】（优）脂环族→脂肪族→酰胺→芳香胺（劣）

【黏度】（低）脂环族→脂肪族→芳香族→酰胺（高）

【适用期】（长）芳香族→酰胺→脂环族→脂肪族（短）

【固化性】（快）脂肪族→脂环族→酰胺→芳香族（慢）

【刺激性】（强）脂肪族→芳香族→脂环族→酰胺（弱）

另外，多元胺固化双酚 A 型环氧树脂的固化物特性，也呈一定规律性：

【光泽】（优）芳香族→脂环族→聚酰胺→脂肪族（劣）

【柔软性】（软）聚酰胺→脂肪族→脂环族→芳香族（刚）

【粘结性】（优）聚酰胺→脂环族→脂肪族→芳香族（良）

【耐酸性】（优）芳香族→脂环族→脂肪族→聚酰胺（劣）

【耐水性】（优）聚酰胺→脂肪族→脂环族→芳香族（良）

以下简要介绍现场施工使用较多的环氧树脂常温固化剂的特点和性能。

1. 直链脂肪族多胺

脂肪胺特点：常用的二乙烯三胺、三乙烯四胺等固化剂中，随相对分子质量增加而活性减弱，毒性也减小。这类固化剂一般可在室温固化，其用量一般采用理论用量或接近理论用量；如果固化剂中有叔胺结构，用量要适当减少。活泼氢当量越小，适用期就越短，放热量则越大。为了加快固化，或使之在室温以下固化，必须添加促进剂，如酚类、三苯基亚磷酸酯、DMP-30 等。当固化剂用量接近理论计算值时，固化物的硬度与耐化学腐蚀性能都比较稳定，而固化剂用量较少时，则对这种性能有明显的影响。对于固化物性能来讲，一般粘结性能优良，韧性好，但耐热性不佳。这类固化物对强碱及许多无机酸有优良的抗腐蚀性，如在 85℃下能耐 50％的 NaOH 水溶液、25％的硫酸、盐酸和铬酸。但不耐 40％的硝酸、75％的硫酸。耐水能良好，但对有机溶剂不理想。

2. 低分子量聚酰胺

低分子聚酰胺也叫"聚酰胺—多胺"，添加量的允许范围比较宽，以双酚 A 环氧树脂为对象，用量范围为每 100g 树脂 90～150g。这类固化剂几乎无毒，无挥发性，对皮肤刺激性也很小，但黏度高以致影响工艺性是其一大缺点。固化物的机械性能、电性能均衡，耐冲击（或震动）性优良，耐热冲击也很好，特别是粘结性好，因而广泛用作工业胶粘剂，如应用于对金属、木材、玻璃和某些塑料的粘结。用低分子聚酰胺树脂固化的环氧树脂具有较好的综合性能，因为没有进行加热后固化，所以固化产物的热变形温度比较低。低分子聚酰胺一般可以室温下固化，主要进行的是伯胺、仲胺的活泼氢与环氧基的加成反应，但反应不完全，在反应 7d 后还剩有大量的环氧基团。提高温度可以使环氧树脂固化得比较完全，在 60℃以上除伯胺、仲胺的活泼氢反应外，同时还进行酰胺基和羟基的交换反应，提高固化温度后固化产物的剪切性能提高。为了提高低分子聚酰胺固化物的热变形温度，改善高温的粘结强度，可以将芳胺如间苯二胺、4,4′-二氨基二苯甲烷与低分子聚酰胺混用。在低分子聚酰胺固化的双酚 A 环氧胶中，用混合芳胺改性，不仅提高了高温性能，而且也提高了耐老化性能。

3. 脂环族多胺

由于胺基的结合形式不同，各种脂环族多胺的反应性和所生成的固化物性质也有很大的不同：不属于直链脂肪族多胺的性质，就属于芳香族多胺的性质。如果胺基通过甲基连接在脂环上，如 MDA、IPDA、N-AEP、ATU 加合物等，则属于直链脂肪族多胺；如果胺基直接连接在脂环上，则属于芳香族多胺。如双（4-氨基-3-甲基环己基）甲烷，商品名为 C-260，耐热性、机械性能优良，因不含芳香环，固化剂及固化物颜色均较浅，耐候性优良，在涂料行业及浇铸料使用中，引人注目。异佛尔酮二胺（IPDA）、孟烷二胺（MDA）具有比较低的黏度，国外广泛用于涂料和浇铸料中。脂环族二胺国内品种甚少，几乎处于空白状态，有待进一步开发。

4. 潮湿固化型固化剂

酮亚胺化合物可作为潮湿固化剂。含有酮亚胺的环氧树脂配合物，如涂成薄膜，吸收空气中的水分，逆向反应再生成多胺，在常温下固化，而且固化速度不太快，加入水分或用脂肪族多胺作促进剂则可加快固化速度。固化物的性质与原料多胺固化物基本相同。因为固化时要吸收水分，所以不适合厚膜固化物。

表 5.5.3 列出了几种分别属于不同类型的多胺固化剂与双酚 A 型液态环氧树脂固化的条件和固化物性能的数据的对比。

双酚 A 型液态环氧树脂与多元胺固化剂的固化物典型物理性能

表 5.5.3

固化配比	固化条件	凝胶时间	固化程序	热变形温度 (℃)	抗压强度 (MPa)	抗压模量 (GPa)	压缩变形 (%)	抗拉强度 (MPa)	抗拉模量 (GPa)	断裂伸长率 (%)	介电强度 (kV/mm)	介电常数 (23℃, 60Hz)	Tan (σ, 60Hz)	Tan (σ, 10³Hz)	耐化学性, 质量增量 (%, 沸丙酮 3h)	耐化学性, 质量增量 (%, 沸水 24h)
E-51 环氧树脂/二乙烯三胺 (DETA) = 100/12	23℃ 环境, 温度, 1.1L 物料测定	30min	25℃ 凝胶 + 100℃, 120min	122	115.35	3.57	—	74.83	2.81	6.3	18.32	4.1	0.015	0.020	0.63	0.51
E-51 环氧树脂/薄荷烷二胺 (MDA) = 100/22	23℃ 环境, 温度, 1.1L 物料测定	480min	100℃, 120min + 200℃, 180min	151	133.86	2.68	8.0	61.78	3.02	2.9	18.12	5.3	0.005	0.018	0.70	1.51
E-51 环氧树脂/N-氨乙基哌嗪 (N-AEP) = 100/20	23℃ 环境, 温度, 1.1L 物料测定	20~300min	25℃ 凝胶 + 150℃, 180min	110	94.13	1.92	10.5	65.90	2.75	8.8	15.76	3.0	0.018	0.025	破环	2.80
E-51环氧树脂/聚酰胺固化剂 = 100/100	23℃ 环境, 温度, 1.1L 物料测定	180min	25℃ 凝胶 + 120℃, 120min	58	49.43	1.41	13.0	37.76	1.68	9.0	2.76	3.2	0.035	0.033	破环	3.60

5.5.4　环氧树脂现场施工用稀释剂等辅助材料

1. 稀释剂

稀释剂主要用来降低环氧胶粘剂体系的黏度，溶解、分散和稀释涂料，改善胶液的涂布性和流动性。此外，稀释剂也起到延长使用寿命的作用。但是加入稀释剂也会降低固化后树脂的热变形温度、胶结强度、耐介质及耐老化等性能。然而，为了使树脂胶液便于浸润胶合物的表面，提高其浸润能力和湿润能力，有利于操作，必须加入适量的稀释剂。

稀释剂的分类方法很多，按其使用机理，可分为非活性稀释剂与活性稀释剂两大类。

1）非活性稀释剂

非活性稀释剂与环氧树脂相容，但并不参加环氧树脂的固化反应，因此与环氧树脂互容性差的部分在固化过程中分离出来，完全互容的部分也依沸点的高低不同而从环氧树脂固化物中挥发掉。由于这种非活性稀释剂的加入，环氧树脂固化物的强度和模量下降，但伸长率得到了提高。非活性稀释剂不与环氧树脂、固化剂等起反应，纯属物理地掺混到树脂中。它与树脂仅是机械地混合，起稀释和降低黏度作用。它在胶液的固化过程中大部分是挥发掉的。它会给树脂固化物留下孔隙，使收缩率相对增大。因此，非活性稀释剂对固化后树脂性能的不利影响比活性稀释剂的影响大，但却能少许提高树脂的韧性。当使用要求较高时应选用活性稀释剂。

非活性稀释剂多为高沸点液体，如邻苯二甲酸二丁酯、苯二甲酸二辛酯、苯乙烯、苯二甲酸二烯丙酯、甲苯、二甲苯等。用量以 5%～20%为宜。添加 17 份的邻苯二甲酸二丁酯使双酚 A 型环氧树脂的黏度从 15Pa·s 降至 4Pa·s。12%左右的邻苯二甲酸二丁酯使标准环氧树脂的黏度从 10Pa·s 降到 0.5～0.7Pa·s。一些工业环氧树脂（2.0～4.0Pa·s）含有二丁酯作为非活性稀释剂。溶剂亦作为非活性稀释剂，但对耐化学试剂有不利影响。用量大时，固化物性能变坏，同时由于稀释剂在固化过程中的挥发会引起收缩率增大。此外，丙酮、松节油、二甲苯亦可作为非活性稀释剂，某些酚类化合物同样可作为稀释剂，同时又是胺类固化剂的活性促进剂，如煤焦油。煤焦油中的酚类化合物可以和环氧基发生反应，添加环氧树脂量的 10%～20%，对环氧树脂固化物的性能影响不大，这主要作为涂料来使用，煤焦油可以改善环氧树脂固化物的憎水性，但减弱了对酸和溶剂的破坏的抵抗能力。

环氧树脂中常用的非活性稀释剂有：甲基丙烯酸丁酯、丙烯酸甲酯、乙酸戊酯、乙酸丁酯、甲苯、乙苯、苯、苯乙烯、间二甲苯、甲酸乙酯、乙酸乙烯酯、乙酸乙酯、乙酸、乙醇、正丁醇、异丁醇、环己醇、正丙醇、甲醇、乙二醇、丙三醇、甲酸、四氯化碳、三氯甲烷、二硫化碳、二乙基酮、丁酮、环己酮、丙酮、苯甲酸乙酯、苯酚、甲酰胺、二甲基甲酰胺、乙醛、二氧六环、二甲基亚砜等。

2）活性稀释剂

活性稀释剂一般是指带有一个或两个以上环氧基的低分子化合物，它们可以直接参与环氧树脂的固化反应，成为环氧树脂固化物交联网络结构的一部分，对固化产物的性能几乎无影响，有时还能增加固化体系的韧性。活性稀释剂一般有毒，在使用过程中必须注意，长期接触往往会引起皮肤过敏，严重的甚至会发生溃烂。

一般活性稀释剂分为单环氧基、双环氧基和三环氧基活性稀释剂。有些单环氧基稀释剂，如丙烯基缩水甘油醚、丁基缩水甘油醚和苯基缩水甘油醚对于胺类固化剂反应活性较大；而另一些烯烃或脂环族单环氧基稀释剂对酸酐固化剂反应活性较大。环氧树脂中常用的活性稀释剂有：①单环氧基活性稀释剂，主要有环氧丙烷、环氧丙烷甲基醚、环氧丙烷乙基醚、环氧氯丙烷、环氧丙醇、环氧化辛烯-1、苯乙烯氧化物、烯丙基缩水甘油醚（AGE）、丁基缩水甘油醚（BCE）、苯基缩水甘油醚（PGE）、甲酚缩水甘油醚（CGE）、二溴苯基缩水甘油醚、溴代甲酚缩水甘油醚、乙烯基环己烯单环氧化物（CVM）、甲基丙烯酸缩水甘油醚（GMA）、2-乙基己基缩水甘油醚（EHAGE）、对叔丁基苯基缩水甘油醚（BPGE）等；②多环氧基活性稀释剂，主要有乙二醇二缩水甘油醚、丙三醇三缩水甘油醚（GGE）、新戊二醇二缩水甘油醚、丁二醇二缩水甘油醚（BDGE）、间苯二酚二缩水甘油醚、二缩水甘油基苯胺（DGA）、二缩水甘油醚（DGE）、多缩水甘油醚、丁二烯双环氧、乙烯基环己烯双环氧（二氧化乙烯基环己烯）、3,4-环氧基环己烷甲酸-3′,4′-环氧基环己烷甲酯、二氧化双环戊二烯、二氧化二戊烯（萜烯双环氧）、二氧化宁烯、三甲醇基丙烷三缩水甘油醚（TMPGE）、三级羧酸缩水甘油酯、聚乙醇二缩水甘油醚（PEGGE）、聚丙二醇二缩水甘油醚（PPGGE）等。

单环氧化物的稀释效果比较好，脂肪族型的比芳香族型的有更好的稀释效果。使用芳香族型活性稀释剂的固化产物耐酸碱性变化不大，但耐溶剂性却有所下降。单环氧化物活性稀释剂的使用会使热变形温度降低，这是由于它的使用会使固化物的交联密度下降的缘故。长碳链的活性稀释剂使用后可使抗弯强度、冲击韧度得以提高。用量不多时对固化产物的硬度无影响，而热膨胀系数则增加。

使用二或三环氧化物作稀释剂，用量和固化方法适当，就不会降低交联密度，因此热态下的机械强度及耐化学品性保持率较高。与单环氧化物比较，在稀释效果上差些，要将树脂黏度下降到同等水平所需添加量较大。短链及环状结构的二或三环氧化物，对固化物的热变形温度几乎无影响，而长碳链稀释剂影响则十分明显。

从改性环氧树脂材料的观点看，活性稀释剂的实用价值比非活性稀释剂高，例如在粘结、浇铸等情况下挥发有困难，因此非活性稀释剂可能带来阻碍环氧树脂的固化反应或者产生气泡等不利的结果，在这种情况下使用活性稀释剂可以得到满意的效果。选择活性稀释剂要适当，以求取得更好的效果，一般来说，选择活性稀释剂的条件应满足：①稀释效果好。②尽可能不损害环氧树脂固化物的性能。尽量选用活性稀释剂，以利于在改进工艺性的同时，提高其粘结、机械性能。③卫生、安全性高，毒性刺激性小。④来源容易，不燃不爆，价格低廉，亦是要考虑的重要因素。⑤应通过实验与理论选择最合适的加入量。

2. 溶剂

溶剂与非活性稀释剂的主要区别是，溶剂主要起溶解树脂体系的作用，当然也能调节胶液的黏度；而非活性稀释剂主要的作用是调节涂料的黏度，它可能对树脂体系有溶解性，也可能没有溶解性。溶剂的加入，使胶粘剂更便于施工，并可在室温下进行固化，使胶液黏度低，易浸润被粘物表面，工艺性好等。但溶剂加入也造成胶粘剂在固化时体积收缩率大，溶剂有时会使被粘物表面溶胀，造成粘结不牢，以及大部分溶剂挥发并易燃，有一定毒性等不足。环氧树脂涂料多采用混合溶剂，是由溶剂和稀释剂组成，可以降低成本，改善漆膜性能和施工性能，提高溶剂的溶解力。刷涂施工的产品应使用部分高沸点溶剂，如乙基溶纤剂等。表 5.5.4 所示是常用溶剂的参数。

常用溶剂的性质 表 5.5.4

溶剂种类	沸点(℃)	挥发速率 (nBAc=1,25℃)	溶解度参数 $\delta[(cal \cdot cm^{-3})^{1/2}]$	表面张力 $(25℃,10^{-3}N \cdot m^{-1})$	黏度 $(20℃,mPa \cdot s)$
丙酮	56	5.7	10.0	—	0.316
醋酸乙酯	77	4.02	9.1	23.7	0.455
乙醇	78	2.03	12.7	—	1.20
苯	80	4.12	9.2	—	0.654
甲乙酮	80	3.7	9.3	24.6	0.423
环己烷	81	5.9	8.2	18.0	0.89
异丁醇	108	0.83	—	22.8	3.9
甲苯	111	1.9	8.9	28.4	0.55
甲基异丁基酮	116	1.6	8.4	23.6	0.546
正丁醇	118	0.45	11.4	24.6	2.948
醋酸丁酯	126	1.0	8.5	25.2	0.671
乙基溶纤剂	135	0.4	9.9	—	1.861
二甲苯	138～142	0.6	8.8	31.5	0.586
丙二醇甲醚醋酸酯	140	0.34	—	26.2	—
甲戊酮	147	0.4	—	26.1	—
乙二醇乙醚醋酸酯	156	0.24	8.7	29.4	1.205
环己酮	157	0.28	9.3	35.2	1.75
丁基溶纤剂	171	0.07	8.9	28.6	3.318
二丁醚	196～225	—	9.9	35.6(20/℃)	2.6

注：nBAc=1，以醋酸正丁酯挥发速率＝1.0。

在选用溶剂时还应注意的是，不同结构的溶剂对固化反应会起不同的作用。例如，胺固化环氧树脂不能使用酯类作溶剂，因为酯类与胺类固化剂有反应，破坏固化剂，降低固化效果；路易斯酸作固化剂时，如选用环己酮作溶剂，会发生缩酮化反应，这种反应会影响固化涂膜的性能，尤其是在烘烤的条件下，因此，使用酮类和酯类溶剂时应十分小心。

3. 其他现场可能用到的辅料和助剂

1）气相二氧化硅

气相二氧化硅是较早使用的流变剂，但现在使用的该产品在性能上有了较大提高。气相二氧化硅为固体粉末，是球形微粒的集合体，其分子上含有羟基基团，能够吸附水分子和极性液体。球形颗粒表面有硅醇基。当气相二氧化硅分散于基料溶液中时，相邻球形颗粒之间的硅醇基团因氢键结合而产生疏松的晶格，形成三维网络结构，产生凝胶作用和很高的结构黏度。在受到剪切力作用时，因氢键结合力很弱，网络结构破坏，凝胶作用消失，黏度下降，剪切力去除后又能恢复原来静止时的形状。一般来讲，较少量的气相二氧化硅就可以使低分子量的脂肪胺作为固化剂的环氧树脂物料发挥增稠效果。而高分子量的脂肪胺（如聚酰胺类）作为固化剂的环氧树脂物料只有添加较多的气相二氧化硅才能发挥较好的增稠效果。脂环族多元胺的环氧树脂物料中需要添加较多的气相二氧化硅才能发挥触变效果。含有胺加成物的改性环氧树脂物料中气相二氧化硅的增稠及触变效果比未改性的双酚 A 环氧树脂物料差。芳香族胺类固化剂的环氧树脂物料中，气相二氧化硅触变效果较差，即使使用量达 7%，也仅能获得增稠而没有触变性能。

2）增韧剂

单纯的环氧树脂固化后性能较脆，冲击韧度和耐热冲击性能较差，为了改善环氧树脂固化物的这一不足之处，在设计环氧树脂胶液配方时，往往加入一定数量的增韧剂。现场施工改善最终环氧树脂固化物韧性而添加的增韧剂主要有：①无机填料类，石英砂、玻璃微珠、碳酸钙晶须等；②液体橡胶增韧剂类，液体端羧基丁腈橡胶（CTBN）、端羟基丁腈橡胶（HTBN）、聚硫橡胶、液体无规羧基丁腈橡胶、端羧基聚丁二烯（HTPB）、端环氧基丁腈橡胶（ETBN）和聚氨酯橡胶等；③柔性链固化剂，端氨基聚双酚 A 醚二苯酮（BPAPK）、端氨基聚-3-异丁基对苯二酚醚二苯酮（tBPK）和端氨基聚甲基对苯二酚醚二苯酮（MePK）等。

3）增强剂（纤维增强材料）

凡是在聚合物基复合材料中起到提高强度、改善性能作用的组分均可以称为增强材料。以环氧树脂为基体的复合材料用新型纤维状增强材料的品种有：玻璃纤维、碳纤维、聚芳酰胺（芳纶）纤维、硼纤维、超高分子量聚乙烯纤维、晶须等。

4）填充剂（填料）

填充剂也称为填料。一般是指添加到环氧树脂胶液中作为其中的组分，以改变环氧树脂胶液的性能和降低成本的物料。填料可以实现一定程度上的改性：①机械性能（拉伸强度、弯曲强度、冲击强度、尺寸稳定性、耐磨性能等）；②热性能（热老化性、热变形温度、高温特性、降低热膨胀系数、热传导性）；③阻燃性（延迟燃烧性、自熄、提高着火点）；④电气性能（提高耐电弧性、高温绝缘及高温介电性能）；⑤耐化学药品性（提高耐酸性、耐碱性、耐水性、耐溶剂性能）；⑥改善操作性能（增黏、增稠、触变性、降低固化放热、减少固化收缩）。更多有关填料的介绍请参见表5.4.2～表5.4.4。

5）阻燃剂

一般说来，环氧树脂是热固性树脂中较易燃的一种，普通型环氧树脂的氧指数仅为19.8左右，所以必须进行阻燃处理。要使环氧树脂获得阻燃性，一般采用下列方法：①合成含卤素的阻燃型环氧树脂；②添加其他含有阻燃基团的阻燃剂和阻燃助剂。环氧树脂常用的添加型阻燃剂有：卤素系列有机阻燃剂［二溴甲酚缩水甘油醚、二溴苯基缩水甘油醚、四溴苯二甲酸酐、双（2，3-二溴丙基）反丁烯二酸酯］、卤代酸酐固化剂（氯茵酸酐、二氯代顺酐、六氯内次甲基四氢苯酐、四溴苯酐、四氯苯酐和80酸酐）、无机磷系阻燃剂（红磷和赤磷）、有机磷系阻燃剂［磷酸三氯乙酯（TCEP）、三（2，3-二氯丙基）磷酸酯、氯烷基磷酸缩水甘油酯、氨基磷酸酯等］、水合氧化铝（$Al_2O_3 \cdot 3H_2O$）、六水铝酸钙（$3CaO \cdot Al_2O_3 \cdot 6H_2O$）、多磷酸铵、水合硼酸锌（$2ZnO \cdot 3B_2O_3 \cdot 3H_2O$）、三化二锑（$Sb_2O_3$）等无机阻燃剂。磷酸酯中，含溴磷酸酯的阻燃效果比含氯磷酸酯好。值得注意的是：在环氧树脂中添加磷酸三氯乙酯时，随添加量增加，环氧树脂或其制品的阻燃性虽能得到提高，但制品的硬度要下降。因而在实际使用中，常见的是将氧化锑与含卤阻燃剂并用，或者以磷和卤素并用，利用其协同效应来减少各自的用量，增强阻燃效果。一般约添加 2％（质量分数，下同）的磷和 6％的卤类化合物，即可使环氧树脂及其制品具有良好的阻燃性。

6）色浆（色糊）

现场衬里施工，着色后可增加美观。现场使用的环氧树脂色浆应具备的条件：①相容性好，环氧树脂色浆是以环氧树脂为载体，通过三辊研磨机多次研磨色粉，并辅以相关助剂制成的，并非色粉在环氧树脂中简单搅拌分散。本书 5.8 节中的，不饱和聚酯树脂和乙烯基酯树脂使用的色浆也一样需要采用相应的树脂进行研磨，不可以将环氧树脂色浆用到不饱和聚酯或乙烯基酯树脂体系中去，反过来也不行，否则会影响树脂固化，降低树脂原来的性能。②色彩美艳，着色力和遮盖力强，现场使用较多的主要是果绿、中灰、黑等几种常见颜色。③耐热性满足要求，在树脂的加工温度和最高使用温度下有良好的热稳定性，不变色，不分解，而且能够长期稳定。④有良好的耐酸碱性，与树脂中其他助剂不发生有害的化学反应。

5.5.5　环氧树脂现场施工固化配方及控制方法

1. 施工准备

施工准备工作是全面质量管理最重要的一环。其具体内容包括：原材料的准备、施工现场察看、施工机具的安排、技术准备等。

2. 基层要求及"广义基材处理"

详见本书第 2 章。

3. 现场施工参考配合比及配制工艺

环氧树脂类材料在不同的使用范围，针对不同的使用对象，采用的构造具有很大的区别，各个构造层的环氧树脂胶料、胶泥和砂浆的配合比例详见表 5.10.2，改性环氧树脂类材料的施工配合比见表 5.10.3。

5.5.6　环氧树脂现场手糊施工要点

环氧纤维增强塑料施工有手糊法、模压法、缠绕法和喷射法等几种，现场施工一般采用手糊法，其各工序要点如下。

1. 基层处理

详见本书第 2 章。

2. 打底

用毛刷、滚筒蘸打底料，在基层上进行二次打底，其间应自然固化 24h 以上。打底厚度不应超过 0.4mm，不得有流淌、气泡等。

3. 嵌刮腻子

基层表面或层间凹陷不平整处，须用刮刀嵌刮腻子，予以填平，24h 后再贴玻璃布。腻子不宜太厚，否则易出现龟裂。

4. 粘贴玻璃纤维增强材料

（1）玻璃纤维短切毡以及玻璃纤维方格布的粘贴顺序：一般应与泛水方向相反，"先"

沟道、孔洞、设备基础等，"后"地面、墙裙、踢脚。其搭接应顺物料流动方向，搭接宽度一般不小于 50mm，各层搭接缝应互相错开。铺贴时玻璃布不要拉得太紧，达到基本平衡即可。

（2）粘贴方法：包括间断法和连续法两种，应根据施工条件和要求选用。如施工面积大，便于流水作业，防污染的条件较好，宜采用间断法；否则，宜采用连续法。环氧树脂多采用间断法施工。

（3）连续法：用毛刷蘸上胶料纵横各刷一遍后，随即粘贴第一层玻璃布，并用刮板或毛刷将玻璃布贴紧压实，亦可用辊子反复滚压使充分浸透胶料，挤出气泡和多余的胶料。待检查修补合格后，不待胶料固化即按同样方法连续粘贴，直至达到设计要求的层数和厚度。玻璃布一般采用鱼鳞式搭接法，即铺两层时，上层每幅布应压住下层各幅布的半幅；铺三、四、五层时，每幅布应分别压住前一层各幅布的 2/3、3/4、4/5 幅。

（4）间断法：贴第一层玻璃布的方向同上。贴好后在布上涂刷胶料一层，待其初步固化、不粘手时（一般须自然固化 24h），再铺贴第二层。依此类推，直至完成所需层数和厚度。在铺贴每层时均需进行质量检查，清除毛刺、突边和较大气泡等缺陷并修理平整。

（5）在转角处、管、孔、预埋件、设备基础周围，都应把布剪开铺平，并可多铺 1~2 层，予以增强。

5. 涂刷面层料

面层材料要求有良好的耐磨性和耐腐蚀性，表面要光洁。一般应在贴完最后一层玻璃布的第二天涂刷第一层面胶料，干燥后再涂第二层面胶料。当以纤维增强塑料做隔离层，其上采用树脂胶泥或树脂砂浆材料施工时，可不涂刷面层胶料。

6. 养护

纤维增强塑料施工后，需经常温养护后方可交付使用。20℃环境温度，环氧树脂地面纤维增强塑料的养护时为 7d，环氧树脂池槽衬里纤维增强塑料的养护时间为 15d，环境温度下降养护时间延长。

5.5.7 环氧树脂胶泥、砂浆铺砌块材和树脂胶泥勾缝与灌缝施工要点

块材是建筑防腐蚀的重要材料，同时也是部分设备衬里的有效材料，树脂胶泥、树脂砂浆是防腐蚀的主要制品。块材通过胶泥、砂浆的过渡才有效地与基层结合在一起。过渡的方式不同，树脂胶泥和砂浆的作用及施工方法也各有特色。

1. 铺砌材料

耐腐蚀用的块材包括天然石材、耐酸瓷砖（板）、铸石板等。块材铺砌应采用揉挤法。铺砌时，块材间的缝隙较小，一般采用单一的胶泥，既做结合层又做块材缝隙间的防腐蚀材料。揉挤法操作分为两步：第一步打灰，包括打坐灰和砖（板）打灰。打坐灰就是在基层或已砌好的前一砖板上刮胶泥，确保铺砌密实。砖板打灰最好分两次进行，第一次用力薄薄打上一层，要求打满，厚薄均匀。第二次再按结合层厚度略厚 2mm 的要求，满打一层。打灰应由一端向另一端用力打过去，不要来回刮，以免胶泥卷起，包入空气形成气泡，影响密实性。第二步铺砌，把打好灰的砖（板）找正放平，使缝内挤出胶泥，然后用刮刀刮去。

立面块材连续铺砌高度，应与胶泥硬化时间相适应，以防砌体变形。

2. 块材勾缝与灌缝

树脂胶泥勾缝、灌缝，必须待铺砌胶泥养护后方可进行。

采用树脂胶泥或砂浆进行块材勾缝、灌缝时，块材间缝隙较大，一般采用另一种耐腐蚀胶泥做铺砌块材的结合层。铺砌块材时，用事先按灰缝宽度要求备好的木条顶留出缝隙。待铺砌的胶泥初凝后，将木条取出，用抠灰刀修缝，保证缝底平整，缝内无灰尘、油垢等，然后在缝内涂一遍环氧树脂打底料，待其干燥后再勾缝。勾缝胶泥要饱满密实，不得有空隙、气泡；灰缝表面要平整光滑。树脂胶泥铺砌块材的结合层厚度、灰缝宽度和勾缝尺寸见表5.5.7-1。

树脂胶泥铺砌块材的结合层厚度、灰缝宽度和勾缝尺寸　　　　表 5.5.7-1

块材种类	铺砌（mm）		灌缝或勾缝（mm）	
	结合层厚度	灰缝宽度	缝宽	缝深
标形耐酸砖、缸砖	4～6	2～4	6～8	≥15
平板形耐酸砖、陶板	4～6	2～3	6～8	≥10
铸石板	4～6	3～5	6～8	≥10
花岗石及其他条石	4～12	4～12	8～15	≥20

3. 树脂胶泥或砂浆铺砌与勾缝构造举例（表 5.5.7-2）

树脂胶泥或砂浆铺砌与勾缝构造　　　　表 5.5.7-2

	构 造 图	施工方法	备注说明
铺砌		耐酸砖（板）树脂胶泥铺砌 1：2 水泥砂浆找平层，20mm 厚 C15 混凝土垫层，120mm 厚	作用量小或腐蚀性不强时，不设隔离层
勾缝		耐酸砖（板）树脂胶泥勾缝 胶泥结合层，5～7mm 厚 1：3 水泥砂浆找平层，20mm 厚 C15 混凝土垫层，120mm 厚	作用量小或腐蚀性不强时，不设隔离层；不适用于呈碱性反应的介质
铺砌		耐酸砖（板）树脂胶泥铺砌 1：2 水泥砂浆找平层，20mm 厚 C15 混凝土垫层，120mm 厚	设隔离层
勾缝		耐酸砖（板）树脂胶泥勾缝 胶泥结合层，5～7mm 厚 1：2 水泥砂浆找平层，20mm 厚 C15 混凝土垫层，120mm 厚	设隔离层
铺砌		平板形耐酸砖树脂胶泥铺砌树脂纤维增强塑料隔离层 C20 细石混凝土找坡层钢筋混凝土楼板	用于楼层地面
勾缝		平板形耐酸砖，30mm 厚树脂胶泥勾缝 胶泥结合层，5～7mm 厚 C20 细石混凝土找坡层钢筋混凝土楼板	适用于酸性介质作用的楼层地面

5.5.8 环氧树脂工程的常见缺陷及解决对策

环氧树脂类防腐蚀工程常见以下缺陷及解决对策。

缺陷一：胶液渗漏不良，层间发白，表面可看到白片、白点等胶液未渗透现象，用锤轻击可听出粘结不牢、分层的声音。

原因分析一：①玻璃布受潮、被污染或脱蜡不完全；②施工现场防污染条件差，纤维增强塑料层间污染严重；③胶液太稀，上胶后稀释剂挥发，纤维增强塑料含胶量不够；④胶液太稠或施工时间长，稀释剂挥发后，胶液更稠，加之玻璃布过密过厚，使胶液难以渗入孔眼；⑤胶液搅拌不匀，含有未分散的粉团，或填料颗粒过粗，胶液无法渗入玻璃布孔眼；⑥胶液涂刷不均匀，漏涂、漏压。

解决对策一：①宜选用非石蜡型玻璃布。石蜡型玻璃布应认真进行脱蜡处理。受污染的玻璃布可用丙酮、酒精擦洗后晾干。玻璃布应卷放在干燥、防尘的库房内，严禁有死褶和皱纹。②施工环境相对湿度不宜大于80%，以防层间受潮。施工现场应做好防尘工作。③胶液稠度要适合。胶液自加入固化剂时起，应在0.5h内用完。④填料细度要合适，加入后应充分搅拌，尽量采用机械搅拌。⑤不得漏涂、漏刮、漏压，要涂得薄，使胶液充分渗入玻璃布孔眼，与玻璃布结合成整体。⑥加强层间的质量检查和修补工作。采用连续法施工时，对决定返工的部位，先用小刀割开取下，再涂胶液、衬布、滚压，修补的面积要略大于取下的面积；采用间断法施工时，先铲去返修部位，将底部用砂布磨平、打毛，用溶剂擦拭干净，然后涂胶液、衬布、滚压。修补面积要略大于原铲除面积。

缺陷二：纤维增强塑料空鼓、皱褶、脱壳、层间有气泡。

原因分析二：①基层质量不好，不洁净，含水率高，隔离层不洁净，表面过于光滑。②铺贴玻璃布时松紧不匀，粘贴不实，基层阴阳角处未做成小圆角，易产生皱褶。滚压胶液时，窝藏在层间的气体未彻底排除，特别是阴阳角处及管孔周围附加层，易产生气泡。

解决对策二：①确保基层质量、强度、含水率和洁净程度符合要求。②采用间断法施工时，层间不要被污染。③基层阴阳角处应按规定做成小圆角，在阴阳角处或管孔周围部位，应先试铺玻璃布，合适后再刷胶铺贴。这些部位不宜采用连续法铺贴施工。④施工中如发现气泡，难于排除时，可用小刀将气泡划破压平，使胶液与玻璃布重新结合；对树脂固化后发现的气泡，可用小刀沿气泡周边划开，除去起壳部分，用木锉或砂纸打毛，擦净后再刷胶修补。小气泡可用腻子填平，大气泡则应补贴玻璃布。

缺陷三：胶液固化慢或不固化、不完全固化。表现为粘手、用棉球蘸溶剂擦拭棉球变色，并挂有胶液物质。

原因分析三：①施工环境低于10℃；②固化剂用量不够；③原材料过期变质；④搅拌不均匀。

解决对策三：①一般情况下，施工环境温度以15～25℃为宜，不低于5℃；②固化剂应按正常使用量加入；③认真检查原材料质量，技术指标合格者才可使用；④树脂加入固化剂后产生放热反应，如发现温度过高，可将配制桶放入冷水器皿中边冷却边搅拌。一次配制量不宜过多，随用随配。

缺陷四：与基层有关的问题：①凸起：涂抹面上产生直径2～5mm到30～50mm不

同程度的凸起；②剥离：基层与涂膜之间的剥离、基层与涂膜界面的剥离、涂膜与涂膜之间的剥离；③裂缝：涂膜收缩而断开的状态，基层裂缝而影响涂膜一起断开的现象。

原因分析四：①因基层干燥不够，气体聚集在涂膜之下，涂膜面吸收其水分而使基层面凸起；或由于有杂质未清除（固化之前）。②剥离原因：涂膜的抗张强度大大超过基层强度，底涂与基层面的附着力差，涂膜间的剥离大多原因在于涂完下层后经过相当长时间。③裂缝原因：材料的颜基比偏差较大、基层面产生裂缝，涂膜的附着力越好越易随基层裂缝变动，附着力不好时涂膜虽不被断开但已起壳。

解决对策四：①有问题的部分进行小修补；②表面打磨一层后全面重涂；③把所有发生问题的涂膜全部揭掉，把基层面再清扫干净，重新施工。

缺陷五：施工中常见的问题：①固化过慢：环氧树脂材料在特别低的温度下固化反应变慢。该现象跟黏度有密切关系，温度越低黏度越高，施工性（流平性）越差。同时，过长的固化时间会造成涂膜沾染灰尘、砂粒等脏物，甚至影响工作进程。②可使用时间变短。③固化不均：一部分出现软和硬的涂膜。④固化不良：整个硬化状态差，重物或人员走动有压痕。⑤表面发黏：初凝时，表面发黏。⑥表面发白：表面仿佛有一层云雾。⑦不固化。

原因分析五：①树脂材料在气温降低到10℃左右，硬化就明显地变慢，还有在现场加溶剂时，溶剂的挥发也会带走一部分热量而冷却涂膜，所以地面涂料一般不允许再加溶剂。②配合好的地面涂料如果一直放置在容器里的话，会蓄积反应热，结果固化变快，可使用时间大大缩短；一般施工环境温度越高、通风越差，可使用时间越短。③主材与固化剂在混合容器里搅拌不良。④施工环境温度太低，反应不完全，或固化剂加入比例不符。⑤整个涂料的搅拌不充分，造成未反应的成分在表面下游离。⑥施工环境潮气重，在涂膜上易结霜，造成固化剂里的胺析出产生白雾集结在表面。⑦固化剂加入量不准或加错。

解决对策五：①施工环境温度：15～25℃，现场不要随意加溶剂。②混合好的材料不要一直存在混合容器里面，应及时流展在施工基层面上，涂料接触混凝土被冷却，可使时间相对延长；可使用的时间关键在树脂和所选择的固化剂用量，因此要严格根据环境温度的变化确定固化剂用量。③搅拌工序标准化，人员需专门培训。④采用加温、保暖措施，提高环境温度。⑤在早春季节地面及墙壁的温度比室温冷得多，特别在光滑表面易结露。施工前应打开窗户尽量减少室温与地面的温差。⑥加强管理，对施工人员进行技术培训，及时发现问题、解决问题。

缺陷六：涂膜施工面的问题：①针孔：施工面上出现许多像针刺过而留下的痕迹状态；②环形山孔：施工面就像不沾油那样发生环形的孔；③凹陷：施工面上出现圆形凹窝的状态。

原因分析六：①固化剂与主料混合时，因搅拌而在涂料里产生大量气泡，在固化过程中气泡不断发散，基层面留下痕迹而成为针孔。②一则基层面的密实性不均一；二则填料分散不足。③涂料表面张力不均一，局部呈现规则性。

解决对策六：①把空气粒子（气泡）用抹刀一边压一边抹（可听见气泡破裂的噼噼啪啪声），每一次涂抹量不超过2mm厚度；②主要原因在于填料分散不足，严格控制生产质量。在夏季，施工人员的汗水如滴在未固化的涂膜上往往也会造成凹陷，施工时防止任何水分接触材料（未固化前）。

缺陷七：涂膜均一性的问题：①抹刀痕迹：用抹刀涂抹时，在表面硬化后留下痕迹；②涂抹接头：在加工面的接头部分有明显的不均匀性；③颜色不匀：加工面颜色有浓淡。

原因分析七：①涂料缺少自流平性或施工人员操作不熟练；②接头处两边的材料初凝时间相差较大或施工人员不熟练；③颜料分散不良，或溶剂、助剂与填料相容性不好。

解决对策七：①检查颜料、填料、树脂的配合状态和黏度；②对合格的地面涂料材料，施工技术的熟练程度对抹痕影响极大；③尽量选择性质接近的颜、涂料，控制研磨细度。

5.6 常用纤维增强塑料衬里之"酚醛树脂"现场固化

5.6.1 酚醛树脂概述

酚醛树脂（Phenolic resins）是一种以酚类化合物与醛类化合物经缩聚而制得的一大类合成树脂。所用酚类化合物主要是苯酚，其他还可用甲酚、混甲酚、壬基酚、辛基酚、二甲酚、腰果酚、芳烷基酚、双酚A或几种酚的混合物等；所用醛类化合物主要是甲醛，其他还常用多聚甲醛、糠醛、乙醛或几种醛的混合物。由于苯酚—甲醛树脂是酚醛树脂中最典型和最重要的一种，所以若不特别说明，一般即以其为代表进行论述。生产酚醛树脂，根据所采用原料反应官能度、酚与醛的摩尔比及合成反应催化剂（反应物系pH值）的不同又分为热塑性酚醛树脂（Novolaks）和热固性酚醛树脂（Resoles）两大类产品，前者在无固化剂促进下具有热可塑性，后者则不需固化剂也具有自固化特性（甚至于常温环境）。酚醛树脂特有的化学结构和大分子交联网状结构赋予了它许多优良性能。三大热固性树脂的基本性能和特点如表5.6.1-1所示。

常用热固性树脂的性能　　　　表 5.6.1-1

性能	酚醛树脂	不饱和聚酯树脂	环氧树脂
密度(g/cm^3)	1.30～1.32	1.10～1.46	1.11～1.23
拉伸强度(MPa)	42～64	42～71	约85
延伸率	1.5%～2.0%	5.0%	5.0%
拉伸模量(GPa)	约3.2	2.1～4.5	约3.2
压缩强度(MPa)	88～110	92～190	约11
弯曲强度(MPa)	78～120	60～120	约130
热变形温度(℃)	78～82	60～100	120
线膨胀系数($\times10^{-6}/℃$)	60～80	80～100	60
洛氏硬度	120	115	100
收缩率	8%～10%	4%～6%	1%～2%
体积电阻率($\Omega\cdot cm$)	10^{12}～10^{13}	10^{14}	10^{16}～10^{17}
介电强度(kV/mm)	14～16	15～20	16～20
介电常数(60Hz)	6.5～7.5	3.0～4.4	3.8
介电损耗角正切(60Hz)	0.10～0.15	0.003	0.001

续表

性能	酚醛树脂	不饱和聚酯树脂	环氧树脂
耐电弧性(s)	100～125	125	50～180
吸水率(24h)	0.12%～0.36%	0.15%～0.60%	0.14%
对玻璃、金属、陶瓷粘结力	优良	良好	优良
耐化学性(弱酸)	轻微	轻微	无
耐化学性(强酸)	侵蚀	侵蚀	侵蚀
耐化学性(弱碱)	轻微	轻微	无
耐化学性(强碱)	降解	降解	非常轻微
耐化学性(有机溶剂)	某些溶剂侵蚀	侵蚀	耐侵蚀
主要优点	①容易制成B阶树脂,有优良的预浸渍制品的特性; ②固化物耐高温特性,特别是高温强度比聚酯好得多; ③有优良的耐燃性; ④固化物强度比聚酯高; ⑤热变形温度高,脱模时变形小; ⑥可用水和醇的混合溶剂,操作方便; ⑦成型只需加热、加压,不需添加引发剂和促进剂; ⑧价格低廉	①固化时无挥发性副产物,几乎可达到100%固化; ②可用于多种手段实现固化,如过氧化物、紫外线、射线等;固化迅速,即使在常温下也能固化; ③可低压成型,也可接触压成型; ④机械及电性能优良; ⑤耐药品性好; ⑥能赋予柔软性、硬质耐候性、耐热性、耐药品性、触变性、难燃、自熄等特性; ⑦可着色,获得透明美观的涂膜; ⑧固化收缩能做到非常小	①固化收缩小,随固化剂种类而异; ②固化物机械强度高; ③尺寸稳定性好; ④粘结性好; ⑤电性能、耐腐蚀性能(特别是耐碱性)优良; ⑥若对树脂及固化剂进行选择,能得到耐热性好的固化物; ⑦固化物无臭味,能用于食品行业; ⑧树脂保存期长,选择固化剂可以制成B阶树脂,有良好的预浸渍制品的特性; ⑨固化时不会像聚酯那样容易受空气中的氧的阻聚; ⑩不含挥发性单体,配合组成时常保持稳定,缠绕特性好
主要缺点	①固化比聚酯慢,到完全固化需较长时间; ②固化时有副产物产生,成型时需比聚酯更高的温度和压力; ③一般讲,固化物硬而脆,但经过改性有可能做到半硬质状态; ④固化物的颜色在褐色与黑色之间,不能随意着色或着淡色; ⑤耐腐蚀性好,但耐候性差,日久会变色; ⑥预浸渍制品的保存期短,必须低温贮存	①一般来说,空气中氧的存在会妨碍固化; ②硫磺、酚类化合物等混入时,固化困难; ③特殊的金属或化合物对固化有很大的影响; ④通常有百分之几的固化收缩; ⑤固化方法不当时,由于固化放热及收缩不理想,在制品中会产生裂纹; ⑥固化易受温度、湿度的影响; ⑦制造后随时间变化固化特性等也容易产生变化; ⑧易燃; ⑨黏稠液体有特殊臭味	①固化剂毒性太大,操作应十分注意; ②固化时间比聚酯长,达完全固化必须进行长时间的热处理; ③黏度高,浸渍玻璃纤维需一定时间; ④固化放热峰高; ⑤价格较高

酚醛树脂具有以下主要特征：①卓越的黏附性。交联固化的酚醛树脂由于性脆，强度低，单独使用几乎没有可能。以酚醛树脂为胶粘剂，与各种填料或增强材料结合制成的多种多样复合型材料却有着优良的物理、化学性能和使用性能。填料和增强剂，按化学成分有无机物、有机物和金属之分；按物种有植物、矿物、人工制成物之分；按几何形状有粉、珠粒、短纤维、长纤维、小薄片、大片板等之分。这些材料的表面和表层性能差异极大，正是由于酚醛树脂具有卓越的对各种各样填料和增强剂的粘附性，才能使之与它们良好粘结，制成种类繁多的复合型材料。②优良的耐热性。酚醛树脂固化后依靠其芳香环结构和高交联密度的特点而具有优良的热稳定性。酚醛树脂在 200℃ 以下基本是稳定的，一般可在不超过 180℃ 的条件下长期使用。比同样能形成交联网状结构的热固性树脂（不饱和聚酯树脂、环氧树脂）的耐热性能要高一些。③独特的抗烧蚀性。酚醛树脂交联网状结构有高达 80%（质量份）左右的理论含碳率，在无氧气氛下 700℃ 高温热解的残碳率通常在 55%～75% 之间。酚醛树脂在更高温度下热解时将吸收大量热能，同时形成具有隔热作用的较高强度的炭化层，当用于航天飞行器的外部结构时，在其返回地面穿过大气之际，酚醛树脂的热解高残碳特性就起到了独特的抗烧蚀性作用和对航天飞行器的保护作用。④良好的阻燃性。酚醛树脂不必添加任何阻燃剂就可达到阻燃要求，且具有低烟释放、低烟毒性等特点，当然，外加阻燃剂更可提高其阻燃性。阻燃性对于建筑材料、石油化工设备和管道保温材料、交通运输工具（车、船、飞机等）的结构和装饰材料都是极重要的性能。酚醛树脂制成的泡沫塑料以及酚醛树脂基复合材料在这些领域都有极高的利用价值，这是因为酚醛树脂有良好的阻燃性。表 5.6.1-2 列出几种高分子树脂泡沫塑料的氧指数。⑤化学稳定性好，耐酸性强，但不耐碱。酚醛树脂与其他热固性树脂比较，其固化温度较高，固化树脂的力学性能、耐酸性可与不饱和聚酯树脂相当，耐碱性不及环氧树脂；酚醛树脂的脆性比较大，收缩率高，不耐碱，易吸潮，电性能差，不及聚酯和环氧树脂。

几种高分子树脂泡沫塑料的氧指数 表 5.6.1-2

材料	氧指数	材料	氧指数
聚苯乙烯	19.5%	聚氯乙烯	26.0%
聚氨酯	21.7%	酚醛树脂	32%～36%
聚氨酯＋阻燃剂	25.0%		

5.6.2 酚醛树脂现场施工的固化剂

酚醛树脂常用固化催化剂有苯磺酰氯、对甲苯磺酰氯、硫酸乙酯（硫酸/乙醇＝1/3～1/2）、石油磺酸、NL 固化剂、复合固化剂（对甲苯磺酰氯/硫酸乙酯＝7/3）等，它们都能产生氢离子，对酚醛树脂固化反应进行催化。

（1）对甲苯磺酰氯：对甲苯磺酰氯在水存在下会分解生成对甲苯磺酸和氯化氢。对甲苯磺酰氯在大气中易潮解、结块，甚至呈糊膏状，应密闭存放。结块的对甲苯磺酰氯不易与树脂混匀，常需溶解于丙酮或乙醇中配成溶液后使用；吸潮后的对甲苯磺酰氯会逐渐分解而使酸度增大，但由于吸潮后水分含量增加反而使酚醛树脂的凝胶时间延长。高纯度的对甲苯磺酰氯的酸度较低，因而使树脂的固化较慢，当环境温度较低时，可能几个小时甚至十几个小时也不固化。对甲苯磺酰氯与其他固化剂相比的优点是固化后树脂的柔韧性最好。

（2）苯磺酰氯：苯磺酰氯的固化原理与对甲苯磺酰氯的固化原理相同。苯磺酰氯常温下是液体，易与酚醛树脂混匀，其酸度适中（约为 1.2%），固化速度适中，通常在 20℃下 40～60min 内凝胶，固化后产物的物理机械性能较好。该固化剂的最大缺点是：施工时会放出刺激性很强的氯化氢气体，而造成较差的施工环境。因此，施工中应加强通风和劳动保护。

（3）硫酸乙酯：硫酸乙酯可以由浓度为 98% 的硫酸和无水乙醇（质量比为 1:3～1:2）反应而成。硫酸乙酯固化剂气味小，施工条件好；但因其酸度较高，混有固化剂的树脂的适用期较短，且固化后产物的孔隙较多、脆性较大，因而机械性能较差。

（4）石油磺酸：石油磺酸是直馏汽油经磺化反应而得的产品，为褐色黏性液体。石油磺酸作为酚醛树脂的固化剂，具有毒性低、易与树脂混匀、施工条件好等特点，其凝胶时间和固化产物的性能主要取决于石油磺酸中的水分含量，若水分含量低，则凝胶时间适中，固化产物的性能较好，但当水分含量高（目前部分商品石油磺酸中的含水量有高达35% 的）时，则树脂不易固化，且固化后产物的性能较差。

以上四种固化剂都各有优缺点，为取长补短，发挥它们各自的优点，也可以采用复合固化剂。实验证明，采用对甲苯磺酰氯：硫酸乙酯＝7:3（质量比）的复合固化剂来固化酚醛树脂，不但凝胶时间适中，而且固化后产物的性能也较好。

（5）NL 型固化剂：该固化剂（南京化学工业公司产）的主要特点是施工时无挥发物，无刺激性，改善了劳动条件；同时，固化后产物的各项性能均不低于现有其他固化剂固化后的水平。目前，它正逐步取代其他几种固化剂。NL 固化剂的用量一般为 6%～8%（以酚醛树脂的质量计）。

5.6.3　酚醛树脂现场施工固化配比及配制工艺

见表 5.6.3。

常用酚醛树脂固化剂的性能及其参考用量　　　　　　　　　　表 5.6.3

性能 ＼ 固化剂	对甲苯磺酰氯	苯磺酰氯	硫酸乙酯（硫酸/乙醇＝1/3～1/2）	NL 固化剂	石油磺酸	复合固化剂（对甲苯磺酰氯/硫酸乙酯＝7/3）
外观	灰白色晶体	无色油状液体	无色液体	暗灰色黏性液体	褐色黏性液体	—
沸点（℃）	145～146	251.5	—	—	—	—
熔点（℃）	69	14.5	—	—	—	—
气味	有臭味	刺激性，味大	味小	无味	无味	—
纯度	≥97%	≥95%	硫酸>98%，乙醇>95%	—	>55%	—
酸度	低	适中	较高	较高	低	—
固化速度	慢	较快	快	适中	适中	适中

续表

性能＼固化剂	对甲苯磺酰氯	苯磺酰氯	硫酸乙酯（硫酸/乙醇＝1/3～1/2）	NL固化剂	石油磺酸	复合固化剂（对甲苯磺酰氯/硫酸乙酯＝7/3）
参考用量	10%～12%	8%～10%	8%～10%	6%～8%	8%～15%	—
固化物性能	好	好	差	较好	一般	较好
抗渗性	好	好	差	较好	差	—
特点及应用	施工时需先溶解或与填料混合,固化速度慢,使用较多	易混匀,使用方便,但气味大,使用较多	适用期短,味小,有应用	无毒,操作方便,价格适中,正在推广应用	无毒,操作方便,但含水量高,货源不多,应用少	兼有对甲苯磺酰氯和硫酸乙酯的优点,有些应用

5.7 常用纤维增强塑料衬里之"呋喃树脂"的现场固化

5.7.1 呋喃树脂概述

呋喃树脂（Furan resin）是分子结构中含有呋喃环的一类合成树脂的统称。呋喃树脂主要有糠醇树脂（糠醇型呋喃树脂）、糠醇糠醛型呋喃树脂、糠醛-丙酮树脂（糠酮复合型呋喃树脂）和糠醛-丙酮-甲醛树脂四种。由于它们的分子结构中都含有呋喃环，故在性能上具有许多共同的特点，如都具有突出的耐碱、耐酸、耐溶剂和耐热等优良性能。

呋喃树脂属热固性树脂，受热时能彼此交联固化而无需添加固化剂。酸在固化反应中起催化作用，还可降低热固化时所需的温度。根据施工工艺的特殊需要，可引入催化型固化剂，无需加热就能在室温下迅速交联固化。固化交联时要放出低分子物质，故固化时体积收缩率较大，其延伸率很低，呈现脆性。

由于固化产物分子链节上基本是次甲基（-CH$_2$-）和饱和的C-C键，不存在活泼官能团，所以呋喃树脂不参加腐蚀介质的化学反应。固化后的呋喃树脂具有突出的耐碱性能、耐溶剂性能和耐酸碱交替介质性能，对无机酸有良好的耐蚀性能。呋喃树脂还具有良好的耐热性能，一般可在120～140℃下长期使用，在某些情况下可在180～190℃下使用。但由于呋喃环上含有双键，而且杂环在某些条件下有开环倾向，所以呋喃树脂抗氧化性不好，在具有氧化性的硝酸和浓硫酸中会遭到破坏。

呋喃树脂与许多增塑剂、热固性树脂、热塑性树脂混溶性好，从而可以获得各种不同性能的产品。

我国防腐蚀呋喃树脂生产单位主要有黄石汇波材料科技股份有限公司、石家庄世易糠醛糠醇有限公司、山东圣泉集团（主要为铸造类呋喃树脂）等，总产量大约在1.5万t/年。由于呋喃树脂具有突出的耐蚀性、耐热性以及其原料来源广泛、生产工艺简单等优点，早已引起了人们的重视。但是，长期以来由于呋喃树脂的脆性大、粘结性差以及施工工艺差等缺点，在很大程度上限制了它在防腐领域中的应用，而且其应用范围仅局限于胶泥、地坪和浸渍石墨等领域。到了 20 世纪 70 年代中期以后，由于合成技术和催化剂应用技术的突破，基本上克服了呋喃树脂的以上缺点后，它才在防腐领域中得到较大的发展，且开始用于耐蚀纤维增强塑料的制造。国外呋喃树脂在防腐领域中的应用量已超过了传统使用的酚醛树脂的量，特别是在一些温度高、腐蚀性强的环境下，它发挥了很大的作用。

呋喃树脂的固化过程十分复杂。呋喃树脂的固化是由于呋喃环中的共轭双键打开而交联形成体形结构所致。此外，呋喃树脂的侧链中的其他活性基团在固化过程中可能也参与交联反应。

实际上，呋喃树脂的固化剂都是酸性物质。一般酚醛树脂的固化剂也可作呋喃树脂的固化剂，例如：苯磺酰氯、对甲苯磺酰氯、硫酸乙酯、磷酸和对甲苯磺酸等。与酚醛树脂不同的是呋喃树脂对固化剂的酸度要求更高，例如呋喃树脂适用的硫酸乙酯的配比是：98％的硫酸/无水乙醇＝2/1。上述化合物作为呋喃树脂的固化剂的一个严重的缺点是树脂与固化剂反应的放热量大，配制后的适用期短，操作不便，且固化反应激烈，放出较多水分，易形成气泡，使固化后的制品抗渗性变差、脆性增大，因此要采用玻璃纤维增强就有困难。

现在已开发出新型的呋喃树脂固化剂，基本上解决了上述问题。这不但使呋喃树脂能与环氧树脂和不饱和聚酯树脂一样，可用来制作纤维增强塑料，而且又改善了呋喃树脂制品的力学性能。一般这些固化剂均和各厂生产的呋喃树脂配套使用，或与填料混合在一起出售。

尽管新型固化剂改善了呋喃树脂的固化工艺性能，但与环氧树脂和不饱和聚酯树脂相比，呋喃树脂的固化工艺仍是比较差的，如凝胶时间较长，完全固化所需的时间更长，这给要在室温下较快速固化带来了困难。有时，为保证制品质量，不得不使制品在低于100℃下进行固化；但目前使用最广的糠醇糠醛型呋喃树脂已完全解决了上述问题。

呋喃树脂的主要应用有：①水泥基材面的防腐工程，主要有：垃圾焚烧电厂的垃圾仓、渣仓、渗滤池防腐；污水处理厂的污水处理池防腐；钢铁企业的轧钢酸洗池、电镀池防腐；海水作业环境下的水泥基座防腐。②金属基材面的防腐工程，主要有：舰船防腐；石油管道、化工设施防腐；地下污水管防腐。③耐高温防腐蚀材料，主要有：高温环境金属防腐，如电厂、钢铁厂；耐火耐高温材料；脱硫设备。④道桥路面材料。⑤铸造胶粘剂。⑥建筑材料，主要有：涂料、灌浆材料、加固材料、木材浸渍材料。⑦碳碳复合材料，主要有：飞机刹车材料、汽车刹车片。⑧电绝缘材料。

5.7.2　典型糠醇糠醛型呋喃树脂介绍

防腐呋喃树脂中，糠醇糠醛型呋喃树脂应用最广，它是典型的商品化材料，即：全部材料都在工厂配比生产好，在现场两个组分直接混合即可使用。因此，它也在应用中创新发展最快。糠醇糠醛型呋喃树脂按用途分主要有纤维增强塑料胶料、胶泥、砂浆、混凝土、橡胶修补膏五种类型，按性能分主要有通用型呋喃树脂、高粘结型呋喃树脂、冬期施工型呋喃树脂、维修型呋喃树脂、耐氢氟酸型呋喃树脂、耐高温型呋喃树脂、浸渍型呋喃树脂。

糠醇糠醛型呋喃树脂的主要应用表现形式有：①呋喃纤维增强塑料胶料为 AB 组成：

A 为呋喃树脂液，B 为呋喃纤维增强塑料粉，其中固化剂在纤维增强塑料粉里面；②呋喃胶泥为 AB 组成：A 为呋喃树脂液，B 为呋喃胶泥粉，其中固化剂在胶泥粉里面；③呋喃砂浆为 AB 组成：A 为呋喃树脂液，B 为呋喃砂浆粉，其中固化剂在砂浆粉里面；④呋喃混凝土为 ABC 组成：A 为呋喃树脂液，B 为呋喃混凝土粉，C 为石英石等，其中固化剂在呋喃混凝土粉里面；⑤采用酸性物质的弹性体和触变剂等混合的复合粉剂固化剂，可配合改性呋喃树脂胶浆，用作橡胶修补膏。

糠醇糠醛型呋喃树脂的主要用途：①衬贴碳钢、混凝土基层纤维增强塑料防腐层、隔离层，制作整体纤维增强塑料制品。②衬砌各种耐酸瓷板瓷砖等块材，花岗石等块材的勾缝、灌缝。③铺砌花岗石等块材，墙面、地面抹面。④浇捣整体呋喃树脂混凝土地面、设备基础、地沟、地坑、踢脚线、反沿等。⑤制作整体呋喃混凝土槽罐，如电解槽、酸洗槽、贮槽等；预制混凝土构件，如走道板、沟盖板、酸洗喷射梁等。⑥墙裙、不受冲击的地面、设备基础砂浆抹面。⑦低温施工型呋喃树脂，可在−5～10℃施工。⑧维修型呋喃树脂可用于立面砌筑、快速施工、快速抢修、快速修补等场合。⑨耐氢氟酸型呋喃树脂可用于含氟介质的腐蚀环境。⑩耐高温型呋喃树脂可在 180～230℃的介质环境下使用。⑪浸渍型呋喃树脂可用于石墨（碳）砖板、石墨设备的浸渍。

糠醇糠醛型呋喃树脂的主要特点：①耐腐蚀性能优良：耐酸、耐碱、耐酸碱交替腐蚀；②粘结强度高，大于 3MPa；③耐高温，最高使用温度大于 140℃；④施工环境温度宽，−5～30℃；⑤商品化，双组分（呋喃树脂液＋呋喃粉料固化剂），使用便捷；⑥便于施工，稳定施工质量。

相关标准有：《呋喃树脂防腐蚀工程技术规程》CECS 01：2004、《呋喃树脂耐蚀作业质量技术规范》GB/T 35499、《建筑防腐蚀工程施工规范》GB 50212。

5.7.3 呋喃树脂现场防腐蚀工程

1. 概述

呋喃树脂防腐蚀工程包括：①呋喃树脂胶料铺衬的纤维增强塑料隔离层和衬里层；②呋喃树脂胶泥铺砌的块材面层；③呋喃树脂砂浆抹压的整体面层；④呋喃树脂混凝土浇筑的地面、设备基础整体面层和池槽、构筑物的浇筑。

2. 原材料和制品

（1）呋喃树脂原料的性能要求见表 5.7.3-1。

呋喃树脂的性能要求　　　　表 5.7.3-1

项目	糠醇糠醛型	糠醇型	糠酮复合型
外观	棕黑色或棕褐色液体	棕黑色液体	棕黑色液体
黏度(涂-4 黏度计,25℃)(s)	20～30	30～50	60～150
储存期	常温下 1 年		

注：糠醇型呋喃树脂用于纤维增强塑料时，其黏度宜为 120～200s。

（2）糠醇糠醛型呋喃树脂材料所用的纤维增强塑料粉、胶泥粉、砂浆粉和混凝土粉，均含有固化剂。含有固化剂的粉料与树脂混合后的固化时间（20～25℃）不应超过 12h，体积安定性应合格。对低温施工型呋喃树脂材料，含有固化剂的粉料与树脂混合后的硬化时间（−5℃）不应超过24h，体积安定性应合格。

（3）糠醇型、糠酮复合型呋喃树脂材料所用的固化剂为酸性固化剂。固化剂与呋喃树脂混合后的硬化时间（20～25℃）不应超过12h。

（4）固化剂粉料要求：①粉料应为洁净、干燥、均匀的灰白色或黑色粉末，不得含有铁质、碳酸盐、草木等杂质，无结块；②体积安定性合格；③耐酸率不小于98%；④含水率不大于0.5%；⑤0.15mm筛孔筛余量不大于5%，0.09mm筛孔筛余量10%～30%。

（5）细骨料要求：①耐酸率不小于98%；②含水率不大于0.5%；③用于呋喃树脂砂浆时，粒径不大于2mm；④用于呋喃树脂混凝土时，颗粒级配见表5.7.3-2。

细骨料的颗粒级配

表5.7.3-2

筛孔(mm)	5	1.25	0.315	0.16
累计筛余量	0～10%	20%～55%	70%～95%	95%～100%

（6）粗骨料要求：①耐酸率不小于98%；②浸酸安定性应合格；③含水率不大于0.5%；④最大粒径不大于结构截面最小尺寸的1/4，颗粒级配见表5.7.3-3。

粗骨料的颗粒级配

表5.7.3-3

筛孔(mm)	最大粒径	1/2最大粒径	5
累计筛余量	0～5%	30%～60%	90%～100%

（7）玻璃纤维增强材料要求：①玻璃布采用非石蜡乳液型的无捻粗纱玻璃纤维方格平纹布，其厚度宜为0.2～0.4mm，经纬密度4×4～8×8纱根数/cm²；②玻璃纤维短切毡的单位质量300～450g/m²；③玻璃纤维表面毡的单位质量宜为30～50g/m²。

（8）当用于氢氟酸工程时，务必采用耐氢氟酸型呋喃树脂材料。增强材料采用有机纤维布。涤纶晶格布的经纬密度8×8纱根数/cm²，涤纶毡的单位质量30g/m²。粉料采用硫酸钡粉或石墨粉。骨料采用重晶石的砂、石。

（9）呋喃树脂材料制品的性能见表5.7.3-4要求。

呋喃树脂材料制品的性能要求

表5.7.3-4

项目	纤维增强呋喃树脂塑料	呋喃树脂胶泥	耐氢氟酸型呋喃树脂胶泥	呋喃树脂砂浆	呋喃树脂混凝土	耐氢氟酸型呋喃树脂混凝土	浸渍呋喃树脂石墨块材制品
抗压强度(MPa)	—	≥70	≥50	≥60	≥60	≥30	—
抗拉强度(MPa)	≥80	≥6	≥5	≥6	—	—	—
粘结强度(MPa)	—	与耐酸砖≥2.5	与浸渍石墨砖≥2.5	与花岗石≥2.5	混凝土与加强筋握裹力≥6	—	—
抗折强度(MPa)	—	—	—	—	≥14	—	—
弹性模量(MPa)	$1.12×10^4$	$1.5×10^4$	$1.14×10^4$	—	$1.6×10^4$	—	—

续表

项目	纤维增强呋喃树脂塑料	呋喃树脂胶泥	耐氢氟酸型呋喃树脂胶泥	呋喃树脂砂浆	呋喃树脂混凝土	耐氢氟酸型呋喃树脂混凝土	浸渍呋喃树脂石墨块材制品
吸水率	≤0.2%	≤0.2%	—	≤0.5%	≤0.5%		
收缩率	—	≤0.4%	≤0.4%	≤0.3%	≤0.1%		
线性膨胀系数（K^{-1}）	$2.4×10^{-5}$	$2.13×10^{-5}$	$2.54×10^{-5}$	—	—		
抗渗性（MPa）	—	≥2	≥2	≥2	≥2		
渗透性水压（MPa）	—	—	—	—	—		≥0.6
使用温度（℃）	≤140	≤140	≤140	≤140	≤140		≤200

注：1. 纤维增强塑料用作隔离层材料时，抗拉强度可不受此限；

2. 低温施工型呋喃树脂胶泥或砂浆，在环境温度－5℃下施工并养护14d后的粘结强度，应符合本表的规定。

（10）呋喃树脂材料制品的耐腐蚀性能见表5.7.3-5要求。

呋喃树脂材料的耐腐蚀性能（常温）要求　　　　　表 5.7.3-5

介质	糠醇糠醛型	糠醇型	糠酮复合型
硫酸	≤60%,耐	≤60%,耐	≤70%,耐
盐酸	≤20%,耐 31%,尚耐	≤36%,耐	≤31%,耐
硝酸	≤10%,耐	≤10%,耐	≤10%,耐
铬酸	≤5%,耐 10%,尚耐	≤5%,耐 10%,尚耐	≤5%,耐
醋酸	≤20%,耐	≤20%,耐	≤20%,耐
磷酸	≤75%,耐	耐	耐
氢氟酸	≤20%,耐	≤20%,耐	≤30%,耐
氢氧化钠	<25%,尚耐	<25%,尚耐	<25%,尚耐
氢氧化钠	≥25%,耐	≥25%,耐	≥25%,耐
氨水	耐	尚耐	—
铜电解液	70℃,耐	—	—
碳酸钠、尿素、氯化铵、氯化钠、硝酸铵、硫酸钠、硫酸铵（饱和溶液）	耐	耐	耐
60%硫酸和10%氢氧化钠的交替作用	耐	—	—
硫酸10%～25%、硫酸亚铁10%、100℃	耐	—	—
苯30%～40%、硫酸40%～50%、氢氧化钠15%～18%三者交替作用,120～140℃	耐	—	—
汽油、苯	耐	耐	耐
乙醇	尚耐	耐	耐
丙酮	不耐	尚耐	不耐

介质	糠醇糠醛型	糠醇型	糠酮复合型
吡啶 15%～20%、硫酸 3%～4%,60℃	耐	—	—
苯酚 25%～30%、氢氧化钠<1.5%,中和至 pH 值=6,95～110℃	耐	—	—

注：1. "%"指介质的质量分数；
　　2. 耐氢氟酸的指标系对耐氢氟酸型呋喃树脂材料；
　　3. 当氢氧化钠浓度保持不小于 25%时，耐腐蚀性能可定为"耐"；
　　4. 当糠醇型树脂胶泥的粉料采用石墨粉时，耐氢氧化钠性能可定为"耐"；
　　5. 按照试块或试样的表 5.7.3-6 所列条件去判断"耐""尚耐"和"不耐"。

3. 工程设计

（1）呋喃树脂防腐蚀工程设计，应根据腐蚀介质的性质、浓度、温度、环境的相对湿度和使用部位的操作条件等因素综合确定。

（2）呋喃树脂材料的适用范围应符合下列规定：①呋喃树脂纤维增强塑料可用作块材面层和整体面层的隔离层，金属设备和池槽的内衬；②呋喃树脂胶泥可用作块材面层的铺砌、勾缝或灌缝材料；③呋喃树脂砂浆可用作地面、踢脚板、设备基础的整体面层和花岗石块材面层的铺砌材料；④呋喃树脂混凝土可用作地面、踢脚板、地沟、设备基础的整体面层，也可用作整体浇筑的池槽和建筑构配件；⑤呋喃树脂整体面层宜用于室内，不得用于有明火作业的部位。在冲击磨损作业频繁的部位，宜采用呋喃树脂混凝土。

（3）呋喃树脂防腐蚀工程设计时，宜按表 5.7.3-5、表 5.7.3-6 规定的耐腐蚀性能选用呋喃树脂类型（表中，"耐"指可用于介质经常作用的部位，"尚耐"指可用于介质不经常作用的部位）。

呋喃树脂材料的耐腐蚀性能判定经验标准（常温）　　　　表 5.7.3-6

级别	失重	增重	强度损失	外观
耐	>−0.5%	<+3%	>−20%	试块表面除颜色外,外观无明显变化
尚耐	−3.5%～−0.5%	+3%～+8%	−40%～−20%	试块表面略有起粉、粗糙现象
不耐	<−3.5%	>+8%	<−40%	试块发生起鼓、气泡、发酥、发软、掉角、脱皮、裂纹、破碎等现象

（4）呋喃树脂材料的物理力学性能，宜符合表 5.7.3-7 的要求。

呋喃树脂材料的物理力学性能要求　　　　表 5.7.3-7

项目		糠醇糠醛型	糠醇型	糠酮复合型
抗压强度(MPa),不小于	胶泥	70	70	70
	砂浆	60	60	60
	混凝土	60	60	60
抗拉强度(MPa),不小于	胶泥	6	6	6
	砂浆	6	6	6
	混凝土	6	6	6
	纤维增强塑料(FRP)	80	100	80

续表

项目		糠醇糠醛型	糠醇型	糠酮复合型
粘结强度(MPa)，不小于	胶泥与耐酸砖、花岗石、碳砖	2.5	2.5	2.5
	砂浆与花岗石	2.5	2.5	2.5
混凝土抗折强度(MPa)，不小于		14	19	—
混凝土与钢筋握裹力(MPa)，不小于		6	6	—
混凝土弹性模量(GPa)		16.0	—	—
吸水率，不大于	胶泥	0.2%	0.2%	0.2%
	砂浆	0.5%	0.5%	0.5%
	混凝土	0.5%	0.5%	—
	纤维增强塑料	0.2%	0.2%	—
收缩率，不大于	胶泥	0.4%	0.3%	0.2%
	砂浆	0.3%	0.2%	0.1%
	混凝土	0.1%	0.1%	0.1%
胶泥的使用温度(℃)，不高于		140	140	200

（5）呋喃树脂材料不得与钢铁基层和混凝土基层直接接触，需要采用环氧树脂、不饱和聚酯树脂、乙烯基酯树脂打底作为隔离层，再进行呋喃树脂防腐蚀工程的制作。

（6）呋喃树脂纤维增强塑料隔离层的设置：①呋喃树脂胶泥铺砌的块材地面，应设隔离层，但采用呋喃树脂胶泥灌缝深度不小于80mm的耐酸石材地面，可不设隔离层；②呋喃树脂砂浆和呋喃树脂混凝土整体地面，宜设隔离层；③采用块材内衬的池槽，必须设隔离层。

（7）呋喃树脂整体面层的设置：①呋喃树脂纤维增强塑料作池槽内衬时，纤维增强塑料的厚度不小于2mm。在池槽底部的纤维增强塑料上宜用呋喃树脂胶泥砌筑耐酸砖保护层，其上翻高度不小于200mm。②呋喃树脂砂浆整体面层的厚度为5～8mm，当承受冲击荷载时不小于10mm。③呋喃树脂混凝土整体面层的厚度，当用作底层地面时为50mm，当用作楼层地面时为30mm。

（8）呋喃树脂混凝土整体池槽的截面尺寸应由计算确定，池底厚度不小于100mm，侧壁厚度不小于80mm；采用的钢筋品种和配筋方式应符合设计的要求；有条件时宜采用环氧树脂涂层钢筋，当采用普通钢筋时，钢筋表面应涂刷环氧树脂涂层；钢筋的呋喃树脂混凝土保护层厚度不小于25mm。

4. 工程施工

1）一般规定

（1）呋喃树脂防腐蚀工程施工，不得与其他工程交叉进行。呋喃树脂整体面层和呋喃胶泥铺砌的块材面层，应在与面层有关的各项建筑安装工程施工完毕后进行。

（2）呋喃树脂防腐蚀工程施工及养护期间，现场应保持清洁、干燥、通风良好，并应防水、防火、防暴晒。

（3）呋喃树脂防腐蚀工程施工环境温度宜为15～30℃，不得低于10℃，相对湿度不宜大于80%。施工环境温度低于10℃时，应采取加热保温措施，但不得采用明火或蒸汽直接加热。当施工场所在低温环境不能满足上述要求时，可采用低温施工型糠醇糠醛呋喃树脂材料进行施工。低温施工型呋喃树脂材料的施工和养护环境温度不宜低于-5℃。当温度低于-5℃时，可否施工应经试验确定。低温施工时，原材料宜储存在有供暖的房间内。抹压低温施工型呋喃树脂砂浆整体面层时，施工环境温度不宜低于0℃。

（4）混凝土基层施工要求：①基层必须坚固、密实，强度等级符合设计要求。表面不得有开裂、起砂、脱层、蜂窝、麻面等现象。②基层表面应平整，其平整度以2m靠尺检查，空隙不大于4mm。③基层应干燥，在深度为20mm的厚度层内，含水率不大于6%。当封底层采用湿固化型材料时，含水率可不受上述限制，但表面不得有渗水、浮水及积水。④基层坡度符合设计要求，允许偏差为设计坡度的±0.2%，最大偏差值不得大于30mm。⑤重要构件的混凝土采用大型清水模板一次制成。当采用钢模板时，所选用的隔离剂不得降低衬里材料与混凝土的粘结强度。⑥当在基层表面进行块材铺砌施工时，基层的阴阳角做成直角；进行整体面层施工时，基层的阴阳角做成斜面或圆角。⑦混凝土基层或找平层表面应采用喷砂或机械打磨等方法除去表面松软层和不牢物，处理后的表面要求：清洁、平整，并有均匀的粗糙度。

（5）钢材基层的除锈等级需符合设计要求。当设计未作规定时，除锈等级不应低于Sa2.5。钢材基层表面要求：平整、清洁、干燥，施工前应将铁锈、焊渣、毛刺、油污、尘土等清除干净。

（6）呋喃树脂材料施工前，混凝土和钢材基层表面应铺设环氧树脂、乙烯基酯树脂、不饱和聚酯树脂的胶料或纤维增强塑料隔离层。池槽也可采用橡胶卷材作隔离层。

（7）呋喃树脂防腐蚀工程施工前，应根据施工环境温度、湿度、工程特点及原材料等因素，通过现场试验选定适宜的施工配合比和施工操作方法，然后再进行大面积施工。

（8）呋喃树脂防腐蚀工程在常温下的养护期不应少于15d。

当施工和养护环境温度不低于-5℃，并采用低温施工型呋喃树脂材料时，防腐蚀工程的养护期不应少于15d。

（9）凡穿过防腐蚀层的管道套管、预留孔洞和预埋件，均应预先埋置或留设。

（10）呋喃树脂防腐蚀工程安全技术和劳动保护，应符合国家现行有关标准的规定。参加呋喃树脂防腐蚀工程的施工操作和管理人员，施工前必须接受安全技术教育，遵守安全操作规程。操作人员在施工时必须穿戴防护用品。

2）呋喃树脂材料的配制

（1）呋喃树脂材料的配合比见表5.7.3-8～表5.7.3-14。

① YJ型糠醇糠醛型呋喃树脂材料的配合比（表5.7.3-8）。

YJ型呋喃树脂材料配合比（质量比）　　　　　　　表5.7.3-8

材料名称		YJ型				石英砂	石英石
		糠醇糠醛型呋喃树脂	纤维增强塑料粉	胶泥粉	砂浆粉	混凝土粉		
树脂胶料		100	40～50	—	—	—	—	—
树脂胶泥	砌筑或勾缝	100	—	250～400	—	—	—	—
	灌缝	100	—	250～300	—	—	—	—

续表

材料名称	YJ 型					石英砂	石英石
	糠醇糠醛型呋喃树脂	纤维增强塑料粉	胶泥粉	砂浆粉	混凝土粉		
树脂砂浆	100	—	—	400～450	—	—	—
树脂混凝土	100	—	—	—	250～270	100～150	400～500

注：1. 在纤维增强塑料粉、胶泥粉、砂浆粉和混凝土粉中，已含有树脂固化剂；
　　2. 砂浆粉已含有砂料；
　　3. 当采用低温施工型呋喃树脂胶泥时，可在不低于－5℃的环境温度中施工。

② XLZ 型糠醇糠醛型呋喃树脂材料的配合比（表5.7.3-9）。

XLZ 型呋喃树脂材料配合比（质量比）　　　表 5.7.3-9

材料名称		XLZ 型					石英砂	石英石
		糠醇糠醛型呋喃树脂	纤维增强塑料粉	胶泥粉	砂浆粉	混凝土粉		
树脂胶料		100	30～50	—	—	—	—	—
树脂胶泥	砌筑或勾缝	100	—	250～350	—	—	—	—
	灌缝	100	—	200～300	—	—	—	—
	封面	100	—	100～150	—	—	—	—
树脂砂浆		100	—	—	300～400	—	—	—
树脂混凝土		100	—	—	—	250～270	100～150	400～500

注：1. 在纤维增强塑料粉、胶泥粉、砂浆粉和混凝土粉中，已含有树脂固化剂；
　　2. 砂浆粉已含有砂料。

③ FC-90 型糠醇糠醛型呋喃树脂材料的配合比（表5.7.3-10）。

FC-90 型呋喃树脂材料配合比（质量比）　　　表 5.7.3-10

材料名称	FS-90 型			石英砂	石英石
	糠醇糠醛型呋喃树脂	纤维增强塑料粉	胶泥粉		
树脂胶料	100	30～50	—	—	—
贴衬用稀胶泥	100	40～50	—	150～200	—
树脂胶泥	100	—	350～450	—	—
树脂砂浆	100	—	250	—	200～350

注：在纤维增强塑料粉、胶泥粉中，已含有树脂固化剂。

④ GM-2 型糠醇糠醛型呋喃树脂材料的配合比（表5.7.3-11）。

GM-2 型呋喃树脂材料配合比（质量比）　　　表 5.7.3-11

材料名称	GM-2 型			石英砂	石英石
	糠醇糠醛型呋喃树脂	固化剂	胶泥粉		
树脂胶料	100	50			

续表

材料名称		GM-2 型			石英砂	石英石
		糠醇糠醛型呋喃树脂	固化剂	胶泥粉		
树脂胶泥	砌筑或勾缝	100	—	250～400	—	—
	灌缝	100	—	250～300	—	—
树脂砂浆		100	—	250～300	150～250	—
树脂混凝土		100	—	250～300	100～150	400～500

注：在胶泥粉中，已含有树脂固化剂。

⑤ FC 型糠醇型呋喃树脂材料的配合比（表 5.7.3-12）。

FC 型呋喃树脂材料配合比（质量比） 表 5.7.3-12

材料名称		FC 型			耐酸粉料	石英砂	石英石
		糠醇型呋喃树脂	固化剂	硬化剂			
树脂胶料		100	4～7	4～6	—	—	—
树脂胶泥	砌筑或勾缝	100	4～7	4～6	100～300	—	—
	灌缝	100	4～7	4～6	100～150	—	—
树脂砂浆		100	4～7	4～6	150～200	300～400	—
树脂混凝土		100	4～7	4～6	200～300	100～200	400～500

注：配制树脂胶料时，固化剂和硬化剂可同时加入树脂中，搅拌均匀。

⑥ GM-1 型糠醇型呋喃树脂材料的配合比（表 5.7.3-13）。

GM-1 型呋喃树脂材料配合比（质量比） 表 5.7.3-13

材料名称		GM-1 型糠醇型呋喃树脂	NL 固化剂	丙酮	耐酸粉料	石英砂	石英石
树脂胶料		100	5～12	5～15	0～20	—	—
树脂胶泥	砌筑或勾缝	100	5～12	5～10	150～250	—	—
	灌缝	100	5～12	5～10	100～200	—	—
树脂砂浆		100	5～12	5～10	100～200	150～250	—
树脂混凝土		100	5～12	5～10	100～200	150～250	250～400

⑦ XF-6 型糠酮复合型呋喃树脂材料的配合比（表 5.7.3-14）。

XF-6 型呋喃树脂材料配合比（质量比） 表 5.7.3-14

材料名称		XF-6 型糠酮复合型呋喃树脂	XFG02 固化剂	丙酮	耐酸粉料	石英砂	石英石
树脂胶料		100	8～12	5～8	0～20	—	—
树脂胶泥	砌筑或勾缝	100	15～20	2～5	350～400	—	—
	灌缝	100	15～20	2～5	200～250	—	—
树脂砂浆		100	15～20	2～5	250	200～250	—
树脂混凝土		100	15～20	2～5	250	150～250	250～400

（2）糠醇糠醛型呋喃树脂材料的配制：①在纤维增强塑料粉、胶泥粉、砂浆粉和混凝土粉中，已含有树脂的固化剂；②将树脂按比例与纤维增强塑料粉、胶泥粉、砂浆粉或混凝土粉及砂、石搅拌均匀，制成树脂胶料、树脂胶泥、树脂砂浆或树脂混凝土。

（3）糠醇型和糠酮复合型呋喃树脂材料的配制：①树脂边搅拌边缓慢加入固化剂，混合均匀，制成树脂胶料；②在胶料中加入耐酸粉料及砂、石，搅拌均匀，制成树脂胶泥、树脂砂浆或树脂混凝土。

（4）配料用的容器及工具应保持清洁、干燥、无油污、无固化残渣，不得用金属容器配料。

（5）呋喃树脂材料宜采用机械搅拌，用量不大时也可采用人工拌和。

（6）拌好的呋喃树脂材料，自加入固化剂起，宜在45min内用完。在使用过程中如发现有凝聚和结块现象，不得继续使用。

（7）呋喃树脂材料的配制试块应在现场随施工一起制作，每个试验项目应各取一组3个试块；当工程量较大时宜适当增加试块组数。

3）呋喃树脂纤维增强塑料的施工

（1）呋喃树脂纤维增强塑料的施工宜采用间歇手糊法。

（2）间歇手糊法的施工：①封底层：在经过处理的基层表面，应均匀地涂刷两遍环氧树脂、乙烯基酯树脂或不饱和聚酯树脂的封底料，不得有漏涂、流挂等缺陷，每层封底料自然固化不宜少于24h；②修补层：在基层的凹陷不平处，应采用环氧树脂、乙烯基酯树脂或不饱和聚酯树脂的胶泥修补填平，自然固化不宜少于24h；③衬布层：玻璃布应剪边。先在基层上均匀涂刷一层呋喃纤维增强塑料胶料，随即衬上一层玻璃布。玻璃布必须贴实，赶净气泡，其上再涂一层饱满胶料，自然固化24h后，修整表面，然后再按上述衬布程序铺衬以下各层玻璃布，直至达到设计要求的层数或厚度。每衬一层布，均应检查前一衬布层的质量，当有毛刺、脱层和气泡等缺陷时，应进行修补。衬布时，同层布的搭接宽度不应小于50mm。上下两层布的接缝应错开不小于50mm。阴阳角处应增加1~2层玻璃布。

（3）当纤维增强塑料铺布层数较多时，为了提高效率，可采用间歇法和连续法结合的方式施工。封底层和修补层的施工均应与间歇法相同，衬布连续铺衬3层后，应自然固化不少于24h。下一次连续铺衬层应在前一次连续铺衬层固化后再进行施工，每次连续铺衬时，上下两层布的接缝应错开不小于50mm。阴阳角处应增加1~2层玻璃布。每次衬布层时均不应有滑移或滑垂以及固化后起壳或脱层等缺陷。

（4）当纤维增强塑料用作隔离层时，衬至最后一层布后，应涂刷一层树脂胶料，并均匀稀撒一层粒径为0.7~1.2mm的石英砂。

（5）当纤维增强塑料用作面层时，衬布后应均匀涂刷树脂胶料。当涂刷两层胶料时，待第一层硬化后，再涂刷下一层。

（6）施工完毕的纤维增强塑料表面应平整、色泽均匀、与基层结合牢固，无起壳、脱层和固化不完全等现象。

呋喃树脂施工时气味刺激性大，在较密闭的环境下施工必须有通风设施。

4）呋喃树脂胶泥、砂浆铺砌块材和呋喃树脂胶泥勾缝、灌缝的施工

（1）在混凝土基层或钢材基层上用呋喃树脂胶泥铺砌块材时，基层的表面应均匀涂刷两遍环氧树脂、乙烯基酯树脂或不饱和聚酯树脂的封底料，每层封底料自然固化不宜少于24h。

当基层上有纤维增强塑料隔离层时，宜涂刷一遍呋喃树脂胶料，然后进行块材的铺砌。

（2）块材结合层厚度、灰缝宽度和勾缝、灌缝的尺寸见表 5.7.3-15。

结合层厚度、灰缝宽度和勾缝、灌缝的尺寸（mm）　　　　表 5.7.3-15

块材种类		铺砌		勾缝		灌缝	
		结合层厚度	灰缝宽度	缝宽	缝深	缝宽	缝深
耐酸砖、耐酸耐温砖	厚度不大于 30	4～6	2～3	6～8	10～15	6～8	满灌
	厚度大于 30	4～6	2～4	6～8	15～20	6～8	
耐酸石材	厚度不大于 30	6～8	3～6	8～12	15～20	8～12	
	厚度大于 30	10～15	6～12	—	—	8～15	

（3）块材的品种、规格和等级应符合设计要求。当设计无要求时，应符合下列规定：①耐酸砖的耐酸率不应小于 99.8%，吸水率不应大于 2%；②耐酸耐温砖的耐酸率不应小于 99.7%，吸水率不应大于 5%；③天然石材应组织均匀，结构致密，无风化，并不得有裂纹或不耐酸的夹层，其耐酸率不应小于 95%，浸酸安定性应合格，吸水率不应大于 1%，抗压强度不应小于 100MPa。

（4）块材的铺砌规定：①块材使用前应经挑选，并应洗净，干燥后备用。块材铺砌前，宜先试排。铺砌时，铺砌顺序应由低往高，先地坑、地沟，后地面、踢脚板或墙裙。阴角处立面块材应压住平面块材，阳角处平面块材应盖住立面块材。块材铺砌不应出现十字通缝，多层块材不得出现重叠缝。②耐酸砖和厚度不大于 30mm 耐酸石材的铺砌，宜采用呋喃树脂胶泥揉挤法施工。平面上铺砌厚度大于 30mm 的耐酸石材，宜采用呋喃树脂胶泥坐浆并灌缝的方法施工。立面上铺砌厚度大于 30mm 的耐酸石材，宜采用呋喃树脂胶泥揉挤法砌筑定位，其结合层应采用呋喃树脂胶泥灌缝。③结合层和灰缝的树脂胶泥应饱满密实，粘结牢固，并应采取防止块材滑移的措施。④立面块材的连续铺砌高度，应与树脂胶泥硬化时间相适应，并应采取防止砌体受压变形的措施。有条件时，可采用触变型呋喃树脂材料。⑤铺砌块材时，应在树脂胶泥硬化前将缝填满压实，灰缝的表面应平整光滑。

（5）块材的勾缝与灌缝规定：①树脂胶泥的勾缝与灌缝，应待块材铺砌的胶泥养护后进行。②勾缝与灌缝前，应将灰缝清理干净，不得沾有污垢。当铺砌材料为水玻璃胶泥或水玻璃砂浆时，缝内的水玻璃类材料可不进行酸化处理。③胶泥勾缝时，必须填满压实，不得有气泡，表面应平整光滑。④胶泥灌缝时，宜分两次进行，缝内胶泥应密实，表面应平整光滑。

（6）块材面层平整度和坡度规定：①地面的面层应平整，用 2m 靠尺检查，其空隙不大于表 5.7.3-16 中的值；②块材面层相邻块材之间的高差，不大于表 5.7.3-17 中的值；③坡度符合设计要求，其允许偏差为设计坡度的 ±0.2%，最大偏差不得大于 30mm。泼水试验，水应能顺利排除。

块材面层空隙　　　　表 5.7.3-16

整体面层类型	空隙(mm)
耐酸砖、耐酸耐温砖的面层	4
天然石材的面层(厚度不大于 30mm)	4
天然石材的面层(厚度大于 30mm)	6

块材面层相邻块材之间的高差　　　　　　　　　表 5.7.3-17

整体面层类型	空隙(mm)
耐酸砖、耐酸耐温砖的面层	1
天然石材的面层(厚度不大于 30mm)	2
天然石材的面层(厚度大于 30mm)	3

5）呋喃树脂砂浆和呋喃树脂混凝土整体面层的施工.

（1）在混凝土基层和钢材基层进行呋喃树脂整体面层施工时，基层表面封底层参照前文规定。

（2）呋喃树脂砂浆整体面层的施工规定：①边刷呋喃树脂胶料边摊抹呋喃树脂砂浆，摊铺厚度可略厚于设计厚度。摊铺时可用木尺或塑料条控制摊铺厚度。②铺好的呋喃树脂砂浆应立即用钢抹子或小型平板振动器压实抹光，自然养护不应少于 24h。③砂浆面积较大时，可根据基层实际形状留分格缝，避免收缩开裂。④砂浆层固化后，再用呋喃树脂稀胶泥填缝并罩面一层。

（3）呋喃树脂混凝土整体面层的施工规定：①浇捣呋喃树脂混凝土时，应边刷呋喃树脂胶料边摊抹呋喃树脂混凝土，并随即用小型平板振动器压实抹平；②采用分格法施工时，在基层上用木条分格，在木格内分别浇捣呋喃树脂混凝土，待自然固化后拆除木条，再用呋喃树脂砂浆或呋喃树脂胶泥灌缝，最后用呋喃树脂稀胶泥罩面；③采用二次法施工时，先浇捣呋喃树脂混凝土，待自然固化后再用呋喃树脂砂浆抹面至设计规定的总厚度；④整体呋喃树脂混凝土楼地面设计施工典型方案如表 5.7.3-18 所示。

整体呋喃树脂混凝土楼地面设计施工方案　　　　　　　表 5.7.3-18

编号	找平层以上构造	选用说明
I	呋喃细石混凝土面层(厚 30mm) 呋喃稀胶泥(厚 1mm) 呋喃细石混凝土(厚 29mm) 呋喃纤维增强塑料(二底二布) 环氧打底(两道)	①本页详图主要适用于有防腐蚀要求,并有机械冲击作用的室内地面。 ②详图 I、II 宜用于楼层地面。 ③详图 III、IV 宜用于底层地面。 ④XLZ 型呋喃树脂系改性的糠醇糠醛树脂,常温下可耐下列介质: ≤60%硫酸、≤31%盐酸、20%～40%氢氧化钠、5%～10%硝酸、≤75%磷酸、≤20%醋酸、5%铬酸、≤20%氢氟酸、任何浓度的氨水、尿素、氯化铵、硝酸铵、硫酸铵、硫酸钠、氯化钠、乙醇和含氟盐类。该材料耐 70℃铜、锌电解液,耐 60%硫酸与 10%氢氧化钠的交替作用。
II	呋喃细石混凝土面层(厚 30mm) 呋喃稀胶泥(厚 5mm) 呋喃细石混凝土(厚 25mm) 呋喃纤维增强塑料(二底二布) 环氧打底(两道)	
III	呋喃细石混凝土面层(厚 50mm) 呋喃稀胶泥(厚 1mm) 呋喃细石混凝土(厚 49mm) 呋喃纤维增强塑料(二底二布) 环氧打底(两道)	⑤呋喃纤维增强塑料应采用 XLZ-2 型呋喃树脂,当环境温度低于 10℃时,应采用 XLZ-3 型呋喃树脂。 ⑥呋喃稀胶泥和呋喃细石混凝土应采用 XLZ-1 通用型呋喃树脂;当有氢氟酸和含氟盐类介质作用时,应采用 XLZ-5 耐氢氟酸型呋喃树脂。 ⑦详图 I、III 是采用二次分格法施工(分格面积不大于 12m²),养护 5d 后,用呋喃胶泥或呋喃砂浆灌缝。 ⑧详图 II、IV 是采用二次施工法,先一次性浇捣好呋喃混凝土(不分格),养护 3d 后,再用呋喃砂浆抹面。 ⑨XLZ 型呋喃细石混凝土尚可浇捣整体地沟、地坑、设备基础等
IV	呋喃细石混凝土面层(厚 50mm) 呋喃稀胶泥(厚 5mm) 呋喃细石混凝土(厚 45mm) 呋喃纤维增强塑料(二底二布) 环氧打底(两道)	

注：摘自黄石汇波公司资料。

（4）当呋喃树脂混凝土整体面层需留施工缝时，则在继续施工前，应将留槎处清理干净，边接浆边进行摊铺。

（5）地面施工时，应随时控制平整度和坡度。平整度以 2m 长靠尺检查，其空隙不大于 4mm。坡度要求符合表 5.7.3-16 节。

（6）呋喃树脂混凝土整体面层应平整光洁，不应有裂缝、起壳、空鼓、固化不完全等现象。

6）呋喃树脂混凝土电解槽

整体呋喃树脂混凝土电解槽，是运用计算机建模设计，采用全耐腐蚀材料制作，通过加强筋选择、配筋布置、预应力张拉、树脂增韧等方面的改进，在进行大量材料、构件试验，以及整体槽模拟工作和超负荷试验后而开发出来的，克服了过去电解槽的不足，主要用于铜、锌、镍、钴等的湿法冶炼。但近年来基本被性价比更高、收缩更小的乙烯基酯树脂整体混凝土电解槽所取代，市场上基本看不到呋喃树脂整体混凝土电解槽的生产厂家了，因此不多阐述。

5.8　常用纤维增强塑料衬里之"不饱和聚酯树脂""乙烯基酯树脂"的现场固化

5.8.1　纤维增强塑料耐腐蚀性能概述

高分子化合物无论是线性还是网状，其分子结构都是多层次的，一次结构为分子的化学结构，二次结构为分子的形态结构，三次及以上结构为分子的集聚态结构。分子的化学组成既不能代替分子的化学结构，更不等同于分子结构，因而不可单凭化学组成来判断高分子化合物的性能。举例来说，同样化学组成的聚丙烯，无规聚丙烯的力学性能很差，只有用定向聚合法得到的聚丙烯才是有用的工程材料。

环氧乙烯基酯树脂由于酯键密度小且位于分子链两端可交联双键的邻近位置，因此可与疏水的苯乙烯发生共聚反应形成具有高度水解稳定性的网状结构。影响环氧乙烯基酯树脂水解稳定性和耐腐蚀性能的因素有：酯键密度、酯键相邻位置的空间位阻、交联剂单体种类及含量、双键交联密度。

乙烯基酯"衬里重防腐"工程和制品最终影响耐腐蚀质量的不仅只有树脂本身，还有很多其他因素。以乙烯基酯树脂纤维增强塑料衬里重防腐蚀为例，影响到最终耐腐蚀制品和工程的质量因素有：①防腐层的耐腐蚀性能；②防腐层的抗渗透性能；③防腐蚀底层涂层与基材的附着力及防腐层的层间粘结性能；④防腐层整体的线性膨胀系数和基材的线性膨胀系数的差别。

仅仅从乙烯基酯树脂本身分析，其浇铸体对无机酸、有机酸、无机碱、有机碱、有机溶剂、氧化性介质的耐受能力，请详细参见笔者编著的《乙烯基酯树脂及其应用》（化学工业出版社，北京，2014 年）的详细介绍。纤维增强塑料材料在腐蚀环境下，可能会发生如下变化：药液渗透至纤维增强塑料内部、纤维增强塑料表面溶胀（膨润）重量增加、纤维增强塑料表面腐蚀变色劣化、纤维增强塑料内部腐蚀变色劣化、纤维增强塑料力学性能严重下降（硬度、强度）、纤维增强塑料渗透后发生电化学腐蚀完全将其溶解掉、纤维增强塑料部分或全部劣化脆化、纤维增强塑料完全溶解掉等现象，其最终的结果都是耐蚀纤维增强塑料层失效。

纤维增强塑料遭受腐蚀的原因比较复杂，至今为止还未有完美的理论来分析它。公认的是腐蚀一旦发生，树脂和纤维之间的粘结性能就不像成型初期那么牢固，最先表现出来的就是纤维和树脂局部剥离，而后腐蚀介质就沿着纤维和树脂的界面渗透，腐蚀速度就会大大加快。

乙烯基酯树脂纤维增强塑料设备及管道一般有多层结构，典型的自内而外分别为：富树脂层＋耐蚀纤维增强塑料阻挡层＋增强结构层＋外层；典型的纤维增强塑料衬里自上而下分别为：富树脂层＋耐蚀纤维增强塑料阻挡层＋增强结构层（有时和阻挡层并为一层）＋腻子层＋底层涂层＋基材。

富树脂层、耐蚀阻挡层以及结构层每部分的乙烯基酯树脂含量不同，起到耐腐蚀作用的多为乙烯基酯树脂固化物，但实际腐蚀一旦穿透富树脂层，接下来沿着纤维的腐蚀就非常快，因此乙烯基酯树脂纤维增强塑料真正起到耐蚀效果的主要部分是合计一般具有 2.5～6.5mm 厚度的耐腐蚀阻挡层。耐腐蚀阻挡层的第一层通常为 0.3～0.8mm 厚的乙烯基酯富树脂层（树脂含量 85% 以上），且由一到两层表面毡增强，然后用 2～6mm 厚度、乙烯基酯树脂含量 75% 左右的短切毡来增强（也可适当选择无机粉料配合增强）。最后，耐腐蚀阻挡层由结构层支持，从而对整个耐腐蚀复合结构提供必要的强度和牢度。

乙烯基酯树脂纤维增强塑料耐腐蚀性能，除了乙烯基酯树脂选型外，还需要考虑的因素有：介质类型（酸、碱、盐、有机溶剂、强氧化性物质、复杂的混合溶剂）、介质温度及温度变化情况、介质的极性和溶解度参数、纤维增强塑料设计的适用性、增强材料的种类和组合、成型顺序和成型技术、乙烯基酯树脂的固化条件和固化速度、使用条件下介质含有的不纯物种类和含量、介质动态因素（流速、压力、温度变化频率）、乙烯基酯树脂纤维增强塑料载荷及载荷变化、外部应力及变化情况等。

撇开其他因素，针对千变万化的化学药品介质环境，乙烯基酯树脂的选材需要特别考虑的是：药品腐蚀条件接近乙烯基酯树脂供应商提供的使用界限温度，预先知道药品中或者作业条件中有大量不纯物或者混入物存在（尤其是与药品本身极性相差较大的不纯物混入时），介质的状态，温度、压力、环境温度的变化频率等（甚至有时需要考虑介质药品的上下游工艺和物料情况）。时间允许的话，可以考察乙烯基酯树脂纤维增强塑料经过实际介质环境后的重量变化、厚度变化、外观变化、弯曲强度和模量变化、拉伸强度和模量变化、巴柯尔硬度变化等，以便得到最为准确的选择依据。

乙烯基酯树脂纤维增强塑料防腐需要考虑四大方向：第一，防腐层的耐腐蚀性能，需要考虑基体树脂或成膜物的耐腐蚀性能，也需要考虑到填料、增强材料、助剂对耐腐蚀性能的影响，甚至需要考虑到成型方法对耐腐蚀性能的影响；第二，防腐层的抗渗透性能，需要考虑防腐层的厚度、致密性，也需要考虑填料和增强材料的相对含量及成分；第三，不仅要考虑底层涂层与基材的附着力，还需要考虑防腐层的层间粘结性能，这些与防腐材料本身、基材处理程度、施工方法等都有关；第四，防腐层整体的线性膨胀系数和基材的线性膨胀系数的差别，需要考虑填料含量、固化程度、基材等很多因素，并不是防腐层越厚越好。

　　乙烯基酯树脂由于原料和工艺的区别，其耐腐蚀性能也有较大区别，虽然每家乙烯基酯树脂供应商都坚称自己有长时间的静态耐腐蚀实验数据和案例，但实际整个乙烯基酯树脂行业，应该承认国外厂商持之以恒长达几十年的耐腐蚀数据的实验案例积累是值得我们国内所有从业人员尊敬的。当然，熟知乙烯基酯树脂纤维增强塑料性能以及各种腐蚀介质的物化性能，有针对性地类比分析显得尤为重要。笔者一直致力于非金属材料耐腐蚀大数据的筹建，很快由笔者牵头创建的全国非金属防腐蚀材料共建共享在线耐蚀大数据库（简称 MatNACA®）就会上线，历时将会一步步迭代到只需要输入一个腐蚀介质的名称，就可以在大数据库里面查到各种不同浓度、不同温度下包括但不限于热固性树脂、胶泥、纤维增强塑料、热塑性塑料、含氟类工程塑料、石墨、橡胶等非金属防腐材料的耐蚀与否的数据，还会根据查询案例的基材还是整体设备再过滤搜索出可能选材的范围，再根据投入成本、期望工程寿命给出更加具体针对性的耐蚀选材和工程设计方面的建议。

　　目前市面上所有的乙烯基酯树脂供应商提供的耐腐蚀数据，都是静态实验数据，即在常压、恒温的指定介质（无其他任何杂质），乙烯基酯树脂纤维增强塑料零载荷的介质环境或气氛下的完全浸泡实验数据。专门针对纤维增强塑料的现行耐腐蚀静态实验标准有：《Standard Practice for Determining Chemical Resistance of Thermosetting Resins Used in Glass-Fiber-Reinforced Structures Intended for Liquid Service》ASTM C581、《Plastics-Methods of test for the determination of the effects of immersion in liquid chemicals》ISO 175 EN ISO 175、《Testing method for chemical resistance of fiber reinforced plastics》JIS K 7070、《GRP tanks and vessels for use above ground — Part 2: Composite materials — Chemical resistance》EN 13121-2、《玻璃纤维增强热固性塑料耐化学介质性能试验方法》GB/T 3857、《纤维增强塑料设备和管道工程技术规范》GB 51160。它们的原理都是将玻璃纤维增强塑料试样浸泡在化学介质中，测定试样的性能随浸泡时间的延长而发生的变化，最终判断玻璃纤维增强塑料的耐化学介质性能。

　　EN 13121-2：2003 涵盖了地面上用储罐和容器的材料、设计、制造、检验、发送、安装和维护。同时第 2 部分也规定了，无论储罐和容器是工厂内制造还是现场建造、有或没有衬里，为了确保该产品具有满足条件的耐化学腐蚀性能和足够的耐热性能，它们都必须遵循特定的规则和规定。它定义了防护层和结构铺层的要求，以及满足由液体引起的化学热效应的适当性验证方法，还定义了按设计所需要的局部设计因子（A_2）的测定方法。

　　这里仅以 ASTM C581 为基准进行阐述，ASTM C581-15 中规定了纤维增强塑料样条的制作要求、药品环境的要求、实验前的确认（强度等数据）、浸泡期间（1、3、6 月）的跟踪测定（强度等测定）、实验温度的加速规定等。"封边处理""大板取样""静态浸泡""只提供试验结果而不提供判定是否耐蚀的级别"是 ASTM C581-15 的精髓。真正"耐"与"不耐"都是材料商或设备商结合耐蚀实验数据和现场判断的结果。

　　在可能的情况下，尽可能多地得到更加细化的各种腐蚀情况（如剥离、变色、脱色、炭化、损耗、损耗量、白化、膨润、溶出、透湿度等）和曲线变化情况（弯曲强度保持率、弯曲模量保持率、拉伸强度保持率、拉伸模量保持率、拉伸断裂延伸率保持率、巴柯尔硬度保持率、重量保持率等），最终才能得到一个较为完善的耐蚀评价依据。

　　在一些实际状况下，一些纤维增强塑料使用者会模拟 ASTM C581-15 去做静态浸泡实验，由于"大板取样"浸泡试验及取样方法较麻烦、操作要求较高、工作量过大的原因，一些人选择直接制备小件试样（尺寸按测定性能试验方法要求而定）去进行浸泡，这种方法制作简单，浸泡方便，但与实际差异较大，试样各方面都受到介质浸泡影响，如果不封边或封边不当则试验结果几乎没有任何意义（腐蚀会从未封边外露的纤维开始，沿纤维渗透）。封边试样虽可减少腐蚀面，但对数据的离散性较大，往往封边树脂易剥落。还有些人模拟实际使用情况制备小圆体或小方盒试块，内部浸泡腐蚀介质，然后取样，此方法更为实用化，因此试块是单面浸泡介质，当然试验工作量比较大，结果也仅仅是模拟定性作用。

更多样条制作方法和试验方法、实验结果及半对数外延数据处理方法、静态耐蚀性综合评价方法、不同标准间耐腐蚀评估判定的差别、纤维增强塑料动态耐药品腐蚀试验的介绍，由于篇幅的限制，不再作深入介绍，感兴趣的读者请参见《乙烯基酯树脂及其应用》（化工出版社，北京，2014年）。

5.8.2 乙烯基酯树脂性能简介

1. 乙烯基酯树脂主要类型和应用

目前通用系列乙烯基酯树脂主要有四类：标准双酚 A 型乙烯基酯树脂、酚醛型乙烯基酯树脂、溴化阻燃型乙烯基酯树脂、其他特殊改性类型乙烯基酯树脂。更详细的乙烯基酯树脂的定义、开发和应用历史、特殊改性等信息请参见《乙烯基酯树脂及其应用》（化学工业出版社，北京，2014年）一书相关章节介绍。表 5.8.2-1 简要介绍了 OYCHEM® 系列乙烯基酯树脂的大类。

OYCHEM® 乙烯基酯树脂大类　　　　　表 5.8.2-1

类型	8001 系列	8007 系列	8005 系列	其他系列
化学类别	双酚 A 环氧乙烯基酯树脂	酚醛环氧乙烯基酯树脂	溴化环氧乙烯基酯树脂	特种改性型乙烯基酯树脂
技术和产品特点	P-A Cat 新一代催化技术、低泡、更合理更有针对性的放热峰温度和放热速度(CT—GT)/GT(不同纤维增强塑料、涂层厚度)、操作性更佳、产品储存期更长(可至 3～12 个月)、稳定性更好			
固化物特性	对酸、碱、盐、氧化性介质、有机溶剂等具有优异的耐腐蚀性；双酚 A 环氧骨架、优异的韧性和综合力学性能；通过食品级和船级社认证	突出的高温耐蚀性，更突出的耐溶剂、耐氧化性介质、耐强酸、耐酸性氧化介质性能；酚醛环氧骨架，耐温更高、更长耐热时间；通过食品级认证	化学改性阻燃型乙烯基酯树脂，纯树脂氧指数 35 以上；辅以氧化锑、氢氧化铝、磷系阻燃剂使用，效果更佳；同时兼具良好的耐蚀性	TPU 改性、丁腈橡胶改性、底涂改性、低发热、低苯乙烯挥发、气干、超低收缩、超高耐热、可increamed稠等特殊改性型乙烯基酯树脂，同时保持良好的耐蚀性
典型应用行业	硫酸、盐酸、硝酸、氢氟酸、磷化、冶炼冶金、氯碱电石、农药、医药及化工中间体行业、火电风电等能源行业、化纤、钢铁、电镀等金属表面处理、石油开采炼制、煤焦油、漂白造纸、纯碱、合成氨尿素等化肥、食品、无机盐、交通运输、体育器材等			
典型终端表现形式	地坪、胶泥、涂料、现场防腐内衬工程、现场纤维增强塑料制品、管、罐、塔、槽、池、盖、罩、格栅、烟道、烟囱、除尘器、洗涤器、脱硫装置、风电叶片、游艇、拉挤纤维增强塑料、头盔、锚固件筋材、阻燃纤维增强塑料制品等			

OYCHEM® 8001 系列乙烯基酯树脂适用于耐蚀纤维增强塑料及耐蚀工程。耐蚀纤维增强塑料具有优异的耐腐蚀性能，广泛应用于化学工业、水处理、烟气脱硫以及矿山和矿

石冶炼行业。OYCHEM® 8007系列乙烯基酯树脂适用于各种酸、碱、盐、氯气、有机溶剂和氧化性介质，耐蚀性能往往超过其他的建筑材料，甚至超过镍合金等昂贵的金属材料。

OYCHEM®乙烯基酯树脂的主要性能优势体现在以下方面：①耐热性方面，选择适当牌号的OYCHEM®乙烯基酯树脂制造高温烟道及烟囱衬里，可连续在175℃的高温下使用，短期使用温度甚至达到315℃；②长存放期方面，由OYCHEM®乙烯基酯树脂制造的纤维增强塑料超过大多数金属的耐蚀使用寿命，在一些应用中，甚至可以达到工厂本身的设计使用寿命；③维护和维修方面，OYCHEM®乙烯基酯树脂具有优异的耐蚀性，可转化为显著降低维护成本，纤维增强塑料无需阴极保护也无需经常用涂料涂装进行维护，并且纤维增强塑料易于检查和维护；④固化配方适应性方面，OYCHEM®乙烯基酯树脂可适用固化配比范围非常宽，满足于各种成型工艺，包括接触成型、纤维缠绕成型、拉挤成型、灌注及RTM工艺，OYCHEM®也能提供低苯乙烯挥发的相应乙烯基酯树脂；⑤综合力学性能方面，OYCHEM®乙烯基酯树脂可通过恰当设计得到强度高、重量轻、绝缘好、便于安装和使用的整体性能优异的纤维增强塑料制品。

乙烯基酯树脂典型应用行业和表现形式分别见表5.8.2-2和表5.8.2-3。

乙烯基酯树脂应用市场　　　　　　　　　　　　　表5.8.2-2

市场	应用	市场	应用
建筑行业	基础设施等	市政设施	氯碱、耐蚀纤维增强塑料、水处理
化工行业	酸厂、化工厂、氯碱厂、半导体	涂料及油漆行业	涂层及衬里
能源行业	风能	电力行业	烟气脱硫等
采矿及冶炼行业	耐蚀纤维增强塑料等	造纸行业	耐蚀纤维增强塑料等

乙烯基酯树脂各应用市场表现形式及特点　　　　　　　　　　表5.8.2-3

应用	描述	优势特长	应用	描述	优势特长
酸厂	管道、设备衬里，洗涤塔、管道、风机、格栅、烟囱衬里	耐蚀、轻质高强、耐热、易维护、长使用寿命/服务期	纸浆与造纸行业	管道、设备衬里，洗涤塔、管道、风机、格栅、烟囱衬里	耐蚀、轻质高强、耐热、易维护、长使用寿命
烟气脱硫	管道、设备衬里，洗涤塔、管道、风机、格栅、烟囱衬里	耐蚀、轻质高强、耐热、易维护、长使用寿命/服务期	水处理行业	管道、设备衬里，洗涤塔、管道、风机、格栅、烟囱衬里	耐蚀、轻质高强、耐热、易维护、长使用寿命
化学加工行业	管道、设备衬里，洗涤塔、管道、风机、格栅、烟囱衬里	耐蚀、轻质高强、耐热、易维护、长使用寿命/服务期	基础建设	桥梁、桥面、桥墩和结构部件的制造	耐蚀、轻质高强、易维护、长使用寿命、低碳
氯碱行业	管道、设备衬里，洗涤塔、管道、风机、格栅、烟囱衬里	耐蚀、轻质高强、耐热、易维护、长使用寿命/服务期	电力	管道管件、储存罐、吸收塔、洗涤器、贮罐、格栅、烟囱衬里	耐蚀、轻质高强、耐热、低维护、长使用寿命
涂料及涂层	涂层或管道衬里，存储设备、洗涤器、管道、风机、烟囱衬里	耐蚀、轻质高强、耐热、易维护、长使用寿命/服务期	半导体行业	管道、设备衬里，洗涤塔、管道、风机、格栅、烟囱衬里	耐蚀、轻质高强、耐热、易维护、长使用寿命
矿山及矿石加工	管道、设备衬里，洗涤塔、管道、风机、格栅、烟囱衬里	耐蚀、轻质高强、耐热、易维护、使用寿命/服务期	风能	叶片，适用于真空成型，优越的力学性能和加工性能	强度韧性兼顾、固化性能优异、低收缩率、耐蚀

2. 典型物理性能、电性能、阻燃性能

乙烯基酯树脂，采用相应的引发体系，可以形成不溶、不熔的致密三维网状结构，其分子链中的环氧骨架赋予了固化物良好的刚性、硬度及耐热性能，配合不同的增强材料，通过各种不同成型方法，形成了具有一定力学强度和外形的复合材料、胶泥、涂料。这些材料各自都具有许多优点，广泛应用于国民经济的多个领域中。

表 5.8.2-4 所示是 OYCHEM® 乙烯基酯树脂浇铸体典型室温特性。以 OYCHEM® 乙烯基酯树脂为基体树脂的复合材料纤维增强塑料，其力学性能随所用的增强材料和成型工艺的不同有很大的差异。一般中碱无捻方格布的手糊纤维增强塑料制品，拉伸强度在 150～250MPa，弯曲强度在 250～350MPa；采用无碱无捻纱为增强材料的拉挤纤维增强塑料制品，拉伸强度可达 350MPa 以上，弯曲强度在 450MPa 以上。砂浆、胶泥、聚合物混凝土等也随所用的粉料、细骨料等的不同强度也不同。

液态 OYCHEM® 乙烯基酯树脂浇铸体典型室温特性　　表 5.8.2-4

| 树脂 | 浇铸体 | | | | | | | | | 纤维增强塑料 | | |
| | 拉伸 | | | 弯曲 | | 无缺口冲击强度（kJ/m²） | 热变形温度（℃） | 体积收缩率 | 巴氏硬度 | 弯曲强度（MPa） | 弯曲模量（GPa） | 巴氏硬度 |
	强度（MPa）	模量（GPa）	延伸率	强度（MPa）	模量（GPa）							
8441	86	3.3	6%～8%	140	3.5	16	110	8%	38	330	13	45
8001	80	3.4	5%～7%	130	3.5	11	110	8%	38	330	13	45
8003	78	3.4	4%～6%	130	3.5	10	115	8%	38	330	13	45
8071	75	3.2	2%～4%	130	3.2	7.5	145	9%	40	330	16	48
8077	75	3.2	2%～3%	130	3.2	7	165	9%	42	330	16	48
8007	76	3.2	2%～4%	130	3.2	8	150	9%	40	330	16	48

注：以上力学性能严格按照国家标准 GB/T 2567 进行制样并按相应国家标准测试，仅为典型测试数据，不可作为产品规则；以上仅列出了部分性能数据，未列入的性能数据（如电性能数据）请向笔者咨询。

乙烯基酯树脂为液态热固性树脂，兼具环氧树脂之优异的机械特性和不饱和聚酯树脂之易加工性、快速固化性，并且在耐化学药品腐蚀上的表现远优于环氧树脂和不饱和聚酯树脂。

良好的机械性能、比强度高、耐疲劳性能佳，这些众多的优点都使得乙烯基酯树脂广泛地应用于汽车、能源、船舶、管、罐、塔及运动器材等多个领域。表 5.8.2-5 所示是各种不同材质的材料机械性能、耐蚀性能、耐热、成型性能、成本等的比较。

不同材质材料耐蚀、机械等物化性能比较　　表 5.8.2-5

项目	手糊 VER-FRP	缠绕 VER-FRP	环氧 FRP	PVC 板材	合成橡胶板	PP 板材	碳钢 SS400	316L 不锈钢	哈氏合金	铝合金
相对密度	1.4	1.8	1.5	1.45	1.65	0.91	7.8	8.0	8.8	2.84
拉伸强度（MPa）	≥160	≥240	≥150	≥60	≥36	≥38	≥450	≥580	≥580	≥85
拉伸模量（GPa）	≤108	≤310	98	≥4	≥3.9	≥1.4	206	193	193	68
线性膨胀系数（×10⁻⁶℃⁻¹）	23	22	24	70	130	110	12	16	16	24

续表

项目	手糊 VER-FRP	缠绕 VER-FRP	环氧 FRP	PVC 板材	合成橡胶板	PP 板材	碳钢 SS400	316L 不锈钢	哈氏合金	铝合金
热传导系数 (kcal·m^{-1}·h^{-1}·℃$^{-1}$)	0.22	0.22	0.5	0.13	0.1	0.08	41.5	14	14	199
最高耐热温度(℃)	170	170	130	60	80	80	≥200	≥200	≥200	≥200
相对造价	100%	约90%	约130%	约60%	约150%	约60%	约150%	约200%	>300%	约120%
氯乙酸	耐	耐	不耐	<60℃,耐	不耐	不耐	不耐	不耐	耐	不耐
草酸	耐	耐	不耐	<60℃,耐	耐	耐	不耐	不耐	不耐	不耐
稀硫酸溶液	耐	耐	耐	<60℃,耐	耐	耐	不耐	<50%,耐	耐	不耐
浓硫酸	<75%,耐	<75%,耐	不耐	<60℃,耐	耐	<80℃,<50%,耐	<85%,耐	<85%,耐	不耐	不耐
稀盐酸	耐	耐	耐	<60℃,耐	耐	耐	不耐	不耐	耐	不耐
浓盐酸	耐	耐	不耐	<60℃,耐	不耐	<20℃,<36%,耐	不耐	不耐	耐	不耐
浓磷酸	耐	耐	耐	<60℃,耐	耐	<95%,耐	不耐	不耐	耐	不耐
氢氟酸	<20℃,<40%,耐	<20℃,<40%,耐	不耐	<25℃,耐	不耐	耐	不耐	不耐	不耐	不耐
浓氟硅酸	<30℃,<40%,耐	<30℃,<40%,耐	不耐	<60℃,耐	不耐	不耐	不耐	不耐	不耐	不耐
稀氢氧化钠	耐	耐	耐	<60℃,耐	耐	耐	耐	<20%,耐	耐	不耐
稀氢氧化钾	耐	耐	耐	耐	耐	耐	不耐	不耐	耐	不耐
氨水	耐	耐	耐	不耐	耐	耐	不耐	<50%,耐	耐	不耐
氯气、氯氧化物、次氯酸盐	耐	耐	不耐	耐	不耐	不耐	不耐	不耐	耐	不耐
氯化铵	耐	耐	耐	<60℃,<25%,耐	耐	耐	不耐	不耐	不耐	不耐
氯酸盐	耐	耐	耐	<25℃,<20%,耐	不耐	不耐	不耐	不耐	耐	不耐

1）巴氏硬度

巴氏硬度是固化物表面硬度的一个表征参数，ASTM标准要求纤维增强塑料的表面巴氏硬度达到制造商公开数据的90%以上。实际上，巴氏硬度的影响因素很多，后固化处理与否对巴氏硬度的影响较大，此外还有表面毡是否使用了有机纤维，是否是闭模成型，手糊成型的话富树脂层是否添加了蜡液、UV吸收剂、颜料或其他物质。不规则的表面，巴氏硬度不易测量，因此在实际施工中，常平行地制作一个纤维增强塑料积层平板用于测试巴氏硬度。

经验表明，有机纤维表面毡较之玻璃纤维表面毡会导致表面巴氏硬度的下降。巴氏硬度常用来判断表面固化程度，其表面也经常用"丙酮敏感性"试验来确认，尤其是在巴氏硬度测试不便处。丙酮擦拭挥发之后，如表面出现发黏和软化迹象，那就代表表面固化度不足。

2）热导率

纤维增强塑料的热导率随着纤维含量增加而增加，如表5.8.2-6所示。

典型热导率 K 值（10W·m^{-1}·K^{-1}）　　　　　　表5.8.2-6

树脂	浇铸体	纤维增强塑料 M/M	纤维增强塑料 M/Wr/M/Wr
玻纤含量	0	25%	40%
OYCHEM®8441	1.83	1.68	1.86
OYCHEM®8007	2.10	2.40	2.84
OYCHEM®8005K	1.84	1.97	2.16
OYCHEM®8005FR	1.79	2.10	2.49
OYCHEM®197	1.45	1.56	1.86

注：M代表短切毡，450g/m^2；Wr代表方格布，800g/m^2；典型测试数据，不可视为标准。

3）机械性能

纤维增强塑料的机械性能随增强材料的含量增加而增加，还受到树脂选型、增强材料的类型、增强材料的排列方向的影响（表5.8.2-7）。纤维增强塑料的机械性能尽管可以通过结构设计和层铺顺序来预测，但实际的数据还是需要实际测试确认。

不同纤维含量之纤维增强塑料机械性能　　　　表5.8.2-7

树脂	M/M	M/Wr/M/Wr/M	树脂	M/M	M/Wr/M/Wr/M
玻纤含量	25%	40%	玻纤含量	25%	40%
OYCHEM®8001			OYCHEM®8441		
拉伸强度(MPa)	83	147	拉伸强度(MPa)	91	125
拉伸模量(GPa)	11.9	13.2	拉伸模量(GPa)	5.9	10.8
弯曲强度(MPa)	138	179	弯曲强度(MPa)	185	258
弯曲模量(GPa)	6.8	8.9	弯曲模量(GPa)	6.8	10.4
OYCHEM®8007			OYCHEM®8071		
拉伸强度(MPa)	83	163	拉伸强度(MPa)	80	165
拉伸模量(GPa)	8.0	12.2	拉伸模量(GPa)	7.3	11.9
弯曲强度(MPa)	145	358	弯曲强度(MPa)	130	341
弯曲模量(GPa)	5.5	10.7	弯曲模量(GPa)	5.5	10.0
OYCHEM®8005K			OYCHEM®8005FR		
拉伸强度(MPa)	81	117	拉伸强度(MPa)	79	217
拉伸模量(GPa)	5.3	10.1	拉伸模量(GPa)	6.8	14.0
弯曲强度(MPa)	108	274	弯曲强度(MPa)	137	421
弯曲模量(GPa)	5.4	10.2	弯曲模量(GPa)	6.8	10.4

注：M代表短切毡，450g/m^2；Wr代表方格布，800g/m^2；典型测试数据，不可视为标准。

4) 热膨胀系数

纤维增强塑料的线性膨胀系数随着纤维含量的加大而降低，还受到增强材料纤维类型、纤维排列方向等的影响，见表 5.8.2-8。

典型纤维增强塑料线性膨胀系数（×10⁻⁶℃⁻¹）

典型纤维增强塑料线性膨胀系数 （$\times 10^{-6}℃^{-1}$）　　　　表 5.8.2-8

树脂	浇铸体	纤维增强塑料-1(M/M)	纤维增强塑料-2(M/Wr/M/Wr)
玻纤含量	0	25%	40%
OYCHEM® 8441	65	30	21
OYCHEM® 8001	57	28	22
OYCHEM® 8007	51	31	20
OYCHEM® 8077	61	30	17

注：M 代表短切毡，450g/m²；Wr 代表方格布，800g/m²；Harrop 热分析仪，测试纤维增强塑料在 −30～100℃ 的线性膨胀系数；典型测试数据，不可视为标准。

5) 收缩率

树脂的固化收缩率取决于聚合过程的收缩。纤维增强塑料的线性收缩率取决于纤维等增强材料的类型、含量、排列方式等，见表 5.8.2-9。

浇铸体的体积收缩率　　　　表 5.8.2-9

树脂	液态树脂密度(g/cm³)	固化物密度(g/cm³)	体积收缩率
OYCHEM® 8441	1.08	1.16	7.8%
OYCHEM® 8001	1.04	1.14	8.2%
OYCHEM® 8007	1.05	1.15	8.8%
OYCHEM® 8077	1.14	1.24	8.0%

注：浇铸体的固化程序：室温下 24h＋120℃下 3h；典型测试数据，不可视为标准。

6) 电性能

树脂固化物具有较高的介电常数和较低的耗散因子。介电常数是弱导电性材料的空气电容的比率。耗散因子是聚合物材料在交变电场下经历分子运动之后能量的损失。标准树脂铸件的电性能见表 5.8.2-10。

浇铸体的电性能　　　　表 5.8.2-10

树脂	介电常数(kHz)	耗散因子	平均介电常数[1]
OYCHEM® 8441	3.45	0.0050	3.38
OYCHEM® 8001	3.34	0.0123	3.39
OYCHEM® 8007	3.44	0.0055	3.34
OYCHEM® 8077	3.04	0.0156	2.94

注：[1] 1kHz、10kHz、100kHz 和 1MHz 的平均值。典型测试数据，不可视为标准。

7) 阻燃性

许多不饱和聚酯和环氧乙烯基酯树脂是基于卤化中间体的。这些独特的化学结构既考虑其优良的耐腐蚀性，同时纤维增强塑料又具有优异的阻燃性。为了提高阻燃性，可以添加氧化锑，但锑氧化物添加到非卤化树脂中去的阻燃效果并不明显。《建筑材料表面燃烧特性的标准试验方法》ASTM E 84（即通常所说的"风洞试验"）是公认用来确定火焰传播速度值的标准，目前的行业惯例要求的结构材料、管道、油烟机等油烟处理设备的火焰蔓延等级为 25 或更小（通常被称为 I 类）。

其他几个通常用于纤维增强塑料烟密度和阻燃性能测试的方法包括 GB 8624（氧指数测试）、ASTM E 162（辐射板测试）、UL94 标准（更多用于塑料的阻燃性）。对于 ASTM E 84 之外的其他阻燃性测试结果（UL94 阻燃级别、氧指数、锥形量热仪）更具体的信息，请联系 OYCHEM® 技术服务部门。表 5.8.2-11 列出了 OYCHEM® 乙烯基酯树脂纤维增强塑料材料的阻燃性能。

纤维增强塑料材料[1] 的火焰蔓延速度（ASTM E 84）　　　　　表 5.8.2-11

树脂类型	火焰蔓延速度	级别[2]
参比石棉/水泥	0	I
OYCHEM® 8005FR(无需添加氧化锑)	<25	I
OYCHEM® 8005K(添加 3%氧化锑)	<25	I
OYCHEM® 297(添加 5%氧化锑)	30	II
参比红橡木板材	100	III
胶合板	200	III
非卤化树脂	350～400	III

注：[1] 纤维增强塑料厚 3.2mm，短切玻璃纤维毡约 30%。
　　[2] I 级火焰蔓延速度<25；25≤II 级火焰蔓延速度<75；III 级火焰蔓延速度≥75。

3. 典型耐化学性能

表 5.8.2-12 列出了乙烯基酯树脂和其他类型树脂的耐化学性比较情况。更详细的耐化学药品腐蚀性能请参考笔者编著的《乙烯基酯树脂及其应用》（化学工业出版社，北京，2014 年）。

乙烯基酯树脂和其他类型树脂的耐化学性比较　　　　　表 5.8.2-12

树脂 介质	无机酸	有机酸	氧化剂	碱	有机溶剂
OYCHEM®191 邻苯型不饱和聚酯树脂	中	中	差	差	差
OYCHEM®199 间苯型不饱和聚酯树脂	中	良	中	差、中	良
OYCHEM®963 对苯型不饱和聚酯树脂	良	良	良	差、中	中
OYCHEM®197 双酚 A 型不饱和树脂	良	良	良	差、中	中
呋喃树脂(常温固化)	中、良	中、良	差	中、良	中、良
呋喃树脂(高温固化)	良	良	差	良	中、良
E-51 环氧树脂(常温固化)	差、中	差、中	差	良	差
E-51 环氧树脂(高温固化)	中、良	中、良	差	良	差
OYCHEM® 8001 双酚 A 乙烯基酯树脂	优	优	优	优	良、优
OYCHEM® 8007 酚醛型乙烯基酯树脂	优	优	优	中、良	优

4. 如何储存、运输、使用乙烯基酯树脂

储存、运输、使用乙烯基酯树脂时，须注意以下事项：

（1）乙烯基酯树脂加入适当的有机过氧化物固化剂，在室温、中高温时都可以很方便地固化，也可单独添加光起始剂，采用光照方式固化。

（2）固化配方因树脂种类、成型工艺、作业温度等实际情况需要而异；室温下的凝胶化时间和最高发热峰温度可以通过改变固化剂、促进剂以及助促进剂的用量来控制；固化程度可以通过测量室温时的巴氏硬度来衡量。固化后建议在使用前常温放置一至两周或加热处理。常温成型（5～40℃）采用的固化体系有两种：环烷酸钴或异辛酸钴（或含 N，N'-二甲基苯胺）+过氧化甲乙酮（或过氧化氢异丙苯或过氧化环己酮）；过氧化苯甲酰（BPO）+ N，N'-二甲基苯胺。中温成型（60～100℃）可根据成型方法和要求不同采用以下体系：过氧化苯甲酰；过氧化苯甲酰+ N，N'-二甲基苯胺；环烷酸钴或异辛酸钴（或含 N，N'-二甲基苯胺）+过氧化甲乙酮（或过氧化氢异丙苯或过氧化环己酮）。高温成型（100～180℃）可根据成型方法和要求不同采用以下体系：过氧化苯甲酰；对叔丁基苯甲酸盐；叔丁基辛酸盐等，最常用的还是 BPO、TBPO、TBPB 或者将它们复合在一起使用。

（3）不同厂家的 MEKP 和不同厂家的金属钴盐有不同的反应性配合差别，就一般而言，OYCHEM® 乙烯基酯树脂最适宜的添加量为：Oct-Co（Co：6%）0.2%～0.5%、100%N，N'-二甲基苯胺（DMA）0.0%～0.2%（当作业温度低于15℃时，建议采用）、55%的过氧化甲乙酮0.9%～2.5%。促进剂和固化剂一般的比率在1：3～1：6之间，并且促进剂、助促进剂、固化剂都需要分别添加，一般建议遵照助促进剂—促进剂—固化剂的顺序添加（也可将助促进剂和促进剂先行混合好一并添加）；为减少促进剂的添加量误差，也可使用配套促进剂 OYCHEM® 1305 等，一般使用量为树脂的1%～2%。过氧化苯甲酰有粉状和糊状之分，就一般 OYCHEM® 乙烯基酯树脂而言，添加量为 100%DMA0.05%～0.2%、98%BPO 粉 1.0%～2.0%，多数情况下，BPO：DMA 比例在10：1～15：1之间。过氧化氢异丙苯（CHP）可有效降低放热量、减少龟裂，CHP/MEKP 复合使用居多；MEKP 和 BPO、TBPB 也可复合使用，提高常温固化度。

（4）针对特殊加工条件，需要添加针对性的，具有不同阻聚、缓聚效果的助剂；为改善空气接触表面固化不良现象，可在表面层树脂中添加 2%～4%的 52～54℃熔点的石蜡苯乙烯 OYCHEM® 1360；建议施工温度不低于5℃，相对湿度不得高于80%。

（5）出厂质检报告合格证上数据是按照不同树脂不同检测标准而得到的实测数据，实际使用时，需要根据施工环境温度、湿度以及现场使用促进剂、固化剂的种类，现场做小实验确定合适的配比；施工环境会对树脂固化产生影响，请务必在使用树脂前确认固化配方，特别是在有大量增强材料/填料（如连续纤维布、碳酸钙等）和添加剂（如硅胶、炭黑等助剂）配合使用的场合下，先进行相同配合条件的固化试验，以确定准确固化配方。树脂添加粉料、纤维或其他物质之后，凝胶时间会相应延长，具体延长时间和制品的厚度有关，一般情况下，纤维增强塑料制品延长 30%～80%，薄涂延长 100%以上，乃至200%以上。树脂积层，既要考虑纤维等填料的含浸，又要考虑到树脂的挥发、流挂等，一般选择50g小试，凝胶时间以 15～30min 为合适；对于薄涂或薄制品，宜选择更短（如5～10min）；对于厚制品，可采用促进剂按层递减（由内而外）的配料方案，更便于内层树脂的热量释放；对于 50g 树脂试样凝胶时间超过 40min 的，可根据情况选择延时施工，即促进剂、固化剂都加入，搅匀之后等待一段时间再施工。

（6）切忌添加饱和类的其他非活性溶剂进入树脂作为稀料，如甲苯、二甲苯、甲乙酮、丙酮、香蕉水等；添加苯乙烯作为稀料，需控制在树脂量的 5% 以内，过多的苯乙烯稀释剂的加入，会导致最终固化物的耐热、耐腐蚀、强度、韧性都大大下降。现场切忌促进剂和固化剂直接接触，不可同时添加，严禁烟火，防止水、灰尘和其他杂质进入树脂，防止纤维粘上尘土或油污等。

（7）除一些特殊牌号外，OYCHEM® 乙烯基酯树脂的存放期都超过 4 个月，如严格控制 25℃ 的阴凉环境储存，存放期一般都会达到 6～9 个月，特殊牌号可延长至 12 个月，每隔一段时间开桶盖置换树脂桶内空气，可适当延长树脂保质期；另外，固化剂多为不稳定的有机过氧化物，应该避免阳光直射，阴凉处（20℃以下）储存。树脂和固化剂的运输过程中，注意避免高温阳光直射，夏季时尽量夜间运输；固化剂储存、运输时，为防止其与金属直接接触和摩擦而分解，避免使用金属容器。

（8）大多数乙烯基酯树脂在固化前被归为第三类易燃液体，30～35℃ 的闪点，应按照相应的消防防火的法律法规严格保管和运输，具体参考材料安全数据表。施工时，严禁烟火，注意通风，穿戴防护用具；遇有树脂碰及皮肤，立即擦尽并用水清洗；如溅入眼睛，用水冲洗并立即就医；过量吸入树脂蒸气，立即转移至空气新鲜处，严重时需就医；遇火灾时，应使用二氧化碳、泡沫或者干式灭火器灭火，运输遇树脂泄漏，需用砂、土等进行吸收，再进行废弃处理。

5.8.3 不饱和聚酯树脂和乙烯基酯树脂的固化

不饱和聚酯树脂和乙烯基酯树脂的固化，尽管自由基固化的机理已经被公认为分为链引发阶段、链增长阶段、链终止阶段，但同样也存在链转移。引发方式有热、光、电子束、超声波等，但目前 UPR 和 VER 在纤维增强塑料、"衬里重防腐"、涂料、结构胶这些领域的应用，还是以引发剂去引发居多，部分也会用到光固化。

以过氧化物为引发剂的固化机理，似乎在理论和实践上已研究得十分透彻，但在笔者的实际工作中，并非如此，大量的客户和网友对 UPR 和 VER 的固化掌握不得要领，认为这类树脂的固化控制非常"娇气"、"多加来不及干活、少加不固化（干）"。笔者认为导致这样的现象，本质原因是影响 UPR 和 VER 自由基固化的因素太多太复杂，而下游的应用又各式各样，薄的、厚的、常温固化、中高温固化等具体场合千差万别。而 UPR 和 VER 如果不能很好地被固化，或者说很"恰当地固化"，那么最终复合材料、涂料、"衬里重防腐"、结构胶等出现质量缺陷和瑕疵的可能性就大大增加。

有鉴于此，笔者认为的确有必要深入探讨 UPR 和 VER 的固化与成型缺陷，为客户提供更为准确和到位的服务。笔者来自实战的一线岗位，所以本节更偏向实践应用角度去表达。

本文所指 UPR 和 VER，皆指以苯乙烯为稀释单体的 UPR 和 VER 树脂体系。

5.8.3.1 UPR 和 VER 的固化交联机理

以苯乙烯为单体的不饱和聚酯树脂和乙烯基酯树脂，自由基固化过程中，可能发生三种加聚反应，由线型分子形成三维立体网络结构的过程：①苯乙烯和不饱和聚酯或乙烯基酯分子中的双键发生共聚；②苯乙烯与苯乙烯之间的自聚，属于均聚反应，生成聚苯乙烯；③聚酯分子与聚酯分子之间的共聚反应。苯乙烯均聚的分子量往往大于酯部分的共聚分子量，最终形成的交联物的分子量分布是极不均一的。酯与酯共聚的搭桥是苯乙烯活性点，相对短而小，这也是常见的以苯乙烯为单体的 UPR 和 VER 的固化物韧性不如以甲基丙烯酸甲酯为单体的 UPR 和 VER 的原因。

UPR 分子结构中有反式双键存在时，易发生第三种反应，也就是聚酯分子与聚酯分子之间的反应，这种反应可以使分子之间结合得更紧密，因而可以提高树脂的各项性能，这就是反酸含量高的 UPR 的各项性能较好的原因。

UPR 和 VER 的自由基加聚反应是一个由链引发、链增长、链终止、链转移阶段组成的连锁的、不可逆的反应。链引发：从过氧化物引发剂分解形成游离基到这种游离基加到不饱和基团上的过程。链增长：单体不断地增加到新产生的游离基上的过程。与链引发相比，链增长所需的活化能要低得多。链终止：两个游离基结合，终止了增长着的聚合链。链转移：一个增长着的大的游离基能与其他分子，如溶剂分子或抑制剂发生作用，使原来的活性链消失成为稳定的大分子，同时原来不活泼的分子变为游离基。和热塑性高分子材料完全不一样，一旦 UPR 和 VER 固化变成固体，就是不溶不熔，就不可再复原成液态树脂。

UPR 和 VER 固化过程的外在表现，分为三个阶段，分别是：

（1）凝胶阶段。从加入固化剂、促进剂以后算起，直到树脂凝结成胶冻状而失去流动性的阶段。该阶段中，树脂能熔融，并可溶于某些溶剂（如乙醇、丙酮等）中。这一阶段大约需要几分钟至几十分钟。

（2）硬化阶段。从树脂凝胶以后算起，直到变成具有足够硬度，达到基本不粘手状态的阶段。该阶段中，树脂与某些溶剂（如乙醇、丙酮等）接触时能溶胀但不能溶解，加热时可以软化但不能完全熔化。这一阶段大约需要几十分钟甚至几小时。

（3）熟化阶段。在室温下放置，从硬化以后算起，达到制品要求硬度，具有稳定的物理与化学性能可供使用的阶段。该阶段中，树脂既不溶解也不熔融。我们通常所指的后期固化就是指这个阶段。这个阶段通常是一个很漫长的过程。通常需要几天或几星期甚至更长的时间。

UPR 和 VER 的自由基加聚反应过程中，单体苯乙烯慢慢减少，转化率上升，固化度增加，但理论上讲，苯乙烯就不可能 100% 固化，即使经过后加热处理，还可能会残留微量的苯乙烯单体。在笔者下游的一些客户，部分产品是接触食品的，当遇到此类情况时，对苯乙烯的残留量就有严格限制了。

UPR 和 VER 的自由基加聚反应是一个放热反应，热量的释放反过来又加速自由基的加聚反应。对 UPR 和 VER 固化放热过程的有效实施控制，是笔者下游不同客户需要面对的课题，对放热量和放热速度的恰当控制，是做好一个产品的必要条件。

5.8.3.2　UPR 和 VER 的固化方式

不同引发剂（也称固化剂，后文统一称固化剂）的分解速度不同，选择好合适分解速度的固化剂或合适的引发方式非常重要。最常用于 UPR 和 VER 的自由基固化的方式有四类。

1. 有机过氧化物固化

常见的 UPR 和 VER 的固化温度范围为室温～150℃，在此温度范围内产生对称裂解的化学键，要求 105～150kJ/mol 的键能，在所有化合物中，性价比最高的、最常用的也就是有机过氧化物和脂肪族偶氮化合物。后者的典型代表是偶氮二异丁腈（AIBN），但它具有很高的化学惰性，不使用促进剂去使其氧化还原反应裂解产生自由基，因此在 UPR 和 VER 领域，没有应用；而前者可以很方便地采用另一物质使其激发（实为氧化还原反应激发其产生自由基点），这类物质就是俗称的促进剂，它使过氧化物的-O-O-键在室温下就可发生对称裂解，产生自由基，继而引发连锁式的链式自由基固化。这类方式的固化系统在后文中有详细介绍。

2. 热分解固化

室温下需采用适当的促进剂（如有机金属盐）配合固化剂去引发，而在中高温时，无需采用促进剂去辅助引发，直接加热即可，这就是热分解固化的方式。典型的热分解固化方式的固化剂就是过氧化二酰类物质（如过氧化二苯甲酰）：

$$\underset{\text{R—CO—OC—R}'}{\overset{\text{O}\quad\quad\text{O}}{}}$$

上述分子式是过氧化二酰的通式，R 和 R′ 相同的话（如都为苯基），就是对称结构，活性较低，容易控制，制造和储存过程的爆炸风险都较小；但如果 R 和 R′ 不相同，是非对称结构的话，则活性更高；或者 R 和 R′ 的碳原子少于 4 个，这两种情况下该物质都非常不稳定，受冲击就容易爆炸，不安全，因此市面上使用的过氧化二酰类固化剂，基本都是对称结构的。

再如对称结构的过氧化二碳酸酯：

$$\underset{\text{RO—CO—OC—OR}}{\overset{\text{O}\quad\quad\text{O}}{}}$$

由于两边为对称的稳定性更好的酯基（如酯环、芳香环等），整个过氧化物的稳定性随之增大，是安全高效的过氧化物固化剂。典型的有：过氧化二碳酸-4-叔丁基环己酯、过氧化二碳酸二苯氧基酯。

3. 化学分解固化

化学分解固化是"有机过氧化物固化"的补充。它是借助促进剂和过氧化物固化剂，在常温或低温下通过氧化还原反应分解产生自由基，从而使树脂在室温、低温下即可实现固化。加入促进剂可大大降低激发固化剂产生自由基的活化能。

氧化还原反应，可使用加速剂。促进剂可与固化剂配合使用，但加速剂不可单独与固化剂配套使用，需要和促进剂、固化剂配合一起使用，才可实现辅助促进的效果。

可进行氧化还原的固化剂主要是过氧化酮、叔烷基过氧化氢等，一般含有-OOH 键。

氧化还原反应尽管可以促使固化剂低温分解自由基，但也使得固化剂的效率降低，因为原本可以分解成两个自由基的固化剂分子，氧化还原反应后只能生成一个自由基了，而且促进剂离子也可能与自由基反应，使之逆转为离子，因此采用此类方式固化时，促进剂的添加量必须适当。理论上，最合适的促进剂和固化剂的摩尔比必须小于 1，否则促进剂与初级自由基的逆反应速度会大于初级自由基引发单体的速度，反而使转化率下降。过多的促进剂并不能起到加速固化的作用，反而会使制品性能下降，颜色发黑。

上述促进剂有两大类，一类是有机金属盐，另一类是叔胺类促进剂。

环烷酸钴和异辛酸钴使用最多，作为还原剂，在钴离子由二价变成三价，再由三价变成二价的过程中，氢过氧化物链就分解了。除有机钴盐外，还可使用其他高价金属有机盐，如有机锰盐、有机铈盐等。

叔胺类主要是 N,N'-二甲基苯胺、N,N'-二乙基苯胺、N,N'-二甲基对甲苯胺等，主要用于与过氧化苯甲酰反应。

4. 光固化

另外一种引发树脂固化的物质是光，光谱中能量最高的紫外线产生的活化能，能够使树脂的-C＝C-键断裂，产生自由基，从而使树脂固化。例如，我们曾做过实验，即使是在 $0℃$ 以下，如果把树脂放在阳光直接照射的地方，树脂也能在一天内胶凝。

加入适当的光引发剂，在紫外线或可见光的照射下，可实现 UPR 和 VER 的光固化。主要的光引发剂有二苯甲酮、苯醌、蒽醌、安息香醚类等。在 UPR 和 VER 的光固化应用上，据笔者的了解，目前还仅停留在涂料、油墨、胶衣、预浸料上，在高性能复合材料、结构胶上还极少应用。

光固化在一些特殊场合和领域，有过氧化物不可比拟的优势，这方面有兴趣的朋友可查询笔者几篇有关"光固化乙烯基酯树脂"方面的专利和论文。

UPR 和 VER 在光、热或固化剂的作用下可以通过分子链中的不饱和双键与交联单体（苯乙烯）双键的结合，形成三维网状交联的不溶不熔的体形结构。这个过程称为 UPR 和 VER 的固化。

UPR 和 VER 的应用日益广泛，品种越来越多，成型方法愈来多样化，对促进剂、固化剂、阻聚剂、稳定剂的要求越来越精细化，因此近年来对这些助剂的研究得到前所未有的重视。促进剂已经衍生出来不同类型的促进剂和助促进剂，固化剂根据引发温度和活性已有了几十个品种，阻聚剂也衍生出来了缓聚剂和稳定剂。最近几年，不同助剂的复配使用得到了这个行业广大应用技术工程师的重视，笔者也是如此，对促进剂、助促进剂、稳定剂、缓聚剂、固化剂等的复配联用，花了很多精力，笔者致力于此的目的也是期望对 UPR 和 VER 树脂的凝胶、放热、固化等参数做到可设计性控制和调节，满足具体不同行业的客户的需求。

5.8.3.3 促进剂（常温固化用促进剂）

外界温度的高低直接影响着过氧化物产生自由基的速度，靠加热来使固化剂释放出自由基从而引发树脂固化，这个过程当然是可行的，但是高温操作也会带来一些不便。于是，人们进一步发现一些有机过氧化物可以用另一种化合物来激活，它们通常通过氧化还原反应而起作用，不需升温，在环境温度下就可以裂解产生自由基。这种能在环境温度下激活过氧化物的物质就是促进剂。

促进剂是能促使固化剂在其临界温度以下形成自由基（即实现室温固化）的物质。促进剂和固化剂绝不可直接混合，否则会引起剧烈反应，甚至爆炸着火。

常见的常温固化促进剂有两类，分别是有机金属化合物和叔胺类促进剂。

1. 有机金属类化合物促进剂

1）概述

有机金属类化合物，如环烷酸钴、异辛酸钴，利用钴离子的变价特性，与过氧化物发生氧化还原反应，诱发过氧化物分解，从而引发树脂交联，常作为过氧化甲乙酮、过氧化氢异丙苯（CHP）、过氧化环己酮（CHPO）、过氧化乙酰丙酮（AAP）的促进剂配套使用。提前将有机金属化合物促进剂加入树脂中，可制造出"预促进型"的树脂。而市售的大量的促进剂，俗称"蓝水"，为钴、铜、钾等的混合复配物。钾离子对钴离子有协同效应，能起到加快引发效能、降低钴用量的作用；铜离子与钴离子起到颜色互补作用，但其会延缓室温引发效能。

环烷酸钴与异辛酸钴，均是有机羧酸钴，由无机酸钴盐与有机羧酸皂液置换反应而成。有机羧酸种类繁多，但形成的钴皂在树脂中及有机溶剂中需具备较好的溶解性，较为适宜的为 C6～C10 的有机酸，目前工业化比较优良的为异辛酸与环烷酸，但两者之间的阴离子部分即有机酸的差异，也会导致一些细微的不同。

环烷酸，为炼油副产物的提炼品，因其馏分与萘相近，常被称为萘酸，其为混合羧酸，颜色深。环烷酸为环状结构，与钴离子会形成内螯合环，相应与钴离子的结合稳定性较高，特别适用于需金属离子缓慢释放的场合，如在橡胶硫化中，采用环烷酸镍，而不宜采用异辛酸镍。

异辛酸，2-乙基己酸，α 碳上连有支链，具有较好的溶解性，异辛酸是由辛醇合成，颜色浅，纯度高，相应的异辛酸钴，活性较大，黏度较低。异辛酸钴常用作为乙烯基酯树脂的促进剂，和 MEKP、AAP、CHPO 等常温固化剂配合使用。促进剂添加量根据有效钴含量的不同添加量有所不同，一般在 0.5%～3.0% 之间。

近年来，由于环烷酸的资源日益减少，加上制品的环保绿色要求越来越高，环烷酸中可能含有少量的萘致癌物，在树脂类领域中，异辛酸钴的应用日趋广泛。

2 号促进剂（N, N'-二甲基苯胺）用于蓝白水体系时，就起到助促进剂的作用，对蓝白水体系有很强的协效作用，加速固化，尤其适用于冬期低温施工。这部分将在"5.8.3.4 助促进剂（加速剂）"节详细介绍。

2）常见市售有机金属化合物促进剂

（1）环烷酸钴

环烷酸钴，是由无机酸钴盐与环烷酸皂液复分解反应而成，代表性的有上海长风化工厂的 421 系列、仙居县福昇合成材料有限公司的 B 系列。

环烷酸钴结构式为：

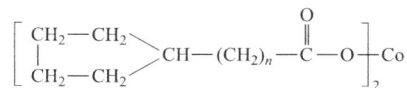

$$\left[\begin{array}{c} CH_2-CH_2 \\ | \quad\quad | \\ CH_2-CH_2 \end{array} \!\!>\!\! CH-(CH_2)_n-\overset{\displaystyle O}{\overset{\|}{C}}-O \right]_2 Co$$

典型的环烷酸钴促进剂性能及规格如表 5.8.3.3-1 所示。

典型的环烷酸钴促进剂规格　　　　　　　　　　表 5.8.3.3-1

典型牌号	421-1/B-8	421-2/B-4	421-3/B-6
外观	紫红黏稠均匀液	紫红透明均匀液	紫红透明均匀液

细度(μm)	≤15		
金属含量	8%±0.2%	4%±0.2%	6%±0.2%
溶剂中溶解性	全溶		
溶液稳定性	透明无析出物		
闪点(℃)	≥30		
催干性能(表干)(h)	≤4		

注：金属含量，并非完全是金属钴含量，这里面还包含其他金属，如钾、钙、镍等；数据摘自上海长风化工厂、仙居县福昇合成材料有限公司。

一般原钴6%左右浓度（如长风421-3），市面1%溶液的也有。目前，市面上真正溶剂为苯乙烯的几乎没有，现配现用的可采用苯乙烯作溶剂将高浓度的环烷酸钴进行稀释，实际上市面上卖的1%浓度的"蓝水"，其溶剂都不是苯乙烯，称为1号促进剂。常与1号固化剂（即过氧化环己酮）配合使用。几十年来，人们一直认为钴盐促进剂固化性能好，在不饱和聚酯树脂室温固化中广泛采用。由于受钴盐色泽的影响，近年来人们普遍认识到：其凝胶固化效果和颜色已不能满足需要。

（2）异辛酸钴

常用在预促进型树脂中，尤其是用较浓的异辛酸钴预促进，能得到较好的催干效果。通常情况下异辛酸钴的促进效果要比环烷酸钴好，这是因为环烷酸是一个分子量不固定（分子量范围180~350）的环烷烃的羧基衍生物，所以其钴含量难于做得十分精确，并且由于它是石油精制时的副产物，通常颜色较深，所以目前市场上异辛酸钴有取代环烷酸钴的趋势。

异辛酸钴，代表性的有上海长风化工厂的EC系列、仙居县福昇合成材料有限公司的A系列。异辛酸钴作为乙烯基酯树脂的促进剂，和MEKP、AAP、CHPO等常温固化剂配合使用，根据有效钴含量的不同有所不同，一般在0.5%~3.0%之间（表5.8.3.3-2）。

典型的异辛酸钴促进剂规格　　　　　　　　　　　　　　表5.8.3.3-2

外观	蓝紫色黏稠液体
金属含量	Oct-Co(Co：12%)/A-12/EC-12：12%±0.2% Oct-Co(Co：10%)/A-10/EC-10：10%±0.2% Oct-Co(Co：8%)/A-8/EC-8：8%±0.2% Oct-Co(Co：6%)/A-6/EC-6：6%±0.2%
溶解性	在二甲苯、苯乙烯、200号溶剂油、汽油等溶剂中全溶，无析出物

（3）钴-钾-钙-过渡金属复配的复合促进剂

常被称为5号促进剂，用碱金属盐、碱土金属盐以及能变价的过渡金属盐类与钴盐配合使用，能达到单独使用钴盐做促进剂达不到的效果。这是最近几年市场上最常见的一种促进剂类型，它们可分为以下几类。

① 钴-钾复合促进剂

钾盐对钴促进剂协同作用较大。其配合使用可作为纤维增强塑料制品促进剂。钾的含量不宜过高，钴的含量不宜过低。否则会影响纤维增强塑料制品的强度。

② 钴-钾-过渡金属复合促进剂

过渡金属盐对钾盐协同作用很大，但对钴盐没有协同作用，甚至有延滞作用。过渡金属盐的加入能较大地缩短凝胶时间和固化时间，并能较大地降低树脂（主要是针对 UPR 而言）放热峰温度，钴-钾-过渡金属盐的复合促进剂既可用于纤维增强塑料制品，又可用于树脂浇铸体制品。

③ 钴-钾-钙-过渡金属复合促进剂

钙盐对钴-钾-过渡金属盐不能起到协同促进作用，只是起到增白的效果，使浇铸体外观颜色变浅或接近无色。可用于树脂（主要是针对 UPR 而言）的浇铸工艺。市售的浅色促进剂，无色钴，是各类金属化合物的复配混合物，代表性的有上海长风化工厂的 LCC 系列（表 5.8.3.3-3）、仙居县福昇合成材料有限公司的 FS 系列。不同有机金属盐，根据金属离子的不同，可以起到不同的协同效果，降低钴盐用量，改变制品色泽，调节放热峰，它们多作为配制无色促进剂的辅助原料（表 5.8.3.3-4）。

典型的浅色、无色促进剂规格　　　　　　　　　　表 5.8.3.3-3

型号	LCC-RP-2	LCC-D	LCC-A	LCC-B	LCC-H	LCC-10
外观	蓝紫色液体			紫红色液体		
金属含量	≥0.35%	≥0.75%	≥0.5%	≥1%	≥3%	≥2%
溶解性	在二甲苯、苯乙烯、200 号溶剂汽油等有机溶剂中全溶,无析出物					
相当于百分之几钴盐效果	3%	4%	—	5%	8%	—
建议添加树脂量	1%～2%	0.7%～1.5%	0.5%～2.5%	0.3%～1%	1%～2%	0.5%～2.5%
特点	制品呈树脂本色,透明度好					

典型的无色促进剂的辅助原料　　　　　　　　　　表 5.8.3.3-4

型号	EN-8	EZn-9	ECa-6	EK-10	EK-12	CEK-12	Ecu-5	Ecu-8	ZHCu-500
有机金属盐类型	异辛酸钠	异辛酸锌	异辛酸钙	异辛酸钾		醋酸钾	异辛酸铜		环烷酸铜
液体外观	淡黄色	黄绿色	浅黄色黏稠			无色透明	深绿色		
金属含量	8%± 0.2%	9%± 0.2%	6%± 0.2%	10%± 0.4%	12%± 0.4%	12%± 0.4%	5%± 0.2%	8%± 0.2%	5%± 0.2%
溶解性	在二甲苯、苯乙烯、200 号溶剂油、汽油等溶剂中全溶,无析出物								
特点	配制促进剂,降低钴用量,节省成本	与钴并用加速促进,减少钴用量,色泽浅,改善制品外观颜色,与钴并用于无色促进剂					室温起阻聚作用,高温起促进作用		

需要说明的是，目前市售的促进剂多为复合促进剂，与传统的单一钴盐类型的促进剂相比，具有低成本、低色号、固化迅速的特点。也就是说，目前，国产的促进剂质量已有大幅度的提高，在固化速度、固化后对制品的色泽影响等很多方面都已经和 OMG 等外资品牌相当。

（4）环烷酸锰或异辛酸锰

一般不单独使用，与钴盐配合使用，可延长使用期，温度达到 60℃以上，促进效果比钴离子大 10 倍以上，可作中温促进剂使用。此外，还有钒促进剂，可作过氧化酮的促进剂，如仙居县福昇合成材料有限公司的 XJ-B-1 型钒促进剂，可作 MEKP 的低温促进剂，或与过氧化羧酸酯以及过氧化缩酮系统共用于加热固化，比单独使用钴促进剂的固化速度要更快。

其他的促进剂还有胺类、季铵盐类等。将在后文"2. 叔胺类促进剂"一款中介绍。

3）环保型绿色"低钴""无钴"促进剂

典型代表是 BlueCure® 和 Nouryact®。它们都是一系列新型无钴和低钴促进剂，用于不饱和聚酯树脂和乙烯基酯树脂的常温固化，用以替代传统的异辛酸钴和环烷酸钴，提供更环保的选择，以满足相关更为严格的环保法律法规的要求。这类促进剂大多是基于铜、锰和铁的有机盐，可用于大多数室温固化体系中，包括邻苯型不饱和聚酯树脂、间苯型不饱和聚酯树脂、乙烯基酯树脂等，同时基本保留现有的固化周期和力学性能。

4）原钴、浓钴和实际市场现场使用的"蓝水"的区别

实际操作时，环烷酸钴或异辛酸钴多溶解在溶剂中，现场使用时，建议采用苯乙烯进行溶解。采用邻苯二甲酸二甲酯等酯类溶剂、Solvent 300 号等石油醚类溶剂时，其促进剂的保存期更长。对于不饱和聚酯树脂而言，溶液中的有效钴含量宜调整到 0.5%～1%，对于乙烯基酯树脂而言，往往有效钴含量要求更高一些。固化剂恒定情况下，改变促进剂的用量，可以得到不同凝胶时间的效果，对应的固化放热峰温度效果也不一样。有机钴盐促进剂的添加量，不是越多越好，尽管改变促进剂的用量也可调节树脂的凝胶时间和固化时间，但实际常温固化操作中，往往促进剂的添加量不宜过大，一般固定一个数值（如 1% 金属钴浓度的促进剂，加入量控制在 0.1%～2.0%），通过改变固化剂的添加量来达到理想的凝胶时间。

实际使用时，一般都会将钴浓度较高（6%～12%）的环烷酸钴或异辛酸钴进行稀释，便于现场添加，并减少称量误差。现场严格规定采用苯乙烯进行稀释。目前市面上很多十几块钱单价的钴水促进剂，大多是采用甲苯、二甲苯，乃至是工业酒精作为稀释剂，这些稀释剂，最终在树脂中不仅不能参与固化，反而会影响到固化，导致最终乙烯基酯树脂的固化程度、力学强度、耐腐蚀性能都会下降。这就是为什么说应用于不饱和聚酯树脂常温固化的低浓度的蓝水促进剂"可用于"乙烯基酯树脂，但并不代表"建议使用"。乙烯基酯树脂要发挥其强度和耐腐蚀方面的最佳优势，一般建议选择钴浓度较高（常用钴浓度 6% 的环烷酸钴）的蓝水作促进剂。

市售的大量的促进剂，俗称蓝水，为钴、铜、钾等的混合复配物。钾离子对钴离子有协同效应，能起到加快引发效能、降低钴用量的作用；铜离子与钴离子起到颜色互补效果，但其会延缓室温引发效能。

一般促进剂用以配合固化剂一起对不饱和聚酯树脂和乙烯基酯树脂进行固化。促进剂也可调节凝胶时间的快慢。环烷酸钴（Nap-Co）、异辛酸钴（Oct-Co）为深紫色或紫红色液体（图 5.8.3.3），市场上销售的商品一般是再采用溶剂进行稀释，有 6%、8%、10%、12% 的金属钴含量的几种规格。

有机钴盐，常配合 MEKP 或 CHP 一起对树脂进行固化。实际使用时，建议先用苯乙烯单体对钴液进行稀释，避免因原钴液中金属钴含量太高，添加量太少引起添加误差以及导致混合不均匀。食品级应用时，需要标注清楚选用的金属钴盐的等级。相同钴浓度的 Oct-Co（Co：6%）可以用来取代相同钴浓度的 Nap-Co（Co：6%），获得差不多的凝胶

时间，但预促进颜色以及固化后颜色略有差别。由于 Nap-Co 的金属钴有效含量相对 Oct-Co 而言不易准确测量，近年来，异辛酸钴在市场上用得更多。

实际使用时考虑到终端市场的特殊性，为方便客户使用，一般都会配套稀释后的不同钴浓度的高效促进剂，如 OYCHEM® 1305 (S)、OYCHEM® Pro-Ex、OYCHEM® 1308、OYCHEM® EC6，它们的有效钴浓度分别是 1.8%、3.6%、1.8%、6%。

2. 叔胺类促进剂

图 5.8.3.3 异辛酸钴

叔胺类化合物，用于促进过氧化二酰类固化剂（如 BPO），使之在常温下固化。最常用的叔胺促进剂有 N,N'-二甲基苯胺、N,N'-二乙基苯胺、N,N'-二甲基对甲苯胺。由于绝对添加量少，故一般使用的是 10% 的溶液，加入量 1%～4%。N,N'-二甲基对甲苯胺的效果优于 N,N'-二甲基苯胺，N,N'-二甲基苯胺效果优于 N,N'-二乙基苯胺，简单的对比见表 5.8.3.3-5。实际操作时，N,N'-二乙基苯胺和 BPO 配合室温下凝胶时间较长，用得很少；N,N'-二甲基苯胺和过氧化苯甲酰配合室温凝胶时间较为合理，使用较多，配比一般在 DMA（100% 纯度）/BPO（50% 纯度）=（0.1～0.5）/（1.5～3.0），为了 DMA 添加量准确，通常配制为 10% 的苯乙烯溶液，称为 2 号促进剂，BPO 常称为 2 号固化剂；N,N'-二甲基对甲苯胺和 BPO 配合仅仅用于快速固化要求时。

胺类促进剂还可以作为钴盐的助促进剂，能起到加速作用，常与 MEKP 配套使用。

不同叔胺对通用 UPR 的凝胶时间的影响　　　表 5.8.3.3-5

材料	用量		
191 通用 UPR	100	100	100
BPO 糊(50%含量)	2	2	2
N,N'-二甲基苯胺	1.5	—	—
N,N'-二乙基苯胺	—	1.5	—
N,N'-二甲基对甲苯胺	—	—	1.5
20℃时的大致 GT(min)	20	100	5

UPR 和 VER 采用叔胺促进，过氧化物（如 BPO）固化体系，固化产品逐渐变黄。固化时，短期放热剧烈，常常有微裂纹产生。固化过程中，"蓝白水"体系氧化还原引发自由基较容易，并且受树脂固化程度上升的影响较小，而叔胺体系随着树脂固化度的上升，叔胺消耗得越来越少，被交联产物固定的分子运动越来越难，再也难以引发过氧化物 BPO 进行分解，因此实际常温 24h 固化程度往往不足，这就是采用叔胺常温固化体系（如 DMA＋BPO）的场合，常常需要较长的保养时间，甚至需要加温后处理的原因。

DMA＋BPO 的常温体系受树脂中阻聚剂（针对 UPR 和 VER）、游离酚（针对 VER）、支链化异构化程度（针对 UPR 和 VER）的影响非常小，这些情况下采用"蓝白水"体系则凝胶固化受影响较大。因此，在含有大量游离酚的乙烯基酯树脂、双酚 A 型不饱和聚酯树脂、氯桥酸酐型不饱和聚酯树脂等固化时，常温时采用 DMA＋BPO 体系不失为一个很好的选择。

叔胺也可作为钴盐"蓝白水"体系的助促进剂，能起到加速作用，常与 MEKP 配套使用。这点将在"5.8.3.4 助促进剂（加速剂）"一节详细阐述。

3. 其他类型促进剂

胺类促进剂除了叔胺之外，还有其他胺类、季铵盐等类促进剂。室温固化体系中，硫醇，如十二烷基硫醇，既对过氧化环己酮、过氧化甲乙酮等有效，又对过氧化二苯甲酰有效。但硫醇类促进剂实际使用不多。

5.8.3.4 助促进剂（加速剂）

市面上用得最多的 UPR 和 VER 的常温固化用助促进剂是叔胺，如 N,N'-二甲基苯胺、N,N'-二乙基苯胺、N,N'-二甲基乙酰基乙酰胺（DMAA）、2，4-戊二酮。后者在高温成型时，反过来是树脂胶料的阻聚剂（此时多称为延缓剂）。

1. 叔胺类助促进剂/加速剂

叔胺既可以单独作为促进剂和过氧化二酰类固化剂（如 BPO）配合组成 UPR 和 VER 的常温固化体系，也可作为"蓝白水"体系有机钴盐的助促进剂/加速剂使用，使凝胶和固化时间大大缩短。只要在"蓝白水"体系中加入 0.1% 的 DMA（100%纯度），就会对凝胶时间有显著的影响，为添加方便、准确，往往配制成 N,N'-二甲基苯胺苯乙烯液。

蓝白水体系的助促进剂除 N,N'-二甲基苯胺外，还有 N,N'-二乙基苯胺、N,N'-二甲基对甲苯胺（DMT）、N,N'-二甲基乙酰基乙酰胺、N,N'-二（2-羟乙基）对甲苯胺（MHPT）。

DMA 和 DEA 是常用的胺类助促进剂，添加量非常少，无论是与 MEKP 配合，还是与 Trigonox® 239A、OYCHEM® C239、CHP 等常温固化剂配合使用，都可以起到很好的助促进的作用。DMAA 一般不单独和 BPO 配套使用，因为实在是太快了，无法控制，但 DMAA 可作为"蓝白水"氧化还原引发体系的助促进剂使用，并且很方便地实现"长凝胶、快固化"的效果。使用 DEA 和 DMAA 作为助促进剂，较之使用 DMA，凝胶时间的漂移更少，更稳定。DMA 和 DEA 在实际中常常是 100% 纯度的再进行稀释使用，而 DMAA 一般都是 80% 活性的。

DMA 是有刺激性气味的黄色胺类物质（图 5.8.3.4），用作为 MEKP 或 CHP 固化体系的助促进剂，用作为 BPO 固化体系的促进剂（但固化不完全，需补加 TBPB 或后固化处理）。尽管在 MEKP 或 CHP 固化体系中，DMA 并不是必须添加的，但少许添加 DMA 会大大加快树脂的固化速度，并且对树脂固化后的表面巴氏硬度有很大的提高，在冬季或温度低时，显得尤为明显。DEA 是另一种胺类促进剂和助促进剂，DEA 的促进作用和助促进作用相当于 DMA 的一半，因此 DMA 改为用 DEA 时，用量要翻倍。

图 5.8.3.4 N,N'-二甲基苯胺

在促进剂浓度相同时，MHPT 的凝胶时间为 DMA 的 $1/7\sim1/4$，固化时间比 DMA 缩短 $25\%\sim50\%$，放热峰温度和巴柯尔硬度比 DMA 的高；固化温度与凝胶时间曲线表明 MHPT 比 DMA 的反应活性更高。温度比较低时（5℃），2,4-二氯代过氧化二苯甲酰（DCBPO）和过氧化二苯甲酰 BPO/DMA 体系不能使树脂快速固化，而 DCBPO 和 BPO/MHPT 体系能使树脂快速固化。

2. 2,4-戊二酮助促进剂/加速剂

2,4-戊二酮,缩写为 2,4-P,是无色透明液体,稍有酮类气味,可与大部分有机溶剂混溶,在水中的溶解度有限。对 UPR 和 VER 体系而言,加入 2,4-P,对室温固化下的钴促进树脂,可使凝胶时间和固化时间显著缩短,并且固化后的制品颜色更浅。从这个意义上讲,2,4-P 是 UPR 和 VER 常温固化的助促进剂。

在加热成型中,2,4-P 可以大大延长树脂胶料(已加好高温固化剂)的存放期,这在拉挤成型、模压成型体系中,是不二选择,可使料槽里面的胶料存放期更长,黏度上升速度更慢,使模压增稠树脂过程更加稳定。从这个意义上讲,2,4-P 往往是树脂供应商提前加到高温成型的树脂,起到稳定剂的作用。

5.8.3.5 固化剂

1. 概述

UPR 和 VER 的固化是游离基引发的共聚反应,如何能使反应启动是问题的关键。单体一旦被引发,产生游离基,分子链即可以迅速增长而形成三向交联的大分子。

UPR 和 VER 固化的启动是首先使不饱和-C=C-双键断裂,由于化学键发生断裂所需的能量不同,对于-C=C-键,其键能为 350kJ/mol,需 350~550℃的温度才能将其激发裂解。显然,在这样高的温度下使树脂固化是不适用的。因此,人们找到了能在较低的温度下即可分解产生自由基的物质,这就是有机过氧化物。一些有机过氧化物的-O-O-键可在较低的温度下分解产生自由基。其中一些能在 50~150℃分解的过氧化物对树脂的固化很有利用价值。我们可以利用有机过氧化物的这一特性,选择其中的一些作为 UPR 和 VER 的引发剂,或称固化剂。

固化剂的定义:UPR 和 VER 用的固化剂,是在促进剂或其他外界条件作用下而引发 UPR 和 VER 交联的一种过氧化物,又称为引发剂或催化剂。

这里所说的"催化剂"与传统意义上的"催化剂"是不同的。在传统的观念上,"催化剂"这个术语是为反应物提供帮助的,它们在促进反应的同时,本身并没有消耗。而在 UPR 和 VER 固化反应中,过氧化物必须在它"催化"反应以前,改变它本身的结构,因此对于用于 UPR 和 VER 固化的过氧化物来说,一个比较合适的名字应该叫作"起始剂"或"引发剂"。

说到过氧化物我们有必要了解的两个概念是活性氧含量和临界温度。其中,"活性氧"或"活性氧含量"是一个与固化剂有密切关系并常常被误会的概念。

活性氧含量:活性氧含量简单来说就是过氧化物中氧和过氧化物分子总量的百分比。

从这个概念本身来说,一个具有较低的分子量的过氧化物的活性氧含量可能相对较高。但这并不意味着活性氧含量高的过氧化物比活性氧含量低的过氧化物具有更多或更快的活性。我们很多应用厂家是用活性氧含量作为考核固化剂的一个指标,事实上,活性氧含量仅仅是作为衡量任何一个特定的过氧化物的浓度和纯度的一个尺度。人们发现许多具有较高的活性氧含量的过氧化物并不适合用于固化树脂,因为它们在标准的固化温度下会很快地分解或"耗尽",也就是它分解游离基的速度过快。由于游离基总是有一种彼此间相互结合的强烈倾向,当游离基产生的速度比它们被不饱和双键利用的速度快时,它们会重新组合或者终止聚合链,从而产生低分子量的聚合物而导致不完全固化的结果,典型的

例子就是过氧化氢。

临界温度：简单来说，临界温度就是过氧化物大量分解产生自由基的最低温度。这个温度一般来说只是一个近似值。在此温度以前同样也有游离基放出，只是程度不同而已。

我们可以根据过氧化物的临界温度不同将过氧化物分为中温引发剂或高温引发剂。对于拉挤成型以及模压成型就是依据所使用的过氧化物的临界温度来确定工作温度的。一般设定工作温度要稍高于引发剂的临界温度（例如：过氧化甲乙酮的临界温度是80℃；过氧化苯甲酰为70℃；过氧化二叔丁基为146℃；过苯甲酸叔丁酯为194℃。拉挤成型工艺选用过氧化二苯甲酰和过氧化二叔丁基为引发剂，一般模具前中后三段的温度设置为70～90℃、140～180℃、120～180℃）。

2. 分类

过氧化物固化剂的几个重要指标是：活性氧含量、临界热分解温度、半衰期、活化能。活性氧含量代表固化剂初始引发速度，活性氧不仅来自过氧化甲乙酮，也来自双氧水，如果加入过多双氧水的话，也会有效提高活性氧水平，但固化剂中类似过氧化甲乙酮单体、二聚体被稀释了，固化效果反而下降；临界热分解温度代表过氧化物受热分解成自由基时所需的最低温度，一般不低于60℃，否则室温下就非常不稳定；半衰期指的是在一定的温度下，过氧化物分解到一半所需的时间，用来评价其活性大小；活化能可用来评价固化剂的稳定性，值越大，固化剂越稳定，越不易分解。过氧化物固化剂类型如表5.8.3.5所示。

有机过氧化物的类型 表 5.8.3.5

类型	结构式	典型代表举例	使用较多品种
过氧化物酮	无固定结构	过氧化甲乙酮、过氧化环己酮、过氧化乙酰丙酮、过氧化甲基异丁基酮	过氧化甲乙酮、过氧化环己酮、过氧化乙酰丙酮
过氧化物二酰	RCOO：OOCR′	过氧化二苯甲酰、过氧化二对氯苯甲酰、过氧化二月桂酰、过氧化二乙酰、过氧化正辛酰、过氧化-3,5,5-三甲基乙酰、过氧化二癸酰、双(2,4-二氯苯甲酰)过氧化物	过氧化二苯甲酰、过氧化二对氯苯甲酰、过氧化二月桂酰
氢过氧化物	RCO：OH	叔丁基过氧化氢、过氧化氢异丙苯（又称过氧化氢枯烯）、叔丁基过氧化氢、特戊基过氧化氢、萜烷过氧化氢	过氧化氢异丙苯、叔丁基过氧化氢
二烷基与二芳基过氧化物	RCO：OCR′	过氧化二叔丁基物、过氧化二异丙苯、过氧化叔丁基异丙苯、2,5-二(2-乙基己酰过氧)-2,5-二甲基己烷、2,5-二(叔丁基过氧)-2,5-二甲基己烷、2,5-二(叔丁基过氧)-2,5-二甲基己炔、过氧化二特戊基物、二(叔丁基过氧化异丙基)苯	过氧化二叔丁基物、过氧化二异丙苯
过氧化羧酸酯	RCOO：COR′	过氧化苯甲酸叔丁酯、过氧化异辛酸叔丁酯（又名过氧化2-乙基己酸叔丁酯,别名引发剂OT,典型的商品如Trigonox 21S）、过氧化异壬酸叔丁酯、双过氧化邻苯二甲酸二叔丁酯、过氧化叔戊酸叔丁酯、2,5-二甲基己烷-2,5-二过氧化苯甲酸酯、4,4-二叔丁基过氧化正丁基戊酸酯、过氧化乙酸叔丁酯、过氧化-3,5,5-三甲基己酸叔丁酯、过氧化-2-乙基己酸特戊酯、过氧化特戊酸叔丁酯、过氧化特戊酸叔戊酯、过氧化新癸酸叔丁酯、过氧化新癸酸特戊酯、过氧化新癸酸异丙苯酯、过氧化碳酸-2-乙基己酸叔丁酯、3,3-二(叔丁基过氧化)丁酸乙酯、4,4-二(叔丁基过氧化)戊酸丁酯	过氧化苯甲酸叔丁酯、过氧化异辛酸叔丁酯

续表

类型	结构式	典型代表举例	使用较多品种
过氧化碳酸酯	ROCOO：OCOOR′	过氧化二碳酸二(4-叔丁基环己基)酯(典型的商品如Perkadox 16)、叔丁基过氧化碳酸异丙酯、叔丁基过氧化碳酸 2-乙基己酯、过氧化二碳酸二(2-乙基己酯)、过氧化二碳酸二十六酯、过氧化二碳酸二十四酯、过氧化二碳酸二(4-叔丁基环己酯)	过氧化二碳酸二(4-叔丁基环己基)酯
过氧化缩酮	RCOOC(R′R′)O：OCR	2,2-二(叔丁基过氧化)丁烷、1,1-二(叔丁基过氧化)环己烷、1,1-二(叔丁基过氧化)-3,3,5-三甲基己烷、过氧化环己烷	2,2-二(叔丁基过氧化)丁烷

氢过氧化物中，过氧化氢异丙苯是酚醛型乙烯基酯树脂采用较多的固化剂，减少气泡的同时，可有效降低酚醛型乙烯基酯树脂固化的放热峰温度，减小其相对收缩率，提高制品的韧性和综合力学性能。二烷基过氧化物中，以过氧化二异丙苯在乙烯基酯树脂中高温固化时使用居多，其他应用不常见。二酰基过氧化物，以过氧化二苯甲酰做乙烯基酯树脂的常温和中温固化剂居多。过氧化酯，以过氧化苯甲酸叔丁酯、过氧化异辛酸叔丁酯应用居多，是较常用的高温固化剂。酮过氧化物，以过氧化甲乙酮、过氧化环己酮、过氧化乙酰丙酮应用居多，是最常用的乙烯基酯树脂常温过氧化物固化剂。不同的过氧化物固化剂相互配合，有些会起到协同效应。

3. 固化剂举例介绍

1）常温固化剂

常温固化剂，也称催化剂或引发剂，是一种可以引起自由基固化反应导致树脂固化的物质。固化剂多为有机过氧化物，和促进剂配合一起使用，用于加速引发树脂进行自由基固化。固化剂加入开始计时直到树脂开始凝胶的时间间隔称为"凝胶时间"，简称 GT（Gel Time）。促进剂和固化剂的量可以根据操作温度的高低进行调整，用于延长或缩短凝胶时间，获得期望的凝胶时间。

经常被用于乙烯基酯树脂的两类引发剂，一类是要求和环烷酸钴或异辛酸钴配合使用的，另一类是不需要和环烷酸钴或异辛酸钴配合使用的。过氧化甲乙酮和过氧化氢异丙苯经常和促进剂（典型的就是环烷酸钴或异辛酸钴）及助促进剂（典型的就是 $N,N′$-二甲基苯胺）一起配合使用。过氧化氢异丙苯和环烷酸钴或异辛酸钴一起被用于一些快速固化放热量较高的 OYCHEM® 乙烯基酯树脂（如 OYCHEM® 8007 酚醛型乙烯基酯树脂），过氧化氢异丙苯可以起到很好地降低放热峰、减缓放热速度、降低累积集中热量的作用。过氧化苯甲酰和 $N,N′$-二甲基苯胺的配合使用也是常用的一种常温固化体系，在制造一些对重金属含量要求较高的纤维增强塑料设备或制品时，必须采用过氧化二苯甲酰和 $N,N′$-二甲基苯胺的组合。此外，在诸如拉挤等中高温成型中，无需采用促进剂，只要直接采用中高温固化剂即可。固化剂的选择对最终树脂固化物获得理想的物理机械性能和耐腐蚀性能都是十分关键的。一定要避免固化过快或过慢，过慢或过快都会导致最终固化物的耐腐蚀性能降低。

如果需要一个更长的凝胶时间，可在添加促进剂和固化剂的同时额外适当添加阻聚剂来延缓凝胶，不要仅仅靠减少促进剂和固化剂来达到长凝胶时间的目的，因这样会导致最终树脂的固化不良。对于特定树脂，促进剂和固化剂的添加量尽量不要超出技术单页资料上建议的添加范围。如果固化剂加得太少，很可能会导致最后的固化不良，机械性能和耐腐蚀性能都会大大降低；如果固化剂加得太多很可能会引起积层板，尤其是厚型积层板出现鼓起分层、烧伤、变色、甚至开裂。并且固化剂一味地增加，加到一定程度时，还可能导致树脂最终根本就不能固化。

促进剂和助促进剂是用于加速或强化该反应的物质。固化延迟剂是用于延长凝胶时间的物质。通过变化固化剂、促进剂、助促进剂、固化延迟剂的相对添加量可以在一定范围内得到一个较宽的操作可使时间。为了保证树脂完全固化，有必要按照供应商的建议去添加助剂的量，用得太少会导致固化不良，用得太多会导致最终性能下降。

如前所述，使用固化剂、促进剂等，合适的比例是非常有必要的。另外，混合必须彻底，助剂和树脂的正确混合顺序也是非常重要的。

促进剂切忌和过氧化物固化剂直接混合，也需避免过于剧烈用力的混合方式，否则极易出现爆炸或火灾。举例说，标准的混合顺序是在添加过氧化甲乙酮之前，先把环烷酸钴或异辛酸钴和 N,N'-二甲基苯胺与树脂混合均匀。

（1）过氧化甲乙酮（MEKP）

① 概述

MEKP，即 Methyl Ethyl Ketone Peroxide 的英文缩写，中文名称：过氧化甲乙酮。

MEKP 是一种液态固化剂，一般配成有效成分为 50% 的二甲酯溶液，就是市售的 5 号固化剂。目前，国内最常用的固化剂就是 5 号固化剂。值得注意的是，目前国产 5 号固化剂的质量有所下降，存在着固化剂中低分子物含量过高、含水量过高等缺点。由于生产工艺不过关，爆炸事故频繁发生，很多厂家目前的生产工艺不采用蒸馏法除去水，而采用低温冷却静置分离法，此法的弊病是除水不尽，固化剂中含水量过高，如果采用多次冷冻分离的方法，又会造成效率低、成本高。一些商家为了提高固化剂的活性氧含量，向固化剂中直接加入过氧化氢，对于这样的固化剂，使用时会出现下列现象：a. 固化剂、促进剂加入树脂后产生大量气泡，低反应活性或阻聚剂含量高的树脂现象尤为明显；b. 夏季气温升高，起泡现象更为严重，这是由于固化剂中的过氧化氢快速分解，未能与树脂及时反应引起的。

MEKP 是最常用的常温固化剂，需要配合促进剂一起使用，促进剂常用金属钴含量 6% 的环烷酸钴或金属钴含量 12% 的异辛酸钴，还会用到助促进剂 N,N'-二甲基苯胺或 N,N'-二乙基苯胺。常用有效氧含量 9% 的 MEKP，但一些特殊牌号的树脂需要用到一些双氧水含量更低的 MEKP。双氧水会导致乙烯基酯树脂产生大量的气泡。OYCHEM® 公司之 P-A Cat 新一代催化技术，获得的高性能乙烯基酯树脂具有低泡、更合理更有针对性的放热峰温度和放热速度（CT—GT）/GT 的控制、操作性更佳、产品储存期更长（可至 3~12 个月）、稳定性更好的特点。更多乙烯基酯树脂添加固化剂后的凝胶时间和固化放热峰温度的参考数据在此不再一一描述。

市售 MEKP 商品一般是 9% 左右的活性氧含量的过氧化甲乙酮的增塑剂溶液。不同规格的 MEKP 表现出不同的固化效果，这些反应性的变化一般都是由不同的过氧化物中的单体、二聚体的含量的微量变化引起的。经常和 OYCHEM® 乙烯基酯树脂配合使用，并且实践和经验证明能够快速固化，并获得稳定的高性能制品的过氧化甲乙酮，如 Butanox® LPT（Akzo Nobel 商品）。其他性能相当的过氧化甲乙酮产品也可使用，但在实际使用前应该进行有效的评价和确认。

MEKP 应该密封保存，避免进水。固化剂中的水会大大影响树脂的固化效果。MEKP 出现朦胧状则表示其中的水分含量太高。

为了得到最佳的固化效果，合适的 MEKP/Nap-Co 比例是非常重要的。MEKP/Nap-Co 的比例宜介于 3/1～10/1 之间。OYCHEM® 双酚 A 型乙烯基酯树脂在使用时，金属钴含量为 6% 的促进剂 Nap-Co 最小的比例下限建议为 0.2%。

超出 3/1～10/1 的范围的添加比例，经常会导致最终的积层品固化不良，表面硬度不足，耐蚀效果不佳。该比例可以通过 N, N'-二甲基苯胺、N, N'-二乙基苯胺或 N, N'-二甲基乙酰基乙酰胺作为助促进剂来进行调整和改善。

② 结构、组成

由于经验或者技术信息的缺乏，有人会误认为所有在室温下的固化剂其效果似乎都是一样的，只要是 MEKP，其固化效果都是一样的，但是实际经验告诉我们，同样是 MEKP，不同厂家、不同系列的 MEKP 固化效果都不一样。实际上这是因为 MEKP 固化剂溶液并不纯粹是单组分 MEKP，而是多组分的，并且各组分间存在协同效应。

MEKP 溶液的活性成分有三种：a. 过氧化氢，仅仅影响树脂凝胶的过程；b. MEKP 单体形式，较小程度地影响凝胶过程，但较大程度地影响初期固化速度；c. MEKP 的二聚物形式，相对更小程度地影响凝胶过程，但很大程度地影响整个固化和后期固化过程。它们的分子结构式如下：

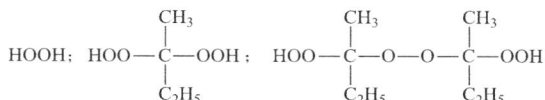

$$\text{HOOH}; \quad \text{HOO—}\underset{\underset{C_2H_5}{|}}{\overset{\overset{CH_3}{|}}{C}}\text{—OOH}; \quad \text{HOO—}\underset{\underset{C_2H_5}{|}}{\overset{\overset{CH_3}{|}}{C}}\text{—O—O—}\underset{\underset{C_2H_5}{|}}{\overset{\overset{CH_3}{|}}{C}}\text{—OOH}$$

在实际使用时会发现，预促进树脂加入过氧化甲乙酮后有许多泡沫产生，这就是过氧化甲乙酮中过量的过氧化氢大量分解的结果。而一些双氧水（过氧化氢）含量低的 MEKP 固化剂，其使树脂产生气泡的概率会大大降低，如 Butanox® LPT（Akzo Nobel 商品）等。

当其分解自由基速度比被 UPR 和 VER 双键吸收速度快时，大量过量自由基会互相结合而失去活性，进而导致树脂因自由基不足而固化不完全的严重后果。这就是过氧化甲乙酮加得太多，树脂反而不固化的根本原因。

将这三个组分（过氧化氢、MEKP 单体、MEKP 二聚物）按不同比例混合，我们就可以改变 UPR 和 VER 的常温凝胶和固化性能。但是其局限因素是，按照法律，过氧化物生产商对于 MEKP 活性成分的最大含量必须控制在所允许的配方范围内。而其非活性稀释剂成分，如邻苯二甲酸二甲酯（DMP）、戊二醇双异丁酸酯（TXIB）、甲乙酮、乙二醇、甲醇等，尽管这些成分称为"非活性"，但这些成分也会影响溶液的性能，即固化剂的物理性质（溶解性、密度、稳定性和可过滤物质或微量残留物），因此非活性成分也需要受到一体化的控制。这里需要指出的是，DMP 作为稀释剂被 MEKP 生产商广泛使用，而 DMP 由于对人体有潜在危害，在欧美已被列入受控之列，很多固化剂的高端制造商已开始使用其他溶剂来替代 DMP，如苯甲酸苯甲酯，但苯甲酸苯甲酯有一定气味。

③ 品质与危险性

MEKP 作为一个三组分体系，具有以下优点：a. 灵活性，根据不同的性能参数要求，可以有许多不同的选择；b. 宽泛性，在限制范围内，适量使用或过量使用都可以获得可接受的产物，尽管其性能可能不是最好；c. 既可以应用在胶衣也可以应用在树脂中；d. 对于最后的成品很少造成变色的问题。

当然，标准 MEKP 的劣势也是众所周知的：a. 危险级别Ⅲ，参照国家消防救援局标准 432（该级别是按照有机过氧化物危险性而设，从最高Ⅰ级至最低的Ⅴ级）；b. 毒性，被列为中等健康危害，要求有防护设备；c. 要求立即清除泄漏物，以防止着火或爆炸情况发生。

值得指出的是，纯过氧化甲乙酮很不稳定，易分解导致爆炸，采用溶剂稀释是必要的，常用的就是 DMP，但市场上一些劣质的 MEKP 生产商，为了降低成本，增加双氧水的含量，采用 DMP 不能满足生产工艺要求（双氧水含量太高，溶液的极性太高，再采用 DMP 容易导致相容性变差，溶液浑浊），于是采用更多的甲醇、乙二醇作为溶剂，导致最终的溶液的闪点会受小分子醇的影响而降低，在碰撞或高温条件下，非常容易发生爆炸，造成人身伤害，这样血的教训在国内发生已经不下十次了。

④ 显色固化剂（粉红色，固化后粉红色消失）

目前市场上，显色 MEKP（一般为红色或粉红色）应用已经很广泛了，尤其在胶衣（船艇、卫浴、工业品等）、RTM 成型、树脂真空灌注/注射成型、喷射成型等领域应用时，如 Butanox® M-50VR，它具有如下特点：a. 过氧化物被着色成稳定的溶液；b. 过氧化物可视情况添加；c. 通过颜色检测混合效果；d. 通过颜色变化检测固化过程；e. 固化后颜色消失。

(2) 过氧化环己酮（CYHP、CHPO）

过氧化环己酮是由环己酮和过氧化氢反应得到的，产物是多种氢过氧化物的混合物，其中以第（Ⅰ）种结构为主。当氢过氧基（-O-OH）多时活性大，羟基（-OH）多时活性小。纯的过氧化环己酮是粉末状，很不稳定，常混合于邻苯二甲酸二丁酯或磷酸三甲苯酯中，以 50%（质量分数）浓度的糊状物或膏状物提供，称为 1 号固化剂。

过氧化环己酮使用时和有机钴盐联用，适用于常温固化，在 0~25℃ 使用时，对温度的敏感性低于"蓝白水"体系，但如在 15℃ 以下使用时，通常建议后固化处理或保养时间延长。叔胺可用作为有机钴盐和过氧化环己酮固化体系的助促进剂。也可采用有机锰、有机钒作促进剂。

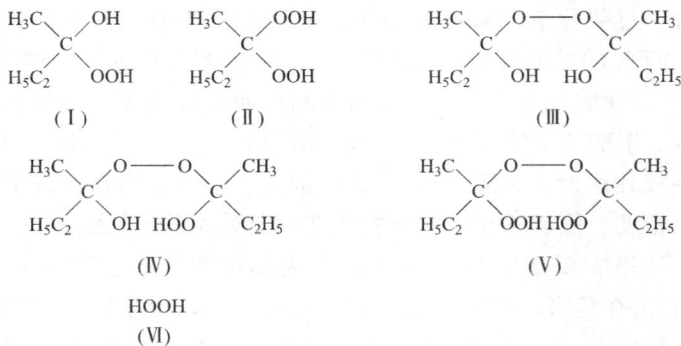

228

相比较 MEKP，过氧化环己酮的优点如下：①常温固化放热峰温度较低，有利于厚壁纤维增强塑料制品、原子灰、腻子、胶泥等的固化，原子灰领域应用时多以黄色膏状物形式提供；②室温固化时，对温度的敏感性低，适用范围比 MEKP 宽，更有利于低温或低温基材施工；③固化应力小（放热平缓导致的），不易开裂或脱落；④在透明板材中颜色稳定。

（3）过氧化氢异丙苯（CHP）

过氧化氢异丙苯（CHP，Cumene Hydroperoxide），无色到淡黄色液体，是室温及升温条件下的缓释良方，特别适用于室温和升温条件下树脂体系的固化引发剂。其典型的放热反应较弱，放热曲线较平缓，但固化反应最终仍会非常彻底。该性能可以最大限度减少由于固化剧烈而引起的细小裂纹，特别是在产品较厚的交联部分。

相对于 MEKP 而言，CHP 的优势有：①减少固化剂混入后产生的气泡；②在厚的交联部分有较低的放热曲线，不会产生裂纹；③固化更慢，放热更平缓，更容易控制，总固化时间可能要长达 24h，固化受阻聚剂影响少；④没有诸如扭变、蠕变以及热畸变等固化问题；⑤在升温应用中有同样好的性能；⑥可以应用在传统的低温产品中。

相对于 MEKP 而言，CHP 的劣势有：①在室温下可能需要更长的凝胶时间；②相对更长的固化时间，制品达到一定强度的时间拉长，模具占用时间增加；③在低温环境下，活化所需时间较长。

解决 CHP 对凝胶固化的延缓影响，可将共促进剂与 CHP 配合使用，这样能有效缩短凝胶时间，同时共促进剂替代了传统的过氧化氢来产生自由基，不会因过氧化氢的存在而将气泡带入系统。但这项技术不是每个固化剂供应商都能很好地掌握的。目前这一点 Butanox® K90（Akzo Nobel 商品）平衡得较好。

市面上供应的 CHP，一般是 80%~85% 的纯度，活性氧含量 8.9%。CHP 可单独和有机钴盐配套使用，也可与 MEKP、BPO 等复配再与促进剂配套使用，实现控制延迟树脂放热峰，同时又保持原有的高放热温度的目的，即延长了固化时间。更多的复配固化剂请参见本节后文"3）复配固化剂"。

CHP 非常适用于引入钴或者钴锰化合物的预促进树脂体系，此时尤其适用于温度高于 82℃ 时（82℃ 以下 CHP 常与有机钴配套作起降低放热峰温度作用的固化剂），作为高放热的固化体系，如在 121℃ 时，CHP 作固化剂用于连续采光瓦拉挤时，就比 MEKP、BPO 能产生更高的放热峰温度，使树脂固化更完全，采光瓦的强度更高。

CHP 还可与 BPO 联用（不加其他促进剂和高温固化剂），用于中温固化，在 70℃ 左右，BPO 开始分解，产生自由基，固化放热，到 100℃ 时，就达到了 CHP 的临界温度，于是后者又可作为二次固化的固化剂，使树脂固化更完全。

CHP 单独使用的场合比 MEKP 和 BPO 的场合更少，但是常与 MEKP 混用，有助于降低树脂的放热峰温度，对厚层纤维增强塑料特别有益。CHP 常用于放热峰温度较高的酚醛型乙烯基酯树脂，如 OYCHEM® 8007 系列树脂。其他树脂单独采用 CHP 进行固化时，需要保证彻底固化完全，强烈建议后固化处理。CHP 多与 MEKP 按 50∶50 混用。

酚醛型乙烯基酯树脂采用固化剂 CHP 会使得放热峰温度更低，收缩更小，翘曲变形更小。CHP 往往是 80%~90% 的活性过氧化物和 10%~20% 的异丙苯的混合物。

CHP 和树脂混合的顺序与 MEKP 和树脂混合的顺序一样。

市场上常用的 CHP，并且经实践验证具有稳定的性能的牌号有 Trigonox® K90（Akzo Nobel 商品）、Trigonox® K80（Akzo Nobel 商品）等。其他性能的产品也可用，但使用前需要经过评价和确认。

（4）过氧化乙酰丙酮（AAP）

AAP 的中文名为过氧化乙酰丙酮，它是另一种过氧化酮，适合于闭模工艺，是一种均衡的混合过氧化物，其组成大致如下：①40%活性组分过氧化氢、乙酰丙酮、过氧化乙酰丙酮的混合物；②9%～11%水（含水量高是 AAP 低可燃性的主要原因）；③约50%稀释剂。典型的 AAP 商品有 Trigonox® 44B，非常适合于模具需要较快周转速度的应用领域。

AAP 和 MEKP 的主要区别在于活性成分：①过氧化氢含量很少，所以 AAP 比大多数 MEKP 的凝胶时间要长；②乙酰丙酮加速剂；③过氧化乙酰丙酮对大多数树脂有着极快的固化速度。

由于 AAP 与 MEKP 的配方的有效活性成分不同，且只有一个活性单体，因此需要很精确地计算 AAP 的用量。当然，AAP 也可以与标准 MEKP 混合使用，如果使用到各种树脂中的量准确，根据快速凝胶到最高放热峰点的时间间隔的不同就可以大致推算出该固化剂的混合比例。

AAP 的优势：①从凝胶到固化的时间间隔短，即凝胶之后的"后程固化"速度快；②可以与 MEKP 有相同的固化时间，也可以比 MEKP 慢；③符合 NFPA 防火协会标准，危险级别 V 类，即没有黄色标签，储存方便。

AAP 的劣势：①在一些树脂中会产生黄变；②缺乏灵活性，每次使用必须精确测量；③市面上的 AAP 批次间的质量稳定性不够；④不能适用于胶衣，因为其水的含量很高，会导致多孔性，也会改变固化的颜色。

MEKP 和 AAP 在单独使用时都具有积极特性的一面，近几年来，开始流行将 MEKP 和 AAP 混合使用。通过混合这两种产品，用户可以获得一个新的固化剂体系，该体系可以将每种过氧化物的最大优势结合起来，同时也可以将两者的劣势降低到最小。对于树脂传送模塑工艺（RTM）、真空灌注工艺或其他对于凝胶和固化时间需要更好控制的闭模工艺，该体系特别适用。另一个主要应用是在固化薄层制品过程中，它可以兼顾较长的作业操作时间和较快的"后程固化"速度。

大量实践和实验数据研究证明，MEKP/AAP 双重催化剂体系的优势在于：①通过优化固化时间及凝胶至固化的时间，可以提高生产效率；②更好地提高固化度，能使产品质量更高；③在加工过程中能够更加精确地控制放热曲线峰值点；④与树脂混合体系有很好的相容性。

当然，MEKP/AAP 双重催化剂体系也存在劣势：①如果对产品层有颜色要求的话，可能产生黄变问题；②在使用前必须预混合，MEKP/AAP 的混合物可以储存几个星期，但是长时间储存会导致过度老化和出现不稳定的现象。

（5）过氧化二苯甲酰（BPO）

BPO 的中文名称为过氧化二苯甲酰，是过氧化二酰类固化剂中最常用的一种，既可作为常温固化剂使用（与叔胺配套），又可单独作为中温固化剂使用，还可与高温固化剂联用（如与 TBPB 在拉挤成型中联用）。BPO 的化学式如下：

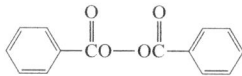

纯的过氧化二苯甲酰是白色颗粒状固体，常溶于邻苯二甲酸二丁酯等增塑剂中（需要阻燃时，可溶于磷酸三甲苯酯中），配成 50% 的糊状物，称为 2 号固化剂，与叔胺促进剂配合，用于 UPR 和 VER 的常温固化。BPO 也可溶于非邻苯二甲酸酯类溶剂中，还可以制作成乳状液，可实现连续泵送。

粉状 BPO 在树脂中易分散、溶解，在升温条件下，BPO 粉料可与过氧化苯甲酸叔丁酯（TBPB）及过氧化二碳酸二（4-叔丁基环己基）酯（TBCP，如 Perkadox® 16）一起用于 UPR 和 VER 的拉挤成型。

BPO 作为常温固化剂使用，需要与叔胺（如 DMA）配套，固化后容易变黄，固化放热剧烈，同时室温固化度不足，往往需要后固化处理。一般 UPR 和 VER 室温固化时，能不选择 BPO+DMA 的固化体系就不选择。有些场合，"蓝白水"体系不适用时，才会用到 BPO+DMA 固化系统，比如遇次氯酸盐介质、填颜料消耗有机钴盐或 MEKP 等场合。

BPO 的室温固化促进剂是 DMA 或 DEA，更高温度时，如超过 70℃时，BPO 就无需 DMA 或 DEA 促进，单独就可对树脂进行固化。BPO 常温固化体系不如 MEKP 常温固化体系用得多，因为 BPO 较 MEKP 更难和树脂混匀，同时 BPO 还会导致放热峰温度过高，而且常温固化很难达到较高的固化程度，还需要额外再去添加 TBPB 等高温固化剂一起使用。然而，在一些特殊的场合下，更应该选择 BPO 固化体系，而不是 MEKP 体系，比如在次氯酸钠环境中，采用 BPO 体系可更好地提高乙烯基酯树脂固化物的耐蚀性。采用 BPO/DMA 固化的 OYCHEM® 8001 系列树脂固化物在阳光下颜色明显泛黄，但这并不影响它的耐腐蚀性能。

BPO 有粉状、糊状和水分散体，水分散体在耐腐蚀应用时不推荐使用。在使用 BPO 时，需要折算成有效成分进行添加。市场上的 BPO 商品，有粉末状、乳液状和糊状之分，都可以被用于乙烯基酯树脂的固化。糊状和乳液状的 BPO 更易被分散。

室温固化时，BPO 经常采用 DMA 作为助促进剂。标准的添加顺序是先添加 DMA，混合均匀，再添加 BPO 糊或乳液。

由于 BPO 的粉末和糊往往容易沉降到树脂的底部，因此必须确保搅拌器能均匀将 BPO 分散到整个树脂液中。为获得最佳固化效果，活性 BPO 成分和 DMA 有效成分比值宜介于 10/1~20/1，优选 10/1~15/1。超出该范围，可能会导致树脂不能凝胶、树脂尽管凝胶但是不能固化，或者即使是有后固化处理但固化度还是不足。

N,N'-二乙基苯胺的活性较 N,N'-二甲基苯胺的活性低，在要求更长的凝胶时间时，可以采用 N,N'-二乙基苯胺，活性 BPO 成分和 N,N'-二乙基苯胺有效成分的比例宜介于 4/1~12/1。

（6）"无泡"固化剂

① AAP/CHP 混合物：该混合物极少气泡，最主要的用途在于控制收缩。可以用于对于尺寸稳定性要求较高的加工、RTM 和其他领域。在高促进体系中也非常有效，且 AAP 的用量需要减少，CHP 可以作为一种活性稀释剂。

② MEKP/t-丁基过氧化氢混合物：该混合物极少气泡，尽管 MEKP 与 t-丁基过氧化

氢的混合物 TBHP 在国内市场属于较新的产品，但是在欧洲已经被成功使用了很多年。因为含有 CHP，该混合物具有较低的放热曲线峰点，且不会较大程度地影响湿强度。相对于标准的 MEKP，其他优势在于：a. 具有类似的凝胶时间，但是有更长、更温和的固化时间，从而有更美观的产品外观；b. 较低的放热曲线峰点可以减少较厚的交联部分的细小裂纹；c. 可以代替 MEKP 在夏季使用。该混合物的劣势在于：a. 混合比例配方数不多；b. 在中国还没广泛应用，知名度不高。

③ CHP/TBPB/MEKP/特种溶剂的混合物（如日本 328E）：结合了 CHP/MEKP 混合物和高温固化剂的优势，对于要求固化程度高，且凝胶操作时间较长的乙烯基酯树脂体系比较适用，配合钴盐使用几乎没有气泡，适合于对气泡控制要求较高的场合，如玻璃鳞片胶泥涂料。

目前市面上用于乙烯基酯树脂的常温"无泡"固化剂主要有 Trigonox® 249（Akzo Nobel 商品）、328E（日本触媒商品）、OYCHEM® C238，这些固化剂既能有效地消除环氧乙烯基酯树脂使用 Nap-Co/MEKP 体系而产生的气泡，又能保证树脂固化放热峰温度，保证相同时间段内树脂的固化度。

Trigonox® 249、328E、OYCHEM® C238 "无泡"固化剂可以像 MEKP 固化剂一样在环境温度下同其他常见的促进剂和助促进剂体系一起对乙烯基酯树脂进行快速且完全的固化。采用 Trigonox® 249、328E、OYCHEM® C238 "无泡"固化剂的典型凝胶时间比采用 MEKP 作为固化剂的凝胶时间稍长，因此 MEKP 的凝胶时间指导配方对"无泡"固化剂也是可以借鉴的。当 Trigonox® 249、328E、OYCHEM® C238 作为固化剂时，促进剂的添加量一般为采用 MEKP 作为固化剂时的添加量的 1.1～1.3 倍，这样足以达到相同的凝胶时间。

值得引起大家重视的是，市场上已经出现了高效无泡促进剂，这不是从固化剂做工作，而是从促进剂做工作，这方面的详细技术资料非常少，有兴趣的读者，可与笔者一起探讨。

（7）其他室温固化剂

过氧化甲基异丁基酮（MIBKP），尽管可作室温固化剂，但固化速度非常慢，放热峰温度低，因此室温固化使用很少。多用于 60～120℃ 成型。

2,4-过氧化二氯苯酰，比 BPO 的临界温度略低。可采用叔胺作促进剂，或与 BPO 共用，使 UPR 和 VER 即使在 0℃ 时也能凝胶，然后在 15℃ 以上进行后固化。在 70℃ 以下使用时，放热峰低，可用于制造厚壁大尺寸纤维增强塑料制品或无裂纹浇铸件。

过氧化二月桂酰，粉末状，可作中温固化剂（固化温度 60～80℃），也可与 BPO 联用，再与叔胺配套用于树脂的室温和低温的固化。

2）中温固化剂和高温固化剂

由于现场施工基本都是常温和低温，用不到中温和高温固化剂，所以不详述，有需要了解的读者可参考笔者编著的《乙烯基酯树脂及其应用》（化学工业出版社，北京，2014年）。

3）复配固化剂

由于现场施工基本用不到复配固化剂，所以不详述，有需要了解的读者可参考笔者编著的《乙烯基酯树脂及其应用》（化学工业出版社，北京，2014 年）。

5.8.3.6　常温固化剂的选用原则

UPR 和 VER 在不同的成型要求时，选用固化剂的原则和考虑因素主要有以下几个方面。

1. 固化剂与树脂的配伍性

固化剂与树脂的配伍性即树脂本身的特性很大程度上决定了选用固化剂的种类。如室温固化的 UPR 和 VER 一般会选用活性较高并能与促进剂发生氧化还原反应释放自由基的固化剂；而高温模压树脂选择的固化剂种类就更多。一般来说，树脂反应性强，宜采用活性较高的固化剂使树脂固化周期缩短；树脂反应性弱，宜选用活性较低的固化剂，以避免自由基产生过快，在树脂固化过程中不能充分生效，而到后期又缺少固化剂。

2. 固化成型工艺、树脂胶料的可使时间

室温固化时，树脂加入室温促进剂和固化剂开始到开始凝胶失去流动性的时间间隔叫"可使时间"，可使时间是有效的可加工和施工操作的时间。注意："可使时间"是包含"熟化时间"的，"熟化时间"指的是室温固化加好固化剂后，搅拌均匀，静置等待气泡消除到基本可以使用（默认大气泡全部移除）的这个时间段，一般 5min 左右。对于室温环境下接触成型（手糊、缠绕、喷射）和注射成型操作时，可使时间一般在 30～60min，这样的可使时间足以使得树脂浸透玻璃纤维等增强材料，操作完成，纤维浸透后就希望尽快凝胶固化。适用于这类可使时间的室温固化剂主要有：MEKP、CYHP（又缩写为 CH-PO）、CHP、BPO、AAP、MIBKP 等，尤以 MEKP、BPO、CHP、CYHP 用得较多。

3. 固化成型温度的影响

实际使用时还应根据温度要求进行针对性的选择，主要考虑的是：室温固化时可使时间的要求和室温固化最高放热峰温度。活性高的固化剂，易使得树脂的凝胶时间、固化时间和放热峰温度均相应降低，活性高的固化剂分解过快，自由基未及时利用又重新化合，容易导致树脂最终固化不足。

4. 固化速度的要求

室温固化时，固化速度较慢，适用于厚壁和大尺寸纤维增强塑料制品，要求选择放热速度较低的室温固化剂，如过氧化氢异丙苯；固化速度较快，适用于薄壁纤维增强塑料制品和薄涂层，要求选择后程固化速度较快的室温固化剂，如过氧化乙酰丙酮。

5. 制品的壁厚、衬里厚度影响

室温固化时，厚壁和大尺寸纤维增强塑料制品，厚尺寸衬里，要求选择放热速度较低的室温固化剂，如过氧化氢异丙苯；薄壁纤维增强塑料制品和薄涂层，要求选择后程固化速度较快的室温固化剂，如过氧化乙酰丙酮。

6. 填料、颜料及添加剂的影响

部分填料对树脂的自由基固化起到促进作用，缩短可使时间或罐寿期，如含有金属氧化物的一些铸石粉填料；而有些则起到阻聚的作用，如石墨粉、碳化硅等填料。部分颜料（尤其是黑色颜料）对树脂的自由基固化起到促进作用，也有的颜料会起到延迟固化作用。延迟固化时，往往要么消耗掉了金属钴盐，要么可以消耗掉过氧化物，造成树脂的固化延迟。

5.8.3.7　阻聚剂、固化延迟剂

阻聚剂，也称固化延迟剂，是用来延缓不饱和聚酯树脂和乙烯基酯树脂的凝胶时间的。

在要求一个超长凝胶时间（如 1～2h）时，往往都需要添加阻聚剂，而不可一味靠降低促进剂、固化剂用量来实现。另外，在高温下固化太快（如环境温度 30℃ 以上，甚至 35℃ 以上），也需要用阻聚剂来延缓凝胶时间。常见的阻聚剂有叔丁基邻苯二酚（TBC）、对苯二酚（HQ，也称氢醌）、甲基氢醌（THQ）等。TBC 是固体状，现场添加不方便，常用苯乙烯将其溶解成 10％ 的溶液再添加。HQ 和 THQ 也是固体状，常用甲醇或乙醇将其溶解成 10％ 的溶液再添加，如能用丙二醇溶解则更佳，因为丙二醇闪点更高，会大大降低着火的可能性。阻聚剂现场尽量先制成溶液再添加，减少误差，也便于分散搅拌均匀。TBC、HQ 和 THQ 都可以用于 MEKP、BPO、CHP 体系，但不要添加太多的阻聚剂，加多了容易导致固化不良、巴氏硬度偏低，耐腐蚀性能也会下降。阻聚剂的添加量随着阻聚剂的种类、阻聚剂溶液的浓度、树脂的种类、要求延缓的效果不同而不同，一般建议添加 10％ 浓度的阻聚剂溶液的量为树脂量的 0.3％ 左右，特殊情况下，请联系树脂供应商。

TBC 是典型的固化延迟剂。TBC 能够配合 MEKP、CHP、OYCHEM® C238 等固化剂和 Nap-Co 或 Oct-Co 组成常温固化体系，一般添加树脂量的 0.05％～0.3％。采用延迟剂，凝胶时间可以延长十倍多，而对最终固化物或纤维增强塑料的耐腐蚀性并无什么不利影响。在几乎所有的 OYCHEM® 乙烯基酯树脂中，都能看到相似于表 5.8.3.7-1、表 5.8.3.7-2 的延迟效果（表中 CT 指的是凝胶时刻开始计时，到最高放热峰温度时刻的时间段）。欧美常用的阻聚剂 2,4-戊二酮（2,4-P），并不适用于 BPO 和 DMA 常温固化体系的乙烯基酯树脂固化，此时没有延迟凝胶时间的效果；并且，在许多不饱和聚酯树脂体系中，2,4-P 还能作为催化剂来用，而没有延迟效果。对于 BPO 和 DMA 常温固化体系，还是添加 0.01％～0.03％ 的叔丁基邻苯二酚 TBC 所起到的迟延效果更好。

OYCHEM® 8001 树脂胶凝时间延迟表　　　　　　　　　表 5.8.3.7-1

树脂	Butanox® LPT	Nap-Co(6%)	DMA	TBC	25℃典型 GT(min)	25℃典型 CT(min)
100	1.0	0.25	0.00	0.00	21	37
100	1.0	0.25	0.00	0.05	23	39
100	1.0	0.25	0.00	0.10	60	74
100	1.0	0.25	0.00	0.20	180	191
100	1.0	0.25	0.00	0.30	265	280
100	1.0	0.2	0.10	0.00	15	20
100	1.0	0.2	0.10	0.05	28	43
100	1.0	0.2	0.10	0.10	72	103
100	1.0	0.2	0.10	0.20	171	233
100	1.0	0.2	0.10	0.30	225	317
100	2.0	0.2	0.10	0.00	13	17
100	2.0	0.2	0.10	0.10	65	76
100	1.0	0.3	0.10	0.00	13	17
100	1.0	0.3	0.10	0.10	29	38
100	1.0	0.2	0.20		10	12

续表

树脂	Butanox® LPT	Nap-Co(6%)	DMA	TBC	25℃典型 GT(min)	25℃典型 CT(min)
100	1.0	0.2	0.20	0.10	29	69

OYCHEM® 8007 树脂胶凝时间延迟表 　　　　　表 5.8.3.7-2

树脂	CHP	Nap-Co(6%)	DMA	TBC	25℃典型 GT(min)	25℃典型 CT(min)
100	1.50	0.30	0.20	0.00	29	40
100	1.50	0.30	0.20	0.05	43	59
100	1.50	0.30	0.20	0.10	63	90
100	1.50	0.30	0.20	0.15	100	131
100	2.00	0.30	0.10	0.00	30	44
100	2.00	0.30	0.10	0.00	56	102
100	1.50	0.30	0.20	0.00	32	42
100	1.50	0.30	0.20	0.00	56	76
100	1.50	0.40	0.20	0.00	24	34
100	1.50	0.40	0.20	0.00	48	67

此外，针对乙烯基酯树脂，采用对苯二酚、甲基氢醌等阻聚剂可以起到相似的固化延迟效果，但这些阻聚剂的引入同样会降低最终树脂的常温固化度。

通过阻聚剂、缓聚剂来调节树脂的凝胶时间是树脂制造商最常用的方法，可通过以下方法达到目的：①联用、改变树脂固化时的促进剂、助促进剂和固化剂的用量；②添加或减少阻聚剂、缓聚剂。如果为了延长凝胶时间，满足足够的可操作使用时间的目的，单纯靠方法①，一味地去减少促进剂、固化剂的使用量，尽管可以达到延长树脂凝胶时间的目的，但同时也会降低树脂常温固化放热峰，导致树脂最终固化不良。而采用方法②或①、②联用，就可以达到在一定时间段内阻止树脂聚合，起到延长树脂操作时间的目的，同时一旦这个时间段过去，就可以像没有加阻聚剂一样进行固化，对固化放热峰温度影响不大，最终树脂的固化程度不会受太大的影响。

阻聚剂的选择原则如下：①较高阻聚效率，还应考虑它在单体中的溶解度，与单体的适应性，能够容易用蒸馏或化学方法将阻聚剂从单体中除去。阻聚剂与单体和树脂混溶性好，只有混溶方能起到阻聚作用。②最好是选择能在室温下起阻聚作用，而在反应温度时又能迅速分解的阻聚剂，这样可以不必从单体中脱除，减少麻烦，又保证聚合反应顺利进行。③能有效地阻止聚合反应的发生，使单体、树脂、乳液或胶粘剂有足够的储存期。④单体中的阻聚剂容易除去或不影响聚合活性。最好选择室温下有效，而在适当高的温度下失去阻聚作用的阻聚剂，这样就可在使用前不必脱除阻聚剂。例如，叔丁基邻苯二酚、对苯酚单丁醚便是此种类型的阻聚剂。⑤不影响固化物的物理力学性能。阻聚剂在制备树脂过程中会因高温氧化而影响产品外观。⑥阻聚剂配合使用，可以明显提高阻聚效果。例如，不饱和聚酯树脂之中加入对苯二酚、叔丁基邻苯二酚和环烷酸铜三种阻聚剂，对苯二酚活性最强，在与苯乙烯和聚酯混溶时可耐130℃左右高温，在1min内不起共聚作用，可以安全混合稀释。叔丁基邻苯二酚在高温下阻聚效果很差，但在稍低温度（例如60℃）

时，其阻聚效果比对苯二酚高 25 倍，可有较长的储存期。环烷酸铜在室温下起阻聚作用，而高温时又有促进作用。又如，在富氧环境中，对叔丁基邻苯二酚和吩噻嗪、对苯二酚和二苯胺混合使用，其阻聚效果比任一种单独使用高约 300 倍。⑦阻聚剂用量以适当为宜，多则有害无益。⑧无毒，无害，无环境污染。⑨性能稳定，价廉易得。⑩贮存稳定剂，也是高活性树脂的稳定剂。其功能最全面，可以在很宽的温度范围内发挥良好效果，且在升温时仅对树脂的固化产生轻微的延长。

UPR 和 VER 使用的阻聚剂需要满足以下几点前提：阻聚剂与乙烯基酯树脂相容性好，常温高温下选择性使用阻聚剂，不影响树脂固化后其他性能，阻聚剂溶液毒性低，阻聚剂对树脂固化后的颜色影响小，对凝胶时间漂移影响尽可能小。

从树脂的制造、储存到使用，很多环节都要使用到阻聚剂：①苯乙烯、甲基丙烯酸等不饱和单体、原料需要加阻聚剂，防止自聚；苯乙烯储存时的阻聚剂多采用对叔丁基邻苯二酚（TBC），甲基丙烯酸的储存过程中多采用甲基氢醌（MHQ）。②活性较高的 UPR 合成过程中需要加入阻聚剂，防止交联预凝胶、黄变等；VER 合成过程中，甲基丙烯酸活性太高，必须加入阻聚剂，防止开环酯化过程中甲基丙烯酸自聚。加入的阻聚剂效果较好的是叔丁基对苯二酚，反应温度较高时采用二叔丁基对苯二酚作用更稳定。③不饱和聚酯、乙烯基酯在主体反应结束后，需要进行苯乙烯兑稀，一般兑稀前的苯乙烯中需要预加阻聚剂，采用对苯二酚、苯醌、叔丁基对苯二酚稀释后的溶液的阻聚效果较好，且不影响后续树脂的固化性能。④为保证树脂在储存过程中能稳定较长一段时间，需要加入阻聚剂，较为合适的有甲基对苯二酚、叔丁基对苯二酚、对苯二酚。⑤实际使用树脂时，有些是预促进型的，这就要求树脂在存贮期间，凝胶时间漂移尽量少；有些树脂在固化使用时，就已经加好了固化剂，如模压 BMC、SMC、预浸料制品，制作好了还需要一段时间放置再使用，这就要求预制品在成型前存贮的时间尽量延长，并且成型时，凝胶时间尽可能长一些，使得树脂在模具中充分地流动，一旦凝胶，固化时间要短一些，使得模压周期尽可能缩短，提高生产效率；拉挤树脂加入固化剂后，放置在料槽中，回流的树脂材料导致料槽温度上升，此时需要料槽树脂胶料具有更长时间的黏度稳定性。上述几种情况都需要在树脂中加入阻聚剂和稳定剂，对苯二酚和苯醌是最常用的品种。在室温及 43℃ 以下，对苯二酚和苯醌对树脂阻聚的作用效果是相当的，对苯二酚更适于要求较长树脂存放期而对固化性能影响较小的场合；苯醌则更适用于需要延长固化时间的场合。对苯二酚发挥效果的前提是有氧分子存在或其他氧化剂存在，缺氧时对苯二酚的活性很难被激发。

5.8.3.8 稳定剂

阐述"稳定剂"前，先将 UPR 和 VER 中的"稳定"说明一下。UPR 和 VER 中的"稳定"有三种：①合成过程的稳定剂。尤其是 VER 合成过程容易自聚，为防止 UPR 和 VER 合成过程的自聚（尤其是 VER）和其他的副反应，避免树脂过度变色、凝胶等现象发生，需要加入阻聚剂（一般是高温阻聚剂）对合成反应起到"稳定"的作用。②树脂产品中的稳定剂。加入之后，低温或常温下起到阻聚作用，达到一定温度后阻聚效果马上消失，甚至反过来起到促进的作用，加速固化。有机铜盐（如环烷酸铜）就是典型的这类稳定剂。③某些稳定剂的加入，可延长树脂的存放期，并且在存放期内，可很好地避免凝胶时间漂移。UPR 和 VER 树脂，尤其是钴-叔胺预促进型树脂（尽管实现了树脂的凝胶时间（GT）、固化时间（CT）、最高放热峰温度（PET）等参数的方便调节，满足了客户的需求），在存放过程中，会随着存放时间的增加，容易出现 GT、CT、PET 的漂移，专业术语常称为"凝胶时间漂移"。

②和③的出现，是随着近年来 UPR 和 VER 的大量应用而开发的。本文中所指"稳定剂"皆指②和③。为了最大限度避免上述漂移，就需要在树脂中加入稳定剂。关于 UPR 和 VER 稳定剂，比较系统的论文还比较少，要么处于实验室或应用摸索阶段，要么就是各家树脂供应商自己的一些 Know-how（不对外公开，甚至不申请专利保护）的技术小窍门。"稳定剂"的研发和应用技术，是目前一些一流 UPR 和 VER 树脂商竞相开发的热点。这方面，应该说美国的 Ashland 公司做得是最好的，笔者也自叹不如，但笔者还是根据自己多年做树脂研发的经验，总结了一点文字供大家参考。

为避免存放期凝胶时间的"漂移"、为增加树脂的存放期但同时不延缓树脂的常温凝胶时间，需要加入"稳定剂"。UPR 和 VER 的稳定剂主要分三大类：①季铵盐类。季铵盐类、联铵盐类化合物，如季铵氯化物等是 UPR 和 VER 常温固化体系典型的稳定剂。季铵氯化物和叔胺促进剂联用，还同时起到助促进剂的作用，加快树脂的凝胶。②特殊阻聚剂及复配阻聚剂类。高温固化时的树脂胶料的稳定剂，典型有：2，4-P。它可以大大延长树脂胶料（已加好高温固化剂）的存放期，这在拉挤成型中，可使料槽里面的胶料存放期更长，黏度上升速度更慢；在模压成型中，使增稠树脂过程更加稳定。③环烷酸铜。它是典型的低温、室温下对 UPR 和 VER 起阻聚作用，而中高温下起促进作用的一类特殊阻聚剂类型的稳定剂。环烷酸铜（Nap-Cu）是一种绿色黏稠状液体，一般含金属铜 6%～8%。它用于 MEKP 固化体系的放热控制。如果 MEKP 中双氧水含量比较低的话，往往容易引起放热峰温度更高，如果用标准 MEKP 并添加 Nap-Cu，尽管不会影响凝胶时间，但它会把凝胶到放热峰最高温度这个区间（"后程固化"放热速度）拉得更平缓，使得放热峰温度更低。Nap-Cu 的典型建议添加量为 0～0.04%，和固化剂添加方式一样。

5.8.3.9 表面活性剂、消泡剂

纤维增强塑料铺层中的气泡会降低其强度，并可能会严重影响其耐腐蚀性能，在耐蚀层中的气泡比增强结构层中的气泡危害性更大。关于气泡产生的原因和解决的对策，请参见"5.14.2 纤维增强塑料衬里局部鼓泡、气泡过多""5.14.3 纤维增强塑料衬里积层时树脂本身导致的气泡及解决策略""5.14.4 纤维增强塑料衬里积层时外部因素导致的气泡及解决策略"小节的介绍。

简单来说，为最大限度地减少气泡，建议如下：①避免过于猛烈搅拌、混合、分散，这样会导入过多的气泡，但这不表示促进剂、固化剂等助剂不需要和树脂混合均匀。②树脂先置于中心位置，然后上纤维，用滚轴压赶气泡。③再次使用前以及不同批次间歇使用，都需要彻底洗清滚轴。④一些浸润剂（如 BYK® A515）的使用也可大大改善纤维的浸润性，有助于消除气泡。⑤一些消泡剂（如 BYK® A555、BYK® A501、BYK® A560、BYK® A550、BYK® A500、SAG® 473、Foamkill® 48R、Foamkill® 48G 等）的使用有助于消除气泡，消泡剂一般建议添加量为树脂量的 0.05%～0.5%，合适添加量的消泡剂能有效地提高树脂的脱泡效果，但加多了树脂发浑，并且容易导致树脂固化之后出现一种朦胧状，且不利于树脂的固化。

5.8.3.10　触变剂

手糊、喷射、缠绕成型时，为防止乙烯基酯树脂流挂会添加触变剂进行改性。触变剂是一种起增稠作用的气相二氧化硅。触变是一个物理过程，需要较高的剪切效果才能达到，因此没有高速真空剪切混合设备的客户，不建议自己添加（如果需要自己添加，请务必确保分散效果），建议客户直接购买已经预先触变好的树脂。乙烯基酯树脂预触变会在一定程度上影响其耐腐蚀性能，请尽量提前确认耐蚀效果，或联系相关技术服务人员。一般不建议在耐含氢氟酸、次氯酸钠、氢氧化钠这类介质的纤维增强塑料材料里面使用触变树脂，这会大大降低其耐腐蚀性能。应用于 OYCHEM® 乙烯基酯树脂中效果较好的触变剂有 Cab-O-Sil® TS-720 和 Aerosil® R-202（表 5.8.3.10）。

Cab-O-Sil® TS-720 量对 OYCHEM® 乙烯基酯树脂触变效果的影响　　表 5.8.3.10

树脂	相对添加量	黏度(25℃,6 转)(mPa·s)	黏度(25℃,60 转)(mPa·s)	典型触变指数
OYCHEM® 8001	0	350	380	0.92
	1	2000	1400	1.43
	2	12000	3500	3.43
	3	19000	4500	4.22
OYCHEM® 8441	0	500	550	0.91
	1	2700	1600	1.70
	2	6000	1700	3.53
	3	18500	4400	4.21
OYCHEM® 8007	0	300	320	0.94
	1	2500	1900	1.32
	2	5800	1650	3.51
	3	18000	3990	4.51
OYCHEM® 8005	0	320	350	0.91
	1	4150	3000	1.37
	2	10000	3050	3.28
	3	24500	5500	4.46
OYCHEM® 8008	0	400	450	0.89
	1	1820	1040	1.75
	2	5410	1970	2.75
	3	13200	3610	3.66

在建筑工业应用中，触变剂添加量尽可能少，以最大限度地保证积层板的强度。同样，因为触变剂的使用会使得树脂的耐腐蚀性能下降，因此在耐蚀层中应用并不多。一旦使用时，必须保证充分分散，触变剂需要充分被树脂湿润透，以发挥其最大的效果。高速剪切分散混合器或者相当品，在实际使用时，是经常被用来剪切分散触变剂的。用户应联系触变剂生产商，得到他们建议的添加比例以及避免吸潮的安全储存的建议。

5.8.3.11　隔离剂、脱模纸、聚酯薄膜

石蜡、PVA 聚乙烯醇薄膜、PET 聚酯薄膜或玻璃纸都可以用作为隔离剂，帮助纤维增强塑料制品从金属模具、木制模具、硬纸板模具、塑料模具中剥离出来。在实际应用中，必须在使用隔离剂之前检查其脱模效果。

固体石蜡、棕榈蜡都可以作为乙烯基酯树脂的隔离剂，如 Meguiars® 2 镜面蜡、Tre-wax® 3、Johnson® 4 号汽车蜡、8 号脱模蜡、TR5 脱模蜡。这些石蜡通常都可以从当地的玻璃纤维等纤维增强塑料辅材经销商处买到。以丙烯酸树脂为基础的蜡往往不作为隔离剂使用，因为它们会抑制树脂的固化，一些有机硅隔离剂也被证明能够抑制乙烯基酯树脂的固化。将石蜡用干净的布涂覆到模具或芯棒上，然后大力抛光模具表面，直至在模具表面形成一层坚硬、有光泽的超薄薄膜，这样才能达到最佳效果。在模具中大量应用之前，需要几个批次的石蜡涂层试验，并通过，然后才能应用到每个模具中去。模具的表面上留下多余的蜡可能会抑制树脂固化，造成一种朦胧的腐蚀线。即使蜡的表面之下可能是完全固化的，其朦胧的表面也可能会导致巴氏硬度偏低。如果发生类似情况，用砂纸去除约 0.05～0.075mm 的蜡涂层，然后再次按照检查表面巴氏硬度的方法检测是否达到要求。如果需要高光泽的表面，则需要采用 PVA 膜作为表面蜡面层。

使用恰当的话，PVA 膜能够提供非常优异的脱模效果。PVA 膜可以喷或涂到已经打蜡或抛光的金属模具表面上去，喷或涂好 PVA 之后，必须彻底干燥这层 PVA 膜，因为任何残留的水分，都能抑制树脂固化，尤其是采用 MEKP 或 CHP 作为固化剂的体系固化时。由于 PVA 膜的亲水性，因此有必要（尤其是在高湿度环境下）对它们用热灯等工具进行加速干燥。

聚酯薄膜、玻璃纸胶带也可用在芯棒上作隔离剂。0.125～0.25mm 厚的聚酯薄膜就可以起到非常好的脱模效果，它们被用来生产高品质的纤维增强塑料零部件和平板等产品。

5.8.3.12　紫外线吸收剂

无论是 UPR 还是 VER，制成纤维增强塑料之后，放置在户外，经常会在表面出现变色（黄变）、裂化、粉化等现象，究其原因是不饱和聚酯树脂和乙烯基酯树脂中都含有苯乙烯单体，聚合之后形成聚苯乙烯，在紫外线照射下，时间长了都会黄变乃至粉化。可以通过以下措施来减少或降低这些影响：直接添加紫外线吸收剂，外层树脂层进行着色，在最外层涂装聚酰胺耐候涂料，加耐老化填料。

彻底避免黄变老化很难，目前采用最多的做法是最外层树脂中添加紫外线吸收剂，以延缓其黄变老化的发生。一般推荐在树脂中添加 0.25%～0.50% 的紫外线吸收剂，常用 2-羟基-4-甲氧基二苯甲酮（UV-9），此外还有 Cyasorb® UV-24、Tinuvin® 7326。对卤化型树脂，一般 UV-9 要求加到 0.5%。目前很多牌号的树脂已经将紫外线吸收剂添加好了，作为面漆树脂，具有很好的耐候性和耐黄变性，光泽保持率更高。

许多监理人员，在抗紫外彩胶使用前，要求检查设备。因为彩胶会覆盖掉纤维增强塑料内部制作的一些缺陷，因此一般不要上色或涂装其他颜色的涂料或胶衣，除非刻意说明需要。如果设备是在检查前数天或数周就制造完的，在涂覆外胶衣层前，研磨外表层，用一种脱脂剂溶液或干净的抹布擦洗，去除污垢、灰尘、油、油脂和蜡。耐候涂料应搅拌均

匀，依据制造商的说明书去使用，确保整个施工期间和固化期间，空气和表面温度高于10℃。当天气过于潮湿或预计有雨时，不应该施工。对于外部无需颜色的纤维增强塑料设备，直接采用聚酯纤维表面毡就能很好地防止纤维毛刺翘起，如 100-10 型号的 Nexus® 8 表面毡。

5.8.3.13　空干剂

空气中的氧气会对自由基固化产生阻聚作用，因此纤维增强塑料固化时，表面会因为氧气阻聚而固化不完全，表面发黏。固化不足会大大影响乙烯基酯树脂固化物的耐腐蚀性能。为预防或减少空气氧阻聚，通常在乙烯基酯树脂中加入石蜡，在表层树脂和空气间形成一层液蜡层，该层（厚 0.05～0.075mm）中含有约 0.4% 的固体石蜡（熔点规格 49℃，但实际目前行业内采用 52～54℃ 规格的较多），在树脂凝胶固化过程中，添加到面漆树脂中的蜡会慢慢浮到表面上来，形成一层薄薄的蜡面层，起到隔绝空气的作用。

液蜡经常被用于二次手术或修补时候的最外层树脂层。在温度特别高的太阳光的直射下作业，液蜡起到的表面隔绝氧气的效果会大打折扣（浮上来的蜡马上被融掉了）。液蜡仅仅在面漆或表面富树脂层中使用，严禁加到层间树脂中，否则会大大降低层间树脂的粘结性。

石蜡（49～60℃ 规格的用得较多，乙烯基酯树脂优选 52～54℃ 规格，不饱和聚酯树脂优选 54～58℃ 规格）常温下是固态的，加到树脂中较难分散，误差也大，因此常用苯乙烯（95 份）先将蜡块（5 份）溶解成 5% 的蜡块的苯乙烯溶液，溶解时少许加温（约 60℃），也可选择其他浓度的配置比例。5% 的苯乙烯液蜡溶液，在面漆或表面富树脂层中添加树脂量的 2%～4% 即可有很好的效果。5% 浓度的液蜡在冬期会因气温低结晶析出来一部分，此时要少许加热融化。也有人配制成 2%～3% 浓度的液蜡，这样无论是冬期还是夏期都不会出现结晶析出的情况，但液蜡的添加量一般就要达到树脂量的 3%～5%。在作业现场，一般不允许用明火，因此溶解蜡块不方便，所以大部分客户都是买现成的蜡液。

OYCHEM® 8007 系列酚醛型乙烯基酯树脂固化过程放热会更高，会提高表面层树脂的固化程度，因此有些时候，可以不加液蜡。可以通过"丙酮擦拭试验"来判断表面固化度是否足够，是否表面层树脂固化时需要添加液蜡，如果通过"丙酮擦拭试验"（详见5.8.5.4 节的"丙酮敏感性试验"介绍），那就无需加液蜡。

5.8.3.14　光引发剂

光引发剂是专门针对光固化乙烯基酯树脂而采用的引发剂。

目前使用较多的为 Ciba 公司的 Irgacure® 651、Irgacure® 1173、Irgacure® 184、Irgacure® TPO 等。国内做得较好的有常州华钛，详情请参见各自公司的相关介绍。

光引发剂添加量据最终应用要求不同而不同。纤维增强塑料行业添加量一般在 0.1%～0.5%，而光固化涂料行业则需添加到 1%～5%。

光固化乙烯基酯树脂是通过在树脂中添加光引发剂而得到的。有时根据需要，还会在乙烯基酯树脂中添加增敏剂、光稳定剂。市面上采用较多的光引发剂是 UV 光固化引发剂，以 Ciba 公司的 Irgacure® 651、Irgacure® 1173、Irgacure® 184、Irgacure® TPO 为典型代表。不同的光引发剂的吸收波长不同，不同的光引发剂的添加量、不同的光引发剂的组合使用可以达到不同光固化速度、不同的表干效果。

影响光固化效果的因素有：乙烯基酯树脂中不饱和双键的相对密度、树脂颜色、光源功率、光源波长、照射距离、照射时间、制品成型厚度。

光固化改性乙烯基酯树脂应用不仅限于纤维增强塑料领域，在印刷油墨和其他需要快速成型的涂层领域也有较好的应用。此外，使用近红外线改性的话，还可以起到增稠的作用，可以将乙烯基酯树脂制成 A 阶段固化的光固化预浸渍片材料，可达到与采用聚合物（如 PMMA）增稠、异氰酸酯增稠、氧化镁增稠等方法制作的预浸片材料相同的效果。

5.8.3.15　阻燃剂

阻燃剂用于乙烯基酯树脂的物理共混阻燃变性，多为磷酸酯、氧化锑、氢氧化铝等具有阻燃功能的助剂或填料。物理共混型阻燃乙烯基酯树脂的阻燃效果可以通过氧指数来表示。

乙烯基酯树脂的阻燃改性分化学法和物理法。

化学法即引入溴、氯、磷、硼等原子到乙烯基酯树脂分子链中去，如采用四氯邻苯二甲酸酐、四溴苯酐、氯桥酸酐、环氧氯丙烷、四氯双酚 A、四溴双酚 A、二氯新戊二醇等原料来合成乙烯基酯树脂。

物理法是在乙烯基酯树脂中添加适当量的磷酸酯、氧化锑、氢氧化铝等具有阻燃功能的助剂或填料，以达到阻燃的效果。具体做法有添加树脂量 3%～5% 的三氧化二锑，并配合使用少量的磷酸酯；成型工艺可以采用粉料时则更多采用氢氧化铝代替其他无机粉料。最终制品的阻燃效果和添加的阻燃助剂和填料的种类和数量都有关。

磷系阻燃剂，主要有磷酸三乙酯、磷酸三苯酯、磷酸三（甲基苯基）酯、磷酸三氯乙基酯、磷酸三（2-氯丙基）酯、磷酸三（2，3-二溴丙基）酯等。在乙烯基酯树脂中添加 6% 的磷酸三乙酯或 5% 的磷酸三（2，3-二溴丙基）酯或 11% 的磷酸三苯酯，阻燃能力相当于含氯 25% 的聚酯树脂。

水合氧化铝（$Al_2O_3 \cdot 3H_2O$）含有 34.6% 的结合水，在聚合物燃烧过程中，热分解释放出水蒸气，阻蔽了火焰，减少了氧气的供给，达到阻燃作用。一般单独使用水合氧化铝，需要添加到树脂量的 40%～60%，才会具有阻燃性。

磷系阻燃剂、卤素阻燃剂、三氧化二锑之间是有很大的协同效应的。磷系阻燃剂可作为固相覆盖层，氯或氯化氢是气相覆盖层，而且可破坏自由基的链反应；磷和溴的协同效应是在高温下生成 PBr_3 等密度很大的气体，覆盖表层，隔绝氧气，起到阻燃作用；三氧化二锑常与有机氯化物（如氯化石蜡）配合使用，遇热后分解生成氯化氢和三氯化锑，覆盖在表层，隔绝氧气达到阻燃作用；其他含卤素的阻燃剂和三氧化二锑配合使用，也可起到协同增大阻燃效果的作用。

5.8.4　现场施工之 UPR 和 VER 纤维增强塑料成型方法概述

UPR 和 VER 属自由基固化热固性树脂，和热塑性材料及 TPE 弹性体成型方法不一样（注塑、挤出、吹塑、反应性挤塑、发泡、纺丝、混炼），UPR 和 VER 的成型工艺多而杂，主要有以下几大类成型方法。

第一类，接触成型。包括手糊成型、树脂传递成型（RTM、VRTM）、浇铸成型、喷射成型、真空袋成型、低温固化预浸料成型、离心成型等。

第二类，压力成型。包括模压成型（SMC、BMC）、金属对模模塑法（MMD法，如FRP头盔）、反应注射成型、层压成型、压力袋法成型、预浸料（高压釜）成型、液压釜法等。

第三类，纤维连续成型。包括缠绕成型、拉挤成型、纤维铺设成型、树脂渗透成型等。

其他VER常用的方法还有刷涂、滚涂、碾涂等，下文不详细介绍。

UPR和VER的成型方法在业内能找到很多资料，所以本文的重点，不会就每一种成型方法展开作详细介绍。

纤维增强复合材料成型方法有很多，作业者应根据最终制品的外形等要求不同去选择不同的成型工艺，选择成型工艺取决于尺寸、形状、设备的复杂程度、制品机械性能、制品外形要求、体积、成本等因素。

由于其他成型方式不是本书"防腐蚀衬里"阐述的标的内容，故在本书仅对手糊、喷射成型进行阐述，其他成型方法的详细介绍，请参考其他相关书籍、资料介绍。

1. 手糊成型

在诸多纤维增强塑料成型工艺中，手糊成型（HLU）在国内使用最早，也是目前应用最广泛的工艺，国内70％以上的纤维增强塑料制品还是手糊成型的。手糊工艺投入少，是最古老、最简单，也是劳动密集型的制造方法。手糊成型适合小批量生产的设备，可用于耐腐蚀阻挡层和结构增强层的成型。手糊成型使用的是树脂的室温固化体系，树脂胶料在模具表面对纤维（表面毡、短切毡、方格布）进行积层，纤维完全被树脂胶料浸渍，用脱泡辊压赶气泡。气泡压赶是否干净，对纤维增强塑料积层板的性能有明显的影响。树脂和纤维组成耐腐蚀阻挡层和结构增强层。

手糊成型工艺，虽然是一种较为简单的成型方法，但它具有许多其他成型方法无可比拟也无法替代的独特优点。

手糊工艺的优点：①模具成本低，容易维护、设备投资少、上马快。②生产准备时间短，操作简便、易懂易学。③不受产品尺寸和形状的限制，适用于数量少、品种多、形状简单的产品或大型产品。④可根据产品的设计要求，在不同部位任意补强，灵活性大。⑤树脂基体与增强材料可实行优化组合；也可以与其他材料（如泡沫、轻木、蜂窝、金属等）复合成制品。⑥室温固化、常压成型。⑦可加彩色胶衣层，以获得丰富多彩的光洁表面效果。

手糊工艺的缺点：①生产效率低，劳动强度大，生产环境条件差；②产品质量稳定性差，受人的因素影响大；③车间占地面积大，需要良好的通风设备。

手糊工艺是纤维增强塑料行业的基础工艺，在生产中有着举足轻重的地位，随着纤维增强塑料产业的发展，新工艺不断出现，如RTM、真空辅助、喷射等都与手糊工艺有着不可分割的关系。

手糊成型工艺的原料中，除UPR和VER树脂外，还有纤维、促进剂、固化剂（根据实际需要还可能有无机填料、浸润剂、脱泡剂、白炭黑、颜料糊、色浆、液蜡、助促进剂等）。手糊成型纤维增强塑料工艺前、中、后期除劳防设备外，可能还需要使用的工具主要有称量工具、钻孔工具、切锯工具、打磨工具、混合容器、搅拌器械、刷抹滚压工具、刮刀剪刀（根据实际需要可能还需要真空泵、空压机、灯水浴等加热设备、冷藏设备、电风扇等）。

手糊纤维增强塑料时，模具需具备足够的强度，且能耐受制品的放热温度；模具表面需光滑；需选用与模具相应的隔离剂；金属模具应上蜡并抛光。

手糊积层简易顺序：①模具、纤维裁剪、树脂胶料等准备；②涂刷树脂胶料，层铺一到两层耐蚀表面毡（如规格为30g/m²），赶气泡；③再刷树脂胶料，层铺一层450g/m² 聚酯型浸润剂处理的无碱玻璃纤维短切毡，赶净气泡使纤维浸透；④再刷树脂胶料，层铺第二层短切毡，赶气泡使其浸透；⑤重复③和④直至所需厚度或强度；⑥外表面采用一到两层表面毡增强树脂胶料面涂。

短切毡也可与玻璃纤维方格布配合使用，单纯采用短切毡（如300、450g/m² 规格）增强，整体手糊纤维增强塑料制品的树脂相对含量需达70%～75%；采用玻璃纤维方格布（如500、800g/m² 规格）增强，整体手糊纤维增强塑料制品的树脂相对含量需达55%～65%。原则上整个手糊过程应一次完成，但不宜超过6mm，如因厚度太厚需分层手糊，则应在前面手糊部分固化放热并冷却下来后进行手糊积层，一般情况下层间粘结无大损失，但必要时需作二次粘结处理再手糊。

根据树脂常温固化发热峰温度以及放热速度不同，可以进行不同层数的积层。一次性的厚度也不同，一般不超过6mm，超过6mm建议分层积层。分层积层时，特别需要注意界面层的固化程度，防止苯乙烯单体溶胀、固化后由局部积累的应力集中导致层间剥离。赶净气泡是手糊成型的关键，特别注意拐角圆角处的纤维回弹导致的树脂含浸不足。富树脂层、表层的液蜡也是施工质量的关键。有关手糊成型纤维增强塑料和纤维增强塑料内衬应用的介绍，将在另外专门章节介绍。

2. 喷射成型

喷射成型：将混有促进剂的树脂和固化剂（多采用双组分）分别从喷枪两侧喷出，同时将切断的玻璃纤维粗纱，由喷枪中心喷出，使其与树脂均匀混合，沉积到模具上，当沉积到一定厚度时，用滚轮压实，使纤维浸透树脂，排除气泡，固化后脱模成制品。

喷射成型效率高，比手糊成型更节省劳动力。喷射成型的缺陷多由气泡、厚度控制、树脂纤维比等因素引起。和手糊成型一样，喷射成型也可制作纤维增强塑料设备的耐腐蚀阻挡层和结构层。喷射成型也是室温固化体系，连续纤维纱被切割之后和加入了固化剂的树脂胶料组合，在模具表面形成一个整体，然后在凝胶之前用金属辊压赶气泡。重复上面步骤，直至喷射层达到预期的厚度要求。在喷射成型工艺中，需要用到两个容器罐，一个盛放好促进剂的树脂胶料，另一个盛放固化剂，两者从容器中被抽出来，经喷射设备混合在一起，由喷枪喷出来。

对单组分喷射成型工艺而言，促进剂和助促进剂直接加入树脂中，用气动搅拌器混合均匀。压扁折叠式的搅拌桨叶起到的效果会更好，搅拌时间最少25min，对于不同的乙烯基酯树脂，要求不同的凝胶时间，所添加的促进剂和助促进剂的量也不同。在使用前，添加1%～2%的过氧化甲乙酮固化剂（有效氧含量约为9%），添加尽量准确，建议采用注射器或量杯添加，加完固化剂的树脂胶料的可操作时间调节到10～20min。注意：喷射的空气管和其他地方不可混入湿气和污油。在喷射成型前，操作者应取少量树脂使用喷枪去检测其凝胶时间，也可通过其他方法现场检查其凝胶时间。

双组分喷射成型工艺，一组分是预促进型树脂，另一组分是加入了固化剂的树脂。一个罐器里面，双倍促进剂和助促进剂添加到一般的树脂中去，双倍的固化剂加入另一半树脂中去，喷射前，两个罐器中的树脂按相同比例混合，核实凝胶时间。添加了固化剂的树脂有一定的保存期，需要在树脂失效前使用。

3. 纤维增强塑料衬里成型

纤维增强塑料衬里既可以在碳钢基材上作业，也可以在混凝土基材上作业。无论衬里作业前基材是否有既存的结构，或者还是直接做一个新的衬里，基材都需要进行必要和恰当的处理，以保证纤维增强塑料衬里层和基材或既有结构间具有良好的粘结性能。

被侵蚀或破坏的纤维增强塑料衬里应先清洗并去除大的脏东西和松动的部分，并露出基材或下层结构的骨料。在碳钢内制作纤维增强塑料衬里时，碳钢表面应喷砂处理达到"白色金属"的程度，达到 St3 或 Sa2.5 级别，或者符合 SSPC-SP-5 级别或 NACE No.1 碳钢基材处理级别。在混凝土上，应去除明显外露的砂石，打磨或喷砂处理都可行，但首选喷砂。混凝土基材制作纤维增强塑料内衬时，混凝土基材至少保养 28d，保证彻底干燥才可以施工。混凝土基材处理过程中导致的一些裂缝、坑等，在底涂施工前，都必须先用腻子填平，固化后用砂纸磨光。

基材打磨或喷砂完毕后，用吸尘器彻底清除所有灰尘和污垢，基材在施工前尽量不应超过 38℃，并且保持其清洁无尘。用纤维增强塑料衬里用的同一款树脂的底漆类型树脂，对基材用刷子或其他合适的工具刷底 $25\sim75\mu m$。该底涂可提高衬里层与基材间的粘结性能。底涂需在环境温度下快速固化，一般 15～38℃的环境温度下在进行纤维增强塑料积层之前能达到表干状态。纤维增强塑料积层应该在底漆作业后尽可能快地进行（因此需要底漆表干快），但不推荐底漆完全没有固化就进行玻璃层衬里积层。如果底漆做得太厚，且固化后形成一个坚硬的镜面，这时则需要在底漆镜面上轻轻打磨出粗糙面，再上一层底漆，再进行纤维增强塑料衬里积层。

5.8.5 现场施工之 UPR 和 VER 纤维增强塑料成型指导

多见耐腐蚀型 UPR、VER 以及环氧树脂在金属基材、混凝土基材上的纤维增强塑料衬里。如果增强材料不是连续的，而是典型的鳞片状增强材料的话，那就是玻璃鳞片胶泥衬里，请直接参见本书第 4 章的介绍。根据基材不同也可分为混凝土（水泥基材）基材纤维增强塑料衬里、碳钢基材纤维增强塑料衬里、塑料基材纤维增强塑料衬里等。

5.8.5.1 固化指导及配方

1. 现场施工乙烯基酯树脂胶料准备

含有有机钴盐促进剂、N，N'-二甲基苯胺（必要的话）的树脂胶料，一次配 20～250kg 是比较合适的，胶料中含促进剂和助促进剂，但不含固化剂，一般情况下制备适当的话，胶料能存放几周时间。树脂胶料应由一个专门指定的、可靠的技术员配制，并不定期对胶料的固化特性和是否均匀进行复查。树脂胶料应能保证每一次使用时促进剂和助促进剂的量都均一固定，能给操作者一个凝胶时间、可操作时间随固化剂不同而变化的曲线，也有助于弥补温度和其他环境条件变化产生的影响。胶料的制备，需要将促进剂、

N,N'-二甲基苯胺和树脂混合均匀，高速气动搅拌器就是个很好的工具。

适当的安全防护是必须的。接触树脂、促进剂、助促进剂和固化剂时，都应该佩戴防护镜，穿着防护服；并应有良好的内务管理措施和严格限定的工作区域，以尽量减少污染。应保持适当的通风，混合作业时尽量使用一次性容器。使用过的容器和树脂废料应按照相关法律法规处理。对于每个批次，操作者可能会添加不同量的 MEKP（在规定范围内），以获得所期望的凝胶时间，MEKP 应准确称量，并和树脂彻底混合均匀，至少搅拌 $30s$，搅拌需要到达包括容器的两侧和底部的地方。操作者在混合搅拌时应尽量避免或减少带进去气泡。

下面是树脂胶料配制的几个步骤：

（1）将 UPR 和 VER 物料温度和环境温度考虑进去，预估所需操作可使时间，在考虑操作时间的时候，需要将树脂黏度（受温度影响）大小和操作难易程度考虑进去。

（2）如果采用现场混合的方式，如纯树脂加触变剂、促进剂，高速剪切搅拌均匀，达到预期的触变指数，这时会因高速剪切产生一定的热量，因此应尽量在操作使用前去进行剪切混合，或者在加促进剂之前预触变。

（3）促进剂、固化剂添加比例可参考 UPR 和 VER 商家给的数据，选择合适的添加比例达到期望的操作可使时间。称量树脂、促进剂、固化剂、N,N'-二甲基苯胺，必要时称量阻聚剂（预先溶解在苯乙烯或其他合适的溶剂中），分开放置。体积与重量的转换应准确，实际操作时用量杯直接量取更方便。

（4）将促进剂钴液加入 UPR 和 VER 中，启动搅拌器彻底混合均匀，注意搅拌时速度不要过快，桨叶不要过浅，最大限度避免搅拌时带入过多气泡。加入提前称量好的促进剂和填料到定量的少量的树脂中，小试测试样品的凝胶时间，可以参考供应商提供的建议数据。

（5）添加 DMA 或 DEA，混合均匀；有需要的话再加入阻聚剂等助剂，混合均匀；有需要的话加入颜料、色浆、填料（如氢氧化铝、氧化锑）等，混合均匀；所有成分都加完之后，再次彻底搅拌混合均匀。阻聚剂可以延长凝胶时间，DMA 可以缩短"蓝白水"固化体系的凝胶时间，阻聚剂和 DMA 相对树脂量而言，加的量都是非常少的，加多了会导致不凝胶或凝胶太快。

（6）准备好待固化的树脂胶料，待用。

2. 现场施工凝胶固化影响因素

固化剂、促进剂、助促进剂的数量相比 UPR 和 VER 而言，数量都很少，称量时需要尤其准确，可采用废弃的注射器、带有刻度的塑料量筒、塑料量杯之类的设备，实际树脂的凝胶时间会因为这些助剂辅料的微量变化而产生较大的变化。除此之外，少量反应物称量、树脂批次间差异、环境温度、环境湿度、纤维增强塑料的厚度、模具的类型等对凝胶时间都有影响。

3. 小试称量

微量化学品的量取尽量采用带有刻度的量器，如注射器、量杯、量筒、天平。务必减少促进剂、固化剂、隔离剂等辅料的称量误差。小试称量务必做到精确，并且试验温度控制也务必记录，小试称量后，一次性杯子里面的固化特征数据并不足以说明全部问题，有时还需要模仿实际成型进行纤维积层，在一定的基材上进行操作，验证实际模具上的凝胶时间。

4. 小料试样

小料试样一般是在一次性杯子或塑料瓢里面进行配料的，搅匀后再在实际操作的模具上进行小样积层试验，确认可操作时间、凝胶时间、放热、纤维浸润性、操作工艺性等一系列进行大件制作时需要提前考虑的问题。

5. 凝胶时间和温度

UPR 和 VER 采用自由基固化引发剂进行聚合固化。树脂固化过程中的影响因素很多，因此其催化体系需要根据个案而相应变化。催化体系的选择标准遵循以下原则：①期望的凝胶时间；②作业温度；③模具或基材的散热影响；④后固化影响；⑤制品厚度及形状。

不同的环境温度对乙烯基酯树脂的凝胶时间的影响可参见树脂商对外提供的具体牌号的单页技术说明资料（TDS）。不饱和聚酯树脂和乙烯基酯树脂操作使用时，促进剂和固化剂的添加量非常重要，可以在具体产品的 TDS 中找到一些期望的添加配比数据，如不同温度下为获得期望的操作时间所需添加的促进剂、固化剂的比例。但尽管这些数据非常具体、详细，也只能作为一个参考，并不能视其为规格值。树脂商提供的 TDS 中的数据是实验室数据，在实际操作中，只能起到参考作用，需要根据实际环境温度、环境湿度、树脂温度、基材温度、纤维增强塑料厚度等条件来对促进剂、固化剂添加量作相应的调整。高温会导致树脂凝胶加快，除正常的作业环境温度高之外，还有一些隐性的"高温"，如树脂料高温、阳光直射、热源附近、制品厚度太大，这些都会导致树脂凝胶时间缩短。低温会导致树脂凝胶延缓，除正常的环境温度低之外，还有一些隐性的"低温"，如树脂料温低、基材温度低、模具温度低、制品太薄、填料纤维含量太高等都会导致树脂凝胶时间延长。当凝胶时间太短，来不及操作时，需要调整促进剂的加入量，也可以促进剂、固化剂一起调节。

6. 适用的促进剂、助促进剂、固化剂、阻聚剂

（1）UPR 和 VER 适用的配套促进剂有：环烷酸钴或异辛酸钴、N,N'-二甲基苯胺。OYCHEM® 配套有 OYCHEM® EC6、OYCHEM® Pro-Ex、OYCHEM® 1305、OY-CHEM®1305S、OYCHEM®1308 系列高效促进剂。

（2）UPR 和 VER 适用的助促进剂有：N,N'-二甲基苯胺或 N,N'-二甲基苯胺苯乙烯液、N,N'-二乙基苯胺、N,N'-二甲基乙酰基乙酰胺。

（3）UPR 和 VER 适用的固化剂有：过氧化甲乙酮、过氧化氢异丙苯、过氧化乙酰丙酮、过氧化环己酮、过氧化苯甲酰、"无泡"过氧化甲乙酮相当物固化剂、过氧化苯甲酸叔丁酯、过氧化 2-乙基乙酸叔丁酯、过氧化二碳酸二苯氧乙基酯、过氧化二碳酸（4-叔丁基环己酯）（Perkadox® 16）等。

（4）这里指的是现场使用的阻聚剂，而非树脂制造、储存过程中的阻聚剂。现场常用的阻聚剂主要针对室内和低温固化，多采用对苯二酚的苯乙烯或醇溶液。更多关于阻聚剂的介绍请参见 5.8.3.7 节。

5.8.5.2　现场施工之 UPR 和 VER 固化系统（典型的常温、低温、光固化体系）

市面上经常这么称呼：1 号促进剂：环烷酸钴液或异辛酸钴液；2 号促进剂：N,N'-二甲基苯胺或 N,N'-二甲基苯胺苯乙烯液；1 号固化剂：过氧化环己酮；2 号固化剂：过

氧化苯甲酰糊；5 号固化剂：过氧化甲乙酮。

1. 常用的"蓝白水"现场施工常温固化体系

"0.2%～0.5%有机钴盐（Co：6%）＋1%～3%MEKP/CHP 0～0.2%DMA（100%含量）"的"蓝白水"固化体系，适用于绝大部分 UPR 和 VER 常温固化体系；

"蓝白水"体系，是最常见的常温 UPR 和 VER 固化体系。"蓝水"指的是环烷酸钴或异辛酸钴液，"白水"指的是过氧化甲乙酮。氧化还原引发过程中，紫红色的二价钴先被氧化成绿色的三价钴，三价钴不稳定，又被还原成二价钴。配合蓝水一起使用的固化剂，可以是液态的过氧化甲乙酮，也可以是液态的过氧化氢异丙苯，还可以是糊状的过氧化环己酮，还可以是一些复配混合固化剂。

乙烯基酯树脂尽量采用钴含量较高的促进剂，添加量较少（建议的"蓝白水"的比例为 1/5～1/3 间），对最终固化物的力学性能和耐腐蚀性能影响较小。钴含量太低的促进剂因其不参与交联固化的溶剂（如甲苯、二甲苯、酯类、醇类）太多，促进剂的添加量太大，导致树脂胶料操作黏度下降，易流挂，固化物的力学性能和耐腐蚀性能也会下降，乙烯基酯树脂最终不能发挥出来它耐蚀性优异、强度韧性兼顾的最大特点。

采用"蓝白水"体系对 UPR 和 VER 进行常温固化，除对环境温度非常敏感外，体系的水分（纤维、填料以及环境湿度带入的水分）、醇（如添加进去的一些小分子醇的助剂）、金属盐（纤维、填料以及基材等导入）都会与钴盐形成络合物，降低钴盐的促进效果，甚至不固化。水同 Co^{2+} 形成络合物的速度大于同过氧化氢物发生氧化还原反应的速度，因而水干扰了 Co^{2+} 促进过氧化氢物分解形成自由基，结果凝胶时间和固化时间都会延长，这就是水影响过氧化甲乙酮和过氧化环己酮固化效果的原因。在芳叔胺存在下叔胺上的氮原子能与 Co^{2+} 络合，降低了同水的络合能力，有利于过氧化氢物分解形成自由基。有机羟基化合物如甲醇、乙醇、乙二醇等也能和 Co^{2+} 形成络合物，使凝胶和固化时间延长。碱金属和碱土金属的离子化合物对 Co^{2+} 促进剂具有协同效应，可以配制多种复合促进剂，以改善固化效果。

在"蓝白水"体系中，添加少量的环烷酸锰，可降低树脂的固化速度，延长使用期。钾、钙、钒等离子的引入可以配制许多不同性能和不同效果的促进剂。在"蓝白水"体系中，加入少量 N,N'-二甲基苯胺（0.05%～0.3%）有明显促进作用，这是因为过氧化酮的分子中既有 ROOH 的结构，又有 ROOR 的结构，N,N'-二甲基苯胺可与 ROOR 反应加速其分解。添加少量（0.05%～0.3%）的小分子酮（如 2,4-戊二酮）也会有适当的延迟促进的效果。更多关于特殊促进剂、阻聚剂、缓聚剂、稳定剂在"蓝白水"体系中的应用，请参见本章第 3 节的相关介绍。

目前，环烷酸钴已经很少使用，大多采用异辛酸钴配制促进剂。这是因为环烷酸是环烷烃的羧基衍生物，分子量不固定（180～350），其钴含量难以计算得十分准确，影响促进效果。再有，环烷酸颜色较深，不能配制无色促进剂。

2. 常用的"DMA/BPO"常温固化体系

"0.05%～0.3%DMA（100%含量）＋2%～5%BPO（50%含量）"的体系，对温度、湿度的敏感性相对较低，适用于禁止使用重金属钴的情况，也适用于一些"蓝白水"（MEKP/Co 促进剂）不适用的特殊状况（如耐次氯酸盐介质腐蚀的纤维增强塑料成型时，导电石墨粉、云母粉作为填料时）。

典型的叔胺/过氧化物体系就是BPO/DMA的UPR和VER常温固化体系，目前多用于特殊场合。这种固化体系的缺陷：①受到氧阻聚影响较为严重，树脂表面发黏，且受光，特别是紫外线照射后易老化变黄；②相比蓝白水体系，固化度不足，强度上来得慢；③固化过程中发热量大，大尺寸厚制品容易开裂。这种固化体系的优点：对水分、环境温度的敏感性不高，低温适应性较蓝白水体系强，可以在潮湿条件下进行施工，温度低于15℃，甚至在-5℃时亦能引发固化。N,N'-二甲基苯胺/过氧化苯甲酰的体系，在纤维增强塑料中应用并不多，仅在蓝白水不适用的场合下会用到。

常用"蓝白水"体系的助促进剂有：N,N'-二甲基苯胺（DMA）或N,N'-二甲基苯胺苯乙烯液、N,N'-二乙基苯胺（DEA）、N,N'-二甲基对甲苯胺（DMT）、N,N'-二甲基乙酰基乙酰胺（DMAA）、N,N'-二（2-羟乙基）对甲苯胺（MHPT）。

DMA和DEA是常用的胺类助促进剂，添加量非常少，无论是与MEKP配合，还是BPO、Trigonox® 239A（Akzo Nobel商品）、CHP等常温固化剂配合使用，都可以起到很好的助促进的作用。DMAA也可被用作为助促进剂。DMAA并不能和BPO一起使用作为常温固化体系（太快了）。使用DEA和DMAA作为助促进剂，较之使用DMA，凝胶时间的漂移更少，更稳定。DMA和DEA在实际中常常采用的都是100%纯度的，而DMAA一般都是80%活性的。在促进剂浓度相同时，MHPT的凝胶时间为DMA的1/7~1/4，固化时间为DMA的缩短25%~50%，放热峰温度和巴柯尔硬度比DMA的高；固化温度与凝胶时间曲线表明MHPT比DMA的反应活性更高。温度比较低时（如5℃），2,4-二氯代过氧化二苯甲酰（DCBPO）和BPO/DMA体系不能使树脂快速固化，而DCBPO和BPO/MHPT体系能使树脂快速固化。

3. 光固化等特种常温固化体系

二苯甲酮、安息香及其醚类等可作为乙烯基酯树脂的光引发剂。UPR和VER的光固化，更多应用于涂料、面漆、现场修补、预浸料等方向，用在现场衬里施工很少。

4. 常用低温固化体系

UPR和VER的低温固化系统是由常温固化体系衍生出来的，常用的有："0.5%~1.5%有机钴盐（Co：6%）+2%~4%MEKP/AAP + 0.05%~0.5%DMA"的蓝白水体系适用于作业温度10℃以下的场合，尤其是低温混凝土、金属基材的施工。

5. 常见低放热控制方法

UPR和VER常用的低放热控制方法：CHP可有效降低放热峰和放热速度，气泡更少，适合大尺寸、厚纤维增强塑料制品制作；锰盐促进剂也可用于降低放热峰；低放热峰树脂的采用也可从根本上达到这一目的。

6. 常见长凝胶时间控制方法

UPR和VER常用的长凝胶控制方法：当采用蓝白水固化体系时，可添加凝胶时间延迟剂（HQ、MHQ、TMHQ、BHT、TBC、2,4-P等）来达到目的，普遍采用10%浓度的特丁基邻苯二酚（TBC）溶液，推荐0.01%~0.1%的添加量（TBC对"钴水+CHP"体系几乎无效）。

7. 常见薄层固化控制方法

UPR和VER的薄层纤维增强塑料固化控制方法：胺预促进型、过氧化乙酰丙酮取代普通的白水（过氧化甲乙酮）、采用后固化系数（CT-GT）/GT较小的乙烯基酯树脂牌号等方法都可有助于提高薄层纤维增强塑料的固化程度。

8. 典型的凝胶时间配方

现场实验：①树脂胶料和辅助工具准备；②影响因素预判；③小试称量试验；④凝胶时间配方确定。在已知期望的凝胶时间、作业温度、模具或基材的散热影响程度、铺层厚度、后固化处理方式等要求后，也可直接参见乙烯基酯树脂在不同环境温度下，采用的不同固化体系的常温固化指导配方，一般单页技术资料（TDS）中都有典型的凝胶指导时间配方，可向 UPR 和 VER 供应商索取。

5.8.5.3　影响 UPR 和 VER 固化速度、固化程度的因素

UPR 和 VER 的固化是线性大分子通过交联剂的作用，形成体形立体网络的过程，但是固化过程并不能消耗树脂中全部活性双键而达到 100% 的固化度。也就是说树脂的固化度很难达到完全。其原因在于固化反应的后期，体系黏度急剧增加而使分子扩散受到阻碍的缘故。一般只能在材料性能趋于稳定时，便认为是固化完了。UPR 和 VER 的固化程度对纤维增强塑料性能影响很大。固化程度越高，纤维增强塑料制品的力学性能和物理、化学性能得到充分发挥。有人做过实验，对 UPR 固化后的不同阶段进行物理性能测试，结果表明，其弯曲强度随着时间的增长而不断增长，一直到一年后才趋于稳定。而实际上，对于已经投入使用的纤维增强塑料制品，一年以后，由于热、光等老化以及介质的腐蚀等作用，机械性能又开始逐渐下降了。

影响 UPR 和 VER 固化度的因素有很多，树脂本身的组分，引发剂、促进剂的量，固化温度、后固化温度和固化时间等都可以影响聚酯树脂的固化度。固化剂、促进剂、助促进剂的数量相比树脂而言都很少，称量时需要尤其准确。可采用废弃的注射器、带有刻度的塑料量筒、塑料量杯之类的设备。实际树脂的凝胶时间会因为这些助剂辅料的微量的变化而产生较大的变化，除此之外，少量反应物称量、树脂批次间差异、环境温度、环境湿度、纤维增强塑料的厚度、模具的类型等对凝胶时间也都有影响。

1. 树脂类型对固化速度、固化程度的影响

1）线型不饱和聚酯分子链中双键的含量（双键的密度）

UPR 和 VER 的反应活性通常是以其中所含不饱和二元酸的摩尔数占二元酸摩尔总数的百分比来衡量，所谓高反应活性、中反应活性、低反应活性，一般是指：不饱和二元酸占 70% 以上者为高反应活性；60%～30% 者为中反应活性；而 30% 以下者为低反应活性。不饱和聚酯分子链中不饱和双键含量越高，树脂的反应活性越高，达到完全固化的时间越短。

2）线性不饱和聚酯分子中反式双键和顺式双键两种双键的比例

反式双键含量越高，固化程度越高。

3）树脂中苯乙烯含量

树脂中应有足够的苯乙烯含量，过多或过少都会使树脂固化不良。

4）树脂中阻聚剂等其他添加剂的影响

在保存未固化的液体 UPR 和 VER 时，要加入阻聚剂，使 UPR 和 VER 商品在贮存过程中免于过早胶凝。引发剂和促进剂反应释放出的游离基，最初是被阻聚剂消耗掉，阻聚剂变为稳定的大分子失去阻聚能力。因此，低反应活性的树脂有可能因为其中加入的阻聚剂量很

少而显得反应活性很高，而高反应活性的树脂也可能因其中加入了较大量的阻聚剂变得不甚活泼。另外，树脂中的填料、色浆、低收缩添加剂等也会影响树脂的固化程度。

2. 固化剂、促进剂加入量对树脂固化速度、固化程度的影响

为了加快施工进度，以及其后制品性能的稳定性，工人师傅总是希望树脂能尽快固化完全。对于一定反应活性的树脂来说，固化剂、促进剂的加入量对树脂的固化速度及其后的固化程度有很大的影响。

通过理论和实践，我们总结出如下的固化规律：①要有足够的固化剂的加入量，以保证足够的放热峰温度，从而达到较高的固化程度。固化剂的量过少有可能造成永久的欠固化。②环境温度较高条件下可适当减少促进剂的加入量，以得到足够长的凝胶时间和较完全的固化程度。③一般促进剂与固化剂（过氧化物）的摩尔比必须小于1，否则促进剂与初级游离基的逆反速度会大于初级游离基引发单体的速度，结果使转化率下降。因此，过多地使用促进剂并不能达到加速固化的效果，反而会使产品性能下降。④对于低反应活性的不饱和聚酯树脂的固化宜选用低活性的固化系统。⑤低温或高湿度的不利的固化条件下，可采用复合固化系统：过氧化甲乙酮1％ + N,N'-二甲基苯胺0.5％+过氧化苯甲酰2％。

总结固化的原则为：足够的固化剂的加入量和适当的促进剂的加入量。

3. 施工环境对树脂固化速度、固化程度的影响

施工环境对树脂的固化影响很大，施工时环境温度越高，胶凝和固化时间越短。有时施工温度升高10℃，可使凝胶时间缩短将近1/2。如果施工环境温度过低，易造成永久的欠固化。因为树脂在低温下虽然能够胶凝，但胶凝后形成的大分子却不能移动，由于没有足够的放热峰温度引发固化剂不断释放自由基，使得连锁交联反应不易进行，最终导致永久的欠固化。

一般要求施工温度不低于15℃，相对湿度不大于80％。

一般为了使树脂充分固化，固化成型后最好进行高温后固化处理。

后固化处理方法：可于40℃下2h，60℃下2h，80℃下4h进行处理（如果有条件可于100～120℃下处理2h效果更佳），然后常温养护24h后再投入使用。如施工单位无热处理条件，可在施工后常温养护1个月（环境温度低时还要适当延长养护时间），使其充分固化，再投入使用。这一点对于耐腐蚀用途的树脂固化尤为重要。

4. 制品结构对树脂固化速度、固化程度的影响

一定量的UPR混合物固化时所放出的热量是固定的，它取决于其组分的化学成分。但是放热的速度及由此而引起的温度上升速度和体系所能达到的最高放热峰温度则取决于UPR混合物的形状与尺寸、周围的温度、所加入的引发剂、促进剂及阻聚剂的成分与浓度诸多因素。在同样的成分下，大制件相对小制件热损失少，温升就较高。如果参与固化的UPR量太大，有可能造成放热失控，体系会因放热、收缩而开裂，甚至分解冒黑烟，直至着火。因此，施工时要注意以下几点：①树脂制品体积大，应适当减少固化剂、促进剂的加入量；②制品体积小，要适当增加固化剂、促进剂的加入量；③对于大面积喷涂成型，可能因为交联剂的挥发而导致交联剂不足，也要适当增加促进剂、固化剂的量，以缩短凝胶时间。

5. 填料等其他添加剂对树脂固化速度、固化程度的影响

如果树脂中加入其他物质如：橡胶、硫、铜与铜盐、苯酚、酚醛树脂、粉尘及炭黑

等，即使是少量的，也可以抑制聚合反应，有时甚至会使树脂完全不固化。

锑化合物，可使用正常搅拌设备直接添加到树脂中去进行分散。混合了氧化锑的树脂料应经常保持充分混合搅拌，尽量减少其对树脂凝胶时间的影响，添加氧化锑之后应尽快使用。如果过夜，树脂、钴盐促进剂、氧化锑就可能出现协同效应，导致树脂胶料的凝胶时间出现较大的漂移，甚至是不能固化。

石墨粉等其他一些特殊的填充料，也是一样，里面含有一些微量元素杂质，会消耗钴盐，导致树脂胶料的凝胶时间出现较大的漂移，甚至不能固化。

由于填充料的阻聚或缓聚副作用导致树脂凝胶过慢甚至固化不良，此时的解决办法：①如果还继续采用"蓝白水"体系固化，则要求胶料现配现用，遵循少量多次原则，且凝胶时间不可调得过长；②在"蓝白水"体系中增加加速剂（助促进剂），刻意去提高树脂放热峰温度，提高树脂的固化度；③改变原有"蓝白水"体系的氧化还原的固化系统，换为其他非氧化还原引发体系的固化系统。

6. 常温固化 UPR 和 VER 可操作时间的影响因素

为成功粘结玻璃纤维，树脂应在与催化剂和其他添加剂混合后尽快使用。

可使时间指的是树脂和促进剂、助促进剂和固化剂在一定的容器中彻底混合均匀到树脂不能出现流动状态的时间间隔。适用期指的是没有和纤维、填料等其他物质混合，仅有 100g 的树脂、相应的促进剂和固化剂，在一定的温度和湿度条件下的使用期。适用期是实验室数据，在实际应用中，很少能达到如此之实验室条件。如环境温度和湿度的变化足以影响到树脂的可使时间。然而，我们可以根据实际环境条件来调整促进剂、助促进剂、延缓剂、固化剂的添加量以达到所需的可使时间。这样的调整有助于确定可使时间，在实践中，树脂的可使时间对作业者而言是非常重要的，车间或现场条件、成型方法等都会延长或缩短可使时间。

导致凝胶时间延长的因素包括低环境温度、低树脂料温、散热设备面积较大、散热快（就金属模具而言）、高湿度、表面空气流速大、填料和纤维的添加等。

导致可操作时间缩短的因素包括高环境温度、高树脂料温、散热慢、导热难（就木制模具而言）、厚尺寸制品、阳光直射等。

7. 树脂的固化度对制品性能的影响

理论和实践测试表明，树脂的固化度对制品性能的影响如下：①树脂的固化度越高其弯曲强度及模量越大；②树脂的固化度越高其制品的耐腐蚀性越好；③树脂的固化度越高其制品的耐热性能越好；④拉伸强度和断裂延伸率的最大值出现在树脂固化度为 90% 左右。

5.8.5.4 UPR 和 VER 固化度的评价

纤维增强塑料产品在实际施工中，由于不同厂家、不同批次的树脂固化速度不同，同时施工时受环境温度、湿度等诸多因素的影响，制品达最佳固化程度的时间会有所不同。下面介绍几种判断纤维增强塑料产品固化程度的常用方法。

1. 实验室评价

已经成型固化的 UPR 和 VER 的纤维增强塑料，其树脂固化程度的实验室评价主要有：巴氏硬度法、树脂不可溶分含量检测法、力学性能间接评价法、热变形温度间接评价法。

1）巴氏硬度法

表面选取不同部位的 10 点，每平方米至少 3 个测点。按现行国家标准《纤维增强塑料巴氏（巴柯尔）硬度试验方法》GB/T 3854 的规定进行表面巴氏硬度检测。当采用 UPR 和 VER 时，不加热后固化处理时的巴氏硬度不应低于树脂供应商所给该牌号浇铸体巴氏硬度数据的 80%，加热后固化处理时的巴氏硬度不应低于树脂供应商所给该牌号浇铸体巴氏硬度数据的 85%。

2）树脂不可溶分含量检测法

树脂不可溶分含量检查按现行国家标准《纤维增强塑料树脂不可溶分含量试验方法》GB/T 2576 的规定用丙酮萃取法进行，试样不少于 3 个，UPR 和 VER 树脂固化度不应低于 85%。

测成型制品中的不可溶物含量，即用丙酮来萃取出树脂中的可溶性成分，从而得到不可溶物含量。此法不仅适用于 UPR 和 VER，也适用于环氧或酚醛纤维增强塑料，是目前用得最多的方法。其原理是树脂固化前是线性分子、易溶于有机溶剂，而固化后变成体形网状结构、难溶于有机溶剂，采取有机溶剂萃取出已固化树脂中的可溶组分，再根据纤维增强塑料试样在萃取前后的重量差进行计算，以此间接地说明固化程度。

3）力学性能间接评价法

该方法是通过测试最终 UPR 和 VER 的纤维增强塑料的各项力学性能是否达到设计值，以间接判断树脂固化程度是否到位。手糊成型试件的拉伸性能检测应按现行国家标准《纤维增强塑料拉伸性能试验方法》GB/T 1447 的规定进行，弯曲性能的检测应按现行国家标准《纤维增强塑料弯曲性能试验方法》GB/T 1449 的规定进行；缠绕成型试件的环向拉伸性能的检测应按现行国家标准《纤维缠绕增强塑料环形试样力学性能试验方法》GB/T 1458 的规定进行，轴向拉伸性能的检测应按现行国家标准《纤维增强热固性塑料管轴向拉伸性能试验方法》GB/T 5349 的规定进行，弯曲性能检测应按现行国家标准《纤维增强塑料弯曲性能试验方法》GB/T 1449 的规定进行，压缩强度检测应按现行国家标准《纤维增强塑料压缩性能试验方法》GB/T 1448 的规定进行。手糊成型和缠绕成型的纤维增强塑料板力学性能应符合表 5.8.5.4-1、表 5.8.5.4-2 的规定。

手糊成型层合板力学性能指标   表 5.8.5.4-1

厚度（mm）	3.2～4.8	6.4	7.9	≥9.5
拉伸强度（MPa）	≥62	≥82	≥90	≥100
拉伸弹性模量（MPa）	≥6.9×10^3	≥8.96×10^3	≥9.65×10^3	≥10.3×10^3
弯曲强度（MPa）	≥110	≥130	≥140	≥150
弯曲弹性模量（MPa）	≥4.83×10^3	≥5.52×10^3	≥6.2×10^3	≥6.9×10^3

纤维缠绕设备制品力学性能   表 5.8.5.4-2

性能	指标
轴向拉伸强度（MPa）	≥65
轴向拉伸弹性模量（MPa）	≥5.5×10^3
环向拉伸强度（MPa）	≥250
环向拉伸弹性模量（MPa）	≥22×10^3

4）热变形温度间接评价法

该方法是通过测试最终 UPR 和 VER 固化物的热变形温度是否达到设计值，以此间接判断树脂固化程度是否到位。这种方法只能作为辅助定性的方法。

2. 非实验室评价

纤维增强塑料复合材料设备所有制作完成后，在设备投入使用之前应彻底检查。检查工作从制造车间开始直到安装现场，检查发现任何问题，应立即修复，相对而言工厂内修复更加方便。安装后检查，确保纤维增强塑料设备没有机械损伤（运输和安装过程中容易引起机械损伤）。安装后，应定期检查监控设备，确保需要维修或更换时及时发现。此外，设备修复或大修时，应记载修复时使用的树脂类型、纤维增强材料类型、修复方法、日期、地点等信息。

1）目视检查

一个简单有效的检查方法就是目视检查。纤维增强塑料的许多缺陷只需目视检查（有时需要背对光源看）就可以检查出来，如气泡多少、气泡大小、气泡均匀与否、裂缝、纤维是否含浸充分等。常见纤维增强塑料缺陷检测信息可以参见《耐蚀设备用接触模塑增强热固塑料层压材料的规格》ASTM C582 或《玻璃纤维增强塑料层压零件中可见缺陷分类的标准方法》ASTM D2563。纤维增强塑料的表面也应仔细检查，好的纤维增强塑料其表面异常光滑，颜色均一，没有未含浸的纤维斑点，没有明显的局部纤维外露和凸起。有时，检查还要求对结构层进行切割，检查厚度是否均一并满足设计要求、是否有空洞、层间粘结好不好、整体均匀性好不好等。

2）巴氏硬度检测

巴氏硬度经常被用于评价纤维增强塑料积层品的树脂固化程度高低，至少读取 10～12 次数据，并去掉最小值和最大值，再计算平均值。

巴氏硬度检测的关键点：①巴氏硬度计需要用高硬度和低硬度的两片金属铝盘经常进行校正检查；②室温 25℃ 左右使用巴氏硬度计测试；③经常清洁和重置硬度计的指针；④确保测试二次粘结处的数据准确性，尤其是法兰、内部结合处等，这些数据都非常重要；⑤纤维含量高的积层品，当硬度计的指针碰到纤维时，往往其硬度值会很高；⑥如采用有机表面毡，接触到有机毡的数据可能只是下降 2～3；⑦不恰当的固化剂比率会导致巴氏硬度数据偏低；⑧固化剂混合不充分也会导致巴氏硬度变化较大；⑨表面液蜡残留过多会导致巴氏硬度数据偏低，这时需轻微地擦去表面 0.025～0.05mm 的石蜡层，再进行测试。

巴氏硬度值表征树脂的固化程度高低，值越大越接近理论后固化处理值，固化得越完全。纤维增强塑料的表面巴氏硬度随着树脂不同、纤维不同而不同。一般而言，纤维增强塑料只要固化完全，都会有一个 30 的最低巴氏硬度值。据 ASTM C581 记录，巴氏硬度至少要达到供应商给出数据的 90% 才可以被接受（通常 UPR 和 VER 的纤维增强塑料，一般巴氏硬度达 40～50，则达到较为理想的固化程度，即可投入使用了）。UPR 和 VER 每个牌号的单页技术资料上都清楚地标注了该牌号的巴氏硬度数据值。《硬质塑料巴柯尔硬度标准试验方法》ASTM D2583 是检查纤维增强塑料设备巴氏硬度的标准，通常需要记载下来平均巴氏硬度值。OYCHEM® 乙烯基酯树脂每个牌号的单页技术资料上都清楚地标注了该牌号的巴氏硬度数据值（摘取部分见表 5.8.5.4-3）。

典型浇铸体巴氏硬度测试值　　　　　　表 5.8.5.4-3

	典型浇铸体表面巴氏硬度值		
	室温固化 24h	120℃后处理 2h	实际使用中可接受最小值
OYCHEM® 8441	20～30	35～42	30
OYCHEM® 8001	20～30	35～42	30
OYCHEM® 8007	30～40	45～50	40
OYCHEM® 8005	20～30	40～45	35
OYCHEM® 8008	15～25	30～40	25

巴氏硬度值的高低受到很多因素的影响：①纤维增强塑料表面的纤维含量高，无机填料，尤其是石英砂、金刚砂、碳化硅、氮化硅、陶瓷粉等填料含量大，巴氏硬度值会较高；②表面富树脂层上面有一层蜡，先将小面积的蜡质层抛掉或用细砂纸擦掉再进行测量，否则巴氏硬度值容易偏低；③表面富树脂层如果采用的是有机表面毡，如聚酯纤维表面毡，也会引起巴氏硬度值偏低；④局部由于促进剂、固化剂没有混合均匀或固化剂加少了导致局部树脂固化不完全，测试的巴氏硬度值明显会偏低；⑤弯曲面上测试时，巴氏硬度测试数据会偏低。

3）丙酮敏感性试验

用手触纤维增强塑料产品表面无黏感；用干净棉球蘸取丙酮放在制品表面观察，棉花是否出现颜色；敲击制品听声音，应清脆而不是模糊；用硬币划不出伤痕。丙酮敏感性试验和巴氏硬度法是最典型的现场接触式检查。

丙酮敏感性试验也是常用检查纤维增强塑料表面树脂固化是否完全的一种简易方法。具体测试方法如下：将待测试面，用棉球沾满丙酮进行擦拭，或滴上四到五滴丙酮用手指进行擦拭，擦拭完待丙酮挥发干，再用手指触摸擦拭面，明显发黏发软说明固化不完全，反之则说明固化完全。测试前，待测试表面应无隔离剂、蜡、灰尘、污垢等。后固化处理可以大大提高纤维增强塑料的固化度，提高表面巴氏硬度值，改善丙酮敏感性。

4）回弹法检查

回弹法是把小钢球从一定高度落向被测固化树脂表面，由于固化程度不同，树脂的刚性是不同的，所以回弹高度亦不同，回弹高度可表明固化程度。

3. 铺层缺陷检查

绝大多数纤维增强塑料的检查，如硬度检测等都是看得见摸得着的，物理性能测试一般都是破坏性的。然而，可以通过最终观察纤维增强塑料制品辨别出其缺陷和瑕疵，表 5.8.5.4-4 简要列出了一些常见的缺陷问题及原因和解决办法。

纤维增强塑料缺陷很多，为方便各位对比外文资料中关于纤维增强塑料缺陷的描述，笔者在这里将常见的纤维增强塑料缺陷的中英文列举如下：砂眼（blister）、针孔（pinhole）、剥离（delamination、peeling）、片状（＜30mm²）剥落（flaking）、块状（≥30mm²）剥落（scaling）、鼓泡隆起（lifting）、膨润溶胀（swelling）、软化（softening）、变色（discoloration）、白化（whitening）、粉化（chalking）、龟裂（浅，表面的裂纹）（checking）、银纹（craze）、深裂纹（cracking）、磨损/损耗（abrasion/wear）、线性外部损伤（scratch external damage）、点状外部损伤（chipping、little external damage）、变形

(deformation)、脆化 (brittleness)、翘曲 (warping)、表面发黏 (tacky)。

纤维增强塑料设计上导致缺陷的可能的原因有基材含水量超标、基材设备整体处于动态或施工后设备本身变形、基材设备内应力未消除导致施工后应力集中释放、设备整体受撞击或冲击、介质高速流动且流速变化、介质流体冲击纤维增强塑料器壁的角度位置发生变化、纤维增强塑料内外温差变化频率过大、纤维增强塑料内外压差剧烈变化等。

使用纤维增强塑料过程中导致缺陷的可能的原因有搬运或安装不当、外部重量冲击、运输过程热量冲击、点检损伤、储存不当等。

使用过程由环境导致缺陷的可能的原因有气候（温度、热、酸雨、氧化、紫外线）、药品介质浸透、使用环境中介质的溶出、使用过程中纤维增强塑料中物质的析出、使用过程中药物介质本身的化学变化、使用过程中药物介质的溶胀膨润、药物本身受环境应力影响、药物介质中含预先未知有的固体状的杂质并产生纤维增强塑料内壁冲击、动态药物介质、介质流动过程可能带来的静电等。

分析每种缺陷的可能原因，在每个环节进行预防工作；一旦发生某种缺陷，大部分可以有补救措施，如不能补救，也需分析出原因，在下一次成型操作上避免同样缺陷；具体的对策措施根据原因各不相同，在此不赘述。

纤维增强塑料积层中一些常见的缺陷问题及其原因和解决办法　　表 5.8.5.4-4

图片	缺陷	描述	本质	可能的原因及对策
	气泡、空洞	空气被包裹在纤维增强塑料里面	①层间气泡逃逸难；空洞未形成；内部球形连接；积层过快，压赶气泡不够彻底；②搅拌时桨叶过高导入太多空气；基材不清洁阻碍气泡逃逸；一次积层过厚，压赶气泡不彻底；③树脂黏度过大，纤维含量过大；④固化剂含水量过高	①一次性积层不要过多或过厚；②彻底压赶气泡（使用恰当的工具）；③搅拌混合速度不要过快，桨叶不要过浅；④树脂黏度太大时，可适当添加苯乙烯（≤5%）进行稀释操作
	小气泡			过氧化甲乙酮中双氧水含量过高，仅用毛刷赶气泡未用金属辊等工具，积层太快
	水泡	表面聚集的水泡有时能快速以圆形状态上升	严重改变纤维增强塑料表面形状，一般是凸起的圆形状，有些是连续的，有些是独立的	固化太快，树脂纤维或填料的湿度太大
	大水泡			①固化太快，放热太高，导致表面毡和纤维增强塑料结构层出现分离；②填料、玻纤、树脂中含水量太高；③减少一次积层的厚度降低放热；④减少 DMA 或 BPO 的用量，降低放热；⑤树脂储存过程中谨防进水，玻纤、填料谨防受潮
	冲击裂纹、裂缝	裂缝裂纹，沿纤维增强塑料表面或在表面以下	贯穿整个厚度的外表面可清晰看见的分裂裂纹	①受到冲击：增强材料不够；②固化收缩导致：局部树脂含量过高，减少树脂相对含量；③设备局部温度剧变导致的裂缝，如热振动、热冲击导致的裂缝；④设备运行中，减少温度波动

图片	缺陷	描述	本质	可能的原因及对策
	龟裂	—	细微的裂纹	局部的富树脂区域受到冲击、间歇性的温度频繁变化下使用,导致内部应力,致使出现龟裂;干湿环境循环导致;树脂收缩导致
	层间剥离、分离	易出现在受高压较集中的部位,如小口径的管件、关节、法兰等连接件	—	原因:纤维含浸不够,未被饱和浸渍,尤其是采用方格布不易含浸树脂时;二次积层时相隔数周,未进行二次粘结处理或纤维增强塑料积层处理;小面积范围内采用快速固化体系导致;基材表面清洁度不够;纤维含量过高;进行下一层积层之前上一层的气泡未赶净;添加液蜡层的石蜡未清除就进行下一层积层了。对策:确保纤维充分含浸树脂;方格布不要连续两层或两层以上层铺,方格布和短切毡交替层铺;二次积层之前,对已经固化很长时间的部位进行轻微的打磨,或用砂纸轻轻拉毛;在小面积范围内,尽量采用低放热的固化体系降低收缩,减少应力聚积;切忌层间加液蜡
	鱼眼	—	表面或靠近表面的地方有大量外来杂质,这些杂质和周边的树脂体系不相容	原因:细小的球星状物质并未和周围的树脂等材料混合均匀;周围材料是透明或半透明时尤为明显;基材表面不清洁;外界不相容的物质混到树脂中去了;粉料团聚或颗粒状物质搅拌不均匀;玻纤太脏;树脂中含其他外来杂质。对策:确保环境和区域干净整洁;注意树脂和纤维的保存,避免受污染
	干斑	表面纤维未含浸,出现剥离	增强材料未被树脂彻底浸渍透;往往在积层板边缘较容易出现	树脂量增加,彻底含浸,彻底压赶气泡;含浸时间加长
	隐白	—	凝胶前积层板似乎浸渍充分,但固化之后出现白斑,局部玻纤丝非常明显变白	树脂和玻璃纤维表面的胶粘剂不相容,在树脂固化时,胶粘剂出现"相分离",导致表面出现白色浑浊的外观层;成型前,彻底评估树脂和玻璃纤维表面胶粘剂的相容剂;提高放热峰温度和放热速度,延长含浸时间,提高"后程固化速度"

续表

图片	缺陷	描述	本质	可能的原因及对策
	面疱、疙瘩、花斑凸起物或褶皱	表面小面积的斑点状凸起物或褶皱	表面出现圆形的或尖锐的疙瘩,尤其在富树脂层中出现较多	①底部有气泡未逸出;树脂凝胶临界状态之后再去做面涂施工;②凝胶之后,不小心又滴落到树脂表面;凝胶之后,再用辊子去压辊气泡;③树脂凝胶前彻底压赶气泡;一旦树脂开始凝胶,就不要再去连续压滚赶气泡了;④防止树脂逸溅
—	局部固化不良	纤维增强塑料表面局部软化,固化度不足	促进剂、固化剂混合不均匀	①混合器太大了,有死角,有局部混合不均匀的地方,需要改用小型容器混合,或一次性混合量降下来;每种助剂加入之后都需要彻底混匀。②钴浓度较高时,适当先用苯乙烯或树脂稀释之后再使用,这样更容易搅匀
	树脂袋现象	—	局部小范围树脂过量聚集	手糊积层操作不当,纤维和填料及树脂不均匀
	擦伤	—	浅痕、凹槽、皱纹、锚纹沟	运输、处理、储存不当
	螺纹孔	—		常在一些小直径的管材中发生,固化从外至轴心发生时易出现这种情况
	皱纹、起皱	纤维增强塑料表面有褶皱或皱纹	①表面毡未完全铺平引起的褶皱或皱纹,尤其是有机纤维表面毡的耐热温度不足,更容易引起表面起皱;②上面涂之前积层面就不平;③在周边或角落使用了规格大的玻璃纤维,每平方米的克数规格太大也易导致皱褶	①采用短切毡,尽量在易产生皱褶的周边或角落不要使用方格布;②彻底拉张平铺表面毡;③面漆黏度太大,如果黏度太大可适当加些(3%～5%)苯乙烯稀释;④积层不当,固化太快,聚酯膜皱褶
	烧伤	—	纤维增强塑料固化时,放热剧烈并且未能有效释放出来,导致烧伤、变色	①放热过于剧烈,导致的原因可能是促进剂固化剂加得太多、一次性积层太厚、N,N'-二甲基苯胺加得太多等;②减少 DMA 和/或固化剂的用量,尤其是基材或环境温度较高时;③减少一次性积层的厚度,分层积层,并且在上一层积层固化放热最高峰过去之后再进行下一层积层

257

图片	缺陷	描述	本质	可能的原因及对策
—	表面发黏	未通过丙酮敏感性试验	①表面氧阻聚引起的固化度不足；②促进剂钴加得实在太少了	①在面涂或表面富树脂层中添加液蜡（层间积层时切忌添加液蜡）；②增加促进剂、固化剂用量，改用气干性面漆树脂

施工中导致缺陷的可能的原因有气泡未赶净、异物混入、含浸不足、膜厚不足、膜厚过大、基材处理不足、底层涂层与基材附着力不够、树脂固化不充分、发热过大或发热集中、空干剂未加或不足等。

从产生气泡的来源来分类。

第一个来源：内部因素。树脂本身产生的气泡，有两种，主要是"钴水/过氧化甲乙酮"加进去后，产生氧化还原反应，常温固化体系下，气泡是必定有，只是多少的问题。

第二个来源：外部因素。外界导入的气泡，这里就有很多来源：搅拌带入的、层铺时布没拉平、基材的不平整、纤维空隙、压赶气泡时（赶出来又带进去）等。

先分析"内部因素"，由树脂本身带入的气泡，从以下几点入手去最大限度降低：①树脂本身的黏度。黏度大，气泡肯定难以逸出，但是黏度大小是树脂商决定的，因此工程方是不可能去改变什么的，千万不要动不动就以加苯乙烯稀料来解决黏度大导致的施工困难，加入过多苯乙烯，最终的纤维增强塑料过脆，力学性能和耐腐蚀性能都受到严重影响。UPR 和 VER 选择的稀料，一般为苯乙烯，不可选择丙酮、甲苯、二甲苯、甲乙酮、环己酮等作为稀料，应在混合配料时同促进剂一起加入，不可超过树脂供应商规定的上限（一般认为不超过树脂量的 5%）。在整体强度和耐热要求较为苛刻的地方，不可随意添加苯乙烯稀料，需要得到树脂供应商的同意。②树脂商本身在树脂中是否添加有消泡剂之类的助剂。绝大部分常规的树脂产品，是不会添加的，那样无疑会增加成本，但有特殊要求的客户可选择补加。加了消泡剂的话，肯定对消泡有帮助。这个一般只有供应商告诉你，你才知道，否则作为施工者是不可能知道的。③树脂固化体系。这是相当重要的一点，树脂本身的活性，施工者是没法决定的，但是你可以决定使用的固化体系。一般的蓝白水体系，气泡肯定会较多，尤其是目前市面上过氧化甲乙酮的双氧水含量普遍较高的情况下，气泡都很多。选择诸如 Butanox® LPT 之类双氧水含量较低的过氧化甲乙酮，可一定程度上减少气泡。④使用 BPO 和 DMA 体系，没有多少气泡，但是有更多的弊端，相比蓝白水体系，其常温固化度不足、固化物泛黄等。⑤目前国内一些厂家已经推出"无气泡固化剂"（其实是极少气泡的效果，并非无泡）。

再分析"外部因素"，外界导入的气泡需要降到最低，主要应注意如下一些细节：①蓝白水的配比合理；气泡的逸出需要一定时间，树脂需要熟化后再使用。②压赶气泡的功夫是锻炼出来的，更是工人的责任心的体现。③"工欲善其事，必先利其器"。压赶气泡，不仅需要采用毛刷或硬毛猪鬃辊，必要时还需使用四氟辊、金属辊、刮刀等工具。④不要过于追求积层的速度，不要过于追求铺布的速度，那样必定会有气泡的。一旦最底层的气泡，尤其是小气泡形成了，开始没赶压彻底，到积了几层之后，就很难再赶走了。⑤纤维的选择也很重要，布不易浸透，毡较容易浸透，规格越大的纤维连续材料，越难脱泡，越需要工人的责任心，越需要配料人员把握可使用时间的尺度。⑥如果施工时不是使用树脂胶液，而是使用树脂胶料，即树脂中加入了粉料（可以降低树脂使用量，降低成本），这样的话，粉料的加入不利于气泡的逸出；在桶里面加入粉料搅拌时，搅拌杆太浅，容易导入过多气泡。⑦不平整的特殊部位，更容易挤压缝隙，导致气泡难以逸出，这时需要施工监督者认真监督，一定要用腻子或其他必要的办法将其补平填实，否则后面再想赶净气泡几乎不可能了。⑧搭接边界时刷树脂和赶气泡，也是易产生气泡的时候，这时需要工人不要嫌麻烦，在搭边的地方多重复地压几遍。⑨表面毡上面涂时，面涂的树脂含量不要太省，加入过多粉料肯定会不利于最终的气泡逸出和平整度。⑩通常施工人员作假的方法，或者说掩盖瑕疵的方法主要是加入黑色或者其他有色的粉料，使最终的纤维增强塑料看不透，下面或底下的气泡，即便有，业主和监理也看不出来了。挑气泡的毛病只能仅仅在表面那一层可以看得出来的地方挑了。

对于纤维增强塑料手糊成型时小气泡的清除，前提是先做好压赶气泡工作，除此之外，可以继续改善的方向有如下几个：①在双氧水含量较低的过氧化甲乙酮或者"无气泡"固化剂或"无泡促进剂"上做文章；②树脂加完"蓝白水"后，熟化时间拉长些（如果不够用，可选用"后程固化"较快的树脂牌号），对于看不见的小气泡的逸出有好处（而实际施工后又有），这就需要尽量达到凝胶慢、凝胶之后固化快的效果，否则熟化时间拉长了，施工时间就不够用了；③尝试消泡剂的添加，但这会增加成本；④纤维不同，遮盖效果也不同，对最终看到的小气泡多少也有感官上的影响，这就是很多人在面涂上加一两层表面毡，乃至做成深色面层的原因。

5.8.5.5 固化后苯乙烯残留量的控制

理论上讲，UPR 和 VER 达到 100% 固化是不可能的，提高固化程度，减少残留苯乙烯的含量，有利于提高纤维增强塑料的力学性能、耐热性能、耐腐蚀性能、电气性能等，最大程度发挥纤维增强塑料的优势，尤其是在食品接触场合，纤维增强塑料中残留苯乙烯量是有严格限定的。室温固化 3d，由 UPR 和 VER 制得的纤维增强塑料的苯乙烯残留量一般在 5%～15%（质量分数），室温放置 6 个月后一般会减少到 3% 以内；模压产品中苯乙烯残留量一般在 1% 以内。

影响 UPR 和 VER 固化程度的因素，请参见"5.8.5.3 影响 UPR 和 VER 固化速度、固化程度的因素"。本节仅介绍一些应用操作过程中，减少苯乙烯残留量，提高纤维增强塑料的固化程度的方法。

1. 后固化处理

加温后固化处理的纤维增强塑料产品，苯乙烯残留量一般都可降到 0.1% 以内。UPR 和 VER 的纤维增强塑料制品，后固化处理建议如下：①对 100℃ 以下的应用设备：后固化会延长设备的使用寿命，尤其是设备使用温度低于设备服务最高建议温度 LS25 时，这意味着后固化对溶剂在 25～40℃（户外常温）温度极限内的纤维增强塑料设备是非常有益的。②对 100℃ 以上的应用设备：后固化在实际使用中已经完成了，足以提供使用前所需的最低巴柯尔硬度了。③对纯的或中性盐溶液的设备：一般情况下并不要求后固化，就可达到使用要求，在使用前只要做一个"丙酮擦拭敏感性"试验（详见 5.8.5.4 节的介绍），没有丙酮敏感性就可以了。④对 BPO/DMA 固化体系而言：强烈建议后固化处理，后固化处理应在设备制造后的两周内进行。⑤后固化条件建议如下：UPR 和双酚 A 型 VER 以及以此为基础的变性树脂而言为 80℃；酚醛型 VER 及以此为基础的变性树脂而言为100℃；一般建议每增加 1mm 厚，后固化处理时间增加 1h（一般在 5～15h）。⑥接触食品、强腐蚀环境下，后固化处理是必须的，大型纤维增强塑料制品后处理时间还需相应延长。⑦后处理温度不宜过高，防止局部过热。

2. 选用恰当的固化剂

常温固化，尽可能选择"蓝白水"固化体系，相比较 BPO/DMA 体系的固化程度更高。在中高温固化体系中，采用中温固化剂和高温固化剂联用可使树脂固化程度更高，苯乙烯残留更少。铈的氧化物做促进剂，与过氧化羧酸酯配合使用可减少固化时间，使苯乙烯残留量显著下降。更多关于固化剂的选择对树脂固化的影响，请参见"5.8.5.3 影响 UPR 和 VER 固化速度、固化程度的因素"介绍。

3. 增加固化剂用量

这是一种现场常温固化较为简单的办法。常温、低温固化时，仅仅增加固化剂，往往可使时间不够，此时应该促进剂、固化剂联动，稍微减少促进剂，同时增加固化剂的量达到目的。

4. 延长固化时间

常温固化时，延长养护时间就是延长固化时间，达到固化度更高的目的。

5.8.5.6　食品级应用及相关卫生认证

1. 树脂要求

乙烯基酯树脂经过恰当的成型和固化，是可以符合食品、药品、化妆品相关法律规定，并取得相关认证资质的。这些树脂的固化物可作为受该规范所描述的某些限制的物品或部件，可以反复与食品接触。OYCHEM® 乙烯基酯树脂具有不同含量的苯乙烯，采用推荐的固化剂添加量，可使树脂得到一个适当的固化度，再加上特殊的五个步骤，后加工后处理的技术，足以使其制品满足食品级相关规定。此外务必注意：使用前务必先测试纤维增强塑料或其涂层，以确认满足食品级和所有其他当地相关的法律法规的要求。

2. 成型要求

环氧乙烯基酯树脂经过恰当的成型和固化，是可以符合食品、药品、化妆品相关法律规定的要求的，纤维增强塑料成型时需注意以下步骤：①固化配方应使得室温固化后纤维增强塑料残留苯乙烯量较低。常用的固化剂、助促进剂、促进剂有 MEKP、CHP、BPO、Nap-Co、Oct-Co、DMA、DEA。乙烯基酯树脂推荐采用 DMA 助促进固化的蓝白水体系，常规情况下不推荐 BPO/DMA 体系。②在后固化处理之前彻底清除灰尘和污垢。③90℃干热处理至少 6h，或 80℃干热处理至少 8h，这样的后固化处理足以将残留苯乙烯含量降至 0.01%～0.2%。④后固化处理之后，再用蒸汽进行处理，或 70℃（或更高）的热水处理 8～16h。⑤使用前采用洗涤剂常温彻底清洗设备内外表面，再用清水冲洗干净。⑥乙烯基酯树脂纤维增强塑料产品用于食品领域时的主要毒性来源是各种辅助材料，如固化剂、促进剂、酚类稳定剂和苯乙烯单体等的残留物质。目前，残留苯乙烯的检测多用气相色谱，具体做法：试样研磨，后用二氯甲烷在室温下萃取 7d，再用气相色谱对萃取物进行分析，测出苯乙烯的残余量。⑦选择低毒或无毒的辅助材料，想办法降低未参与固化的游离苯乙烯含量和未分解的过氧化物的含量，采取合理有效的后处理和清洗措施，是可以获得满足食品级要求的乙烯基酯树脂防腐纤维增强塑料设备和制品的。

5.8.5.7 树脂原料及纤维

1. 乙烯基酯树脂、不饱和聚酯树脂

树脂在纤维增强塑料衬里中起到主要的抗渗耐蚀作用，同时还起到粘结基材、粘结增强材料、传递载荷等作用，是最终纤维增强塑料衬里防腐是否有效的关键原料。更多关于间苯型耐腐蚀不饱和聚酯树脂、双酚A型耐腐蚀不饱和聚酯树脂、氯桥酸型耐腐蚀不饱和聚酯树脂、二甲苯型不饱和聚酯树脂、双酚A富马酸聚酯树脂、乙烯基酯树脂、环氧树脂、酚醛树脂、呋喃树脂的耐腐蚀性能，详见"5.2 纤维增强塑料衬里之'树脂'"。

2. 纤维

可用于纤维增强塑料衬里的纤维，有玻璃纤维、有机纤维、碳纤维等，形式有表面毡、短切毡、方格布、玻璃鳞片等。耐酸选择中碱玻璃纤维（C型玻璃纤维）、高性能耐酸玻璃纤维（ECR型无硼无碱玻璃纤维）。耐碱选择耐碱纤维（AR玻璃纤维）、无碱玻璃纤维（E型玻璃纤维，是硼硅酸盐玻璃纤维）。有机纤维中，涤纶（聚酯）纤维用得多些，芳纶纤维（Kevlar纤维）在纤维增强塑料衬里领域还没用到。有机纤维的耐碱性和耐盐溶液性能优于玻璃纤维，耐硫酸、盐酸性能较玻璃纤维差，不含二氧化硅成分，适用于含氟介质的纤维增强塑料衬里。目前用到纤维增强塑料衬里领域的聚酯纤维主要还是聚酯表面毡和聚酯短切毡。各种纤维的详细情况可参见"5.3 纤维增强塑料衬里之'纤维'"的介绍。

5.8.5.8 现场施工纤维增强塑料衬里成型方法

1. 测试用积层板制作

在制作 UPR 或 VER 的纤维增强塑料衬里前，需要确认其强度和耐冲击性能是否合格，这时需要制作测试用积层板。图5.8.5.8-1很好地展示了纤维增强塑料积层板的主要制作过程。在示意图中未能展示的三个重要的地方在于：①合适的材料、精确的配比；②制作过程中遇到一些特殊情况需要采取的变化；③操作工人的技术娴熟程度。

第一步：平铺薄膜。

先选定进行树脂积层的区域，选好工具，用一张聚酯膜覆盖在模具表面。

按照预期的树脂纤维相对含量比，称量纤维之后折算树脂用量，称量树脂胶料，加入计量的固化剂，搅拌熟化消泡后，倒少量到聚酯薄膜上，用刮板、油漆刷等工具将树脂平铺开。这是制作积层板的富树脂表面层的关键，和后续积层的表面毡和短切毡一起组成耐腐蚀阻挡层。如果不先浸湿树脂，在干燥的表面直接铺表面毡，因表面毡的致密性太好，导致薄膜和表面毡层间的空气不易消除，尤其是小气泡不易清除。

第二步：刷底涂。将添加好固化剂的 UPR 或 VER 胶料倒在薄膜上，然后滚刷铺开。

第三步：平铺表面毡。仔细将表面毡摊开平铺，平铺浸润树脂胶料，用锯齿辊子将其平铺开，浸透。

第四步：添加树脂。添加树脂，再用辊子压气泡平铺开。

金属脱泡辊缓慢滚压脱泡，直至表面毡完全浸湿。轧滚气泡时的力道要足要均匀，但又不可过大。滚压方向是由中心到四周。倒上一些树脂，轧滚彻底消除气泡，包括小气泡，使能直接看到聚酯薄膜基材。

第五步：铺短切毡。铺第一层短切毡。压赶气泡，必要时，再加些树脂，使短切毡彻底浸透。

第六步：添加树脂。添加树脂在第一层短切毡上，用辊轴压滚气泡，然后铺第二层短切毡，再添加树脂。

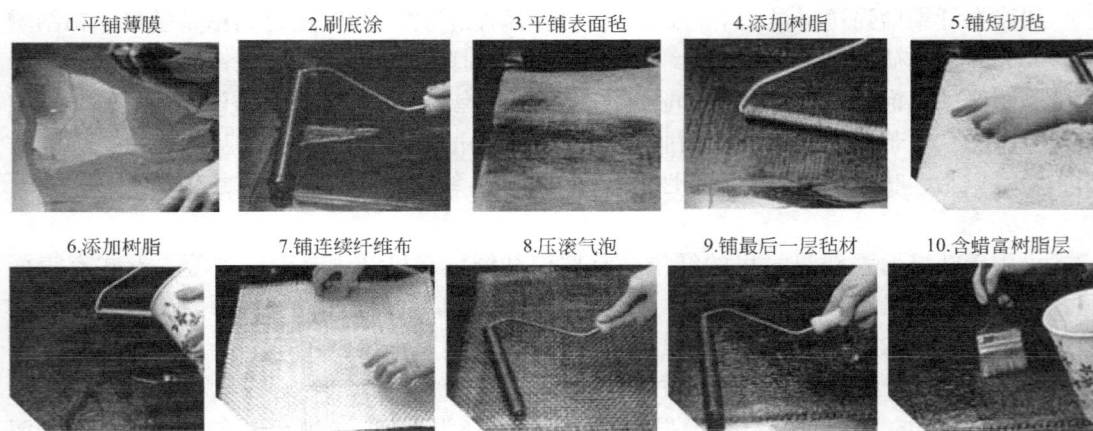

图 5.8.5.8-1　纤维增强塑料（FRP）测试积层板的制作过程

第七步：铺连续纤维布。方格布吃树脂量少，较难浸透，因此需要适当多加些树脂，并且压赶气泡需要更仔细、彻底。

第八步：压滚气泡。重复第五步到第八步步骤（短切毡和方格布交替层铺），达到所需要的厚度。

第九步：铺最后一层短切毡，压赶气泡。方格布层铺完后，最后以短切毡层铺结束，并彻底压赶气泡。

第十步：表面含蜡富树脂涂刷。表面毡层铺，添加液蜡的树脂胶料，涂刷，制作表面富树脂层。

第十一步：清洗工具。

第十二步：待积层板室温下彻底固化之后再进行后固化处理。

制作过程的主要材料和工具有：聚酯薄膜、涂覆设备、齿形辊子、树脂、玻璃纤维表面毡、玻璃纤维短切毡、玻璃纤维方格布、清洗用溶剂等。

2. UPR 和 VER 手糊积层成型详细指导

典型纤维增强塑料手糊积层成型指导建议如下所述。

第一，安全事项

①了解树脂、纤维、促进剂、固化剂等的安全注意事项，应急处理方法；②穿防护服，佩戴防护镜；③尽量避免和树脂、固化剂等直接接触，减少不必要的接触；④保持通风，一定留有出风口，如在狭窄区域，则需佩戴防毒面具，需要换气设备；⑤尽可能保持个人和工作场所整洁；⑥积层期间，远离明火或火花；⑦打磨喷砂时佩戴防尘口罩；⑧积层太厚时，可能会导致放热剧烈，此时会有刺激性气味；⑨妥善处置废弃物。

第二，工作计划

①准备好合适的工具，如手动搅拌混合器、刷子、滚筒、溶剂和清洁工具；②准备好适当的原材料，如树脂、纤维、固化剂等；③准备好必要的劳防用品，如防护服、护目

镜、手套、灭火器等。

第三，确保施工区域的条件

①作业场所干净整洁、光线充足；②通风良好。

第四，基材处理或模具表面准备工作

①准备一个合适的模具或基材表面，覆盖一层 0.075～0.125mm 厚度的聚酯薄膜，并将四周镶边固定；②在模具表面打蜡并彻底抛光；③薄膜表面无皱折，四周充分伸展；④如打蜡的话，则打蜡面积应大于积层部分面积。

第五，切割玻璃纤维

①按照积层面积的大小，允许微调，切割玻璃纤维短切毡、表面毡和连续纤维布，比如对 300mm×300mm 的积层品，应切割成 350mm×350mm 的毡和布。②按照耐蚀层、结构层的不同，从底到面预先排列好纤维材料；耐蚀层为 1～2 层表面毡＋2～4 层短切毡；结构层为 1 层连续纤维布＋1 层短切毡（结构层是可以重复的，纤维布和短切毡的排列方式也根据需要变更，但最终一层都是以短切毡结束的）；最外层富树脂层为 1～2 层表面毡。

第六，制作 4mm 厚的积层板

符号说明：V 代表标准 0.25mm 厚的耐蚀表面毡；M 代表 450g/m² 规格的短切毡；R 代表连续纤维布。

按照 V/M/M/R/M/R/M 的顺序进行积层的纤维增强塑料，约为 4mm 的耐蚀层厚度，结构层硬度更大，整体纤维含量约为 40%，这块纤维增强塑料为平行检测测试备用。

正常测试的话，该测试积层板的机械性能可以达到弯曲强度 193MPa、拉伸强度 138MPa。

第七，树脂的称量和混合作业

①树脂所需量由积层尺寸决定，一个 300mm×300mm 面积的测试用纤维增强塑料大约需要三个 200g 的树脂或者一次性称量 600g 树脂。②进剂、固化剂、助促进剂的添加比例是由这些助剂的规格、环境温度、基材模具湿度、所需操作时间等共同决定的。③在 21℃ 左右的环境温度下约 15～20min 的操作时间是比较合适的，三个小批次的树脂都可以把促进剂环烷酸钴、助促进剂 N，N′-二甲基苯胺加好，在操作使用前再将固化剂过氧化甲乙酮添加进去；注意：称量和搅拌时穿戴好必要的劳防用品。

树脂称量混合作业可简要描述如下：①称树脂 200g；②称量并添加促进剂环烷酸钴（钴：6%）0.6mL；③称量并添加助促进剂（浓度：100%）0.2mL；④彻底混合均匀；⑤称量并添加固化剂过氧化甲乙酮 2.0mL；⑥彻底混合均匀，容器四壁和底部也需要混合到，一般至少 60s 的混合时间。

第八，树脂静置脱泡（熟化过程）

静置 3～5min，待气泡消失，这一过程也称熟化。如加入粉料，树脂胶液变成树脂稀胶料，那么熟化时间要相应延长至 5～8min。在冬天或基材温度太低时，还可继续延长熟化时间。

第九，刷树脂

用短的鬃毛刷将树脂胶料在聚酯薄膜或模具上薄薄地刷一层，约覆盖薄膜 1/4 面积即可，然后将表面毡平铺上去，用滚筒压开铺平，使表面毡充分浸渍树脂，这会大大提高气泡的逃逸效率，保证最底部的纤维被树脂饱和浸渍。

第十，表面毡层铺

①当使用表面毡时，树脂可能会渗透纤维，此时需要额外增加树脂去完全浸润表面毡，这些额外的树脂会有助于下一层积层纤维的含浸。当表面毡完全失去纤维毛刺外观时，表明表面毡已经被完全浸透。②用锯齿状的滚筒去压赶玻璃纤维中的气泡，压滚的同时，多余的树脂会被赶出，尽量从中间往四周压滚，着实地压，连续压，但不可太用力。③压赶气泡是一门"技术活"，需要经常练习，才可以使最终的纤维增强塑料制品具有最佳性能。

第十一，其他层铺

其他短切毡、纤维布等的层铺，需注意以下几点：①表面毡层需饱和浸渍树脂，树脂含量需达90%；②短切毡树脂浸渍较表面毡更难些，需要更多的树脂，且需要滚筒连续压赶气泡，一般短切毡层树脂含量达75%；③典型的纤维布层树脂含量一般为40%～60%；④所有层铺中均须切记，应该是纤维铺到树脂中去，而非先铺纤维再倒树脂；⑤每层层铺完成后，都需要重新配置新的添加了固化剂的树脂胶液或胶料，切记滚筒在间歇期必须放置在溶剂中，保持干净，在再次积层使用前甩干。

第十二，富树脂层

当所有层铺都按要求铺好后，需要一层富树脂层对玻璃纤维铺层进行完全覆盖，富树脂层中添加少量的空干剂液蜡。

第十三，彻底清扫

清扫工具、作业场所、劳防用品，妥善处置废弃物。

第十四，纤维增强塑料积层板凝胶固化降温

积层板凝胶、放热，然后在温度降下来之后脱模或移走。

第十五，后固化处理

为了得到更高的固化度，建议进行后固化处理，一般为80℃处理4h。在后固化处理前，撕掉聚酯薄膜就可得到一个光滑的表面，具有很高的光泽亮度，但经过后固化处理之后，反而会光泽亮度下降，变成亚光效果了。

3. UPR 和 VER 纤维增强塑料衬里施工前准备工作

纤维增强塑料经常用于金属耐蚀衬里、纤维增强塑料构件耐蚀衬里、混凝土结构耐蚀衬里，如塔、管、罐、池、槽、沟、地坪等，用于提供优异的耐化学品腐蚀的性能。施工中，安全事项、工作计划、照明通风情况的准备和规定，请参照"2. UPR 和 VER 手糊积层成型详细指导"的介绍。纤维增强塑料衬里积层在任何表面进行施工，都必须进行适当的基材表面处理，广义基材处理见本书第2章介绍。

通常使用的施工器材如下：量杯、塑料桶、圆毛刷、剪刀、扁毛刷、衬胶辊子、扫帚、月牙形斜切刀、空压机、呼吸防护用品、吸尘器。

材料准备及设计准备如下：①树脂选择、固化剂选择、纤维选择、填料选择都需要综合考虑最终衬里设备应用的环境。②耐磨料、特殊有机纤维的选择和介质有关。③强渗透介质及冷却后易产生结晶的某些盐类，需选择固化后致密性高的树脂类型，并且适当增加衬里层厚度。④温度骤变或变化频繁时，需要考虑复合衬里方案，以及砖板衬里方案；纤维增强塑料衬里设备不推荐冷热交替场合下使用。⑤真空设备衬里尤其要注意基材的表面处理和胶料的粘结强度，底层的纤维应选薄而经纬密度较稀的玻璃布，优选脱脂纱布；不建议负压下使用，推荐压力小于 0.3MPa。⑥压力会增加介质的渗透性，要适当增加衬里层的厚度。⑦在遇介质分子小、温度高、受压时，需考虑增加衬里厚度，必要时设置抗渗层。⑧与强腐蚀介质接触时，富树脂层和厚度更重要；但并非越厚越好，富树脂层太厚，强度会下降；整体衬里层太厚了，更容易脱壳。⑨禁止使用含石蜡玻纤，推荐使用聚氨酯、聚酯、环氧乳液及硅烷类偶联剂处理的玻璃纤维。⑩禁止使用高碱或含氧化钾、氧化钠太多的纤维，防止纤维受潮。

4. UPR 和 VER 纤维增强塑料衬里成型方法

1）胶料配制

配料是施工中的一个关键环节，UPR 和 VER 胶料的配制可参考"5.10.1 不饱和聚酯树脂和乙烯基酯树脂胶料的配制"的建议。

2）通用纤维增强塑料衬里施工工艺

纤维增强塑料衬里现场施工方法有手糊施工、喷射施工、仿吸塑施工等，后两种方法实际应用很少。以下介绍内容皆为手糊法施工。

手糊纤维增强塑料衬里施工分为间歇法和连续法两种。UPR 和 VER 纤维增强塑料衬里通常采用连续法，但厚度较厚时，就必须采用间歇法了。环氧树脂纤维增强塑料衬里推荐采用间歇法，呋喃树脂和酚醛树脂纤维增强塑料衬里必须采用间歇法。不论是金属碳钢基材、混凝土基材、还是其他基材，纤维增强塑料衬里的通用工艺基本分以下步骤。

（1）工具准备：秤、天平、吸管、量杯、塑料杯、塑料瓢、20L 开口桶、剪刀、搅拌棒、磨光机、刮板、毛刷、辊子、刮刀、红外灯、封闭式电炉、卷尺、温度计、湿度计、电火花仪、测厚仪。

（2）基材处理：请参见本书第 2 章的介绍。

（3）清洁工作：基材清洁工作及工具清洁工作。

（4）通风、照明、设备确认，天气、温度、湿度确认。

（5）裁剪。尤其注意：裁剪前后纤维的经纬度方向不走样，预留搭接缝余量（一般为 50mm，壁与底部转角处为 200mm），搭接缝应错开。

（6）配料。注意胶料的配制细节，从做小样，到配大料，再到特殊现场配小料。配料原则：①按需配料，少量多次，切忌浪费；②大料配料不超过 2 夜；③根据施工需要配制促进剂、固化剂，不可随意更改添加量，发现问题及时上报，再小试调整固化剂添加量；④促进剂先加，搅拌均匀后再加固化剂；⑤搅拌不可上下翻动，速度要合适，深度要合适，保证搅匀的同时最大限度防止空气的卷入。

（7）打底漆。一般一到两道底漆，通常采用稀释后的 UPR 和 VER 清树脂打底，特殊要求时采用专用底漆或柔性底漆树脂。底漆同时起到隔离层的作用。

（8）刮腻子。底漆凝胶之后，对设备的转角、焊缝、壳体缺陷部位、混凝土基材凹陷部位等，采用树脂腻子找平，并使转角部位圆弧过渡，填料多采用滑石粉、石英粉、石墨粉等。

（9）贴短切毡和方格布积层。建议与底漆接触层采用短切毡，后面短切毡和方格布间隔使用，最后一层采用表面毡增强。施工时，建议采用间歇法，但实际工程中，连续法采用更多，省工时，层间白化和脱壳等缺陷少，但抗渗性不如间歇法。

间歇法关键点：①腻子凝胶之后，再贴布或毡（要是腻子完全固化，则需砂纸打磨后才可贴布）。②布的粘贴顺序一般应先立面后平面，先上后下，先里后外，先壁面后底部，卧式容器先下部再转动角度贴衬，大型设备分批分段衬贴，结合部位留出规定搭接宽度；设备或衬里基材上接管采用同种树脂胶料预制。③衬完上一层布或毡 12~24h 后，检查有无毛刺、流淌、气泡、脱层等缺陷，有则清除、修补后（必要处刮腻子找平），衬贴第二层布或毡，再经过 12~24h，再贴衬，如此反复直至达到规定的厚度或设计的层数。④衬布或毡过程中，应采用金属或塑料辊子、毛刷等工具使纤维充分浸透，赶走气泡；贴布或毡时，应逐渐平铺开，不可强拉硬拽，防止纤维经纬度走样；也不可随意摊开，松松垮垮，以防局部固化后形成皱褶；遇到有机纤维时，还需注意其受热收缩较玻璃纤维更大的特点。⑤节点处理：设备法兰平面、直径大于 10cm 的接管及其翻边部位、设备内支撑、人孔及转角部位等，应增加贴布或毡的层数，务必确认布或毡与基材紧密贴实，不可有空洞。⑥纤维布或短切毡衬贴完毕后，需衬贴表面毡，方法与前面贴布类似，但需要注意表面毡的含浸赶气泡，不可用力过大，避免辊子或毛刷带起纤维毛刺。⑦面胶或面层涂层，就是富树脂层，树脂含量达 90% 以上，第一层面胶层可与表面毡层为同一层（一般无需再刷面胶），但如需再刷一层面胶层，则需等表面毡富树脂层固化 24h，确认无毛刺后再刷。⑧衬贴时，提倡布与短切毡间隔衬胶，即一层布一层毡。

连续法关键点：①绝大部分操作和间歇法一样，只是连续衬完所有层数的布或毡，即在第一层衬贴完毕后，未等胶料凝胶固化，就衬贴第二层增强材料，如此反复；②连续法不适合厚度太厚的衬里层施工，不同的树脂最大连续法衬贴的厚度不同，通常 UPR 和 VER 连续法一次性的衬贴厚度不宜超过 6mm。

（10）养护与固化处理。

养护期间，避免与水、尘土或其他物件接触，避免振动、滑移（防止发生形变、脱壳）；养护时间一般在施工完毕后 24~72h 之间。

UPR 和 VER 纤维增强塑料衬里施工完毕后，不急于投入使用的，或介质条件温度不高的，可采取常温后处理，一般建议在常温下放置 14d 后才可投入使用。

在有条件进行热后处理的情况下，可大大缩短纤维增强塑料衬里后处理时间。热处理温度不宜超过树脂材料的玻璃化转变温度，在此温度以下，越高后处理的时间越短。一般建议 60~100℃ 的后处理 2~10h（不同的 UPR 和 VER 处理温度不一样，请参见前文 5.8.5.5 节的"1. 后固化处理"的介绍）。尽量选用干的加热源，如电加热片、红外灯烘烤、蒸汽散热片等，均匀放置，避免局部过热，辅以循环通风，建议逐步升温或逐级加热，不同厚度，后处理时间不同。

UPR 和 VER 固化度越高，其纤维增强塑料衬里的耐腐蚀性能和力学性能越好。纤维增强塑料衬里的表面巴氏硬度达到 40 以上，基本可认为树脂固化得比较完全，但要是添加了石英砂、硫酸钡或其他无机填料，硬度会更高，因此表面巴氏硬度只是评价固化度的一种方法，而实际情况需要根据衬里层的树脂、纤维、填料、增塑剂等的不同，区别对待。丙酮擦拭敏感性试验是常用来确认纤维增强塑料衬里层表面固化是否充分的一种方法，用棉花球蘸丙酮，擦拭衬里层表面，如不溶、不黏、擦不掉表面树脂，即可认为固化完全了。

3）不同基材的 UPR 和 VER 纤维增强塑料衬里作业

纤维增强树脂经常用于金属耐蚀内衬、纤维增强塑料构件耐蚀内衬、混凝土结构耐蚀内衬，如塔、管、罐、池、槽、沟、地坪等，用于提供优异的耐化学品腐蚀的性能。乙烯基酯树脂内衬相较于不饱和聚酯树脂内衬，抗湿气渗透性能更好。乙烯基酯树脂内衬积层在任何表面进行施工，都必须进行适当的基材表面处理。按照图 5.8.5.8-2 演示的程序进行作业，将提供一个适用于大多数应用基材表面的纤维增强塑料积层方法。基材表面处理之后，应该制作一个测试补丁块，以判断和确认它是否已经适合制作内衬积层了。

4）是否适合制作 UPR 和 VER 衬里的判断——粘结应用测试补丁

在基材上用一个测试补丁去检测已经处理好的表面是否牢固，是判断基材或纤维增强塑料是否适合于做 UPR 和 VER 纤维增强塑料衬里或二次粘结处理较常用的方法。为达到这个目的，选用内衬积层用 UPR 和 VER 做一层 0.075～0.125mm 厚、300mm×300mm 大小的底层涂层，然后固化至表干，再用四层 75mm×200mm 的 200～450g/m² 规格的玻璃纤维毡层铺，一端置于聚酯薄膜上，避免粘结底涂，然后再固化之。再次对测试补丁固化之后，用螺钉旋具在聚酯薄膜下面撬开它。

如果这个测试补丁是好的话（从主层纤维增强塑料中拉出玻璃纤维），再涂刷余下的表面，固化后开始积层。如果测试补丁剥离得很干脆，很容易从纤维毡就剥离开了，则需要再去用热水洗除污染物，再用 3 号砂盘打磨，抹布擦干净，待完全干燥后，用 E-51 环氧树脂和乙二胺之类的固化剂配合，使用纤维表面毡进行 300mm×300mm 面积的底涂涂刷，当底层隔离层固化之后，再用前文中测试补丁的方法做一块（四层 75mm×200mm 的 200～450g/m² 规格的玻璃纤维毡层铺）；如果这次是好的，就可去涂刷余下表面的底涂（纤维表面毡增强），然后喷砂处理表面之后进行积层（相当于先去做一个基层的纤维增强塑料隔离）；如这次的测试补丁还是很容易剥离，那就是表面污染物过多，不适合去做该类 UPR 和 VER 纤维增强塑料衬里了。

第一步：清扫喷砂

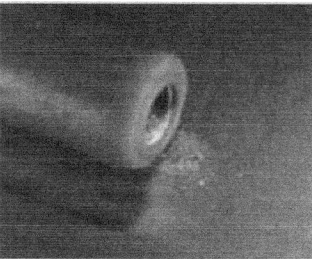

第二步：表面刷底涂

第三步：铺短切毡

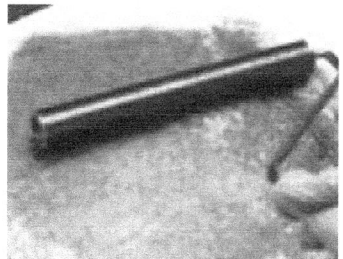

第四步：铺表面毡

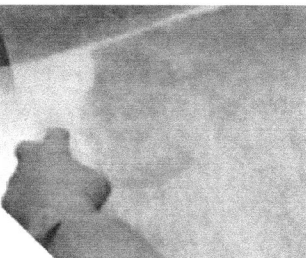

第五步：检查和修补内衬

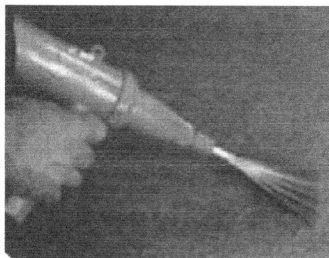

第六步：刷面涂

图 5.8.5.8-2　金属基材制作乙烯基酯树脂纤维增强塑料衬里

5) 金属基材 UPR 和 VER 纤维增强塑料衬里施工

第一步到第六步如图 5.8.5.8-2 所示。

第一步：清扫喷砂，基材处理。对金属基材用蒸汽清洗或用 1% 的三聚磷酸钠去除油脂、油污或其他污染物。当表面干燥之后，进行喷砂，直至看到明亮的金属光泽。不要用溶剂擦拭表面，用细毛刷刷掉，清扫铁屑。喷砂表面应该有 0.05~0.075mm 的锚纹出现，用已经添加了固化剂的树脂灌浆填充坑槽、裂缝、孔洞、凹缝处，在树脂灌缝固化后，再用砂纸打磨，去除灰尘。

第二步：基材刷底涂。用 OYCHEM® 8003MP、OYCHEM® 8003CP、OYCHEM® 8007MP 或 OYCHEM® 8007CP，添加促进剂和固化剂，涂刷已经处理好的基材表面 0.05~0.075mm 厚，固化后形成一个锚纹效果。底漆固化表干后（一般 20℃ 环境下 6~8h 即可），用本节 "4) 是否适合制作 UPR 和 VER 衬里的判断——粘结应用测试补丁" 的方法检查是否可以进行积层。如果施工被延误，需遮盖住底漆层以免灰尘等污染，如果延误期太长（超过 3d），则底涂等可能已经有轻微萎缩，需要重新打磨刷涂底漆。

第三步：铺短切毡。每层间都需要压赶干净气泡。按设计厚度层铺若干层短切毡，每次层铺一层，逐层压赶气泡；层铺中，若采用纤维方格布，尽量隔层层铺方格布和短切毡。

第四步：铺表面毡。表面毡大多与短切毡一次性连续成型，但表面毡层也可以隔夜固化，前提是它必须在下一层铺前，用干净、干燥的抹布擦净任何污染物。如果一层或重叠层在 20℃ 环境下固化超过 72h，那在下一层铺前务必防止出现镜面现象，必要时必须重新打磨或喷砂，并擦拭干净再进行积层。

第五步：检查和修补内衬。在刷表面富树脂层前，应认真检查内衬是否有诸如针孔、纤维未浸润或纤维暴露空洞等缺陷，用电火花测试仪对内衬层进行检测（视纤维增强塑料厚度采用不同电压），看是否有漏电。出现缺陷的地方，需要打磨掉，再用树脂纤维进行修补。小面积缺陷采用两层短切毡和两层有机毡修补即可，修补时，重叠搭接至少超过 5cm，并达到其原始纤维增强塑料积层的厚度。

第六步：刷面涂。积层通过检查之后，用添加液蜡的面涂树脂施工。可根据要求添加色浆或颜料糊。

6) 混凝土基材 UPR 和 VER 纤维增强塑料衬里施工

第一步：表面喷砂打磨处理。混凝土基材需完全没有灰尘、油渍和其他外来物质，打磨直至露出洁净的混凝土骨料；对混凝土基材进行 "广义基材处理"，详情请参见本书第 2 章的介绍。

第二步：刷底涂。在灰尘清扫干净之后，立刻用树脂（最好是二次粘结专用树脂）配成树脂胶料，用刷子或滚筒刷 0.075~0.125mm 厚的底涂。

第三、四步：积层。用三层短切毡和两层表面毡，依次进行积层。

第五、六步：检查、修补及刷面层涂层，同本节的 "5) 金属基材 UPR 和 VER 纤维增强塑料衬里施工"。

在混凝土基材上制作纤维增强塑料衬里时，有时需要使用锚固件，因此拿出来单独进行介绍，详见本节 "8) 混凝土基材乙烯基酯树脂纤维增强塑料衬里时使用的锚固件"。

7）纤维增强塑料二次粘结衬里施工（纤维增强塑料上衬里纤维增强塑料）

第一步：表面喷砂打磨处理。喷砂打磨表面直至纤维增强塑料基材露出来，在纤维增强塑料表面形成一个 0.05～0.075mm 厚的锚纹，纤维增强塑料表面须完全没有灰尘、油渍和其他外来物质。不要用溶剂去擦拭表面，最好用软毛刷，或者直接真空去除灰尘。在基材处理过程中，任何结构件都应该被移开，在积层后再重新移回来。

第二步：表面刷底涂。在灰尘清扫干净之后，立刻用树脂（最好是专用二次粘结专用树脂）配成树脂胶料，用刷子或滚筒刷 0.075～0.125mm 厚的底涂，旨在为内衬积层提供一个锚固作用的过渡层。

第三、四步：积层。①用两层 450g/m² 的短切毡浸渍树脂积层，压赶气泡，固化表干，再进行下一步积层；②用一层短切毡和两层表面毡浸渍树脂积层，接头处需定位，以免重复叠铺。

第五、六步：检查、修补及刷面层涂层，同本节的"5）金属基材 UPR 和 VER 纤维增强塑料衬里施工."。

二次粘结（Secondary bonding）在许多纤维增强塑料应用中都存在，尤其在酚醛型乙烯基酯树脂高反应放热导致的层间粘结下降以及不同纤维增强塑料材料间的粘结不足时会用到。在装配不同复合材料结构时，就会进行二次粘结处理，如法兰或人孔等与主体结构的搭接，此时应该首先对已固化的树脂表面进行良好的表面处理，要求露出玻璃纤维表面；同时，在二次粘结处理时，应该用表面毡或短切毡开始和结束铺层，而不能直接用纤维布，因为粘结完毕的结构虽作为一个整体，但结构失效最大的可能是粘结层剥离，若采用纤维布就会极大地增加这个可能性。

为了在二次粘结酚醛型乙烯基酯树脂时有一个良好的效果，必须对已经固化好的酚醛型乙烯基酯树脂的纤维增强塑料层进行仔细的表面处理，整个表面的玻璃纤维必须露出来，具有足够的粗糙度，至少 0.05～0.075mm 的锚纹，再用 16 或 24 号砂盘打磨表面，使用砂盘打磨时，需定期检查以防树脂和纤维陷入砂盘中，而得不到应有的效果，并且陷入进去的纤维和砂子也会对后续的二次粘结造成影响。

表面彻底处理之后，保持干燥、干净、整洁，直至二次粘结积层开始。灰尘、湿气、油污都会起到类似隔离剂的作用，严重影响二次层间粘结性能，也会妨碍树脂的固化。一般情况下，表面处理完之后，积层应该在几个小时内就开始实施了。

BYK® A515 助剂是一种偶联剂、浸润剂，可很好地改善树脂和前期固化好的纤维增强塑料间的二次粘结性能，BYK® A515 助剂会降低乙烯基酯树脂的表面张力，从而使树脂更容易流入纤维增强塑料的表面缝隙中。对温泉和热水池的墙面结构体，0.2% 的 BYK® A515 含量的乙烯基酯树脂表现出良好的与亚克力片材的粘结性能。

二次粘结积层开始之前的溶剂擦洗并无必要，实际上，溶剂的擦洗反而会导致二次粘结能力下降。溶剂经常在砂纸或砂盘打磨时，用于擦洗灰尘。如果使用溶剂与湿抹布去擦主表面，很可能会带进污染物，且污染物依附于主表面，会起到类似隔离剂的作用，破坏了二次粘结效果。因此，采用干抹布彻底擦清灰尘才是最有效的。

8）混凝土基材乙烯基酯树脂纤维增强塑料衬里时使用的锚固件

特殊情况下的铆钉加固防脱落。纤维增强塑料衬里或者喷射复合材料衬里的韧性不足（尽管后者比前者的综合整体韧性更好，但终究是刚性有余，韧性不足），在有高低温频繁骤变的工况下（如烟囱），又由于衬里层的线性膨胀系数和基材线性膨胀系数相差较大，衬里越厚其差值越大，也越容易导致衬里层很容易就脱落掉。因此，在以下三种情况下要么寻求其他成本更高的防腐蚀方案，要么在现有衬里方案上作铆钉加固处理。

（1）纤维增强塑料衬里或杂化喷射复合材料衬里使用环境温度在80℃以上，衬里层应用工况温度越高，越容易出现高低温变化。对混凝土基材最终纤维增强塑料内衬的工作温度在80℃以上的，或混凝土池槽竖立面最终纤维增强塑料内衬较厚时，一般都要采用"打铆钉"的锚固件固定方法处理，提高高温下内衬层和基材层的粘结性能，防止积层时的滑移和高温下的衬里脱落等。

（2）烟囱等频繁有高低温交变的苛刻环境。采用"打铆钉"的锚固件固定方法处理，提高高温下烟囱内衬层和烟囱基材层的粘结性能，防止高温下的衬里脱壳等。

（3）立面纤维增强塑料衬里层或杂化喷射复合材料衬里层一次性施工厚度较大时（如超过3mm），如不采取分层积层或喷射则易发生施工时的衬里层未凝胶前的下坠滑移。立面纤维增强塑料衬里层或杂化喷射复合材料衬里层整体厚度较大时（如超过6mm，甚至1cm），易发生衬里层固化后，在应用中与基材的线膨胀系数差异太大导致的脱壳和脱落。"打铆钉"可以很好地防止积层时的滑移和高温下的衬里脱壳等。

如腐蚀环境下没有其他更好的解决办法，或不寻求其他成本更高的防腐蚀方案，则在现有纤维增强塑料衬里或杂化喷射复合材料衬里方案上作铆钉加固处理。铆钉加固处理方法的具体操作为：

第一，混凝土基材处理，无需提前打铆钉，可在施工中后期打铆钉，对大面积施工可节省人力，前期施工也更便捷；对金属基材需要提前焊接好铆钉，铆钉长度根据衬里层的厚度而定，一般2～5cm为宜；针对不锈钢基材，强烈建议遇到温度交变时要焊接铆钉，因为不锈钢喷砂处理后容易钝化形成保护膜，大大降低底漆和不锈钢之间的粘结性能，导致最终衬里易脱壳。

第二，基材上贴完纤维增强塑料或喷射完涂层后，在最后喷涂1～2道涂料或衬贴最后一层短切毡或方格布前，每几个平方米的面积或者按照短切毡的宽幅位置选择宽幅范围内每几个平方米处，打1～2根3～5cm的不锈钢铆钉；钉帽略露出已喷涂层或已贴纤维增强塑料积层，混凝土或者相对不是非常坚固的混凝土基材铆钉可以打得较深，露出来2～4mm为宜；对于坚硬的基材或者金属基材焊接铆钉的，也可露出1～2cm。

第三，等喷射完最后一道涂料胶料或积层完最后一层纤维增强材料后，混凝土基材的话，则把外露铆钉钉帽或钉头打进去，与衬里层平行即可，再去喷涂或者刷涂树脂胶料或涂料覆盖，也可以用一层局部的纤维配合覆盖；金属基材的话，则把外露铆钉钉帽或钉头用角磨机打掉，打到与衬里层平行即可，再去喷涂或者刷涂树脂胶料或涂料覆盖，也可以用一层局部的纤维配合覆盖。

9）纤维增强塑料衬里耐磨层、外涂层、导静电层制作

在制作纤维增强塑料或鳞片胶泥耐磨型防腐蚀衬里时，或制作要求载荷的地面工程时，都需要添加耐磨颗粒料，提高衬里层或地面的耐磨性能。常用的耐磨料有碳化硅、氧化铝（陶瓷粉）、石英砂等。耐磨料的密度一般比树脂大不少，因此对添加了耐磨料的树脂、促进剂、固化剂的添加量还是要以树脂量的基数重量来添加。可用碳纤维表面毡取代普通的C型玻纤表面毡或有机纤维表面毡来增加衬里表面的耐磨性。

含有固体颗粒的快速流动的介质对纤维增强塑料设备（如塔、管等）的内表面会造成严重磨损。颗粒尺寸小于100目（约$150\mu m$）时，并不会产生较为严重的磨损威胁，而液体小于1.8m/s的流速时也不会造成大的磨损危害。但是，当流速和颗粒都较大时，必须采取耐磨损的措施。一种做法是将耐蚀层做成正常厚度的两倍；另一种，就是可能需要更多的成本去更换耐腐蚀材料层了。常用的耐蚀耐磨材料是在耐蚀面层添加二氧化硅、碳化硅、氧化铝和氮化硅等，表5.8.5.8列出了不同的树脂添加耐磨添加剂后的表面耐磨能力数据。磨损系数越大，耐磨性能越差。

使用合成纤维表面毡，或在有耐磨需要面添加碳化硅或陶瓷粒，或用柔性乙烯基酯树脂制作弹性内衬层，这些方法都只能对应一般轻微的磨损性要求，耐磨要求再高的话，则需要采用砖板衬里方案或其他更加耐磨的树脂防腐方案。

不同的树脂添加了耐磨添加剂后的表面耐磨抵抗能力数据　　表5.8.5.8

纤维增强塑料	磨损系数	纤维增强塑料	磨损系数
OYCHEM®8001＋玻纤	388	OYCHEM®8001＋玻纤＋66％SiO_2	38
OYCHEM®8007＋玻纤	320	OYCHEM®8007＋玻纤＋20％SiC	25
OYCHEM®8008＋玻纤	250	OYCHEM®8008＋玻纤＋40％SiC	10
OYCHEM®8001＋玻纤＋10％SiO_2	70	OYCHEM®8001＋玻纤＋50％SiC	10
OYCHEM®8001＋玻纤＋50％SiO_2	38	—	—

外涂层制作如下：①添加2％～4％的空干剂液蜡可有效提高外涂层的固化程度，防止发黏；②在一些耐候性要求较高的纤维增强塑料外层，可适当添加紫外线吸收剂，或涂刷耐候涂料，如丙烯酸类聚酯涂料、脂肪族聚氨酯涂料、氟碳涂料等；③直接采用空干型乙烯基酯树脂为外涂层树脂也可解决外涂层的发黏固化不足的缺陷，但目前并未大面积商业化。

纤维增强塑料容器或管道的导静电效果的目的旨在提供一个接地途径，它可以将潜在危险性的静电积累电荷释放出去。这种接地的过程，将有效防止电荷积累发生时可能出现的电弧效应。导静电纤维增强塑料内衬制作如下：①在树脂中添加25％的导电石墨粉或者配合使用15～20g/m²规格的碳纤维表面毡制作的纤维增强塑料积层板，具有稳定良好的导静电效果。如果使用不同规格的导电石墨粉，建议先对其积层品的导静电性能进行测试，以确保最终的纤维增强塑料导静电性能不受影响。②导电碳纤维毡层应采用导电石墨粉，而聚酯毡或C型玻璃纤维毡也常用于耐蚀内衬层，这时树脂胶料中就不含导电石墨粉。③在一般的耐蚀内衬层和结构层中，并不建议采用导电石墨粉，因为导电石墨粉对层间二次粘结强度会有一定的副作用，如必须在纤维增强塑料设备中采用导电石墨粉的话，覆盖面积需增加。导电石墨粉在树脂胶料中的添加量也会对最终的耐蚀性能有一定的副作用，对树脂的固化有一定的阻聚作用。④金属、合金片、合金条也可和导电石墨粉一起应用，只要层铺时置于纤维下面，接触到法兰盘即可，法兰盘接地。铜、黄铜、锌、镀锌金属建议少用，因为实践证明它们会导致乙烯基酯树脂固化不彻底。

10）纤维增强塑料衬里后固化处理及其他施工注意事项

在纤维增强塑料设备制造之后，后固化处理非常重要，它能确保最终设备具有最佳的耐热温度和耐腐蚀性能。纤维增强塑料较为理想的后固化处理温度和时间是纤维增强塑料制造用树脂热变形温度以上的某个温度处理 2h。大多数乙烯基酯树脂的热变形温度介于 90~150℃之间，因此 130℃处理 2h 就够了。由 OYCHEM® 8007 系列酚醛型乙烯基酯树脂制造的纤维增强塑料 150℃后固化处理 2h 即可。更多详情见"5.8.5.5 固化后苯乙烯残留量的控制"的"1. 后固化处理"。

其他纤维增强塑料衬里施工注意事项：①纤维增强塑料衬里在转角处、门口处、预留孔、管道出入口或地漏等部位，容易形成薄弱环节，造成隐患，故应在施工时特别注意及加强处理。②严格控制施工环境条件，环境温度大于 12℃，湿度不大于 80%，保证施工质量。③施工场地应保持通风良好，配置消防器材和禁止烟火警示牌，以保证安全。④施工场地应保持清洁，作业结束后清理残存易燃、易爆物和其他杂物。⑤纤维增强塑料地面养护时间不少于 10d，储槽不少于 20d，常温固化可使用时间均应大于 30d。⑥用电火花检测仪检查针孔时，电压随纤维增强塑料厚度变化，一般为 3.5~6kV。⑦不饱和聚酯树脂、乙烯基酯树脂的纤维增强塑料衬里施工时，特别需要注意过氧化甲乙酮固化剂对眼睛的伤害，作业者在接触、称量、混合它时都应佩戴防护镜，穿适当的防护服，以最大限度避免皮肤接触过氧化甲乙酮。为避免剧烈反应，促进剂绝不能直接和过氧化甲乙酮之类的常温固化剂直接混合。⑧N,N'-二甲基苯胺助促进剂是一种接触性有毒物质，为防止通过皮肤接触而吸收 N,N'-二甲基苯胺，作业者在接触、处理、称量、混合操作时，都需穿戴必要的防护服和防护镜。

5. 现场 UPR 和 VER 树脂储存注意事项

1）储存温度

建议乙烯基酯树脂的储存环境温度低于 25℃，制造商给出来的最大保存期限也是按照低于 25℃的环境温度推算出来的。储存时，远离热源、火源等，如处理不当，则会缩短其保存期。阳光暴晒或经常接触其他热源也会加速树脂的固化，缩短保存期。因此，建议存放环境为低温、干燥、阴凉、不直接接触阳光的场所。一般建议不要使用深色的包装桶，白色或浅色的包装桶也有利于降低包装桶的热量吸收。乙烯基酯树脂应存放在不锈钢铁桶或内衬环氧树脂或酚醛树脂涂料的金属铁桶内。储存时，在树脂中混入干燥的空气或 5%氧气和 95%氮气的混合气体，对延长树脂存放时间是有利的。包装桶需要密封，防止进水和苯乙烯单体挥发损失。

2）树脂存放期、保质期及两者区别

存放期定义：指的是生产日起始，到乙烯基酯树脂凝胶不具备流动状态的时间间隔。

保质期定义：指的是生产日起始，到乙烯基酯树脂凝胶的各项指标中任何一项指标超出质检报告的规定规格值控制范围的上限或下限，如黏度超过规格值上限、酸值低于规格值下限、凝胶时间超过规格值范围上下限等。

存放期和保质期的区别在于：①存放期和保质期都可以通过人为干预而延长，如降低存放环境温度、补添阻聚剂、充气存货、转动存货等。②存放期一般情况下都会比保质期要长。③遇到超过保质期，但又没有"坏掉"（凝胶），也就是说在存放期之内，保质期之外的特殊阶段，这时候液态树脂的部分性能指标会已经超出了出厂时的 AOC 质检报告中的规格值，如树脂黏度已经能够变得更大，这时候树脂继续进行固化得到的固化物的性能多少会受到一些影响，在妥善地进行针对性处理后，性能影响会降到最低，最终的纤维增强塑料性能可以完全满足设计要求，但如果处理不当，如仅仅靠添加过多的苯乙烯稀释剂去达到施工黏度操作性的要求，那么固化后的纤维增强塑料大概率会因为苯乙烯含量过多、固化物发脆以及其他的一些原因导致性能受到一定的影响。因此，在遇到此类情况时，一定要谨慎对待，反馈现场的每一个细节情况和具体工程有限的条件给树脂供应商技术工程师，在得到妥善的建议之后再进行针对性的处理后施工操作。

乙烯基酯树脂和不饱和聚酯树脂都应该按照制造商建议的保质期、存放期使用。不同技术水平和制造水平的树脂供应商制造出来的树脂的保质期、存放期是不一样的。

OYCHEM® 乙烯基酯树脂的保质期都超过 4 个月，如严格控制 25℃ 的阴凉环境储存，存放期一般都会达到 6~9 个月，特殊牌号可延长至 12 个月，每隔一段时间开桶盖置换树脂桶内空气，可适当延长树脂保质期；另外，固化剂多为不稳定的有机过氧化物，应该避免阳光直射，阴凉处（20℃ 以下）储存。

3）转动存货

根据存货清单，应尽量先使用老的批次，再使用新近的批次的树脂。转动包装桶，可使得树脂和桶内上半部分空气再次混合，可适当延长树脂的保存期。

4）充气、换气存货

氧气可用作为自由基固化树脂的阻聚剂，因此定期对树脂进行换空气和充空气可以有效地延长树脂的存放期。操作时，尽量在空气流通较好的场所，通过一个充气口插入树脂容器中进行空压机充气。注意：充气的管子不可使用铜管或锌管，尽量采用塑料管。通过充气、换气的方式延长树脂的存放期，并没有一个准确的延长保存时间的数据。不同牌号的乙烯基酯树脂，阻聚剂含量不同，反应活性不同，存储期限也不同，请参照具体牌号的存放期的描述。充气、换气、转动保存都会延长树脂的保存期。如果树脂已经开始凝胶了，凝胶了的部分应按照当地的相关规定进行废弃物处理，未凝胶的部分经过再处理可以使用。已经出现凝胶的部分，不可再继续使用，因为它们不可能再与促进剂和固化剂进行均匀的混合，会影响到最终制品的耐腐蚀性能和力学性能。

5）分散储存等其他树脂储存建议

树脂在存放时，尽量做到远离火源、远离热源、避免污染，尽量去延缓聚合变质。另外，需要做到如下几点：①尽量在 25℃ 以下的环境存放，接地避免静电，建议定期监测环境温度和积累静电。②定期搅动或转移树脂，避免树脂长时间固定在一个地方引起的聚合。③适当转动，使得树脂和容器内的气体混合，可适当延长树脂的存放期。④使用正确的容器转移和储存树脂，如钢质材料、黑铁材料、304 不锈钢材料等。含有铜、锌的合金材料建议不要使用，因为它们会影响树脂的活性，延缓树脂的凝胶。橡胶材料不可用来储存树脂，因为苯乙烯会和绝大部分橡胶发生溶胀（氟橡胶除外）。塑料材料容器可以用来储存树脂，但不建议使用，因为塑料材料内含一些抗氧剂等助剂，在存放树脂期间，这些助剂的析出会影响到树脂的稳定性；另外，浅色的塑料容器会透光，会大大缩短树脂的存放期。⑤定期检测树脂的凝胶时间和热稳定性，预判树脂的再储存时间。⑥建议在存放期内使用树脂。

6）预促进树脂的存放

预促进树脂的保存期较非预促进型的树脂要短，在存放期内使用并不会影响最终制品的性能。预促进的比例不同，不同的牌号具有不同的存放期，一般都会短缩 1/3 存放期，具体时间可咨询树脂商。另外，预促进树脂在制造时添加了促进剂及助促进剂，有些是不稳定的，尤其是未使用完的预促进树脂，其凝胶时间可能会发生漂移，这点在使用时一定要注意。调整固化剂的使用量，或者补加促进剂等其他助剂，可以得到相同高品质的纤维增强塑料制品。

7）产品存放管理职责

建议客户仔细阅读产品技术说明资料和材料安全数据表。

5.8.5.9 现场施工之 UPR 和 VER 纤维增强塑料衬里疑难问题解答

本小节和"5.14 通用纤维增强塑料衬里工程施工缺陷及解决办法"重复，请参见该节。

5.9 通用纤维增强塑料衬里工程

5.9.1 通用规定

（1）纤维增强塑料衬里适用于腐蚀介质下的设备及管道内表面防护，可与涂料衬里、玻璃鳞片衬里复合使用，也可用于砖板衬里的隔离层。纤维增强塑料衬里也适用于混凝土基材的池槽衬里的防腐工程。

（2）纤维增强塑料衬里的设计压力宜为 0～0.3MPa。

（3）纤维增强塑料衬里的设计温度宜为 —20～80℃。

（4）衬里施工前的金属基体、金属基体表面和焊缝要求、金属基体表面处理等级和混凝土基体、混凝土基体表面、混凝土基体表面处理要求请参见本书第 2 章介绍。

（5）纤维增强塑料防腐蚀衬里施工前的基体表面处理方法、基体表面处理等级、处理后的粗糙度等级请参见本书第 2 章介绍。

5.9.2 材料规定

1）纤维增强塑料衬里采用的树脂包括环氧树脂、乙烯基酯树脂、双酚 A 型和间苯型不饱和聚酯树脂、呋喃树脂和酚醛树脂。各种树脂的相关方面知识请参见本章 5.2 节介绍。

（1）环氧树脂质量应符合现行国家标准《双酚 A 型环氧树脂》GB/T 13657 的有关规定；固化剂宜选用低毒固化剂，也可采用乙二胺等胺类固化剂，其性能应满足使用工况；稀释剂宜采用正丁基缩水甘油醚、苯基缩水甘油醚等活性稀释剂，其性能应满足使用工况；其固化相关方面知识见本章 5.5 节介绍。

（2）乙烯基酯树脂质量应符合现行国家标准《乙烯基酯树脂防腐蚀工程技术规范》GB/T 50590 的有关规定；固化剂应包括引发剂和促进剂，其配套使用方法应符合现行国家标准《建筑防腐蚀工程施工规范》GB 50212 的有关规定；稀释剂应采用苯乙烯，其性能应满足使用工况；其固化相关方面知识见本章 5.8 节介绍。

（3）双酚 A 型和间苯型不饱和聚酯树脂质量应符合现行国家标准《纤维增强塑料用液

体不饱和聚酯树脂》GB/T 8237的有关规定；固化剂应包括引发剂和促进剂，其配套使用方法应符合现行国家标准《建筑防腐蚀工程施工规范》GB 50212的有关规定；稀释剂应采用苯乙烯，其性能应满足使用工况；其固化相关方面知识见本章5.8节介绍。

（4）呋喃树脂质量应符合现行国家标准《建筑防腐蚀工程施工规范》GB 50212和《呋喃树脂耐蚀作业质量技术规范》GB/T 35499的有关规定，呋喃树脂固化剂应为酸性固化剂，已添加到胶料粉、纤维增强塑料粉和胶泥粉中，其性能应满足呋喃树脂使用工况，其固化相关方面知识见本章5.7节介绍。

（5）酚醛树脂质量应符合现行国家标准《建筑防腐蚀工程施工规范》GB 50212的有关规定；固化剂宜选用低毒型萘磺酸类固化剂，也可选用苯磺酰氯固化剂，其性能应满足使用工况；稀释剂应采用无水乙醇，其性能应满足使用工况；其固化相关方面知识见本章5.6节介绍。

2）纤维增强塑料衬里采用的增强材料包括玻璃纤维、涤纶纤维、碳纤维及其织物等，增强材料的选型除应符合现行国家标准《纤维增强塑料设备和管道工程技术规范》GB 51160的有关规定外，且增强材料表面处理采用的偶联剂应与树脂匹配。各种纤维的相关方面知识请参见本章5.3节介绍。

（1）玻璃纤维增强材料宜采用C、E、E-CR型，其化学成分应符合现行行业标准《玻璃纤维工业用玻璃球》JC/T 935的有关规定，分类代码应符合现行国家标准《玻璃纤维产品代号》GB/T 4202的有关规定。不得使用陶土坩埚生产的玻璃纤维增强材料。

（2）当采用玻璃纤维短切毡时，单位质量宜为300～450g/m²；其质量应符合现行国家标准《玻璃纤维短切原丝毡和连续原丝毡》GB/T 17470的有关规定。

（3）当采用非石蜡乳液型的无捻粗纱玻璃纤维方格布时，单位质量宜为200～400g/m²；其质量应符合现行国家标准《玻璃纤维无捻粗纱布》GB/T 18370的有关规定。

（4）当采用玻璃纤维表面毡时，单位质量宜为30～50g/m²；其质量应符合现行国家标准《玻璃纤维湿法毡》GB/T 26733的有关规定。

（5）当用于含氟类介质的衬里时，应采用涤纶晶格布或涤纶毡；涤纶晶格布的经纬密度，应为每8×8纱根数/cm²；涤纶毡单位质量宜为30g/m²；涤纶纤维及其织物使用前应进行防收缩处理。

（6）碳纤维及其织物的质量应符合现行国家标准《聚丙烯腈基碳纤维》GB/T 26752和《经编碳纤维增强材料》GB/T 30021的有关规定。

3）当纤维增强塑料衬里施工需要填料时，应采用铸石粉、石英粉、瓷粉、石墨粉或硫酸钡粉等惰性材料。各种填料的相关介绍请参见本章5.4节。

（1）粉料应洁净、干燥，耐酸率不小于95%（当采用酸性固化剂时，粉料的耐酸率不应小于98%，其体积安定性应合格，且不得含有铁质、碳酸盐等杂质），含水率不大于0.5%，一般细度要求0.15mm筛孔筛余量不应大于5%，0.088mm筛孔筛余量应为15%～30%。

（2）当用于含氟类介质的衬里时，应选用硫酸钡粉或石墨粉。

（3）当用于含碱类介质的衬里时，应选用铸石粉或石墨粉。

4）玻璃纤维增强塑料衬里的制成品质量应符合表5.9.2的规定，当采用其他纤维增强塑料衬里时，其制成品质量应经试验确定。

玻璃纤维增强塑料衬里的制成品质量　　　　　　　表 5.9.2

树脂	纤维增强材料	拉伸强度(MPa),≥	拉伸模量(GPa),≥	断裂延伸率,≥	弯曲强度(MPa),≥	弯曲模量(GPa),≥	巴柯尔硬度,≥	线膨胀系数(×10⁻⁵,1/℃),≤	附着力(MPa,底层涂层),≥
环氧树脂	短切毡	90	7.5	1.4%	150	7.0	30	3.0	6.0
	方格布	200	14.5	1.6%	300	10.0	35	1.9	
乙烯基酯树脂	短切毡	80	8.0	1.0%	130	7.0	35	3.5	5.0
	方格布	250	17.0	2.2%	350	12.5	40	2.0	
双酚A型不饱和聚酯树脂	短切毡	80	7.5	1.2%	130	6.0	35	3.5	5.0
	方格布	280	18.0	2.0%	260	16.5	40	2.0	
间苯型不饱和聚酯树脂	短切毡	95	8.0	1.4%	150	7.5	35	2.5	5.0
	方格布	260	17.0	2.0%	300	14.0	40	1.8	
呋喃树脂	短切毡	80	9.0	1.0%	150	8.5	40	1.8	4.0
	方格布	130	15.0	1.2%	150	12.0	45	1.0	
酚醛树脂	短切毡	80	7.0	1.6%	150	7.0	40	3.0	4.0
	方格布	200	13.0	2.0%	250	10.0	45	2.0	

注：线膨胀系数是 20～100℃间的平均线膨胀系数，试样常温固化不应少于 1d，并应在 100℃下进行 4h 热处理。

5.9.3 设计规定

（1）纤维增强塑料衬里的设计条件和衬里选型除应符合《工业设备及管道防腐蚀工程施工规范》GB 50726—2011 第 3.4 节的规定外，尚应符合下列规定：①环境温度下的纤维增强塑料衬里材料选用可参考本书"表 3.2.5-1 常见腐蚀介质分类、环境温度下部分衬里材料的选用"确定；②使用工况下纤维增强塑料衬里的耐腐蚀性能，当采用现场挂片或实验室试验验证时，其试验方法和评定应符合现行国家标准《纤维增强塑料设备和管道工程技术规范》GB 51160 的有关规定。

（2）纤维增强塑料衬里结构宜包括底层涂层、中间层、纤维增强层、面层涂层、封面层（图 5.9.3）。

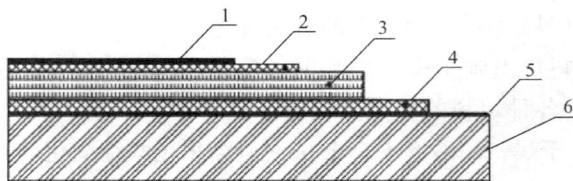

图 5.9.3　纤维增强塑料衬里
1-封面层；2-面层涂层；3-纤维增强层；4-中间层；5-底层涂层；6-基体

①底层涂层应采用树脂胶料，一般厚度≥0.05mm。②中间层宜由树脂胶料和耐腐蚀粉料组成胶泥料，一般厚 0～0.1mm。③纤维增强层应包括一层或多层纤维织物。当采用玻璃纤维增强材料时，宜采用玻璃纤维短切毡，也可玻璃纤维短切毡和玻璃纤维方格布复

合；玻璃纤维短切毡含胶量不得低于 65%，玻璃纤维方格布含胶量不得低于 45%，一般厚 1.5～4.0mm。④面层涂层应包括一层或多层表面毡，采用玻璃纤维表面毡时，含胶量不得低于 90%；面层涂层应采用与纤维增强层相同的树脂类型，一般厚 0～1.0mm。⑤封面层应采用与前一层相同的树脂类型，一般厚 0～0.4mm。

（3）纤维增强塑料衬里工程，采用呋喃树脂或酚醛树脂施工时，应符合以下规定：①基体表面应采用环氧树脂、乙烯基酯树脂、双酚 A 型和间苯型不饱和聚酯树脂等胶料做底层涂层；②中间层的胶料宜采用呋喃树脂或酚醛树脂，也可采用环氧树脂、乙烯基酯树脂、双酚 A 型和间苯型不饱和聚酯树脂。

（4）纤维增强塑料衬里在接管、阴阳角、开孔等部位应采取局部加强措施。

（5）纤维增强塑料衬里可与涂料衬里、玻璃鳞片衬里、树脂耐磨胶泥复合使用。

5.9.4　施工规定

（1）纤维增强塑料衬里工程施工前：①施工单位应编制施工组织设计和专项施工方案；②设计及相关技术文件应齐全，施工图纸应通过会审；③施工组织设计或专项施工方案应已批准，技术和安全交底应已完成；④材料、机具、检测仪器、施工设施及场地宜齐备，并应完成检验和报批；⑤防护设施应安全可靠，施工用水、电、气、汽应能满足连续施工的需要；⑥应制订相应的安全应急预案。

（2）纤维增强塑料衬里施工环境条件、外围条件应符合：①施工环境温度宜为 15～30℃，相对湿度不宜大于 80%；②当施工环境温度低于 10℃时，应采取加热保温措施，但不得用明火或蒸汽直接加热；③施工时原材料的使用温度，被衬设备及管道的表面温度，不应低于允许的施工环境温度；④原材料使用时的温度宜符合施工要求；⑤待涂衬里或被涂装的基体表面温度应大于露点温度 3℃；⑥当环境条件无法满足以上条件时，应采取措施达到环境温度和相对湿度的要求；⑦纤维增强塑料衬里施工宜在车间进行，当露天施工时，应设置遮阳避雨设施；⑧整个设备及管道返修范围较大时，应采取措施防止原衬里结构或涂层的过度固化。

（3）纤维增强塑料衬里施工时，安全注意事项如下：①纤维增强材料、粉料等材料应包装完整，并应防潮储存；②树脂、固化剂、引发剂、促进剂、稀释剂等材料的储存和使用应遵守材料安全数据说明书的规定，并应密闭储存在阴凉、干燥的通风处，且应采取防火措施；③施工完成后，进入衬里设备时，应穿柔软、干净的鞋子；④架设的梯子和脚手架与衬里接触面应采取保护措施；⑤施工时不得与其他工种交叉作业；⑥施工及养护期间，应采取防水、防火、防粉尘、防结露和防暴晒等措施。

（4）纤维增强塑料衬里施工时，应根据施工环境温度、相对湿度、原材料性能及施工工艺特点，通过试验确定施工配合比，经试验确定的配合比不得任意改变，无论是否改变都需要做好施工记录，并做到：①按确定的施工配合比和配制顺序混合均匀；②每次配制数量应满足施工需要，并应在凝胶前用完；③当采用乙烯基酯树脂、双酚 A 型和间苯型不饱和聚酯树脂时，衬里施工最后一遍树脂胶料中应含有苯乙烯石蜡液。

（5）纤维增强塑料衬里施工时，纤维及其织物的铺衬顺序应符合：①当铺衬矩形设备、通风管或立式设备时，应先铺衬顶面，然后铺衬垂直面，最后再铺衬底面。②当铺衬圆筒形卧式设备时，可先将设备放置在滚轮上，先铺衬两端封头的内表面，然后铺衬中间筒体，最后再铺衬人孔；待铺衬部分树脂凝胶后，转动滚轮，继续铺衬余下部位。③当内外表面都需要铺衬时，按先内表面再外表面的顺序施工。

（6）纤维增强塑料衬里施工时，纤维增强塑料手糊铺衬施工应符合：①底层涂层：基体表面处理后，应在基体表面均匀地涂装底层涂料，不得有漏涂、流挂等缺陷，自然固化不宜小于24h。②中间层：当基体表面存在凹陷不平处时，应采用树脂胶泥料修补填平，凹凸不平的焊缝及转角处应采用胶泥抹成圆滑过渡；当采用底层涂层替代中间层时，可采用喷涂方式完成底层涂层和中间层的施工；自然固化不宜小于24h。③当纤维增强层施工采用间歇法铺层时，在基体表面应先均匀涂装一层胶料，随即衬一层纤维增强材料，胶料应饱满，纤维应贴实，赶净气泡；自然固化不宜小于24h，检查铺衬层的质量，当有毛刺、脱层和气泡等缺陷时，应进行修补；再进行后道工序施工，直至达到设计要求的层数或厚度。④当纤维增强层施工采用连续法铺层时，在基体表面应先均匀涂装一层胶料，并连续铺衬两层纤维增强层，胶料应饱满，纤维应贴实，赶净气泡；自然固化不宜小于24h，检查铺衬层的质量，当有毛刺、脱层和气泡等缺陷时，应进行修补；再进行后道工序施工，直至达到设计要求的层数或厚度。⑤铺衬时，上下两层的搭接错开距离不得小于50mm；阴阳角处应增加一至二层纤维增强材料；搭接应顺物料流动方向；铺衬接管的纤维增强材料与铺衬内壁的纤维增强材料应层层错开，搭接宽度不应小于50mm；设备转角、接管处、法兰平面、人孔及其他受力并受介质冲刷的部位，均应增加1～2层纤维增强材料，翻边处应剪开贴紧。⑥在完成纤维增强层铺设并检查合格后，方可进行面层涂层施工。⑦封面层胶料应涂装均匀，第一层胶料自然固化24h后，再涂装第二层胶料。⑧铺衬施工过程中，铺层不得滑移、下坠，固化后不得起壳、脱层。

（7）纤维增强材料也可采用浸揉法处理，当采用浸揉法时，纤维增强材料应放置在配制好的胶料里完全浸透，并应挤出多余的胶料，纤维增强材料应拉平铺衬。

（8）如采取手持喷枪喷射成型的施工方法的话，则应符合：①喷射成型工艺宜采用乙烯基酯树脂或不饱和聚酯树脂，增强材料宜采用玻璃纤维无捻粗纱；②喷射施工前，应在已处理的基体表面均匀喷涂封底胶料，不得有漏涂、流挂等缺陷，自然固化时间不宜少于24h；③玻璃纤维无捻粗纱宜切成25～30mm长度，并与树脂胶料混合均匀，再喷到设备或管道内表面；④一次喷射厚度宜为1～3mm，纤维含量不应小于30%，喷射后应采用辊子将喷射层压实，喷射层表面应平整、无气泡，并应在室温条件下固化。

（9）采用纤维增强塑料作设备及管道衬里的隔离层时，面层涂层和封面层可省略。

（10）纤维增强塑料衬里常温固化的养护时间宜符合表5.9.4-1。纤维增强塑料衬里在40～50℃干燥的热空气下的固化时间大致参照表5.9.4-2。当纤维增强塑料衬里需要热处理时，热处理温度及保温时间可参照表5.9.4-3，且应严格控制升降温度速度，不得局部过热。当衬里质量能满足要求时，纤维增强塑料衬里是否需要热处理以及热处理的温度和时间可不受表5.9.4-3限制。

纤维增强塑料衬里常温固化的养护时间 (d)　　　　　　　　　　表 5.9.4-1

树脂类型	养护期		
	胶泥、砂浆、细石混凝土	纤维增强塑料	树脂自流平、玻璃鳞片胶泥
环氧树脂	≥10	≥15	≥10

续表

树脂类型	养护期		
	胶泥、砂浆、细石混凝土	纤维增强塑料	树脂自流平、玻璃鳞片胶泥
乙烯基酯树脂	≥10	≥15	≥10
不饱和聚酯树脂	≥10	≥15	≥10
呋喃树脂	≥15	≥20	—
酚醛树脂	≥20	≥25	—

纤维增强塑料衬里在50℃干燥热空气下的固化时间（d）　　　表 5.9.4-2

树脂类型	50℃下固化时间		
	胶泥、砂浆、细石混凝土	纤维增强塑料	树脂自流平、玻璃鳞片胶泥
环氧树脂	1	1	1
乙烯基酯树脂	0.5	0.5	0.5
不饱和聚酯树脂	0.5	0.5	0.5
呋喃树脂	2	2	—
酚醛树脂	2	2	—

纤维增强塑料衬里热处理温度及保温时间　　　表 5.9.4-3

树脂类型	常温固化时间(h)	热处理温度						降温速度 15℃/h
		常温～40℃	40℃	40～60℃	60℃	60～80℃	80℃	
		保温时间(h)						
环氧树脂	12～24	1	4	2	4	2	6～12	80℃～常温
乙烯基酯树脂	8～24	1	2	2	2	2	4～8	
不饱和聚酯树脂	8～24	1	2	2	2	2	4～8	
呋喃树脂	24～48	2	4	2	4	4	12～24	
酚醛树脂	24～48	2	4	2	4	4	12～24	

5.9.5　检验规定

（1）纤维增强塑料衬里的主要原材料取样数量和质量判定应符合：①从每批号桶装树脂中，随机抽样3桶，每桶取样不应少于200g，应混合后检测；当该批号小于或等于3桶时，可随机抽样1桶，取样不应少于500g。②粉料应从不同粒径规格的每批号中，随机抽样3袋，每袋取样不应少于1000g，应混合后检测；当该批号小于或等于3袋时，可随机抽样1袋，取样不应少于3000g。③纤维增强材料应从每批号中，随机抽样3卷，每卷取样不应少于$1.0m^2$；当该批号小于或等于3卷时，可随机抽样1卷，取样不应少于$3.0m^2$。④当抽样检验结果有一项不合格时，应加倍抽样复检；当仍有一项指标不合格时，应判定该产品质量不合格。

（2）纤维增强塑料衬里的制成品取样数量和质量判定应符合：①当施工前需要检测时，应按照确定的施工配合比制样，经养护后检测；②当需要对已配制材料进行检测时，应随机抽样3个配料批次，每个批次的同种样块至少应为3个，并应在树脂凝胶前制样完毕，经养护后检测；③当抽样检验结果有一项不合格时，应加倍抽样复检。当仍有一项指标不合格时，应判定不合格。

（3）树脂、固化剂和稀释剂等原材料的质量检验方法：检查产品出厂合格证、材料检测报告或现场抽样的复检报告；纤维增强材料的质量检验方法：检查产品出厂合格证、材料检测报告或现场抽样的复检报告；填料的质量检验方法：检查产品出厂合格证、材料检测报告或现场抽样的复检报告；纤维增强塑料衬里的制成品质量检验方法：检查材料检测报告或现场抽样的复检报告。

（4）采用玻璃纤维增强塑料衬里，其玻璃纤维布的含胶量不应小于45％，玻璃纤维短切毡的含胶量不应小于65％，玻璃纤维表面毡的含胶量不应小于85％。检验方法：按现行国家标准《玻璃纤维增强塑料树脂含量试验方法》GB/T 2577的有关规定进行检查。

（5）纤维增强塑料衬里层的外观检查应符合下列规定：①衬里表面允许最大气泡直径应为3mm；每平方米直径1～3mm的气泡应少于3个。②衬里表面应平整光滑，并不得出现分层和发白现象。③衬里与基体的粘结应牢固，并应无纤维裸露、色泽明显不匀等现象。检验方法：观察检查、尺量检查和敲击检查。

（6）纤维增强塑料衬里层的厚度应符合设计要求，总厚度的允许偏差应为设计总厚度的一10％～50％。检验方法：检查施工记录和采用磁性测厚仪检查。

（7）纤维增强塑料衬里层应无影响衬里性能的针孔、气泡、裂纹或杂质等缺陷，进行针孔检测时，衬里层应无击穿现象。测试电压宜按3kV/mm确定，探头行走速度宜在50～100mm/s内匀速移动。检验方法：外观检查，采用电火花针孔检测仪检查。

（8）纤维增强塑料衬里树脂应固化完全，表面应无黏丝或流淌等现象。检验方法：采用白棉花球蘸丙酮擦拭方法检查。当需测定树脂固化度时，其值不应小于85％或应符合设计要求。检验方法：按现行国家标准《增强塑料巴柯尔硬度试验方法》GB/T 3854的有关规定进行检查。

（9）纤维增强塑料衬里检查时，还应检查如下文件：施工配合、试验报告、中间交接记录、常温养护和固化时间、热处理记录、施工记录每个细节。

5.10 通用纤维增强塑料衬里胶料配制

5.10.1 不饱和聚酯树脂和乙烯基酯树脂胶料的配制

（1）乙烯基酯树脂或不饱和聚酯树脂胶料、胶泥、砂浆和细石混凝土的配制应符合下列规定：①按施工配合比先将乙烯基酯树脂或不饱和聚酯树脂与促进剂混匀，再加入引发剂混匀，配制成树脂胶料；②严禁促进剂与引发剂直接混合；③在配制成的树脂胶料中加入粉料，搅拌均匀，制成胶泥料；④在配制成的树脂胶料中加入粉料和细骨料，搅拌均匀，制成砂浆料；⑤在配制成的树脂胶料中加入粉料和粗细骨料，搅拌均匀，制成细石混凝土料；⑥当有颜色要求时，应将色浆或用稀释剂调匀的颜料浆加入乙烯基酯树脂或不饱和聚酯树脂中，混合均匀；⑦当采用乙烯基酯树脂或不饱和聚酯树脂胶料封面时，最后一遍的封面树脂胶料中应加入苯乙烯石蜡液；⑧典型的施工配合比见表5.10.1。

乙烯基酯树脂和不饱和聚酯树脂材料的施工配合比（质量比）　　表 5.10.1

材料名称		树脂	引发剂	促进剂	苯乙烯	矿物颜料	苯乙烯石蜡液	粉料		细骨料		粗骨料
								耐酸粉	硫酸钡粉	石英砂	重晶石砂	石英石
封底料		100	1~4	0.5~4	0~15							
修补料		100	1~4	0.5~4	—			200~350	(400~500)			
树脂胶料	铺衬与面层胶料	100	1~4	0.5~4	—	0~2		0~15				
	封面料	100	1~4	0.5~4	—	0~2	3~5					
	胶料	100	1~4	0.5~4								
胶泥	砌筑或嵌缝料	100	1~4	0.5~4				200~300	(250~350)			
稀胶泥	灌缝或地面面层料	100	1~4	0.5~4		0~2		120~200				
砂浆	面层或砌筑料	100	1~4	0.5~4		0~2		150~200	(350~400)	300~450	(600~750)	
	石材灌浆料	100	1~4	0.5~4				120~150		150~180		
细石混凝土	面层料	100	1~4	0.5~4				150~200		250~300		250~350

注：1. 表中括号内的数据用于耐含氟类介质工程。

2. 过氧化苯甲酰二丁酯糊引发剂与 N,N'-二甲基苯胺苯乙烯液促进剂配套；过氧化环己酮二丁酯糊、过氧化甲乙酮引发剂与钴盐（含钴量不小于 0.6%）的苯乙烯液促进剂配套。

3. 苯乙烯石蜡液的配合比为苯乙烯：石蜡=100：5；苯乙烯石蜡液应使用在最后一道封面料中。

4. 乙烯基酯树脂自流平料与固化剂的配合比，由供货商提供或经试验确定。

5. 乙烯基酯树脂和双酚 A 型不饱和聚酯树脂的玻璃鳞片胶泥与固化剂的配合比，由供货商提供或经试验确定。

（2）乙烯基酯树脂自流平料的配制：将开桶后的乙烯基酯树脂自流平料搅拌均匀，按施工配合比加入促进剂，混匀再加引发剂搅拌均匀后待用。在配制最后一遍施工的乙烯基酯树脂自流平胶料时，应加苯乙烯石蜡液。

（3）国内采用更多的固化剂是过氧化甲乙酮，成本较低，其实仅从纤维增强塑料衬里的质量而言，更适宜采用固化放热平缓的过氧化氢异丙苯作固化剂。采用过氧化环己酮糊容易分层，难分散均匀，且固化度偏低；过氧化苯甲酰和 N,N'-二甲基苯胺的固化体系固化度低，放热剧烈，收缩率大，仅在不便于采用蓝白水的纤维增强塑料衬里情况下使用。

（4）树脂：蓝水：白水=100：（0.5~4）：（2~4）。蓝水依据钴含量高低，添加量有较大差别，低温时以 N,N'-二甲基苯胺辅助固化（添加树脂量的 0.1%~1.5%）；蓝水加过氧化环己酮体系的典型添加范围为：树脂：钴水：过氧化环己酮糊=100：（1~4）：（2~4）；N,N'-二甲基苯胺和过氧化苯甲酰体系的典型添加范围为：树脂：N,N'-二甲基苯胺（纯的）：过氧化苯甲酰糊=100：（0.1~0.5）：（1~4）。

（5）遇批号变化、环境温度变化等，应预先小试确认固化配方；纤维增强塑料衬里凝胶时间不宜过长（易流挂），也不宜过短（放热剧烈，韧性差，纤维含浸不好易白化），现场纤维增强塑料衬里的凝胶时间宜在 30～60min。气相二氧化硅的添加可有效地防止流挂现象。

（6）先加促进剂，搅匀后再加固化剂，并且熟化一段时间，待气泡消除得差不多再使用，因此在配料时需要将熟化段时间考虑进去。

（7）耐腐蚀型 UPR 和 VER 的耐腐蚀性能、价格决定了绝大部分纤维增强塑料衬里要么做得较薄（≤3.5mm），要么树脂仅作为面涂树脂使用，加之 VER 本身的常温固化放热峰温度较低，所以在配料时，特别强调"少量多次"原则。

5.10.2 环氧树脂胶料的配制

（1）环氧树脂类胶料、胶泥和砂浆的配合比：环氧树脂类材料在不同的使用范围，针对不同的使用对象，采用的构造具有很大的区别，各个构造层的配合比例见表 5.10.2。

表 5.10.2

环氧树脂类材料的施工配合比（质量比）

材料名称		环氧树脂	稀释剂	低毒固化剂	乙二胺	矿物颜料	耐酸粉料	石英砂（细骨料）	石英石（粗骨料）
封底料		100	40～60	15～20	(6～8)	—	—		
基层修补胶泥料		100	10～20	15～20	(6～8)	—	150～200		
树脂胶料	铺衬与面层胶料	100	10～20	15～20	(6～8)	0～2	—		
	接浆料	100	10～20	15～20	(6～8)	—	—		
胶泥	砌筑或嵌缝料	100	10～20	15～20	(6～8)	—	150～200		
稀胶泥	灌缝或地面面层料	100	10～20	15～20	(6～8)	0～2	100～150		
砂浆	面层或砌筑料	100	10～20	15～20	(6～8)	0～2	150～200	300～400	
	石材灌浆料	100	10～20	15～20	(6～8)	—	100～150	150～200	
细石混凝土	面层料	100	10～20	15～20	(6～8)	—	150～200	250～300	250～300

注：1. 除低毒固化剂和乙二胺外，还可用其他胺类固化剂，应优先选用低毒固化剂（如T31），用量应按供货商提供的比例或经试验确定；
2. 当采用乙二胺时，为降低毒性可将配合比所用乙二胺预先配制成乙二胺丙酮溶液（1:1）；
3. 当使用活性稀释剂时，固化剂的用量应适当增加，其配合比应按供货商提供的比例或经试验确定；
4. 本表以环氧树脂 EP01451-31（E-44）举例；
5. 环氧树脂玻璃鳞片胶泥和环氧树脂自流平料与固化剂的配合比由供货商提供或经试验确定；
6. 配制时，有条件的可先将环氧树脂预热至 40℃ 左右，与稀释剂按比例加入容器中，搅拌均匀并冷却至室温，配制成环氧树脂液备用。当有颜色要求时，应将色浆或用稀释剂调匀的颜料浆加入环氧树脂液中，混合均匀；
7. 使用时，取定量的树脂液，按比例加入固化剂搅拌均匀，配制成树脂胶料。在配制成的树脂胶料中加入粉料，搅拌均匀，制成胶泥料。在配制成的树脂胶料中加入粉料和细骨料，搅拌均匀，制成砂浆料。在配制成的树脂胶料中加入粉料和粗细骨料，搅拌均匀，制成细石混凝土料。

（2）环氧树脂稀释剂宜采用正丁基缩水甘油醚、苯基缩水甘油醚等活性稀释剂，其性能应满足环氧树脂的使用工况。

（3）环氧树脂胶料配制：按配合比将稀释剂加入环氧树脂中（冬季气温较低时，可将环氧树脂预热到 40℃左右），搅拌均匀后冷却至室温待用。环氧树脂最好按比例稀释后送到现场。使用时称取定量环氧树脂液，加入固化剂搅拌均匀即可制成环氧树脂胶料。配制纤维增强塑料底层涂料时，可在未加入固化剂前再加一些稀释剂。

（4）环氧树脂胶泥配制：称取一定量的环氧树脂胶料，搅拌均匀后加入粉料，再进行搅拌，就配制成胶泥。如固化速度快或初凝期短，也可在环氧树脂中先加粉料拌匀，使用前再加固化剂。配制面层料时则应少加或不加粉料。需做彩色面层时，再在面层料中加入一定量的无机颜料或有机颜料色浆。

常见的配比为：环氧树脂（主要为 E-44 或 E-51）/胺类固化剂/粉料＝100/不固定/150～250。固化剂根据采用的胺种类不同，添加量不一样，在 8%～40% 范围变化。固化剂一般先与稀料混合再使用，每次配完的料需 30min 内用完；施工完后在 15～30℃ 环境需固化 7～10 昼夜才可投入使用，也可经过热处理缩短保养期，加温时尽量采用阶梯式升温和阶梯式降温的程序。

（5）环氧树脂砂浆配制：称取一定量的环氧树脂胶料，搅拌均匀后按一定级配加入细（粗）骨料，再进行搅拌，就配制成砂浆。如固化速度快或初凝期短，也可在环氧树脂中先加骨料拌匀，使用前再加固化剂。

（6）树脂和固化剂的作用是放热反应，配制量过大不易散热，因此，胶液切不要大量配制，每次依施工进度定，随配随用，在初凝期（一般为 30～45min）内用完。固化剂要逐渐倾入，不断搅拌。如发现胶液温度过高，可将配料桶放入冷水器中冷却，防止局部过热固化。固体固化剂应先进行粉碎，与粉料混匀或用溶剂溶解备用。当选用毒性较大的乙二胺固化剂时，可将乙二胺与丙酮（1∶1）预先配成溶液后使用。

5.10.3 改性环氧树脂胶料的配制

环氧树脂胶泥采用的改性方法多为酚醛树脂改性环氧树脂胶泥、呋喃树脂改性环氧树脂胶泥、煤焦油沥青改性环氧树脂胶泥。酚醛树脂改性环氧树脂胶泥用以提高后者的耐热性能。呋喃树脂改性环氧树脂胶泥用以提高后者的耐热、耐酸碱性能。

煤焦油沥青改性环氧树脂胶泥用以提高后者的耐油、柔韧性，并且降低成本。常见的改性环氧树脂类材料的施工配合比见表 5.10.3。

改性环氧树脂类材料的施工配合比（质量比）　　　　　表 5.10.3

改性类别	环氧树脂	稀释剂	酚醛树脂	呋喃树脂	煤焦油沥青	低毒固化剂 T31	乙二胺	耐蚀填充料
酚醛树脂改性环氧树脂	70	6～12	30	—	—	10～20	(6～8)	若干
呋喃树脂改性环氧树脂	70	6～12	—	30	—	10～20	(6～8)	若干
煤焦油沥青改性环氧树脂	70	6～12	—	—	30	10～20	(6～8)	若干

注：1. 本表以环氧树脂 EP01451-31（E-44）举例；
　　2. 当使用活性稀释剂时，固化剂的用量应适当增加，其配合比应按供货商提供的比例或经试验确定；
　　3. 本表呋喃树脂以糠酮型呋喃树脂举例；
　　4. 填充料：胶泥用陶瓷粉（150～200 份）等，含氟介质用石墨粉（100～160 份）或铸石粉（180～250 份）。

5.10.4 酚醛树脂胶料的配制

配制酚醛树脂胶料、胶泥时，先称取定量的酚醛树脂，加入稀释剂搅拌均匀，再加入固化剂搅拌均匀，制成树脂胶料。在配制成的树脂胶料中，加入粉料搅拌均匀，制成胶泥料。酚醛树脂类材料的施工配合比见表5.10.4。

酚醛树脂类材料的施工配合比（质量比）　　　　　表 5.10.4

材料名称		酚醛树脂	稀释剂	低毒酸性固化剂	苯磺酰氯	耐酸粉料
封底料		同环氧树脂、乙烯基酯树脂或不饱和聚酯树脂封底料				
修补料		同环氧树脂、乙烯基酯树脂或不饱和聚酯树脂修补料				
树脂胶料	铺衬	100	0～15	6～10	(8～10)	—
	面层胶料	100	0～15	6～10	(8～10)	—
树脂胶泥	砌筑	100	0～15	6～10	(8～10)	150～200
稀胶泥	灌缝料	100	0～15	6～10	(8～10)	100～150

5.10.5 呋喃树脂胶料的配制

呋喃树脂胶料、胶泥、砂浆和细石混凝土的配制（施工配合比见表5.10.5）：①将呋喃树脂按比例与含有酸性固化剂的纤维增强塑料粉混合，搅拌均匀，制成纤维增强塑料胶料；②将呋喃树脂按比例与含有酸性固化剂的胶泥粉混合，搅拌均匀，制成胶泥料；③将呋喃树脂按比例与含有酸性固化剂的砂浆粉和细骨料混合，搅拌均匀，制成砂浆料；④将呋喃树脂按比例与含有酸性固化剂的混凝土粉和粗细骨料混合，搅拌均匀，制成细石混凝土料。更多呋喃树脂类材料的配制和施工典型比例请参见本书第5.7.3节介绍。

呋喃树脂类材料的施工配合比（质量比）　　　　　表 5.10.5

材料名称		呋喃树脂	糠醇糠醛型				石英砂	石英石
			玻璃纤维增强塑料粉	胶泥粉	砂浆粉	混凝土粉		
封底料		同环氧树脂、乙烯基酯树脂或不饱和聚酯树脂封底料						
修补料		同环氧树脂、乙烯基酯树脂或不饱和聚酯树脂修补料						
纤维增强塑料树脂胶料		100	40～50	—	—	—	—	—
树脂胶泥	砌筑	100	—	250～400	—	—	—	—
	灌缝	100	—	250～300	—	—	—	—
树脂砂浆		100	—	—	400～450	—	—	—
		100	—	—	—	200～400	—	—
树脂混凝土		100	—	—	250～300	100～150	400～500	
		100	—	—	—	100～200	400～500	
		100	—	—	—	150～250	250～400	

呋喃树脂类材料因为固化剂的特殊性，在配料时还应注意：

（1）配料用的容器及工具应保持清洁、干燥、无油污、无固化残渣。不得用金属容器配料。

（2）拌好的呋喃树脂材料，自加入固化剂起，宜在 45min 内用完。

（3）呋喃树脂材料的配制试块应在现场随施工一起制作，请参见本书第 5.7.3 节介绍。

（4）采用呋喃树脂或酚醛树脂的纤维增强塑料衬里应符合下列规定：①基体表面应采用环氧树脂、乙烯基酯树脂、双酚 A 型和间苯型不饱和聚酯树脂等胶料做底层涂层；②中间层的胶料宜采用呋喃树脂或酚醛树脂，也可采用环氧树脂、乙烯基酯树脂、双酚 A 型和间苯型不饱和聚酯树脂；③呋喃树脂胶泥铺砌的块材地面，应设隔离层，但采用呋喃树脂胶泥灌缝深度不小于 80mm 的耐酸石材地面，可不设隔离层；④呋喃树脂砂浆和呋喃树脂混凝土整体地面，宜设隔离层；⑤采用块材内衬的池槽，必须设隔离层。

（5）呋喃树脂整体面层的设置，请参见本书第 5.7.3 节介绍。

（6）呋喃树脂混凝土整体池槽的截面尺寸应由计算确定，请参见本书第 5.7.3 节介绍。

（7）呋喃树脂防腐蚀工程在常温下的养护期不应少于 15d。当施工和养护环境温度不低于 −5℃，并采用低温施工型呋喃树脂材料时，防腐蚀工程的养护期不应少于 15d。

5.11 不同基材的纤维增强塑料衬里作业简述

5.11.1 金属基材纤维增强塑料衬里施工

本节和"5.8.5.8 现场施工纤维增强塑料衬里成型方法"的"4. UPR 和 VER 纤维增强塑料衬里成型方法"中的"5）金属基材 UPR 和 VER 纤维增强塑料衬里施工."重叠，请参见前面章节。

在碳钢、不锈钢基材上制作纤维增强塑料衬里时，遇到温度骤变的工况，有时会进行铆钉焊接或挂网，请参见第 5.8.5.8 节的"4. UPR 和 VER 纤维增强塑料衬里成型方法"中的"8）混凝土基材乙烯基酯树脂纤维增强塑料衬里时使用的锚固件"。

5.11.2 混凝土基材纤维增强塑料衬里施工

本节和第 5.8.5.8 节的"4. UPR 和 VER 纤维增强塑料衬里成型方法"中的"6）混凝土基材 UPR 和 VER 纤维增强塑料衬里施工"重叠，请参见前面章节。

在混凝土基材上制作纤维增强塑料衬里时，有时需要使用锚固件，请参见第 5.8.5.8 节的"4. UPR 和 VER 纤维增强塑料衬里成型方法"中的"8）混凝土基材乙烯基酯树脂纤维增强塑料衬里时使用的锚固件"。

对混凝土基材最终纤维增强塑料内衬的工作温度在 80℃ 以上的，或混凝土池槽竖立面最终纤维增强塑料内衬较厚时，一般都要采用"打铆钉"的锚固件固定方法处理，提高高温下内衬层和基材层的粘结性能，防止积层时的滑移等。

打锚固件前，需预先在混凝土打 2in 深的钻孔，这些钻孔再用铆钉或固定件固定，用树脂腻子封孔和固定锚固件，并灌缝，余下的锚固件表面预留少许，略超过混凝土墙面，多余的需要将表面锉平，最终衬里表面不外露。

5.11.3 纤维增强塑料基材二次纤维增强塑料衬里施工（纤维增强塑料上内衬纤维增强塑料）

本节和第 5.8.5.8 节的"4. UPR 和 VER 纤维增强塑料衬里成型方法"中的"7）纤维增强塑料二次粘结衬里施工（纤维增强塑料上衬里纤维增强塑料）"重叠，请参见前面章节。

5.12 树脂稀胶泥、砂浆、细石混凝土、树脂自流平等整体抹面施工

（1）树脂整体面层包括树脂稀胶泥、树脂砂浆、树脂细石混凝土、树脂自流平和树脂玻璃鳞片胶泥等整体面层。

（2）树脂稀胶泥整体面层的施工。

①当基层上无隔离层时，在基层上应均匀涂刷封底料；用树脂胶泥修补基层的凹陷不平处。②当基层上有纤维增强塑料隔离层时，在纤维增强塑料隔离层上应均匀涂刷一遍树脂胶料。③应将树脂稀胶泥摊铺在基层表面，并应按设计要求厚度刮平。④当采用乙烯基酯树脂或不饱和聚酯树脂稀胶泥面层时，应采用相同的树脂胶料封面。

（3）树脂砂浆整体面层的施工。

①当基层上无纤维增强塑料隔离层时，在经表面处理的基层上应均匀涂刷封底料；固化后，用树脂胶泥修补基层的凹陷不平处。然后宜再涂刷一遍封底料，并均匀稀撒一层粒径为 0.7～1.2mm 的细骨料。待固化后进行树脂砂浆的施工。②在树脂砂浆摊铺前，应在施工面上涂刷一遍树脂胶料。摊铺时应控制厚度。铺好的树脂砂浆，应立即压实抹平。③树脂砂浆整体面层不宜留施工缝，必须留施工缝时，应留斜槎。当继续施工时，应将留槎处清理干净，边涂刷树脂胶料、边进行摊铺的施工。④面层胶料的施工，应涂刷均匀。当进行两层胶料施工时，待第一层胶料固化后，再进行第二层胶料的施工。

（4）树脂细石混凝土整体面层的施工除应符合（2）的要求，还应满足以下要求：

①树脂细石混凝土面层施工应采用振动器，并捣实抹光；②采用分格法施工时，在基层上用分隔条分格，在格内分别浇捣树脂细石混凝土，待胶凝后，再拆除分隔条，再用树脂砂浆或树脂胶泥灌缝。当灌缝厚度超过 15mm 时，宜分次进行。

（5）树脂自流平整体面层的施工。

①当基层上无纤维增强塑料隔离层时，在基层上应均匀涂刷封底料；用树脂胶泥修补基层的凹陷不平处。②将树脂自流平料均匀刮涂在基层表面。③当基层上有纤维增强塑料隔离层或树脂砂浆层时，可直接进行树脂自流平面层施工。④每次施工厚度：乙烯基酯树

脂或溶剂型环氧树脂自流平不宜超过 1mm，无溶剂型环氧树脂自流平不宜超过 3mm。

（6）树脂玻璃鳞片胶泥整体面层的施工。

①在基层上应均匀涂刷封底料，并用树脂胶泥修补基层的凹陷不平处。②将树脂玻璃鳞片胶泥摊铺在基层表面，并用抹刀单向均匀地涂抹，每次厚度不宜大于 1mm。层间涂抹间隔时间宜为 12h。③树脂玻璃鳞片胶泥料涂抹后，在初凝前，应单向滚压至光滑均匀为止。④施工过程中，表面应保持洁净，若有流淌痕迹、滴料或凸起物，应打磨平整。⑤同一层面涂抹的端部界面连接，不得采用对接方式，应采用斜槎搭接方式。⑥当采用乙烯基酯树脂或不饱和聚酯树脂玻璃鳞片胶泥面层时，应采用相同的树脂胶料封面。

5.13 纤维增强塑料衬里施工安全防护及注意事项

5.13.1 UPR 和 VER 相关安全环保事宜

1. 原料、溶剂等的材料安全数据表

所有施工用到的原料、溶剂等的材料安全数据表都由制造商提供，可以通过材料安全数据表文件，了解树脂组成、危险性、应急处理措施、国家法律法规及相关行业法规的规定等信息。

以不饱和聚酯树脂和乙烯基酯树脂的溶剂苯乙烯为例，进行物理性能的说明。

以苯乙烯为稀释剂的乙烯基酯树脂的典型物化性能如下：沸点 145.2℃（苯乙烯）；凝固点 −30.6℃；闪点（开杯）31.11℃（闪点是一种危险物在空气中达到足够浓度之后发生爆炸的最小温度）；蒸气压 7mmHg（20℃）（苯乙烯）；蒸气相对密度 3.6（苯乙烯）；爆炸极限 1.1%～6.1%（体积）；微溶于水，溶于乙醇、乙醚、甲醇、丙酮和二硫化碳；相对密度 1.02～1.22（水为 1）；外观为黄色透明或琥珀色透明黏稠液体；刺激性苯乙烯味道。

以上数据是以苯乙烯的相关参数为基础数据的，而不是树脂的，因此这里仅是最差最糟的情况，因为苯乙烯的含量仅为一部分，而不是全部。当树脂在固化放热期间，苯乙烯的沸点会更低，所以二次粘结作业时，往往下一层的作业正好接近上一层的放热时，效果最好。

纯苯乙烯蒸气较空气要重，因此通风设备不太好时，苯乙烯蒸气并不会彻底和空气混合，这就会导致苯乙烯气体在低空位置比高位位置更加浓缩集中，在车间也好、在作业现场也好，尽力去减少苯乙烯蒸气的聚集，加大排风能力就显得非常重要。刺激性气味的上限各个国家标准不一样，美国要求较严，最终固化后的纤维增强塑料残留苯乙烯含量控制得非常严格。尽管如此，如果不进行后固化处理，纤维增强塑料制品拿到手里，还是有一股微弱的苯乙烯气味。

2. 反应性

以不饱和聚酯树脂和乙烯基酯树脂的溶剂苯乙烯为例，进行反应性能的说明。

不饱和聚酯树脂和乙烯基酯树脂具有良好的反应活性，即使不添加任何过氧化物固化剂也具有反应活性。通常由于树脂中的阻聚剂耗尽了，反应会缓慢进行，树脂暴露于高温、光照或某些其他化学品环境中时，都可能会导致反应加速，快速聚合固化。因此，存储不饱和聚酯树脂和乙烯基酯树脂的包装桶应在室内或远离阳光直射的地方。如在作业现场不能避免阳光直射或远离热源时，建议尽量采用白色外包装桶，以延缓树脂的吸热。

3. 防火防爆

以不饱和聚酯树脂和乙烯基酯树脂的溶剂苯乙烯为例，进行防火防爆性能的说明。

不饱和聚酯树脂和乙烯基酯树脂是危险品，应远离热源、明火或产生火花的设备。不饱和聚酯树脂和乙烯基酯树脂燃烧的特性和苯乙烯类似。在包装容器上务必标注红色的火苗标识。不饱和聚酯树脂和乙烯基酯树脂的闪点很低（小于40℃），因此需要远离火花或火源，作业场所和储存场所绝对不可以有明火或者吸烟之类的行为。树脂附近也不可有诸如热水器、空气加热器之类的热源设备。

可燃下限指苯乙烯在空气中暴露在点火源下的可燃蒸气浓度最低值，可燃上限指的是最大浓度。这些限制都是针对特定温度而言的（通常25℃）。有效地预防形成爆炸性或可燃性的气体混合物是非常必要的。树脂装卸区应具有良好的通风措施，并且装卸区如有电机或其他引来火花的源头，都需要采取必要的防爆措施，所有的设备、桶、罐、槽车、软管连接必须可靠接地，以防静电火花的产生。

不饱和聚酯树脂和乙烯基酯树脂都是易燃液体，应储存在远离热源、远离明火的地方，并在纤维增强塑料制品作业区域严格禁止吸烟和其他任何可能引起火花和静电的作业。使设备和机械尽量接地时避免产生静电，并且不要在敞开的树脂周围进行切割或焊接作业。使用不饱和聚酯树脂和乙烯基酯树脂时，万一发生火灾，应使用泡沫灭火器、干粉灭火器、二氧化碳灭火器等进行灭火。不饱和聚酯树脂和乙烯基酯树脂燃烧时会有有毒气体，如一氧化碳和氢溴酸（溴化树脂）释放出来，故在灭火时应谨慎，避免吸入浓烟，尽量佩戴自给式呼吸装置进行灭火。一旦发生火灾，在该区域的其他树脂应移走或采取必要的保护措施，如采用泡沫、干粉或二氧化碳灭火器进行灭火。灭火时，应佩戴自给式呼吸器或相当设备，尽量避免吸入树脂燃烧产生的烟气、烟雾或蒸气。更多的安全建议请参见材料安全数据表。

5.13.2　施工相关安全、环保、环境事宜

1. 急救措施

以不饱和聚酯树脂和乙烯基酯树脂的溶剂苯乙烯为例，进行急救措施的说明。

1）眼睛接触

如果空气中苯乙烯蒸气浓度高到一定程度，就可能会导致刺激人的眼睛，出现流泪症状。如果作业时眼睛有不适感觉，应马上休息或提高通风效果。佩戴防护眼镜是比较好的防护方法，可以避免树脂意外溅入眼睛，更可防止苯乙烯浓度过高对眼睛产生的刺激伤害。如遇眼睛非常不适，立即休息，再有不适，应就医。就医时，应告知医生接触的可能物质和它们的挥发性，如过氧化物固化剂、粉料等填料、促进剂等，便于医生对症下药。

2）皮肤接触

如果皮肤接触到树脂，应该用肥皂水冲洗。树脂长期或反复与皮肤接触可能会引起局部刺激，甚至烧伤。此外，乙烯基酯树脂是一种黏性的疏水型有机物质，非常难以彻底清洗，因此穿戴防护服和劳防手套，减少皮肤直接接触树脂的机会，是十分必要的。

3）不慎吸入

使用乙烯基酯树脂时，如不慎吸入苯乙烯气体，会造成中毒等健康危害。暴露于高浓度的苯乙烯蒸气环境中，可能会影响到中枢神经系统，出现麻醉或昏迷症状，并导致上呼吸道刺激症状。每个国家对作业环境的苯乙烯暴露限值（PEL）规定不同，国外严于国内，美国取的是 8h 内苯乙烯 50mg/kg 的加权平均值，还有一个 100mg/kg/15min 的短期接触限值（STEL）。国内目前已经有了相应立法，但实际执行力度不大。吸入苯乙烯后，应立即将吸入者移至新鲜空气处休息，并避免受凉。如停止呼吸，应立即进行人工呼吸，并马上就医。

4）不慎食入

如不慎食入，应立即就医。医师应对症治疗，而不应仅是催吐医治。

2. 个人防护

以不饱和聚酯树脂和乙烯基酯树脂的溶剂苯乙烯为例，进行个人防护的说明。

应尽量减少作业者直接接触树脂、促进剂、固化剂等机会。佩戴化学防护眼镜、穿着干净并且包裹全身的劳防服装、佩戴防渗手套等这些措施可大大减少皮肤和眼睛直接接触危险源的机会。适当的通风措施及正确、恰当的作业方法，可大大降低作业区域中苯乙烯蒸气的浓度。大多数情况下，只要通风良好，一般不会出现苯乙烯中毒等症状。在一些密闭的容器内作业时，则需要采取额外的强制通风，确保不致因苯乙烯气体在容器底部积聚导致作业者中毒。某些场合可以使用空气净化器（一般用于苯乙烯气体含量大于 500mg/kg 的场合），并时常更换空气净化器的滤芯。

已经固化的乙烯基酯树脂（指的是完全固化），没什么毒性危害，不存在危险性。然而，固化后的树脂经过机械研磨或加工时，会出现大量的粉尘，吸收这些粉尘会危害健康，尤其是乙烯基酯树脂经常与玻璃纤维配合制造的纤维增强塑料，经粉碎后里面含有大量的二氧化硅粉末（玻璃成分），甚至还有石棉和金属粉末，这些对人体呼吸系统是非常有害的。

3. 逸溅处理

以不饱和聚酯树脂和乙烯基酯树脂的溶剂苯乙烯为例，进行逸溅处理的说明。

少量的树脂逸出或泄漏，可以用纸巾、毛巾或抹布擦掉。大量的树脂逸出或泄漏，应先设置防逸堤避免树脂四处流淌，而后则需要用砂或其他适当的吸水材料来覆盖吸收处理，完事再将这些材料铲到容器中进行妥善处置，铲完后的黏渣和地面，应使用热的肥皂水进行彻底的清洗。如溅到地板上，则用热的肥皂水擦除最终的树脂残留物。

注意：谨慎使用丙酮等有机溶剂，因它们的蒸气压较低，极可能导致吸入危害，在密闭的作业区域中甚至会导致爆炸和着火等更严重的危害。

处理树脂逸溅物，需经过专业的培训，懂得树脂相关化学知识，并务必佩戴相应的劳防用具，如防护眼镜、防护服、口罩等。处理逸溅时，务必关注处理区域及周边区域可能存在的火源。

4. 环境处理

任何环保处理方法都必须符合相关法律法规的规定。对苯乙烯气体浓度、废弃物处理等，各地可能有不同严格程度的要求。未使用完的、未被污染的乙烯基酯树脂首选是退回供应商处理，或者直接送至当地具有相关废弃物处理资质的回收站进行焚烧。不同的乙烯基酯树脂或者含有其成分的废弃物，在焚烧时，可能会释放出 CO_2、H_2O 之外的一些有毒气体，如 SO_2、HBr、CO、ClO_2 等，此时应预先评估其危害性，分析采取对应的措施，如在烟气脱硫装置之外，额外增加卤素洗涤器等措施。

对固化后的树脂废弃物，应根据相关法律法规，进行合理的处置，不得排入污水沟、小溪、池塘、湖泊、海洋或其他水域。当今大多数还是采取垃圾填埋的方式，国内尤为如此，随着纤维增强塑料废弃物处理技术的深入发展，加上政府的大力支持，相信日后一定会有更合理的纤维增强塑料废弃物处理的方法。

5. 其他纤维增强塑料衬里施工安全防护及注意事项

（1）防腐蚀工程的安全技术和劳动保护应符合现行国家标准《施工企业安全生产管理规范》GB 50656 和行业标准《企业安全生产标准化基本规范》GB/T 33000 的有关规定。

（2）施工前建设单位应与施工单位签订安全协议。

（3）施工单位施工组织设计、施工方案应包括安全技术措施及应急预案。

（4）化学危险品的贮存和辨识应符合现行国家标准《常用化学危险品贮存通则》GB 15603 和《危险化学品重大危险源辨识》GB 18218 的规定。

（5）现场施工机具设备及设施，使用前应检验合格，施工机具设备的安全保护部件及设施应完整配套，符合国家现行有关产品标准的规定。

（6）施工用电安全应符合现行国家标准《用电安全导则》GB/T13869、《国家电气设备安全技术规范》GB 19517 和《施工现场临时用电安全技术规范》JGJ 46 的有关规定。

（7）防腐蚀施工作业场所有害气体、蒸汽和粉尘的最高允许浓度应符合现行国家标准《工作场所有害因素职业接触限值 第 1 部分：化学有害因素》GB Z2.1、《工作场所空气有毒物质测定 第 62 部分：溶剂汽油、液化石油气、抽余油和松节油》GBZ/T 300.62 和《工业设备及管道防腐蚀工程施工规范》GB 50726 的有关规定。

（8）涂料涂装作业应符合现行国家标准《涂装作业安全规程 安全管理通则》GB 7691 的规定。

（9）高处作业应符合现行行业标准《建筑施工高处作业安全技术规范》JGJ 80 的有关规定。

（10）现场动火、受限空间施工和使用压力设备作业等施工现场，应符合下列规定：①现场作业应办理作业批准手续；②作业区域应设置安全围挡和安全标志，并应设专人监护、监控；③作业人员应规定统一的操作联络方式；④作业结束，应检查并消除隐患后再离开现场。

（11）防腐蚀工程质量检验的检测设备和仪器应安全可靠，应符合有关产品的安全使用规定。

（12）操作人员配备的劳动保护用品应符合现行国家标准《个体防护装备配备规范 第 1 部分：总则》GB 39800.1 的有关规定；防腐蚀施工作业人员应定期体检，体检合格方可上岗，并应配备相应劳动保护用品，劳动保护用品选用应符合现行国家标准《个体防护装备配备规范 第 1 部分：总则》GB 39800.1、《个体防护装备配备规范 第 2 部分：石油、化工、天然气》GB 39800.2、《个体防护装备配备规范 第 3 部分：冶金、有色》GB 39800.3 和《个体防护装备配备规范 第 4 部分：非煤矿山》GB 39800.4 的有关规定。

（13）防腐蚀施工应建立重要环境因素清单，并应编制具体的环境保护技术措施。

（14）施工现场应分开设置生活区、施工区和办公区。

（15）施工中产生的各类废物的处理应符合下列规定：①收集、贮存、运输、利用和处置各类废物时，应采取覆盖措施。包装物应采用可回收利用、易处置或易消纳的材料。②施工现场应工完料净场清，各类废物应按环保要求分类及时清理，并清运出场。③危险废物应集中堆放到专用场所，按国家环保的规定设置统一的识别标志，并建立危险废物污染防治的管理制度，制订事故的防范措施和应急预案。④危险废物应盛装在容器内，装载液体或半固体危险废物的容器顶部与液体表面之间应留出 100mm 以上的空间。不得将不相容的危险废物混合或合并存放。定期对所贮存的危险废物包装容器及贮存设施进行检查，发现破损，应采取措施清理更换。⑤各类危险废物的处理应由地方环保部门办理处理手续或委托合格（地方环保部门认可）的单位组织集中处理。⑥运输危险废物时，应按现行行业标准《危险货物道路运输规则 第 1 部分：通则》JT/T 617.1 的有关规定执行。

（16）施工中粉尘等污染的防治应符合下列规定：①运输或装卸易产生粉尘的细料或松散料时，应采取密闭措施或其他防护措施。②进行拆除作业时，应采取隔离措施。③搅拌场所应搭设搅拌棚，四周应设围护，并应采取防尘措施。切割作业应选定加工点，并应进行封闭围护。当进行基层表面处理、机械切割或喷涂等作业时，应采取防扬尘措。④大风天气不得从事筛砂、筛灰等工作。⑤施工现场应设置密闭式垃圾站。施工垃圾、生活垃圾应分类存放，并应及时清运出场。

（17）施工中对施工噪声污染的防治应符合下列规定：①施工现场应按现行国家标准《建筑施工场界环境噪声排放标准》GB 12523 制订降噪措施。定期对噪声进行测量，并注明测量时间、地点、方法；做好噪声测量记录，超标时应采取措施。②在施工场界噪声敏感区域宜选择使用低噪声的设备，也可采取其他降低噪声的措施。③机械切割作业的时间，应安排在白天的施工作业时间内，地点应选择在较封闭的室内进行。④运输材料的车辆进入施工现场不得鸣笛。装卸材料应轻拿轻放。

（18）防腐蚀施工中不得对水土产生污染。

5.14 通用纤维增强塑料衬里工程施工缺陷及解决办法

5.14.1 纤维增强塑料衬里局部或整体脱壳

见表 5.14.1。

纤维增强塑料衬里局部或整体脱壳的原因和解决措施　　　表 5.14.1

序号	原因分析	对应解决办法及策略
1	金属基材、混凝土基材表面处理不到位；金属基材处理完后未及时刷底漆，二次生锈了；混凝土基材的底层涂料并未很好地渗入基材内部	金属基材正确且充分地喷砂处理，达到国家标准要求，并在其未二次生锈前及时刷底涂；对混凝土基材，进行充分的"广义基材处理"，特别注意基材含水率是否超标，处理完之后采用低黏度底漆打底

291

序号	原因分析	对应解决办法及策略
2	下雨天、梅雨天、湿度大的天气时施工	雨天、湿度大于80%时停止施工,或采取保温、干燥除湿措施,并检查基材表面露点
3	底漆或底涂树脂胶料采用了酸性固化剂(针对酚醛树脂和呋喃树脂纤维增强塑料衬里)	改用环氧树脂做底层涂料或隔离层
4	增强材料、填料、粉料受潮厉害	干燥环境保存,如受潮则需先烘干后使用
5	误用含蜡玻璃纤维	禁止采用含蜡玻纤,改用聚酯、环氧、聚氨酯、硅烷类处理剂处理的玻璃纤维
6	后固化处理时,局部温度太高或升温过快	严格遵守阶梯式加热后处理升温次序,分散均匀加热处理,不可急于求成

5.14.2 纤维增强塑料衬里局部鼓泡、气泡过多

见表 5.14.2。

UPR 和 VER 的纤维增强塑料衬里局部鼓泡、气泡过多的原因和解决措施 表 5.14.2

序号	原因分析	对应解决办法及策略
1	增强材料受潮、施工时湿度大于80%	防止纤维填料受潮、在低于80%湿度时施工
2	胶料稀释剂加入过多,或选用稀释剂不当,室温下挥发速度过慢(主要针对环氧树脂、酚醛树脂、呋喃树脂体系)	正确选择稀释剂,严格控制稀释剂的加入比例,非活性稀释剂尽量采用乙醇或丙酮
3	稀释剂加入不当,不参与固化,固化放热时挥发成气体但出不来(主要是针对 UPR、VER 体系)	改用可以参与交联固化的稀释剂,UPR 和 VER 体系,尽量选择苯乙烯类不饱和聚合性稀料
4	纤维增强塑料衬里作业时,赶气泡不充分,赶气泡不当	采用合适的赶气泡工具(辊子比毛刷好很多),应从中间往四周逐步赶气泡,切忌追求速度,不顾质量地马马虎虎赶气泡
5	纤维布的经纬度、密度过大,浸胶困难,不易赶压气泡	采用合适经纬度的无捻粗纱方格布
6	衬贴短切毡或方格布时,过于松垮,局部拱起、扭曲	贴布或短切毡时,逐渐平铺展开,逐渐刷树脂,严禁四角硬拉地平铺等不正确的衬贴方法
7	凝胶时间调得过短,纤维还没来得及浸透,其四周的气泡还没来得及逸出来,就凝胶了	调节促进剂、固化剂的配比,达到合适的凝胶时间,保证纤维充分浸透后再凝胶
8	常温固化后,保养时间过短,马上进行加热后处理,或加热后处理升温过快	常温固化后保养24h以上,有必要加热后处理的,再严格按照阶梯式加热后处理升温次序,分散均匀加热处理,不可急于求成
9	衬里层与基材层或衬里层层间有残留的稀释剂未固化,在温度升起来后隆起(主要针对添加非活性稀释剂的环氧树脂体系)	反思和调整树脂胶料配方,局部打掉,再纤维增强塑料积层
10	树脂胶料黏度过大导致气泡不易排出,加入固化剂后搅拌力气过大、搅拌桨叶太浅、速度过快带入太多的气泡,滚刷时过于追求速度带入太多的气泡	这属于外部因素带入的气泡,产生原因和解决办法请参见 5.14.4 节

续表

序号	原因分析	对应解决办法及策略
11	树脂熟化时间太短,树脂加入固化剂后本身气泡太多(主要针对 UPR 和 VER 体系)	这属于树脂本身带入的气泡,产生原因和解决办法请参见 5.14.3 节
12	腐蚀介质已经渗透到了衬里层,再出现隆起鼓泡	打掉腐蚀部位,重新做,加大与周边未腐蚀部位的搭接宽度

5.14.3 纤维增强塑料衬里积层时树脂本身导致的气泡及解决策略

对 UPR 和 VER 的常温固化体系而言,蓝白水加入后,迅速进行氧化还原反应,一定有气泡,只是多少不一。表 5.14.3 简要介绍了 VER 等衬里积层时"内部因素"导致的气泡及解决措施。

UPR 和 VER 的纤维增强塑料衬里积层时"内部因素"导致的气泡及解决措施

表 5.14.3

	"内部因素"的本质原因的分析	对应解决办法及策略
1	树脂本身黏度大,气泡难以逸出	①在不影响最终固化物力学性能和耐腐蚀性能的前提下,要求供应商更换或直接购买黏度合适的树脂。②如需要加苯乙烯稀料,一般需要控制在树脂量的 5% 以内。③千万不要动不动就以加苯乙烯稀料来解决 UPR、VER 黏度大施工困难的问题,加入过多苯乙烯,最终的纤维增强塑料过脆,力学性能和耐腐蚀性能都受到严重影响(关于怎么去选择稀料?怎么加?什么时候该加?可加多少?什么时候不可加?这些问题请参见本书前面章节的介绍)
2	UPR 和 VER 消泡效果不足	绝大部分常规 UPR 和 VER 树脂产品,是不会提前添加好消泡剂的(无疑会增加成本),但下游客户可以自行选择补加
3	促进剂、固化剂体系导致气泡过多	①更换蓝白水体系为 BPO+DMA 体系(该体系尽管没有太多气泡,但有诸多弊端,相比蓝白水体系,常温固化度不足,固化物易泛黄)。②采用无泡固化剂,如 OYCHEM®C238;采用无泡促进剂,如 Nouryact® 553S。③固化剂的双氧水含量太高导致的小气泡太多,难以消除,如为此原因,可改用双氧水含量稍低的 MEKP 牌号,如 Butanox® LPT

5.14.4 纤维增强塑料衬里积层时外部因素导致的气泡及解决策略

见表 5.14.4。

UPR 和 VER 的纤维增强塑料衬里积层时"外部因素"导致的气泡及解决措施

表 5.14.4

序号	原因分析	对应解决办法及策略
1	蓝白水配合比不合理,没有熟化期,或根本来不及熟化	气泡逸出需要一定时间,因此合理的凝胶时间和熟化时间是必要的,一般料桶里面的胶料胶化时间需要控制在 30~45min

序号	原因分析	对应解决办法及策略
2	粉料加入太多	不是使用树脂胶液,而是使用树脂胶料,即树脂中加入了粉料(可以降低树脂使用量,降低成本,实际工程中很普遍),粉料的加入不利于压赶气泡的逸出,在桶里面加入粉料搅拌时,导入的气泡更不易逸出
3	搅拌带入的	尽量采用机械搅拌;搅拌杆或桨叶不要贴靠料桶四壁,但要尽量接近;搅拌桨叶不可过浅,避免物料上下剧烈翻滚带入过多气泡,但又要深浅变化,保证胶料被搅拌均匀;搅拌时尽量沿同一方向,切忌往复搅拌(针对加入鳞片的树脂胶料)
4	层铺时布没拉平	不要过于追求积层的速度,不要过于追求铺布的速度,那样必定会有气泡,一旦最底层的气泡,尤其是小气泡形成了,开始没脱掉压走,等铺了几层之后,那就几乎不可能赶走这些小气泡了。平铺纤维布或短切毡以及脱泡都要循序渐进,不可急于求成
5	基材的不平整	不平整的特殊部位,更容易挤压缝隙,导致气泡难以逸出,这时需要施工监督者认真监督,一定要用腻子或其他必要的办法将其补平填实,否则后面再想赶干净气泡几乎不可能了
6	纤维空隙	纤维的选择也很重要,布不易浸透,毡容易多了,规格越大的纤维连续材料,越难脱泡,越需要工人的责任心,越需要配料人员准确把握树脂胶料的可使时间
7	压赶气泡不足,赶出来又带进去	加强工人责任心的培养,纵横交错压赶气泡,切忌只追求速度、不追求脱泡效率的做法
8	压赶气泡工具不合适	工欲善其事,必先利其器。压赶气泡,不要仅仅用毛刷、刮刀,要根据实际工况,选择其他更为合适的脱泡工具,如硬毛猪鬃辊、四氟辊、金属辊
9	搭边处气泡赶得不彻底	搭接边界刷树脂和赶气泡时,易产生气泡,不要嫌麻烦,搭边处多重复压赶几遍
10	表面毡层、富树脂层的树脂含量太低	表面毡上面涂及富树脂层时,面涂的树脂含量不要太省,加入过多粉料肯定会不利于最终的气泡逸出和平整度
11	采用了深色面层涂层遮挡	加入黑色或者其他有色的粉料,使最终的纤维增强塑料不透明,下面或底下的气泡,即使有,业主和监理也看不出来,这是一种要小聪明的做法,需要监理和业主共同监督

5.14.5　纤维增强塑料衬里层间剥离、分层

见表 5.14.5。

UPR 和 VER 的纤维增强塑料衬里层间剥离、分层的原因和解决措施　表 5.14.5

序号	原因分析	对应解决办法及策略
1	增强材料受潮、施工时湿度大于 80%	防止纤维填料受潮、在低于 80% 湿度时施工
2	胶料稀释剂加入过多,或选用稀释剂不当,或在已经初凝的胶料中再重新加入稀料后使用	正确选择稀释剂,正确的配料比,严格控制稀释剂的加入比例,严格控制胶料的黏度,严禁在已经初凝的胶料中再次加入稀释剂使用
3	层间含油污、水等污染物,阻碍纤维的含浸	彻底清洁,层间衬贴时彻底检查处理
4	纤维增强塑料衬里作业时,赶气泡不充分,赶气泡不当	采用合适的赶气泡工具(辊子比毛刷好很多),应从中间往四周逐步赶气泡,切忌只追求速度、马马虎虎、不顾效率地赶气泡

续表

序号	原因分析	对应解决办法及策略
5	纤维布的经纬度、密度过大,纤维浸润剂使用不当,浸胶困难,气泡不易赶净,固化后收缩导致气泡集聚,局部形成白化、脱层	采用合适经纬度的无捻粗纱方格布,不可采用含蜡的纤维织物,彻底压赶气泡
6	层间刷胶料不足,尤其是纤维方格布增强时	补足树脂胶料,彻底浸透
7	间歇法施工时,必要的地方未作二次粘结处理	间歇法施工,衬贴下一层纤维时,在不平整凹陷处,在形成光滑镜面处,都需要作二次粘结处理,再衬贴下一层纤维材料
8	间歇法施工时,衬贴下一层毡或方格布时,过于松垮,局部拱起、扭曲	作必要的二次粘结处理,贴布或短切毡时,逐渐平铺展开,逐渐刷树脂,严禁四角硬拉地平铺等不正确的衬贴方法
9	连续法施工时,结构层UPR树脂和耐腐蚀面层VER树脂的放热速度、层间相容性的差别导致UPR和VER层间隆起、脱层、鼓起	如结构层和耐蚀层需采用不同种类树脂,则尽量选择间歇法施工;实在要连续法施工,则需在UPR和VER的树脂胶化、放热等方面做到更一致,这需要树脂制造商和树脂施工方合作完成
10	衬里层层间有残留的稀释剂未固化,在温度升起来后隆起(主要针对添加非活性稀释剂的环氧树脂体系)	反思和调整树脂胶料配方,局部打掉,再纤维增强塑料积层
11	树脂凝胶后固化速度太快,收缩导致局部增强材料的微应力在成型后集中释放	树脂从凝胶到固化放热最高峰温度时刻的速度不可过短,要求树脂商作相应的调整;薄纤维增强塑料制品更适合后固化快的树脂品种
12	树脂凝胶后固化速度太慢,如果调整到足够的纤维含浸的时间再凝胶,则后续固化放热非常漫长,放热峰温度太低,固化硬度上不来,薄制品甚至会出现固化不良,为使最终纤维增强塑料强度达到要求,势必要缩短凝胶时间,导致纤维含浸时间不足,出现层间白化、脱层	树脂从凝胶到固化放热最高峰温度时刻的速度不可过长,要求树脂商作相应的调整;厚纤维增强塑料制品更适合后固化慢一些的树脂品种
13	腐蚀介质已经渗透到了衬里层间层,再出现隆起脱层	打掉腐蚀部位,重新做,加大与周边未腐蚀部位的搭接宽度

5.14.6 纤维增强塑料衬里纤维外露

见表5.14.6。

UPR和VER的纤维增强塑料衬里纤维外露的原因和解决措施 表5.14.6

序号	原因分析	对应解决办法及策略
1	层铺时,用力过大,纤维受伤	防止硬物碰伤纤维,层铺时用力适当,剪刀裁剪部位断头刷树脂要特别仔细
2	压赶时用力过大,纤维短头翘起	根据衬里层的厚薄,选择合适的压赶气泡工具,压赶力道均匀,速度适当,切忌只追求速度
3	四周搭接不良,未预留足够的搭接宽度	搭接边时,应仔细检查原搭接部位是否已经凝胶的纤维翘起部分,有的话,应先剪掉再搭接衬贴纤维

序号	原因分析	对应解决办法及策略
4	误用含碱量较高的粗纤维方格布,接缝或断头处翘起	改用合格的纤维
5	间歇法施工,层间二次粘结处理不当	正确的二次粘结处理再积层
6	面层未采用封闭性更好的表面毡,而是直接采用的短切毡	富树脂层采用表面毡封闭再刷面胶

5.14.7 纤维增强塑料衬里不凝胶或凝胶太慢

见表5.14.7。

UPR和VER的纤维增强塑料衬里不凝胶或凝胶太慢的原因和解决措施 表5.14.7

序号	原因分析	对应解决办法及策略
1	忘记了加固化剂或促进剂	做小样,验证后再加
2	固化剂、促进剂加入过少	做小样,验证后补加
3	固化剂失效或纯度不够	先按照最大允许加入量检查固化剂是否已经失效,或直接改用存放期短一些的新的合格产品
4	环境温度实在过低	改用适合于低温固化的固化剂和促进剂,或停止作业待气温上升再施工,或采取预热、保温等措施施工
5	雨天或相对湿度实在过大	停止作业等待合适天气施工,或除湿干燥后作业
6	误将超长凝胶时间的牌号、出口牌号用在国内不恰当的区域和季节	选择合适的牌号,用在合适的季节,用在合适的区域
7	辅料、填料成分中有阻聚剂	有些辅料填料中含有阻聚剂,如碳化硅、石墨粉、导电云母粉等就对自由基固化的蓝白水体系有阻聚作用。遇到类似情况,应先做小试,或改用其他辅料
8	对于MEKP或CHP的蓝白水体系,不凝胶或凝胶太慢	①复查促进剂钴水的浓度和添加量,不可过低; ②复查MEKP或CHP不低于下限1%(除非环境温度大于30℃); ③复查其他助剂,诸如颜料、色浆、阻燃剂、固化延迟剂和使用前添加的其他物质; ④复查助剂的添加顺序,促进剂较难混匀,要求较好的混合效果,树脂添加促进剂后变成紫色的,添加完MEKP或CHP固化剂后又变成黑色或深绿色,N,N'-二甲基苯胺添加会导致颜色变得微微泛黄,2,4-戊二酮添加不影响颜色的变化; ⑤特别注意基材温度和环境温度的差别,空气环境下的胶化时间往往较基材上的薄涂积层要短很多; ⑥检查树脂、车间环境温度、模具温度,看是否是因为环境或模具温度太低导致的; ⑦核实其他助剂,如氧化锑、填料、颜料等都可能导致凝胶变慢,带有阻聚效果的填料尽量在加固化剂之前加,不要加得过早; ⑧核实搅拌混合是否均匀,尤其是促进剂不易与料温低、黏度大的树脂混合均匀,此时可以先用少许苯乙烯将促进剂稀释,再加到树脂中进行分散; ⑨检查设备或基材,是否是铜材质、锌材质,这些材质会有阻聚作用

序号	原因分析	对应解决办法及策略
9	对于 BPO＋DMA 体系,不凝胶或凝胶太慢	①复查 DMA 促进剂,DMAA 不可和 BPO 一起配合使用,必须 BPO 和 DMA 或 DEA 配合使用才能固化; ②BPO 的活性并非 100％,根据所使用的 BPO 的活性调整实际有效添加量; ③检查树脂、车间环境温度、模具温度,看是否是因为环境或模具温度太低导致的; ④BPO 要求较好的分散效果; ⑤复查其他助剂,诸如颜料、阻燃剂都可能导致凝胶变慢,在使用前对它们进行调整,或者增加促进剂和固化剂的添加量;或带有阻聚效果的填料尽量在加固化剂之前加,不要加得过早; ⑥增加促进剂/固化剂用量,但不要超过上限; ⑦减少阻聚剂用量

5.14.8 纤维增强塑料衬里凝胶了，但凝胶后不能变硬，或强度上来太慢（硬化不良）

见表 5.14.8。

UPR 和 VER 的纤维增强塑料衬里凝胶后不能变硬（硬化不良）的原因和解决措施

表 5.14.8

序号	情况描述	原因分析及对应解决办法
1	针对蓝白水体系的硬化不良,强度上来太慢	①后固化速度较慢的日系树脂,较容易出现此类情况,针对日系树脂,不可一味为了追求足够的可操作时间,而将凝胶时间拉得过长,这样势必会导致后续放热放不上来,出现固化不良,因此当选用日系树脂时,尤其要注意少量多次的原则; ②直接向供应商要求选用"后程固化"更快的树脂牌号; ③复查固化剂和促进剂的添加量,如模具和树脂温度较低,则需要辅助添加 DMA。添加 DMA,同时减少固化剂的加入量或同时增加延缓剂或阻聚剂的量,可以得到一个相似的凝胶时间和可使用时间,但是凝胶后,硬度上来更快; ④如天气较热,通常大家喜欢降低 MEKP 或 CHP 固化剂的添加量,但降低太多了,会导致固化不良。最低添加量也需大于 1.0％; ⑤检查看看问题是否只是出现在表面层,如果是,采用液蜡即可解决; ⑥检查基材或者其他配套装置,青铜、锌、铜都会抑制固化; ⑦固化剂 MEKP 中双氧水的含量太高,会导致凝胶快,但后续起到固化和巩固固化程度的过氧化甲乙酮及过氧化甲乙酮二聚体量太少,导致凝胶了但强度上不来,这时候需要改用双氧水含量低的 MEKP
2	针对 BPO＋DMA 体系的硬化不良,强度上来太慢	①活性 BPO 和 DMA 或 DEA 的比例至关重要,BPO 的有效添加量建议为 DMA 有效添加量的 10～20 倍,更优选 10～15 倍,或为 DEA 的 4～12 倍; ②最小的 BPO 过氧化物添加量需大于 0.75％,如果可能的话,尽量大于 1.0％; ③检查看看问题是否只是出现在表面层,如果是,采用液蜡即可解决; ④复查其他助剂,诸如颜料、阻燃剂都可能导致凝胶变慢,在使用前对它们进行调整,或者增加促进剂和固化剂的添加量

5.14.9 纤维增强塑料衬里凝胶太快，凝胶时间漂移

见表 5.14.9。

UPR 和 VER 的纤维增强塑料衬里凝胶太快、凝胶时间漂移的原因和解决措施

表 5.14.9

问题	UPR 和 VER 的过氧化物常温固化体系	
	蓝白水体系(白:MEKP 或 CHP)	BPO+DMA 体系
凝胶太快	①复查促进剂的规格,是否浓度太高?复查温度,是否太高? ②较少的 DMA 添加量,增加 2,4-P 添加量。 ③减少促进剂的量直至最低添加量 0.1%。 ④降低促进剂、DMA 和/或固化剂的用量,但不可低于下限。 ⑤增加阻聚剂。 ⑥检查树脂料温、车间及模具的温度,是否是因为环境或基材的温度过高导致的	①减少 BPO 和/或 DMA 的添加量,但不可低于下限。 ②注意 BPO 和 DMA 的相对比例(活性 BPO 和 DMA 或 DEA 的比例至关重要,BPO 的添加量建议为 DMA 量的 10~20 倍,更优选 10~15 倍,或为 DEA 的 4~12 倍)。 ③增加阻聚剂。 ④检查树脂料温、车间及模具的温度,是否是因为环境或基材的温度过高导致的
过夜后树脂胶料的凝胶时间发生漂移	①树脂胶料容器敞开,湿度大时或者在一个空调环境内,树脂夜间都可能会吸收大量的水分,最终导致树脂凝胶时间出现较大的漂移,这种情况尤其是在高温高湿的夏季梅雨天时容易发生。此时增加促进剂、助促进剂和固化剂的添加量,能够一定程度上克服水分的影响。 ②如果添加的氧化锑阻燃剂不合适,会导致其消耗促进剂,致使树脂胶料的凝胶时间延长,这时使用前需要额外补加促进剂,必要的话,甚至要添加助促进剂以达到初始凝胶时间的要求	①增加 DMA 和 BPO 的量。 ②注意 BPO 和 DMA 的相对比例(活性 BPO 和 DMA 或 DEA 的比例至关重要,BPO 的添加量建议为 DMA 量的 10~20 倍,更优选 10~15 倍,或为 DEA 的 4~12 倍)

5.14.10 纤维增强塑料衬里放热过快、过多

见表 5.14.10。

UPR 和 VER 的纤维增强塑料衬里放热过快、过多的原因和解决措施　表 5.14.10

问题	UPR 和 VER 的过氧化物常温固化体系	
	蓝白水体系(白:MEKP 或 CHP)	BPO+DMA 体系
固化过程中树脂放热过快、过高	①降低白水量,降低 DMA 助促进剂添加量,但不可低于下限; ②调整过氧化物至最低限 1.0% 的添加量,减少一次积层层数,降低厚度减少树脂集中放热; ③连续积层前适当允许热量释放些; ④用 CHP 或混入 CHP 也可降低树脂放热峰; ⑤用 CHP 作固化剂或 CHP 和 MEKP 混用(50/50)	①BPO/DMA 是一个放热较高的常温固化体系,可以通过减少积层厚度、连续积层前适当允许热量释放些、添加阻聚剂来降低放热峰温度; ②降低 DMA 用量,但不可低于下限

5.14.11　纤维增强塑料衬里有裂缝

见表5.14.11。

UPR 和 VER 的纤维增强塑料衬里有裂缝的原因和解决措施　　表 5.14.11

序号	原因分析	对应解决办法及策略
1	固化放热太快、太多	参见 5.14.9 节
2	固化剂量不合适	降低固化剂添加量
3	固化剂类型不合适	核实固化剂类型,采用合适类型的固化剂
4	胶料收缩过大	可适当增加增韧剂、填料等
5	施工环境温度过高	停止高温度段作业,或采取降温措施
6	受日照,局部直接受热	避免日光局部直接强烈照射
7	胶料黏度过大,富树脂层过厚	选择合适黏度的树脂,切忌随意补加稀释剂来解决面漆胶料黏度过大的问题;避免面胶料多层涂刷,富树脂层不可做得过厚

5.14.12　纤维增强塑料衬里表面发黏

见表5.14.12。

UPR 和 VER 的纤维增强塑料衬里表面发黏的原因和解决措施　　表 5.14.12

序号	原因分析	对应解决办法及策略
1	湿度过大	在小于80%湿度下施工,或采取脱湿处理
2	未添加液蜡,或添加液蜡过少,或规则不当	添加合适规格、适当量的液蜡,避免空气氧阻聚;或表面层直接采用聚酯薄膜覆盖
3	苯乙烯单体挥发过多,造成最终树脂的交联活性降得太低	使用过的桶不可无盖存放,降低桶料存放环境温度,遮盖预促进树脂胶料,避免过量挥发,不可在通风口处配料及长期存放预促进树脂胶料
4	树脂本身活性太低	要求供应商更换活性适当的树脂品种
5	固化剂、促进剂已经失效,或称量不准,加入过少	做小样确认是否失效,改用合格的促进剂、固化剂,准确称量

5.14.13　纤维增强塑料衬里表面流胶严重

见表5.14.13。

UPR 和 VER 的纤维增强塑料衬里表面流胶严重的原因和解决措施　　表 5.14.13

序号	原因分析	对应解决办法及策略
1	搅拌不均,造成局部根本没有固化剂,该部分凝胶太慢而流淌	保证混合均匀前提下,合适的搅拌时间

序号	原因分析	对应解决办法及策略
2	固化剂、促进剂已经失效,或称量不准,加入过少	做小样确认是否失效,改用合格的促进剂、固化剂,准确称量
3	固化及加入量不足	小样试验确认,再补加
4	胶液或胶料黏度过低	更换黏度合适的树脂型号;少加或不加稀释剂;适当加触变剂防止流胶(如气相二氧化硅);适当添加粉料,变胶液为胶料

5.14.14 纤维增强塑料衬里固化收缩太大导致隆起、脱壳

见表5.14.14。

UPR 和 VER 的纤维增强塑料衬里固化收缩太大导致隆起、脱壳的原因和解决措施

表 5.14.14

序号	原因分析	对应解决办法及策略
1	环氧胶料加入稀释剂过多,胶料无粘结力	严格配料比,控制胶料黏度
2	酚醛树脂含水量太高	停用,更换合格的树脂
3	固化剂加入太多(针对 UPR 和 VER)	少加些,或改用活性、放热稍低的固化剂(如 UPR、VER 固化时,改 MEKP 为 CHP)
4	一次性衬里面积过大、过厚	每次衬里施工面积控制在 4m² 以内,禁止一次积层厚度超过 6mm
5	酚醛树脂已经老化或接近老化,加入过多的稀释剂	停用,更换合格的树脂
6	呋喃树脂固化放热剧烈,收缩非常大	加入适当量的胶粉,再去用纤维积层
7	UPR、VER 树脂本身收缩过大	选用合适的树脂品种,或添加低收缩剂以改善之

5.14.15 纤维增强塑料衬里局部腐蚀修复

见表5.14.15。

UPR 和 VER 的纤维增强塑料衬里局部腐蚀修复

表 5.14.15

序号	原因分析	对应解决办法及策略
1	纤维露头,腐蚀介质由纤维径向渗入介质,至衬里层或基材表面,产生腐蚀	洗净腐蚀部位,清除腐蚀物,铲去四周无力学强度的纤维增强塑料部分,露出纤维增强塑料本色,而后彻底清洗,再干燥处理,用角向磨光机打磨腐蚀部位。若已经穿透基材,则应预先修补基材。而后再按照纤维增强塑料衬里施工工序分层衬贴,并应与周边有 5cm 左右搭接
2	局部受撞击,衬里层面层受损伤,介质渗入	
3	施工时耐腐蚀层和面层本来就有质量缺陷	

5.14.16　纤维增强塑料衬里全面腐蚀修复

见表 5.14.16。

UPR 和 VER 的纤维增强塑料衬里全面腐蚀修复　　表 5.14.16

序号	原因分析	对应解决办法及策略
1	没做表面毡的富树脂层,纤维外露厉害	彻底打掉,清除腐蚀物,对基材进行必要的处理。若已经穿透基材,则应预先修补基材。而后再选用合适的耐腐蚀树脂、纤维、填料和固化体系(如含氟介质需改用聚酯或丙纶等有机纤维),再按照纤维增强塑料衬里施工工序重新施工,并严格遵守养护及固化程序
2	耐腐蚀树脂选材错误	
3	纤维等增强材料选择错误	
4	没有考虑到工艺条件中副产物对纤维增强塑料衬里层的腐蚀	
5	介质中含氟,对含二氧化硅的增强材料(如玻璃纤维、石英砂、石英粉等)有腐蚀	
6	纤维增强塑料衬里还未完全固化,或保养时间太短,即投入使用	

5.14.17　纤维增强塑料衬里大面积脱落

见表 5.14.17。

UPR 和 VER 的纤维增强塑料衬里大面积脱落原因和解决措施　　表 5.14.17

序号	原因分析	对应解决办法及策略
1	基材处理不良	打掉后,重新进行"广义基材处理",直至合格再刷底涂
2	底涂与基材粘结不足	选用黏度低、极性高、粘结性好的底涂,必要时选用专用的底涂
3	底漆树脂柔性不足	选择柔性底漆
4	衬里层太厚	手糊成型纤维增强塑料内衬层不建议太厚,尽量小于 6mm,再要做厚,就有必要考虑纤维增强塑料衬里方案的合适性,选用其他方案
5	衬里层与基材层的线性膨胀系数相差太大	增加无机填料的使用,使用鳞片类填料,增加衬里层的纤维相对含量,乃至做成砖板衬里
6	室温固化时间太短,收缩太大	调节合适的凝胶时间,适当添加无机料,适当添加低收缩剂
7	使用温度超过纤维增强塑料衬里的使用温度上限	更改防腐方案(如进一步作传热计算后可选择砖板衬里,或直接选用其他有机、无机或金属防腐材料)
8	负压太大情况下使用	设备纤维增强塑料衬里不适合在负压太高的情况下使用,负压太大,需要重新检讨纤维增强塑料衬里方案的可行性
9	介质温度波动太大,温度有频繁的骤变	纤维增强塑料衬里不适合频繁的较大温度骤变的环境,温度骤变范围大,需要重新检讨纤维增强塑料衬里方案的可行性
10	设备外来的振动、摇晃,纤维增强塑料衬里层受外载荷频繁	纤维增强塑料衬里不适合频繁的较大外来应力应变的环境,应力应变范围大且频繁的场合,需要重新检讨纤维增强塑料衬里方案的可行性

5.14.18 纤维增强塑料衬里局部变薄或磨蚀

见表 5.14.18。

UPR 和 VER 的纤维增强塑料衬里局部变薄或磨蚀的原因和解决措施　　表 5.14.18

序号	原因分析	对应解决办法及策略
1	介质中含有固体颗粒磨蚀衬里层	面层衬里及面胶配方中增加耐磨效果的填料,如碳化硅、金刚粉、金刚砂、石英砂、铸石粉等,或直接采用耐磨性能更佳的砖板衬里树脂防腐方案
2	物料进料口冲刷作用	进料口冲刷频繁处加厚积层层数,或使进料口的物料分流,减少冲刷力,或在被冲刷部位上方增设防护罩
3	频繁受外力处,厚度太薄	可以加厚接口、拐角、支架、底座等部位的积层厚度

5.14.19 纤维增强塑料衬里使用后表面点状腐蚀孔洞

见表 5.14.19。

UPR 和 VER 的纤维增强塑料衬里使用后表面点状腐蚀孔洞原因和解决措施

表 5.14.19

序号	原因分析	对应解决办法及策略
1	搅拌不均匀导致的局部胶料未固化,在使用时温度上来后,熔融析出(主要针对环氧树脂纤维增强塑料衬里而言)	必要的搅拌时间,没有搅拌死角,保证整个料桶中树脂胶料被混合均匀
2	气泡赶脱不干净	按要求耐心压赶气泡
3	无机色浆相容性不佳,表面局部色浆颗粒外露,未被面漆整体遮盖住,遭腐蚀	选择合格合适的色浆,保证相容性、面漆保证一定厚度、完全盖住表面毡等
4	面漆中填料颗粒太大,表面局部外露,未被面漆整体遮盖住,遭腐蚀	选择合格合适细度的粉料,保证分散良好,面漆保证完全遮盖

5.15　纤维增强塑料衬里其他复合防腐衬里

5.15.1　"胶泥＋纤维增强塑料"复合"衬里重防腐"

　　胶泥和纤维增强塑料复合的"衬里重防腐"主要出现在现场防腐工程领域。胶泥多为玻璃鳞片胶泥,实践中以环氧树脂纤维增强塑料/环氧树脂玻璃鳞片胶泥和不饱和乙烯基酯树脂纤维增强塑料/乙烯基酯树脂玻璃鳞片胶泥两种居多。

　　胶泥和纤维增强塑料复合的"衬里重防腐"的定义、原理、优缺点、施工与应用详见本书第 4.7.9.1 节。

　　和胶泥与纤维增强塑料可以复合使用一样,聚合物砂浆防腐和纤维增强塑料防腐也可一起复合使用，聚合物砂浆防腐和胶泥防腐也可以复合一起使用。原理和方法类似于前者，这里就不赘述。

5.15.2　电化学防腐/纤维增强塑料衬里复合"衬里重防腐"

常见选择的电化学材料（要求防静电、导电的）：导电纤维、导电云母粉、导电金属粉、炭黑、石墨、金属条（常用铜条）、金属鳞片等。

电化学防腐和纤维增强塑料复合的"衬里重防腐"主要出现在以下场合：①要求导静电的纤维增强塑料设备、纤维增强塑料地坪、纤维增强塑料衬里；②要求导静电的厚涂层、胶泥、地坪的防腐。

定义：以金属、炭黑或其他导电填料、纤维等对"衬里重防腐"形式辅以特殊电化学功能的复合"衬里重防腐"形式。

优点：①重防腐、导静电一体化解决。与"衬里重防腐"的绝缘防腐功能相比，该复合防腐方法既解决了"衬里重防腐"问题，又可达到所需要的电化学功能，如防静电、导电、阳极牺牲等功能。②导电填料和纤维的引入，降低了"衬里重防腐"材料体系的线性膨胀系数，使之更加接近无机材料和金属材料，一定程度上降低了防腐层受温度骤变、应力变化导致的脱落失效的概率。

缺点：①作业时原材料的准备烦琐，现场工人容易弄错；②部分电性能填料会与树脂发生团聚，后续施工作业时不便，如炭黑、导电云母粉、金属鳞片等；③部分电性能填料对某些树脂产生阻聚作用，作业时固化配方的把握需要更专业，如不饱和聚酯树脂、乙烯基酯树脂的"衬里重防腐"中，添加了导电云母粉、碳化硅、三氧化二锑等填料后，再采用蓝白水体系固化时，会大大延长凝胶时间，加少了蓝白水，甚至不凝胶，此时需要采用补加蓝白水和助促进剂，或者改变蓝白水体系为其他常温固化体系的办法解决。

原理：结合了纤维增强塑料高强、耐蚀等优势与电化学的特种功能。

施工与应用：与纤维增强塑料衬里防腐施工、应用相似，只是同时需要导静电等电化学功能，参见本章的详细介绍。具体制作可参考第5.8.5.8节的"4. UPR 和 VER 纤维增强塑料衬里成型方法"中的"9）纤维增强塑料衬里耐磨层、外涂层、导静电层制作"介绍。

第6章

砖板衬里防腐及应用

6.1 概述、定义、特点

砖板衬里是在金属或混凝土等设备的内壁，采用胶泥衬砌耐腐蚀砖板等块材，将腐蚀介质同基体设备隔离，从而起到防腐蚀作用。砖板衬里防腐是典型的"衬里重防腐"和无机材料防腐复合防腐方法，随着新技术和新材料的发展，现如今的砖板衬里胶泥、隔离层、砖板的选择已经非常丰富了，在"衬里重防腐"领域，砖板衬里是非常重要的措施之一。

砖板衬里定义：以有机或无机胶泥为勾缝、灌缝、隔离、粘结材料连接耐蚀块材的"衬里重防腐"。

砖板衬里有如下优点：①成本较之耐蚀合金材料而言要低不少。②砖板衬里衬砌工艺简单，施工方法成熟，适应性强，对各种尺寸、形状的设备、地坪、沟槽、基础、烟囱等均可以衬砌砖板。③选用不同材质的砖板和胶泥，可以获得耐蚀性、耐磨性、耐热性良好的保护层；砖板衬里可耐大部分酸、碱、盐和有机溶剂的腐蚀与磨蚀；砖板衬里甚至可应用在高温、高压或真空的条件下。④整体强度好、耐蚀效果好、耐高温、耐温骤变、耐磨、承压、耐载荷等。

砖板衬里有如下缺点：①砖板衬里施工要求较为严格，对胶泥缝的施工质量要求较高；②手工操作，劳动强度大，施工期长；③砖板衬里厚度较大，成本高、抗震不足，保证设备容积的前提下，设计时往往需要加大壳体的尺寸，施工后设备增重较大，显得庞大笨重，也增加了制造成本；④砖板衬里承受冲击、振动的性能较差，并且在砖板或胶泥处出现裂纹，发生渗透，砖板衬里就会受到大面积的损坏；⑤胶泥抗渗性难以十足保证，隔离层效果难以十足保证，施工期长，检测手段不便。

砖板衬里设备的使用压力小于或等于 2.0MPa 且大于 -0.02MPa，真空度可达740mmHg，使用温度随胶泥不同而不同，水玻璃可达 400℃，酚醛胶泥可达 120~130℃，呋喃胶泥可达 150℃。

在国外，砖板衬里主要应用在强腐蚀介质、高温、高压、磨蚀等特别苛刻的条件下，薄层板或单一砖板衬里的应用例子不多，为了对付苛刻的环境，较多采用复合多层耐腐蚀砖板衬里方法，砖层总厚度有时甚至达到一米，只有在用那些价格较便宜的防腐手段不能抵御的温度、压力或机械破坏条件下，才选用砖板衬里这一方法。

6.2 耐蚀砖板

6.2.1 概述

耐蚀砖板属无机防腐材料范畴，只是在砖板衬里领域中它是以砖板形式表现出来的，而非粉料、细骨料、粗骨料形式。关于无机防腐材料，详细介绍请参见本身第 4 章中关于无机防腐材料的介绍。在砖板衬里应用中，常用的耐蚀砖板有：耐酸砖、耐酸陶瓷砖/板/块、人造铸石板、浸渍石墨块、花岗石、碳化硅块材、玻化砖、碳砖、高铝砖、玻璃板等。

耐腐蚀砖板是砖板衬里工程中的重要材料，其质量的优劣直接影响着砖板衬里的使用效果，因此根据砖板衬里设备的生产工艺条件，正确地选择耐腐蚀砖板是砖板衬里施工中的重要环节之一。砖板衬里中常用的耐腐蚀砖板主要有耐酸陶瓷、人造铸石、浸渍或压型石墨、天然石材等。由于这些材料性能上的差异，其适用范围亦不相同。耐酸块材，一般都是以砖板内衬形式出现，指的是在金属或混凝土设备的内壁粘贴一层或几层耐酸、碱、盐溶液腐蚀的砖板，从而达到对设备的防腐蚀作用。其适用范围取决于所选用之砖板和胶泥的物理性能和耐腐蚀性能。

耐蚀砖板以无机材料为主，有天然岩石、人造铸石、化工陶瓷、不透性石墨、碳砖、玻璃板、刚玉砖板、碳化硅等，但用途最广泛的还是化工陶瓷砖板、人造铸石、花岗石、不透性石墨。所选用粘结材料主要有：硅酸盐胶泥、环氧树脂胶泥、酚醛树脂胶泥、不饱和聚酯树脂胶泥、乙烯基酯树脂胶泥、呋喃树脂胶泥等。

6.2.2 耐酸砖

耐酸砖是以石英、长石、黏土等无机非金属为主要原料，经高温氧化分解、成型、烧结制成的耐腐蚀材料，适用于耐酸腐蚀内衬及地面的砖或板状的耐酸制品，分为有釉砖和无釉砖。耐酸砖具有耐酸碱度高，吸水率低，在常温下不易氧化，不易被介质污染等性能，除氢氟酸及热磷酸外，对温氯、盐水、盐酸、硫酸、硝酸等酸类，双氧水、硫代硫酸钠及在常温下的任何浓度的碱类，均有优良的抗腐作用。耐酸砖的规格要求可参照现行国家标准《耐酸砖》GB/T 8488 来确定。耐酸砖一般可采用环氧树脂、耐酸胶泥、耐酸水泥铺贴，铺贴时严格参照现行行业标准《衬里钢壳设计技术规定》HG/T 20678 进行施工操作。耐酸砖广泛应用于石油、化工、冶金、电力、化纤、造纸、制药、化肥、食品、乳业、果汁、电镀室、化验室等行业的塔、池、罐、槽等的内衬防腐工程，并在地下污水管道和露天地面等工作场合都可以发挥其耐腐蚀能力。

6.2.3 天然耐酸石材

天然耐酸石材常用的有花岗岩、安山岩、石英岩、文石等，用得最多的是花岗岩，主要的化学成分是二氧化硅、三氧化二铝以及钙、镁、铁等氧化物，性能取决于产地地质状况，取决于化学组成和矿物组成。花岗岩主要由石英、长石、少量云母和暗色矿物（橄榄石类、辉石类、角闪石及黑云母）组成，其成分以二氧化硅为主，大约占65%～75%。花岗岩在耐酸工程用得较安山岩更多。

花岗岩的强度、耐磨、抗风化、耐腐蚀的信息可参照《天然花岗石建筑板材》GB/T 18601的相关规定。

天然花岗岩具有结构致密、质地坚硬、抗压强度高、吸水率很小、耐磨性优良、耐腐蚀性强、抗冻性很好、耐久性和装饰性均好等特点。天然花岗岩的密度约为2.70g/cm³，表观密度为2600～2800kg/cm³，抗压强度较高，一般为120～250MPa；其孔隙率和吸水率很小，吸水率常在1%以下；膨胀系数为（5.6～7.34）×10⁻⁶℃⁻¹，抗冻性达到100～200次；耐风化，一般使用年限可达50年以上；具有对硝酸和硫酸的高度抗腐蚀性，可作为设备的耐酸衬里；磨光花岗石板材表面平整光滑、色彩斑斓、质地坚实、华丽庄重、装饰性好。

天然耐酸石材资源丰富，产区广泛、价格便宜、性能优越。其物理机械性能优于耐酸瓷板与铸石制品，耐腐蚀性能优于陶瓷制品，而且可以用于稀碱溶液中。天然耐酸石材的主要化学成分为二氧化硅与三氧化二铝。砖板衬里中常用的品种有花岗岩、石英岩、文石等，其主要技术性能依产地的不同而略有差异。

各种天然耐酸石材的物理机械性能及耐化学性能如表6.2.3-1、表6.2.3-2。

天然耐酸石材的物理机械性能 表6.2.3-1

序号	项目	花岗岩	石英岩	安山岩	文石
1	密度(g·cm⁻¹)	2.5～2.7	—	2.7	2.8～2.9
2	吸水率	<1%	<1%	<1%	<0.8%
3	耐酸度	>97%	>98%	>97%	>96%
4	抗压强度(MPa)	>80	>100	>100	>50

天然耐酸石材的耐化学性能 表6.2.3-2

序号	腐蚀介质	花岗岩	石英岩	安山岩	文石
1	98%硫酸	耐	耐	耐	耐
2	36%盐酸	耐	耐	耐	耐
3	30%硝酸	耐	耐	耐	耐
4	浓碱溶液	不耐	不耐	不耐	不耐
5	稀碱溶液	耐	尚耐	尚耐	尚耐
6	氢氟酸	不耐	不耐	不耐	不耐
7	有机物	耐	耐	耐	耐

天然耐酸石材一般加工成板状或小型容器用于衬砌贮槽、地坪、地沟等。

6.2.4 耐酸工业陶瓷砖/板

耐酸工业陶瓷，也是以黏土为主体，并适当加入矿物、助熔剂等，按一定配方混合、成型后经高温烧结而成的无机非金属材料，相比一般耐酸砖，其二氧化硅和氧化铝成分更高，二氧化硅占 60%～70%，氧化铝占 20%～30%。根据要求不同，改变配方和煅烧温度，可分为陶制品和瓷制品。陶制品烧成温度较低，表面呈黄褐色，断面粗糙，孔隙率大，强度低，热稳定性高，常用于制造耐酸耐温砖板、管、管件等。瓷制品烧成温度较高，表面洁白，质地密致，孔隙率小，强度高，热稳定性低于陶制品，多用于制造各类耐酸砖板。

耐酸工业瓷砖表面呈白色或灰白色，质地致密，孔隙率小，吸水率低，强度高，热稳定性好，耐酸耐腐蚀性能优良。化工耐酸陶瓷砖可耐除氢氟酸、氟硅酸、300℃ 以上的磷酸、浓碱外的各种无机酸、有机酸、氧化性介质、氯化物、溴化物等的腐蚀。因此，在砖板衬里防腐中，化工陶瓷砖板使用最普遍。

耐酸陶瓷的缺点是耐冲击强度低、抗拉强度低、传热效率差、热稳定性不高、质地较脆，施工中不易加工，所以在安装、维修和使用中都必须防止撞击、振动、应力集中、骤冷骤热，避免过大的温差变化（但相比纤维增强塑料衬里而言，它已经是非常好的了）。

耐酸陶瓷产品适应于工厂、化肥厂、硫酸厂等厂家，干燥塔、吸收塔反应器的内衬，防腐池，沟槽通道设施的内衬及耐酸地面铺设。

砖和板之间，没有严格的界限，一般长与宽在 200mm 左右，厚 30mm 以上称砖，厚度小于 30mm 称为板。砖板的外观质量应达到：①不得有炸裂、穿透坯体裂纹、起层缺陷。②砖板四角上下翘曲或整体走形量边长＜150mm，变形≤1.5mm；边长≥150mm，变形≤2.0mm。③工作面允许 1mm≤深度≤2mm 的缺棱掉角 1 处，非工作面允许 3mm≤深度≤4mm 的缺棱掉角 3 处。④工作面不得有裂纹，非工作面允许有纹宽≤0.5mm，长度在 5～15mm 的裂纹 2 处。⑤由于砖板平行边不一致而导致的大小头状态，边长≤100mm 时，大小头≤1.5mm；边长＞100mm 时，大小头≤2mm。⑥把砖板敲开，断面应均匀、致密、无空隙。

我国的工业陶瓷主要集中在江西萍乡、江苏宜兴、湖南醴陵、山西阳泉、河南沁阳、重庆长寿、山东淄博等地。尤其是萍乡，已经成为我国工业陶瓷特别是化工陶瓷、耐磨陶瓷和电器陶瓷的重要生产基地。

6.2.4.1 耐酸工业陶瓷砖/板的技术性能

耐酸陶瓷砖板的质量应符合现行国家标准《耐酸砖》GB/T 8488 的有关规定，耐酸耐温砖板的质量应符合现行行业标准《耐酸耐温砖》JC/T 424 的有关规定，当介质的腐蚀性、渗透性强时，宜选用低吸水性指标的耐酸砖板。

目前，国内生产的耐酸陶瓷制品主要品种有各种形状的耐酸砖板、耐酸耐温砖及其相应的耐酸管、耐酸阀门等，其主要技术性能如表 6.2.4.1 所示。

耐酸陶瓷砖板制品的技术性能　　　　　　　　　　　　　　　表 6.2.4.1

序号	项目	耐酸砖板指标	耐酸耐温砖板指标
1	体积密度(kg/m³)	2200～2300	2100～2200
2	气孔率	＜1.5%	＜12%
3	吸水性	≤0.5%	≤6%

续表

序号	项目		耐酸砖板指标	耐酸耐温砖板指标
4	耐酸度		≥98%	≥97%
5	抗压强度(MPa)		≥100	≥60
6	抗拉强度(MPa)		>8	>6
7	抗弯强度(MPa)		≥39.2	≥29.4
8	线膨胀系数[1]($\times 10^{-6}$/℃)		5.3~6.4	3.0~4.5
9	最高使用温度(℃)		300	300
10	磨蚀($cm^2/50cm^2$)		8~15	8~15
11	压缩弹性模量(10^4MPa)		3.0~3.5	0.2~0.35
12	导热系数[2][W/(m·K)]		0.9~1.3	1.0~1.3
13	热稳定性(次)		>2(温差100℃)	>2(温差200℃)
14	耐腐蚀性能	无机酸	耐	耐
15		氧化物	耐	耐
16		有机物	耐	耐
17		碱溶液	尚耐	尚耐
18		氢氟酸	不耐	不耐
19		高温浓碱液	不耐	不耐

注：[1] 线膨胀系数应为最高使用温度与20℃之间的平均线膨胀系数，导热系数应为最高使用温度时，材料内外表面平均温度下的导热系数。

[2] 导热系数应计入吸水性的影响，由供应商提供或经试验验证获得。

需要特别指出的是：对钛白生产用酸解锅，由于其工况条件为硫酸介质，反应高温且急冷急热，越来越多厂家的酸解锅采用耐酸耐温砖衬里防腐蚀。湖南颐丰防腐公司成功开发出高强度耐酸耐温砖，抗压强度达118MPa，耐酸度达99.96%，耐温600℃，率先结合橡胶衬里（替代搪铅作隔离层）防腐技术，在大型钛白酸解锅防腐蚀技术上获得广大用户一致好评。

6.2.4.2 耐酸砖/板、耐酸耐温砖/板的化学成分

1. 耐酸砖/板主要化学成分（表6.2.4.2-1）

耐酸砖、板主要化学成分 表6.2.4.2-1

成分	SiO_2	Al_2O_3	K_2O	Na_2O	CaO	MgO	Fe_2O_3
含量	72.29%	21.71%	2.70%	0.95%	0.85%	0.12%	0.47%

2. 耐酸耐温砖/板主要化学成分（表6.2.4.2-2）

颐丰牌耐酸耐温砖生产用主要原材料及配方一览表 表6.2.4.2-2

序号	原材料名称	配制比例	备注
1	高岭土	50%~70%	主要耐酸材料
2	界牌泥	15%~20%	主要耐酸材料

序号	原材料名称	配制比例	备注
3	熔融石英	15%～35%	增加温度系数
4	滑石粉	3%～6%	熟料、减少收缩、减少膨胀
5	氧化铝粉	3%～5%	增加氧化铝含量
6	优质瓷砂	—	
7	其他	—	

注：数据引自湖南颐丰防腐工程有限公司，"颐丰牌高强度耐酸耐温砖"，专利号为：ZL200510034929-6。

颐丰牌® 高强度耐酸耐温砖选用贵州优质高岭土、江苏水关白泥、平江熔融石英、澳大利亚进口优质锂辉石（提高急冷急热性能），掺入部分钾长石以及高岭黏土等，主要化学成分如表6.2.4.2-3所示。

颐丰牌® 高强度耐酸耐温砖主要化学成分 表 6.2.4.2-3

成分	SiO_2	Al_2O_3	K_2O	Na_2O	CaO	MgO	Fe_2O_3
含量	69.8%	22.5%	2.7%	0.95%	0.82%	0.12%	0.47%

6.2.4.3　耐酸砖/板生产工艺流程、制造方法简介

利用瓷土原料，经研磨、成型、高温烧结而成的工业陶瓷砖/板已广泛用于化工、石化、医药、冶金、环保等工业领域。耐酸瓷砖的现行国家标准为《耐酸砖》GB/T 8488，耐酸耐温砖现行行业标准为《耐酸耐温砖》JC/T 424。

1. 耐酸工业瓷砖/板的制造

耐酸瓷砖生产流程如下：采购原料→计量配料→球磨→过筛→除铁→粗炼→陈腐→真空成型→烘干→精坯→装坯满窑→烧成→检验包装。

精选瓷土，配以优质的高岭土，置于球磨机内研磨8h以上，浆料细度合格后过筛除铁，制成坯泥，要求加工做到"一清""二定""三准"。"一清"是指原料名称清楚；"二定"是指确定配料比，确定浆料细度；"三准"是指水分准确、计量准确、配方准确。

陈腐好的坯泥，在真空练泥机内混合均匀，挤压成各种规格的粗坯，保证规定的湿坯尺寸，挤压模具、硫磺模具应设计合理、加工精细，成型后的坯体要进烘房烘干后再进行精坯，通过精坯的坯体要全部符合半成品的质量要求。

烧成是陶瓷生成中最关键的一道工序，为了保证产品质量，首先必须熟知产品的烧成变化、燃料性能、窑炉结构，然后在各工序中达到工艺指标。经装坯满窑点火后烧成划分为蒸发、氧化、中火保温、还原、高火保温、止火和冷却阶段，产品烧成温度为1300℃。

出窑后的产品经检验合格后按规格、型号、数量分门别类，包装入库，需要标识的，必须系上标签。

2. 耐酸耐温砖/板制造工艺流程图

高强度耐酸耐温砖/板生产流程如下：采购原料→计量配料→球磨→过筛→除铁→粗炼→烘干烧成→粉碎→筛分→二次配料→真空练泥→真空出坯→烘干→半成品检验→装坯满窑→二次烧成→检验包装。

高强度耐酸耐温砖/板选用优质白泥、熔融石英、锂辉石，掺入部分钾长石以及高岭

黏土等。通过取样化验，烧样检测，组合配方，通过中试配方后，再次进行化学理论检测，实物与理论检查，测试，其耐酸度、耐碱度、急冷急热性能及抗压强度等合格后，再进行严格工艺生产。

进厂原料经过严格检查化验后，进行生产计量配料，加水球磨，过筛除铁，榨泥、粗炼、封闭贮存、陈腐，再通过挤压成片、烘干、修坯、进窑 1340℃煅烧。烧成工艺：低温预热，中火保温，高温快烧，烧至产品所需温度，保温到冷却 600℃ 到室温出窑。出窑后的产品经检验合格后按规格、型号、数量分门别类，包装入库。

6.2.4.4 耐酸工业陶瓷砖/板主要质量指标和规格

1. 耐酸陶瓷制品外观质量

耐酸砖板的外观质量应符合表 6.2.4.4-1 的要求。

表 6.2.4.4-1

耐酸砖板的外观质量标准

序号	缺陷	一级	二级
1	变形	≤2mm	≤2.5mm
2	缺棱掉角	深度<2mm，2处	深度<4mm，3处
3	裂纹	纹宽≤0.5mm，纹长 5～15mm 条	纹宽≤0.5mm，纹长 10～30mm 条
4	斑点	直径 1～3mm，允许 3 个	直径 2～4mm，允许 4 个
5	大小头	≤2mm，总面积<1cm²，每处<0.3cm²	≤4mm，总面积<2cm²，每处<0.5cm²

2. 耐酸陶瓷制品的规格

耐酸陶瓷制品的规格依据品种与用途的不同，可分为若干种。

耐酸砖根据其形状分为标形砖、楔形砖与异形砖。标形砖、楔形砖的常用规格列于表 6.2.4.4-2；异形砖根据用途的不同，可制成各种形状（如多角砖、弧面砖、半圆砖等），用于衬砌特殊形状的部位。

耐酸瓷板从形状上分为方形、矩形与弧形。从表面状态上分为单面沟棱与双面沟棱。各种形状耐酸板的规格比较复杂。

耐酸瓷砖、耐酸瓷板、耐酸瓷管（表 6.2.4.4-3）等均可以根据设备、管道的规格、尺寸、形状进行订制。

表 6.2.4.4-2

耐酸砖板的规格

序号	砖 型	尺寸［长(mm)×宽(mm)×厚(mm)］
1	标形砖	230×113×65
2	矩形砖	230×113×80；230×113×75；230×113×90；230×100×50 230×113×40；230×113×30；200×50×30；210×100×60
3	横楔砖	230×113×55/65、230×113×25/65
4	竖楔砖	230×113×55/65、230×113×25/65
5	耐酸瓷板	300×300×(15～30)；200×200×(15～30)；180×110×(15～30)；80×80×10；150×150×(15～30)；50×50×10；150×75×(15～30)；100×100×(10～30)

耐酸瓷管的规格　　　　　　　表 6. 2. 4. 4-3

DN(mm)	100	125	150	175	200	225	250	300	350
L(mm)	300～1000								
DN(mm)	400	500	600	700	800	900	1000	1200	
L(mm)	1000～1500								

6.2.5 铸石板

1. 概述

铸石是一种经加工而成的硅酸盐结晶材料,以天然石材辉绿岩、玄武岩等火成岩矿物为原料并配以角闪石、白云石、铬铁矿等附加料,经配料、粉碎、熔化、浇铸、成型、结晶、退火等工序制成的晶体排列规整、质地坚硬、细腻的非金属硅酸盐材料制品。其主要化学成分为二氧化硅、三氧化二铝与少量其他氧化物(如氧化钙、氧化铁)等。根据所用原料的不同,铸石分为辉绿岩铸石与玄武岩铸石。砖板衬里常用的为辉绿岩铸石。

铸石具有资源丰富、生产工艺简单、成本低廉等特点,以及特别优异的耐磨、抗腐蚀等性能。铸石制品具有良好的物理机械性能,硬度大、耐磨性好。在各种浓度的无机酸、有机酸、氧化性介质、盐类、稀碱溶液中性能稳定,耐腐蚀性好,但不能用于氢氟酸、热磷酸、熔融碱中。铸石表面光滑、脆性大、耐热冲击性能差、含铁量高、切割困难,使铸石在应用上受到了一定的影响。

玄武岩铸石板的质量应符合现行行业标准《铸石制品 铸石板》JC/T 514.1 的有关规定,物理性能应符合表 6.2.5-1 的规定。

玄武岩铸石板的物理性能　　　　　　　表 6. 2. 5-1

项目	指标	项目	指标
体积密度(kg/m³)	2800～2900	抗压强度(MPa)	450～550
抗弯强度(MPa)	80	压缩弹性模量(10⁴MPa)	10～12
线膨胀系数(×10⁻⁶/℃)[1]	6～8	导热系数[W/(m·K)][2]	1.0～1.2
最高使用温度(℃)	300	磨蚀(cm²/50cm²)	4～6

注:[1] 线膨胀系数应为最高使用温度与20℃之间的平均线膨胀系数;
　　[2] 导热系数应为最高使用温度时,材料内外表面平均温度下的导热系数。

2. 技术性能

按采用的主要原料分为天然岩石铸石(玄武岩、辉绿岩等基性岩以及页岩)和工业废渣(高炉矿渣、钢渣、铜渣、铬渣、铁合金渣等)铸石,其中以辉绿岩铸石使用最多。由于铸石所用原料岩石中所含 FeO 等不耐酸成分在高温时和 SiO₂、Al₂O₃ 化合成具有很好耐腐蚀性的铁铝硅酸盐,所以人造铸石具有耐大部分化学介质腐蚀的优良性能,除氢氟酸、热磷酸、氟硅酸、熔融碱外,在硫酸、硝酸、盐酸等酸性介质中极稳定。在稀碱溶液中,温度在90～100℃范围也非常稳定(能抗任何酸碱的腐蚀,耐酸性大于96%,耐碱性

311

大于 98%），常用于塔器、储槽、电解槽、水下沟等衬里。

辉绿岩铸石断面密实，硬度大（莫氏硬度为 7～8，仅次于金刚石和刚玉），耐磨性能非常好（耐磨系数为 0.09～0.14g/cm²，耐磨性比锰钢高 5～10 倍，比碳素钢高数十倍）。铸石的缺点是质脆，耐温差，耐温骤变差（但相比有机复合材料纤维增强塑料衬里而言要好得多），板材切割加工困难，表面光滑，与水玻璃胶泥的粘结性能差。

各类铸石的化学成分、物理机械性能、耐化学腐蚀性能分别如表 6.2.5-2、表 6.2.5-3 所示。

铸石的化学成分 表 6.2.5-2

铸石	SiO_2	Al_2O_3	TiO_2	CaO	MgO	Na_2O	K_2O	Fe_2O_3
辉绿岩铸石	52%	17%	1%	10%	7%	3%	1%	9%
玄武岩铸石	48%	17%	1%	10%	8%	4%	1%	8%

铸石的物理机械性能、耐化学腐蚀性能 表 6.2.5-3

序号	项目	辉绿岩铸石	玄武岩铸石
1	外观	灰黑色	黑红-红褐色
2	耐酸度（98% H_2SO_4）	>99%	>99%
3	吸水率	<1%	<1%
4	耐酸碱度（20% NaOH）	>98%	>97%
5	抗压强度（MPa）	>550	>600
6	弯曲强度（MPa）	>65	>65
7	热稳定性（℃），急冷急热	200～20，>3 次	>180～20，>3 次
8	耐急冷急热性能（水浴法 20～70℃反复一次或气浴法 25～200℃反复一次）	≤14 块/50 块（不合格者）	≤13 块/50 块（不合格者）

表 6.2.5-4 所示是某厂的辉绿岩铸石板的主要物理机械性能。

某厂的辉绿岩铸石板的主要物理机械性能 表 6.2.5-4

序号	项目	指标
1	密度（g/cm³）	2.9～3.0
2	抗拉强度（MPa）	39.2
3	抗压强度（MPa）	588.6
4	热稳定性（20～70℃）	>2 次

3. 规格尺寸

铸石制品可以成型为各种形状的板材与管件，常用板材有矩形、扇形、圆形、多边形等。各类铸石板除通用型外，用户可根据用途的需要自行设计尺寸加工制作。通用型铸石板的规格如表 6.2.5-5 所示。用于砖板衬里设备的接管，其规格尺寸不一，一般尺寸为长 300～1000mm，直径 150～300mm，壁厚 25～35mm。

通用型铸石板的规格　　　　　　　　　　表 6.2.5-5

1	长(mm)×宽(mm)	180×110	240×150	240×180	300×200
	厚(mm)		20		25
2	长(mm)×宽(mm)	200×200	200×100	250×180	250×200
	厚(mm)		25		
3	长(mm)×宽(mm)	400×300	300×200	200×200	200×100
	厚(mm)		30		
4	长(mm)×宽(mm)	200×200	200×100	300×200	250×200
	厚(mm)		25		
5	长(mm)×宽(mm)		400×200	400×250	400×300
	厚(mm)		40		
6	长(mm)×宽(mm)		300×100	240×115	120×115
	厚(mm)		50		

4. 应用

铸石的主要用途是在工业上用作防腐蚀、耐磨材料，如酸、碱储罐、反应罐、酸洗池（槽）的防腐蚀衬里；各种矿石、灰渣、尾矿的溜槽和输送管道，以及球磨的耐磨衬板等。在建筑上可用作仓库地坪，公共建筑的过道、楼梯踏步，厂房的耐酸地坪和墙裙，以及水工工程的大坝贴面和排砂孔衬里等。浅色或彩色铸石可以代替大理石、花岗石作内外装饰材料和地面材料。

6.2.6 碳砖

1. 概述

碳砖是以焦炭、无烟煤或石墨与焦油为原料，加入适量沥青、焦油和蒽油的结合剂，在还原焰中烧至1450℃而制成的耐高温中性碳质耐火材料制品。无烟煤的挥发分少，结构致密，生产碳砖时多以它为骨料，加入冶金焦炭，以沥青作结合剂。

碳砖的技术要求一般含碳量≥92%，能耐熔融金属及各种熔渣的侵蚀，但易氧化；机械强度≥25MPa；灰分≤8%。外形尺寸要求严格，一般制品要进行一定的机械加工处理。

（1）有极高的耐火度。不熔化亦不软化。只有在很高温度时，才有挥发（>3000℃时）。但这一温度在高炉内是达不到的。

（2）抗压强度大。其抗压强度可达 $250\sim500kg/cm^2$，与黏土砖差不多。但黏土砖其抗压强度最高可达 $1000kg/cm^2$。

（3）荷重软化点比黏土砖高得多。一般黏土砖之荷重软化温度为1400℃，而碳砖荷重软化温度是不存在的（即软化点极高），但必须指出这只是对灰分不多的高质量碳砖而言。

（4）抗渣性很好。除去含 FeO 高的渣以外，任何渣都不能起侵蚀作用。

（5）有较高的耐磨强度，它的耐磨强度不次于黏土砖。

（6）不为铁、渣所浸润（铁渣不能沾于碳砖上），所以结瘤的机会，和与铁、渣起作用而损坏的机会较少。因此，过去会在炉身砌碳砖，认为这样可能使结瘤机会减少（因为一般炉瘤多在炉身处生成），但结果证明，如果操作不正常，则还是照样有炉瘤生成。

（7）膨胀系数小。这是碳砖的特点之一，其他耐火材料远不如它。在高温下急冷也不会产生裂纹，这对某些由于易生裂纹而易损坏的部分（如炉底）是极需要的性质，所以炉底砌砖多用碳砖来砌成。

（8）导热性比黏土砖高得多，特别是石墨砖。但其效果可能是有益的，也可以是有害的。热损失大就是负效果，但在下部易使渣皮生成则是有利的。高炉下部用碳砖砌时，就可以不用冷却水冷却，而只用空气来进行自然冷却，甚至有些较小的高炉炉缸根本就不需要冷却。但一般仍是用冷却水箱的，因为有时碳砖质量不好，炉缸很易毁坏，若无冷却水箱便会产生铁渣穿漏事故，同时安装冷却水箱也并不十分麻烦，因此，在利用碳砖时也仍旧应用冷却水箱。

（9）价格昂贵。碳砖的制造，一般是用碾成很小粒度的含灰分少的焦炭（<10mm），加16%～18%的煤焦油搅拌混合均匀，同时再破碎到6mm，然后加压成型，同时也使气孔度减小，最后在密封的炉子中焙烧数昼夜，焙烧温度为1000℃。此炉中应毫无通空气的空隙；焙烧时用砂覆盖于砖型上，使砖与空气完全隔绝，由传导作用来加热砖坯。燃料消耗多及产量不高是造成碳砖价格昂贵的原因。

2. 技术性能

（1）碳砖的热稳定性好，热胀系数小，耐高温，耐各种酸、碱、盐和有机溶剂的侵蚀，但在氧化环境中容易氧化。碳易氧化，无论是原料的煅烧或是制品的焙烧以及制品的使用，均要在还原环境中进行。

（2）碳砖为暗灰色，有光泽，烧成良好的碳砖不沾污手，用小锤敲击有清脆声。耐火度和荷重软化温度高，抗热震性好；不被熔渣、铁水等润湿，几乎不受所有酸碱盐和有机药品的腐蚀，抗渣性好，高温体积稳定，机械强度高，耐磨性好，具有良好的导电、导热性。

（3）碳砖的质量应符合表 6.2.6-1 的规定，合成树脂浸渍碳砖的质量应符合表 6.2.6-2 的规定。

碳砖的质量指标要求   表 6.2.6-1

项目	指标[3]	项目	指标[3]
体积密度（kg/m³）	1400～1600	吸水性[2]	18%～22%
抗弯强度（MPa）	8～12	抗压强度（MPa）	≥30
线膨胀系数（×10⁻⁶/℃）[1]	3～4	压缩弹性模量（10⁴MPa）	0.5～1.5
最高使用温度（℃）	300	导热系数[W/(m·K)]	1.7～10
灰分	≤8.0%	—	—

注：[1] 线膨胀系数应为最高使用温度与20℃之间的平均线膨胀系数，导热系数应为最高使用温度时，材料内外表面平均温度下的导热系数。
　　[2] 导热系数应计入吸水性的影响，由供应商提供或经试验验证获得。
　　[3] 表中指标为焙烧加工方式，其他方式加工的性能指标由供应商提供并应满足使用工况要求。

合成树脂浸渍碳砖的质量   表 6.2.6-2

项目	指标	项目	指标
体积密度(kg/m³)	1600~1800	吸水性(%)[2]	0~8
抗弯强度(MPa)	25~35	抗压强度(MPa)	30~60
线性膨胀系数(10⁻⁶/℃)[1]	3.5~5	压缩弹性模量(10⁴MPa)	1.0~2.5
最高使用温度(℃)	150~180	导热系数[W/(m·K)]	1.7~7.0
灰分(%)	≤8.0		

注：[1] 线膨胀系数应为最高使用温度与20℃之间的平均线膨胀系数，导热系数应为最高使用温度时，材料内外
表面平均温度下的导热系数。
[2] 吸水性由供应商提供或经试验验证获得。

3. 应用

碳砖广泛应用于冶金工业，其中以高炉碳砖用量最大，许多高炉的炉底和炉缸是用碳砖砌筑的。碳砖还用于铝电解槽。此外，广泛用在电镀工业的酸洗槽、电镀槽，造纸工业的溶解槽，化学工业的反应槽、贮槽，石油化学工业的高压釜，铁合金工业炉（或设备的内衬），酸液、碱液槽衬和管路，以及熔炼有色金属（如铝、铅、锡等）的炉衬。

由于碳砖的耐火性质，故被广泛应用于砌筑高炉炉底、炉缸。近年来使用范围不断扩大，炉腹和炉身下部也开始采用碳砖。可提高高炉的连续作业时间，延长使用寿命。

高炉炉缸用耐火材料性能的好坏是影响高炉寿命的关键因素之一。在高炉炉缸用耐火材料的发展中，一是改进碳砖的性能、结构，采用高热导、高纯度、微气孔的热压碳砖，以克服由于碱侵蚀、碳沉积、铁水渗透等因素造成炉缸的毁损；二是采用新的炉缸材料。

6.2.7 石墨砖板

石墨材料具有良好的耐腐蚀性与耐热性，在化工生产中作为换热设备已得到广泛的应用。砖板衬里工程中常用的石墨制品是浸渍石墨板与压型石墨板，以及它们的管件。浸渍石墨板是以各种浸渍剂对多孔性的石墨板材进行浸渍，使其变成孔隙率小的不透性石墨板。压型石墨板是以各种胶粘剂与石墨粉混合，然后进行热压成型制成的板材。

目前砖板衬里使用较多的是浸渍石墨板，由于它在稀硫酸、盐酸、醋酸等化学介质中性能稳定、热导性好，因此可以代替铅、铜等有色金属用于设备防腐中。

石墨材料有天然和人造之分，作为防腐蚀材料一般采用的都是人造石墨。在人造石墨的制造过程中，由于高温熔烧而逸出挥发物，致使石墨材料形成很多微孔，由于大量孔隙存在（空隙率在30%左右），影响到它的机械强度和加工性能，且气体和液体对它有很强的渗透性，因此化工防腐用的石墨需要采用适当的方法填充孔隙，使它成为不透性。常见的制造不透性石墨的方法有浸渍、压型、浇注等，所得到的不透性石墨称浸渍石墨、压型石墨和浇注石墨。化工衬里用的人造石墨板都是采用酚醛树脂、呋喃树脂、水玻璃、聚四氟乙烯乳液等浸渍剂充分浸渍的，以酚醛树脂浸渍石墨偏多。浸渍之后的石墨块材具有优良的导热性、耐腐蚀性能、耐磨性、热膨胀系数小等特点。

浸渍石墨板的力学性能和最终耐腐蚀性能主要取决于浸渍用浸渍剂的种类和耐化学品性能。

　　不透性石墨就是采用上述方法制造的人造石墨，经过抽真空、加压、干燥等手段处理，使一些浸渍剂充满石墨的空隙，使其具有不透性。浸渍后石墨材料的耐腐蚀性能，主要由浸渍剂性能决定，除强氧化性介质外，通过选择不同材质的浸渍剂，浸渍后的不透性石墨可耐强酸、一定浓度的碱等多种化学介质的腐蚀。浸渍石墨板导热性能优良，耐温骤变性能好，易于加工；缺点是：机械强度低（和耐酸工业陶瓷比），价格较贵（表 6.2.7-1）。

各种耐蚀板材的性能对比　　　　　　　　　　　　　　　表 6.2.7-1

项目	耐酸陶瓷板	辉绿岩铸石板	浸渍石墨板		
			酚醛树脂	呋喃树脂	水玻璃
强氧化性酸	耐	耐	不耐	不耐	耐
非氧化性酸	耐	耐	耐	耐	耐
氢氟酸	不耐	不耐	耐	耐	不耐
碱性溶液	尚耐	一般	不耐	耐	不耐
耐磨性能	一般	好	较好	较好	较好
粘结性	好	较差	好	好	好
导热性	差	差	好	好	好
耐温骤变性	差	差	一般	一般	一般
耐温性	较好	较好	<150℃	<180℃	好
适用范围	0~400℃	0~250℃	0~150℃	0~180℃	-30~420℃

　　石墨防腐主要指的是不透性石墨，具体分浸渍石墨、压型石墨和浇注石墨。化工衬里用的人造石墨板都是采用酚醛树脂、呋喃树脂、水玻璃、聚四氟乙烯乳液等浸渍剂充分浸渍的，以酚醛树脂浸渍石墨偏多。

　　不透性石墨的物性：优越的耐腐蚀性、高效的导热性、小的热膨胀系数、较好的耐温差急变性、耐磨性好、不污染介质、良好的机械加工性能、较高的机械强度、在一定液（气）压下的不透性等特点。

　　更多的浸渍石墨类材料、石墨块材、石墨设备的耐腐蚀性能介绍参见后文（表 6.2.7-2）。

机械用浸渍碳石墨耐化学腐蚀性能　　　　　　　　　　　　表 6.2.7-2

介质	浓度	碳石墨浸渍合金材料				碳石墨浸渍树脂材料			
		铜合金	锑合金	铝合金	巴氏合金	呋喃	环氧	酚醛	聚四氟乙烯
硫酸	98%	○	○	√	○	√√	√	√	√√
	50%	○	○	○	○	√√	√	√	√√
硝酸	50%	○	○	○	○	√	√	√	√√
盐酸	36%	○	○	○	○	√	√	√	√√
氢氟酸	40%	○	○	○	○	√	√	√	√√
磷酸	85%	○	○	√	○	√√	√√	√√	√√
铬酸	10%	○	○	○	○	√	√	√	√√
醋酸	26%	√	○	○	○	√	√	√√	√√

续表

介质	浓度	碳石墨浸渍合金材料				碳石墨浸渍树脂材料			
		铜合金	锑合金	铝合金	巴氏合金	呋喃	环氧	酚醛	聚四氟乙烯
氢氟化钠	50%	√√	○	○	○	√√	√√	○	√√
氢氟化钾	50%	√√	○	○	○	√	√√	○	√√
海水	—	√√	○	√	√√	√√	√√	√	√√
苯	100%	○	√√	√√	√√	√√	√	√√	√√
氨水	10%	○	√√	√√	√√	√√	√√	√√	√√
尿素	70%	○	√√	√√	√√	√√	√√	√√	√√
四氯化碳	—	√√	√√	√√	√√	√√	√√	√√	√√
丙酮	100%	√√	√√	√√	√√	√√	√	√√	√√
机油	—	√√	√√	√√	√√	√√	√√	√√	√√
汽油	—	√√	√√	√√	√√	√√	√√	√√	√√

注：√√稳定，√尚稳定，○不稳定。

1. 浸渍不透性石墨

人造石墨是由有机物质经高温处理石墨化制得的，所以在生产过程中由于部分有机物质分解，以气泡的形式逸出，产品内部形成许多不规则的、孔径大小不一且互相连通的孔道。孔隙率一般为20%～35%，有时高达50%。大量孔道，使产品密度下降，比电阻上升，机械强度降低，氧化速率加快，热稳定性和化学稳定性降低，耐蚀性能变差；同时气体、蒸汽、液体等介质可以通过孔道进行渗透，而影响其在工业中的应用。因此，必须采取一定的措施来填充孔隙，制成不透性石墨材料。

常采用的不透性石墨材料有浸渍石墨、压型石墨和浇注石墨。将人造石墨材料以有机高分子或其他化学稳定性好的材料进行浸渍处理，以填充、堵塞、阻断或封闭孔隙，得到的制品称为浸渍石墨。按一定比例配制人造石墨材料、热固性树脂和固化剂均匀混合物料，在常温或加温条件下，在模型内浇注，自然固化或热处理固化成型为各种制品，称为浇注石墨。以各种热固性树脂或热塑性树脂为胶粘剂，在加热条件下，使人造石墨粉模压或挤压制成的不透性石墨块材、板材等各种制品，称为压型石墨。

不透性石墨是一种非均质的脆性材料，力学强度低，不适于操作压力太高的场合，它具有如下特点：①优良的耐腐蚀性能。除了强氧化酸及强碱外，对大部分酸性介质稳定。其耐蚀性能随着制造工艺、处理剂的种类和用量有所变化，但总的说来其耐蚀性能是优异的。②优良的导热性。在非金属材料中它是导热率高于许多金属的唯一结构材料，其导热性能远高于陶瓷、玻璃、聚丙烯、聚乙烯、聚四氟乙烯等其他非金属材料，仅次于铜和铝，比不锈钢大4倍，比碳钢大2倍，是优良的导热材料。③热膨胀系数小，耐温度骤变性能好，热稳定性高。④对大多数介质附着力小，不易粘结，不污染介质，不易结垢，能保证产品纯度及色泽。⑤质软，密度小，设备轻，易于机械加工和安装运输，自润滑性好。⑥各向异性，抗压强度远高于抗拉强度，但耐冲击强度低。⑦机械加工性能好。⑧缺点是机械强度低，性脆。

常用的浸渍剂有：酚醛树脂、糠醛树脂、糠醇树脂、水玻璃、环氧树脂、乙烯基酯树脂、聚四氟乙烯乳液等。

1) 酚醛树脂浸渍不透性石墨

热固性树脂浸渍石墨中，以酚醛树脂作浸渍剂是主要方法之一。浸渍工艺所需的主要设备是浸渍高压反应釜。浸渍前，应清理加工好的石墨件表面的污物，还要在烘房中进行干燥处理，在100℃以上干燥一定时间，否则会影响树脂完全填塞孔隙。为使树脂与各表面充分接触，应将石墨件悬挂于反应釜内，并用铁条将石墨件隔开，抽真空以将釜内及石墨孔隙中的空气抽出，真空度越高，效果越好。然后再压入空气，压力应达到0.5MPa，保持一定时间，使树脂充分充满石墨孔隙。浸渍好的石墨件送入聚合釜中，在承压过程中逐步升温，使树脂固化得到最终产品。

热处理是为了使浸渍到石墨孔隙中的树脂固化，但热处理温度对固化后的石墨件性能有较大影响。热处理的最终温度升高到180℃或300℃，则树脂的分子结构进一步变化，其耐蚀性将会提高，但机械强度却有一定下降。酚醛树脂浸渍石墨材料的耐碱性可通过添加二氯丙醇、二氯乙醚、磷酸三乙酯、过氯乙烯树脂、环氧树脂等来实现。

2) 呋喃树脂浸渍不透性石墨

能够耐酸、耐碱的同时，又具有一定的耐温性，则采用浸渍分子结构中含有呋喃环的呋喃树脂的不透性石墨。这类浸渍剂主要有糠酮树脂、糠醇树脂、糠醛-丙酮-甲醛树脂三种。

糠醇树脂必须在固化剂作用下才能变态固化。根据糠醇单体在固化催化剂作用下能生成树脂的特点，可采用糠醇单体和低黏度糠醇树脂的混合物加氯化锌乙醇溶液作固化剂，经混合均匀后作为浸渍剂，对石墨件进行浸渍处理。浸渍工艺与酚醛树脂浸渍石墨类似。

浸渍石墨中，以糠醇树脂、糠醛树脂、糠醛-丙酮-甲醛树脂作浸渍剂，具有耐酸、耐碱和耐温性。

3) 环氧树脂浸渍不透性石墨

环氧树脂简单易得、综合性能较好，常被用来浸渍石墨材料。用环氧树脂浸渍石墨时，仅经一次浸渍，石墨中的开口气孔率就可降低约98%，机械强度可提高1.5倍，耐磨性及抗渗透性能均得到大幅度提高。此外，环氧树脂浸渍液还可反复使用，可大大降低浸渍成本，因为环氧树脂化学性质稳定，能耐稀酸、碱和某些溶剂，其耐碱性能比酚醛树脂好。以胺类固化剂固化的环氧树脂能耐中等强度的酸、碱，但耐氧化性酸（如浓硫酸、硝酸）的能力较差。环氧树脂浸渍石墨材料的耐温性、制造工艺性尽管不如酚醛树脂和呋喃树脂浸渍石墨材料，但力学性能更高，耐磨性和抗渗性也更好。

4) 呋喃-酚醛树脂浸渍不透性石墨

酚醛树脂浸渍石墨对许多腐蚀性介质具有较高的化学稳定性，但耐碱性能差，而且使用温度仅达170℃。随着化学工业的发展，要求用浸渍石墨制造的设备能耐更高的温度，并且具有耐酸、碱腐蚀的性能。呋喃系树脂具有较高的使用温度，而且耐碱性能也较好，酚醛树脂耐酸性能较好，为此可将两种树脂混合作浸渍剂，用于制作复合树脂浸渍石墨。由于酚醛树脂具有自由基，所以呋喃-酚醛复合树脂不需固化剂，只需在加热条件下即可固化，但固化速度随呋喃与酚醛添加比例不同而异。最适宜的呋喃与酚醛树脂混合比为70:30（质量比）。增大酚醛树脂比例，可延长缩聚作用时间，但将降低耐碱性及热稳定性。

当两种树脂的混合比确定之后，其性能主要取决于呋喃树脂的黏度。黏度高，不利于浸渍具有微细孔隙的石墨，其一次增重率较低（约为16.8%）；黏度低，浸渍效果好，一次增重率较高（24.7%）。复合树脂的黏度不仅与呋喃树脂的初始黏度有关，而且随温度升高而降低。复合树脂的浸渍工艺与酚醛树脂相同，一般为两次浸渍，第二次浸渍后，平均增重不超过1%。

浸渍制品用不渗透程度来标明，其要求是在0.5MPa压力下，经2min不渗透为合格，复合树脂浸渍石墨的物理、力学性能与酚醛树脂浸渍石墨基本相同，但其耐温性较好，其制品在240℃时，在0.5MPa压力条件下不渗透。其化学稳定性也较好，对酸（稀硫酸、盐酸、磷酸、醋酸）、不同浓度的碱、溶剂（二甲苯、丙酮）、有机氯（多环氯、酸、氯苯）等介质是稳定的；但耐硝酸性能差，在5%的硝酸中即不稳定。

5）聚四氟乙烯乳液浸渍不透性石墨

酚醛树脂浸渍不透性石墨不但生产工艺简单，具有很好的抗渗透性能、机械加工性能及耐温性能，还具有不错的化学稳定性，除对强氧化性介质外（如硝酸、铬酸、浓硫酸等），能耐大多数无机酸、有机酸、盐类及有机化合物、溶剂等介质的腐蚀，但不耐强碱。酚醛改性树脂耐碱性能稍有改善。为克服酚醛树脂耐碱性能方面的不足，目前国内生产工艺比较成熟的不透性石墨浸渍剂就是呋喃树脂。呋喃树脂浸渍不透性石墨材料除耐碱性介质的腐蚀外其他方面与酚醛树脂相似，耐温性能稍好，但呋喃树脂的保存及浸渍加工工艺要困难一些。另外，呋喃树脂浸渍不透石墨材料的价格也比较高，这也是其在国内的销量远不如酚醛的原因之一。除以上两种外，国外还采用聚氯乙烯悬浮液、聚苯乙烯悬浮液、苯胺和二乙烯基苯、聚四氟乙烯悬浮液等做浸渍剂。其中比较受关注的是聚四氟乙烯悬浮液。

热塑性树脂浸渍石墨，常用的树脂是热塑性含氟聚合物和聚苯乙烯、聚氯乙烯树脂等。热塑性树脂浸渍石墨是一种新型的耐蚀材料。它比酚醛、呋喃等热固性树脂浸渍的石墨制品具有更好的耐蚀性能，特别是耐强氧化性酸的腐蚀，是制造换热设备较为理想的材料。聚四氟乙烯乳液浸渍石墨材料，耐酸、碱、氧化性介质、有机溶剂以及耐温性等都优于热固性树脂浸渍石墨材料，但成本更高，加工也更难些。

典型的热塑性树脂浸渍石墨是聚四氟乙烯分散液浸渍石墨。聚四氟乙烯分散液是在聚合过程中以水为分散介质的高聚物悬浮体，内含表面活性剂以防止凝聚。在实际应用中，高聚物浓度以60%为宜。高于60%分散液不稳定，易发生凝聚；低于60%则含水太多，对浸渍不利。为避免悬浮体凝聚变质，分散液需经常搅拌，并保持在10~30℃之间。

用聚四氟乙烯分散液作浸渍剂浸渍石墨，首先对要加工的石墨件用汽油擦洗与水洗，除去表面的油污，然后放入烘炉250℃下烘干1h左右。将石墨件放入浸渍釜内，抽真空达133.3×10^{-3}Pa后，随即吸入聚四氟乙烯分散液进行浸渍，然后放进聚四氟乙烯分散液，取出石墨件，待料液流净后放入烘炉150℃下烘干2~3h。最后将烘干的石墨件放入高温烧结炉进行塑化。然后重复浸渍，烘干，塑化。一般经三次塑化后可进行水压试验，看是否渗漏。

6）水玻璃浸渍不透性石墨

常采用钠水玻璃为石墨浸渍剂，由于水玻璃的硬化速度很慢，所以浸渍时须加氟硅酸钠作固化剂。为此，浸渍剂须在较短时间内用完，否则会很快固化。也可不加氟硅酸钠固化剂，用常压煮沸的方法进行浸渍。水玻璃耐强氧化性介质腐蚀，耐高温达 350～400℃（浸渍不透性石墨中耐温最高）。

7）乙烯基酯树脂浸渍不透性石墨

乙烯基酯树脂浸渍石墨材料，是一种目前市场上较为新颖的浸渍石墨材料。将石墨电极成品放入浸渍容器密封，第一次抽真空，从浸渍容器一侧的管道吸入乙烯基酯树脂浸没石墨电极工作表面，第二次抽真空，第一次加压，第三次抽真空，第二次加压，打开压力计的阀门进行卸压，抓取浸渍筐，取出浸渍后的石墨电极，利用溶剂清除其表面树脂，常温放置到石墨电极表面无液体流下后进行聚合。乙烯基酯树脂浸渍石墨电极的方法是将石墨电极空隙内的空气彻底排除，使树脂充分浸润石墨微细孔道内壁，聚合完全，石墨表面无气泡、无流淌、无固化结巴现象，不易被氧化造成脱落，耐腐蚀性好，使用寿命长，此方法成本低，良好解决了渗透问题。乙烯基酯树脂浸渍及压型石墨材料，在市场上刚刚起步，工艺技术还不成熟，笔者期待和石墨材料厂家一起合作，深入探讨该类材料的加工方法和使用性能。

2. 典型不透性石墨材料性能指标

各种石墨板的物理机械性能如表 6.2.7-3 所示。

不透性石墨板质量技术指标　　　　　　　　　　　　　　表 6.2.7-3

序号	项目	酚醛浸渍石墨	改性酚醛浸渍石墨	呋喃浸渍石墨	水玻璃浸渍石墨
1	密度（g/cm³）	2.03	1.80	1.80	—
2	抗压强度（MPa）	＞59	＞39.2	＞49	＞40.7
3	抗拉强度（MPa）	＞12.5	＞7.5	＞7.5	＞5.0
4	浸透性水压（MPa）	＞0.6	＞0.6	＞0.6	＞0.3
5	最高使用温度（℃）	180	＜180	＜200	400
6	长期使用温度（℃）	−30～120	−30～120	−30～180	−30～370

3. 压型不透性石墨

采用与浸渍石墨相同的合成树脂与人造石墨原料，经挤压机或挤出机加工，同时固化成型而制得。主要生产管材，作为各种设备和生产过程物料输送的管道，也可以利用这种方法制造板材、弯头、三通、考克、泵等特殊形状的不透性石墨件。具有良好的化学稳定性、导热性、导电性、耐热性、热稳定性等，有良好的机械加工性能，可用普通机床进行车、锯、刨、钻，又可以用胶粘剂粘结。此外，石墨本身还具有自润滑作用，可作为耐磨材料，作轴承套、机械密封环、汽缸活塞环等。

压型石墨管的胶粘剂目前多为酚醛树脂。

压型不透性石墨材料的机械强度比浸渍石墨高。其缺点是导热系数低，线膨胀系数大。

压型不透性石墨材料生产周期短、造价低、制造容易，用它制造设备比用铅、搪瓷、不锈钢便宜得多，因而获得广泛应用。

石墨压型管挤压成型的主要设备是装有固定管芯定芯盘成型腔机头的卧式液压机。管子成型是在开放式模压成型腔中进行的，混好的物料投入挤压机料缸中，在一定的温度下使料塑化，挤压过程中料缸中的物料被挤压推向成型腔。在连续移动过程中，物料在成型腔中成型为管状并进入加热固化区，在一定温度下使树脂固化，从而得到具有一定机械强度的树脂石墨压型管。

热固性树脂石墨压型管由不同比例的热固性树脂与人造石墨粉在高温高压下挤压而成。合成树脂含量的改变，对其塑化工艺过程并无显著影响。实验结果表明，树脂含量在$18\%\sim26\%$之间，均可挤出外观无显著差别的光滑管子。树脂含量不同的压型管，其性能有所差异，树脂含量高，将降低树脂石墨压型管的导热系数及提高其线性膨胀系数，这对制造换热设备是不利的。再有就是树脂含量高，容易挤压成型，含量低则成型困难。为此，综合考虑各方面因素，树脂含量应在$23\%\sim25\%$的范围内比较合适。

热固性树脂石墨压型管的性能与原料种类、规格、配比、成型及热处理条件等因素有关。上述因素的无意义波动会对产品的性能产生较大影响。其材质较浸渍石墨均匀，机械强度也较高，磨合性好且磨损小。导热系数高，线性膨胀系数小，热稳定性好，但线性膨胀系数却不固定，随着温度变化而变化。

4. 浇注石墨

浇注石墨是以热固性合成树脂为胶粘剂（有时还需添加固化剂），人造石墨粉为填料，在常温或加热、常压条件下浇注而成。它是通过合成树脂加热或在固化剂的作用下，由液态固化为固态，与此同时，石墨粉即被树脂牢固地粘结在一起，形成不渗透的石墨材料。

浇注石墨的过程中，原料具有良好的流动性，可以在常温及没有压力的条件下，采用普通的铸造方法即可制造石墨零件。这类浇注石墨主要用于制造泵壳、叶轮、阀门、三通、旋塞、酸洗槽、反应槽、反应釜、吸收塔等，还可用作设备衬里材料。

浇注石墨用合成树脂有苯酚-甲醛树脂、环氧树脂、呋喃树脂等，为加快固化速度，需在树脂中添加一定量的苯磺酰氯、盐酸苯胺、乙二胺和硫酸乙酯等固化剂。填料为$80\sim100$目的高纯的人造石墨粉体，碳含量为99.5%。

浇注石墨具有良好的化学稳定性、耐热性及较高的抗压强度。缺点是抗冲击能力差，导热性能差，脆性较大。浇注石墨的性能主要取决于合成树脂的种类和用量。其化学稳定性也与所使用的树脂的化学稳定性、成型及热处理条件、浇注过程中材料产生孔隙率和吸水率以及腐蚀介质的性质、浓度、温度和作用时间等因素密切相关。以酚醛树脂为胶粘剂的浇注石墨，只耐酸、盐及某些有机溶剂的侵蚀，而不耐碱的侵蚀。而以环氧树脂或糠酮树脂为胶粘剂的浇注石墨，能较好地抵抗酸、碱、盐及某些有机溶剂的侵蚀。

6.2.8 宾高德玻化砖

耐蚀砖板材料在制作内衬铺砌时，成本较低、耐腐蚀性能优良、耐温骤变、施工便捷，但是往往传热效果不好（浸渍石墨板除外），粘结缝容易发生渗透，更重要的是韧性不佳，耐冲击性能差，这就有了宾高德玻化砖。宾高德玻化砖是汉高公司美国工业腐蚀部的独特产品。

宾高德玻化砖也叫宾高德玻璃发泡砖，是以优质泡沫硼硅玻璃为原料，经过特殊的加工处理，制成的一种低膨胀、高强度、可提供可靠独特的防腐保护的非金属材料。其外观与一些普通发泡玻璃相似，但与普通发泡玻璃的不同之处在于原料的区别与发泡机理的不同。

宾高德砖化砖与普通发泡玻璃的区别好比碳钢与高镍合金钢。它们有着共同的特点，但也有着本质的区别。普通玻璃制造的材料不适于烟气脱硫领域，因为其高热膨胀率、低物理强度、渗水性等缺点决定了其有限的使用寿命。宾高德玻璃发泡砖在化学环境与温度大幅度变化的情况下，包括暴露于高温浓缩酸和脱硫系统酸冷凝液环境中，都具有特殊功效。宾高德系统可以连续承受 204℃ 以下的高温，甚至可以短时间承受 371℃ 的高温，那么即使在脱硫系统被旁路使用的时候，烟气温度也不可能超过 200℃。它的低热膨胀系统使得即使烟气温度有剧烈的变化也不会受到任何损伤。

宾高德玻璃砖内衬的优越性能表现为以下几个方面：①优越的防腐性能。完全抗浓硫酸，即使在高温下和浓 SO_2/SO_3 气体环境中也能够对基层起到完全的保护作用。对水和水蒸气，酸和酸蒸气都有气密性，不吸附、吸收可燃液体，耐各种浓缩酸（除氢氟酸）和包括各种氯化物在内的废弃冷凝液。②高绝热，高耐温。导热性极低，使烟囱烟道无需保温层，既可以承受 204℃ 以下的温度，也可以短时承受 371℃ 的高温。③重量轻。内衬厚度为38mm 或者更厚，质轻（12～15kg/m^2），并且不需要锚定，可以施工于钢结构、混凝土或者砖表面，容易在现场进行切割，施工方法简便。重量轻适用于新建及翻修的烟囱和烟道，尤其是那些无法承受沉重内衬层的烟囱和烟道。④良好的阻燃性能。是无机物，不会燃烧，由于不含氯氟化合物，因此不会造成环境污染。即使发生火灾，宾高德系统仍然能够保护烟囱的安全。⑤形状稳定，热膨胀系数非常小。无论是长期使用或者是在恶劣的运作环境中，都可以保持其形状和稳定性。当烟气被旁路隔过脱硫塔，在剧烈的再加热过程中，以及由于烟气预热失灵等造成的温度突变和故障高温时，都不会受到损伤。⑥多用途，经久耐用。可用于多种材质的基底上，包括碳钢、高碳钢、合金钢、水泥、砖块、强化塑料等。经久耐用，后期维护成本低，一般宾高德20 年以上的维修保养面积小于 0.1%/年。

除了宾高德玻化砖外，针对不同基材，不同规格的特种环氧体系底漆和双组分弹性聚氨酯沥青材料胶粘剂同样是宾高德系统中的重要组成部分，其作为系统的隔离层，起到了保护基底的作用，如化学防护、低渗透、柔韧性、抗老化。

需要特别说明的是：当胶泥在衬基处的温度低于93℃时，宾高德系统就能一直保持其弹性从而避免老化脱落，而砖块为它隔离阻挡了大部分的热量，当烟气温度在199℃以下时，其在衬基处的温度不可能超过93℃。原因在于砖与砖之间缝隙里的胶泥是和烟气直接接触的，但由于和衬基处的胶泥是一个整体，所接触处的热量迅速在胶泥内部传导，并通过衬基散发，因此接触处的温度也远低于胶泥的老化温度。

宾高德玻化砖主要是针对特高温烟道、烟囱防腐内衬而专门开发的材料，常温砖板衬里防腐中确实因为价格昂贵而用得很少。

6.2.9 碳化硅砖/板

碳化硅（SiC）在重防腐制品和工程领域主要是作为耐磨材料来用的。

碳化硅又称碳硅石，也称金刚砂或耐火砂，分为黑色碳化硅和绿色碳化硅两种，防腐领域主要用的是绿碳化硅。碳化硅产品有相应的国家标准《普通磨料 碳化硅》GB/T 2480。碳化硅砖板是以 SiC 为主要原料制成的耐火材料，含 SiC72%～99%。

碳化硅砖热导率高，有良好的耐磨性、抗热震性、耐侵蚀性，可用于铝电解槽内衬、熔融铝导管和陶瓷窑用窑具、大中型高炉炉身下部、炉腰和炉腹、铝精炼炉炉衬、锌蒸馏罐衬等。碳化硅砖板更多作为耐火材料使用，耐腐蚀领域使用还是有些昂贵。

绿碳化硅是以石英砂（SiO_2）和石油焦（C）及氯化钠（NaCl）为基本原料，在摄氏1800℃以上高温条件下生成的非金属矿产品。它具有硬度高、膨胀系数小、性脆、导热性好等特点，广泛应用于磨料磨具、电子产品研磨、太阳能硅板切割、水晶切割研磨、耐火材料、特种陶瓷、泡沫陶瓷、涂料塑料添加改性、汽车配件、军工航空、炼钢用脱氧剂、特种涂料行业、脱硫、供电、环保行业、耐磨地坪等。绿碳化硅分绿碳化硅粒度砂和绿碳化硅微粉两大类产品。绿碳化硅微粉相对密度约为 3.20～3.25，含 SiC 97% 以上（其余少量是游离 C 和 Fe_2O_3），粒径 5～125μm 都有，其硬度介于刚玉和金刚石之间，机械强度高于刚玉。

碳化硅由于化学性能稳定、导热系数高、热膨胀系数小、耐磨性能好，除作磨料用外，还有很多其他用途：①利用其耐高温、强度大、导热性好、抗冲击的特点，用作为有色金属冶炼工业中的高温间接加热材料，如竖罐蒸馏炉、精馏炉塔盘、铝电解槽、铜熔化炉内衬、锌粉炉用弧形板、热电偶保护管等；②利用碳化硅的耐腐蚀性能优异、耐热冲击好、耐磨导热的特点，用作为钢铁行业大型高炉内衬；③利用其硬度大、耐磨好的性能，用作为冶金选矿行业的耐磨管道、叶轮或矿斗内衬；④利用其导热快、高热下强度大的特点，应用到砂轮工业和建材工业中；⑤利用其耐磨和导热快、热稳定好的特点，用作为制造热交换器等节能设备。

碳化硅粒子能在很低的含量下提高纤维增强塑料的耐磨性，并降低其摩擦系数，而经过接枝处理后（聚丙烯酰胺接枝改性）的碳化硅粒子填充复合材料之后，由于界面的强相互作用（包括化学键与链纠缠），有效地提高了复合材料的抵抗裂纹引发能力等性能，从而有利于改善其摩擦性能，纤维增强塑料耐磨性提高近 4 倍，摩擦系数降低 36%。

6.3 耐蚀胶泥

6.3.1 概述、定义、特点

1. 概述

砖、板衬里用的粘合剂俗称胶泥，它是砖板衬里的主要材料之一。砖板衬里的适用范围及应用效果主要决定于所选用的胶泥。胶泥由胶粘剂、固化剂、耐腐蚀填料及添加剂等组成。根据所用原料的不同，胶泥的性能也不相同。

胶泥的种类：按大类分为无机硅酸盐胶泥和有机树脂类胶泥。无机硅酸盐胶泥主要有钠水玻璃胶泥和钾水玻璃胶泥，有机树脂类胶泥主要有环氧树脂胶泥、酚醛树脂胶泥、呋喃树脂胶泥、聚酯树脂胶泥以及各种改性胶泥。

胶泥的组成：由粘结树脂、固化剂、填料、改性剂、辅助材料组成。

粘结树脂：使粉料的每个颗粒得到润湿，靠硬化剂的化学作用进行凝聚或交联后将胶泥所有组分粘合成一个整体，最终形成耐腐蚀的坚实固体，胶泥的耐腐蚀性能与物理机械性能主要由胶粘剂的性质决定。

固化剂：使胶粘剂进行化学反应，在短时间内使其固化，以保证胶泥的良好施工性，并保证发挥胶粘剂固有的耐腐蚀性能和物理机械性能。

填料：在胶泥中不参与化学反应，但它也是胶泥中起重要作用的部分。填料的加入可使胶粘剂的黏度增大，流动性降低，避免胶泥流淌，改善胶泥的施工操作性。胶粘剂树脂和固化剂反应时会释放出大量的热量，部分树脂还会有水分子释放出来，引起树脂发泡，而填料本身是一个很好的吸热体系，作为胶泥的一部分，它可以降低放热引起的温度升高，还可以降低胶泥固化时的收缩率和热膨胀系数，提高粘结力。此外，填料的加入，也可以改善胶泥的物理机械性能。填料的引入容易导入空气，增加胶泥的孔隙率，粉料填料还会降低抗冲击和抗拉强度。

填料分类：按品种分为单一填料、复合填料；按粒度分为单一粒度和多种粒度级配填料；按生产方法分为高温熔融填料、煅烧填料和天然粉料。高温熔融填料如辉绿岩粉、瓷粉等，经过高温作用，粉料中杂质少、耐酸度高、致密，具有耐蚀性好、吸水率低、收缩率小等特点。煅烧可使二氧化硅的晶型转变，并能消除碳酸盐等杂质，保持石英原有性能。天然岩石经机械粉碎后得到的填料收缩率较大，杂质较多。

常用单一填料有石英粉、瓷粉、铸石粉、硫酸钡粉、石墨粉等。①石英粉，由石英岩焙烧粉碎制得，二氧化硅含量大于98%的精制粉料。其耐磨性好，价格便宜，做胶泥填料时固化收缩大；石英粉耐酸性好（含氟酸除外），但耐碱性差，与浓碱作用生成可溶性的硅酸钠而使材料破坏。②瓷粉，是由陶瓷的废品研磨而成，可耐受除氢氟酸、300℃以上热磷酸和熔融碱外的所有酸类及常温任何浓度的碱腐蚀。③辉绿岩粉，具有极好的耐蚀性，用作水玻璃胶泥的填料。辉绿岩粉中含有一定量铁的氧化物，它会与酸性固化剂（酚醛胶泥、呋喃胶泥会用到）反应，使胶泥孔隙率增大，降低抗渗性和耐蚀性。④重晶石粉，即硫酸钡粉，密度大，但耐酸耐碱。⑤石墨粉，多为人造六方晶体结构石墨，其吸水率低，收缩小，导热性好。石墨粉可耐除强氧化性酸外的任何浓度及沸点以下任何温度的酸的腐蚀；在沸点情况下，对各种浓度的碱均稳定；对有机溶剂或非氧化性盐类溶液极为稳定。

复合级配填料有：耐酸灰、钾水玻璃胶泥粉（如 KP1 胶泥粉）、呋喃树脂胶泥粉（如 YJ 粉）等，一般都具有良好的施工性，并且固化剂已经由生产厂家均匀混合于填料之中，施工便捷。

填料的质量和选用应符合：①粉料应洁净干燥，其质量应符合表 6.3.1-1 的要求。②树脂胶泥采用酸性固化剂时，其粉料耐酸率不应小于98%，其体积安定性应合格，并不得含有铁质、碳酸盐等杂质。③当用于含氟类介质的衬里时，应选用硫酸钡粉或石墨粉；当用于含碱类介质的衬里时，不宜选用石英粉和含二氧化硅的瓷粉。④水玻璃胶泥不宜单独使用石英粉。⑤钾水玻璃胶泥粉和呋喃树脂胶泥粉中应含有固化剂。

粉料的质量 表 6.3.1-1

项目	指标
耐酸率	≥95%
含水率	≤0.5%
细度	0.15mm 筛孔筛余量不应大于 5%；0.088mm 筛孔筛余量应为 15%～30%

注：钾水玻璃胶泥粉的细度要求 0.45mm 筛孔筛余量不应大于 5%，0.16mm 筛孔筛余量应为 30%～50%。

改进剂或辅助材料：如增韧剂、增塑剂等。

2. 定义

防腐胶泥定义：它是以粉料材料（多为滑石粉、石英粉、石墨粉等）、片状材料（多为玻璃鳞片）对树脂材料进行增强，并应用于现场工程的表现形式。

由于鳞片胶泥在近年来得到了非常广泛的应用，已经不局限于一般防腐胶泥的应用场合，因此特别将商品级的鳞片胶泥独立出来，在本书第4章中有详细的介绍。本节仅就粉料增强材料的防腐蚀施工现场配制的胶泥进行阐述。

一般防腐胶泥，独自使用它进行现场工程施工的并不多见，它多用于粘结砖板、石材、石墨制品以及刮抹面层和砖板衬里地面工程的隔离层、灌缝、挤缝、填缝等。用于粘结的常用防腐胶泥有：不饱和聚酯树脂胶泥、酚醛树脂胶泥、呋喃树脂胶泥、乙烯基酯树脂胶泥、环氧树脂胶泥、沥青胶泥、水玻璃胶泥。尽管沥青胶泥和水玻璃胶泥的主体成分并不是常用的热固性树脂，但这里还是将它们放到一起来讨论。

3. 特点

表6.3.1-2简要介绍了各种胶泥的特点和适用范围。

各种胶泥的特点和适应范围　　　　　　　表6.3.1-2

胶泥品种		耐腐蚀特点及适用范围		典型应用
		温度(℃)	腐蚀介质及性能评价	
无机硅酸盐胶泥	钠水玻璃胶泥	<400	耐各种浓度的硫酸、盐酸、硝酸、磷酸、氧化性介质、有机物的腐蚀;不耐氢氟酸、氟硅酸、含氟物质、碱、水、热磷酸的腐蚀;机械强度低,粘结力差,孔隙率大,致密性差,收缩率大,腐蚀介质易渗透,常温固化,施工方便,价格便宜	衬砌设备衬里、地坪等
	钾水玻璃胶泥	<400	耐各种浓度的硫酸、盐酸、硝酸、磷酸、氧化性介质、有机物的腐蚀;耐强氧化性酸,耐非氧化性酸,耐高温,耐急冷急热,耐磨;但不耐氢氟酸、氟硅酸、水(但耐水性优于钠水玻璃胶泥)、含氟物质、碱和碱性盐溶液(水玻璃加入氟硅酸钠后,仍不能完全硬化,仍有一定量的水玻璃。由于水玻璃可溶于碱,且溶于水,所以水玻璃硬化后不耐碱、水。为了提高耐水性,可以采用中等浓度的酸对已硬化的水玻璃进行酸性处理)。机械强度、粘结力、抗渗性能优于钠水玻璃胶泥,但较有机树脂胶泥还是差得远。常温固化,施工方便	衬砌设备衬里、地坪等
有机树脂胶泥	酚醛树脂胶泥	<150	耐70%以内的硫酸,各种浓度的盐酸、磷酸、某些有机物、氢氟酸的腐蚀;不耐碱、氧化性介质的腐蚀;改性后可用于稀碱(如环氧-酚醛树脂胶泥);机械强度大,粘结力好;固化物发脆(尤其是中高温烘烤型的酚醛胶泥);常温固化孔隙率小,中高温烘烤型孔隙率大,致密性不佳;可用于150℃以内的环境,常温固化或加热固化,不能直接用于碳钢、混凝土表面,需用环氧涂料作隔离层	设备衬里、地坪
	呋喃树脂胶泥	<180	耐酸性能与酚醛胶泥相似,耐碱性能优良,可耐40%NaOH的腐蚀,不耐氧化性介质与硝酸的腐蚀;耐低浓度低温的酸碱交替;机械性能与酚醛树脂胶泥相似,粘结力较酚醛树脂胶泥差,韧性也更差,固化时收缩率大,耐冲击性能差,不能与碳钢、混凝土直接接触,需用环氧涂料作隔离层,常温固化或加热固化,刺激性气味大	小型设备衬里、勾缝或灌缝

胶泥品种		耐腐蚀特点及适用范围		典型应用
		温度(℃)	腐蚀介质及性能评价	
有机树脂胶泥	环氧树脂胶泥	<60	耐酸、耐碱性能低于酚醛胶泥与呋喃胶泥,机械强度高,粘结力大,固化时收缩率小,可直接用于碳钢或混凝土表面,常温或加温固化,可用于 60 或 100℃ 以内的环境,工程造价高。粘结强度高(最大优势);耐非氧化性低浓度酸(不耐高浓度酸以及强酸,不耐氧化性酸),耐碱和碱性盐溶液;耐热性和耐油性和采用的环氧树脂类型有关,相对还算好;耐 40% 常温硫酸、20% 常温盐酸、20% 氢氧化钠的腐蚀,但不耐中高温下的以上介质腐蚀;不耐氧化性介质和有机溶剂腐蚀;机械性能、韧性、粘结力是胶泥中最好的,收缩率也小	设备衬里、勾缝、振动加强部位的衬砌
	环氧呋喃树脂胶泥	—	提高了环氧胶泥的耐腐蚀和耐热性能,提高了呋喃树脂胶泥的粘结性能;耐温和共混呋喃树脂的比例有关	设备衬里、勾缝
	不饱和聚酯树脂胶泥	<70	耐稀酸稀碱的腐蚀,机械强度大,抗渗性好,粘结力高,可用于 70℃ 以内的环境,常温固化,固化收缩率大,可直接用于碳钢或混凝土表面	设备衬里、地坪、勾缝或灌缝
	乙烯基酯树脂胶泥	<120/180	中温型乙烯基酯树脂胶泥,长期气相耐高温可达 120℃,高温型可达 180℃。耐酸碱、氧化性介质、部分有机溶剂的腐蚀;耐一定温度下大多数化学介质的腐蚀。机械性能好、韧性好(和环氧树脂外的胶泥比较好,和环氧树脂胶泥比要差)、粘结力好(和环氧树脂胶泥比还是要差得远)、收缩率小(和环氧树脂胶泥比还是要差)、抗渗透性能好	设备衬里、地坪、勾缝或灌缝
特种胶泥	沥青胶泥	常温	耐水性好(最大优势);不耐中等浓度的非氧化性酸、碱及盐;防渗性好;耐热性差;常温使用;硅质混凝土防渗夹层	隔离层、防渗夹层、地坪
	硫磺胶泥	90	耐非氧化性酸和部分有机溶剂及盐类;抗渗性好;固化快;强度高;有良好的绝缘性;粘结性能差;适用于抢修工程;在不易施工部位灌注	衬里、抢修工程

市面上的胶泥,很多材料商为技术保密或其他的一些因素,并不直接以其主体成分树脂像前文一样进行命名,而是惯以最终应用效果来进行命名,如耐酸胶泥、耐热胶泥、耐温耐酸胶泥、耐磨胶泥、弹性胶泥、防爆胶泥、柔性胶泥等。

要想得到理想的,既具有良好的粘结性能,又具有所需特点和防腐性能的胶泥,绝不是将树脂胶粘剂和粉料简单地混合,而是针对不同的防腐性能需求,不同的基材和环境,选用不同的胶粘剂材料、不同种类的填料及配比、不同种类的助剂。

目前,真正大量商品化的还只有玻璃鳞片胶泥、呋喃树脂胶泥粉、水玻璃胶泥粉三种,这三种胶泥限于其自身的特点,如在现场进行混合配料,是很难把握最终胶泥的施工性能和质量的。至于目前应用到的其他种类的胶泥,要么是极少量特殊场合应用,如防爆胶泥、柔性胶泥等,可以说是没有大量的商品化,市场上应用更多的是现配现用的胶泥。殊不知胶泥除了胶粘剂树脂、粉料外,还有助剂、配比等很多其他质量影响因素,而绝非不方便施工就多加点稀料那么简单。因此说目前除前文所述的三种商品化了的胶泥外,绝大多数防腐胶泥还都停留在非商品化的阶段，往往工程现场工人操作不当，导致最终因胶泥质量出现事故而引起的工程事故比比皆是，换句话说，大家目前都把它看成"鸡肋"。笔者从多年的材料和工程经验出发，对每一种胶泥进行详细的阐述，希望读完此节文字的读者朋友，不再视"胶泥"为"鸡肋"。

6.3.2 不饱和聚酯树脂胶泥

1. 概述

不饱和聚酯树脂胶泥的性能和使用的不饱和聚酯树脂的种类有很大关系，使用的不饱和聚酯树脂种类决定了其最终胶泥的性能。综合而言，不饱和聚酯树脂胶泥的典型特点有：耐酸、耐热都略高于环氧树脂胶泥（但低于乙烯基酯树脂胶泥），粘结性能不如乙烯基酯树脂胶泥（更不如环氧树脂胶泥），收缩率大，不耐碱，也不耐高温，但施工性能好。

2. 种类与原料

用于耐腐蚀胶泥的不饱和聚酯树脂主要有三类：双酚A型不饱和聚酯树脂、二甲苯型不饱和聚酯树脂和乙烯基酯树脂。乙烯基酯树脂由于近年来的大量应用，已经独立出来成为一个大的产品系列，因此将会在下一节进行单独的介绍。这里说的聚酯树脂胶泥仅仅指的是197、3301类双酚A型不饱和聚酯树脂和二甲苯型不饱和聚酯树脂。

不饱和聚酯树脂胶泥使用的常温固化体系主要有：有机钴盐＋过氧化甲乙酮体系（俗称兰白水）、有机钴盐＋过氧化环己酮体系（俗称Ⅰ号引发剂体系）、N,N'-二甲基苯胺＋过氧化苯甲酰（俗称Ⅱ号引发剂体系）。兰白水体系，对于胶泥而言，不易搅匀，但常温固化程度比Ⅰ号和Ⅱ号引发剂体系更高；Ⅰ号引发剂体系的固化剂过氧化环己酮溶解在邻苯二甲酸二丁酯增塑剂中形成白色糊状物，易于和胶泥混合均匀；Ⅱ号引发剂体系，过氧化苯甲酰也是溶解在邻苯二甲酸二丁酯中呈糊状。促进剂常溶于苯乙烯中，便于添加，减小误差。

稀释剂，只能用非饱和类的，如苯乙烯、甲基丙烯酸甲酯等。非活性的甲苯、二甲苯、香蕉水、环己酮、甲乙酮，切记不可添加，因为加入之后，它们不参与固化，最终导致胶泥固化物的孔隙率增大，致密性不足，耐腐蚀性能下降，强度和韧性都会下降，加多了非活性稀释剂，甚至会导致胶泥不固化。即使是非饱和类的活性稀释剂，加入之后，也会导致胶泥体系的韧性下降，强度下降，加之不饱和聚酯树脂本身黏度也不是太高，因此在配制胶泥时，能不加稀释剂则不加，即使要加，也尽量少加，一般都需要控制在树脂量的5%以内。

填料，根据耐腐蚀介质的酸碱性不同，采用不同粉料。如耐酸性介质的不饱和聚酯树脂胶泥多用陶瓷粉、铸石粉、石英粉、石墨粉等；耐碱性胶泥多采用石墨粉和重晶石粉；耐含氟物则不能添加任何含有二氧化硅的粉料。

3. 性能

不饱和聚酯树脂胶泥是不饱和聚酯树脂、促进剂、填料的混合物，固化剂在施工时再添加，主要性能简表见表6.3.2-1。

不饱和聚酯树脂胶泥性能简表　　　　　　　　　　表 6.3.2-1

项目	性能
物理机械性能	强度高，优于酚醛树脂胶泥和呋喃树脂胶泥，但低于环氧树脂胶泥
施工性能	施工操作性好，黏度适宜（必要时需添加气相二氧化硅），常温固化速度快，树脂100%参与交联反应，固化物致密性好
耐腐蚀性能	耐蚀性优于酚醛树脂胶泥和呋喃树脂胶泥，较环氧树脂胶泥略低，较乙烯基酯树脂胶泥，就差得远了
粘结性能	良好，但较之环氧树脂胶泥差得远，较酚醛树脂胶泥和呋喃树脂胶泥都要好
耐热性能	耐热性和采用的树脂种类有关，但普遍都不高，尤其是在腐蚀介质存在时，不饱和聚酯树脂胶泥的耐温级别都不太高，一般最高使用温度也不可超过100℃，在酸碱腐蚀介质中通常只宜在常温下使用
固化收缩性能	固化收缩大、尺寸稳定性好

　　不饱和聚酯树脂胶泥和后文的乙烯基酯树脂等其他树脂胶泥的质量指标对比见表 6.3.2-2。

树脂胶泥的质量指标对比　　　　　　　　　　表 6.3.2-2

项目		环氧树脂	呋喃树脂	酚醛树脂	乙烯基酯树脂	不饱和聚酯树脂	
						双酚 A 型	间苯型
抗压强度（MPa）≥		80.0	70.0	70.0	80.0	70.0	80.0
抗拉强度（MPa）≥		9.0	6.0	6.0	9.0	9.0	9.0
粘结强度（MPa）≥	与耐酸砖	3.0	2.5	1.0	2.5	2.5	1.5
	与铸石板	4.0	2.5	0.8	—	—	—
	与碳砖	6.0	2.5	2.5	—	—	—
抗渗透性（MPa）≥		1.6	1.6	1.6	1.6	1.6	1.6

　　注：环氧树脂胶泥是采用乙二胺固化剂的性能指标。

　　4. 配制与施工

　　常见的配比为：不饱和聚酯树脂（主要为双酚 A 型和二甲苯型）：Ⅰ号或Ⅱ号固化体系促进剂：Ⅰ号或Ⅱ号固化体系固化剂：粉料＝100：（0.5~4）：（2~4）：（200~300）。

　　避免同时加入促进剂和固化剂，切忌分别添加，每次配完的料需 45min 内用完。

　　施工完后在 15~30℃环境下需固化 5~7 昼夜才可投入使用，其固化保养期要短于环氧树脂胶泥，但并不代表无需时日保养。

　　5. 改性

　　不饱和聚酯树脂胶泥最大的缺陷是韧性较差、收缩大，采用的改性方法多为添加低收缩剂，如聚苯乙烯低收缩剂、聚醋酸乙烯酯低收缩剂等。低收缩剂的添加量一般为树脂量的 5%以内。

6.3.3　乙烯基酯树脂胶泥

　　1. 概述

　　乙烯基酯树脂（VER）胶泥的性能和使用的 VER 的种类有很大关系。综合而言，

VER 胶泥的典型特点有：耐酸、耐碱、耐温（耐绝对高温，尤其是干态气相高温不如酚醛树脂胶泥和呋喃树脂胶泥）、耐氧化性介质、粘结性能优异（但不如环氧树脂胶泥）、收缩率小（和酚醛树脂胶泥、呋喃树脂胶泥、不饱和聚酯胶泥相比小，和环氧树脂胶泥相比还是大得多）、施工性能好。VER 如制作成玻璃鳞片胶泥，则既可作为一般胶泥使用，也可作为商品级单一防腐内衬材料使用，第 4 章中有详细介绍。

2. 原料

用于耐腐蚀胶泥的 VER 主要有两类：双酚 A 型 VER、酚醛型 VER。VER 胶泥使用的常温固化体系主要有：有机钴盐＋过氧化甲乙酮体系（俗称蓝白水）、有机钴盐＋过氧化环己酮体系（俗称Ⅰ号引发剂体系）、$N，N'$-二甲基苯胺＋过氧化苯甲酰（俗称Ⅱ号引发剂体系）。蓝白水体系对于胶泥而言，不易搅匀，但常温固化程度比Ⅰ号和Ⅱ号更高；Ⅰ号引发剂体系的固化剂过氧化环己酮溶解在邻苯二甲酸二丁酯增塑剂中形成白色糊状物，易于和胶泥混合均匀；Ⅱ号引发剂体系，过氧化苯甲酰也是溶解在邻苯二甲酸二丁酯中呈糊状。促进剂常溶于苯乙烯中，便于添加，减小误差。

VER 胶泥只能用不饱和类稀释剂，如苯乙烯、甲基丙烯酸甲酯等。切记不可添加非活性的甲苯、二甲苯、香蕉水、环己酮、甲乙酮等溶剂，因为加入之后，它们不参与固化，最终导致胶泥固化物的孔隙率增大，致密性不足，耐腐蚀性能下降，强度和韧性都会下降，加多了非活性稀释剂，甚至会导致胶泥不固化。即使是不饱和类稀释剂，加入之后也会导致胶泥体系的韧性、强度下降，加之 VER 本身黏度也不是太高，因此在配制 VER 胶泥时，能不加稀释剂则不加，即使要加，也尽量少加，一般都需要控制在树脂量的 5%以内。

VER 胶泥的填料，根据耐腐蚀介质的酸碱性不同，采用不同粉料。如耐酸性多用陶瓷粉、铸石粉、石英粉、石墨粉等；耐碱性多采用石墨粉和重晶石粉；耐含氟介质则不能添加任何含有二氧化硅的粉料。

3. VER 胶泥的特点及与其他防腐胶泥的区别

VER 胶泥相比其他防腐胶泥，在适用范围上的区别见表 6.3.1-2。此处仅列出 VER 胶泥相比不饱和聚酯树脂等其他胶泥的不同之处和更有优势之处。具体更多介绍请参见笔者编著的《乙烯基酯树脂及其应用》（江先龙著，化学工业出版社，2014 年）。

（1）耐温更高。标准双酚 A 型 VER 本身热变形温度就在 100～120℃，高出双酚 A 型不饱和聚酯树脂和二甲苯型不饱和聚酯树脂 20℃左右，制作成的胶泥耐温也更高；酚醛型 VER 耐温更高，高交联密度型 VER 配制成的胶泥耐温更高，耐气相高温可与呋喃树脂胶泥、酚醛树脂胶泥相媲美，气相干态耐温达 200～220℃。

（2）耐酸更佳。耐酸腐蚀性能相比不饱和聚酯树脂胶泥更好，而且在一定温度下的耐酸腐蚀性能更优异。

（3）耐碱性更好。不饱和聚酯树脂耐碱性不足，尤其是耐中高温碱腐蚀不足，而VER 的酯键密度更低，耐碱性优于不饱和聚酯树脂，VER 胶泥适用于常温和中温的碱性介质，即使在 80～100℃的高温碱液中也有很好的表现。VER 的耐碱性也优于呋喃树脂胶泥和环氧树脂胶泥。尽管如此，毕竟其分子链中还是有酯键的，因此 VER 胶泥也还不是耐高温碱最优异的材料。

（4）耐氧化性介质更好。VER 胶泥是目前通用胶泥中耐氧化性介质最好的，尤其是酚醛型 VER 和高交联密度型 VER 胶泥，耐硝酸、85％浓硫酸、25％铬酸、氯气、次氯酸盐等，但它也不是万能的。常规热固性树脂胶泥还不能耐所有氧化性介质，仅为部分。

（5）耐有机溶剂的溶胀和溶解更好。VER 胶泥可以适用于部分有机溶剂，尤其是酚醛型 VER 和高交联密度型 VER 胶泥，适用的有机溶剂范围更宽些。

（6）粘结性能更佳。VER 极性强于不饱和聚酯树脂，VER 胶泥与基材的粘结力也强于不饱和聚酯树脂与基材的粘结力，更强于酚醛树脂胶泥、呋喃树脂胶泥、水玻璃胶泥与基材的粘结力，但低于环氧树脂胶泥与基材的粘结力。

（7）物理机械性能优异，致密性好。VER 胶泥固化后强度高，优于酚醛树脂胶泥、呋喃树脂胶泥和不饱和聚酯树脂胶泥，和环氧树脂胶泥相当。VER 会 100％参与交联，固化物致密性好。而酚醛树脂胶泥、呋喃树脂胶泥、环氧树脂胶泥在固化物致密性方面就明显不足。

（8）施工操作性好，黏度适宜（必要时需添加气相二氧化硅），常温固化速度快，操作方便。

（9）固化收缩适中、尺寸稳定性较好。常温固化收缩小于不饱和聚酯树脂胶泥，远小于酚醛树脂胶泥和呋喃树脂胶泥，但比环氧树脂胶泥常温固化收缩大。

（10）成本适中。成本略高于不饱和聚酯树脂胶泥，与环氧树脂胶泥、呋喃树脂胶泥相当。

4. 配制与施工

常见的配比为：VER∶Ⅰ号或Ⅱ号固化体系促进剂∶Ⅰ号或Ⅱ号固化体系固化剂∶粉料＝100∶（0.5～4）∶（2～4）∶（200～300）。

避免同时加入促进剂和固化剂，分别添加，每次配完的料需 45min 内用完。

施工完后在 15～30℃环境下需固化 5～7 昼夜才可投入使用，其固化保养期要短于环氧树脂胶泥，但并不代表无需时日保养。

5. 改性

VER 胶泥最大的缺陷还是韧性较差，采用的改性方法多为添加低收缩剂，如聚苯乙烯低收缩剂、聚醋酸乙烯酯低收缩剂等。低收缩剂的添加量一般为树脂量的 5％以内。

6.3.4 硅酸盐胶泥（KP1 胶泥、水玻璃胶泥）

1. 概述

水玻璃胶泥以水玻璃为胶合剂，氟硅酸钠为固化剂，以及耐酸粉料按一定比例调配而成，最后在空气中凝结成石状材料。

钾水玻璃胶泥则是以硅酸钾、固化剂缩合磷酸铝、硅铝氧化物等耐酸耐热粉料为原料配制而成。钾水玻璃和缩合磷酸铝反应生成偏磷酸和氢氧化铝，继而生成硅酸凝胶体，与粉料粘结在一起，脱水缩合后形成 SiO_2 的网状高分子牢固整体，其反应程度更高，生成物并不会像钠水玻璃生成物那样导致凝胶体体积膨胀致使衬里层破裂，相较于钠水玻璃胶泥，它的固化物致密性更好，抗渗性也更好，但治标不治本，其抗渗性要是和树脂类胶泥相比，那还是差得远。水玻璃技术指标见表 6.3.4-1。

硅酸钠水玻璃胶泥的固化原理是：硅酸钠水玻璃（俗称泡花碱）和氟硅酸盐固化剂

（常用为氟硅酸钠，此外氟硅酸钾、氟硅酸镁、氟硅酸锌也可用）及水反应生成硅酸的凝胶，硅酸的凝胶体将胶泥中的耐酸粉料粘结成一个整体，待硅酸凝胶体失水后就自我缩合形成二氧化硅的缩合体，形成一个坚硬的整体材料。

钠水玻璃胶泥致密性不足、孔隙大、抗水渗透、抗稀酸渗透、抗碱渗透性能不足的根本原因在硅酸钠与固化剂氟硅酸钠的反应很难达到80%以上，因此未反应完的硅酸钠与固化剂以及后续生成的氟化钠，这些物质遇到水后都会继续反应，导致最终被溶解，这也就是水玻璃耐浓硫酸腐蚀渗透的性能反而优于稀硫酸的腐蚀渗透性能的原因。钠水玻璃胶泥易与硫酸、醋酸、磷酸等生成钠盐，导致内在体积膨胀，产生裂纹脱落。

将水玻璃胶泥硬化体在空气中养护30d后，研磨成标准厚度的薄片，进行岩相分析，其主要成分为硅酸凝胶、氟化钠以及未参与反应的水玻璃和氟硅酸钠。由于受氟硅酸钠的细度、溶解度、反应温度、反应时间以及反应过程中氟硅酸钠表面生成硅胶薄膜等因素的影响，氟硅酸钠和水玻璃不可能全部反应。水玻璃胶泥在硬化反应过程中产生的可溶性氟化钠和残存未参与反应的硅酸钠和氟硅酸钠，以及胶泥硬化体的不密实是影响其抗稀酸性、抗水和抗渗透性的主要原因。

可见水玻璃胶泥是一种化学硬化型的材料，它的凝结和硬化主要决定于水玻璃的质量（模数和密度）和氟硅酸钠的加入量。

2. 原料

（1）水玻璃。水玻璃是一种泡花碱，是一种可溶性硅酸盐，它是各种碱性硅酸盐的玻璃状透明的融合物，由二氧化硅含量很高的硅粉或石英粉与工业纯碱按一定比例混合，置于1350～1400℃的熔炉中熔融后溶解于水而成的一种糖浆状黏滞性溶液，呈半透明青灰色或微黄色。它的组成通式表示为$Na_2O \cdot nSiO_2$或$K_2O \cdot nSiO_2$。水玻璃组成变化范围很广，它们的二氧化硅的摩尔数与氧化钠或氧化钾的摩尔数之比称为水玻璃的模数，水玻璃组成不同它的模数和密实度也不同，它们的物理化学性质也不尽相同。

不同模数和密度的水玻璃对水玻璃胶泥性能有不同的影响。同一密度的水玻璃，随模数增大，胶泥的硬化速度加快，这是因为模数大，二氧化硅含量增多，同时，模数较高的水玻璃，有较多的胶体二氧化硅析出来，起着粘结填料颗粒的作用，故硬化后的胶泥的强度、抗酸性和抗渗性都有提高。但是模数过高的水玻璃，硬化速度过快，造成操作困难，也会造成胶泥表面结皮而影响粘结力，还会导致胶泥制品收缩率过大，再者水玻璃用量加大，降低了胶泥耐水、耐稀酸的性能，因此模数不宜过高。但模数过低，因氧化钠含量多，碱度增加，会阻止硅酸凝胶脱水，制成的胶泥耐蚀性能差，由于凝结时间长，容易造成胶泥流淌，施工质量难以保证。

水玻璃技术指标   表 6. 3. 4-1

项目	钠水玻璃胶泥		钾水玻璃胶泥	
	密实型	普通型	密实型	普通型
外观	略带黄色的透明黏稠状液体		无色透明液体、无杂质	
模数	抗渗性差，防腐领域不建议多用		2.6～2.9	
密度（g/cm³）			1.38～1.46	
初凝时间（min）	≥45	≥45	≥45	≥45

项目		钠水玻璃胶泥		钾水玻璃胶泥	
		密实型	普通型	密实型	普通型
终凝时间(h)		≤12	≤12	≤15	≤15
抗拉强度(MPa)		≥3	≥2.5	≥3	≥2.5
与耐酸砖的粘结强度(MPa)		≥1.2	≥1.0	≥1.2	≥1.2
抗渗强度(MPa)		≥1.2	—	≥1.4	—
吸水率(煤油吸收法)		—	≤15%	—	≤10%
浸酸安定性		合格	合格	合格	合格
耐热极限温度(℃)	100~300	—	—	—	合格
	300~900	—	—	—	合格

水玻璃密度是其另一个重要的指标。水玻璃密度既与溶液中溶解的固体物质总量有关,又与溶液的化学组成有关,同一模数而密度较大的水玻璃中氧化钠含量更高,因此配制的胶泥凝结时间长,但密度大时,胶泥中的硅酸凝胶量也大,胶泥的强度高,耐酸性好,胶泥的密实性好,抗渗性好,但收缩显著增大,配制适当黏度胶泥的水玻璃用量也较大。当密度过大时,水玻璃的黏度过大,施工困难,同时,胶泥收缩太大,造成胶泥开裂。水玻璃密度过低时,水分含量增大,胶泥的孔隙率增加,抗渗性和强度都下降。因此,水玻璃胶泥用于砖板衬里时应符合相应的模数和密度指标要求。

(2)硬化剂。水玻璃硬化剂通常为氟硅酸钠,外观白色或微黄色的结晶粉末,有毒。用于配制耐酸胶泥的氟硅酸钠应符合表 6.3.4-2 所示指标。

氟硅酸钠质量指标　　　　　　　　　　表 6.3.4-2

项　目	指标
纯度	>95%
含水量	<1%
细度(0.15mm 筛孔)	全部通过

欲使水玻璃凝结硬化完全,氟硅酸钠的用量可按下式计算:

$$G = 1.5AGn/R \tag{6.3.4}$$

式中　G——水玻璃固化所需加入氟硅酸钠的质量;

　　　Gn——水玻璃质量;

　　　A——水玻璃中 Na_2O 的百分含量;

　　　R——氟硅酸钠纯度。

增加氟硅酸钠的用量,会使凝结硬化加快,但用量过多,凝结硬化就会过快,造成施工困难,同时使胶泥中有多余的氟硅酸钠,它易水解生成氢氟酸破坏硅胶凝胶,使胶泥强度和耐酸性下降。而氟硅酸钠的用量太少,则胶泥凝结硬化太慢,影响施工进度,同时胶泥质量变劣,强度和抗水性等都降低。根据理论计算和实际经验,在一般情况下,胶泥中氟硅酸钠的用量为水玻璃用量的 15%~16%(冬季适当增加,夏季则相应减少)。

在水玻璃胶泥固化剂氟硅酸钠中加入一部分氧化铅,一方面氧化铅也可以起到硬化剂作用，使水玻璃反应完全，另一方面由于生成硅酸铅的复合水合物吸收了水玻璃中的大量水分，使胶泥的孔隙率降低，强度增加。

由于采用含氟固化剂，因而水玻璃胶泥体系中含有一定数量的氟盐，如硬化过程中生成并析出的氟化钠以及未参加反应的部分固化剂，它们会造成气孔率增加、强度下降和对设备及胶泥的腐蚀。为了克服这些缺点，近年来开发了一些不含氟的固化剂，如KP1胶泥，就是以钾水玻璃为胶粘剂，缩合磷酸铝为固化剂的水玻璃胶泥。

（3）耐酸填料。水玻璃常用的填料有：铸石粉、耐酸灰、瓷粉、KP1胶泥粉、石墨粉等，其中以铸石粉应用效果最好。水玻璃胶泥采用的粉料在上一节有介绍，主要有石英粉、铸石粉、辉绿岩粉、瓷粉、石墨粉、安山岩粉、硅铝氧化物等，当然水玻璃也可与石英砂、石英石、砂石等配合在一起制成耐酸砂浆和耐酸混凝土。对这些粉料性能的基本要求是耐酸度高、热稳定性好、含水率低，不含铁、钙、镁等杂质，并能满足配制胶泥所需要的细度。钾水玻璃胶泥用耐酸粉料的性能指标见表6.3.4-3。

钾水玻璃胶泥用耐酸粉料的性能指标 表6.3.4-3

项目	石英粉	长石粉	铸石粉	瓷粉
外观	白色粉料	白色或微红色粉末	黑灰色粉末	白色粉末
耐酸度	＞95％	＞95％	＞95％	＞95％
含铁量	＜0.5％	＜0.5％	＜0.5％	＜0.5％
含水量	＜0.3％	＜0.3％	＜0.3％	＜0.3％
粒度	120目筛余量＜10％，180目筛余量＜40％			

3. 性能

硅酸盐胶泥耐温、耐酸（含氟酸除外）、不耐碱、不耐水渗透、不耐氟化物、不耐特高温酸（200℃以上）、致密度不足、孔隙大、抗渗性差。硅酸盐水玻璃胶泥的主要缺陷就是孔隙率大，致密性不好，抗渗性能差，为此很多厂家都在对它进行提高致密性的改性工作，主要有：①尽量少用钠水玻璃，更多采用钾水玻璃；②采用缩合磷酸盐或其他固化剂，减少孔隙率；③选择活性耐酸粉料，在遇酸后会生成胶体，填充胶泥的孔隙，达到致密性更好的目的。

水玻璃胶泥具有以下特点：①化学稳定性好，可以耐绝大部分无机酸、有机酸及有机溶剂，尤其是耐强氧化性酸（硝酸、铬酸），但不耐氢氟酸、浓度大于15％的氟硅酸、300℃以上的热磷酸、高级脂肪酸、碱及呈碱性的盐溶液，在水中的长期效果也不好（抗水渗透性不好）；②耐热性好，干态使用温度可达400℃；③施工方便；④线性膨胀系数接近钢材，衬里质量耐受温度骤变和应力骤变性能好；⑤原材料丰富，价格低；⑥致密性不足，抗渗透性不足。

水玻璃胶泥，耐高浓度强氧化性酸、耐绝对高温的性能优于其他有机树脂配制成的胶泥，就是乙烯基酯树脂胶泥在这方面也不如水玻璃胶泥。水玻璃胶泥具有以上两个突出的特点，是有机树脂胶泥不可比拟的，因此它在建筑防腐蚀工程中占有相当重要的地位，与树脂胶泥互为补充。

水玻璃胶泥相比树脂胶泥，成本更低廉。尽管它能耐浓酸（如95％以上硫酸），但它反倒耐不了稀酸，关键的原因就是它的致密性不够，抗水渗透性能不足。除稀酸外，它还耐不了碱，加之无机材料本身的脆性就大，固化收缩大，这使它在实际工程上受到了很大的应用限制。

水玻璃耐酸胶泥、耐酸砂浆和耐酸混凝土主要适用于有耐酸要求的工程，如硫酸池等。此外，水玻璃胶泥和耐热耐酸混凝土也可用于耐火材料的砌筑和修补。水玻璃耐热砂浆和混凝土主要用于高炉基础和其他有耐热要求的结构部位。水玻璃胶泥固化后的线性膨胀系数与钢板接近，可有效避免高温下设备内衬层的热应力的产生。

需特别注意的是，钾水玻璃的抗水渗透性远胜于钠水玻璃，市面上很多以次充好廉价的钾水玻璃实际上都掺入了钠水玻璃。钠水玻璃胶泥价格低廉，钾水玻璃胶泥则贵多了。

目前，市场上已经出现了一些改性的钾水玻璃，其耐酸、耐温、密实、抗渗等性能都不错，价格也不高，使用方便，可拌和成耐酸胶泥、耐酸砂浆和耐酸混凝土，已经在化工、冶金、电力、煤炭、纺织等部门各种结构的防腐蚀工程中得到了应用，也可作为贮酸池、耐酸地坪、耐酸表面砌筑的原材料。

1）钠水玻璃胶泥性能

钠水玻璃胶泥以钠水玻璃、固化剂与耐酸粉料按一定比例配制而成。由于它具有较好的机械强度、优良的耐酸性能，价格便宜，施工方便，已成为防腐领域中应用面最广、用量最大的主要耐腐蚀胶泥。

钠水玻璃胶泥的性能有：①耐酸性能优良，对大多数无机酸、有机酸、强氧化性酸等均有较强的耐腐蚀性，但在碱性介质、含氟介质、中性盐类溶液及高级脂肪酸中不耐腐蚀。②具有较好的物理机械性能，特别是与一些无机材料如耐酸砖板、铸石板、花岗石等有较好的粘结强度。③热稳定性高，可用于300℃的高温环境下，其线性膨胀系数与钢板接近，因此作为钢壳的内部衬里，产生的热应力小。④可常温施工，常温固化。原料丰富，价格低廉。⑤钠水玻璃胶泥的缺点是孔隙率大、抗渗性差、与硫酸、醋酸、磷酸等易生成钠盐，导致体积变化，产生裂纹、掉砖等弊病。⑥钠水玻璃胶泥的物理机械性能见表6.3.4-4。

钠水玻璃胶泥的物理机械性能　　　　　　　　　　　　　　表6.3.4-4

项目	石英粉为粉料	铸石粉为粉料
密度（g/cm³）	1.80～2.0	1.90～2.1
抗压强度（MPa）	>25	>25
拉伸强度（MPa）	>2.5	>2.5
粘结力与瓷板（MPa）	>1.0	>1.0
粘结力与钢材（MPa）	>1.0	—
吸水率（采用煤油吸收率法测定）	<18%	<15%
导热率[W/(m·K)]	0.814～1.163	
浸酸安定性	合格	
初凝时间（min）	<30	
终凝时间（h）	<8	
抗渗透性（水压）（MPa）	0.6（不透）	

2）钾水玻璃胶泥性能

① 耐酸性能优良，在各种浓度的无机酸、有机酸、氧化介质中性能稳定，耐腐蚀性强，但不耐碱；②机械强度大，粘结力高，与碳钢、耐酸转/板、花岗石、混凝土等具有较大的粘结力；③耐热性能好，可用于900℃的高温环境下；④常温固化，施工简单，贮存期长，易于运输；⑤产品无毒，对施工环境与操作人员均无危害；⑥钾水玻璃胶泥性能指标见表6.3.4-5。

钾水玻璃胶泥的性能指标　　　　　　　　　表 6.3.4-5

项目	指标
外观	白色或灰白色黏稠体
密度（g/cm³）	2.1～2.2
模数	2.0～2.8
含铁量（%）	<0.5%
吸水率（采用煤油吸收率法测定）（%）	<10%
吸油率（采用煤油吸收率法测定）（%）	<9%
浸没安全性	合格
抗压强度（MPa）	>30
拉伸强度（MPa）	>3
与瓷板的粘结力强度（MPa）	>3
与钢板的粘结力强度（MPa）	>2.5
耐热性能（℃）	900
热导率［W/(m·K)］	1.46
线性膨胀系数（$\times 10^{-5}$/℃）	1.2

钾水玻璃胶泥耐酸性强，它能耐硫酸、盐酸、磷酸、硝酸、铬酸、次氯酸及有机酸，还能耐醇、酮、苯等有机溶剂及盐类水溶液，尚耐水和水蒸气，但不耐碱和碱性介质，不耐含氟物质。

3）KP1 胶泥性能

水玻璃胶泥在重防腐领域最主要的表现形式就是 KP1 胶泥，以下针对 KP1 胶泥作详细的介绍。

KP1 系列耐酸耐热胶泥（简称 KP1 胶泥）是以钾水玻璃为胶合料，缩合磷酸铝为固化剂，硅铝氧化物为耐酸耐热粉料和骨料，以及少量辅助材料集配而成的新型耐酸耐高温防腐材料。其产品主要表现形式有：KP1 胶泥、KP1 砂浆、KP1 耐酸耐热混凝土（简称 KP1 混凝土）。目前，市场上的钾水玻璃都是与 KP1 胶泥粉料配套使用，使用中要按比例一次性配好，并放入搅拌器搅拌均匀，一次用完。

KP1 胶泥具有较高的机械强度和优越的粘结性能，特别在砌筑花岗石块材、耐酸瓷砖、瓷板时与水泥的粘结力大于母体。耐酸耐热 KP1 材料在各种浓度的有机酸、无机酸中性能稳定，特别是在稀酸、工业水、中性水溶液中不产生结晶盐，并具有较高的抗渗性。KP1 胶泥采用无毒固化剂，对操作施工人员无毒害，可用于食品、医药等设备防腐工程中。耐酸耐热 KP1 胶泥与有机胶泥相比，价格低廉。它除具有有机胶泥耐腐蚀的同等性能，还具有耐强氧化介质腐蚀的独特性能。KP1 胶泥可室温固化，施工简单，使用方便，易于运输，防潮贮存。

KP1 胶泥适用于各种浓度的硫酸、盐酸、硝酸、磷酸、铬酸、次氯酸、氯磺酸、甲酸、草酸、醋酸等酸类，醇、酮、苯等有机溶剂，酸性盐类，氯气、双氧水等氧化性介质以及上述各类介质的混合物，但 KP1 钾水玻璃胶泥不耐碱、碱性介质、含氟物质，尚耐水和水蒸气。KP1 钾水玻璃胶泥适用于石油、化工、冶金、农药、食品、发酵、水解、酸洗等工业部门的反应釜、贮罐、塔、池、地坪、地沟、电解槽、高温腐蚀性的烟囱、烟道等设备工程。KP1 胶泥粉料用于衬砌耐酸砖板、铸石板及地坪、地板、花岗石勾缝、整体面层抹面等，特别在氧化性炉窑砌筑方面具有良好性能，使用温度可达 1000℃ 以上。KP1 砂浆在工业厂房的墙群、屋顶及酸性液体飞溅的场所具有良好的防腐作用，用于铺砌块材、坐浆、灌缝及整体的施工。KP1 混凝土主要用于整体浇筑地坪、酸沟、槽、罐、设备基础等，是理想的一次浇筑成型的建筑防腐材料。

KP1 胶泥应用于重防腐工程中，尽管比钠水玻璃胶泥性能好很多，但和其他有机类防腐胶泥相比，它最致命的弱点在于它的密实性和抗渗透性能不足，更无韧性可言。

4. 配方

常见的水玻璃胶泥的主要原材料配制范围比例如表 6.3.4-6 所示。

常见的水玻璃胶泥的主要原料配比　　　　　　表 6.3.4-6

原料	配比	
	普通钠水玻璃胶泥	钾水玻璃胶泥（KP1 胶泥）
钠水玻璃（硅酸钠）	38～42	—
钾水玻璃（硅酸钾）	—	42～44
氟硅酸钠（固化剂）	6	—
缩合磷酸铝（固化剂）	—	6
耐酸粉料	100	94

如是现场非商品级的原料配料，则水玻璃胶泥的配制如表 6.3.4-7 所示。

水玻璃耐酸胶泥施工配比　　　　　　表 6.3.4-7

名称	胶泥配比（质量比）		
	1	2	3
钠水玻璃	100	—	100
钾水玻璃	—	100	—
氟硅酸钠	15～18	—	—
铸石粉	255～270	—	—
瓷粉	(200～250)	—	—
石英粉比铸石粉 7/3	(200～250)	—	—
石墨粉	(100～150)	—	—

名称	胶泥配比(质量比)		
	1	2	3
耐酸灰	—	—	240～280
KP1 粉料	—	240～280	—

注：1. 氟硅酸钠用量是按照水玻璃中氧化钠含量的变动调整的，氟硅酸钠纯度按100%计算。
　　2. 钾水玻璃的固化剂为商品级的耐酸胶泥粉料，在粉料中已将耐酸粉料、缩合磷酸铝、添加剂混合均匀。在施工现场可直接将其与钾水玻璃按配料比配制应用即可。

配制胶泥时注意以下事项：①以比重计检查钾水玻璃的密度是否符合许多范围，并验证钾水玻璃的出厂化验单模数是否合格；②配制胶泥用的容器与工具必须清洁、干燥；③按配料比准确称取钾水玻璃与胶泥粉料，然后将二者混合，充分搅拌均匀后即可用于施工；④每次配制的胶泥必须在30min内用完，施工中间不得补加任何原料；⑤钾水玻璃胶泥的施工稠度使用锥体稠度计测定，以30～35mm为宜。

5. 施工

1）施工环境及前期准备

①金属壳体的设备所需要的机械加工、焊接、热处理、压力试验等必须已经全部进行完毕，表面不得残存焊渣、焊瘤；然后还应进行喷砂除锈，如需做隔离层时，喷砂后应立即进行。②混凝土基体的施工表面必须平整，无起砂、蜂窝、麻面等缺陷，表层20mm深度的含水量不得超过6%。③衬砌用的耐酸砖、板外观与尺寸应符合规定，并应清洁、干燥，必要时进行水洗烘干。④施工环境的温度以15～30℃为宜，湿度应小于80%，冬期与雨期施工时应搭建施工棚。⑤原料温度应与环境温度保持一致。

2）衬砌施工

①衬砌施工时，应按施工部位进行选砖与预排。②衬砌时胶泥应饱满，并用挤缝的方法。胶泥缝与结合厚度应符合设计图纸规定。③打底的灰浆，较之胶泥要稀得多，一般水玻璃和耐酸粉料的比例在1/1左右，便于打底粘结基材。水玻璃胶泥一般在配制前混合好，搅拌均匀，到了施工时，不可再去补加水玻璃或固化剂。温度过低时，施工需采取保温措施。④水玻璃胶泥的配制可在搅拌机中进行，也可以用人工配制，先把称量好的氟硅酸钠与填料采用机械或人工的方法预先混匀（有些填料厂家已经预先把氟硅酸钠加好了），然后加入称量好的水玻璃，边加边搅拌，直至均匀。水玻璃胶泥配制时要掌握好配制量，配制好的胶泥必须在初凝前用完（一般自加水玻璃起30min内），严禁再加入其他物料。⑤水玻璃在施工过程中便开始固化，这称为假硬化，施工时胶泥尽管在数小时内就达到初步硬化，但反应进行得并不完全，如果这时候投入使用，胶泥中未形成凝胶的水玻璃在酸度不大的介质中就可溶胶，影响砖板衬里的使用寿命，因此水玻璃胶泥需要进行长时间的养护。进行热处理可以加速反应，使反应进行得较完全，使胶泥具备固有的耐腐蚀性能；同时，对于高温的衬里设备，热处理可以起到热预应力的作用，但要注意，水玻璃胶泥初步硬化后，常温养护不足就进行热处理，会造成胶泥中水分急剧蒸发，气孔隙增大，致密性下降，大大降低胶泥的抗渗透性。

3）水玻璃胶泥的养护

水玻璃胶泥衬砌施工后的设备应按照环境温度确定养护时间，如15～20℃环境14昼夜，或 21～30℃环境 10 昼夜，或 31～35℃环境 7 昼夜。养护期间严禁与水或水蒸气直接接触。如可加热则水玻璃的养护及热处理条件可按照表 6.3.4-8 进行。

水玻璃耐酸胶泥热处理温度及时间　　　　表 6.3.4-8

常温固化(昼夜)	热处理温度及时间(h)			缓慢降温(h)
	常温～50℃	50～60℃	80℃恒温	15℃
3	24	24	24	12

为防止产生裂纹，升温、降温都必须缓慢进行，只进行常温自然养护需要 10 昼夜。

多层衬里，每衬一层砖板都应很好地养护干燥，使胶泥假硬化后，再衬第二层。一般每衬一层砖板后，在不低于 20℃的环境温度下干燥时间不小于 36h。水玻璃胶泥的凝结硬化是借水玻璃与氟硅酸钠之间的化学反应而完成的，由于种种因素的影响，在正常条件下二者的反应不能进行彻底，因此，这种硬化后的制品遇水或稀酸时，其表面层游离水玻璃首先会溶于水中，造成表面发酥、起毛、表面层被溶解等现象。并且水分还会渗入到制品的内部溶解余下部分的水玻璃和其他可溶组分，同时水也会因水玻璃的溶入呈碱性，反过来破坏硅酸盐凝胶的形成，导致胶泥结构的破坏。为了提高水玻璃胶泥的抗水性和耐稀酸性，除了正确选择胶泥的施工配比和合理进行养护及热处理之外，就是在衬里表面进行酸化处理。

4）酸化处理

酸化处理的实质就是用酸溶液将水玻璃胶泥（主要是面层）中未参与反应的水玻璃部分转变成耐酸和水的硅酸盐凝胶，从而提高胶泥的耐稀酸和水的性能。对养护后的水玻璃胶泥的胶泥缝进行酸化处理的通常方法如下：在水玻璃胶泥砖板衬里完工并养护一定时期后，一般在 20～30℃条件下养护 4～7d，经热处理者于冷却后，用刷涂或喷酸方法对胶泥缝表面进行酸化处理。酸化处理至表面无结晶物析出为止，再洗掉白色析出物，干燥。酸化处理液的配方宜为：浓硫酸/乙醇/水的质量比为 40/20/40。处理次数不得少于 4 次，每次间隔时间不得少于 4h，每次处理前应将表面的白色结晶清扫干净。

6.3.5　酚醛树脂胶泥

1. 概述

酚醛树脂胶泥由酚醛树脂、固化剂、填料等配合而成。

"耐酸耐热有余，耐碱韧性不足"是酚醛树脂胶泥最好的概括。通过各种改性，可以适当地在韧性、耐碱方面有所提高，但也是治标不治本。

酚醛树脂胶泥由酚醛树脂、固化剂、填料按照一定比例配制而成。

酚醛树脂胶泥的固化机理为：砖板衬里所用酚醛树脂胶泥是以苯酚、甲醛为原料，在碱性催化剂作用下合成的，其分子链在开始时为线性结构，其固化过程主要是分子链上的活性点进一步反应的过程，但树脂自然聚合的速度较慢，在常温下很难达到完全固化，因此在砖板衬里时需采用酸性固化剂，使它尽快固化，达到施工的目的。

2. 原料

苯酚和甲醛在碱性催化剂作用下生成热固性酚醛树脂，树脂中游离甲酚和水分，在酸性固化剂的作用下，发生缩聚反应，会有小分子逸出，造成胶泥的孔隙率增大，抗渗性变差，机械强度下降，耐腐蚀性能下降。

1）酚醛树脂

采用不同碱性催化剂（氨水、碳酸钠、氢氧化钠）生成的树脂所配制的胶泥在化学性质方面是相同的，但在物理性能方面有区别，以碳酸钠作催化剂得到的酚醛树脂韧性较好，因而酚醛树脂胶泥多以这种树脂为主。

由于酚醛树脂在固化过程中，所含游离酚和游离醛等低沸点物质，以及固化反应过程中生成的水，都会以挥发形式逸出，使胶泥孔隙增大、抗渗性和强度下降，因而要严格控制这两项质量指标。酚醛树脂的质量指标如表6.3.5-1所示。

酚醛树脂质量指标　　　　　　表6.3.5-1

项目	指标	项　目	指标
外观	棕红色黏稠液	含水率	<10%
游离酚	<10%	黏度（落球黏度计，25℃，s）	45～65
游离醛	<2%		

为保证基体砖板粘结牢固，除基体及砖板表面清洁干燥程度对此影响很大外，树脂的黏度对此也会有影响。黏度过小，或者胶泥吃灰量过大，填料加入过多，会使胶泥中的树脂含量下降，不利于浸润，因此粘结强度低，抗渗透性也不好；但如果树脂黏度过大，与填料混合困难，吃灰量小，配制出来的胶泥尽管浸润性好，但会流淌，施工性能不好。因此，应选取中等黏度的树脂作为胶泥的胶粘剂。

应当指出，在保证胶泥施工性能、胶泥不流淌的前提下，树脂黏度应尽可能大一点，这对提高胶泥的粘结性能和减少孔隙率都有好处。

2）固化剂

热固性酚醛树脂常用的酸性固化剂有：苯磺酰氯、硫酸乙酯等。常用的苯磺酰氯毒性较大，挥发性强；硫酸乙酯尽管没有毒，但是配置的胶泥凝胶时间难以控制，固化后的孔隙率大，耐冲击性能和耐腐蚀性能比以苯磺酰氯作固化剂的差很多。

正因为固化剂为酸性的，故酚醛树脂胶泥使用的填料不可为碱性填料，如滑石粉、钙粉、氢氧化铝等不可使用；酚醛树脂胶泥基本都用于耐酸介质，采用陶瓷粉、铸石粉、重晶石粉较多；在含氟介质和碱性介质中，则只能采用石墨粉和重晶石粉；铸石粉、石墨粉中金属铁杂质含量较高，也会与酸性固化剂反应，选用前应确认，必要时进行检测；重晶石粉中含有碳酸盐，也会与酸性固化剂反应，也一样需要提前确认。

酚醛树脂采用酸性固化剂，但一般并不采用无机酸，因为无机酸与树脂的亲和力不够，与树脂的共溶性小，加上树脂固化过程中，体系黏度逐渐增大，使H⁺扩散受到一定影响，因而也影响它的固化作用，因此多采用与树脂互溶性好的有机酸。常用的酸性固化剂有以下几种。

（1）对甲苯磺酰氯。常温下为固体，熔点69℃，呈灰色或淡黄色的结晶粉，外观颜色越接近灰白色则纯度越高，酸度则越低。它还具有吸湿性，必须密封保存。用对甲苯磺酰氯作固化剂，配制的胶泥操作较为烦琐，有臭味，固化速度较慢，但固化后的胶泥质量好，韧性好，耐蚀性及抗渗性好，具体的质量指标见表6.3.5-2。

339

对甲苯磺酰氯质量指标   表 6.3.5-2

项目	指标
纯度	97%
熔点(℃)	67.5~71
烧灼残渣	0.1%

（2）苯磺酰氯。在高于 15℃ 时为油状液体，凝固点 14.5℃，它的酸度适中，易于和酚醛树脂均匀混合，固化速度适合于施工要求，20℃ 时初凝时间在 40~60min，固化物的性能也好，使用比较广泛，但这种固化剂的毒性大，能挥发出刺激性气体，对眼睛和呼吸道有强烈刺激，施工应加强通风和劳动保护，其质量指标见表 6.3.5-3。

苯磺酰氯质量指标   表 6.3.5-3

项目	指标
纯度	>98.5%
密度(g/cm³,15℃)	1.37~1.41
凝固点(℃)	14~16

（3）硫酸乙酯。硫酸乙酯是以硫酸和乙醇为原料，按一定配比配制而成的（硫酸/乙醇＝1/2~1/3），它的酸度高，树脂固化速度快，不易调节，必须按实际情况严格控制条件，并且制品脆性大，抗渗性不好；但这种固化剂配制工艺简单，价格低，气味小。硫酸和乙醇的质量要求见表 6.3.5-4。

硫酸和乙醇质量指标   表 6.3.5-4

硫酸		乙醇	
项目	指标	项目	指标
纯度	≥98%	纯度	≥95%
密度(g/cm³)	1.84	水分	≤1%
烧灼残渣	≤0.1%	密度(g/cm³)	0.79
外观	无色透性液体	外观	无色透性液体

（4）复合型固化剂。为了克服上述固化剂的缺点，取长补短，可采用复合型固化剂。如把对甲苯磺酰氯和硫酸乙酯按照 7/3 混合；把苯磺酰氯和硫酸乙酯按照 5/5 混合。采用这种复合固化剂既具有了硫酸乙酯固化剂的快速效果，又克服了其他固化剂的缺点，保证了胶泥固化后的质量。

除以上固化剂外，酚醛树脂还可以采用石油磺酸、萘磺酸、对甲苯磺酸等作为固化剂。在固化剂使用过程中，随施工温度不同、树脂黏度不同、pH 值不同、游离物含量不同，所需要加入的固化剂量也会有所变化，需要在实际使用前小试确认。

3）填料

酚醛树脂胶泥所用的填料多为石英粉、硅石粉、瓷粉、石墨粉等。

3. 性能

1）物理机械性能

（1）酚醛树脂胶泥由于所用填料的不同，其力学性能也不相同。一般来说，以瓷粉、铸石粉为填料的胶泥的力学性能较高，而以石墨粉、硫酸钡粉为填料的胶泥的机械强度不高。正常配比胶泥的物理机械性能指标可见表6.3.5-5。由于固化后的酚醛树脂分子链旋转困难，分子的柔顺性差，刚性大，故酚醛树脂胶泥硬而脆，固化物呈体型结构，耐热性好。

酚醛树脂胶泥物理性能简表　　　　　　　　　　　　　表6.3.5-5

项目	性能
机械性能	与添加的填料种类和数量有很大关系，添加瓷粉、铸石粉的强度大于添加石墨粉、重晶石粉的；中高温烘烤在现场往往做得不够充分，导致性能发挥不出来
粘结性能	与砖板粘结性能较好
韧性	较差，固化后的胶泥刚性有余，韧性不足，抗冲击性能较差
热稳定性	耐高温，120℃以下干态气相可采用，某些场合可达150℃，乃至180℃。以石墨粉为填料的胶泥具有导热性能
耐疲劳性能	耐温度骤变性能、耐应力变化性能都不足
抗渗性能	常温固化，有水分子逸出，导致孔隙率增大、致密性不足、抗渗性差

（2）酚醛树脂胶泥与耐酸砖、板、浸渍石墨板的粘结强度较高，特别与浸渍石墨板的粘结强度有时可大于石墨板的拉伸强度。铸石板由于表面光滑，与酚醛树脂胶泥的粘结力较差。

（3）酚醛树脂胶泥由于采用的是酸性固化剂，因而不能直接用于金属表面；需在金属表面衬砌砖、板时，应先以环氧涂料作底漆涂于金属表面，然后再衬砌砖板。

（4）酚醛树脂胶泥的物理机械性能见表6.3.5-6。

酚醛树脂胶泥的物理机械性能　　　　　　　　　　　　表6.3.5-6

项目	技术指标	
	铸石粉填料	石墨粉填料
密度（g/cm^3）	2.1～2.3	1.4～1.6
抗压强度（MPa）	60～80	50～70
拉伸强度（MPa）	≥5	4～5
粘结强度（与碳钢）（MPa）	3.4～3.9	—
粘结强度（与瓷板）（MPa）	1.0～2.0	—
粘结强度（与石墨板）（MPa）	>3.8	3.5～5.0
粘结强度（与铸石板）（MPa）	>0.78	—
收缩率	0.42%	<0.37%
线膨胀系数（℃$^{-1}$）	(23～30)×10^{-6}	—
导热系数［W/(m·K)］	0.7～1.2	20.9～23.3
使用温度（℃）	130	130
吸水率	<2%	—
抗渗透性（MPa）	1.6（水压不透）	—

2）耐腐蚀性能

由于酚醛树脂是网状立体结构，其分子链由 C-C 键构成，因此对大部分化学介质都有较好的耐受性，在非氧化性酸里面很稳定，特别是对浓度为 50％以下的硫酸和任何浓度的盐酸的腐蚀。由于发生氧化及降解反应，因而不耐浓硫酸和硝酸的腐蚀。另外，酚醛树脂还存在弱酸性的酚羟基基团，能与碱反应生成酚钠盐，因此酚醛树脂不耐碱。酚醛树脂胶泥在大多数有机溶剂中常温下是稳定的，如苯、乙醇、甲醇、二氯乙烷等。酚醛树脂胶泥的耐腐蚀性能见表 6.3.5-7。

酚醛树脂胶泥的耐腐蚀性能简表　　　　　　　表 6.3.5-7

介质环境	耐腐蚀性能
酸	耐 50％以下的硫酸、各种浓度的盐酸和磷酸，尤其耐醋酸(较乙烯基酯树脂还有优势)、部分有机酸；但不耐硝酸、浓硫酸、铬酸、次氯酸、氯气等氧化性酸和介质
碱	不耐碱，不耐碳酸钠，不耐氨水等碱性介质
有机溶剂	耐部分有机溶剂，如苯乙醇、二氯乙烷，但耐不了胺类有机物、芳香族有机物、醛类有机物等

3）热稳定性

固化后的酚醛树脂胶泥由于形成的是网状的体型结构，因而具有较好的热稳定性，马丁氏耐热度约为 120℃，在某些场合下使用温度可达 150℃。以石墨粉作填料的酚醛树脂胶泥具有导热性能，可用于传热设备的衬里。

4）抗渗性能

用于配制胶泥的酚醛树脂含有大约 12％的水分、10％的游离苯酚及 2％的游离甲醛，这些物质在胶泥固化时容易逸出，造成胶泥的孔隙率增加、抗渗透性降低。因而，欲得到抗渗好的胶泥，必须控制树脂中这些物质的含量。

4. 配制和施工

需采用搪瓷盆或在搅拌机中配制，每次配完的料需 30min 内用完；苯磺酰氯作固化剂时先与粉料混合，硫酸乙酯和酚醛树脂混合需慢慢进行，避免高温；混凝土碱性基材及铁基金属基材都需要先用环氧树脂打底，再做酚醛树脂胶泥的施工；酚醛树脂胶泥常温固化需要大半个月才能达到较好的固化效果，因此现场往往都需要加温，加温时尽量采用阶梯式升温和阶梯式降温的程序，避免聚合过快。

酚醛树脂胶泥常见的配制比例见表 6.3.5-8、表 6.3.5-9。配制的胶泥应在半小时内用完，和灰完毕后，应将搅拌桨叶上的胶泥刮掉，灰盆中残余的树脂必须刮净，不得带到下次配制的胶泥中。

酚醛树脂胶泥的施工配料比　　　　　　　　表 6.3.5-8

名称		胶泥配比(质量比)	
酚醛树脂		100	100
固化剂	苯磺酰氯	6～10	—
	对甲苯磺酰氯	(8～12)	—
	硫酸乙酯	(6～8)	—
	NL 固化剂	—	6～10

名称		胶泥配比（质量比）	
稀释剂	丙酮或乙醇	—	0～5
填料	石英粉	150～200	150～200
	瓷粉	(150～200)	(150～200)
	铸石粉	(180～230)	(180～230)
	石英粉与铸石粉的比例为 8/2	(150～200)	—
	硫酸钡粉	(180～220)	—
	石墨粉	(180～230)	(90～120)

注：1. 表中固化剂任选一种；
2. 耐氢氟酸工程，填料应选硫酸钡粉或石墨粉；
3. 使用 NL 固化剂时，稀释剂宜用乙醇。

功能化的酚醛树脂胶泥的施工配料比　　　　　　　　表 6.3.5-9

胶泥原料		不同用途胶泥的配料				
		耐酸		耐碱	导热	耐氟化物
		砌砖	抹面			
酚醛树脂		100	100	100	100	100
固化剂	苯磺酰氯	6～10	6～10	6～10	6～10	6～10
	对甲苯磺酰氯	(8～12)	(8～12)	(8～12)	(8～12)	(8～12)
	硫酸乙酯	(6～8)	(6～8)	(6～8)	(6～8)	(6～8)
	对甲苯磺酸：硫酸乙酯＝7：3	(8～12)	(8～12)	(8～12)	(8～12)	(8～12)
改进剂	α、γ-二氯丙醇			20		
	桐油松香钙		0～10		0～10	
填料	瓷粉		130～180		100～150	
	铸石粉	150～200	(170～220)			
	石墨粉	(180～230)	(90～130)			100～150
	硫酸钡粉	(100～150)		100～150	100～150	(180～220)
	石棉绒		5			

固化：酚醛树脂胶泥加入固化剂，在常温下固化较慢，如不急于使用或没有加热处理的条件，可常温下放置 20d 或更长时间；如急于投入使用则需进行加热处理，以提高胶泥的固化速度。

对于多层衬里，衬完一层后，在 40～50℃ 条件下处理 48h，然后衬第二层砖板。在设备衬里完工后，在常温下保养 24h，然后参照表 6.3.5-10 进行后处理。

5. 改性

"韧性不足、孔隙率大"是酚醛树脂胶泥的两大致命弱点，因此对其进行增韧改性是必要的。对于酚醛树脂本身而言，增韧改性的方法很多，但对于重防腐工程领域的酚醛树脂胶泥而言，目前采用较多的增韧方法还是混入环氧树脂，用以提高酚醛树脂胶泥的粘结性能和韧性，但环氧树脂的引入，也导致了胶泥的耐热性能下降。

酚醛树脂胶泥热处理温度及时间 表 6.3.5-10

常温固化 （昼夜）	热处理温度及时间(h)						缓慢降温
	常温~40℃	40℃	40~60℃	60℃	60~80℃	80℃	15℃/h
1	1	4	2	4	2	24	80℃~常温

　　"保存期太短"是酚醛树脂胶泥的另一大缺点。常温下，其存放期不超过1个月，冷藏保存或加入10％的苯甲醇时，存放期一般也只有3个月。这在很大程度上限制了酚醛树脂胶泥的应用，要知道施工现场是很少有冷藏条件的。如何去延长酚醛树脂胶泥的存放期，也是广大技术研发人员需要面对的课题，否则酚醛树脂胶泥的市场应用面将会越来越窄。

6.3.6　呋喃树脂胶泥

1. 概述

　　分子结构中含呋喃环的呋喃树脂配制成的胶泥就是呋喃树脂胶泥，也是砖板衬里常用的一种胶泥。

　　呋喃树脂固化机理：由于呋喃树脂中含有呋喃环、双键、羧酸基键及其相邻碳原子上的活泼氢，因此在酸的催化下，通过打开双键活性基团、失去水分等交联反应生成不溶不熔的网状结构。

　　呋喃树脂胶泥是呋喃树脂、固化剂、填料的混合物，既耐酸又耐碱、耐热，目前是三大商品化胶泥（水玻璃胶泥、呋喃树脂胶泥和乙烯基酯树脂玻璃鳞片胶泥）中非常重要的一种。

　　呋喃树脂胶泥的典型特点：耐酸性能和酚醛树脂相当，耐碱性强于酚醛树脂，尤其耐低浓度酸碱交替（此时可与乙烯基酯树脂相当），不耐氧化性介质，粘结性能一般，强度大，韧性严重不足，耐温度骤变较酚醛树脂还要差，使用温度略高于酚醛树脂胶泥。

　　国内呋喃树脂胶泥做得较好的有：中冶的YJ型呋喃树脂胶泥，黄石汇波公司的XLZ呋喃树脂胶泥等。

2. 原料

　　常用的呋喃树脂有：糠醇树脂、糠醛-丙酮树脂、糠醛-丙酮-甲醛树脂以及以这些树脂为基础的改性呋喃树脂。

　　呋喃树脂胶泥原料主要有两种。

　　（1）呋喃树脂。有由糠醇树脂单体自身缩聚而成的糠醇树脂，有由糠醛和丙酮在氢氧化钠作用下缩聚而成的糠醛丙酮树脂，也有由糠醛和丙酮在碱性环境下先合成糠醛丙酮单体，再在酸性催化剂下，将其与甲醛缩聚成的糠醛-丙酮-甲醛树脂。

　　（2）固化剂及填料。呋喃树脂在酸性介质作用下，常温即可固化，经热处理形成稳定的体型结构。呋喃树脂固化时所用的固化剂基本上和酚醛树脂相同。除上述酚醛树脂中介绍的固化剂外，呋喃树脂还可以使用36％左右的盐酸作为固化剂。作为酚醛树脂胶泥的填料也可作为呋喃树脂胶泥的填料，此外呋喃树脂也有单独配合使用的 YJ 呋喃树脂粉。呋喃树脂固化剂的加入量受很多因素影响，因此在实际使用前需要小试确认。呋喃树脂及其配套使用的固化剂、填料的质量指标请参见本书 5.7.3 节的"2. 原材料和制品"介绍。

3. 性能

在酸性固化剂作用下，以上呋喃树脂发生缩聚反应，最终固化物具有良好的耐碱性、耐热性，可用于酸碱交替介质，但不耐浓硫酸、硝酸、铬酸、次氯酸等氧化性介质。

常用的呋喃树脂胶泥是以糠醇树脂或糠醛-丙酮树脂为原料配制的糠醇胶泥或糠酮胶泥，近年来与黄石汇波公司类似的单位，也开发了糠醇糠醛胶泥。它们具有如下特点。

（1）耐蚀性：耐 70% 以下常温的硫酸，耐各种浓度的盐酸、磷酸、醋酸；耐碱，可用于 40% 的常温氢氧化钠溶液；耐部分有机溶剂，如苯、乙醇、甲苯等；在酸性气体中稳定。但不耐胺类、卤素、酚类、醛类、酯类溶剂；不耐氧化性介质，如浓硫酸、王水、硝酸、铬酸、次氯酸等。呋喃树脂是低浓度低温的酸碱交替的介质的理想选择材料。

（2）耐热性：绝对耐热温度高，可在 170℃ 气相高温下使用；但耐热循环、耐温度骤变不足，容易脱落。

（3）粘结性：不含极性基团，粘结性能差，环氧树脂改性之后，可适当提高粘结性能。

（4）力学性能：固化后强度大、硬度高，但收缩大，特别脆。

（5）适应性：酸性固化剂，所以不可直接与金属或混凝土表面接触，需先用环氧树脂打底或做其他隔离层。

4. 配制与施工

呋喃树脂本身是红棕色或黑色的黏稠液，其固化速度取决于酸的强弱，往往选择酸性较弱的苯磺酰氯，固化速度控制得较慢些，有利于提升最终固化物的综合性能和耐蚀性能。

耐酸呋喃树脂胶泥多用陶瓷粉、铸石粉、石墨粉与石英粉为填料，耐碱呋喃树脂胶泥和耐氟化物胶泥多采用石墨粉和重晶石粉为填料。任何碱性的填料都不可采用，且石墨粉、铸石粉中的铁含量也需要严格控制。

呋喃树脂胶泥的配制比例为：呋喃树脂/固化剂/填料＝100/（10～14）/（150～200）。固化剂一般先与填料混合，到使用时再与树脂混合即可。呋喃树脂胶泥需采用搪瓷盆或在搅拌机中配制，每次配完的料需 30min 内用完；混凝土碱性基材及铁基金属基材都需要先用环氧树脂打底，再作呋喃树脂胶泥的施工；呋喃树脂胶泥常温下需要大半个月才能达到较好的固化效果，因此现场往往都需要加温，加温时尽量采用阶梯式升温和阶梯式降温的程序，避免聚合过快。

呋喃树脂胶泥配比见表 6.3.6-1。呋喃树脂胶泥的配制方法同于酚醛树脂胶泥。

呋喃树脂胶泥固化：呋喃树脂胶泥固化过程中有假硬化现象，经初期硬化后的胶泥在热处理时，会发软而出现流动状，即所谓的"流胶"现象。其流胶程度随树脂与固化剂的不同而有所差异。其中以糠醇树脂用磷酸作固化剂时最为严重。为了避免或减少呋喃胶泥在热处理时发软产生流动，热处理前应充分室温保养 3～7d，然后再进行热处理，热处理工艺参照表 6.3.6-2。如果不进行后处理，则需要常温固化保养 15～20d。

呋喃树脂胶泥的施工配料比　　　　表 6.3.6-1

名称		胶泥配比(质量比)		
		糠醇树脂	糠酮树脂	糠醇糠醛树脂
呋喃树脂		100	100	100
固化剂	苯磺酰氯	10		
	苯磺酰氯比磷酸为 4/(3.5~5)	(8~12)		
	硫酸乙酯		10~14	
增塑剂	亚磷酸三苯酯(液体)	10	10	
填料	石英粉或瓷粉	130~200	130~200	
	石英粉比铸石粉为 9/1 或 8/2	(130~180)	(130~180)	
	硫酸钡粉	(180~220)	(180~220)	
	呋喃树脂胶泥粉			350~400

注：1. 表中固化剂任选一种；
　　2. 耐氢氟酸工程中，填料应选硫酸钡粉或石墨粉；
　　3. 固化剂苯磺酰氯与磷酸可同时加入树脂中，搅拌均匀后再加填料。

呋喃树脂胶泥热处理温度及时间　　　　表 6.3.6-2

常温固化(昼夜)	热处理温度及时间(h)						缓慢降温
	常温~40℃	40℃	(40~60)℃	60℃	(60~80)℃	80℃	15℃/h
3~7	1	4	8	4	2	24~72	80℃~常温

5. 改性

尽管呋喃树脂胶泥具有较好的耐腐蚀性能、较高的机械强度、优异的耐热性能，但其致命弱点往往限制它的大量应用：粘结性能低、气味大、有毒、韧性低、抗冲击差、固化收缩大、施工操作性差（黏度大）、环境温度要求较高。环氧树脂的添加可大大改善这方面的性能。用酚醛树脂来改性呋喃树脂的施工方案已经基本绝迹了。

常见的环氧树脂改性呋喃树脂胶泥的配料比为：呋喃树脂（如糠醛丙酮型）/液态环氧树脂 E-44 或 E-51/固化剂/石墨粉＝70/30/(8~12)/(80~150)。环氧树脂改性之后的呋喃树脂胶泥，其性能优于糠酮呋喃树脂胶泥，和混凝土基材的粘结强度可达 3MPa，但耐腐蚀性能和耐热性能有所下降。

6.3.7 环氧树脂胶泥

1. 概述

环氧树脂胶泥的典型特点：耐酸、耐碱、耐热都略低于酚醛树脂和呋喃树脂，更低于乙烯基酯树脂胶泥，粘结性能极佳、收缩率低、尺寸稳定，但长期使用温度低于其他胶泥（不超过 60℃）。环氧树脂的固化机理是逐步聚合。

2. 原料

1）环氧树脂

现场施工常用的环氧树脂有：E-51 和 E-44。酚醛型环氧树脂用得并不多，此外，酚醛树脂改性环氧树脂、呋喃树脂改性环氧树脂等改性类环氧树脂也会用到。羟基、环氧键、醚键都是极性较强的基团，这都是环氧树脂与基材粘结力强的原因。固化时体积收缩率很小，加入填料之后则更小。

2）固化剂

环氧树脂固化剂种类很多，但用于环氧树脂胶泥现场施工的主要还是胺类固化剂，乙二胺、酚醛胺 T31 是使用最多的。乙二胺常与丙酮混合后使用，乙二胺毒性较大，加入量为树脂相对量的 6%～8%；如改成间苯二胺，则加入量需达 15%；酚醛胺 T31 为 15%～40%，无毒，施工适应性更强；低分子量的聚酰胺固化剂在环氧树脂胶泥中使用并不多。

胺类固化剂：①脂肪族胺类（乙二胺、二乙烯三胺、三乙烯四胺、多乙烯多胺等），最常用的是乙二胺，但毒性大，有刺激性气味，与环氧树脂常温固化度高，一般添加量为环氧树脂量的 6%～8%；②芳香胺，常用的为 N,N'-二甲基苯胺；③胺类加成物，胺类固化剂易挥发，刺激有毒，在胺类物质里面引进其他基团，可使其沸点提高，降低其挥发性，在使用过程中无刺激性挥发物逸出。这类固化剂的优点在于常温下是液态，黏度低，毒性小，使用方便，常用的有 T31 酚醛胺固化剂、590 号固化剂等。

合成树脂类固化剂：常用的有聚酰胺树脂，毒性小，挥发性小，同时起到增韧剂作用，但黏度大，加入量多（40%～80%），成本较高。

3）稀释剂

稀释剂是环氧树脂胶泥配制过程中常用的一种调节辅料，有活性和非活性之分，关于环氧树脂的活性稀释剂和非活性稀释剂的详细介绍，请参见本书的"5.5.4 环氧树脂现场施工用稀释剂等辅助材料"的介绍。环氧树脂胶泥中添加了大量粉料，会阻碍非活性稀释剂的挥发逸出，产生气泡，致使胶泥的致密性上不去，此外也会降低胶泥的耐腐蚀性能，因此非活性稀释剂（如丙酮、甲苯、二甲苯、乙醇、环己酮、甲乙酮等）的添加量不宜过大，尽量控制在 5%～10%，活性稀释剂当然好，但是成本太高，环氧树脂胶泥中几乎没几个人会用到活性稀释剂。

4）增塑剂

增塑剂可以提高最终胶泥的韧性，但是它也会降低胶泥的耐蚀性能、耐热温度、机械强度等，因为环氧树脂本身的韧性就不错，因此在制作胶泥时，能不加邻苯二甲酸二酯类的增塑剂，则不加，即使要加，也尽量少加。

5）填料

陶瓷粉、铸石粉、石英粉、石墨粉等耐酸性填料都可以作为环氧树脂胶泥的填料，对填料的要求与前文其他胶泥相同。

3. 性能

环氧树脂胶泥是环氧树脂、固化剂、填料的混合物，是砖板衬里施工时用得最多的胶泥品种，主要性能见表 6.3.7-1。

环氧树脂胶泥性能简表 　　　　　　　　　　　　　表 6.3.7-1

项目	性能
物理机械性能	强度高、韧性好，都胜于酚醛树脂胶泥和呋喃树脂胶泥
粘结性能	优异，是目前常用胶泥中和基材粘结性能最好的品种

续表

项目	性能
耐蚀性能	耐中等浓度的硫酸、盐酸和磷酸;耐碱性强于不饱和聚酯树脂,但弱于呋喃树脂,比乙烯基酯树脂就更差;耐有机溶剂性能很差,芳香烃、酮类、酯类都可以使其溶胀溶解;氧化性介质(浓硫酸、硝酸、铬酸、氯气等)也能使其氧化变质
耐热性能	环氧树脂胶泥都为常温固化,其固化物的耐热性能较差,一般最高使用温度也不可超过100℃,在酸碱腐蚀介质中通常只宜在常温下使用。环氧树脂改变固化剂,如采用咪唑类、氰酸酯类高温固化剂,或者耐温改性环氧树脂,也可得到耐温非常高的环氧树脂胶泥,但目前应用到常温现场施工领域,还不成熟
收缩性能	固化收缩小,尺寸稳定性好
施工性能	黏度大,不易加填料,往往需加入稀释剂,这也造成了固化后的胶泥孔隙率增大,并且稀释剂的加入也会导致流淌

由于环氧树脂中的羟基、醚键、环氧键等极性键居多,使环氧胶泥具有优异的粘结性能;另外,环氧树脂交联键之间距离较远,有利于分子链的旋转,固化后的韧性较酚醛树脂和呋喃树脂胶泥好,具有较高的抗拉、抗弯强度;再有,环氧树脂的固化是逐步聚合加成反应,没有副产物产生,因此它的收缩率较小。但环氧树脂胶泥的耐热性不足,一般瞬间只能在100℃以下使用,长期只能在60℃以下使用。

环氧树脂胶泥具有一定的耐酸耐碱性能,在水、油中也比较稳定,但耐酸性不如酚醛树脂和呋喃树脂胶泥,耐碱性不如呋喃树脂。在酮类、芳香烃、酯类介质中不稳定,在苯、甲酚、三氯乙烯、卤素及氧化性介质中也会被腐蚀。

4. 配制与施工

常见的配比为:环氧树脂(主要为 E-44 或 E-51)/胺类固化剂/粉料＝100/不固定/150～250。

固化剂根据采用的胺种类不同,添加量不一样,在8%～40%范围变化。

固化剂一般先与稀料混合再使用,每次配完的料需30min内用完。

施工完后在15～30℃环境下需固化7～10昼夜才可投入使用,也可经过热处理缩短保养期,加温时尽量采用阶梯式升温和阶梯式降温的程序。

环氧树脂胶泥配比:参照表6.3.7-2。环氧树脂黏度大,必要时适当加热(不超过40℃)。

环氧树脂胶泥的施工配料比 表 6.3.7-2

名称		胶泥配比(质量比)
环氧树脂		100
固化剂	乙二胺	6～8
	乙二胺比丙酮为1/1	(12～16)
	间苯二胺	(15)
	二乙烯三胺	(10～12)
	590号固化剂	(15～20)
	聚酰胺	(40～80)
	T31	(15～40)
	C20	(20～25)
	NJ-2	(15～20)

名称		胶泥配比(质量比)
增塑剂	邻苯二甲酸二丁酯	10
填料	石英粉或瓷粉	150～250
	铸石粉	(180～250)
	硫酸钡粉	(180～250)
	石墨粉	(100～160)

固化：环氧树脂胶泥固化处理可参照表6.3.7-3。如常温保养，则需 7～10d。

环氧树脂胶泥热处理温度及时间 表 6.3.7-3

热处理温度及时间(h)						
常温～40℃	40℃	40～60℃	60℃	60～80℃	80℃	15℃/h缓慢降温
1	4	2	4	2	8	80℃～常温

5. 改性

环氧树脂胶泥采用的改性方法多为酚醛树脂改性、呋喃树脂改性。酚醛树脂改性环氧树脂胶泥用以提高后者的耐热性能，呋喃树脂改性环氧树脂胶泥用以提高后者的耐热、耐酸碱性能。

常见的酚醛树脂改性环氧树脂胶泥的参考配料比为：E-44/酚醛树脂/乙二胺（T31）/陶瓷粉（石墨粉）＝70/30/6～8（15～40)/150～200（100～160）。

常见的呋喃树脂改性环氧树脂胶泥的参考配料比为：E-44/呋喃树脂（糠酮）/乙二胺（T31）/陶瓷粉（石墨粉/铸石粉）＝70/30/6～8（15～40)/150～200（100～160/180～250）。

6.3.8 改性环氧树脂胶泥

由于酚醛、呋喃、环氧胶泥各自有其优缺点，为了达到在性能上的取长补短，可将它们混合改性，制成改性胶泥。

常见的改性胶泥有：环氧树脂改性酚醛树脂胶泥，兼顾粘结、机械性能、耐热、耐酸；环氧树脂改性呋喃树脂胶泥，兼具耐酸、耐碱、耐溶剂、机械性能、耐热、粘结。

改性树脂胶泥的配比：参照表6.3.8-1和表6.3.8-2。配制方法同于环氧树脂胶泥。

环氧树脂改性酚醛树脂胶泥的施工配料比 表 6.3.8-1

名称		胶泥配比(质量比)	
胶粘剂	环氧树脂	70	70
	酚醛树脂	30	30
固化剂	乙二胺	6～8	
	NJ-2		8～15
增塑剂	邻苯二甲酸二丁酯	0～10	0～10

名称		胶泥配比（质量比）	
填料	石英粉或瓷粉	150～200	180～220
	铸石粉	(180～220)	(150～200)
	石墨粉	(80～120)	(90～120)

环氧树脂改性呋喃树脂胶泥的施工配料比　　　　　　表 6.3.8-2

名称		胶泥配比（质量比）	
胶粘剂	环氧树脂	70	70
	呋喃树脂	30	30
固化剂	乙二胺	6～8	
	NJ-2		8～15
	二乙烯二胺>95%	(10)	(10)
增塑剂	邻苯二甲酸二丁酯	0～10	0～10
填料	铸石粉	180～200	180～200
	石英粉或瓷粉	(150～220)	(150～200)
	石英粉比铸石粉为2/3	(180～220)	(180～220)
	石墨粉	(90～150)	(90～150)

改性树脂胶泥的固化：环氧树脂改性胶泥室温养护 24～27h，然后参照表 6.3.8-3 进行处理。

环氧树脂改性胶泥热处理温度及时间 （h）　　　　　　表 6.3.8-3

	常温～40℃	40℃	40～60℃	60℃	60～80℃	80℃	15℃/h缓慢降温
环氧酚醛胶泥	1	4	2	4	2	24～72	100℃～常温
环氧呋喃胶泥	1	4	24	4	2	24～72	120℃～常温

如常温保养，环氧酚醛胶泥固化保养需 7～15d，环氧呋喃胶泥固化保养需 20～25d。

6.3.9　沥青胶泥

沥青类胶泥，防水领域应用更多，防腐领域使用并不多，因此不便详细介绍。

沥青胶泥，又叫高分子沥青胶泥防腐防水材料。环氧沥青胶泥为环氧树脂改性型沥青胶泥，也是一种防腐防水系列产品。环氧沥青胶泥一般是以 10 号优质石油沥青、环氧树脂胶乳、氯丁橡胶为主料，辅以轻柴油、油酸、煤焦沥青、煤焦油、熟石粉、石棉粉、滑石粉、云母粉、矿粉、石英粉，再加以各种添加剂配制而成的。

沥青类胶泥的特点有：适用范围广、寿命长、耐候性、抗变形、拉伸强度高、延伸率大，对基层收缩和开裂变形适应性强，抗酸性、抗碱性、防腐防水性能优越，任何复杂部位都容易施工，解决了传统防腐防水材料，如涂料立面下滑、卷材空鼓，以及复杂部分操作难的难题。完全取代了传统防腐防水材料，有着比传统防腐防水材料更好的防腐、防水、绝缘性能。

6.3.10 "水玻璃胶泥＋呋喃树脂"复合胶泥

加水玻璃胶泥尽管密实性更佳，但成本上相较于钠水玻璃高一大截，因此在钠水玻璃胶泥实际作业时，勤劳的一线实战工人师傅们摸索出来了一个简易的提高钠水玻璃胶泥的方法：添加 5％左右的呋喃树脂进行改性。尽管在固化机理上目前还没有人去深究，但实践中的确有不少人这么实施。

密实型钾水玻璃胶泥是在钾水玻璃胶泥中添加 5％的糠醇单体，早期的时候有些施工单位在现场不太容易买到糠醇单体，就用现场的呋喃树脂代替，发现效果也很不错，他们把做好的 30mm×30mm×30mm 的试块送到我们这边作了测试，抗压强度比钾水玻璃胶泥的要求 20MPa 明显提高，可达到 30MPa 以上，有些单位现在就改加呋喃树脂制成密实型钾水玻璃胶泥了。

尽管理论上水玻璃胶泥加呋喃树脂不好解释，但在实际施工中的确存在的方法，还有一个典型的是：呋喃树脂胶泥施工加水。注意：不是呋喃树脂纤维增强塑料施工中加水。呋喃树脂胶泥施工，加水（一般比例 5％以内）可大大减少流淌，提高施工效率，降低呋喃树脂的固化放热温度，减少胶泥开裂现象，呋喃树脂胶泥固化的时候会把水分挥发出来，最终对胶泥固化成品质量并无严重的影响。当然，呋喃树脂胶泥中加水首先就是为了偷工减料，降低树脂的使用量。在实际施工中，呋喃树脂胶泥不太容易刮平，胶泥会跟着刮刀翻，胶泥表面不平，加水以后会很容易刮得很平，所以有些单位就形成习惯。大部分的呋喃树脂胶泥生产厂家肯定是反对加水的，在生产时需要脱水，加水会降低胶泥的强度。

有关呋喃树脂胶泥中"加水"，从理论上解释更适合加入"乙醇""糠醛""糠酮"等，呋喃树脂胶泥加水就是为了节约成本和施工方便，加水后容易抹得开，操作容易，其他没有任何作用，只能降低呋喃树脂胶泥的耐腐蚀能力，这是不允许的，但是事实上就是有工人加水的现象。

6.3.11 各种胶泥物理机械性能对比

各种胶泥的主要物理机械性能见表 6.3.11。

<table>
<tr><td colspan="9" align="center">各种胶泥的主要物理机械性能　　　　　　表 6.3.11</td></tr>
<tr>
<td rowspan="2">项目
种类</td>
<td rowspan="2">密度
（g/cm³）</td>
<td rowspan="2">抗压强度
（MPa）</td>
<td rowspan="2">抗拉强度
（MPa）</td>
<td rowspan="2">线性膨胀系数
（10⁻⁶/℃）</td>
<td rowspan="2">抗水压渗性
（MPa）</td>
<td colspan="4">粘结力（MPa）</td>
</tr>
<tr>
<td>与碳钢</td>
<td>与陶瓷</td>
<td>与石墨</td>
<td>与铸石板</td>
</tr>
<tr>
<td>钠水玻璃胶泥</td>
<td>1.8～2.1</td>
<td>40～50</td>
<td>3～4.5</td>
<td>10～11</td>
<td>0.6</td>
<td>2.0～2.5</td>
<td>2.0～2.9</td>
<td>3.2</td>
<td></td>
</tr>
<tr>
<td>酚醛树脂胶泥</td>
<td>1.4～2.3</td>
<td>60～80</td>
<td>>8</td>
<td>23～37</td>
<td>1.6</td>
<td></td>
<td>2.0～3.0</td>
<td>>3.0</td>
<td></td>
</tr>
<tr>
<td>糠醇呋喃树脂胶泥</td>
<td>1.4～2.3</td>
<td>60～70</td>
<td>>7.5</td>
<td>24～27</td>
<td>1.6</td>
<td>3.5～4.0</td>
<td>1.0～2.0</td>
<td>>3.9</td>
<td>>1.7</td>
</tr>
<tr>
<td>糠酮呋喃树脂胶泥</td>
<td>1.6～2.2</td>
<td>60～70</td>
<td>>7.5</td>
<td>22～27</td>
<td>1.6</td>
<td></td>
<td>1.0～2.0</td>
<td></td>
<td>1.0</td>
</tr>
</table>

续表

项目 种类	密度 （g/cm³）	抗压强度 （MPa）	抗拉 强度 （MPa）	线性膨 胀系数 （10⁻⁶/℃）	抗水压 渗性 （MPa）	粘结力（MPa）			
						与碳钢	与陶瓷	与石墨	与铸 石板
糠酮甲醛树脂胶泥	1.6～2.2	60～70	＞7.5		1.6		1.0～2.0		
YJ 呋喃胶泥	1.8～2.0	＞70	＞6.0	21～22	1.6		1.0～2.0		
环氧树脂胶泥	1.4～2.2	80～110	＞9.0		1.6	5.0	＞6.0	＞6.0	＞4.0
环氧树脂改性酚醛胶泥	1.4～2.2	70～90	＞8.5		1.6		＞3.0	＞5.5	
环氧树脂改性糠酮胶泥		70～90	＞8.5		1.6		＞3.0		

注：胶泥的抗渗透性压力，指的是试件受压直径不小于80mm，厚度25mm。

各类胶泥的性能特征如前文表 6.3.1-2 所示。

6.4 砖板衬里选用原则及结构设计

砖板衬里防腐结构适用于设计压力小于等于 2.0MPa 且大于 -0.02MPa 的钢制工业设备和管道的砖板衬里，不适用于预应力砖板衬里设备和管道。砖板衬里的设计温度应根据衬里材料的允许使用温度范围确定。

6.4.1 一般设计原则

6.4.1.1 对基体设备的要求

砖板衬里绝大多数以钢材为基体设备。由于砖板衬里厚度大，重量大，耐振动能力较低，所以它除了要求被衬基体表面应清洁、平整，以利于衬层粘合外，还要求设备有足够的刚度和强度，保证设备衬里在搬运、吊装及使用过程中不会变形，否则衬里层就会有开裂的危险。尺寸较大的平底设备必须加补强筋。

①衬里设备直径不得小于 300mm；②当砖板衬里施工完后，内径小于 700mm 时，应分段组装，每节长度不应超过 1.5m，以便利于施工；③如果衬里设备只能在一端进行衬砌，衬里内径应大于 1m，内部应做成可拆结构；④开口的接管不宜过多，整体焊接的设备应留有人孔，衬后的人孔直径不应小于 450mm，各衬里施工部位应能满足施工的要求；⑤从设备的受力状态考虑，圆筒形比矩形强度大，拱形比平面强度大，因此应尽量采用圆形筒体与拱形封头。

6.4.1.2 砖板衬里结构要求

根据介质状况、温度及温度变化情况、压力及压力变化情况综合考虑。从结构上分主要有单一衬里和复合衬里。

（1）单一衬里是整个砖板衬里层由单一砖板层构成。它又可分为：单层、双层和三层衬里结构。单层衬里结构一般适用于介质环境腐蚀性及渗透性不太强的状况；双层衬里结构衬了两层砖板，层与层之间错缝排列，可采用同种胶泥，也可采用不同种胶泥，但需要保证胶泥之间不起不良反应。双层砖板衬里一般适用于腐蚀性和渗透性较强或有一定压力的介质中；三层衬里一般适用于强腐蚀、强渗透介质或有隔温要求或压力较高的场合，其结构与双层相同。

（2）复合砖板衬里是在胶泥衬砌砖板之前，先用一层耐腐蚀不透性隔离层将砖板和基材隔开，然后再进行砖板的衬砌。复合衬里主要用在防止胶泥渗透方面和一些强腐蚀介质的设备防腐方面。

（3）隔离层的主要作用是防止介质一旦渗过砖板后，对设备基体产生腐蚀。在选用隔离层时，应使隔离层符合下列要求：对设备介质具有良好的耐腐蚀性能，致密，能紧密地与设备表面贴合，为铺砌砖板提供牢固的依靠表面；与胶泥有相互适应性，不发生不良反应。此外，还特别要注意，传导至隔离层的温度，不能超过隔离层耐受的温度范围。

各种隔离层使用温度范围见表 6.4.1.2。

隔离层材料的温度耐受范围　　　　　　　　　表 6.4.1.2

材料名称	铅	橡胶	纤维增强塑料
允许使用温度(℃)	<140	<80	≤100

6.4.1.3　衬里施工层数、缝宽、缝深、节点选择

1. 层数选择

砖板衬里的层数可由设备的工艺条件选定。一般分为单层、双层与三层。

单层衬里是在衬里设备的基体上衬砌一层砖板。由于衬里层薄，腐蚀性介质易通过胶泥缝直达设备基体，因而易造成腐蚀。此种结构多用于腐蚀性不强、渗透力小的气相或液相设备中。

双层衬里是在设备的基体上衬砌两层耐腐蚀砖板，而且上下两层砖板间的胶泥互相错开。腐蚀介质通过胶泥缝的通路延长，因而腐蚀介质不易渗透到设备基体，防渗效果好，耐腐蚀性强，砖板衬里中较多采用。

三层衬里是在设备基体上衬砌三层砖板，由于上、中、下三层砖板间的胶泥缝互相错开，腐蚀介质不易渗透。此种结构整体性强，与单层、双层衬里结构相比防腐蚀效果好，但工程造价高，施工期长，设备重量大，给施工带来了困难，故一般情况下不予采用。

2. 缝宽选择、缝深选择

错缝排列：无论是单层还是多层，无论是平面还是圆弧面，砖板必须错缝排列，不得有重缝。在同层或层与层之间不论纵缝或环缝，砖板缝错开最小距离为：双层不小于砖板长和宽的三分之一，单层不小于二分之一。

胶合缝：现行国家标准已经禁用勾缝方法了，只允许采用挤缝和灌缝。砖板衬里最终失效，大部分原因是胶泥的抗渗性不足引起的，挤缝和灌缝操作，不留孔洞，砖板和胶泥紧密贴合，胶泥密实饱满。在保证不缺胶的前提下，胶泥的粘结性能越好，固化时的收缩应力和使用时的热应力越小。但如果胶泥层过薄，对介质的渗透和抗腐蚀能力就减小，缺胶等缺陷的出现率就高。胶泥过厚，收缩应力及热应力越大，胶泥容易割裂或剥离，胶泥用量增多，成本也高。因此，在保证不缺胶的情况下，尽量少使用胶泥，尽量薄一点，常见的砖板胶合缝的尺寸见表 6.4.1.3。

砖板衬里胶合缝宽度（mm）　　　　表 6.4.1.3

块材种类	水玻璃胶泥		灌缝		树脂胶泥	
	结合层厚度	灰缝宽度	缝宽	缝深	结合层厚度	灰缝宽度
砖	7～8	2～3	10～15	12～15	6～7	2～4
板	4～5	1～2	8～12	8～12	3～4	2～3
浸渍石墨板	4～5	1～2			3～4	2～3
铸石板	4～5	1～2			3～4	2～3

3. 衬里层结构节点选择

（1）壳体与底（盖）连接部位的砖板衬里结构请参见《建筑防腐蚀构造图集》20J333。

（2）各类底盖（包括平、球、椭圆、锥形底和盖）砖板衬里，衬砌砖板缝必须错开，详见《建筑防腐蚀构造图集》20J333。

（3）接管法兰直径通常小于 300mm，可用耐腐蚀材料制成的套管保护，直径 300～500mm 的接管可衬管也可采用陶瓷衬砌防腐，直径 500mm 以上的宜采用板衬砌。设备接管衬里应符合：①衬管管口不得突出法兰密封面，应低于法兰面 3～5mm，然后用胶泥抹平；②钢壳的管口内镜与衬管外径的间隙不得小于 4mm；③当接管衬有隔离层时，必须牢固贴紧并翻边至法兰面；④各种管径的衬里应视工艺条件，采用单层、双层或非金属、金属衬管防腐；⑤衬管公称直径不得小于 50mm。

（4）设备接管法兰处结构通常用以下方法：①衬管低于法兰水线 3～5mm，在法兰盘上涂抹胶泥 3～5mm 厚，抹平；②复合衬里设备或在管口处局部衬有底层如铅、橡胶、纤维增强塑料等隔离层时，衬管略低于法兰口，然后用胶泥抹成斜坡。

（5）壳体间或壳体与盖、底之间，采用法兰连接时，衬砌结构应根据工艺和操作需要来选取，具体常用的有：①可拆式结构；②砖板封口结构；③胶泥封口结构。无论采用哪种结构，衬里后的设备直径不得小于 700mm，分段衬里的筒节、砖板和胶泥严禁超出法兰的密封面。

（6）中间支承结构：中间支承与钢壳衬里连接结构的选择应根据工艺及承载要求有针对性地选择。

6.4.1.4　隔离层性能要求、选择原则、施工方法

隔离层，大家理解的更多是出现在砖板衬里工程中，其实放大一点说，在纤维增强塑料衬里、地坪地面工程等中，也时常用到隔离层。比如呋喃树脂或酚醛树脂纤维增强塑料一般就需要采取环氧树脂作为隔离层，地坪地面工程中，经常在砂浆层和面层的界面处使用一层聚氨酯涂料作为隔离层，防止上下两层咬底溶胀。

1. 隔离层的定义及常见隔离层材料

隔离层的定义：广义为防止腐蚀介质渗透、增强设备的抗腐蚀能力、防止上下两层防腐材料不兼容、增强上下两层的粘结能力、增强防腐层的整体强度等目的而设置的不透性材料界面层；狭义则为砖板衬里的中间层隔离材料。

砖板衬里隔离层的定义：用于防止介质渗透砖板或胶泥缝直接腐蚀基材，从而在砖板层与基材之间设置的不透性材料层。

防腐工程需要用到隔离层的，多数都是介质的腐蚀性较强、操作压力较大的场合。作为隔离层的材料必须有足够的弹性和耐热性能，既能承受壳体对其产生的拉力，又可承受衬里层对其产生的压力。

在一些高温、带压、腐蚀性强的设备中，为了防止腐蚀介质渗透对设备基体造成腐蚀，常在基体与砖板衬里之间加隔离层。显然，被选作隔离层的材料应当具备耐腐蚀性强、抗渗透能力好、与基体和砖板间的粘结力强、满足于设备的操作温度等特点。常被用作隔离层的材料包括：树脂涂层、树脂纤维增强塑料、聚氨酯防水涂层等树脂类；沥青玻璃布和高聚物改性沥青卷材等沥青类；天然橡胶、丁基橡胶等橡胶类；三元乙丙防水卷材、聚乙烯丙纶高分子防水卷材等高分子防水卷材类；金属类（如铅）；石棉板类。

隔离层的耐温、耐腐蚀、强度、抗渗、粘结等性能取决于隔离层材料的种类、厚度、层数，纤维增强塑料隔离层材料还与纤维种类和含量有关。需要根据衬里的温度梯度变化来确定选用隔离层材料品种。隔离层的最高使用温度根据材料不同而不同，通常：铅小于140℃；橡胶小于85℃；纤维增强塑料小于100℃。涂料不可用于耐温的隔离层。

常用隔离层材料的性能与适用范围见表6.4.1.4-1。

常用隔离层材料的性能与适用范围　　　　　　表 6.4.1.4-1

隔离层		性能特点	适用范围
铅		隔离效果好,抗渗透能力强,耐硫酸性能好,与基体粘结力差,使用温度小于140℃,密度大,有毒,造价高,施工难度大	用于140℃以下的硫酸,10%以下的盐酸、混酸(硫酸+硝酸)中,可用搪、衬、粘结等方法进行施工;适用于操作介质为硫酸的设备中,如酸解锅、水解锅等
橡胶	天然橡胶	耐酸,耐碱,韧性好,抗渗透能力强,与基体结合力好,但不耐有机物腐蚀;施工简单,易于检查,使用温度低	碱、非氧化性酸,小于70℃(耐蚀适用范围可参照橡胶衬里数据,一般应用在70℃以内)
	丁基橡胶	耐酸耐碱性能优于天然橡胶,韧性好,抗渗透能力强,易施工	碱、非氧化性酸,小于100℃(耐蚀适用范围可参照橡胶衬里数据,一般应用在100℃以内);适用于带压设备,如酸解锅、沉降槽、水解罐及钛液贮槽等
	聚合异丁烯	耐酸、碱、盐类溶液的腐蚀,不耐含氟、氯有机物腐蚀	可用于60℃的氢氟酸、盐酸、醋酸,80℃以下的硫酸,50%以下的硝酸,各种碱类、盐类
纤维增强塑料	环氧树脂	耐稀酸,稀碱,与基体、砖板的粘结力强,抗渗透能力好,使用温度在90℃以下,施工简单,工程造价高	稀酸、稀碱、盐类,小于90℃
	不饱和聚酯树脂	耐稀酸,稀碱,盐类腐蚀,不耐有机溶剂,粘结力大,易施工	稀酸、稀碱、盐类,小于95℃
	乙烯基酯树脂	耐酸、碱、盐、有机溶剂及氧化性介质等的腐蚀	80%硫酸、盐酸、醋酸,小于120℃
	酚醛树脂	耐70%硫酸、盐酸、醋酸腐蚀,不耐氧化性酸与碱类的腐蚀;耐酸性介质腐蚀,与基体结合力好,易于施工;抗渗透效果尚好,使用温度小于120℃	70%硫酸、盐酸、醋酸,小于120℃
	呋喃树脂	耐70%硫酸、盐酸、醋酸、碱类腐蚀,不耐氧化性介质,易收缩,粘结力差,收缩率大,抗渗透能力一般	70%硫酸、盐酸、碱、醋酸,小于180℃(干态);适用于酸碱交替的设备中,不适用于氧化性介质中

隔离层	性能特点	适用范围
石棉板	耐高温,但抗渗性差,强度低,与基体粘结力好,易于施工	用于高温操作设备中,如煅烧尾气处理设备(如灰箱)等
环氧涂料	隔离效果差,造价低,与基体附着力好,使用温度依据涂料不同而不同;耐稀酸、稀碱的腐蚀,抗渗性能差,易施工	稀酸、稀碱,小于60℃;适用于渗透不强的设备中。一般用作底层涂料,主要应用品种为环氧树脂涂料

2. 隔离层设计及隔离层材料的选择

选择隔离层材料时,应考虑设备的操作条件、材料的使用条件、施工工艺、经济合理性。必须考虑在隔离层表面工作温度状态下,隔离层材料对腐蚀介质的抵抗能力,以及隔离层材料施工工艺和经济合理性。

隔离层应设置在基层表面,隔离层的设置应符合设计文件要求或相关国家标准(如《建筑防腐蚀工程施工规范》GB 50212)规定,当没有规定时,应符合下列要求。

(1) 对设备介质具有良好的耐腐蚀性能。

(2) 具有致密性和抗渗透性,增强设备的抗腐蚀能力。

(3) 与基层粘结良好,无不良反应(如呋喃"衬里重防腐"工程,酸性固化剂会与混凝土基材和碳钢基材反应,故而需制作树脂类隔离层)。

(4) 与结合层或防腐蚀面层材料相容,粘结良好,无不良反应。

(5) 耐温级别符合设计要求:隔离层材料的最高使用温度(表6.4.1.4-2),主要是基于材料的机械性能、施工工艺、与基材的粘结力等性能和其他使用经验而确定。介质传导到隔离层的温度不能超过隔离层的允许使用温度。因此,对于特定条件(介质浓度、压力和温度等)下的材料抗腐蚀性能,还应查阅其他相关资料。

隔离层材料的最高使用温度(℃) 表6.4.1.4-2

材料	纤维增强塑料	橡胶	铅	涂料	玻璃鳞片胶泥
最高使用温度	≤80	≤120	≤140	≤80	≤130

(6) 当树脂胶泥采用酸性固化剂时,应设置隔离层。

3. 隔离层材料及制成品性能要求

(1) 聚氨酯涂料隔离层:聚氨酯涂层隔离层选材应符合现行国家标准《聚氨酯防水涂料》GB/T 19250 的规定,并在涂刷最后一遍聚氨酯涂料时随即均匀稀撒细石英砂。

(2) 树脂类材料隔离层:①树脂涂料不宜用于耐温、抗渗要求高的隔离层;②纤维增强塑料隔离层包含环氧树脂纤维增强塑料、不饱和聚酯树脂纤维增强塑料、乙烯基酯树脂纤维增强塑料、酚醛树脂纤维增强塑料和呋喃树脂纤维增强塑料;③纤维增强塑料隔离层的耐温取决于树脂耐温级别及在高温下的粘结性能,纤维增强塑料隔离层材料长期使用温度不宜超过100℃;④设计时应在样图或相应技术文件中注明树脂涂料或纤维增强塑料的名称、种类、厚度、层数和施工要求,纤维增强塑料还需注明对玻璃纤维的要求。

(3) 沥青卷材类材料隔离层:①符合现行国家标准《建筑防水卷材试验方法》GB/T 382 和《弹性体改性沥青防水卷材》GB 18242 的规定,宜采用表面有砂粒覆面的卷材;

②设计时应在样图或相应技术文件中注明沥青卷材的种类、厚度、层数和硫化方法。

（4）橡胶类材料隔离层：①橡胶隔离层应符合现行国家标准《橡胶衬里》GB/T 18241的规定；②常用橡胶类隔离层材料包含天然橡胶、丁基橡胶和聚合异丁烯；③树脂类隔离层材料除应符合现行国家标准《建筑防腐蚀工程施工规范》GB 50212外，其耐温、耐蚀等性能还应符合相关标准的规定；④设计时应在样图或相应技术文件中注明橡胶的种类、厚度、层数和硫化方法。

（5）高分子卷材材料隔离层：①符合现行国家标准《高分子防水材料 第1部分：片材》GB/T 18173.1和《屋面工程质量验收规范》GB 50207的规定；②设计时应在样图或相应技术文件中注明沥青卷材的种类、厚度、层数和硫化方法。

（6）金属类材料隔离层：①金属隔离层厚度宜为1.0~1.2mm；②宜选用毒性小、耐温耐蚀优异的金属材料；③设计时应在样图或相应技术文件中注明金属的种类和厚度。

（7）石棉板类材料隔离层：①不宜用于强度、抗渗要求高的隔离层场合；②石棉板类隔离层材料除应符合现行国家标准《建筑防腐蚀工程施工规范》GB 50212外，还应符合相关标准的规定；③设计时应在样图或相应技术文件中注明石棉板的种类、厚度和层数。

4. 隔离层的施工

（1）树脂涂层类隔离层施工：①基层处理必须达到相应国家标准要求；②清树脂涂层应采用间断法涂刷2道，总体涂层厚度控制在$80\mu m$，涂抹均匀、无漏涂、无气泡；③聚氨酯防水涂层隔离层厚度宜控制在1.5mm左右，增强材料不得少于1道。

（2）树脂纤维增强塑料类隔离层施工：应参照FRP衬里的施工要求，施工到规定的厚度或层数，并应符合：①树脂稀胶泥、树脂砂浆或水玻璃混凝土的整体面层或块材防腐蚀工程，采用FRP作隔离层时，在铺完最后一层玻璃布时应涂刷一层树脂胶料，同时均匀稀撒一层粒径为0.7~1.2mm的细骨料，以形成一定程度的粗糙面（不再涂面层料），利于界面层的粘结；②FRP隔离层应封闭良好，不得有虚粘、气泡、褶皱或裂缝等缺陷；③以FRP作隔离层时，需待FRP充分固化后方可进行粘合层施工；④FRP做隔离层的性能和适用范围与FRP所选用的树脂关系很大，一般做短切毡时铺2~3层。

（3）呋喃树脂纤维增强塑料隔离层：①呋喃树脂FRP可用作块材面层和整体面层的隔离层。②呋喃树脂材料不得与钢铁基层和混凝土基层直接接触。③呋喃树脂FRP隔离层的设置应符合：a. 呋喃树脂胶泥铺砌的块材地面，应设隔离层，但采用呋喃树脂胶泥灌缝深度不小于80mm的耐酸石材地面，可不设隔离层；b. 呋喃树脂砂浆和呋喃树脂混凝土整体地面，宜设隔离层；c. 采用块材内衬的池槽，必须设隔离层。④呋喃树脂材料施工前，混凝土和钢材基层表面应铺设环氧树脂、乙烯基酯树脂、不饱和聚酯树脂的胶料或FRP隔离层。池槽也可采用橡胶卷材作隔离层。⑤呋喃"衬里重防腐"工程施工前，应根据施工环境温度、湿度、工程特点及原材料等因素，通过现场试验选定适宜的施工配合比和施工操作方法，然后再进行大面积施工。⑥在混凝土基层或钢材基层上用呋喃树脂胶泥或呋喃树脂砂浆铺砌块材时，基层的表面应均匀涂刷两遍环氧树脂、乙烯基酯树脂或不饱和聚酯树脂的封底料，每层封底料自然固化不宜少于24h。⑦当基层上有FRP隔离层时，宜涂刷一遍呋喃树脂胶料，然后进行块材的铺砌。

（4）沥青卷材类隔离层施工：①应参照现行国家标准《建筑防腐蚀工程施工规范》GB 50212，将沥青玻璃布卷材隔离层，施工到规定的厚度或层数。②沥青玻璃布卷材隔离层施工时，基层的表面，应先均匀涂刷冷底子油两遍；涂刷冷底子油的表面，应保持清洁，待干燥后，方可进行隔离层的施工；冷底子油的质量配比，应符合下列规定：a. 第一遍，建筑石油沥青与汽油之比为 30/70；第二遍，建筑石油沥青与汽油之比为 50/50；b. 建筑石油沥青与煤油或轻柴油之比为 40/60。③沥青稀胶泥的浇铺温度，不应低于 190℃。当环境温度低于 5℃时，应采取措施提高温度后方可施工。④卷材隔离层铺贴时，卷材使用前，表面撒布物应清除干净，并保持干燥。⑤卷材铺贴顺序，应由低往高，先平面后立面；地面隔离层应延续铺至墙面的高度为 100～150mm；贮槽等构筑物的隔离层应延续铺至顶部。转角处应增加卷材一层。⑥卷材隔离层的施工应随浇随贴，必须满浇，每层沥青稀胶泥的厚度不应大于 2mm，卷材必须展平压实，接缝处应粘牢；卷材的搭接宽度，短边和长边均不应小于 100mm；上下两层卷材的搭接缝、同一层卷材的短边搭接缝均应错开。⑦涂覆隔离层的施工，涂抹时要纵横交错进行。⑧涂覆隔离层的层数，当设计无要求时，宜采用两层，其总厚度宜为 2～3mm。⑨隔离层上采用水玻璃类材料施工时，应在铺完的卷材上浇铺一层沥青胶泥，并随即均匀稀撒预热的粒径为 2.5～5mm 的耐酸粗砂粒；砂粒嵌入沥青胶泥的深度宜为 1.5～2.5mm。

(5) 高聚物改性沥青卷材、三元乙丙防水卷材、聚乙烯丙纶高分子防水卷材等高分子卷材类隔离层施工：应参照现行国家标准《建筑防腐蚀工程施工规范》GB 50212，将高聚物改性沥青卷材隔离层，施工到规定的厚度或层数，并应符合：①基层处理必须达到相应国家标准要求。②处理好的基层表面涂刷一层基层底层涂料，底层涂料宜选用与卷材材性相容的高聚物改性沥青胶粘剂，必须按规定用量均匀涂布，干燥 4h 以上才可进入卷材铺贴。③涂刷基层胶粘剂：将需要铺贴区域的基层表面及卷材表面均匀涂刷基层胶粘剂，卷材留出 100mm 搭接部位，不要涂刷胶粘剂，待不粘手后进行铺贴。涂刷胶粘剂要按规定用量均匀涂刷，不能在同一处反复涂刷，以免将已涂的基层处理剂咬起。④卷材铺贴顺序，应符合现行国家标准《建筑防腐蚀工程施工规范》GB 50212 的有关规定。铺贴卷材应采用搭接法，上下层及相邻两幅卷材的搭接缝应错开，不得相互垂直铺贴，搭接宽度宜为 100mm；卷材铺贴应从低到高铺贴，按顺水方向搭接，铺贴前在基层上弹出基准线，铺贴时，卷材不能拉得太紧，要在自然状态下按基准线下放，每隔 1m 校对并虚按卷材，直到卷材自然顺直铺贴到基层表面。⑤用柔软的滚筒或软布团从卷材中心线开始往两边用力碾压卷材，排除卷材和基层间的空气。⑥卷材预留的 100mm 搭接处，均匀涂刷专用胶粘剂，待不粘手后进行贴合处理，并用手棍滚压处理；高分子卷材不宜作为防腐蚀工程的立面隔离层使用。⑦施工环境温度不宜低于 0℃；热熔法施工环境温度不宜低于 －10℃；最高施工环境温度不宜高于 35℃。不应在雨、雪和大风天气进行室外施工。⑧冷粘法铺贴卷材应符合下列规定：a. 胶粘剂涂刷应均匀，不得漏涂。胶粘剂涂刷和铺贴的间隔时间，应按产品说明书；b. 铺贴卷材时，应排除卷材下面的空气，并应滚压粘贴牢固；c. 铺贴卷材时，应平整顺直，搭接尺寸应准确，不得扭曲、皱褶，搭接接缝应满涂胶粘剂；d. 接缝处应用密封材料封严，宽度不应小于 10mm。⑨自粘法铺贴卷材应符合下列规定：a. 铺贴卷材前，基层表面应均匀涂刷与卷材相配套的基层处理剂，干燥后应及时铺贴卷材。b. 铺贴卷材时，应将自粘胶底面隔离纸完全撕净，并应排除卷材下面的空气，滚压粘结牢固。c. 铺贴的卷材应平整顺直，搭接尺寸应准确，不得扭曲、皱褶。搭接部位宜采用热风焊枪加热，加热后随即粘贴牢固，逸出的自粘胶随即刮平封口。d. 接缝处应用密封材料封严，宽度不应小于10mm。⑩热熔法铺贴卷材应符合下列规定：a. 火焰加热器的喷嘴与卷材的加热距离，以卷材表面熔融至光亮黑色为宜，加热应均匀，不得烧穿卷材；b. 卷材表面热熔后应立即滚铺卷材，并应排除卷材下面的空气，使之平展，不得出现皱褶，并应滚压粘结牢固；c. 在搭接缝部位应有热熔的改性沥青逸出，并应随即刮封接口；d. 铺贴卷材时应平整顺直，搭接尺寸应准确，不得扭曲。

（6）橡胶类材料隔离层施工：应参照现行国家标准《橡胶衬里》GB/T 18241的施工要求，施工到规定的厚度或层数。以橡胶作隔离层时，需待橡胶硫化后方可进行砖板衬里施工。

（7）金属类材料隔离层施工：应参照现行国家标准《铅及铅锑合金板》GB/T 1470的要求，施工到规定厚度。金属隔离层厚度一般为1.0～1.2mm，采用爆炸—轧制复合、直接轧制等加工工艺，将耐腐蚀效果极好的钛、镍金属与钢板结合形成钛（镍）—钢复合板。该材料作为隔离层材料，防腐效果及耐久性都很好，但焊接技术要求较高，工程造价高。

（8）石棉板做隔离层施工：采用石棉板作隔离层时，应先清除石棉板表面的浮灰，再宜用水玻璃胶泥的稀浆为胶粘剂进行粘结。

（9）树脂整体面层和采用树脂胶泥、砂浆作结合层的块材面层，其隔离层应采用纤维增强塑料材料，不得采用沥青类防水材料；当需要采用三元乙丙卷材、聚氨酯涂层、聚乙烯丙纶卷材等高分子防水材料作隔离层时，对隔离层表面的处理措施应经试验和评估确定。隔离层的施工还应符合现行国家标准图集《建筑防腐蚀构造设计图集》20J333的规定。

（11）各种隔离层施工完毕后，应进行质量检查和验收，确认底层均匀，不应有漏涂和存在气泡，表面均匀、平整，无孔洞、缝隙、粘贴不牢等弊病，应清除表面遗留的灰尘、溶剂、杂物等，并作记录和质量评定。

以上基本将零散的隔离层的材料、性能、选材、设计、施工进行了总结。隔离层，在很多时候得不到工程人员及设计人员的重视，随着现在相关的国家标准越来越细化，随着人们对隔离层的好处的认识越来越深，随着业主也越来越懂防腐蚀工程，相信隔离层一定会越来越得到广大从业人员的重视。

6.4.1.5　其他辅助材料

砖板衬里最终失效的绝大部分原因都是灌缝粘结的胶泥材料出问题，于是在施工中有时为了改善胶泥的物理机械性能或化学性能，或者满足施工需要，在胶泥中加入其他的辅助材料来达到目的。许多辅助材料也是前面胶泥章节中阐述的改性胶泥的助剂。

水玻璃胶泥中加入适量的糠醇树脂，可使其密实度增大，改善最终水玻璃胶泥的抗渗透性能，同时也可提高其机械强度，并使胶泥对稀酸和中性溶液稳定。这是由于糠醇树脂在水玻璃胶泥中起到物理填充作用，分布在胶泥的毛孔、微孔中及各种物料之间，当胶泥在酸化处理和使用中遇到酸时，促使树脂固化，变成坚硬固体，阻止可溶性盐的溶出。糠醇树脂加入量以水玻璃加入量的10%左右为宜，超过15%各项指标反而下降。

酚醛树脂胶泥中加入二氯丙醇后，可使得酚醛树脂结构中的酚羟基及游离酚中的羟基起醚化作用，生成比较稳定的醚键，从而提高酚醛树脂胶泥的耐碱性，改性后的酚醛树脂胶泥可耐 80～90℃，20％左右的氢氧化钠腐蚀。在酚醛树脂中加入少量的有机硅树脂，可以显著提高胶泥的耐温性能，使胶泥最高使用温度短期可达 300℃，这是由于引入硅氧键改变了交联分子结构，从而提高了热稳定性。由于酚醛树脂能够自行缩聚，因而储存期非常短，一般常温下只有一个月，在酚醛树脂中加入 5％～10％的苯甲醇，可使树脂的储存期在常温下延长到三个月。

环氧树脂中加入邻苯二甲酸二丁酯后，可使得胶泥的耐冲击强度和韧性提高很多，可降低树脂黏度，增加流动性，便于操作，加入量为树脂的 10％左右。

在配制树脂胶泥时，经常加入稀释剂，非活性稀释剂在胶泥固化过程中未能全部挥发出来，导致最终胶泥的致密性上不来，孔隙率增大，产生渗漏，所以不是在迫不得已的情况下，非活性稀释剂尽量少用或不用。

对胶泥中所用的填料选择原则如下：良好的耐腐蚀性能；对胶泥所希望的物理机械性能有较大的改善作用；耐热性能较好；有很好的润湿性；分散性好；没有有害的化学杂质，成本低且易得。这些条件不可能都得到满足，选择填料时，主要依据介质条件、使用要求、施工性能、成本等进行综合权衡，以满足主要的要求：①耐酸度不小于 95％；②含水率不大于 0.5％；③细度：0.15mm 筛孔筛余不大于 5％，0.09mm 筛孔筛余不大于 15％～30％。注意：水玻璃胶泥不宜单独使用石英粉；树脂胶泥采用酸性固化剂时，填料的耐酸度不应小于 98％，并经检验，合格后方可使用。

6.4.2 砖板衬里的选用原则

6.4.2.1 砖板选用原则

1. 砖板选择考虑点

耐酸度、孔隙率、导热性、耐碱性、密度、成本等是砖板选择时需要考虑的。

砖板选择主要考虑以下几方面：①大型设备底部与侧壁静压较大，易于渗透，应选抗渗性好、强度大的耐酸瓷砖或瓷板、铸石板，且应设置隔离层，胶泥也得选用抗渗性好的品种。②反应釜、蒸馏塔、中和器等均伴有搅拌（设备伴有振动）、冷热料交变（局部温差较大、温度骤变大）、反应自身可能放热（局部过热）等，应选用耐温变化较好、抗渗透性能强并与胶泥粘结力大的呋喃树脂浸渍石墨板、压型石墨板、耐酸耐温砖、耐酸瓷砖等作为砖板衬里之耐蚀砖板。③固、液、气相混合动态介质，运转时磨损较大，需要选用耐磨性优的砖板。④含氟介质，不宜采用二氧化硅含量较高的砖板，需要选用呋喃树脂浸渍的石墨板或铸石板。⑤地坪、地沟、地下储槽需兼具强度和耐酸性，宜采用花岗石或耐酸瓷砖。⑥所有砖板都应经过挑选、清洗、干燥，干燥后的砖板不得接触水分或被二次污染。⑦砖板大小和形状对衬里质量也有影响，在圆弧面上，用特制的弧形板衬砌，砖板与器壁紧贴，接缝均匀一致，使衬里层整体强度和对热应力的承受能力都比普通砖板衬里好，所以面对渗透性强的腐蚀介质、操作温度和压力高时，可采用这种砖板结构；但是，弧形板需要按照设备设计，通用性差，价格高，实际上应用最多的还是标形板。⑧衬里选用砖，还是板，依据衬里设备工艺尺寸、操作温度变化来选择。砖板衬里的结构稳固性越好，耐温变化性也越好。

介质通过砖板传递到隔离层的温度，和诸多因素有关，可按照下式计算：

$$t_t = t_B - \frac{t_B - t_H}{R_0}(R_B + R_1 + R_2 + \cdots + R_t + R_H) \qquad (6.4.2.1)$$

式中 $R_0 = R_B + R_1 + R_2 + \cdots + R_t + R_H$；

R_1，R_2，$\cdots$，R_H——各层砖板衬里的热阻（单位为 $m^2 \cdot h \cdot ℃/4.1868kJ$）；

$\qquad\qquad R_0$——总热阻；

$\qquad\qquad t_t$——到达隔离层的温度；

$\qquad\qquad t_B$——设备内介质的温度；

$\qquad\qquad t_H$——外界空气的温度（单位为℃）。

2. 依据设备的操作工艺条件进行选择

① 一些大型贮罐、贮槽一般存放原料或半成品、腐蚀介质的浓度较大，存放时间较长，底部浓度较高的场合，宜选用耐酸瓷砖或瓷板、铸石板、天然石材等作为衬里用的砖板。②酸解锅、水解槽及搅拌槽等均在动态下操作，冷热物料交变，操作温度较大，有时带压状态下运行。应选用耐温度急变性能好、抗渗透能力强、与胶泥的粘结力大、机械强度较高的耐酸耐温砖（板）、耐酸瓷砖、瓷板、铸石板等作为衬里用的砖板。③一些固液两相混合，且在动态下运转的设备磨蚀较大，振动较强，如固态物料输送、排渣沟等宜选用耐磨性较好的铸石板、瓷板等作为衬里用砖板。④在碱性介质或酸碱交替介质的设备中，酚醛石墨板或含硅酸盐的瓷板、铸石板等耐腐蚀性较差，宜选用呋喃树脂浸渍或压型的石墨板，如中和曝气池槽等。⑤接触酸性或碱性介质的地坪、地沟、地下集液池、池槽或贮槽等，宜选用天然石材、铸石板、耐酸瓷板等。

3. 依据设备的结构对砖板形状进行选择

在砖板衬里设备中，砖板与设备基体密切配合，砖缝均匀一致是保证衬里质量的重要环节。因而应当根据设备的结构与各部位的形状选配砖、板，这是非常必要的。在衬砌圆形设备时，应采用标形砖板与异形砖板搭配使用，以求得衬里层与基体间具有同样弧度、结构紧密、砖缝均匀、结合牢固。在一些弧形部位，为使砖板与基体紧密结合，要选用尺寸较小的砖板，以求得结合紧密、整体性强。在一些形状特殊的部位如酸解锥底，应当按部位形状加工砖板，从而提高衬里的质量。

6.4.2.2 胶泥选用原则

1. 介质环境、介质温度、运营工况对胶泥选择的影响

1）腐蚀介质环境

这是胶泥选材的主要决定因素。如硅酸盐类胶泥在碱类、氟化物、中性水溶液介质中易溶解，发生化学反应遭到腐蚀破坏；有机树脂类胶泥的各种树脂原料的分子结构式不同，不是每一种的耐腐蚀性能，或者说耐任何介质性能都能很优异，在某些特定介质中，部分有机树脂也易产生断链、氧化、水解、溶解等化学、物理过程而遭到腐蚀破坏。总之，被选用的胶泥必须在操作工艺条件下，具备良好的耐腐蚀性能，较好的物理机械性能，结构密实，耐渗透，固化收缩小，粘结强度高，热稳定性好的特点，并且胶泥不与基材或底涂发生不良反应。

除了以上概述性原则外，还有一些实战总结经验：

（1）碱性介质中，不应选择水玻璃胶泥、酚醛树脂胶泥，而应选择呋喃树脂胶泥、环氧树脂胶泥（仅适于常温）和 VER 胶泥（可耐一定温度），并适合采用石墨粉、重晶石粉等作为粉料。

（2）强氧化性介质，如浓硫酸、硝酸、铬酸、氯气、次氯酸、双氧水等，宜选用乙烯基酯树脂胶泥和硅酸盐胶泥；非氧化性酸介质，如硅酸盐胶泥、酚醛胶泥、呋喃胶泥、环氧胶泥都有一定的稳定性，其中酚醛、呋喃胶泥能耐温度沸点以下和浓度70％以内的硫酸，优越于环氧胶泥。稀酸溶液一般不推荐采用普通的硅酸盐胶泥。

（3）含氟介质，如氢氟酸、氟硅酸、氟硅酸盐等介质中不宜采用硅酸盐胶泥，树脂类胶泥也不适宜添加含二氧化硅的石英粉之类的粉料，而应选用以石墨粉、重晶石粉为粉料的树脂类胶泥。

（4）遇到混合介质或交替变化的介质时，应验证选用胶泥能单独耐任何一种介质（如既耐酸又耐碱，环氧改性呋喃树脂胶泥既可以耐酸又可以耐碱，又有强的粘结强度），并且需要考虑不同介质混合时的反应放热（如酸碱交替或中和）或协同效应（如铬酸中含硫元素会大大增强腐蚀性）。

（5）有机溶剂，硅酸盐胶泥较为合适，但是有机溶剂中含水量不可过大，树脂类胶泥取决于树脂对该类有机溶剂的耐蚀程度；根据有机溶剂分子量大小、极性和溶解度参数不同，有很多种类，可选择性地使用树脂类胶泥，硅酸盐胶泥尽管耐有机溶剂很棒，但是致密性太差，容易渗透，用得很少，目前市面上采用无机富锌、硅酸锂涂料是一个很好的解决方案，但用到胶泥领域来，还未见市场报道，期待致力于这一领域的同仁将耐溶剂性能非常优异的无机富锌漆引入到"衬里重防腐"胶泥体系中来。

2）温度

温度条件是和介质条件综合在一起考虑的，尤其是对于树脂类胶泥而言，耐任何一种腐蚀性介质，都是有耐温上限的，而非在树脂热变形温度以下任何温度都能耐。酚醛树脂胶泥、呋喃树脂胶泥、高温型乙烯基酯树脂胶泥的耐温较高，但也是针对气相高温；环氧树脂的现场施工采用常温 T31 酚醛胺固化剂或乙二胺固化剂，其固化物的绝对耐温都不高；不饱和聚酯树脂胶泥也是根据介质状况来判断耐温级别的。

3）设备运行状态

这里包括设备的运行载荷、温度变化频率、应力、应变、压力、真空度、振动等因素，它们应和选择胶泥品种的韧性、耐应力应变、粘结性能、固化物的线性膨胀系数等联合考虑。

2.防腐粉料选择原则及合理级配

1）耐腐蚀性能、机械性能、热稳定性、成本

填充料的详细介绍见本书第5.4节介绍。这里仅简要介绍。

粉料填料须满足含水量低，机械杂质少；具有较好的耐腐蚀性能，不轻易溶解、溶胀、变色；不含其他杂质，尤其是易和介质反应的杂质（如碳酸根离子、铁离子）；具有较好的热稳定性，在操作温度范围内不轻易熔融、变形、收缩；与乙烯基酯树脂有较好的粘结性能。

耐酸粉料按照制造原理分为两大类，一类是经过煅烧的熟料，如铸石粉、瓷粉、石墨粉等，杂质少，含水量低，致密性好，稳定，耐蚀性优异，吸水率也低，收缩也小，但成

本往往较后面一类要高；另一类是天然岩石类，经过粉碎筛分，没有经过煅烧，杂质多，形态不稳定，致密性差，与熟料相比，耐蚀性、吸水率、收缩都不如，并且产品批次间稳定性也不好。

铸石粉是一种经加工而成的硅酸盐结晶粉状材料，以辉绿岩、玄武岩等火成岩矿物为主要原料，并适当地混以工业矿渣，经配料、熔融、粉碎、筛分而得。铸石粉成本低廉，硬度高，耐磨性好，抗腐蚀性能强，除氢氟酸和热磷酸外，能抗任何酸碱的腐蚀（耐酸性大于 96%，耐碱性大于 98%）。辉绿岩铸石粉主要成分也是二氧化硅、三氧化二铝、氧化钙、氧化镁、氧化铁等，相对密度在 3.0 左右，用它配制成的乙烯基酯树脂胶泥力学强度大，热稳定性好。铸石粉中含有金属氧化物，不宜用作为酚醛树脂胶泥、呋喃树脂胶泥的填料。实际使用中，铸石粉常与石英粉等配合使用。

耐酸工业陶瓷粉是以黏土为主体，并适当加入矿物、助熔剂等，按一定配方混合、成型后经高温烧结、筛分而成，其二氧化硅和氧化铝成分更高，相对密度 2.6 左右。市售耐酸陶瓷粉，多为耐酸陶瓷制品的废品经粉碎而来，成本更低。化工耐酸陶瓷粉可耐除氢氟酸、300℃ 以上的磷酸、氟硅酸和浓度较大的碱类外各种无机酸、有机酸、氧化性介质、氯化物、溴化物等的腐蚀，并且热稳定性极好，收缩非常低，与乙烯基酯树脂的粘结性能都很好。

石墨粉相对密度 2.1~2.2，化学性能稳定，不受强酸碱影响，有害杂质少，铁硫含量低，具有耐高温、传热、导电、润滑及可塑性等特点，在防腐领域，可起到防腐、导电双重效果。石墨粉具有优异的耐腐蚀性能，除氧化性酸外（如王水、浓硝酸、铬酸），可耐其他一切浓度的酸类腐蚀（含氢氟酸，因此石墨粉也常用来作为耐氢氟酸胶泥的填料），可耐各种浓度的碱、有机物、盐类的腐蚀，并且石墨粉具有优异的导热性能和导电性能，可作为导热胶泥和导电胶泥的填料。石墨粉吸水率低、收缩小，其中也含金属氧化物杂质。

重晶石粉的主要成分是硫酸钡，此外还含少量的二氧化硅等杂质，不溶于酸和水，相对密度 4.5 左右，其可耐酸（含氢氟酸）、碱及有机溶剂腐蚀，常用来配制耐氢氟酸胶泥。但重晶石粉的密度大，配制胶泥时用量较大，导致最终胶泥的硅酸盐或树脂部分相对含量较低，粘结性能明显下降，因此重晶石粉也常和其他粉料配合使用（如石墨粉）。

石英粉、石英砂是一种坚硬、耐磨、化学性能稳定（对含氟酸性介质除外）、以二氧化硅为主要成分的无机硅酸盐矿物填料，又称硅微粉，和市面上常说的硅绿粉完全不一样，后者一般指的是绿色的碳化硅耐磨粉料。石英粉可耐各种浓度的无机酸和一些有机酸的腐蚀，但不耐碱和含氟介质。石英粉是亲水物质，配成的胶泥收缩大；此外，石英粉常含有一些碳酸钙、金属氧化物杂质，这会影响到乙烯基酯树脂胶泥的耐酸性和固化速度。石英粉、石英砂在防腐领域作为填料使用，主要用来提高防腐材料的耐腐蚀性能、耐磨性能、硬度、耐候性等。市场上常用的石英粉相对密度在 2.6~2.8。

云母粉是一种非金属矿物，含有多种成分，其中主要有二氧化硅，含量一般在 49% 左右，其次是氧化铝，含量在 30% 左右，其余还有钾、钠、铁、镁的氧化物。云母粉具有良好的弹性、韧性、绝缘性、耐高温、耐酸碱，附着力强，是一种优良的添加剂。云母粉可制成带有导静电功能的粉料。

碳化硅粉，又称硅绿粉，防腐常用的为绿色碳化硅粉，作为耐磨材料使用。绿碳化硅是以石英砂、石油焦及氯化钠为基本原料在 1800℃以上高温条件下生成的非金属矿产品。它具有硬度高、膨胀系数小、性脆、导热性好等特点。绿碳化硅微粉相对密度约 3.20～3.25，含 SiC 达 97%以上，粒径 5～125μm，其硬度介于刚玉和金刚石之间，力学强度高于刚玉。

氮化硅粉（Si_3N_4）是一种灰白色超硬的陶瓷粉料，相对密度 3.44，本身又具有润滑性，耐磨性能优越，热导率为 16.7W/(m·K)，线膨胀系数为 $2.75×10^{-6}$/℃（20～1000℃）。

滑石粉为碱性粉料，为白色或类白色、微细、无砂性的粉末，手摸有油腻感，主要含硅酸镁，其中 MgO31.7%、氧化硅 63.5%、水 4.8%，此外还含氧化铝等杂质，相对密度 2.7～2.8。用于防腐领域的化工级滑石粉，呈碱性，不可作为耐酸，尤其是强酸性介质的涂料防腐和"衬里重防腐"的填料。

碳酸钙为碱性粉料，是用优质的方解石为原料加工而成的白色粉体，尤其是重钙粉具有白度高、纯度好、色相柔和及化学成分稳定等特点，和滑石粉一样，钙粉也是碱性无机填料，不可作为耐酸，尤其是强酸性介质的涂料防腐和"衬里重防腐"的填料。

氢氧化铝，是一种白色粉末状固体碱，由于又显一定的酸性，所以又可称之为铝酸（H_3AlO_3），但实际与碱反应时生成的是偏铝酸盐，因此通常把它视作一水合偏铝酸（$HAlO_2·H_2O$）。

玻璃微珠粉是近年来发展起来的一种用途广泛、性能特殊的重防腐填料。该产品由硼硅酸盐原料加工而成，粒度 10～250μm，壁厚 1～2μm。该产品具有质轻、低导热、强度高和良好的化学稳定性等优点，也可做成导电银粉的载体。目前采用玻璃微珠粉类配制胶泥的几乎没有，因实在太贵。

长石粉是一种碱金属和碱土金属的硅酸铝盐，有钠长石粉和钾长石粉，长石粉中二氧化硅含量相对低些，含有钙镁碳酸盐杂质，耐酸性低于石英粉，常用作为水玻璃胶泥的粉料。

2）合理的组合配比

防腐胶泥中，填料的颗粒太大，胶泥的孔隙率增大，抗渗性变差，施工时也容易流淌，固化后胶泥表面也会比较粗糙，没有光泽；颗粒太细，比表面积太大，粘结材料的用量也随之增大，会影响到最终胶泥的耐腐蚀性能和力学性能。达到密实度高、孔隙率又低、固化后胶泥的力学性能和抗渗性能又好，是胶泥填料级配组合的目的。

不同种类的粉料的合理组合，也是胶泥生产中应考虑的。只考虑耐腐蚀要求，选择相对密度较大的粉料是不可取的。

针对不同介质选择的粉料也有不同要求：①水玻璃胶泥基本上在酸性介质场合应用，避免选择碱性填料，可选择铸石粉、石英粉、长石粉、石墨粉、重晶石粉等；②酚醛树脂胶泥和呋喃树脂胶泥采用酸性固化剂，应避免选用含碱性（如碳酸盐）、金属（如铁）等杂质多的生料，而应选择经煅烧的熟料，如铸石粉、耐酸陶瓷粉、石墨粉等；③应用到碱性介质中的防腐胶泥，如乙烯基酯树脂胶泥、呋喃树脂胶泥、环氧树脂胶泥等宜选用耐碱性好的石墨粉、重晶石粉等，如果介质的碱性浓度不高的话，也可采用部分铸石粉；④在氢氟酸和含氟介质中，胶泥采用的填料不应选含二氧化硅的粉料，可选用石墨粉、重晶石粉等；⑤导热导静电胶泥，可采用石墨粉为填料，导静电胶泥还可采用导电云母粉、导电玻璃微珠粉为填料；⑥遇强氧化性介质时，如硝酸、王水、浓硫酸等，不宜采用碱性粉料、石墨粉作填料，而应采用含二氧化硅较多的石英粉、长石粉、铸石粉作填料；⑦不同种类填料，可互为补充，取长补短，混合使用，如铸石粉和石英粉混用、石墨粉与重晶石粉混用等。

6.4.2.3 砖板衬里结构设计

1. 衬里材料

（1）砖板衬里材料的选择应对使用压力、使用温度、操作要求、介质的腐蚀性、施工工艺、节能以及经济合理性等进行综合评价后确定，必要时应对材料进行试验验证。

（2）砖板耐腐蚀性能应符合：①耐酸砖板、耐酸耐温砖板可用于氧化性酸、有机化合物、无机酸和无机盐溶液等环境；不得用于含氟类介质、热磷酸和热浓碱液环境，也不得用于经常温度变化大于50℃的环境。②玄武岩铸石板可用于氧化性酸、有机化合物、无机酸、无机盐溶液及温度低于100℃的稀碱液等环境，不得用于氢氟酸、300℃以上的磷酸和熔融碱等环境；可用于耐磨性能要求高的环境，不得用于承受重物冲击或经常温度变化大于50℃的环境。③碳砖可用于高温和经常温度变化大于50℃的环境；可用于各种酸、碱、盐和有机溶剂的环境，但不得用于氧化性环境；合成树脂浸渍碳砖的使用环境应受所使用合成树脂的限制。碳砖和合成树脂浸渍碳砖不得用于承受重物冲击的环境。④石墨砖可用于高温和经常温度变化大于50℃的环境；可用于盐酸、硫酸、磷酸、硝酸、氢氟酸以及混酸和强碱环境，但不得用于氧化性环境；合成树脂浸渍石墨砖的使用环境应受所使用合成树脂的限制。石墨砖和合成树脂浸渍石墨砖不得用于承受重物冲击的环境。

（3）水玻璃胶泥耐腐蚀性能应符合：①可用于无机酸、有机酸和强氧化性酸等环境；②不得用于含氟气体、氢氟酸、酸性含氟盐、热磷酸、高级脂肪酸及碱性介质等环境；③普通型水玻璃胶泥不得用于稀酸和水作用的环境。

（4）常温下树脂胶泥耐腐蚀性能应符合：①可按表6.4.2.3-1选用；②酚醛胶泥不得用于氢氧化钠、氨水等碱性环境；③树脂胶泥不得用于强氧化性酸环境。

（5）当砖板衬里的使用条件超出范围时，其耐腐蚀性能应经试验确定，试验方法和评定可按现行国家标准《建筑防腐蚀工程施工质量验收标准》GB/T 50224的有关规定执行。

常温下树脂胶泥的耐腐蚀性能　　　　　表6.4.2.3-1

介质	环氧树脂	呋喃树脂	酚醛树脂	乙烯基酯树脂	不饱和聚酯树脂	
					双酚A型	间苯型
硫酸	≤60%,耐	≤60%,耐	≤70%,耐	≤70%,耐	≤70%,耐	≤50%,耐
盐酸	≤31%,耐	≤20%,耐	耐	耐	耐	≤31%,耐
硝酸	—	—	≤10%,尚耐	≤40%,耐	≤40%,耐	≤20%,耐
乙酸	—	≤20%,耐	耐	≤40%,耐	≤40%,耐	≤40%,耐
铬酸	—	—	≤20%,耐	≤20%,耐	≤20%,耐	≤10%,耐
氢氟酸	≤5%,尚耐	≤20%,耐	≤40%,耐	≤30%,耐	≤40%,耐	≤30%,耐
氢氧化钠	耐	尚耐	不耐	尚耐	尚耐	尚耐
碳酸钠	耐	耐	尚耐	耐	≤20%,耐	尚耐
氨水	耐	尚耐	不耐	尚耐	不耐	不耐

续表

介质	环氧树脂	呋喃树脂	酚醛树脂	乙烯基酯树脂	不饱和聚酯树脂	
					双酚 A 型	间苯型
尿素	耐	耐	耐	耐	耐	耐
氯化铵	耐	耐	耐	耐	耐	耐
硝酸铵	耐	耐	耐	耐	耐	耐
硫酸钠	耐	耐	尚耐	耐	尚耐	尚耐
丙酮	—	不耐	不耐	不耐	不耐	不耐
乙醇	—	尚耐	尚耐	尚耐	尚耐	尚耐
汽油	耐	耐	耐	耐	耐	耐
苯	—	耐	耐	尚耐	尚耐	尚耐
5%的硫酸和5%的氢氧化钠交替作用	耐	耐	不耐	耐	尚耐	尚耐

注：表中有"—"的，与选用树脂类型、固化剂和固化方式等有关，其耐腐蚀性能需经试验确定。

2. 衬里结构

（1）衬里设备宜设置人孔，人孔衬砌后内直径不应小于 450mm；不可拆卸的设备宜设置 2 个人孔；当立式设备顶盖上有直径 200mm 及以上规格的接管时，在筒体上可设置 1 个人孔。

（2）钢壳内直径小于 800mm 的衬里设备，筒体长度宜为 1500～2000mm；当只有一端衬砌设备时，筒体长度不宜大于 600mm，花板等内件宜按可拆结构设计。当衬砌砖板管道时，管道公称直径应大于 200mm，长度不得大于 1000mm。

（3）圆筒形设备公称直径大于或等于 300mm、小于 1000mm 时，砖板宽度宜为 50～100mm；公称直径大于或等于 1000mm 时，砖板宽度宜为 100～150mm；圆柱形衬里设备的内半径与测量平面的平均值允许偏差范围应为 ±0.4%；公称直径超过 7500mm 的容器，其允许偏差范围应为 ±15mm。

（4）单层砖板衬里结构（图 6.4.2.3-1）宜用于下列工业设备及管道：气相介质的设备及管道；介质腐蚀性或渗透性不强的非重要设备及管道；隔热或耐磨蚀的设备及管道。

双层砖板衬里结构（6.4.2.3-2）宜用于下列工业设备及管道：介质腐蚀性或渗透性较强的设备及管道；操作压力或操作温度较高的设备及管道；其他使用条件比较苛刻的设备及管道。

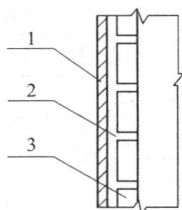

图 6.4.2.3-1　单层砖板衬里结构
1—壳体；2—胶泥；3—砖板

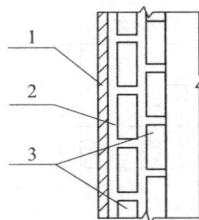

图 6.4.2.3-2　双层砖板衬里结构
1—壳体；2—胶泥；3—砖板

三层砖板衬里结构可用于介质腐蚀性或渗透性强的设备及管道；当无法采用前述隔离层材料时，宜采用三层砖板衬里结构。

（5）由砖板衬里层和隔离层组成的复合衬里结构（图6.4.2.3-3）宜用于下列工业设备及管道：介质渗透性弱的水玻璃胶泥衬砌的设备及管道；耐酸耐温砖板的设备及管道；介质腐蚀性或渗透性强的设备及管道；操作温度变化大于80℃的设备及管道；承受振动的设备及管道；其他使用条件比较苛刻的设备及管道。

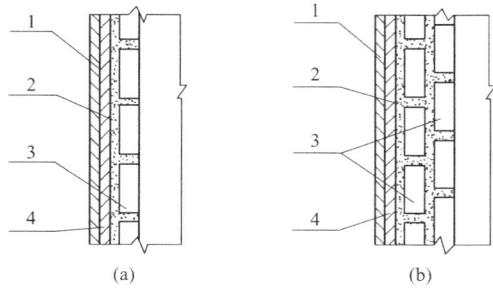

图 6.4.2.3-3 复合衬里结构
(a) 单层砖板；(b) 双层砖板
1—壳体；2—胶泥；3—砖板；4—隔离层

（6）砖板衬里内层和面层宜采用相同材质的砖板和胶泥，当采用不同材质的砖板和胶泥时，应满足使用工况要求。两层及以上的砖板衬里，内层砖板应采用素面砖板。

（7）砖板衬里承受温度负荷变化与砖板最小厚度应符合表6.4.2.3-2的要求。砖板衬里承受局部机械载荷与砖板最小厚度应符合表6.4.2.3-3的要求。砖板衬里承受包括温度负荷和局部机械载荷等多种载荷共同作用下砖板最小厚度应根据材料性能确定，必要时应对材料性能进行试验验证。

温度负荷变化与砖板最小厚度   表 6.4.2.3-2

等级	温度负荷变化	最小厚度（mm）
1	偶尔发生小于等于50℃的温度变化	20
2	偶尔发生大于50℃的温度变化	30
3	经常发生小于等于50℃的温度变化	30
4	经常发生大于50℃的温度变化	30
5	涉及热冲击的温度变化	40

砖板衬里承受局部机械载荷与砖板最小厚度   表 6.4.2.3-3

序号	机械负荷	最小厚度（mm）
1	静态载荷小于或等于 $1.0N/mm^2$	15
2	静态载荷大于 $1.0N/mm^2$，小于或等于 $7.0N/mm^2$	20
3	静态载荷大于 $7.0N/mm^2$	30
4	冲击载荷	30

（8）砖板排列。

① 衬里设备砖板的轴向缝为连续缝，轴向缝应错开。两层及以上的砖板衬里层，内外层的接缝应错开。②砖板接缝（图6.4.2.3-4）错开的距离不应小于砖板尺寸的1/3，且不得小于15mm。③立式衬里设备底部或顶部砖板可采用扇形排列、平行排列、人字形排列、人字形交错排列（图6.4.2.3-5）及异形板排列（图6.4.2.3-6）等方式。

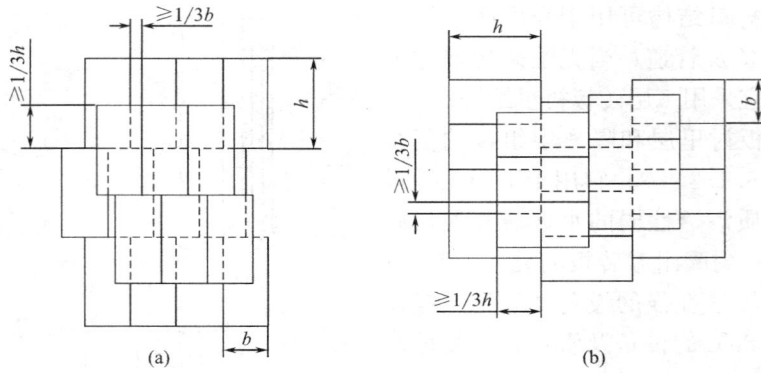

图 6.4.2.3-4　砖板接缝

（a）立式设备衬砌；（b）卧式设备衬砌

b—砖板宽度；h—砖板高度

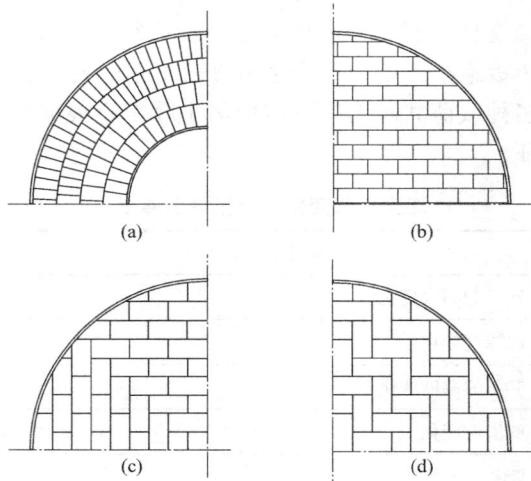

图 6.4.2.3-5　设备顶部或底部砖板排列

（a）扇形排列；（b）平形排列；（c）人字形排列；（d）人字形交错排列

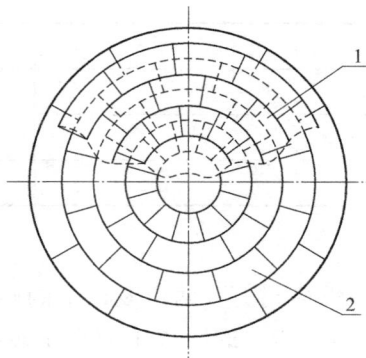

图 6.4.2.3-6　异形板排列

1—双层砖板；2—单层砖板

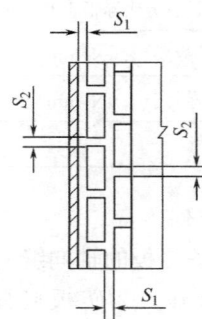

图 6.4.2.3-7　胶合缝形式

S_1—结合层厚度；S_2—灰缝宽度

（9）砖板胶合缝。

砖板胶合缝形式（图6.4.2.3-7）应为挤缝，胶合缝间隙应包括结合层厚度与灰缝宽度，且宜符合表6.4.2.3-4的规定。

砖板胶合缝间隙（mm）　　　　　　　　　　　　　　　表6.4.2.3-4

材料名称		水玻璃胶泥衬砌		树脂胶泥衬砌	
		结合层厚度	灰缝宽度	结合层厚度	灰缝宽度
耐酸砖、耐温耐酸砖	厚度30mm及以下	3～5	2～3	4～6	2～3
	厚度30mm以上	4～7	2～4	4～6	2～4
玄武岩铸石板		4～5	2～3	4～5	2～3
碳砖、合成树脂浸渍碳砖		4～5	2～3	4～5	2～3
石墨砖板、合成树脂浸渍石墨砖板		4～5	2～3	4～5	2～3

（10）封头、接管、顶盖、支撑。

凸形封头（图6.4.2.3-8）、平封头（图6.4.2.3-9）、锥形封头（图6.4.2.3-10）与筒体局部位置衬里可采用标形砖板或异形砖板。

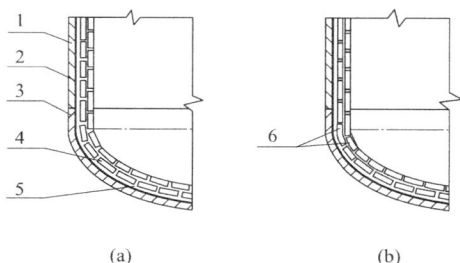

图6.4.2.3-8　凸形封头
（a）标准砖衬砌；（b）异形砖衬砌
1—筒体；2—隔离层；3—封头；
4—砖板；5—胶泥；6—异形砖板

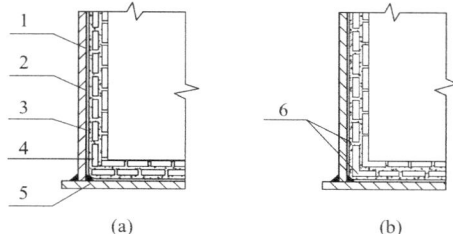

图6.4.2.3-9　平封头
（a）标准砖衬砌；（b）异形砖衬砌
1—筒体；2—隔离层；3—胶泥；
4—砖板；5—封头；6—异形砖板

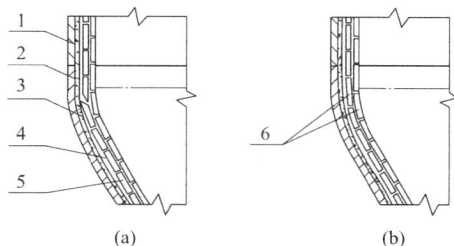

图6.4.2.3-10　锥形封头
（a）标准砖衬砌；（b）异形砖衬砌
1—筒体；2—隔离层；3—封头；4—胶泥；5—砖板；6—异形砖板

封头与接管衬里结构应包括封头与凸缘结构（图6.4.2.3-11）、封头与接管结构（图6.4.2.3-12）。局部结构的材料可以采用耐腐蚀金属或耐腐蚀非金属衬板，亦可采用带格状金属拉筋的胶泥覆盖层。当采用胶泥抹面时，应将直径 3～4mm、孔径 20～40mm 的钢丝网点焊在顶盖上，点焊间距宜为 50～100mm，胶泥厚度宜为 10～20mm。

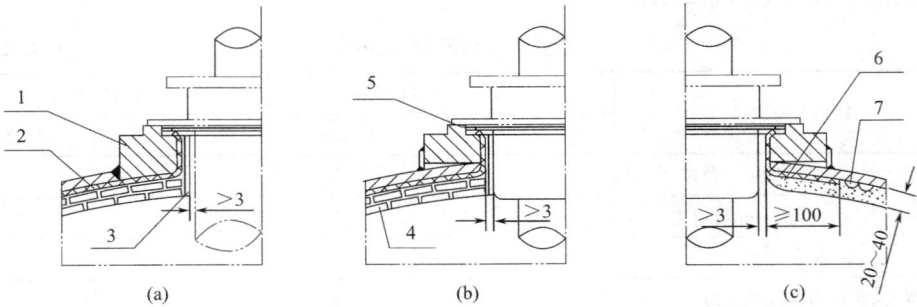

图 6.4.2.3-11　封头与凸缘结构

（a）砖板带衬管结构；（b）砖板无衬管结构；（c）胶泥无衬管结构

1—凸缘；2—封头；3—衬管；4—砖板；5—隔离层；6—胶泥；7—金属拉筋

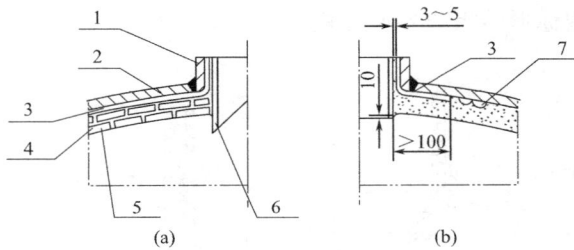

图 6.4.2.3-12　封头与接管结构

（a）砖板带衬管结构；（b）胶泥带衬管结构

1—接管；2—封头；3—隔离层；4—胶泥；5—砖板；6—衬管；7—金属拉筋

筒体与接管衬里应符合：①衬管的管口应低于接管法兰密封面 3～5mm。②钢管内径与衬管外径的间隙应大于或等于 4mm。③接管设有隔离层时，隔离层应翻边至法兰面。隔离层与衬管外径的间隙应大于或等于 4mm。④接管内采用砖板内衬时，应采用小规格砖板。⑤筒体与接管处的衬里结构（图 6.4.2.3-13）应根据介质流向设计。

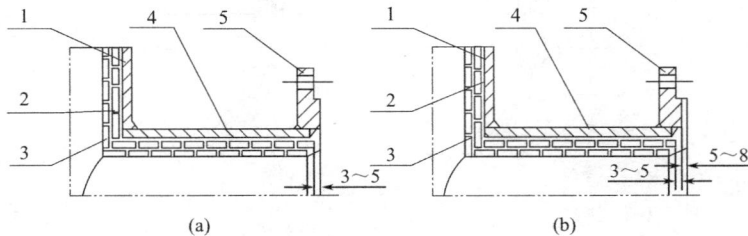

图 6.4.2.3-13　筒体与接管处的衬里结构

（a）介质进口；（b）介质出口

1—筒体；2—胶泥；3—砖板；4—接管；5—法兰

注：1. 此结构适用于接管公称直径大于等于 150mm；2. 图 6.4.2.3-13（b）中接管法兰垫片宜采用软性材料。

筒体与接管衬里结构应包括单层或双层衬里、接管局部衬隔离层（图 6.4.2.3-14）的单层或双层衬里、设备衬整体隔离层及非金属衬管（图 6.4.2.3-15）、直接衬非金属管（图 6.4.2.3-16）和直接衬非金属异形管（图 6.4.2.3-17）等结构，其结构设计应符合：①胶泥应低于密封面 3～5mm；②接管衬砖板结构适用于接管公称直径不小于 150mm；③衬管结构适用于接管公称直径不大于 250mm；④直接衬非金属管（图 6.4.2.3-16）、直接衬非金属异形管（图 6.4.2.3-17）组装时，应在法兰密封面上涂抹 3～4mm 厚的胶泥。

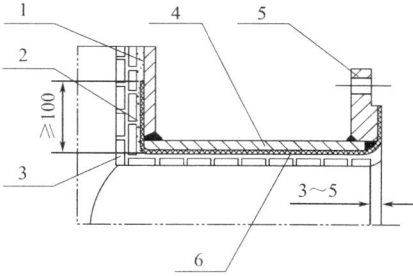

图 6.4.2.3-14　接管局部衬隔离层
1—筒体；2—胶泥；3—砖板；4—接管；
5—法兰；6—局部隔离层

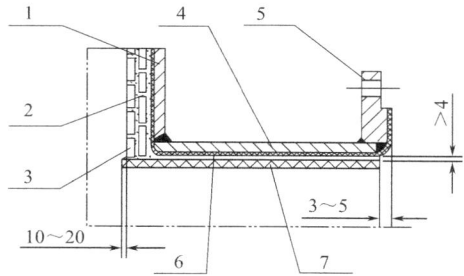

图 6.4.2.3-15　整体隔离层及非金属衬管
1—筒体；2—胶泥；3—砖板；4—接管；
5—法兰；6—整体隔离层；7—非金属衬管

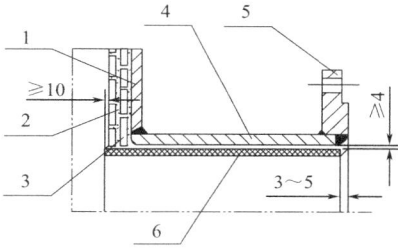

图 6.4.2.3-16　直接衬非金属管
1—筒体；2—胶泥；3—砖板；4—接管；
5—法兰；6—非金属衬管

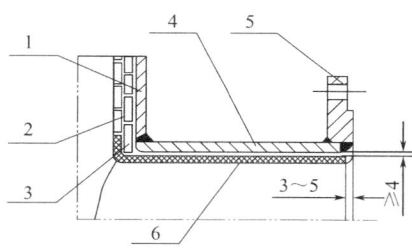

图 6.4.2.3-17　直接衬非金属异形管
1—筒体；2—胶泥；3—砖板；4—接管；
5—法兰；6—非金属异形管

筒体与顶盖之间或分段筒体之间采用法兰连接时，可采用可拆式（图 6.4.2.3-18）、砖板封闭式（图 6.4.2.3-19）和胶泥封口式（图 6.4.2.3-20）等结构。

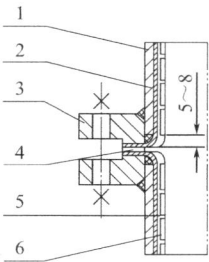

图 6.4.2.3-18　可拆结构
1—筒体；2—隔离层；3—法兰；
4—垫片；5—胶泥；6—砖板

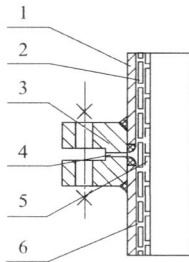

图 6.4.2.3-19　砖板封闭结构
1—筒体；2—砖板；3—法兰；
4—垫片；5—封闭砖板；6—胶泥

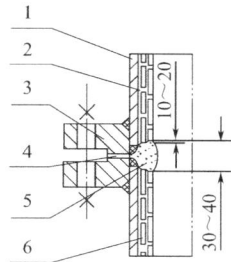

图 6.4.2.3-20　胶泥封口结构
1—筒体；2—胶泥；3—法兰；
4—垫片；5—封口胶泥；6—砖板

砖板衬里内部支撑形式与数量应根据使用条件及承载负荷进行设计，支撑结构可分为砖支撑（图6.4.2.3-21）、钢支撑（图6.4.2.3-22）和底部支撑（图6.4.2.3-23）。底部支撑适用于支撑负荷较大的工况。

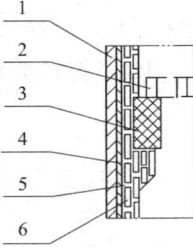

图6.4.2.3-21 砖支撑
1—筒体；2—花板；3—立砖；
4—隔离层；5—胶泥；6—砖板

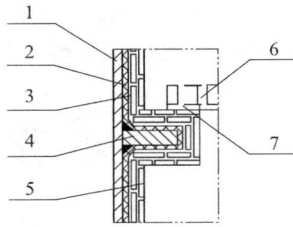

图6.4.2.3-22 钢支撑
1—筒体；2—隔离层；3—胶泥；4—支撑圈；5—砖板；6—花板；7—垫圈

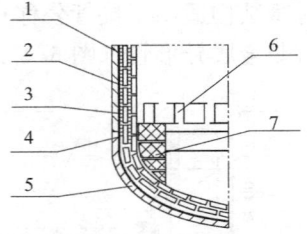

图6.4.2.3-23 底部支撑
1—筒体；2—隔离层；3—胶泥；
4—砖板；5—封头；6—花板；7—砖

3. 传热计算

（1）设备内部热介质通过各衬里层的温度应为梯度分布（图6.4.2.3-24）。

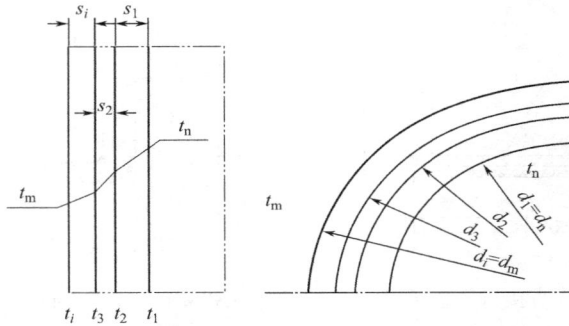

图6.4.2.3-24 衬里层的温度梯度分布

（2）设备第 i 层材料的内表面温度应按下列公式计算。

$$t_i = t_n - \frac{t_n - t_m}{R_0}(R_n + R_1 + R_2 + \cdots + R_{i-1}) \tag{6.4.2.3-1}$$

$$R_0 = R_n + R_m + \sum_1^i R_i \tag{6.4.2.3-2}$$

$$R_n = 1/\alpha_n \tag{6.4.2.3-3}$$

$$R_n = 1000/(\alpha_n \cdot d_n) \tag{6.4.2.3-4}$$

$$R_m = 1/\alpha_m \tag{6.4.2.3-5}$$

$$R_m = 1000/(\alpha_m \cdot d_m) \tag{6.4.2.3-6}$$

$$R_i = S_i/(1000\lambda_i) \tag{6.4.2.3-7}$$

$$R_i = \frac{1}{2\lambda_i}\ln\frac{d_{i+1}}{d_i} \tag{6.4.2.3-8}$$

式中 t_i——衬里层中第 i 层的内表面温度（℃），应按式（6.4.2.3-1）计算；

t_n——衬里设备内介质温度（℃）；

t_m——衬里设备外侧的环境空气温度（℃）；

R_0——衬里设备总的热阻 $[(m^2 \cdot ℃)/W]$，应按式（6.4.2.3-2）计算；

R_n——衬里设备内侧表面的热阻 $[(m^2 \cdot ℃)/W]$，矩形设备应按式（6.4.2.3-3）计算，圆筒形设备应按式（6.4.2.3-4）计算；

α_n——衬里设备内介质对衬里内表面的对流给热系数 $[W/(m^2 \cdot ℃)]$；

d_n——衬里设备内直径（mm）；

R_m——衬里设备外侧表面的热阻 $[(m^2 \cdot ℃)/W]$，矩形设备应按式（6.4.2.3-5）计算，圆筒形设备应按式（6.4.2.3-6）计算；

α_m——衬里设备外侧壳体环境空气的对流给热系数 $[W/(m^2 \cdot ℃)]$；

d_m——衬里设备外直径（mm）；

R_i——衬里设备中第 i 层衬里材料的热阻 $[(m^2 \cdot ℃)/W]$，矩形设备应按式（6.4.2.3-7）计算，圆筒形设备应按式（6.4.2.3-8）计算；

S_i——衬里层中第 i 层材料的厚度（mm）；

λ_i——衬里层中第 i 层材料的导热系数 $[W/(m \cdot ℃)]$；

d_i——衬里层中第 i 层材料内直径（mm）。

（3）衬里设备外侧壳体环境空气的对流给热系数 α_m 可按表 6.4.2.3-5 取值。

衬里设备外侧壳体环境空气的对流给热系数　　表 6.4.2.3-5

环境	$\alpha_m [W/(m^2 \cdot ℃)]$
室内	5.8～11.6
室外	11.6～23.3

（4）衬里设备内介质对衬里内表面的对流给热系数 α_n 可按表 6.4.2.3-6 取值。

衬里设备内介质对衬里内表面的对流给热系数　　表 6.4.2.3-6

介质	$\alpha_n [W/(m^2 \cdot ℃)]$
气体	5.8～35
水	116.3～1160

（5）常用材料的导热系数 λ_i 可按表 6.4.2.3-7 取值。

常用材料的导热系数　　表 6.4.2.3-7

介质	$\lambda_i [W/(m \cdot ℃)]$
钢	52～58
耐酸砖	1.1～1.3
铸石板	0.98
不透石墨	116～128
玻璃纤维增强塑料	0.15

6.5 砖板衬里施工技术

6.5.1 施工流程图

砖板衬里应严格按照现行标准《砖板衬里化工设备》HG/T 20676、《工业设备及管道防腐蚀工程施工规范》GB 50726 的技术要求进行施工和质量验收（图 6.5.1）。

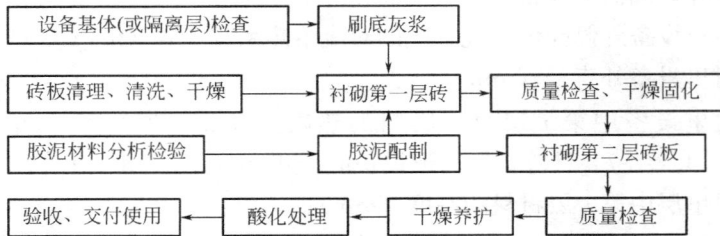

```
设备基体(或隔离层)检查  →  刷底灰浆
                              ↓
砖板清理、清洗、干燥  →  衬砌第一层砖  →  质量检查、干燥固化
                              ↑
胶泥材料分析检验  →  胶泥配制  →  衬砌第二层砖板
                              ↓
验收、交付使用  ←  酸化处理  ←  干燥养护  ←  质量检查
```

图 6.5.1　砖板衬里施工工艺过程流程图

6.5.2 基材检查、基材处理

（1）基体检查。

砖板衬里的设备大多数为金属制造，在地下槽、地坪、地沟等处则采用混凝土制造。金属衬里设备的基体于施工前必须按照现行《衬里钢壳设计技术规定》HG/T 20678 进行检查，合格后方可进行施工。施工前准备：原材料准备；设备和工具准备；劳防用品准备；基材检查及预处理；根据实际需要设置脚手架、通风装置、电源照明、加热措施等。砖板衬里施工设备与工具：用于除锈的喷射设备、喷酸器，搅拌器，小台秤，通风机，手锤，灰刀，扁铲，灰盆，照明灯，量筒，毛刷，钢丝刷。

（2）金属基体表面处理请参考本书第 2 章介绍，不赘述。金属基材表面喷砂达 Sa2.5，处理完毕后应重点检查以下项目：①按照设计要求，要有足够的刚度与强度，各部尺寸应符合图纸规定。②基体的全部机械加工、焊接、热处理、压力试验应于衬里施工前完成。③基体的各部位、管道、管件表面应平整光滑，不得残留焊渣、焊瘤、缝隙等缺陷，表面凹凸处的浓度应小于 3mm。④基体上的接管不应伸出设备表面。

（3）对混凝土设备表面清理请参考第 2 章介绍，不赘述。混凝土基材处理完毕后应重点检查以下项目：①混凝土的施工基层必须坚固、密实、平整。表面不应有起砂、起壳、脱层、裂缝、蜂窝、麻面等现象。平整度以长 2m 直尺检查，允许空隙不应大于 5mm。基层的坡度与强度应符合设计要求。②必须固化完全，在深为 20mm 的厚度层内，含水率不应大于 6%。③施工表面必须清洁，不得留有浮灰、水泥渣等残留物。④基层的阴阳角应做成直角，以利于衬砌施工。⑤凡穿过防腐层的管道、套管、预留孔、预埋件应于砖板衬里施工前完成。

6.5.3　施工环境、原材料质量要求与检查、胶泥配料比试验

1. 施工环境

施工环境温度宜为 15~30℃，相对湿度不宜大于 80%。当酚醛树脂采用苯磺酰氯固化剂时，最低施工环境温度不得低于 17℃；采用其他固化剂的砖板衬里材料，其最低施工环境温度不得低于 10℃；当施工环境温度低于最低温度要求时，应采取加热保温措施，且不得采用明火或蒸汽直接加热。

冬季水玻璃材料应采取防冻措施。冻结的水玻璃材料应经加热，并搅拌均匀后方可使用。水玻璃胶泥和树脂胶泥在施工或固化期间，不得与水或水蒸气接触，并不得暴晒。

衬砌前，砖板应挑选、洗净和干燥。砖板及被衬基体表面应无灰尘、水滴、油污、锈蚀和潮湿等现象。

2. 原材料质量要求与检查

①在砖板衬里施工之前，必须对所用原材料如树脂、水玻璃、固化剂、填料、砖板等，按照各自的质量标准进行检查，对不合格的原料不予采用。②设备接管部位衬管的施工，应在设备基体衬砌前进行。③衬管材质应与设备基体衬砌砖板材质相同；衬管不得突出法兰表面，应与法兰面处在同一平面；当采用翻边衬管时，应在设备衬完第一层或第二层砖板后再进行；衬后应对衬管进行固定，直至胶泥固化，衬管不得出现偏心或位移。④砖板衬砌应错缝排列，同层或层与层间的纵缝或横缝错开量应符合设计要求；两层及两层以上砖板衬砌不得出现重叠缝。⑤当衬砌设备顶盖时，宜将顶盖倒置在地面上衬砌块材，固化后再安装到设备上。

3. 胶泥配料比试验

（1）钠水玻璃胶泥的施工配合比可参考表 6.5.3-1 选用。

钠水玻璃胶泥的施工配合比　　　　　　表 6.5.3-1

材料名称		配合比（质量比）		
		普通型		密实型
		1	2	
钠水玻璃		100	100	100
氟硅酸钠		15~18	—	15~18
填料	铸石粉	250~270	—	250~270
	瓷粉	(200~250)	—	—
	石英粉：铸石粉(7:3)	(200~250)	—	—
	石墨粉	(100~150)	—	—
	耐酸粉	—	240~250	—
糠醇单体		—	—	3~5

注：1. 氟硅酸钠用量是按水玻璃中氧化钠的含量的变动而调整的，氟硅酸钠纯度按 100% 计；
　　2. 填料可选一种使用。

① 钠水玻璃胶泥的稠度宜为 30~36mm，施工时应有一定的流动性和稠度；②机械搅拌配制时，应将填料和固化剂加入搅拌机内，干拌均匀，再加入钠水玻璃湿拌，湿拌时间

不应少于 2min；③人工搅拌配制时，应将填料和固化剂混合，过筛两遍后，干拌均匀，再逐渐加入钠水玻璃湿拌，直至均匀；④当配制密实型钠水玻璃胶泥时，可将钠水玻璃与外加剂糠醇单体一起加入，湿拌直至均匀；⑤氟硅酸钠的用量应按下式计算：

$$G = 1.5 \times N_1 \times N_2 \times 100 \tag{6.5.3}$$

式中　G——氟硅酸钠的用量占钠水玻璃用量的百分率（%）；

N_1——钠水玻璃中含氧化钠的百分率（%）；

N_2——氟硅酸钠的纯度（%）。

（2）钾水玻璃胶泥的施工配合比可参考表 6.5.3-2 选用。

①钾水玻璃胶泥的稠度宜为 30～35mm，施工时应有一定的流动性和稠度。②配制钾水玻璃胶泥时，应将钾水玻璃胶泥粉干拌均匀，再加入钾水玻璃湿拌，直至均匀。

钾水玻璃胶泥的施工配合比　　　　　　　　　　　　表 6.5.3-2

材料名称	配合比（质量比）
钾水玻璃	100
钾水玻璃胶泥粉（最大粒径 0.45mm）	240～250

注：1. 钾水玻璃胶泥粉已含有钾水玻璃的固化剂和其他添加剂。

　　2. 普通型钾水玻璃胶泥应采用普通型的胶泥粉；密实型钾水玻璃胶泥应采用密实型的胶泥粉。

（3）环氧树脂材料的施工配合比可参考表 6.5.3-3 选用。

①各种材料应准确称量。当环氧树脂黏度较大时，可用非明火预热至 40℃左右；与稀释剂按比例加入容器中，搅拌均匀并冷却至室温，配制成环氧树脂液备用。②使用时，取定量的树脂液，按比例依次加入固化剂和填料，并应搅拌均匀，制成胶泥料。

环氧树脂材料的施工配合比　　　　　　　　　　　　表 6.5.3-3

材料名称		配合比（质量比）	
		封底料	胶泥
环氧树脂		100	100
稀释剂		40～60	10～20
固化剂	低毒固化剂	15～20	15～20
	乙二胺	（6～8）	（6～8）
填料	石英粉/瓷粉	—	（180～250）
	铸石粉	—	（180～250）
	硫酸钡粉	—	（180～250）
	石墨粉	—	（100～160）

注：1. 除低毒固化剂和乙二胺外，也可采用其他胺类固化剂，应优先选用低毒固化剂，用量应按供货商提供的比例或经试验确定；

　　2. 当采用乙二胺时，为降低毒性可将配合比所用乙二胺预先配制成 1:1 的乙二胺丙酮溶液；

　　3. 使用活性稀释剂时，固化剂的用量应适当增加，其配合比应按供货商提供的比例或经试验确定；

　　4. 固化剂和填料可任选一种使用；

　　5. 本表以环氧树脂 EP 01451-310（E-44）为例。

（4）乙烯基酯树脂和不饱和聚酯树脂材料的施工配合比可参考表 6.5.3-4 选用。

①按施工配合比先将乙烯基酯树脂或不饱和聚酯树脂与促进剂混匀，再加入引发剂搅拌均匀，制成树脂胶料；②在配制成的树脂胶料中加入填料，搅拌均匀，制成胶泥料。

乙烯基酯树脂或不饱和聚酯树脂材料的施工配合比   表 6.5.3-4

材料名称		配合比（质量比）	
		封底料	胶泥
乙烯基酯树脂或不饱和聚酯树脂		100	100
稀释剂	苯乙烯	0～15	—
固化剂	引发剂	2～4	2～4
	促进剂	0.5～4	0.5～4
填料	石英粉	—	200～250
	铸石粉	—	(250～300)
	硫酸钡粉	—	(250～300)

注：1. 表中括号内的数据用于耐含氟类介质工程。
    2. 过氧化二苯甲酰二丁酯糊引发剂与 N,N'-二甲基苯胺苯乙烯液促进剂配套；过氧化甲乙酮二甲酯溶液、过氧化环己酮二丁酯糊引发剂与钴盐（含钴 0.6%）的苯乙烯液促进剂配套。
    3. 固化剂和填料可任选一种使用。

（5）呋喃树脂胶泥的施工配合比可参考表 6.5.3-5 选用。

呋喃树脂胶泥的施工配合比   表 6.5.3-5

材料名称	配合比（质量比）	
	封底料	胶泥
呋喃树脂	同环氧树脂、乙烯基酯树脂或不饱和聚酯树脂封底料	100
呋喃树脂胶泥粉		250～400

注：1. 呋喃树脂胶泥粉中已含有酸性固化剂；
    2. 将呋喃树脂按比例与呋喃树脂固化剂混合，搅拌均匀，制成树脂胶料；
    3. 将树脂胶料与填料混合，搅拌均匀，制成胶泥料；
    4. 呋喃树脂也可与呋喃树脂胶泥粉按比例直接混合，搅拌均匀，制成胶泥料。

（6）酚醛树脂胶泥的施工配合比可参考表 6.5.3-6 选用。

酚醛树脂胶泥的施工配合比   表 6.5.3-6

材料名称		配合比（质量比）		
		封底料	胶泥	
			1	2
酚醛树脂		同环氧树脂、乙烯基酯树脂或不饱和聚酯树脂封底料	100	100
稀释剂	无水乙醇		—	0～5
固化剂	低毒酸性固化剂		6～10	6～10
	苯磺酰氯		(8～10)	(8～10)
填料	石英粉		150～200	150～200
	瓷粉		(150～200)	(150～200)
	铸石粉		(180～230)	(180～230)
	石英粉：铸石粉＝8：2		(150～200)	—
	硫酸钡粉		(180～220)	—
	石墨粉		(180～230)	(90～120)

注：1. 表中固化剂和填料可任选一种；
    2. 称取定量的酚醛树脂，加入稀释剂搅拌均匀，再加入固化剂搅拌均匀，制成树脂胶料；
    3. 在配制成的树脂胶料中，加入填料搅拌均匀，制成胶泥料；
    4. 配制胶泥时，不宜再加入稀释剂。

6.5.4 "一刮二放三揉四推五挤六清"法施工

1. 涂刷底层涂料

当采用树脂胶泥衬砌砖板时，宜先在砖板砌衬面、基体或隔离层表面均匀涂覆树脂封底料一遍。呋喃树脂和酚醛树脂胶料不得直接涂覆在设备及管道基体表面。

表面处理后，应在基体表面涂刷底胶一至两遍。对钢基体设备而言，为了防止喷砂后的基体表面再度生锈，增大胶泥与基层的粘结力，喷砂后应于 8h 内涂刷环氧树脂底层涂料两遍。

2. 隔离层的施工

按照选定的隔离层如橡胶、纤维增强塑料、铅、涂料等，参照相关工艺过程和规范要求进行隔离层的施工。采用石棉板作隔离层时（如灰箱温度较高，采用石棉板作隔离层，衬砌耐酸耐温砖防腐蚀），可以采用水玻璃为胶粘剂进行粘结、压实，并充分干燥。

3. 衬砌接管

设备接管的衬砌，应在设备基体施工前完成，并视需要采用纤维增强塑料增强衬里。一般接管的内衬管多为瓷管、石墨管、铸石管以及酚醛石棉塑料管等。衬管前应按接管的长度、衬里层的厚度、衬管与基体连接的形式等确定衬管的长度。然后在接管的内壁、衬管的外面均匀地涂抹胶泥，胶泥的总厚度应大于接管内径 6~10mm，在旋转前进的操作下，将衬管逐渐推进到接管内部的适当位置，刮去两端多余的胶泥，并对衬管进行固定，防止衬管位移、偏心与胶泥流淌。

4. 衬砌砖板

各种胶泥在施工过程中，出现凝固结块等现象时，不得继续使用。

（1）精心、正确的衬砌施工，是保证砖板衬里质量的关键。砖板衬里设备的基体一般为立式与卧式两种，施工时立式设备应先衬底部，然后按顺序由下向上衬砌。圆筒形的卧式设备应先装好滚动装置，从下部弧形处开始衬砌，边衬边转动，衬砌弧形的大小应以保证砖板不位移、胶泥不流淌为佳。

（2）衬砌前先进行砖板预排、编号定位，将尺寸、外形不合格的砖板挑出，例如酸解锅锥底的施工，均宜订制异形砖板。衬砌时，应由低往高。阴角处立面砖板应压住平面砖板，阳角处平面砖板应压住立面砖板。在立面衬砌砖板时，一次衬砌的高度应以不变形为限，待已衬砌部分凝固后再继续施工；在平面衬砌砖板时，应采取防止滑动的措施。

（3）衬砌时应先在基体表面和砖板的衬砌面及四周涂抹胶泥，并以灰刀用力压实，衬砌面中部的胶泥略高于四周边部，然后从侧面将衬板向前推进到达衬砌位置，并用力揉动将胶泥挤出缝外，以灰刀刮去挤出的胶泥。

（4）连续衬砌施工时，衬砌速度应与胶泥的固化时间相适应，以防止砖板移动与胶泥流淌，平衬或卧衬应防止砖、板移动。

（5）砖板衬里施工方法可分为"挤缝衬砌"和"灌缝衬砌"。注意："勾缝衬砌"因容易导致"空鼓"和"欠灌"而被国家标准强制取消了。在现实中，还是有施工师傅采用，但"勾缝衬砌"的胶泥缝较大，胶泥密实性差，施工麻烦，容易导致钛白厂房楼地面、废酸沟槽等的防腐蚀工程质量下降，是不争的事实。

砖板衬砌时宜采用"挤缝衬砌"。结合层和灰缝的胶泥应饱满密实,砖板不得滑移。在胶泥初凝前,应将灰缝填满压实,灰缝的表面应平整光滑。

"挤缝衬砌"操作:先底后壁。一手托瓷砖/板,另一手用灰刀挖适量胶泥,先将砖板背面刮一层胶泥(打底),使胶泥均匀贴在表面,然后再厚涂一层胶泥,板表面约抹 5~6mm 厚,砖表面约抹 7~8mm 厚,同时将与已衬砌完的砖板相接触的侧面刮抹胶泥。刮抹胶泥时,中间胶泥应略高,并带平带齐,以便用均匀的力道推压砖板时,四周略微挤出胶泥,确保中间部分胶泥饱满。相反,若抹胶泥面中间低,衬砌时虽省力,却易造成胶泥不饱满,甚至存在孔洞。抹完胶泥后,找正位置,将带胶泥砖板从距离相邻砖板 10mm 左右处向预定位置推压,推压揉动时,上下左右用力要均匀,推压的程度是使胶泥能从四边挤出一部分。衬砌时,对砖板施加一定压力,有助于胶泥将被粘物表面孔隙凹处填满,还能排除或压缩界面上的空气,使胶泥层饱满。总结起来,形象的说法就是"一刮二放三揉四推五挤六清"。

下块砖板衬砌时,还要在相邻砖板侧面上抹上胶泥,依次贴衬,粘结面一定要求板与板紧挨在一起,并刮去缝中挤出的胶泥,胶泥缝要符合尺寸要求。连续衬砌时,必须考虑在衬上圈砖板的同时,下圈砖板是否会产生移动,衬砌高度以保证下面各圈砖板、胶泥层不发生位移为准(一般标准瓷砖立衬时每次衬 4~5 层;标准瓷板立衬则为 6~7 层)。"挤缝衬砌"施工方法胶泥饱满、密实、缝窄、抗渗透能力强,为施工常用。

"灌缝衬砌"操作:灌缝一般是在设备衬里的最后一层采用。砖板的结合层厚度和灰缝宽度,应符合"表 6.4.2.3-4 砖板胶合缝间隙"的要求。衬砌时,先按要求的缝宽和砖板长、宽尺寸准备一批木条,衬砌时按照结构要求,先将砖板表面用胶泥打底,贴在设备表面上,四周不涂胶泥,而是用木条隔开。当整个衬里层砖板衬完,胶泥固化后,将缝隙所垫木条取出,修整砖板间缝隙,把多余的胶泥去除,填抹新配的胶泥,使缝隙达到规定要求。干燥后,在缝隙表面上涂刷环氧树脂底漆,底漆硬化后,再以胶泥灌缝的方式填充缝隙。砖板衬砌可采用立衬,也可采用卧衬。立衬是在垂直面衬砌砖,砖板排列环向为直通缝,垂直线上皆为交错缝,立衬设备固定不动,适合固定的立式设备的现场施工。卧衬只在水平位置上进行,砖板排列轴上缝为直通缝隙,环向为交错缝,卧衬适合于可转动的设备的施工。卧衬的施工质量要好于立衬,但卧衬一般都需要翻转设备,并且对于立式设备采用卧衬,其底部衬砌质量不如立衬,对于今后使用中的检修也不方便。

5. 加快施工进度的办法

砖板衬里加快施工进度的方法有如下几种:①将衬里砖板、填料预热至 25~40℃,提高胶泥的固化速度;②预热胶泥或胶粘剂,但不可过高;③向设备内吹热风;④对设备外壳进行加热。除非必要,一般不宜采用①、②、③三种方法,以免影响衬砌质量。

6.5.5 固化与热处理

衬砌施工后的设备必须给予充分的时间进行固化,如生产急用则可以进行热处理。固化时间与热处理温度依据胶泥品种不同而不同。胶泥衬砌砖板完毕需进行热处理时,热处理温度和保温时间可按表 6.5.5 确定,且升降温度速度应均匀,不得局部过热;当设备衬里结构不允许进行高温热处理时,可降低热处理温度(如最高 60℃),并应延长 40~60℃

的保温时间。

胶泥热处理温度和保温时间 表 6.5.5

胶泥类型		水玻璃	环氧树脂	呋喃树脂	酚醛树脂	不饱和聚酯树脂	乙烯基酯树脂
常温固化时间(h)		72	24	24～72	24	24	24
热处理温度及时间(h)	常温～40℃	2	2	2	2	2	2
	40℃	4	4	4	4	4	4
	40℃～60℃	2	2	2	2	2	2
	60℃	8	4	4	4	4	4
	60℃～80℃	2	2	2	2	2	2
	80℃	24	12	12	8	8	8
	80℃～100℃	—	—	2	—	—	—
	100℃	—	—	8	—	—	—
	100℃～120℃	—	—	2	—	—	—
	120℃	—	—	12	—	—	—
降温时间:达到选定热处理温度和相应保温时间后降至常温,降温速度不得超过 15℃/h。							

水玻璃胶泥衬砌的砖板衬里固化养护或热处理后,应采用浓度为 30%～40% 的硫酸进行表面酸化处理,酸化处理至无白色结晶盐析出时为止。酸化处理次数不宜少于 4 次;每次酸化处理间隔时间:钠水玻璃胶泥不应少于 8h,钾水玻璃胶泥不应少于 4h。每次酸化处理前应清除表面的白色析出物。

6.5.6 养护

对已完工的衬里表面应采取保护措施进行养护。胶泥固化养护时间应符合下列规定。

(1) 水玻璃胶泥的固化养护时间应符合表 6.5.6-1 的规定;

水玻璃胶泥的固化养护时间 (d) 表 6.5.6-1

胶泥名称	养护温度	10～15℃	16～20℃	21～30℃	31～35℃
钠水玻璃胶泥		12	9	6	3
钾水玻璃胶泥	普通型	—	14	8	4
	密实型	—	28	15	8

(2) 树脂胶泥的常温固化养护时间应符合表 6.5.6-2 的规定。

树脂胶泥的常温固化养护时间 表 6.5.6-2

胶泥名称	固化养护时间(d)
环氧树脂胶泥	7～10
乙烯基酯树脂胶泥	7～10

续表

胶泥名称	固化养护时间(d)
不饱和聚酯树脂胶泥	7～10
呋喃树脂胶泥	7～15
酚醛树脂胶泥	20～25

6.6 砖板衬里质量控制与检验

砖板衬里施工环境温度宜为 15～30℃，相对湿度不宜大于 80%，当温度低于 10℃，需要采取加热保温措施时，不可采用明火或蒸汽直接加热。所用砖板、胶粘剂树脂、填料、固化剂、改性剂等原材料都应符合质量标准要求，衬砌时严格按施工工艺要求施工。

（1）砖板衬里施工要求：①砖板结合层厚度、灰缝宽度等符合相应标准要求。②砖板衬砌设备、管道及管件采用"一刮二放三揉四推五挤六清"法，结合层和灰缝应饱满密实，灰缝表面随时压光；立面砖、板的连续衬砌高度应与胶泥的凝胶时间相适应，防止砌体受压变形；平面衬砌砖板时，应防止滑动。③砖板灌缝时，必须待砌体胶泥固化后方可进行；水玻璃胶泥衬砌的缝隙必须进行表面酸化处理；灌缝时，灰缝必须清扫干净，不得沾有污垢；灌缝必须填满压实，不得有孔隙，表面应铲平，清理干净。④水玻璃胶泥衬砌砖板，常温固化期不小于 10 昼夜，如需要热处理应按照相应的规定进行处理。⑤树脂胶泥常温固化时间和热处理时间及温度，应符合前文所述要求。

（2）砖板衬里质量检查贯穿于每一个工艺环节：①设备基材处理后；②隔离层施工后；③每层砖板衬砌后；④衬里层固化处理后；⑤水玻璃胶泥衬里表面酸化处理后。

（3）砖板衬里质量检查内容：①结合层和灰缝是否饱满密实、粘结牢固，不得有疏松、裂纹、起鼓和固化不完全等缺陷，灰缝表面应平整、色泽均匀；平面砖板砌体无滑移，立面砖板砌体无变形。灰缝应挤严、饱满，表面应平滑，应无裂缝、气孔。②衬里层相邻砖板之间的高差，砖不得大于 1.5mm，板不得大于 1mm；衬里层应平整，砖板衬里表面平整度采用 2m 直尺和楔形尺检查，允许偏差不得大于 4mm。③坡度应符合设计要求，允许偏差为坡长的 ±0.2%，作泼水试验时，水应顺利排出。④人孔、接管的套管衬砌应牢固，胶泥填充应饱满，抹缝应平整，套管不得突出法兰平面。⑤施工中应进行中间检查，有可疑处应根据实际情况及时揭开 5～7 块，检查胶泥气孔和胶泥的饱满程度，不符合要求的话，再揭开 15 块，再不符合要求，应全部返工。⑥用 5～10 倍放大镜检查胶泥衬砌砖板的质量，胶泥缝不得有气孔和裂纹现象。⑦用手锤轻轻敲打砖板面，如发出金属清脆声，证明衬砌良好，质量合格；如有空音，则胶泥与砖板结合不好，应返工重衬；还不合格应全部返工。⑧对于酚醛树脂胶泥，可在酚醛树脂胶泥进行热处理后，用棉花团蘸丙酮擦拭胶泥表面，如棉球上有颜色，被擦拭表面有"泛白"现象，说明树脂固化不完全，若无颜色变化，说明固化完全。

（4）砖板衬里施工常见的缺陷及处理方法：①胶泥技术指标不合格，返工选用合格的胶泥；②结合层厚度和灰缝宽度应符合设计规定，衬里结构尺寸与图样要求不符时，应重新核实结构尺寸，必要时需要返工；③胶合缝发酥、起层、焦化、流胶或裂缝，需要返修；④经敲击检查，发现孔洞，少的话修补即可，多的话，需要返工；⑤砖板有局部拱起、脱落或裂纹，分析胶泥是否符合要求，不符合要求需要更换，如符合要求则有缺陷部位需要重衬。

6.7　砖板衬里设备使用及检修

砖板衬里设备使用注意事项：①砖板衬里后的设备避免焊、切割、滚动、局部冲刷；②砖板衬里后的设备在胶泥未达到完全固化前，不得提前投入使用；③砖板衬里后的设备接管法兰不得作为起吊、牵拉力的着力点，安装外接管线时，不得使之承受大的扭弯应力；④砖板衬里后的设备吊装运输时应平稳，必要时应安装适当的加固件，不宜长途运输；⑤经搬运安装就位的衬里设备，安装后应对衬里重新进行检查，确认合格无损伤才可投入使用；⑥砖板衬里设备在使用中，严格按照工艺操作，不超温，不超压，不随意改变介质种类和浓度；⑦砖板衬里设备不得急冷急热，清洗设备时，不得直接吹送蒸汽。

砖板衬里设备检修方法：停车检查时应以手锤轻轻敲打砖板面，检查是否有空音、灰缝是否完整，砖面磨损程度、裂纹及剥皮情况，砖缝是否有渗透物料等现象。修复方法如下：①当使用后损坏严重，胶泥缝普遍渗透，介质已经渗透至基材时，应该重新拔掉做砖板衬里，重新进行基材处理，必要时设置隔离层；②面层砖板或胶泥缝遭受均匀腐蚀，砖板减薄、较大面积脱落或离层，而底层砖板比较完好，可只拆除面层砖板，补衬一层耐腐蚀砖板；③衬里局部渗透或砖板局部脱落，其他部位良好，一般现场进行局部检修，放大范围至周边 150mm。

6.8　砖板衬里设备常见的弊病、原因分析与修补措施

见表 6.8。

砖板衬里设备常见的弊病、原因分析与修补措施　　　　　　　　表 6.8

弊病现象	原因分析	修补措施
胶泥固化慢	1. 固化剂用量不够或质量差；2. 施工环境温度低；3. 树脂含水量大或水玻璃密度小	改变配料比,增大固化剂用量
胶泥与基体粘结力差	1. 表面处理不佳；2. 砖板表面不洁；3. 施工质量不好,胶泥没压实；4. 配料比不合适,填料太多	1. 调整配料比；2. 粘结力差的部位打掉重衬；3. 砖、板应清洗、干燥
胶泥缝孔隙率大	1. 树脂中溶剂水分多,水玻璃密度小；2. 填料颗粒级配不合适；3. 固化温度高,固化太快；4. 固化剂加入太快,产生热量	1. 控制树脂水分与溶剂含量；2. 调整填料颗粒级配；3. 控制施工环境温度与热处理升温速度

续表

弊病现象	原因分析	修补措施
固化后胶泥膨胀、鼓泡	1. 填料中含铁、碳酸盐等杂质；2. 固化剂加入速度快或胶泥搅拌不均	1. 对填料应酸洗、水洗、烘干；2. 配制胶泥时,固化剂加入速度要慢
胶泥流淌或砖板位移	1. 胶泥稠度小；2. 树脂黏度大,填料加入少；3. 衬砌位置不适,砖板移动	1. 增大胶泥稠度；2. 以溶剂适当稀释树脂,增加填料用量；3. 调整衬砌工作面
衬里层敲击时呈空声	1. 胶泥用量不足,施工时胶泥涂抹不够；2. 胶泥流淌,局部无胶泥	1. 精心施工,胶泥应用足；2. 避免胶泥流淌
胶泥缝龟裂	1. 填料颗粒太细；2. 热处理时温度高,升温快；3. 局部受热或局部太阳直晒；4. 固化剂用量多,加入速度快	1. 调整填料颗粒级配；2. 控制热处理时的升温速度；3. 夏季施工时应搭建防晒棚
衬里层整体纵向裂缝	1. 热处理时升温太快；2. 热处理温度高；3. 热处理后突然降温	1. 严格控制热处理温度与升温速度；2. 缓慢降温

6.9 砖板衬里的典型应用案例

砖板衬里技术是防腐蚀工程中应用较早的技术之一,由于它施工工艺简单、材料来源方便、防腐蚀效果好、耐热性高,因而目前在钛白行业得到广泛应用,如酸解锅、沉降槽、水解罐、浓稀钛液贮槽、建筑楼地面、水沟等普遍采用砖板衬里技术进行防腐。砖板衬里的适用范围及防腐效果决定于胶泥和砖板的性能以及施工方法。因此,在砖板衬里前,应根据设备的操作条件、介质品种、运转状态等对胶泥及砖板的品种进行选择,并进行合理的结构设计、精心施工,以期达到优良的防腐效果。表 6.9 所示为某 15kt/a 钛白粉生产装置设备砖板衬里一览表。

某 1.5kt/a 钛白粉生产装置设备砖板衬里一览表　　　　　　　　表 6.9

序号	设备	规格尺寸(mm)	数量	条件	隔离层	砖板衬里
1	酸混合槽	$\phi3800 \times 2000$	1	93%的硫酸,90℃	搪铅,$\delta=5$mm	耐酸瓷砖,$\delta=(65+40)$mm
2	酸解锅	$\phi5300 \times (4500+4360)$	3	93%的硫酸,<180℃	搪铅,$\delta=5$mm	耐酸瓷砖,$\delta=(65+80)$mm
3	沉降池	$11000 \times 10350 \times 3900$	3	30%的硫酸,80℃	橡胶,$(2.5+2.5)$mm	底部衬瓷板,$\delta=20$mm
4	漂白槽	$\phi4000 \times 5200$	2	20%的硫酸,95℃	橡胶,$(2.5+2.5)$mm	耐酸瓷砖,$\delta=(40+40)$mm
5	泥浆槽	$\phi5600 \times 8574$	1	30%的硫酸,90℃	橡胶,$(2.5+2.5)$mm	耐酸瓷砖,$\delta=65$mm
6	木粉混合槽	$\phi2700 \times 2600$	2	30%的硫酸,60℃	橡胶,$(2.5+2.5)$mm	耐酸瓷砖,$\delta=(40+40)$mm
7	浓钛液预热槽	$\phi5500 \times 3400$	1	30%的硫酸,100℃	橡胶,$(2.5+2.5)$mm	花岗石,$\delta=65$mm

序号	设备	规格尺寸(mm)	数量	条件	隔离层	砖板衬里
8	水解槽	$\phi 5600 \times 5000$	2	30%的硫酸,115℃	橡胶,(2.5+2.5)mm	耐酸瓷砖,$\delta=65$mm
9	水洗打浆槽	$\phi 3800 \times 3800$	1	20%的硫酸,70℃	橡胶,(2.5+2.5)mm	耐酸瓷砖,$\delta=65$mm
10	漂前打浆槽	$\phi 3800 \times 3800$	1	20%的硫酸,70℃	橡胶,(2.5+2.5)mm	耐酸瓷砖,$\delta=65$mm
11	晶种槽	$\phi 1600 \times 2000$	1	30%的硫酸,100℃	橡胶,(2.5+2.5)mm	耐酸瓷砖,$\delta=65$mm
12	晶种预热锅	$\phi 1600 \times 2000$	1	30%的硫酸,90℃	橡胶,(2.5+2.5)mm	耐酸瓷砖,$\delta=65$mm

参考文献

[1] 江先龙. 乙烯基酯树脂及其应用 [M]. 北京：化学工业出版社，2014.

[2] 余湘绅，等. 实用防腐蚀工程施工手册 [M]. 北京：化学工业出版社，2000.

[3] 天华化工机械及自动化研究设计院. 腐蚀与防护手册：一～四卷 [M]. 北京：化学工业出版社，2008.

[4] 左景伊，左禹. 腐蚀数据与选材手册 [M]. 北京：化学工业出版社，1995.

[5] 黄建中，左禹. 材料的耐蚀性和腐蚀数据 [M]. 北京：化学工业出版社，2003.

[6] WINSTON RR. Uhlig's Corrosion Handbook [M]. Third Edition.

[7] PHILIP A S. Corrosion Resistance Tables [M]. 5th Edition.

[8] PHILIP A S. Corrosion of Linings and Coatings [M]. 2nd Edition.

[9] WINSTON R R. Uhlig's Corrosion Handbook [M]. 3rd Edition.

[10] 张大厚. 防腐蚀复合材料及其应用 [M]. 北京：化学工业出版社，2006.

[11] 日本乙烯基酯树脂研究会. 乙烯基酯树脂 [M]. 日本：化学工业日报社，1993.

[12] 沈志聪，等. 储罐内防护技术规范规定对设计与施工的指导 [J]. 全面腐蚀控制，2009 (3).

[13] 日本FRP协会. FRP协会50周年大记事 [M]. 日本：化学工业日报社，2005.

[14] 日本FRP协会. FRP用途事例集 [M]. 日本：化学工业日报社，2000.

[15] 滝山荣一郎，等. 不饱和聚酯树脂及其应用 [M]. 日刊工业新闻社，1988.

[16] 沈开猷. 不饱和聚酯树脂及其应用 [M]. 第三版. 北京：化学工业出版社，2005.

[17] 周菊兴. 不饱和聚酯树脂生产及应用 [M]. 北京：化学工业出版社，2000.

[18] 陈平，王德中. 环氧树脂及其应用 [M]. 北京：化学工业出版社，2004.

[19] 何曼君，等. 高分子物理 [M]. 上海：复旦大学出版社，2003.

[20] Rudolf Riesen，编. 热固性树脂 [M]. 陆立明，译. 上海：东华大学出版社，2009.

[21] 黄发荣，焦杨声. 酚醛树脂及其应用 [M]. 北京：化学工业出版社，2004.

[22] 刘新. 防腐蚀涂料与涂装应用 [M]. 北京：化学工业出版社，2008.

[23] 黄志雄，等. 热固性树脂复合材料及其应用 [M]. 北京：化学工业出版社，2007.

[24] 大唐集团科技工程有限公司. 火电厂脱硫烟囱防腐技术 [M]. 北京：中国水利水电出版社，2010.

[25] 刘亚雄，张晓明. 纤维增强热塑性复合材料及其应用 [M]. 北京：化学工业出版社，2007.

[26] 邹宁宇. 玻璃钢制品手工成型工艺 [M]. 北京：化学工业出版社，2006.

[27] 日本树脂衬里工业协会. 树脂衬里皮膜劣化诊断指针 [M]. 日本：日刊工业新闻社，1996.

[28] 地坪材料及施工相关标准汇编 [M]. 北京：中国标准出版社，2009.

[29] 沈春林，等，编. 建筑工程设计施工详细图集：防腐蚀工程 [M]. 北京：中国建筑工业出版社，2003.

[30] 中国防腐蚀标准汇编（工程卷）：上册、下册 [M]. 北京：中国标准出版社，2006.

[31] 火力发电厂脱硫烟囱防腐技术研讨会论文集（2009年上海大会）[C].

[32] 奥田聪. 耐腐蚀塑料及其耐腐蚀性研究的新动向 [M]. 化学工学部设备设计技术中心站，译. 北京：化学工业出版社，1982.

[33] 欧阳自强. 浅谈特高温烟道烟囱的防腐：一、二、三 [J]. 全面腐蚀控制，2012：49-68.

[34] 欧阳自强. 硫酸储罐的选材与防腐措施 [J]. 全面腐蚀控制，2012 (10)：9-16.

[35] 欧阳自强. 氯碱工业中的防腐选材 [J]. 全面腐蚀控制，2012 (9)：1-8.

［36］欧阳自强. FRP 衬里防腐之缺陷及解决办法［J］. 全面腐蚀控制，2012（11）：22-30.

［37］欧阳自强. 浅谈钛白粉行业的树脂防腐［J］. 全面腐蚀控制，2012（12）：13-17.

［38］江先龙. 新型可见光固化树脂［J］. 热固性树脂，2006（1）：24-26.

［39］江先龙. 可见光固化树脂的研究［J］. 玻璃钢/复合材料，2006（5）：24-26.

［40］周润培，侯锐钢，雷浩，等. MFE 乙烯基酯树脂及其在防腐蚀领域的应用研究（Ⅰ）［J］. 玻璃钢/复合材料，2002（1）：35-38.

［41］周润培，侯锐钢，雷浩，等. MFE 乙烯基酯树脂及其在防腐蚀领域的应用研究（Ⅱ）［J］. 玻璃钢/复合材料，2002（5）：41-43.

［42］周润培，侯锐钢，雷浩，等. MFE 乙烯基酯树脂及其在防腐蚀领域的应用研究（Ⅲ）［J］. 玻璃钢/复合材料，2003（1）：51-52.

［43］郑卫京，侯锐钢. 烟气脱硫装置的腐蚀与防护［A］//第三届中国国际腐蚀控制大会技术推广文集，2005：36-52.

［44］侯锐钢. 大型尿素造粒塔新型防腐蚀设计［J］. 化肥工业，1999（9）：411-412.

［45］张大厚. 燃煤电厂烟气脱硫系统的腐蚀与防腐技术［Z］. 第四届中国国际腐蚀控制大会，2009：193-196.

［46］陆士平，等. 玻璃钢在高纯水和食品领域中的应用［J］. 纤维复合材料，2003（12）：39-41.

［47］陆士平，等. 高性能特种耐腐蚀热固性树脂在氯碱行业中的应用［J］. 全面腐蚀控制，2003（6）：29-32.

［48］陆士平，等. ClO_2 漂白塔及废水池的防腐蚀应用技术探讨［J］. 中国造纸，2012（3）：25-29.

［49］陆士平，等. 工业污废水处理池防腐蚀材料及结构探讨［J］. 全面腐蚀控制，2002（12）：38-42.

［50］陆士平，等. VEGF 鳞片复合材料在脱硫烟囱中的应用可行性研究［J］. 全面腐蚀控制，2006（6）：40-45.

［51］陆士平，等. 国内 FGD 装置中鳞片衬里防腐蚀失效原因初探［J］. 电力环境保护，2008（8）：32-35.

［52］陆士平，等. 耐酸胶泥在脱硫烟囱防腐中应用可行性初探［J］. 全面腐蚀控制，2009（12）：23-26.

［53］谢国泉. 硫酸法钛白粉生产的腐蚀与防护［J］. 化工装备技术，2006（2）：56-61.